長岡鉄男のオリジナルスピーカー設計術

こんなスピーカー見たことない

Special Edition

[基礎知識編]

contents

オリジナルスピーカー製作の基礎知識

スピーカーユニットの種類と構造

略してユニットという。電気信号を物体または空気の振動に変える変換器である。動電型、静電型、圧電型、イオン型があり、動電型はさらにダイナミック型（ムービングコイル型）とマグネチック型(ムービングアイアン型)に分かれるが、スピーカー工作で使われるユニットはダイミナック型に限られる。リボン型というのもあるが、ダイナミック型とリボン型は原理的には全く同じである。ダイミック型にはワンターンのコイルを使ったものもあるが、ハーフターンのコイルを使ったのがリボン型と考えればよい。

ダイナミック型の代表的な機種にはコーン型とドーム型があり、特殊なものとしてリボン型とRP型がある。コーンは円錐のことであって、一枚の紙を円錐状（すり鉢型）に曲げて両端を接着するとコーンになり、同じ紙でも強度が大幅に上がる。コーンの形にはすり鉢やメガホンのようなストレートコーン、朝顔型のカーブドコーン、ドンブリやBSアンテナのようなパラボラ型コーンがあり、中高域をのばすにはカーブドコーンがよく、中高域をカットするにはパラボラ型がよい。特殊な例としては平面振動板があるが、市販単品ユニットには見当たらない。コーンとボイスコイル、ボビンの接合部分はゴミが入ると困るし（ボビンとセンターポールのすきま）、ルックスもよくないので、**図1**のようにセンターキャップでカバーされているのが普通。センターキャップはドーム型が普通だが、逆ドーム（パラボラ）もある。またコーンとキャップは接着されているのが普通だが、つぎ目なしの一体成形で作られているものもある。キャップはボイスコイルより径の大きいものを使用、ボイスコイルから直接放射される高音を抑えこむように働く。しかし、ボイスコイル径と同サイズのキャップをボビンにじかに接着、ドームトゥイーターとして働かせる方式もあり、メカニカル2ウェイと呼ばれる（**図1b**）。コーンがウーファー、キャップがトゥイーターとなってネットワークなしの2ウェイが実現するというわけだが、専用ニットとネットワークを使った本格的2ウェイとは違う。メカニカル2ウェイの一種にダブルコーンがある。ボイスコイル・ボビンにじかに小型のコーンを接着、これをトゥイーターとして働かせるものである。

コーン型は振動板の中心部をボイスコイルで駆動するが、ドーム型は周辺部を駆動する。図1bのコーンを取除いたものがドーム型と考えてよい。中には図1aのコーンを切取った形のドーム型もある。リボン型というのは磁気回路の間に1枚のアルミ箔（リボン）を置いたと考えればよい。リボンの代わりにアルミ蒸着した樹脂フィルムを使うものを、RPとか、リーフとか、ダイナフラットリボンとかプリントコイル・リボンとかいろいろなネーミングで呼んでいる。

静電型（コンデンサー型）は2枚の電極に電圧を加えると吸引、反発する性質を利用したスピーカーで始めから直流電圧をかけて吸引力で電極を緊張させておき、交流電圧を加えて振動させる。磁気回路には無縁であるし、電流もほとんど流れない。ダイナミック型とは全く異なる原理で動作するスピーカーユニットである。特殊なものなのでアマチュア工作で扱うことはまずない。

ホーン型はドライバーとホーンで構成されている。ドライバーはコーン型、

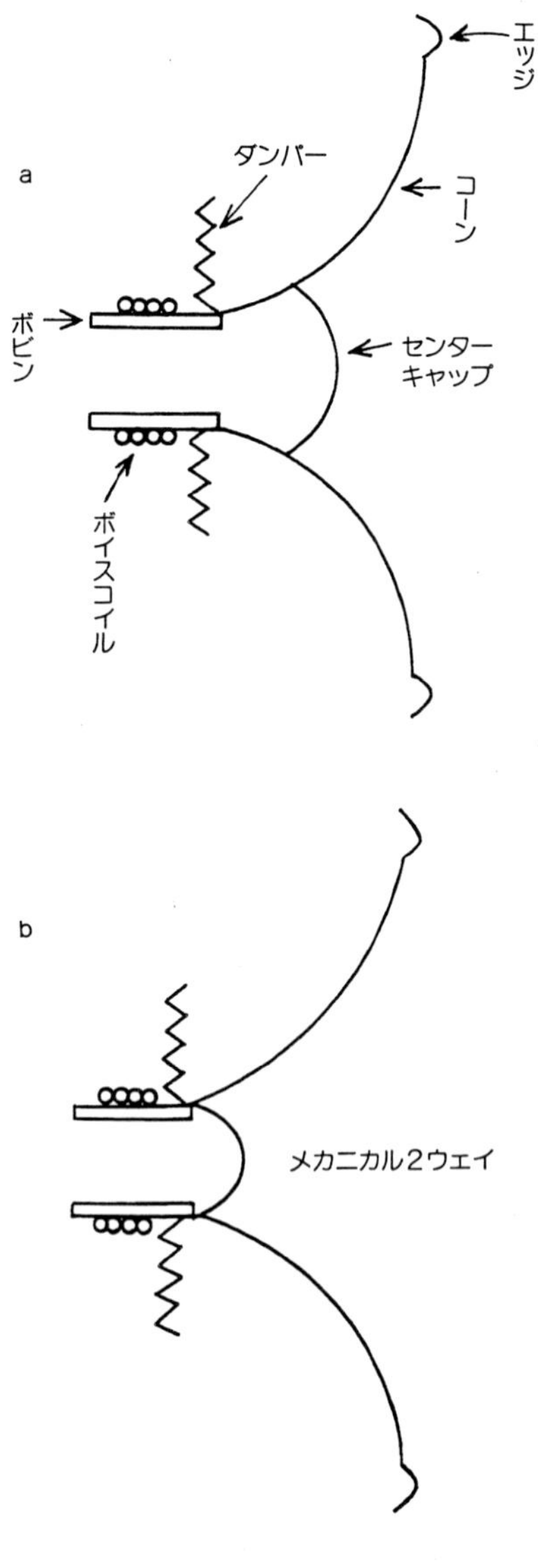

図1●

ドーム型、逆ドーム型、リボン型、RP型、静電型、なんでも使える。要するに振動板の空振りを抑え、指向性をコントロールするのがホーンであって、ドライバーとホーンをユーザーが選んで組み合わせる方式のものと、一体に作られているホーン型ユニットとがある。リボン型、RP型、リーフもよく見るとショートホーンと組み合わされていることがわかる。

コーン型ユニットの構造と種類

外形は写真のようなものだが、振動系だけ取出すと図1のようになる。これにフレームと磁気回路を組み合わせるとユニットが完成する。ボイスコイルは磁気回路のギャップ（マグネットの＋と－の間のすきま）に非接触ではめこんであり、コイルに電流を流すとコイルは動く。フレミングの法則であり、モーターの原理でもある。ボイスコイルと磁気回路との関係は往復運動をする交流モーターである。モーターは逆から見れば発電機でもある。ボイスコイルを動かすと起電力が発生、コイルの両端をショートしておけば電流が流れる。これはダイナミックマイクの原理と同じである。コーンとフレームはエッジ、ダンパーの2か所のサスペンションで固定をされている。このサスペンションは①コーンが（ボイスコイルも一体）動きやすいように支える、②コーンの自由振動を抑える、この2つの役目を持っている。サスペンションが純粋のバネだったら、コーンは一度振動を始めるとなかなかとまらなくなる。早くとまるようにするという役目も持たされているのである。

では音波はどのように発生するのか。コーンが前後に振動すると、コーンに接している空気は押されたり引かれたりして、気圧変化を起こす。これが波になって拡がっていくのが音波である。音波はコーンの表からだけでなく、裏からも出る。音の出方は図2のように高音はまっすぐ出るが、低音は四方八方へ拡がり、裏側にまで回りこむ。コーンの表から出る音波は⊕⊖が逆である。これを逆相というが、逆相の音波がミックスされると⊕⊖ゼロになって音が消えてしまう。フルレンジ・ユニットは裸でアンプにつないで音は出る。ただし、聴こえるのは中高音で、低音はほとんど出ない。ゼロではないが非常に弱い。ただ、大面積のユニットになると低音も出てくる。昔、ヤマハで作っていたNSウーファーやコンデンサー型、リボン型がそうだ。ユニットとキャビネット（ボックス、エンクロージュア、バッフル、その他）を組み合わせたものをスピーカーシステムと呼んでいるが、キャビネットの主な役目は低音を出すこと、コーン背面の音を包みこんで外部に出さないようにすること、この2点である。

スピーカーシステムの設計にはユニットと、ネットワークと、キャビネットについての知識、それぞれの組み合わせと相性についての知識が必要である。

コーン型ユニット

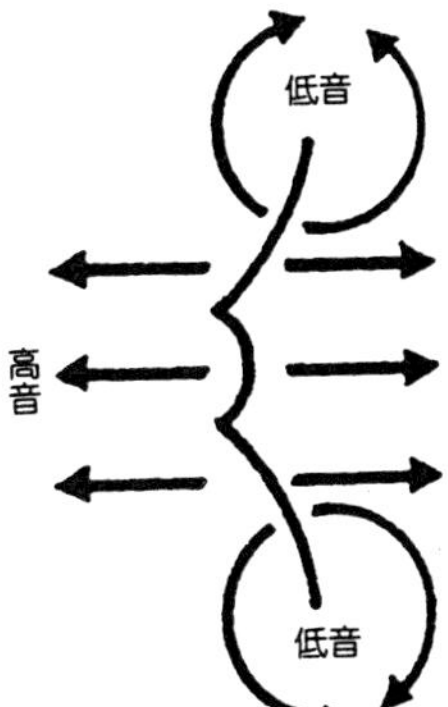

図2●

フルレンジ

一発で音楽を再生できるユニットのこと。レンジは50Hz～20kHzもあり、100Hz～10kHz、200Hz～5kHzもあり、一概にはいえないが中域がポイントになる。従ってフルレンジはスコーカーにも使える。スコーカーの低域と高域を拡張したワイドレンジ・スコーカーが最もオーソドックスなフルレンジだが、その他に、中高域を補強したワイドレンジ・ウーファー、中低域を補強したワイドレンジ・トゥイーターといったタイプもある。高域を補強するためにダブルコーンという方式もあり、ボイスコイル直結のメタルドームを持ったメカニカル2ウエイタイプもある。ダブルコーンもメカニカル2ウエイの一種である。メカニカル2ウエイではメインコーンとボイスコイルの接続にコンプライアンス（柔軟性）を持たせて、メインコーンでは高域を再生しないような工夫がされている。

ウーファー

フルレンジの中高域を切捨てて低域にウエイトを置いたユニットである。低域を強化するためにコーンを重くし、f_0を下げる。コーンとボイスコイルの接続にコンプライアンスを持たせて高域を減衰させる。ボイスコイルからじかに放射される高域を抑えるために、

ウーファー

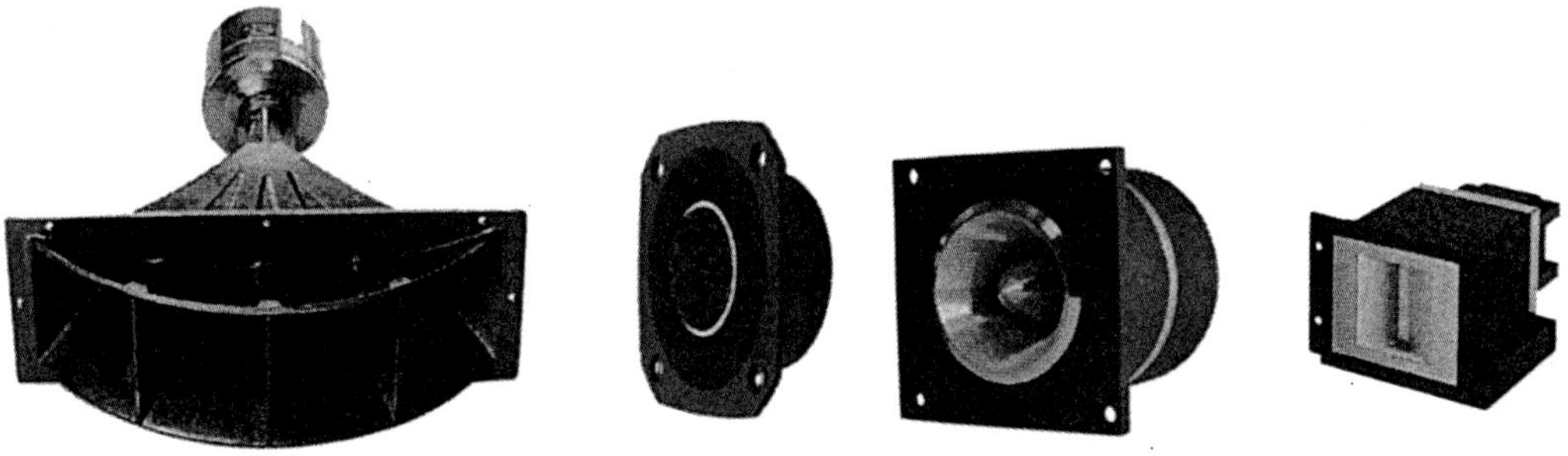

左から，ホーン型スコーカー，ドーム型トゥイーター，ホーン型トゥイーター，リボン型トゥイーター

径の大きいセンターキャップを取付ける。ボイスコイルの線材を太く長くして駆動力を上げる、といった工夫が見られる。駆動力はギャップ内にあるボイスコイルの線材の総量に比例するのである。

トゥイーター

フルレンジの中低域を切捨てて高域にウエイトを置いたユニットである。ウーファーとは逆で、振動板を軽くし、ボイスコイルと振動板の接続を密にしてコンプライアンスを持たせない。ボイスコイルも軽いので駆動力は小さいが、これらは振動板が軽いので充分な音圧を再生できる。特徴としては振動板背面が密閉されていること。図1のユニットを密閉箱に取付けたのと同じ構造であり、キャビネットに取付けないで単体で使うことが可能である。コーン型、ドーム型、ホーン型、リボン型、プリントコイル・リボン型、コンデンサー型等々、種類が多いのも特徴。

スコーカー

フルレンジの低域と高域を切捨てたもの。トゥイーターを大型化したものが多いが、10〜16cmのフルレンジをベースにしたものもあり、フルレンジをそのままスコーカーとして使うこともある。トゥーイーター同様、背面を密閉したものと、図1の形のままのものとがある。後者は専用のバックキャビティを設計する必要がある。国産の単品スコーカーはないが、市販システムに使われているユニットの一部は補修部品として手に入れることができる。

ユニットの空振り現象

10cmフルレンジでも20Hzの信号を加えればコーンは正確に20Hzで振動する。しかし20Hzの音は全く聴こえない。これを空振り現象と呼ぶ。空振りの原点は野球だが、バットがボールにジャストミートすれば、バットの持つエネルギーがすべてボールに与えられる。外すとバットは空振り、バッターはバットのエネルギーに振り回される。スピーカーの場合はコーンがバットであり、空気がボールになる。コーンが振動して、空気を圧縮、伸長する。これがジャストミートだが、空気を押そうとしても、引っぱりこもうとしても横にずれてしまって、手ごたえがない。これが空振りである。エネルギー伝達には必ず抵抗がある。それをインピーダンスと呼ぶ。インピーダンスは浴槽で体感できる。浴槽のお湯の中で手のひらを動かしてみる。1Hzぐらいの周期でゆっくり動かすとほとんど抵抗を感じない。手のひらの前に立ちふさがるはずの水があっさり左右上下に逃げてしまうのである。しかし速く動かすと急に抵抗が大きくなる。手のひらの前の水に逃げるひまを与えないからである。手のひらが1m四方もあれば水の中ではゆっくり動かすのにもたいへんな抵抗がある。水が逃げられないからである。また、手のひらを動かすにしても、ストロークを極端に大きくとる。たとえばストロークを2mもとったとすれば1Hzの周期でも速度は大きくなるので抵抗は大きくなる。以上の関係はスピーカーの振動板と空気との関係にもそのままあてはまる。手のひらのような小さい振動板では周波数が低くなる

と、空気が横へ逃げてしまって音圧を発生しない。大面積の振動板だと逃げられないので音圧を発生する。小さい振動板でストロークを5㎝、10㎝と大きくとれば低音を再生することができる。エッジとダンパーを持った振動板では不可能だが、可能なものもある。それがバスレフのダクトだ。ダクトの中の空気は一体となって振動板として働いており、エッジもダンパーもないので大振幅での振動が可能である。小口径のダクトでも低音が再生できるのはそのためである。

小口径の振動板は基本的に低音再生は困難だが、空気が周辺に逃げるのを防ぐ囲いをつけると低音再生が可能になる。ただしパイプのような囲いではダメで、末拡がりの囲いが必要、これをホーンと呼ぶ。

ユニットの指向特性

拡散特性と考えてもよい。音がどの方向にどのくらいの強さで放射されるかを示す。指向性は光源にもあり、裸電球は指向性が広いが、スポットライトは指向性が狭い（鋭い）、音源の場合は、周波数と音源の面積（スピーカーの場合、振動板の口径）で指向性が変る。同じ振動板なら周波数が低くなるほど指向性は広くなり、周波数が高くなるほど指向性は狭くなる。**図3**aはどの方向に対しても同じレベルで放射される180度指向性。背面まで同じように放射されると、360度指向性、全指向性、無指向性等と呼ぶ。bは標準的な指向性で、正面はレベルが高いが角度が大きくなるにつれてレベルは低下する。cは極限の単一指向性で、真正面以外は音が出ない。

周波数一定とすると、指向性は振動板が小さいほど広く、大きいほど狭くなる。大面積で指向性が狭いというのは図1bのような形である。一般に指向性が広いことを指向性がよいというが、これはまちがいである。本当に指向性がよいといえるのは、どの周波数に対しても指向性が同じであることをいう。図3のa～dはそれぞれメリット、デメリットがある。aは室内で壁、床、天井からの反射が多くなるので、音像、音場がぼけて拡大する。屋外ではサービスエリアは広いが、距離をとると急激に音圧が低下する。c、dは反射の影響を受けないし、屋内でも屋外でも距離をとっても音圧の低下がない。浸透力が大きいのである。しかしサービスエリアは極端に狭くなる。特にcは首を振っただけで音が聴こえなくなってしまう。dはもし振動板の面積が4㎡もあれば、少々首を振っても、体を動かしても音が変わらないというメリットが出てくる。

振動板の面積は複数使用によってもふやすことが可能、たとえば10㎝ユニットを**図4**のように並べれば面積は26㎝なみ、指向性は30㎝なみになる。**図5**のように6本並べると、10×60㎝の縦長のユニットと同等になる。このユニットは水平方向と垂直方向で指向性が違う。水平方向は10㎝同等の広指向性（図3b）だが、垂直方向は60㎝同等の狭指向性（図3d）になる。この方式はトーンゾイレという名前でPA用によく使われているが、サービスエリアが広く、天井、床からの反射が少ないというメリットがある。オーディオ用としてはマッキントッシュが採用している。周波数によって図3aになったりcになったりするようなスピーカーは指向性が悪いといえる。

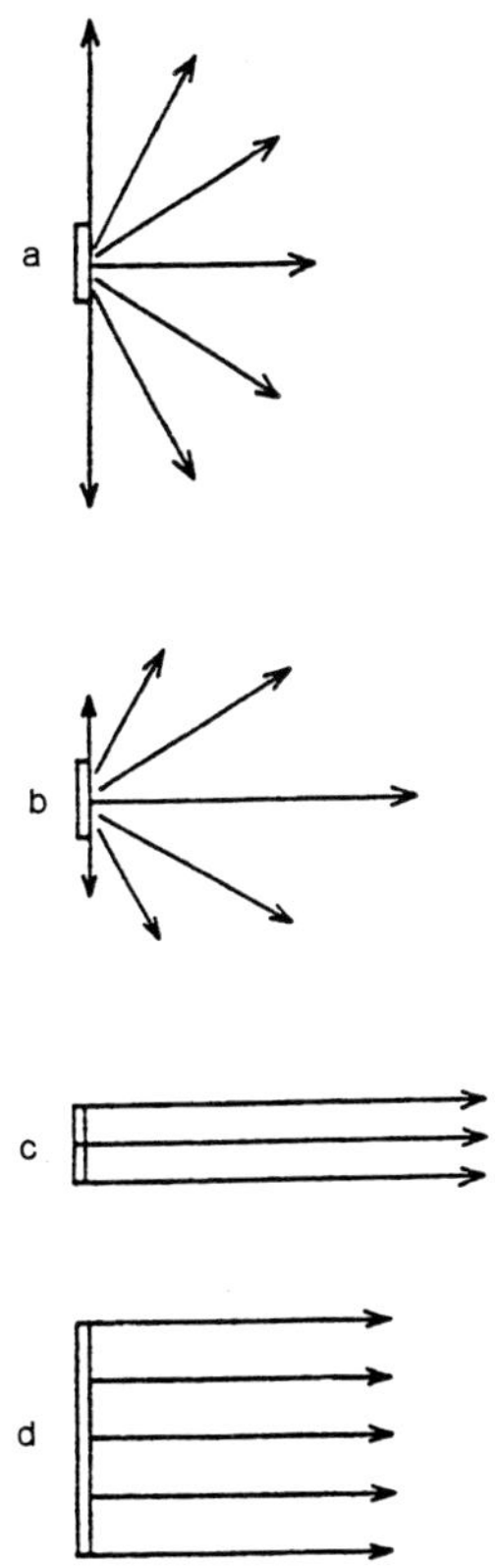

図3●

ユニットの入手法

国産ではフォステクス、ロイーネ、パイオニア（TAD）があるが、テクニクスも一部の販売店では入手可能。海外は数社の製品が専門店で取扱われている。その他に各社補修パーツというのがあり、これはメーカーによって規定が異なり、故障したユニットと交換でなければ売らないという補修に徹したメーカーと、誰にでもいくらでも売ってしまうというメーカーとがある。販売店できいてみるとよい。価格もまちまちで、市販単品ユニットより高いものもあれば半値以下のものもある。

新品にこだわらなければさらに物色範囲は拡がる。中古ユニット、古いスピーカーシステムについていたユニット、昔の自作システムのユニット、こういったものを生かして新しいシステムを造る。Q&Aにも大昔のセパレートステレオのスピーカーユニットを生かしたいという質問が時々くる。さらに、オーディオ用にこだわらなければラジオ用、TV用、カーオーディオ用のユニットも使える。

図4●

図5●

スピーカー工作の基礎

合板の種類

最も一般的なのはラワン合板、ラワンというのは一種類の木ではなく、熱帯アジア産の樹木のうち、木材用になる樹木の総称である。種類が多く、色で分けて、赤ラワン、黄ラワン、白ラワンの3つに大別、赤は高密度で硬い。白は低密度で柔らかい。黄はその中間である。ただし、赤ラワンでも木材全体から見れば特に硬い方ではない。ラワン以外の、カバ合板、カツラ合板、サクラ合板等もある。工作用にはシナ合板がよく使われるが、これには2種類ある。内から外まですべてシナの木で作られたシナ合板、ラワン合板の上にシナの突板を張ったシナ合板。工作用に使うのは後者である。ムクのシナ合板は柔らかいのでキャビネット用には不向き。シナは白くて木目が目立たずルックスはよい。なお、突板（つきいた）というのは0.1～0.5㎜厚の木材の薄板で、化粧材として使われるが、素材の異なる薄板を張ることでダンプ効果もあるといわれる。突板に対して、木目調の塩ビシートをはるのを突紙（つきがみ）という。メーカー製でもローコスト・モデルは突紙、高級材は突板と使い分けられている。

キャビネットの組立て

板の接合には多くの方法があり、図6のようなものが実際に使われている。aは俗にイモ付けとかイモつぎとか呼ばれ、最も初歩的なつぎ方とされているが、音質的には必ずしも最低というものではなくメリットもある。ダイヤトーンのDS－A5はこのイモ付けをセールスポイントにしているほどだ。アマチュア工作はこのイモ付けに限る。接合は木工用ボンドを使う。固定にはクギ、木ネジ、端金（はたがね）やクランプを使う方法がある。端金はクギも木ネジも不要なので扱いやすいし、仕上がりもきれいだが、接着力はベストとはいえない。木工用ボンドというのは乾いても完全硬化はせず、ある程度のコンプライアンスを保っており、

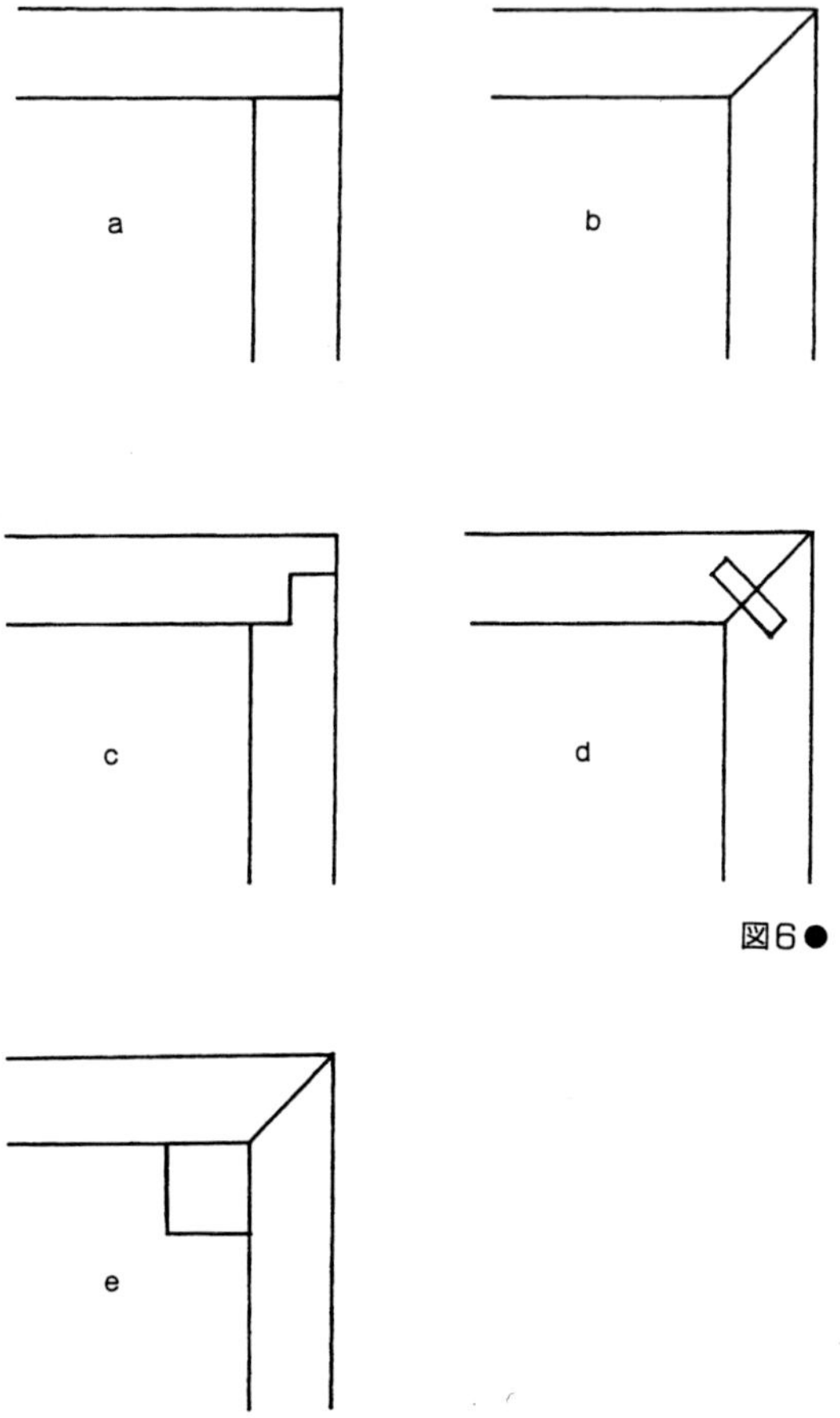

図6●

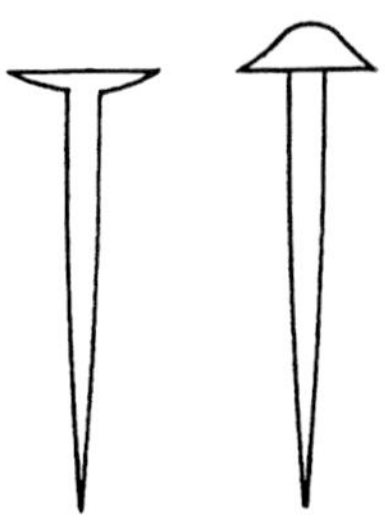

図7●

それがメリットでもあり、デメリットでもある。また、端金が高価なこともネックになる。木ネジは強固に接着されるが、ずれを生じた場合修整が効かない。一般的にはクギが安上がりで、工作としても容易である。ただし、木ネジもクギもルックスはよくない。木ネジの場合はネジの頭が入るだけの穴をサグっておき（深さは５㎜ぐらい）ネジ込んだ後を木片で埋めるという方法がある。クギの場合も同じ方法が可能だが、別にクギの頭を**図７**のようにつぶして、頭の部分を打ち込む前にペンチで修整して、クギの頭と木目が一直線になるように揃えてから打込むとよい。

キャビネットの仕上げ

シナ合板のキャビネットは仕上げをしなくてもきれいだが、仕上げなしの合板は手あかなどで汚れやすいし、音質もベストではないといわれる（ベストだという説もある）。仕上げは普通の木工と同じで、きずはパテで埋めてサンダーをかけ、塗装する。あるいは突板、突紙を張る。突板は塗装が必要。塗装は白木を生かすクリアラッカーが無難。色付きのワニスはむらなく塗るのが難しい。塗装については詳しくないので適当な日曜大工の本を見つけてほしい。塗装はルックスだけではなく、音質にも影響がある。メーカー製品には塩ビシートの上から何回も塗り重ねて鏡面仕上げにしたものがある。塗装面が厚く硬いので補強の効果もあるという。

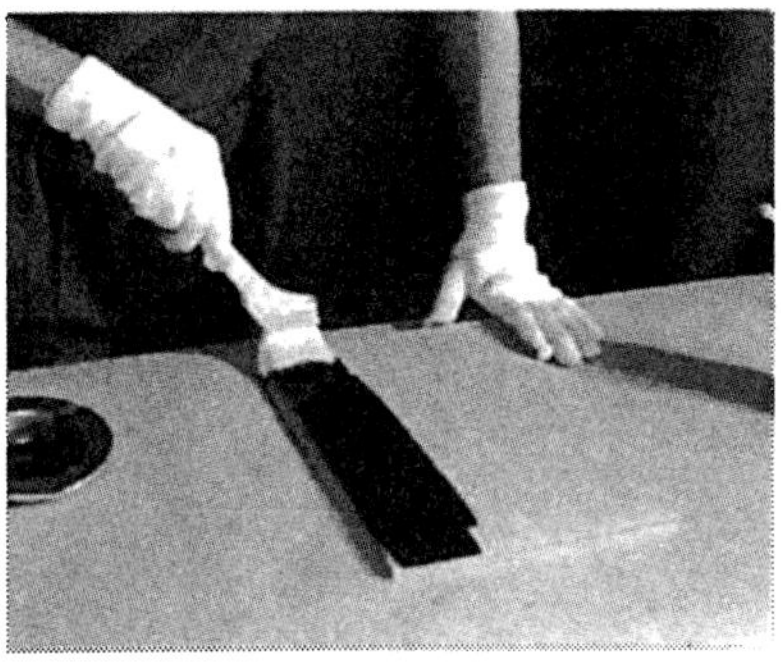

キャビネットのエージング

でき立てのキャビネットは必ず内部に応力歪みを持っている。板のそりがゼロで、裁断が完璧で、組立てがきちんとしていれば歪みもないが、そんなことはまずないと思ってよい。わずかなそり、わずかな寸法の狂いでも強引に組立ててしまえば見かけは完璧だが、内部では曲げようとする力と、反発する力が拮抗して、歪みが生じている。この状態では外部刺激に対して敏感になっているので、たとえば叩くとぼんつくとか、ボーボー、ビンビンいうとかのトラブルが発生する。バックロード・ホーンのような複雑な構造のキャビネットでは歪みも多いので、最初の内は共鳴音のつきまとう、耳ざわりな音が出やすい。しかし、この歪みは時間と共に分散され、慣らされて消えていく。これがエージングである。スピーカーシステムにはエージングが必要。一般にはユニットのことと考えられがちだが、自作システムではユニットのエージングよりもキャビネットのエージングの方が重要である。ユニットのエージングは慣らし込まないと進まないが、キャビネットのエージングは使わずに置いておくだけで進行する。キャビネットの合板の内部で絶えず歪に抵抗する戦いが行なわれているのである。

合板の板取り

板取りはムダのないように考えられることがたいせつだ。板の一枚や二枚いくらでもない。ムダをなくして音の悪いスピーカーを作るより、ムダがあっても音のよいスピーカーを作る方がいいのではないか？必ずしもそうではない。これ以上改善の余地なしという最高の設計ができた場合は板のムダなど無視してよい。しかし、普通はいきなり最高の設計ができるわけはないのである。オリジナルの設計で板取りを考えていると、ムダを少なくするために、この板はもう少し短く、この板はもう少し長く、といういろいろなアイディアが浮かんでくる。オリジナルの設計が少しずつ変わっていくのだが、この間に思わぬ発見が沢山あり、結果として、板取りのムダを省いたために音がよくなったというケースが多い。これは僕の体験である。オリジナルの設計がベストと思っていたのに次々と改良点が見つかる。これが板取りのムダを省くことの最大のメリットであり、コスト低減は重要ではない。

板取りには合板の寸法を知ることも重要である。通称サブロクといわれている板は３尺×６尺の寸法である。１尺は303㎜なのでサブロクの正式寸法は909×１８２０㎜。実際はこの規格がシビアに守られているわけではなく900×１８００㎜から920×１８４０㎜までばらついている。一番多いのは910×１８２０㎜なので、これを基準にして板取り設計をする。板厚は１分（いちぶ。１尺の１／100）を基準にして、３㎜単位で規格化されており、３㎜厚から30㎜厚まであるが、市販されているのは21㎜厚までで、24～30㎜は注問生産になる。15㎜厚はコンクリート打込み用にも使われるので最も大量に作られている。厚さについても規格はシビアに守られているわけではなく、15㎜厚として市販されているものも最大14・５㎜から15・５㎜までのばらつきがある。木材が生き物である以上やむをえないであろう。15㎜ぴったりで作っておくと、乾燥して薄くなるので、少し厚めに作っておくこともある。メーカーが合板を使わないのは厚みの誤差を嫌うからでもある。パーチクルボードの方が誤差は少ない。板厚の誤差は**図８**の１、４が前後バッフル、２、３が天板と底板だとすると、これをサンドイッチする側板の奥行は何㎜あればよいか、板厚15㎜とすれば230㎜のはずである。しかし板厚が15・5㎜あったとすれば231㎜必要になる。それを想定して側板は多めにとっておくのが無難だ。余った分は後方へ突き出しておけばよい。図8の1、4が側板で、これを前後バッフルでサンドイッチするという場合は後ろで余った分を削るためカンナをかけることもある。スワンでは横から見ると図8の構造を前後に重ねた感じになるので、誤差は4倍になって出てくる。スワンの1号機では側板の寸法が3㎜近く不足した。できれば板厚を確認してから板取りを決めるのがいいのだが、一般には無理だろう。

自分で裁断する人はどんな板取り図でもいいだろう。業者に板取りを依頼する場合は、ノコギリを途中で停めて方向転換をする必要のある板取りは不可、切りっぱなし、が原則である。**図9**は裁断できない。**図10**は不可能ではないが、1回切るごとに方向転換しなければならないので敬遠される。**図11**の板取りは寸法面で問題がある。合板の縦のサイズは910㎜、225㎜×4で900㎜、楽勝と思えそうだが、業務用の大型カッターで裁断すると、ノコを1回動かすごとに3㎜の目減りがある。図11で見ると3回ですみそうだが、実際には板をカッターに合わせるため一端を3㎜カットする。これで12㎜の目減りになる。225×4＋12で912㎜と2㎜オーバー。224㎜×4なら一応可能。絶対安全なのは222×4㎜である。板を細かく裁断する場合には目減りをしっかり計算しないと寸足らずの板ができてしまう。木目の方向も要注意。サブロク合板の木目は横に走っている。900㎜のトールボーイ・スピーカーを作るとして、板取りは**図12**a、b、どちらでもいいのだが、キャビネットに組んだ時、aでは木目が垂直に走り、bでは水平に走る。それだけのことで印象はかなり違ってくるので要注意である。

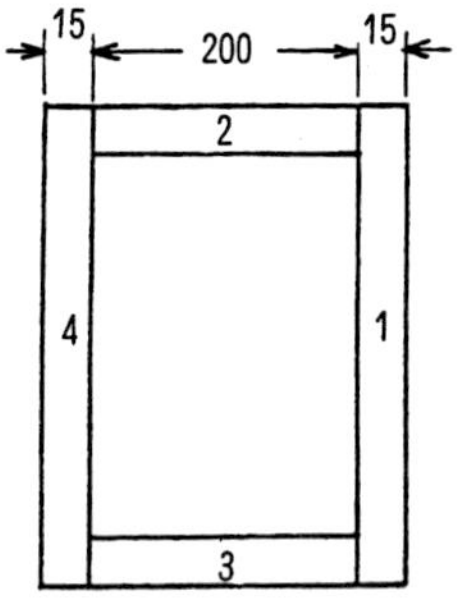

図8●

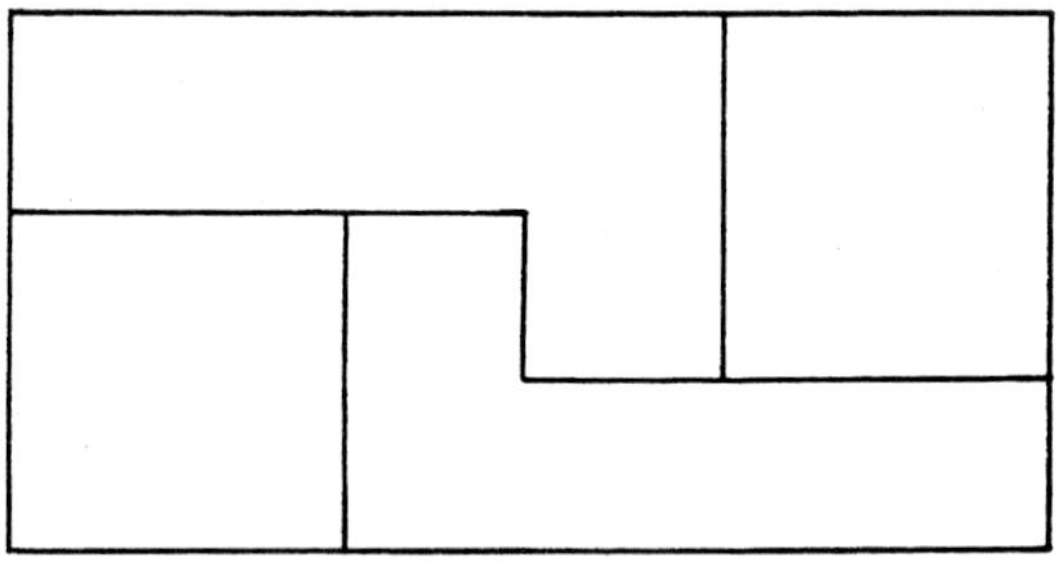
図9●

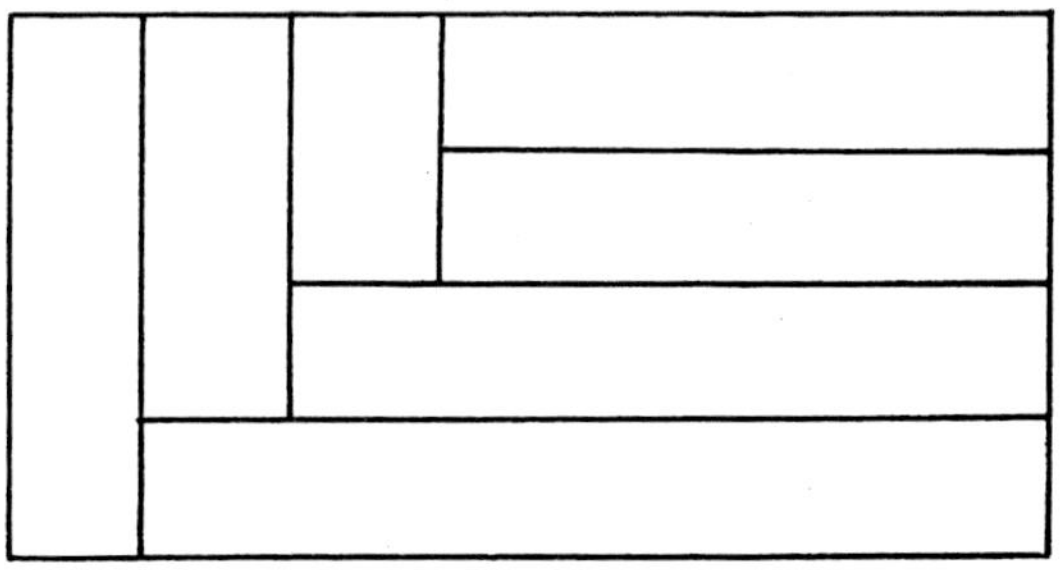
図10●

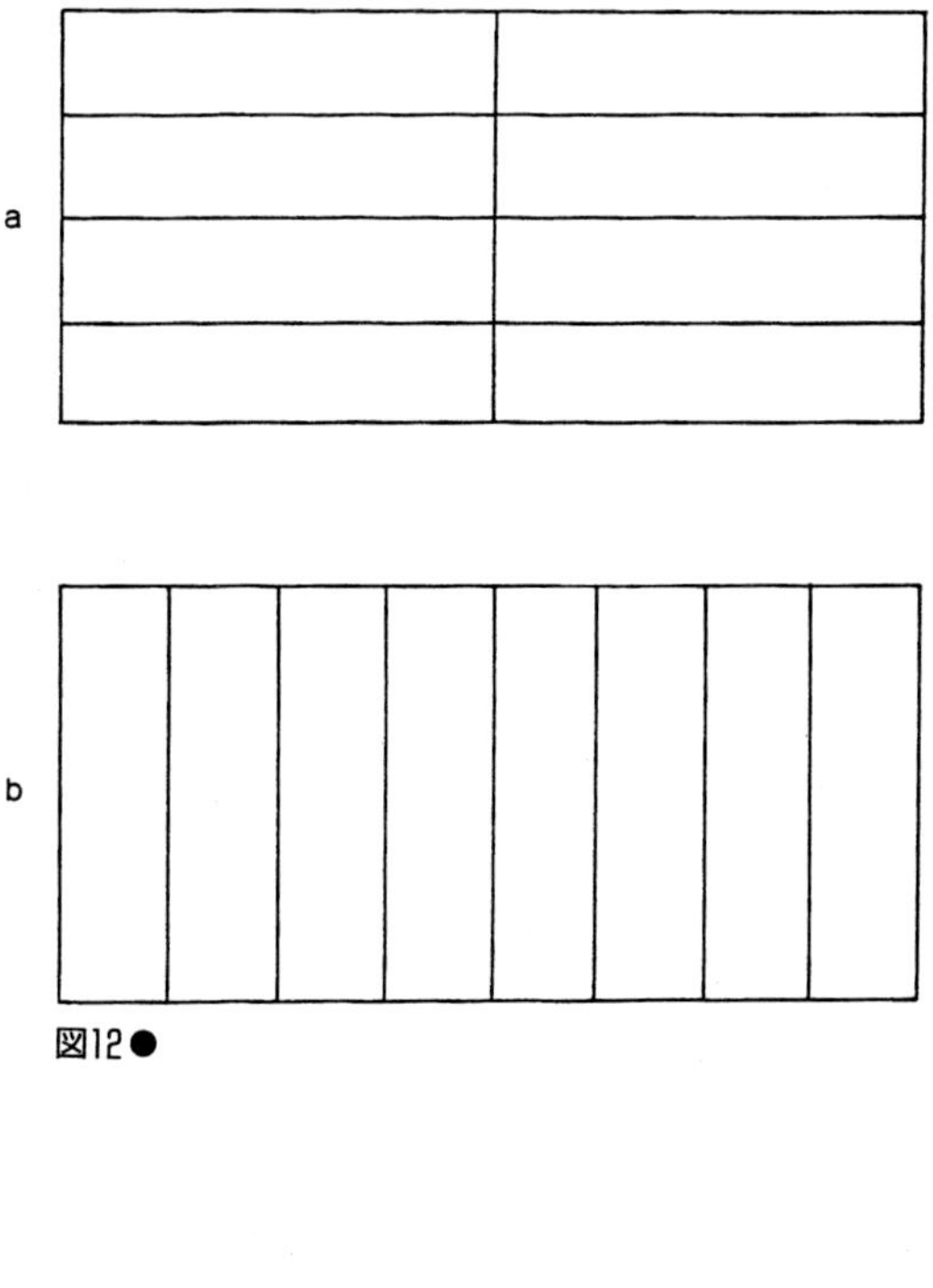

図12●

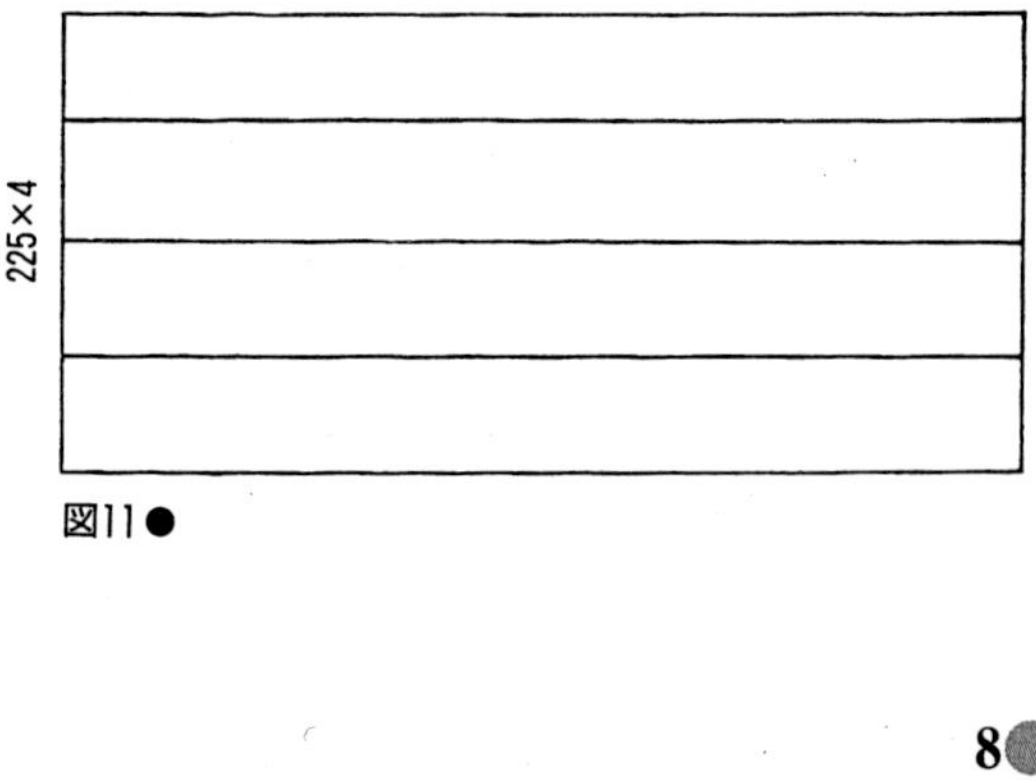

図11●

エンクロージュアの種類とその設計術

平面バッフル

　一枚の板に穴をあけてユニットを取付けるものを平面バッフルと呼ぶ、極限の平面バッフルとして無限大バッフルというのがあるが、ユニット前面の音と後面の音を完全に遮断してしまう。実用的なバッフルは1200×1800mmぐらいが限度、普通は900×1200mmどまりだろう。ユニットの測定もこのサイズのバッフルで行なっている。バッフルはユニット前後の条件が同一であり、背圧がないので振動板の動きは最もスムーズである。しかし問題も多い。屋外に設置して鳴らした場合は**図13**のように双指向性を見せる。高音は指向性が鋭いので干渉し合うことはないが、低音は指向性が広いのでプラスマイナスが干渉し合って、いずれにしても横方向、上下方向には音がない。さらに低音にはバッフルのサイズに応じたくせが出る。**図14**のようにユニット前面から直進する音に、背面から回りこんでくる音が重なって、強めあったり弱めあったりするからだ。くせは円形バッフルの中央にユニットを取付け、宙吊りにした場合に最も強く現れる。長方形バッフルのオフセンターにユニットを取付け、床に置いた場合にはくせはあまり出ない。宙吊りの円形バッフルの場合は半径によってf特が決まる。図14で背面から回りこむ音は逆相だが、遠回りしてくるのでさらに位相がずれる。仮に半径50cmであるとして、正面3mの点で見ると54cmの遠回りだ。54cmが1波長となる周波数630Hzでは逆相の関係になるので打消し合って谷ができる。54cmが半波長となる周波数、315Hzでは同相になるので強め合って山ができる。この山より低い周波数ではダラ下がりに低下、315Hzの約1/4、80Hzぐらいまではレベルは低いがなんとか再生できる。1200×900mといった長方形のバッフルで、床に立てた場合はユニットから周辺までの距離が異なるので谷や山も複雑に分散し、谷は浅く、山は低くなるのでわりとなだらかな特性になる。それはスペアナによる測定でもわかるはずだ。

　バッフルの設計は単純である。大きければ大きい程ローエンドがのびるということだ。特に大きいものとしては壁バッフルとかドアバッフルとかいったものがあるが、家を傷つけることになるので奨められない。実用的なバッフルとしては600×900mmでもいける。マトリックスのリアスピーカーだったら300×450mmでもよい。壁に吊る形なら200×300mmでもいける。バッフルの問題点はバッフル自体の共振だ。大面積の一枚板なので非常に鳴りやすい。共振するということはバッフル全体が巨大な振動板になっていることであり、音を濁らせ、音像はぼやけて拡大する。300×450mmぐらいなら15mm厚でもいいが、600×900mmになったら21mm厚以上が必要、900×1200mmとなったら30mm厚以上が必要だ。測定用のバッフルは21mm厚に補強だが測定用には充分、鑑賞用には不充分である。測定は21mm厚でも30mm厚でも変化はないからだ。因みにF—51というシステムは600×900mmの平面バッフルだが、MS400（38cm）を使っていることもあって板厚は42mm、一部は63mmと徹底補強している。バッフルは床に立てるのが基本、バッフルだけでは立たないので、支柱を使ってやや斜め上向きに立てる。ユニットはバッフルのセンターよりやや低めに取付ける。その方が低音再生に有利である。水平方向もオフセンター（右寄りか左寄り）に取付けるのが基本だが、センターでも問題はない。因みにF—51はやや低めのセンターに取付けてある。斜めの角度は**図15**のように、リスニングポイントから見て軸上正面になるようにするのが基本だが、少々ずれても問題はない。ユニットによっては軸上正面をさけた方がよいこともある。それはスペアナを見て判断してほ

図13●

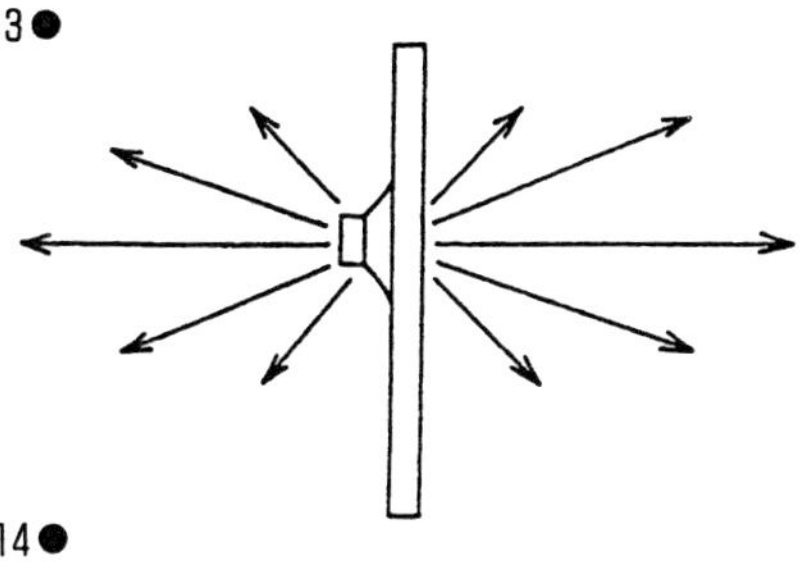

図14●

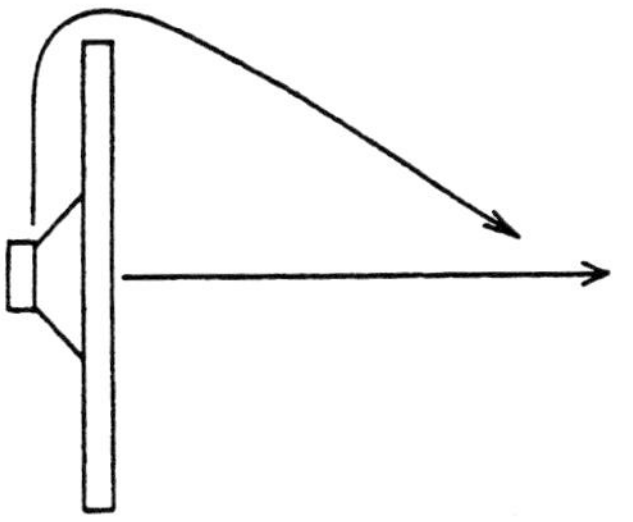

図15●

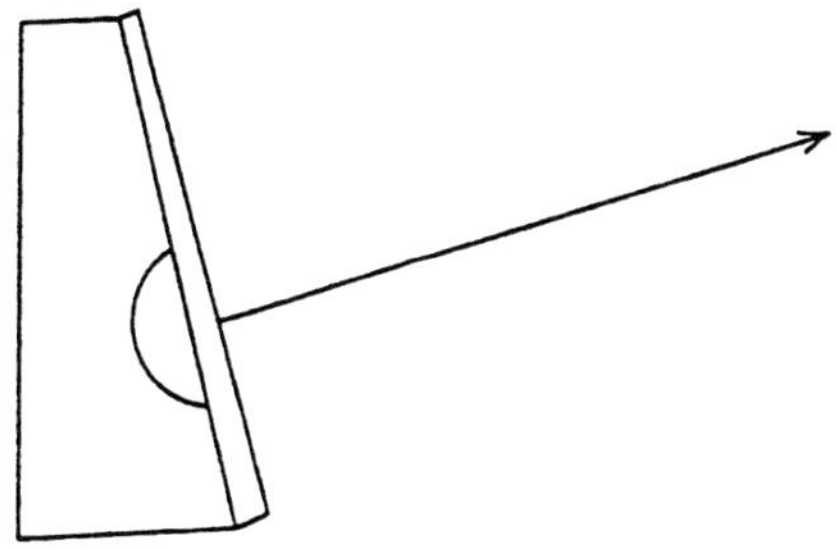

しい。支柱はいろいろな方式があるが図15の方式がシンプルで安定もよい。支柱というよりは支持板である。この板も共振のおそれがあるのでしっかり作ること。F―51の支持板は42㎜厚である。

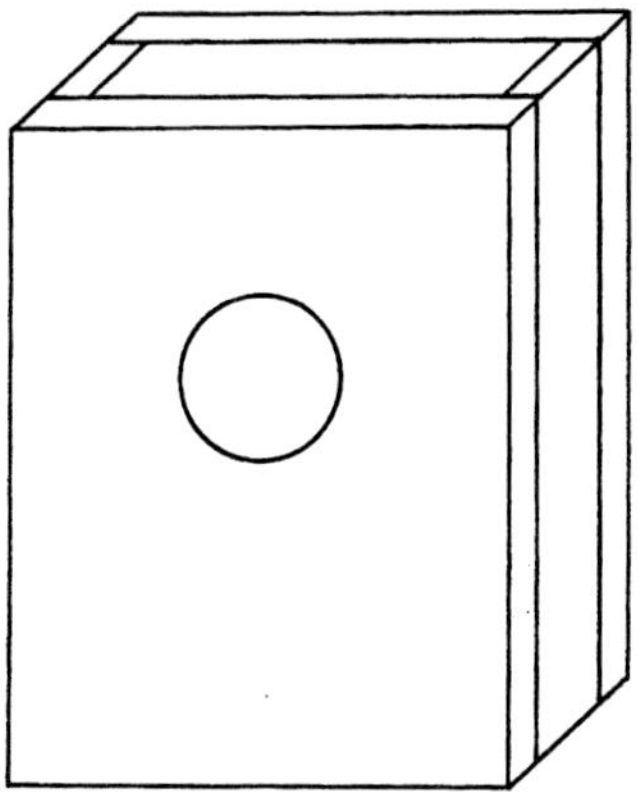

図16●

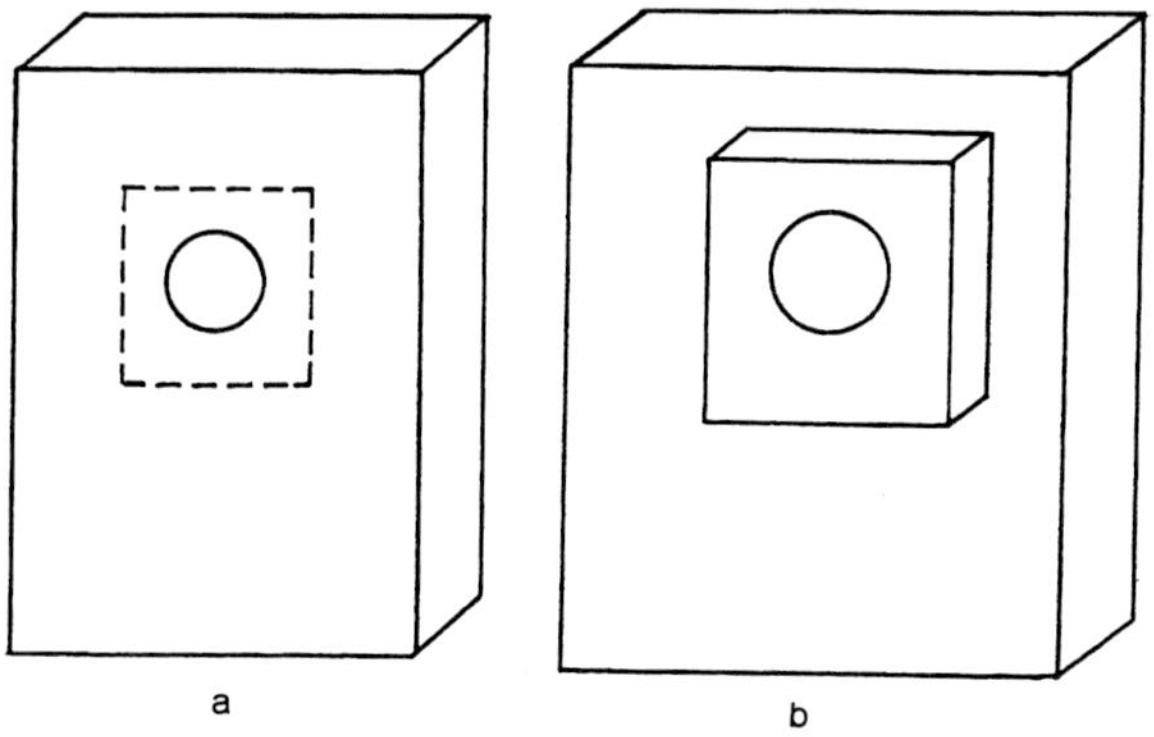

図17●

砂入りバッフル

図16のように15㎜厚の板2枚の間に空間を設け60㎜厚とし、空間を砂で充填するものを砂入りバッフルと称する。メーカー製としてはモノーラル時代にワーフェデールが作っていたことがある。別に15㎜、60㎜でなくてもよい。空間があって砂が入っているということがポイントである。この方式のメリットは、重くなること。砂でダンプされてバッフルの鳴きがなくなることだが、作るのは意外と厄介である。まず、ユニット取付け用の開口をどうするか、**図17**のように正方形に板を重鎮、その中央に穴をあけるか、bのようにサブバッフルを重ねるかだ。いずれにしてもユニットがパイプにはまりこむような形にはしたくないので、テーパーをつけるとか、階段状に拡げていくとかの工夫は必要である。さらに厄介なのは砂の処理だ。オーストラリア産のジルコニアサンドみたいなものが入れば理想的だが、恐ろしく高価だし、現在は輸入禁止のはずだ。一般には川砂を使えばよいのだが、乾燥させるのがたいへんである。完璧を期するには大きな鉄鍋で炒ることだが、薄く拡げて天日乾燥させても使える。ただし、風のない日に、大きなシート、あるいはベニヤ板を拡げて、砂をごく薄く拡げて干すことが必要で、そう簡単ではない。海砂は塩分、特にマグネシウム塩を含んでいるので空気中の湿気を吸いこむ、マグネシウムを飛ばすためにも徹底的に炒る必要がある。塩分が残っていると水分を吸いこむだけでなく、クギをさびさせてしまう。また砂はめいっぱいに充填したつもりでも時間がたつと沈んでいって上部に空間ができる。その時に追加ができるように砂を用意しておくこと、バッフル上部に開口部を設けておくこと。

キャビネットタイプ

〈形状〉平面バッフル以外は、ユニットの背面を包みこむ形のキャビネットが必要になるので、これをエンクロージュア（取囲むもの）とか、バッフル（阻止するもの）とか呼ぶこともある。箱型のものに限ってはボックスとも呼ぶ。形状については何の制約もなく、メーカー製でも6面体、8面体、12面体、14面体、球体、卵型等々多種多様であり6面体といっても各面が平行している直角6面体と、平行面のない傾斜6面体とがある。定在波を考えると最も不利なのが直角6面体だが、作りやすさとルックスの点からこの形状が最も多い。

〈素材〉キャビネットの素材にも制約はない。実際にガラス、セラミックス、金属、天然石、人造石、樹脂、コンクリート等が使われているが主流は木質系（単板、集成材、合板、パーチクル

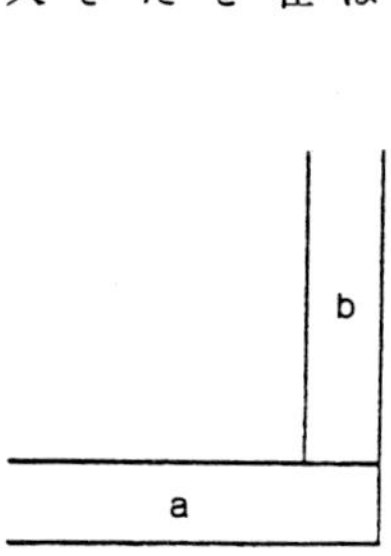

図18●

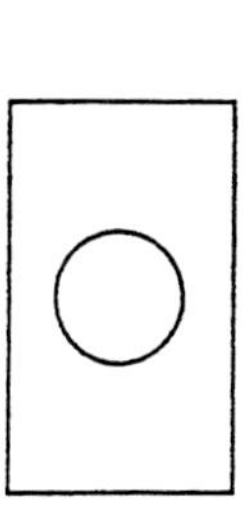

図19●

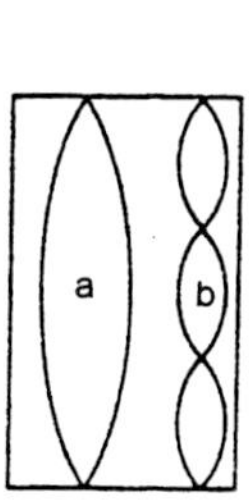

図20●

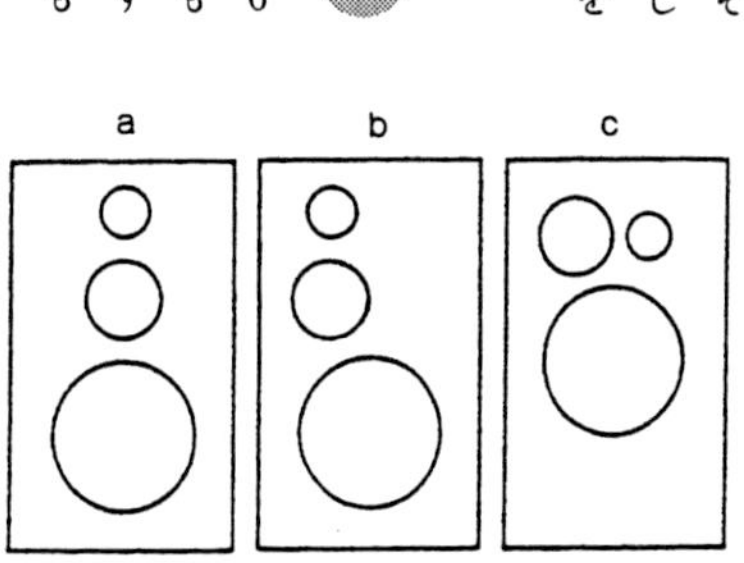

図21●

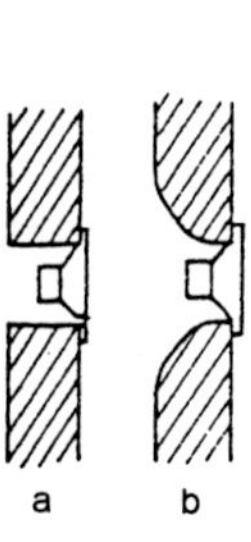

図22●

ボード）である。アマチュア工作では作りやすさ、入手しやすさからして合板が中心になる。

〈バッフル〉平面バッフルを略してバッフルと呼ぶし、キャビネットそのものをバッフルと呼ぶこともある。しかし、ここではユニットを取付ける面をバッフルと呼ぶ。四角い箱の場合、ユニットを取付ける面をフロントバッフル、裏板をリアバッフルと呼ぶこともある。広指向性、全指向性システムでは6面の内、4面がバッフルであるとか、球体の全面がバッフルであるといったケースもある。バッフルは特に強度が必要であり、板厚、取付法等に注意が必要。メーカー製システムでも、バッフルだけ厚くしているのが普通である。

バッフルと天地左右との接合は**図18**のように、a、b、どちらをバッフルとするかが問題になる。aをバッフルとした方が強度がとれるが、bの方が補強しやすいという面もある。また、板取りやルックスも無視できないので一概にどっちがよいとはいい切れない。筆者の設計でも両方がある。バッフル面でのユニットのレイアウトにも一長一短がある。**図19**のように中央に取付けると、エッジでの反射、回析が同じ周波数で起こるのでくせがつく可能性がある。オフセンターに取付ければこれが分散される。しかし、センターに取付けると定在波の点で有利になる。上下方向の定在波のうち、1波長のものはそのままだが、½波長（**図20**）3/2波長（図20b）はユニットによって破壊される。左右も同様である。2ウェイ、3ウェイのレイアウトは3タイプがある。**図21**aはセンターインラインで左右の指向性が等しい。bは中高域のみオフセンターで、エッジでの反射によるくせを分散させる。Cは音源集中型である。3者3様で優劣はつけ難いが、ルックスと、L、Rの別がないというメリットから、最近はaが主流になっている。

〈板厚〉板厚はキャビネットのサイズで決まる。小型のキャビネットは板厚が薄くても強度がとれるので12㎜厚、9㎜厚でも使える。一番入手しやすく使いやすいのは15㎜厚だが、内容積50ℓぐらいまでに使える。ただし、15ℓ以上になったら補強が必要である。30〜70ℓには18㎜厚、50〜100ℓには21㎜厚といったところ。絶対的な決まりではないので、10ℓで30㎜厚、100ℓで15㎜厚もありうる。バッフルだけ厚くする場合もあるが小口径ユニットに対して、板厚がありすぎると、**図22**aのように共鳴管ができてしまうので、bのようにテーパーをつけてカットする必要がある。テーパーをつけない場合は、口径に応じて板厚を調整する。板厚＝口径×0.1といったところが標準だが、これでなければいけないというものではなく、10㎝で21㎜、30㎝で15㎜でも差支えはない。

後面開放箱

平面バッフルの四辺を後方に直角に折り曲げたもの。あるいは密閉箱の裏板を取除いたものを後面開放箱という。原理的には平面バッフルの延長であり、共鳴管でもある。450(W)×600(H)×300(D)㎜の後面開放箱を上から見て、音の出方を単純に描くと**図23**のようになる。この図では背面からの音は約70㎝遠回りしてくることになる。厳密にいうと図の点線の方向に進行して、前面からの音と交叉するので、もう少し遠回りすることになるが、仮に3m先で交叉したとすると、8㎜の遠回りでしかないので無視することになっている。70㎝の遠回りで一波長になる周波数は486Hz、この周波数でディップを生じる。70㎝が半波長になる周波数は243Hzで、ここでピークを生じるが、上下方向で見ると大回りは75㎝になり、それぞれ453Hzでディップ、227Hzでピークを生じる。これらの周波数以下ではダラ下がりになる。実際に外寸450×650×332㎜(内寸387×587×290㎜)の後面開放箱、BS—51では400Hzにディップ、220Hzにピークが見られたがローエンドは一応30Hzまでレスポンスはあった。ただし使用したユニットは38㎝であり、特殊なネットワーク（PST）を使用している。大口径ユニットは指向性が狭いので、バッフルや後面開放箱には向いているのである。

共鳴管として動作はどうか。これは後で共鳴管システムのところで詳しく説明するが、前記BS—51の寸法で計算すると約250Hz、750Hz辺りにピークが出ることになる。共鳴管のピークを生じる波長についての公式は

$\lambda_1 = 4 (L + 0.41\gamma)$

$\lambda_2 = \frac{4}{3} (L + 0.41\gamma)$

λ：波長(㎝)

L：管の長さ(㎝)

γ：開口面積は円に換算した時の半径(㎝)

なお周波数は音速を波長で割れば出る。それぞれf_1、f_2とすれば、

$f_1 = \frac{34000}{\lambda_1}$ (Hz)

$f_2 = \frac{34000}{\lambda_2}$ (Hz)

ただし、この公式は真円のパイプで、

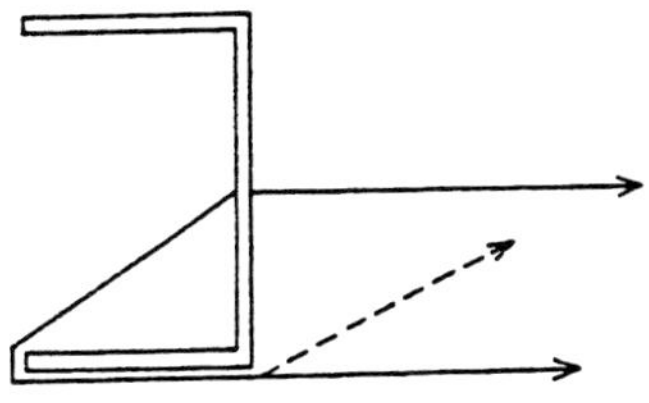

図23●

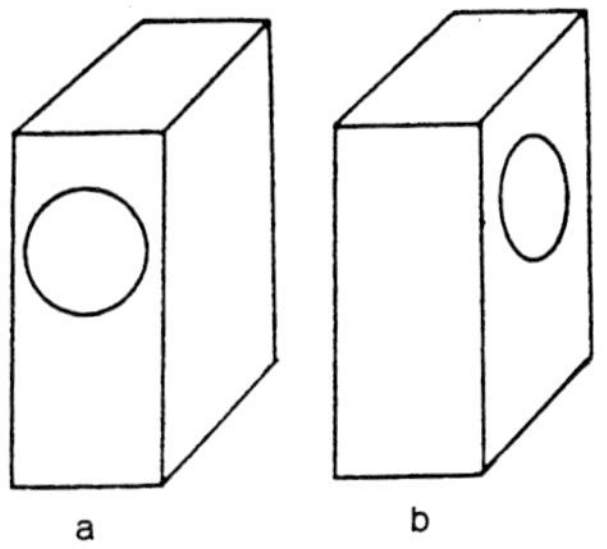

図26●

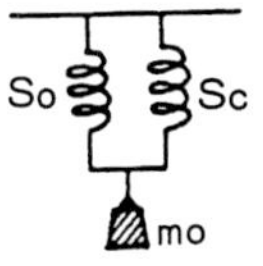

図25●

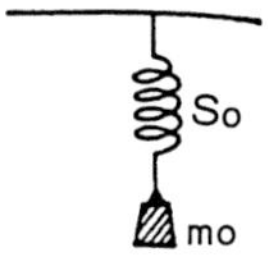

図24●

γに対してLが充分長い場合に適用されるものであって、Lが短いわりにγが大きい場合は、係数の0・41はずっと小さくなって0.2以下になると考えられる。開口の形状（真円かだ円か正方形か長方形か）によっても変わるので一概にはいえない。いずれにしても平面バッフルや後面開放箱は綿密な計算を必要とするものではなく、概して大きければ大きいほどよいのである。ただし、大きいほど、補強が重要になってくる。また後面開放箱はλ^2を抑えたいし、上下左右の定在波も抑えたいので、吸音材の使用が望ましい。

密閉型

ユニット取付穴以外に穴もすきまもないキャビネットを密閉型と呼ぶ。スピーカーシステムの基本であり、適当な密閉箱に、適当なユニットを取付ければ一応音楽は聴けるので無難ではある。たとえばP―610は10ℓから100ℓまでの間で使える。もちろん10ℓも100ℓもベストではないが、といって中間をとって55ℓがベストというわけでもなく、用途により、好みにより、ベストは何通りか出てくる。トゥイーターやスコーカーはユニット自体にバックキャビティを持っているものが多く、基本的に密閉型である。ユニットの裸のf特といわれているものは実際に裸で測定するわけではなく、900×1200×600㎜という巨大な密閉型キャビネットに取付けて、無響室で軸上1ｍで測定している。ここまで巨大化すると背圧は無視でき、無限大バッフルに近づくのである。

密閉型キャビネットの効用は大別すると3つになる。①ユニット背面の音を閉じこめる。②背面の音を殺してしまう。③空気バネの働き。①のためには厚く、重く、丈夫な板材を使ったキャビネットが必要である。しかし、キャビネットをいかに頑強に作ってもウィークポイントはある。ひとつは端子板で、薄い端子板で作られているため音がもれてくる。これは解決可能であり、メーカー製でも端子板を使わないシステムがふえてきている。この点では自作の方がはるかに進んでいた。もうひとつの絶対的なウィークポイントはユニット自体だ。バッフルが30㎜厚、40㎜厚と丈夫でも、ユニットのコーン紙は極端に薄く軽く弱い。背面の音はコーン紙を通して盛大にもれてくる。②の主役は吸音材である。吸音材なしのキャビネットでは背面の音がコーン紙を通してもれてくるし、定在波も盛大に発生する。吸音材は背面の音を吸収して殺してしまうので、コーン紙を通してのもれを減らすことができるし、定在波の発生を防げる。さらに③の空気バネの力を弱めるという効果もある。**図24**はユニットのf_0を説明する模式図である。サスペンションのバネの力（スチフネスという）S_0と、m_0とで、f_0が決まる。この図は重力が働いてしまうので厳密にいうとスピーカーの動作とはちょっと違うのだが、ユニットを上向き、下向きに取付ければ同じである。

図**25**はこれにキャビネットの空気バネの力、S_cが加わった場合で、バネが強くなるのでf_0は上昇する。吸音材は図25のS_cのバネにウレタンをはさんだり、あるいはバネをオイルの中に漬けたような効果を与える。空気バネの力はタイヤ、ビーチボール、エアガン、注射器などで実感できる。S_cは内容積に反比例し、ユニットの振動板面積に比例する。ユニットが同じなら内容積が大きいほど、S_cの力は弱くなり、キャビネットが同じなら、ユニットが大口径になるほど、S_cは強くなる。内容積が同じでもキャビネットの形状やユニットの取付位置でもS_cは変る。図**26**のキャビネットa、bは同じものだが、ユニットの取付位置が違う。S_cはaの方が弱く、bの方が強い。ただし、ユニットが小口径の場合はあまり差が出ない。

ユニットのf_0はサスペンション（エッジ、ダンパー）のバネの力、S_0とm_0で決まる。S_0が同じならm_0が大きいほどf_0は低く、m_0が同じならS_0が大きいほどf_0は高い、これらの関係を表わす公式

$$f_0 = 0.16\sqrt{\frac{S_0}{m_0}}$$

$$S_0 = (2\pi \times f_0)^2 \times m_0$$

f_0：振動系の最低共振周波数（Hz）

m_0：振動系の実効質量（g）

密閉箱の中の空気バネの力はS_cとしてS_0に加算される。

$$S_c = \frac{14000a^4}{V_c}$$

S_c：キャビネット内の空気スチフネス

V_c：キャビネットの実効内容積（ℓ）

a：実効振動半径（cm）

V_cは総内容積からユニットの一部、補強材などの出っ張りを差引いたものである。ユニットを密閉箱に取付けるとf_0は上昇してf_{oc}に変る。

$$f_{oc} = 0.16\sqrt{\frac{S_0 + S_c}{m_0}}$$

f_0が上昇してf_{oc}になると、Q_0も上昇してQ_{oc}になる。

$$Q_{oc} = Q_0 \times \frac{f_{oc}}{f_0} \qquad f_{oc} = f_0 \times \frac{Q_{oc}}{Q_0}$$

以上は吸音材ゼロの場合の計算であって、吸音材を入れると空気バネの力は弱められるので、S_cが下がり、f_{oc}、Q_{oc}も下がる。ただし大幅の低下は望めない。せいぜい数%であろう。

どんなユニットをどんなキャビネットに取付けても音は出る。しかしユニットをよく生かすキャビネットとなると、慎重に設計することが必要になる。ポイントはQ_{oc}、f_{oc}の設定だ。裸のf特が図**27**のaのようなユニットのQ_{oc}が1.0以上になるようにするとbのようになる。0.7だとc、0.5以下だとdのようになる。Q_{oc}とf_{oc}は連動しているので、Q_{oc}を上げようとすればf_{oc}も上昇する。たとえばQ_0＝0・26、f_0＝45Hzのユニット（FE208Σ）のQ_{oc}を0.7にしたとすると、f_{oc}は121Hzに上昇してしまい、実用にならない。またf_{oc}を60Hzで抑えようとすればQ_{oc}は0・35となり、オーバーダンピングで低音が出ない。図27 dの感じだ。Q_{oc}は0.7が標準だが、0.5〜1.0で一応使える、その時にf_{oc}がどのくらいになるかで低域再生能力が決まる。概して高能率型のフルレンジは密閉型には不向きである。ウーファーは密閉で使えるものが多い。P－610のようにf_0、Q_0とも高いユニットは大型密閉箱でも使える。

空気バネを徹底的に利用したシステムとしてエアサスペンション方式がある。f_0を極端に低く（20Hz前後）とったコーンの重いウーファーを、小型密閉箱に取付けてf_0、Q_0を大幅に上昇させて使うもの。S_0を特に弱く設計、S_cを強力に効かせて通常の動作に近づけるもので、略してエアサスとも、AR方式とも呼ぶ。エアサス用のユニットは市販されていないが、やや近いものとしてFW168がある。振動板単位面積当りの重量が最も大きいウーファーである。

インピーダンス特性

密閉型のインピーダンス特性は裸のユニット、あるいは平面バッフルに取付けたユニットのインピーダンス特性と似ていて、低域の山はひとつしか出ない。裸のf_0に対して密閉型システムのf_0をf_{0C}とすると、その関係は図**28**の

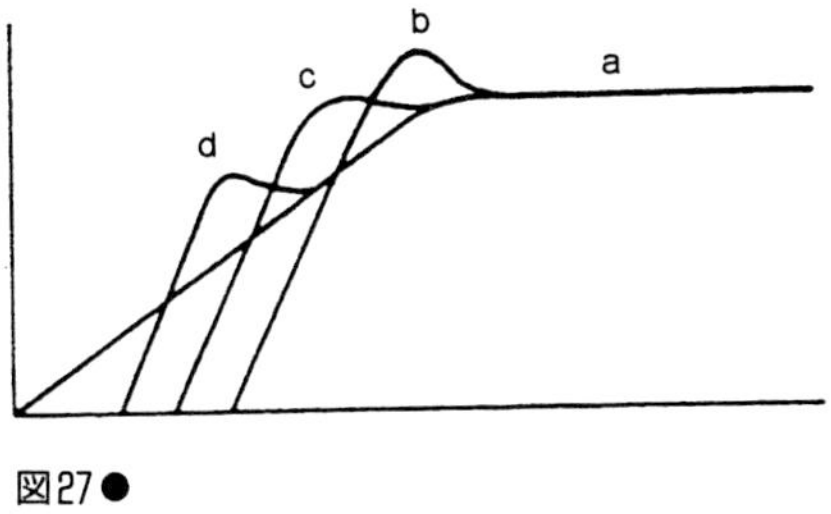

図27●

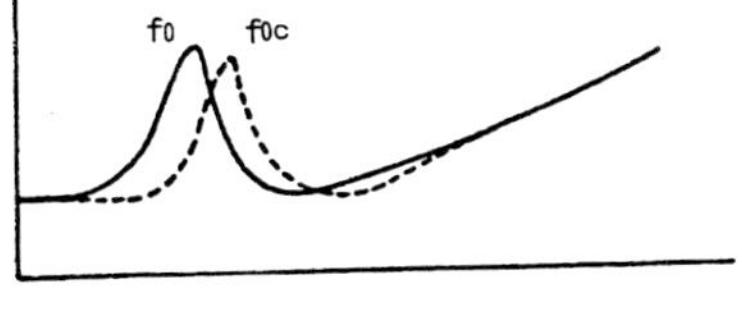

図28●

ようになる。f_{oc}は必ずf_oより高くなる。

ユニットの複数使用

同じユニットを2本、4本使用する場合も基本的なものは変らないが、f特には変化が現われる。14cmを2本使ったとすると振動板面積は20cm1本と同等になる。空振りによる低域の減衰は振動板面積をふやせば抑えられる。一方、高域は各ユニット間の相互干渉で打消される部分が出てきて、全体としてはハイ落ち傾向になる。**図29**の実線は1本使った時のf特とすると、2本使って、トータル入力が同等になるように調製した時のf特は点線のようになる。1本使用のキャビネットが25ℓだったら2本で50ℓ、4本で100ℓというのが基本だが、図29からして2本で40ℓ、4本で70ℓでも間に合うのではないかという見方ができる。実際にそのような設計のPAシステムは珍らしくない。

密閉箱の吸音材

吸音材というのは音圧を受けて振動し、その振動エネルギーを熱エネルギーに変換してしまうものである。材質としてはグラスファイバー、天然ウール（フェルト）エステルウール、ウレタンフォームなどがある。吸音材は板に接着したり、補強材やダクトに巻きつけたり、あるいはテントのように張ったりして使うが、メーカーそれぞれにノウハウがあり、千差万別である。ぎっしり詰めこむもの、ほとんど入れてないもの、数種類の吸音材を使い分けるもの、いろいろである。代表的なものとしてはバッフルを除く5面に張りつける方式と、対向面の片方だけ、つまり3面に張りつける方式とがある。簡易型としては**図30**のようにグラスウールを1枚、斜めにほうりこんでおくというのもある。どこにも接着せず、単に突っ張っているだけなので硬めのグラスウールやウレタンフォームしか使えない。一般に密閉型は多めに、バスレフは少なめにといわれているが、密閉でゼロに近いものもあれば、バスレフでぎっしり詰めこんだものもあり、ケース・バイ・ケースである。吸音材の効果は①ユニット背面の音を吸収する。②定在波を抑える。③Q_{oc}の上昇を迎える。といったところだが、大量に使うと余分な音は出ないが、音ののび、エネルギー感が抑えられ、音に生気がなくなる。吸音材ゼロだと音は生きいきとしているが、余分な音がついてにぎやかになったりする。ケース・バイ・ケースだ。

パッシブ・ラジエーター●

密閉型に余分な穴をあけて、そこに磁気回路を持たないユニット（ウーファータイプ）を取付けたシステムがある。パッシブラジエーター・システムとか、ドローンコーン・システムと呼ぶ。駆動力を持たない受身の放射器、怠け者のコーン、といった意味だ。このシステムの動作を理解するためには**図31**のように錘りをつけた輪ゴム（2本つなぎ）を手の中指にかける。錘り

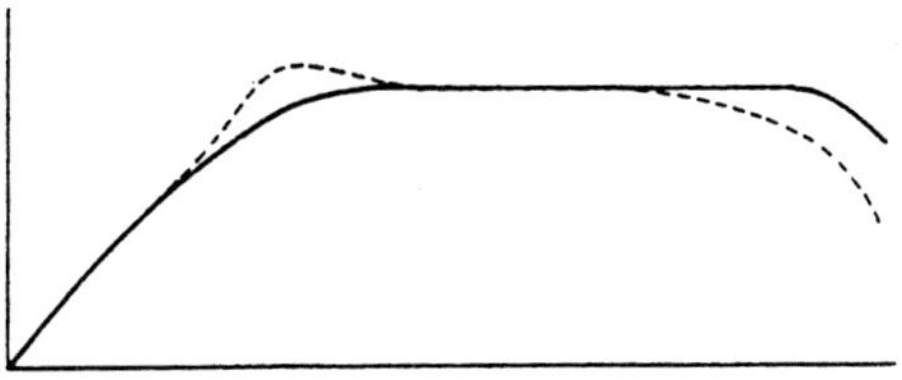

図29●

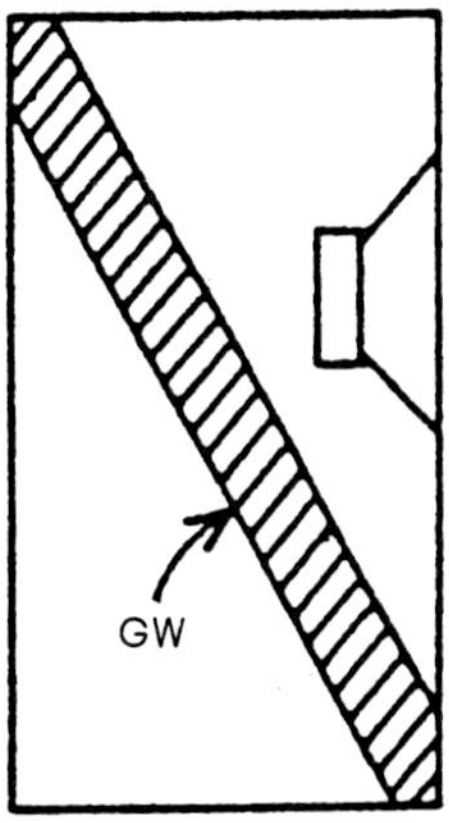

図30●

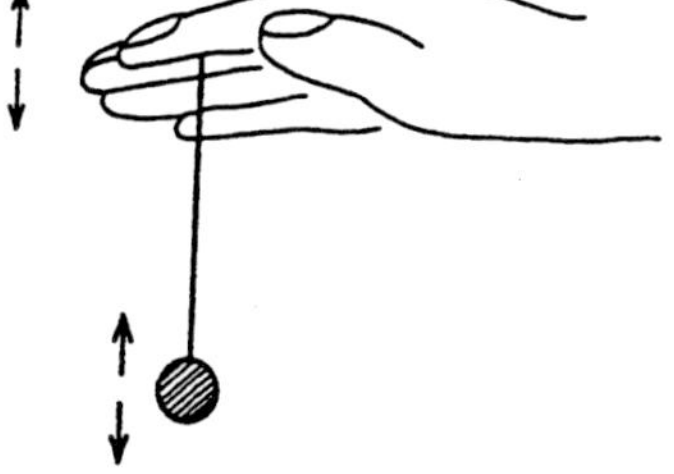

図31●

図32●

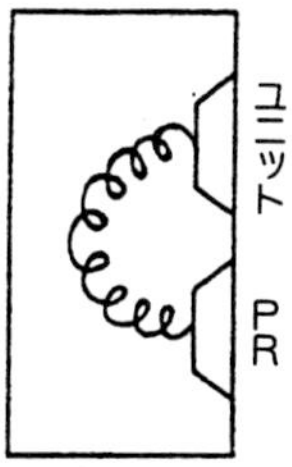

図33●

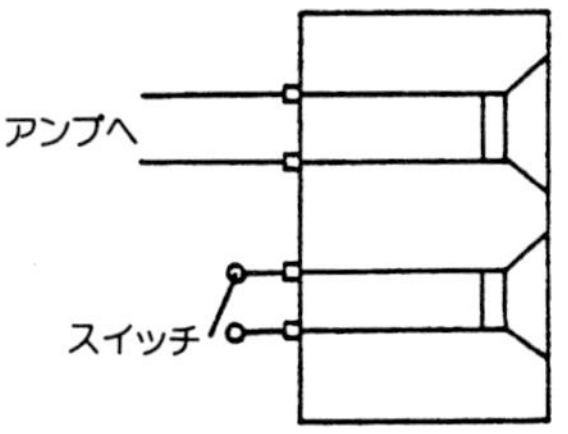

図34●

を水の入った風船にすると夜店で売っているおもちゃになる。（今はもうなくなったかな）この状態で手を上下させる。ごくゆっくり上下させると、手と錘りは同じ動きをする。上下動の周期を徐々に速めていくと、ある点から突然錘りが手と逆の動きをするようになる。しかも大振幅で動く。これがこのシステムのf_0である。周期をさらに速めると手は大きく動いても錘りは動かなくなる。細かく見ていくと、やはり手と錘りは逆の動きをしているのだが、動きが小さすぎてわからない。なぜそんなに小さいかというと手のエネルギーがゴムに吸収されてしまって、錘りには伝わらないからである。f_0で大きく上下動している時、手の動きをぴたりと止めると、錘りの動きもぴたりと止まる。ということはなく、短時間だが錘りが勝手に上下動を続ける。手と錘りが一緒に動いている時のf_0と、錘りだけが動いている時のf_0は少し違う。後者の方が周波数が少し低い。これはゴムと錘りの実験で体験できる。以上をスピーカーの動きに置換えてみよう。手をユニット、錘りをPRと考えればよいのである。**図32**は裏板にパッシブラジエーター（PR）をつけたシステムである。フロントのユニットに信号を入力する。周波数が高いうちはPRは動かない。密閉型同然である。f_0ではPRは大きくユニットと逆に動く、ということはユニットとPRが同相で音圧を放射することである。これは**図33**のようにPRをフロントに取付けてみればわかる。周波数がf_0以下になると、ユニットとPRは一体で動く。ということは逆相で音圧を放射することであり、音圧はゼロに近づく。

PRシステムでは、PRの代わりに板を張った場合のユニットのf_0と、PRを取付けた時のf_0は違う。後者の方がf_0は高くなる。逆にユニットの代わりに板を張った場合も同様で、PRのf_0はユニットがつくことで上昇する。密閉型の原理からしても、PRがつくことで振動板の面積はふえるから空気バネの力は強くなり、f_0は上昇するのである。

PRは市販されていないので、挑戦しようと思ったらユニットの自作が必要になるが、実験だったらいろいろできる。たとえば**図34**のように2本のフルレンジ・ユニットを取付け、一方のユニットをPRとして使う。PRの方にスイッチをつけておくと、OFFの時にはPR、ONの時には電磁制動がかかるのでダンプド・バスレフになる。ただし、この場合、フルレンジをPRとして使っているのでf_0が高くなり、低音ののびは期待できない。PRはm_0を大きくとることが必要であり、金属ウエイトを持ったPRもある。PRはコーン型である必要はないので、平円板もあれば正方形、長方形の平板もある。また振幅（ストローク）はウーファーなみにせいぜい数mmしかとれないので大面積が必要。PRの面積はウーファーの面積の1.0～2.0倍にとるのが普通である。

バスレフ

バスレフレックス、略してバスレフの原理はパッシブラジエーターと同じである。バスレフではPRの代わりにダクトを使う。ダクトの中の空気がPRの働きをする。ダクトとは導管のことだが、単純にパイプのことと考えてよい。空気はある時は気体、ある時は液体、またある時は固体としての性質を示す厄介なしろものだが、バスレフではダクトの中の空気を固体として考える。空気の重量は1ℓで1.2g程度である。これをm_d（ダクトのm_0）とする。PRのm_0に比べるとm_dは著しく小さい。これで役に立つのか。バスレフのユニットを外して板を張る。あるいは密閉された箱に一か所だけ穴をあけてダクトを取付けると**図35**のようになる。このシステムはキャビティの空気バネと、ダクト内の空気のマスとで作られるf_0を持つ。特定の周波数でダクト内の空気が振動して音を出す。ウィスキーのボトルの口を吹くとボーと鳴るのは全く同じ原理であり、ヘルムホルツの共鳴器と呼ばれる。図35のどこかにユニットを取付けたものがバスレフであり、バスレフというのはヘルムホルツの共鳴器をユニットでドライブするものである。ダクトのf_0はユニットがつくと

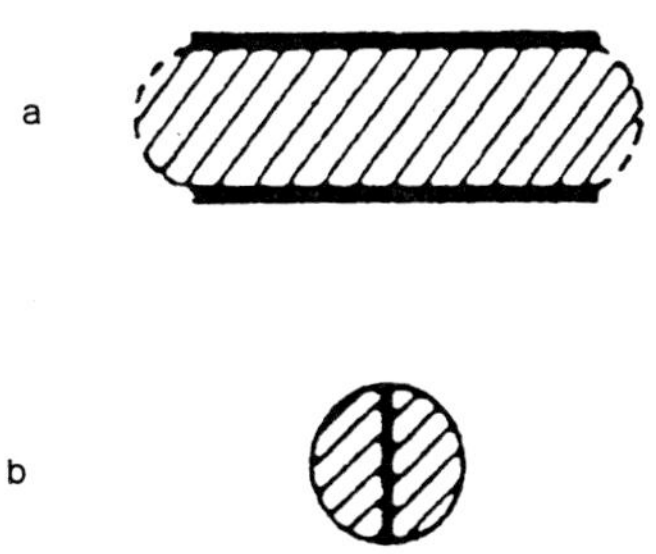

図36●

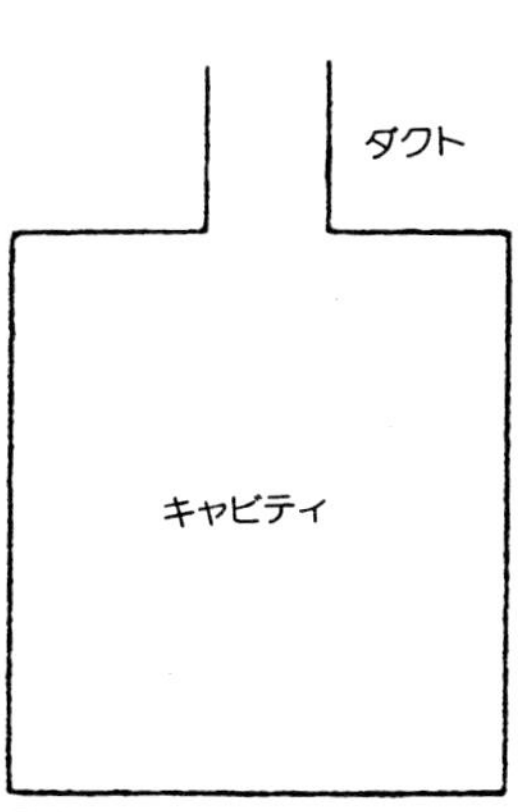

図35●

上昇する。これはＰＲでも説明したとうりだが、一般にダクトは小口径でm_dも小さいのでユニットによる影響は少ない。ユニットなしのヘルムホルツ共鳴器として計算しても実用上は問題ない。

m_0の小さいダクトのf_0がなぜ高くならないのか、それはS_0（振動板を支えているサスペンションのバネとしての力）がほとんどないからである。また概して口径が小さいのもf_0を低くするのに役立っている。ダクトのm_dをふやすにはダクトを長くすればよい。では極端に短いダクトの場合はm_dはゼロになるのか。**図36**は普通のダクトだが、固体として振動するのはダクト内の空気だけでなく、ダクトの入口、出口にたむろしている一部の空気も巻きこんでの振動になる。ダクトの長さがゼロに近づいても図36ｂのように穴の前後の空気は振動板としての動作を行なうので、m_0は決してゼロにはならない。ダクトなしのポートだけといっても板厚があるので、長さ15㎜、21㎜のダクトとして計算すればよい。ダクトの共振周波数をf_bとかf_dとか呼ぶが、ダクトの共振ということがすぐわかるf_dの呼び名を採用する。f_dはダクトのm_dとキャビディのS_cで決まるが、S_cはキャビネットの内容積とダクトの入口面積で決まる。出口の面積ではない。ウーファー、ＰＲとも充分な低音再生には大面積が必要である。しかしダクトは小口径でも低音再生が可能、その秘密は振幅（ストローク）にある。ウーファーやＰＲの振幅はせいぜい数㎜だが、ダクトはサスペンションによる制約がないので、数10㎜もの振幅が可能。これによって小口径でも低音再生が可能になるのだが、大口径ならさらに豊かな低音再生が期待できる。ただし、小口径ユニットに大口径ダクトを組み合わせてもドライブしきれず、バランスを崩す。

バスレフの計算

密閉型のインピーダンス特性は**図37**のようにf_{0c}という山がひとつ出るだけで、f_{0c}はf_0より高い。バスレフのインピーダンス特性は**図38**のように山が2つできる。高い方の山はf_{0c1}、低い方の山はf_{0c2}、その間の谷がf_dである。バスレフのダクトを板でふさいでしまえば密閉になり、インピーダンス特性は図37と同じである。密閉箱と同じ実効内容積のバスレフに、同じユニットを取り付けると、f_{0c1}はf_{0c2}より少し高くなる。ダクトの面積だけ、ユニットの面積が増えたのと同じになるからである。f_dはダクトの共振周波数。f_{0c2}は何か。これはキャビネット内の空気が、コーンと一体に動いてダクトから出入りするという動作で、空気のマスがユニットのm_0に付加されて、m_0が増えたのと同じになるため、f_0が下がったと考えられる。キャビネットが30ℓだとすると空気のマスは36ｇになるが、実際はもっと小さくなる。それはキャビネット

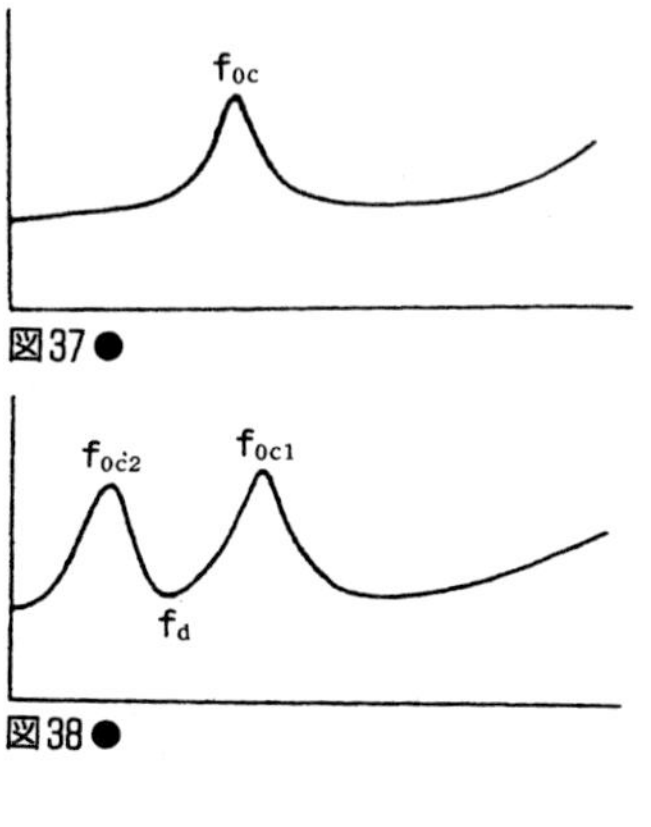

図37●

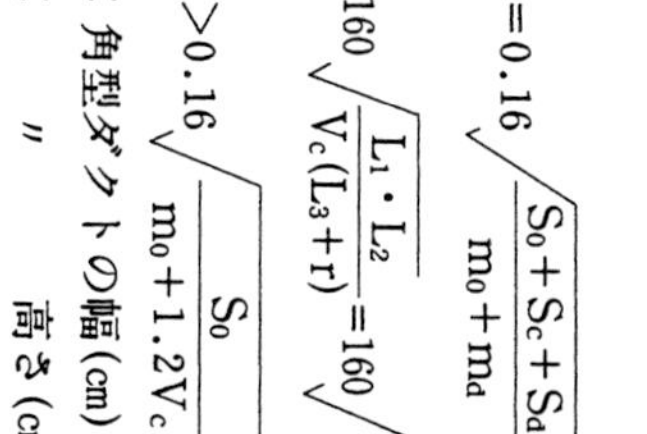

図38●

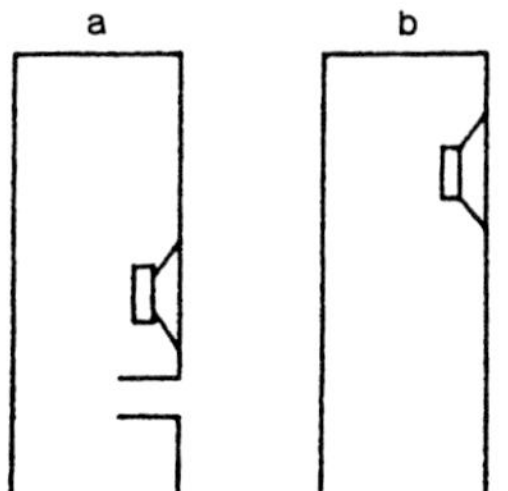

図39●

内の空気がすべて一体となって動くとは限らないからである。たとえば**図39**ａとｂは内容積、ユニット、ダクト、すべて同じだが、f_{0c2}はｂの方が低く出る。図ａではコーンと一体になって動く空気が少なく、図ｂでは多いからである。しかし、いずれにしても空気全量が参加することはない。

バスレフの計算ではダクトは真円断面の直管に換算して計算する。開口が10×5㎝の角型ダクトは換算すると半径4㎝の円形ダクトになる。特殊なダクトについては後で説明する。

$$f_{0c1}=0.16\sqrt{\frac{S_0+S_c+S_d}{m_0+m_d}}$$

$$f_d=160\sqrt{\frac{L_1\cdot L_2}{V_c(L_3+r)}}=160\sqrt{\frac{\pi r^2}{V_c(L_3+r)}}$$

$$f_{0c2}>0.16\sqrt{\frac{S_0}{m_0+1.2V_c}}$$

L_1：角型ダクトの幅(㎝)

L_2：　〃　　高さ(㎝)

L_3：　〃　　長さ(㎝)ポートだけの場合は板厚

r：角型ダクトの面積($L_1\cdot L_2$)を円に換算した時の半径(㎝)

$$r=\sqrt{\frac{L_1\cdot L_2}{\pi}}$$

S_0：ユニットのスチフネス

S_c：キャビネット内の空気バネ（〃）

$S_d=\frac{14000r^4}{V_c}$：ダクトのスチフネス

V_c：キャビネットの実効内容積(ℓ)キャビネットの総内容積からユニットやダクトの出っ張り分を差引いたもの

m_0：振動系実効質量(g)

$m_d=0.0012L_1\cdot L_2(L_3+\frac{3}{4}r)$(g)ダクト内の空気の実効質量

以上だが、このうち、f_{0c2}は概算でしか出せない。どのくらいの空気が参加するかわからないからである。だから不等号で示してある。f_{0c1}、f_{0c2}は計算しなくてもバスレフの設計はできる。f_dの計算は重要。f_dが高いとf特は**図40**

aのようになり、低いとcのようになる。中間のbが無難だが、音の好みや用途によってaでもcでもよく、bだけがベストというわけではない。ユニットの測定写真がf_dの設定に役に立つと思う。

ダクトの面積はユニットの振動面積に比例するが、最適値というのは決まっていない。メーカー製でも1/2から1/20ぐらいまでいろいろである。極端に小さいダクトは密閉に近付くし、極端に大きいダクトは後面開放箱に近付く。自作の場合は1/20～2倍までケース・バイ・ケースだが、無難なのは1/5～1/2くらいである。

ダクトの位置

基本はフロントダクト。ユニットを取り付けたバッフルにダクトも取り付ける方式で、ユニットとの位置関係は**図39** aのように近接しているものと、bのように距離をとったものとがあり、一長一短である。aの方が音源が集中するのでいいが、ダクトから出入りする気流でユニットの中高域が変調されるおそれがあり、ダクトから漏れる中高音も耳に入りやすい。bは前記のデメリットがないが、低音については音源が分散してしまうのはデメリットになる。以前はフロントダクトが中心だったが、最近はリアダクトの方が増えている。リアダクトのメリットは、変調、中高音の漏れといった図39 aタイプのデメリットがないことだが、低音は裏から回って前に出てくるので、フロントダクトに比べると、量感、スピード感で劣る。

ダクトはどこに取り付けてもバスレフとして動作するので、フロント、リア以外に、天板（アッパーダクト）、底板（ボトムダクト）、側板（サイドダクト）に開口するバスレフもある。

特殊なダクト

図41 aのような折り曲げダクト（90度とは限らない。30度から180度まである）は、引き伸ばして一本の直管とした場合の長さで計算する。直管との違いは気流抵抗が少し増えるのでダンプド・バスレフに近付くことだ。図41 bのようなホーン型のダクトは全体がダクトとしては動作しにくく、斜線で示した部分が実質的なダクトになる。メリットとしては直角に切れているダクトより風切音が少なくなること。この程度のホーンでは低音への効果は考えられない。

複数のダクトを使うものをマルチダクトと呼ぶ。種々のダクトを組み合わせればf_dも複数で出てきそうに思えるが、実際は1個しか出てこない。ダクトは何本あろうとトータルして1本のダクトとしての動作になる。例えば半径r、長さℓのダクトと、半径r、長さℓ_2のダクトが付いていたとすると、半径$\sqrt{2}\,r$、長さ$\frac{1}{2}(\ell_1+\ell_2)$のダクト1本と等価と見る。半径$r_1$、長さℓ、半径$r_2$、長さℓのダクトの場合は半径$\sqrt{r_1^2+r_2^2}$ 長さℓのダクト1本と等価と見る。3本、4本と増えても同じである。半径r_1、r_2、r_3……r_n、長さℓ_1、ℓ_2、ℓ_3……ℓ_nと径も長さも異なる複数のダクトの場合は、径については

$$r = \sqrt{r_1^2+r_2^2 \cdots\cdots + r_n^2}$$

とし、長さは

$$\ell = \frac{r_1^2 \cdot e_1 + r_2^2 \cdot e_2 \cdots\cdots + r_n^2 \cdot e_n}{r}$$

として計算すればよい。

バッフルに小穴を多数あけたもの（**図42**）をマルチポート、またはディストリビューテッド・ポートと呼ぶが、これも考え方は同じで、例えば20㎜厚のバッフルにφ20の穴が20個あいてい

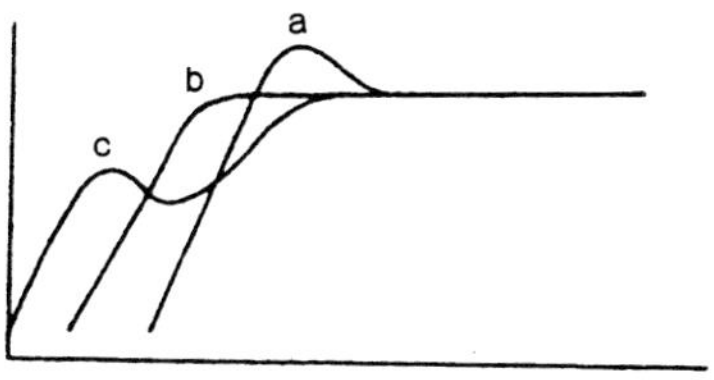

図40●

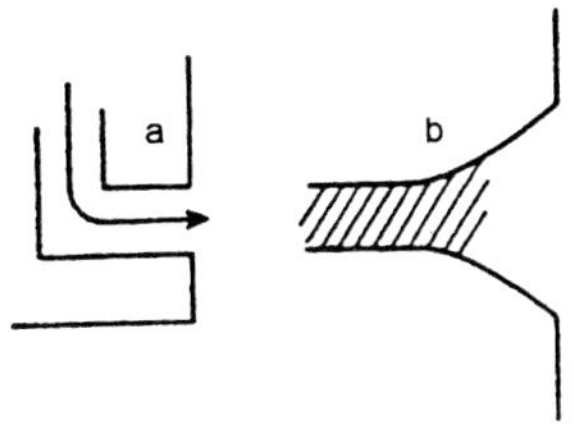

図41●

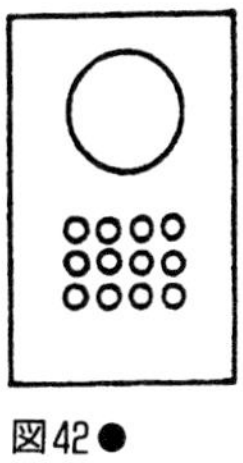
図42●

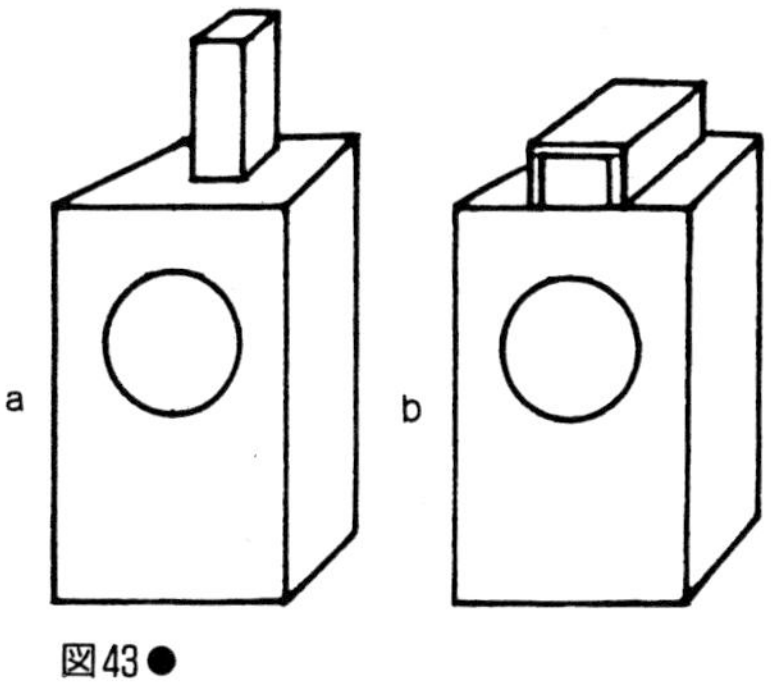

図43●

図44●

たとすると、φ89、長さ20㎜のダクトと等価になる。これで内容積が100ℓあればf_dは50Hzになる。マルチダクトは一面に集中させる必要はないので、六面に1本ずつのダクトを持ったバスレフも可能である。フロントとリアの同じ場所に向かい合う形で取り付けられたダクトを持つシステムは、向こうが見えるのでトンネルダクトと呼ぶ。トンネルダクトは、ダクトの反作用の影響をキャンセルできる。

ダクトは通常キャビネット内に取り付けられ、外部からは開口だけしか見えないが、外付けのダクトもある。図**43**aは形状からチムニーダクトと呼ぶ。bは水平に取り付けたもの。bの方式は裏板、側板にも応用できる。可変ダクトというのはダクトの面積や長さを可変にしてf_dを変化させるもの。長さを変えるのには塩ビパイプによるチムニーダクトがよい。短いパイプを天板に組み込んでおき、これにジョイントや延長パイプを組み合わせることで長さを大幅に変えられる。面積を変えるには図**44**のような大型の横長ダクトを組み込んでおき、ここに高さと奥行を合わせた板（図のａｂｃｄ）を差し込んでいくと、面積はいくらでも小さくできる。

ダクトだけの共振

ダクトを単体で見ると両端開放のパイプであり、気柱共振が起こる。その周波数はパイプの直径を2r㎝、長さをℓ㎝とすると、

$$f_0 = 34000/2(\ell + 1.64r)\,\mathrm{Hz}$$

という周波数で共振する。例えば直径5㎝、長さ10㎝のダクトだとすると、f_0は1206Hzとなる。これを抑えるためにダクトを曲げたり、途中に障壁を設けたり、吸音材を使用したりするが、これはダンプド・バスレフに通じる。

バスレフの吸音材

原則としてバスレフの吸音材は少なめに使うことになっている。キャビネット内面を完全にカバーしたバスレフは少なく、通常は1/2以下で済ませている。密閉では問題はないが、バスレフではグラスウールの微粉末がダクトから飛び出してくるおそれがあり、心配な人はフェルトを使う方がよい。ウレタンなら全く安心である。

バスレフのメリット、デメリット

f_dにより低音を稼げる。f_dではユニットのコーンの振幅はむしろ抑えられるので耐入力も上がる。密閉より開放的な音がする。以上がメリットだが、デメリットとして、f_d以下でf特に急降下する。f_d以下ではコーンは空振りに近く、振幅が大きくなるので、密閉に比べて耐入力が小さくなる。ダクトから余計な音が漏れてくる等々がある。密閉とバスレフは一長一短であり、優劣はつけ難い。

ダンプド・バスレフ

ダクトを折り曲げる、ダクトの入口にネットをかぶせる、ダクトの途中にスリット付きの仕切りを設ける、ダクト内に吸音材を充填するなどして、気流抵抗を増やしたり、キャビネットの吸音材を増やして空気バネの力を弱めたものをダンプド・バスレフと呼ぶ。ダクトの効きを弱めたバスレフだが、極端にダンプすれば密閉と変わらないし、ダンプ量が少なければ（例えばL字型ダクトだけで他に処理はしていない）、ただのバスレフと変わらない。インピーダンス特性は図37と図38の中間になる。標準的なダンプド・バスレフではf_{0c2}の山が半分ぐらいの高さになる。

密閉型バスレフ

同じユニットを小型密閉箱に取り付けた時のf特は図**45**aのようになり、大型密閉箱ではbのようになる。両方を併せたような特性は狙えないか？それが図**46**の密閉型バスレフである。大型キャビネットの内部にダクト付きの仕切板を設けて上下に分割、上部キャビネットにユニットを取り付ける。このシステムは上部だけ見ると小型バスレフである。ただし、f_dの低音は放射されず、f_d以上は小型密閉箱に近い特性になる。f_d以下の周波数では上下を合わせた大型密閉箱としての動作になり、ダクトは単なる気流抵抗として働く。ダンプされた大型密閉箱の動作である。以上によって図45aとbを合わせたf特が期待できるというのがこの方式だが、f_dではユニットからの音圧が低下するという問題もある。

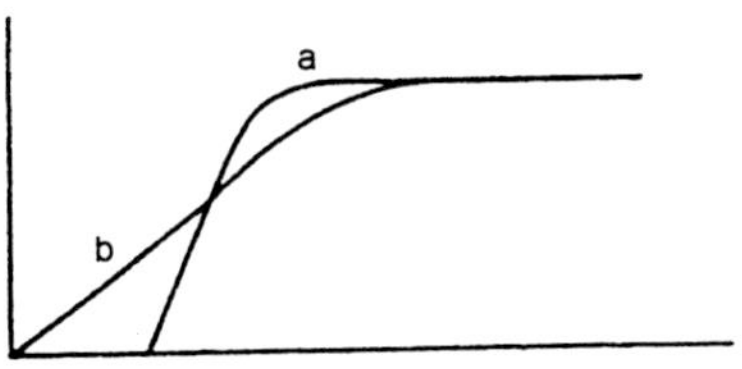

図45●

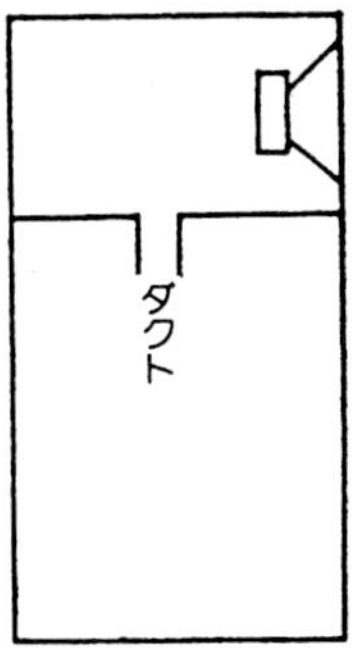

図46●

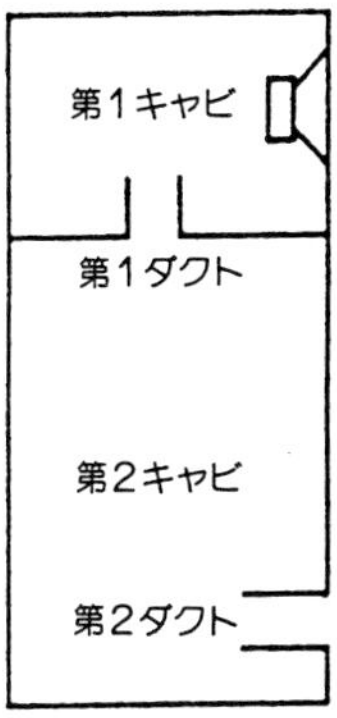

図47●

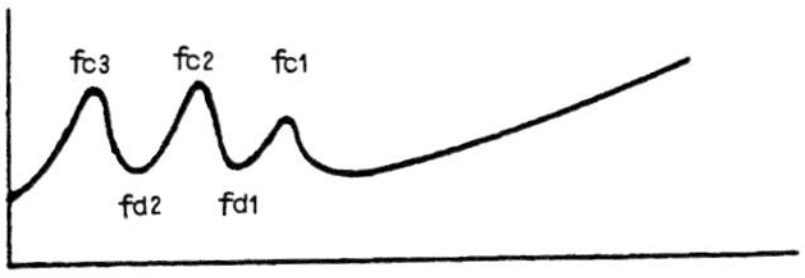

図48●

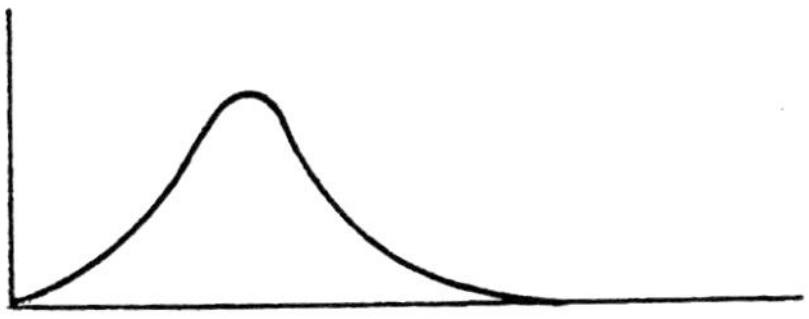
図49●

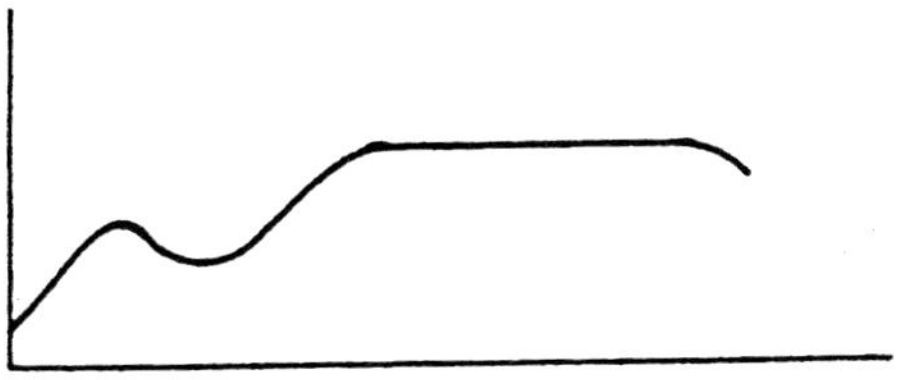
図50●

ダブルバスレフ

前項で簡単に紹介した密閉型バスレフの密閉箱の一部に、ダクトを設けたものがダブルバスレフ（DB）である。キャビネットは上下、あるいは左右、あるいは前後に分かれるが、ユニットが取り付けられている部分を第1キャビネット、これに取り付けられているダクトを第1ダクトと呼ぶ。これにつながるキャビネットを第2キャビネット、そこに取り付けられているダクトを第2ダクトと呼ぶ。第1ダクトは両キャビネットを結ぶ通路でもある。図47が代表的なDBの構造で、一見単純な箱のようだが、動作はバックロードホーンよりも複雑であり、正確な動作解析も理論もできていない。たぶん複雑な数式が必要になると思うが、僕の手には到底負えないので、カンと体験でなんとか設計している。第1キャビ、第2キャビの容積、ダクトの寸法といったパラメーターを少しずつ変化させて何十通りかのシステムを作ってみればわかるかもしれないが、アマチュアには不可能である。

図48はダブルバスレフのインピーダンス特性である。低域に山が3つ、谷が2つある。実は当初、谷が3つできるのではないかと予想した。インピーダンスの山はユニットのコーンの振幅が大きくなる共振周波数、谷はダクトの共振によってユニットに抵抗が加えられ、コーンの振幅が小さくなる共振周波数だ。①第1キャビと第1ダクトによる共振、②第2キャビと第2ダクトによる共振、③第1キャビと第2キャビを併せた内容積と第2ダクトによる共振、の3つが存在すると推測したのだが、インピーダンス特性には①と③だけで、②は出ていないようである。

インピーダンスの山は周波数の高い方からf_{c1}、f_{c2}、f_{c3}とし、同様に谷はf_{d1}、f_{d2}とする。f_{c1}、f_{d1}は第1キャビ、第1ダクトによる通常のバスレフの計算に準ずる（全く同じではない）。f_{c2}、f_{d2}は、第1キャビ、第2キャビを合算した内容積と、第2キャビによる通常のバスレフの計算に準ずる。この場合、第1ダクトは単なる通路であり、気流抵抗を持つ（周波数に比例して気流抵抗は下がる）。また、ダクト内の容積も全容積に合算される。f_{c3}は通常のバスレフのf_{c2}に準ずる。第1キャビ、第2キャビを合算した内容積の空気のマス（100ℓなら120g）がコーンに加算され、ユニットのm_0が120g増えたとして計算されるf_0であり、当然、ユニットのf_0より低い。ここで問題なのは内容積の空気全量が加算されるわけではないということである。どのくらいが加算されるかはキャビネットの形状、ユニット、ダクトのサイズ、取付位置で変わってくるが、おおよそ80～50％ぐらいであろう。

バスレフのダクトから放射される低音はf_0を中心に図49のようなf特を持つ。もしf_{d1}とf_{d2}が十分に離れていると、f_{d1}はf_{d2}の裾野にも引っかからないので全く放射されないことになる。密閉型バスレフと等価である。f_{d1}とf_{d2}が接近していればf_{d1}の低音も第2ダクトから放射される。しかし、f_{d1}とf_{d2}が接近しているDBはあまり意味がない。実際にf_{d1}とf_{d2}が離れたDBを設計してみると、f_{d1}の低音もf_{d2}から放射されている。これは次のように考えることができる。第2キャビと第2ダクトだけで形成されるヘルムホルツの共鳴器は、ユニットに関係なく動作する。従ってインピーダンス特性とは別にf_{d1}より低く、f_{d2}より高い、第3f_dが存在しており、それによってf_{d1}の低音が放射されているのではないか。このf_dをf_{dx}と呼ぶ。

DBの設計ではf_{d1}、f_{d2}の計算は重要だが、f_{c1}、f_{c2}、f_{c3}の計算は特に重要ではない。第1キャビの内容積は一応の基準として、ユニットの標準バスレフに準ずるものとするが、設計方針により、±30％程度の増減もありうる。第1ダクトは標準バスレフのダクトより面積を広く取り、f_{d1}は高めにとる。第2キャビの内容積は第1キャビの1.5～3倍ぐらいに取る。f_{d2}は要求する低域再生限界で決めるが、再生限界の1.4倍ぐらいに取ればよい。40Hzなら56Hz、30Hzなら42Hzである。f_{d1}とf_{d2}の周波数比は2～3倍が適当だが、これ以外は不可というわけではない。DBはまだ未開拓の分野なので、僕自身、手さぐりで設計している状態である。

ダブルバスレフの狙いはローエンドの拡大である。バスレフでもf_dを低めに設計すればローエンドは伸ばせるが、**図50**のように中だるみのf特になってしまう。そこで中だるみの部分をf_{d1}でカバーしようというのがDBである。ただ、カバーしきれない場合も多く、低域に狭い谷が残る場合もある。DBの音は概して繊細で深みがある。総内容積が大きいことが効いているようだ。BHとは対照的なサウンドである。

どんなユニットでもDBで使える。しかしBH向きの強力でハイ上がりのユニットを使うと、ローエンドは伸びるが、レベルとしてはそれほど上がらないので、全体としてハイ上がりになる。また、ハイ落ちの非力なユニットを使ったのでは2段のダクトをドライブしきれず、締まりの悪い低音になる。DB向きのユニットとしては、強力ではあるが、出力音圧レベルは低めで、ハイ上がりでないものということになる。

ダブルバスレフの計算

$$f_{d1}=160\sqrt{\frac{L_1\cdot L_2}{V_{C1}(L_3+r)}}\cdot\sqrt{\frac{V_{C1}+V_{C2}}{V_{C2}}}$$

L_1, L_2, L_3, r：第1ダクトの寸法(㎝)

(バスレフに準ずる)(㎝)

V_{C1}：第1キャビの実効内容積(ℓ)

V_{C2}：第2キャビの実効内容積(ℓ)

$$f_{d2}=160\sqrt{\frac{L_1\cdot L_2}{V_{CS}(L_3+r)}}$$

L_1, L_2, L_3, r：第2ダクトの寸法(㎝)

V_{d1}：第1ダクトの内容積(ℓ)

$$f_{C1}=0.16\sqrt{\frac{S_0+S_{C1}+S_{d1}}{m_0+m_{d1}}}$$

S_0：ユニットの定数(密閉型参照)

S_{C1}：密閉型のS_Cに準ずる

$S_{d1}=\frac{2000r^4}{V_{C1}}$(バスレフの$S_d$に準ずるが，第2キャビの影響で上昇する。概算である)

$$f_{C2}=0.16\sqrt{\frac{S_0+S_{CS}+S_{d2}}{m_0+m_{d2}}}$$

$$f_0>f_{C3}>0.16\sqrt{\frac{S_0}{m_0+1.2V_{CS}}}$$

$$S_{CS}=\frac{14000a^4}{V_{CS}}$$

$$S_{d2}=\frac{14000r^4}{V_{CS}}$$

$$V_{CS}=V_{C1}+V_{C2}+V_{d1}$$

f_{C3}はユニット単品のf_0よりは低く、キャビネットの空気の総量(V_{CS})がマスとして付加された場合の価よりは高くなるので不等式になっている。

ダブルバスレフ設計のノウハウ

DBの総内容積をどのくらいに取るかは難しい問題だが、標準としてはオーソドックスなバスレフの3倍である。2倍から5倍までは許容範囲に入る。最初は標準サイズで、例えばFE103を使う場合は第1キャビが6ℓ、第2キャビが12ℓで設計してよいのだが、ここで問題なのは第1ダクトの面積だ。バスレフのダクトはユニットの実効振動面積の1/10でもよいのだが、DBの場合は1/10では気流抵抗が増えすぎて密閉に近い動作になってしまう。ダクト面積は最低でも1/4以上としたい。1/3～1/2が手頃だ。FE103用のバスレフは6ℓで、φ50×88㎜のパイプダクト。f_dは87Hz。面積は20㎠だから40%あり、問題はない。S100になると5ℓでダクトはφ40×77㎜、f_dは81Hz、面積は23%弱。ちょっと小さい。面積を増やすとf_{d1}は上昇する。10～20%の上昇は構わないが、上昇しすぎる場合は内容積を増やす必要がある。これも10～20%増でいいだろう。第2ダクトの面積は第1ダクトの面積と同等以下というのが標準だが、ユニットが強力な場合は第1ダクトより大きくても使える。ユニット実効振動面積の50～100%でも実用になる。その辺をピシャリと決める計算式はできていない。今のところカンに頼るしかない。

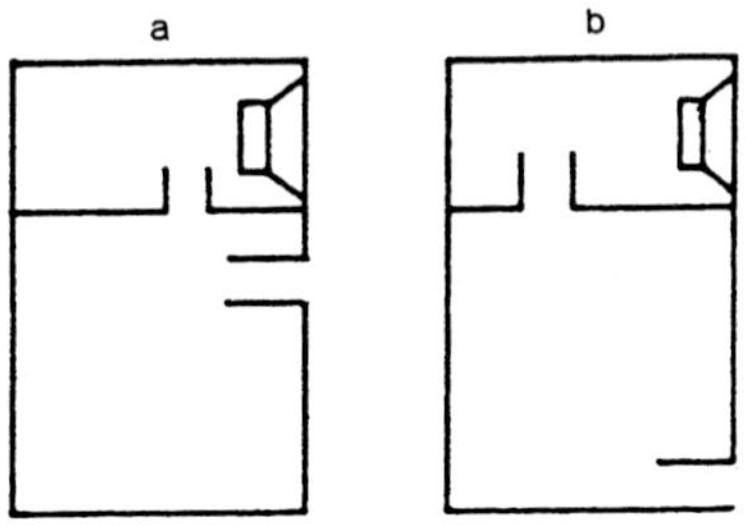

図51●

ユニットやダクトの取付位置は、内容積の空気をフルに使えるように設計する。例えば、**図51**aは内容積がフルに使われないおそれがあり、bの方がよい。ただし最適位置を決めるのは難しい。

ASW(アコースティック・スーパー・ウーファー)

図52のようにバスレフのユニットの前に密閉箱を取り付けたらどうなるか。密閉箱が完璧であれば、ユニット前面から放射される音波は閉じこめられて外部に出ることがない。ダクトからの低音だけが放射されるのでサブウーファーとして利用できる。キャビネット自体がローパス・フィルターになっているので、ネットワークなしでも使えるし、ネットワークを組み合わせれば中高域はさらに減衰させることができる。この方式を最初に発表したのは日立で、ASW(アコースティック・スーパー・ウーファー)と命名した。しかし、原理そのものは古くから発表されていたので日立の特許にはなっていない。現在この方式は、ケルトン方式、チューニングダクト方式などと呼ばれて広く採用されている。しかし、動作原理については詳しい説明がなされて

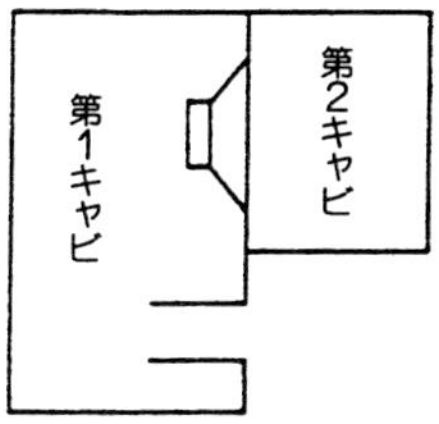

図52●

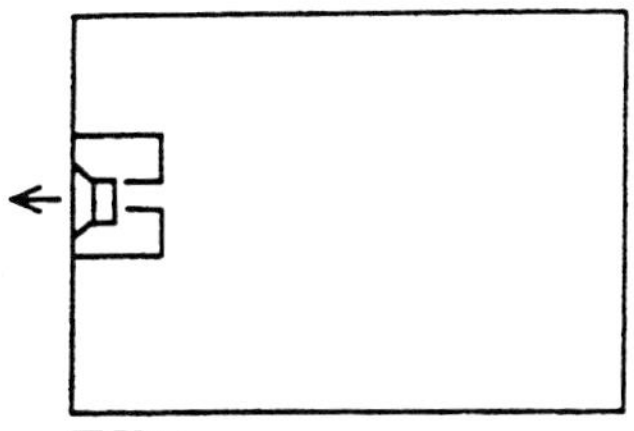
図53●

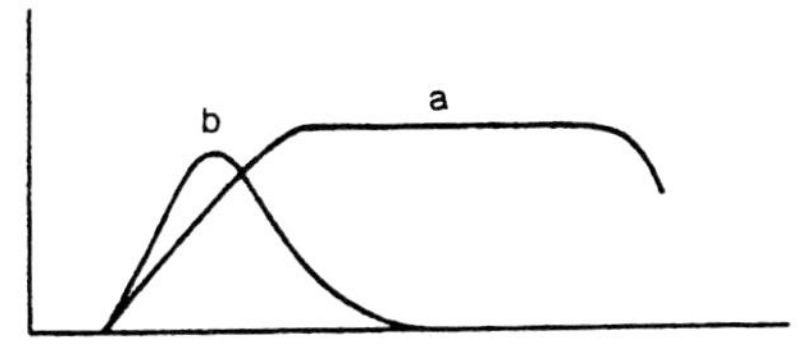

図54●

いない。

図53のようにリスニングルームの壁に穴をあけて、リアダクトのバスレフを取付けたらどうなるか。**図54**はバスレフのf特で、aがコーン前面から放射される音、bはダクトから放射される音である。通常はこれが合成されたものを聴いている。しかし図53のようにすれば、リスナーは図54のbだけを聴くことになる。これがASWの原理だが、実はそれだけではなく、新たに超低音再生の可能性が出てくる。

図55はバスレフのインピーダンス特性であり、f_{c1}は図54 aの特性を決定、f_dはbの特性を決定する。f_{c2}は何かというとコーンとダクトが一体となって動いている状態であり、リスナーから見るとコーンとダクトは逆相の動作になるので、コーンから放射される超低音と、ダクトから放射される超低音は打ち消し合ってゼロになる。だから図54には出てこないのだが、図53のセッティングにするとf_{c2}による超低音が生きてくる。**図56**のcがそれだ。しかし、ひとつ問題がある。cはbに対して逆相なのだ。このcが聴感にどの程度影響するのかは定かではない。確認の方法がないからである。レベルが低いので無視できる程度のものかと思うが、完全に無視することはできないはずだ。

図53はユニット前面に内容積無限大の密閉箱を取付けたに等しい。図52は有限の密閉箱であり、これを取り付けることにより図54の特性は変化する。どのくらい変化するかが問題だ。実用的にはどこまで小さくできるかがポイントになる。極端に小さくすると、バッフルに板を張りつけてユニットをカバーするという形になる。これでもf_dの周波数は変わらないが、ダクトをドライブする原動力はコーンの振動だから、板を張りつけてしまえばコーンは振動しなくなり、ダクトも共振しなくなる。低音は出ない。f_{c2}による放射、図56のcも消える。

第2キャビの必要最小限の内容積はいくらか。これは例によって理論が確立していないので簡単には決められない。単純に考えれば第1キャビはユニットの標準バスレフ、第2キャビは標準密閉箱と同容積ということになるが、これだと図55のf_{c1}、f_{c2}とも上昇するが、f_dは一応変化しない。f特で図56のbは少しレベルダウンする。

設計法としてはまず総内容積を決めてしまう。使用するユニットの標準バスレフの内容積の1.5倍以上、上限はないが、実用性を考えると1.5〜3.0倍ぐらいが適当であろう。図52の第1キャビの内容積をV_{c1}、第2キャビの内容積をV_{c2}とすると、設計法は3つある。

①V_{c1}を標準バスレフと同容積にとる。
②V_{c2}を標準密閉と同容積にとる。
③V_{c1}とV_{c2}の容積比を1対0.7にとる。

このどれがベストか、まだ実験していないのでわからないが、それぞれ筋は通っているので、どの方法でも大失敗にはならない。とにかくASWにつ

図55●

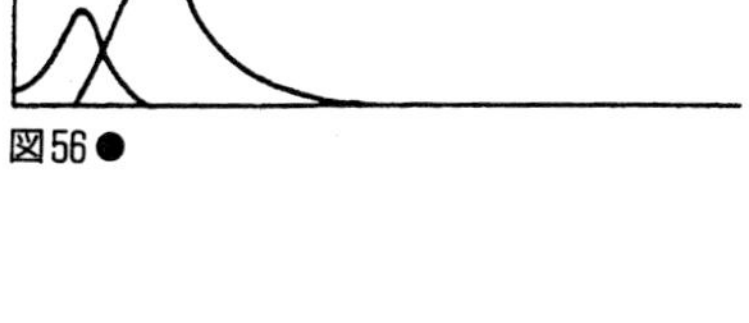

図56●

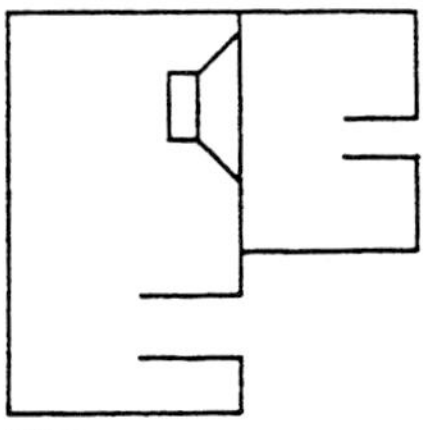

図57●

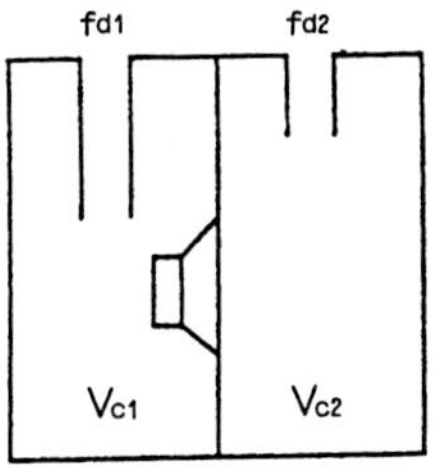

図58●

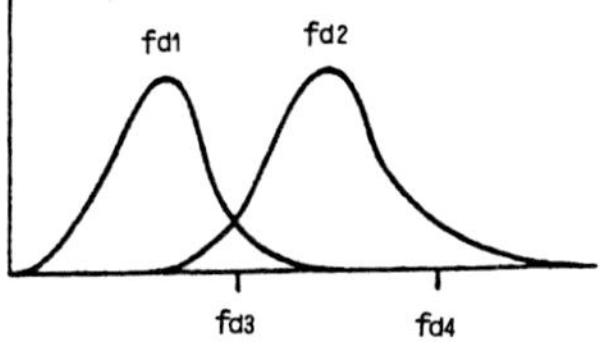

図59●

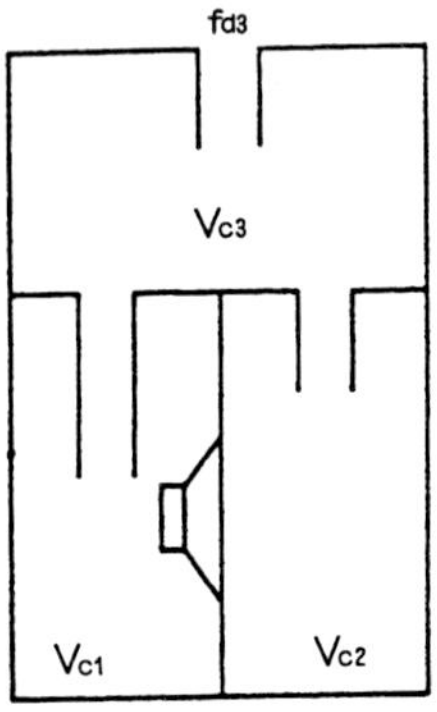

図60●

いての資料は皆無である。

ダクトの計算法はバスレフに準ずる。f_c（キャビネットに取り付けた時のf_0）はバスレフより高くなるが、極端に高くならなければよいので、わざわざ計算する必要もない。一応f_cの計算式を出しておくと次のようになる。

$$f_{c1}=0.16\sqrt{\frac{S_0+S_{c1}+S_{c2}+S_d}{m_0+m_d}}$$

PPW（プッシュ・プル・ウーファー）

図52の第2キャビにもダクトを設けると**図57**のようになる。これをわかりやすく整理したのが**図58**。この方式を最初に実験したのは僕だ。20年ぐらい前のことである。だいぶたってからボーズがアクースティマスという名前で発表した。構成そのものは同じだが、第2ダクトの利用法が少し違う。この方式は他社でも採用しているが方式の呼び名はまちまちである。仕方がないので当方で勝手に命名することにした。PPW（プッシュ・プル・ウーファー）である。

このダクトの動作は、一方がプッシュの時は一方はプルの動作になっている。⊕と⊖である。もしチューニングが同じ、$f_{d1}=f_{d2}$だったら逆相キャンセルで音は出ない。チューニングを大きくずらせば両方の低音が利用できる。チューニングが、仮にf_{d1}が50Hz、f_{d2}が100Hzだったとすると、第1ダクトが50Hzを放射している時、コーン背面の50Hzは第2ダクトを楽々と抜けて出てくる。両方の50Hzは同相なので、プラスされて音圧は上がる。

何のことはない。普通のバスレフと同じ低音なのだ。アコースティック・フィルター付きのバスレフとみなせる。第2キャビ、第2ダクトが100Hz以上を減衰させるアコースティック・フィルターとして働く。そのかわり図56のcに相当するレスポンスはバスレフの場合と同様、音にはならない。第2ダクトの共振、f_{d2}は図52と同様に再生される。f_{d1}、V_{c1}のチューニングが低いので、100Hzに対しては密閉に準ずる動作となるからである。図58で⊕⊖を正常につないだ場合、f_{d1}は正相だが、f_{d2}は逆相になる。f_{d1}とf_{d2}による低音のレスポンスは**図59**のようになる。

この中間に当たる周波数をf_{d3}とし、**図60**のような構成とする場合もある。第3キャビと第3ダクトでf_{d1}、f_{d2}の間の谷を埋めようというのだが、f_{d3}の動作はまた逆相になるので、うまくいくのかどうか疑問もある。f_{d3}のチューニングを高域にずらして、図59にあるf_{d4}の辺りまで持っていくという手法もある。これは不要な中高域を減衰させるアコースティック・フィルターとして働く。

PPWの設計はASWより楽だ。やはり総内容積から決めるが、ユニットの標準バスレフの内容積を基準にして1.0～3.0倍ぐらいの幅で選べる。V_{c1}とV_{c2}の容積は同じにとるのが基本である。

DRW（ダブルレゾナンス・ウーファー）

バスレフのユニット前面を密閉箱でカバーして、ダクトからの放射だけを利用するのがASWだが、同様にダブルバスレフのユニット前面を密閉箱でカバーしたものがDRWである。これも前例がなかったので僕が勝手に命名したものだが、DOUBLE RESONANCE WOOFERの略である。概念図は**図61**のようになる。

第1キャビ、第2キャビ、第3キャビの容積、V_{c1}、V_{c2}、V_{c3}の設計は明快な計算式がない。設計理論が確立していないのである。ポイントは目標とする再生帯域で、たとえば50Hz前後でよければ比較的小型ですむが、30Hz以下まで再生しようとすると大型になる。DB《ダブルバスレフ》ではコーン前面の音が重要なので、V_{c1}は標準バスレフより小さめに設計するのが基本で、大きめに設計することはありえない。大きめにすると中低域に中だるみができてしまうからだ。

しかし、DRWはコーン前面の音は殺してしまうので、再生帯域に応じてV_{c1}は標準バスレフより大きくなることが多く、2倍になる場合もある。V_{c3}は小さくなるとf_0が上昇、低音は再生しにくくなるので、標準密閉箱よりは大きめにとる。できれば倍以上にとりた

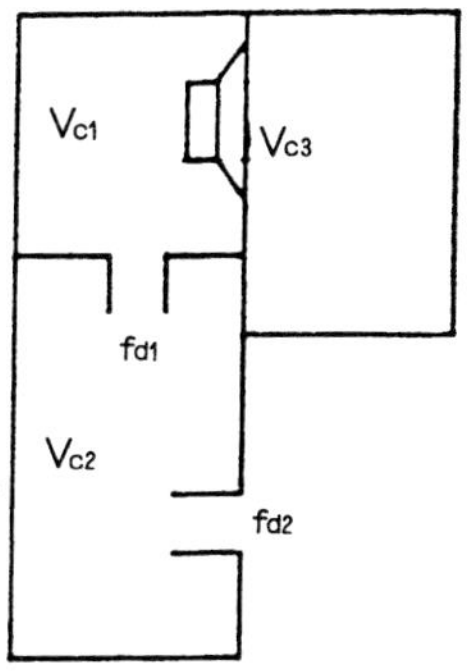

図61●

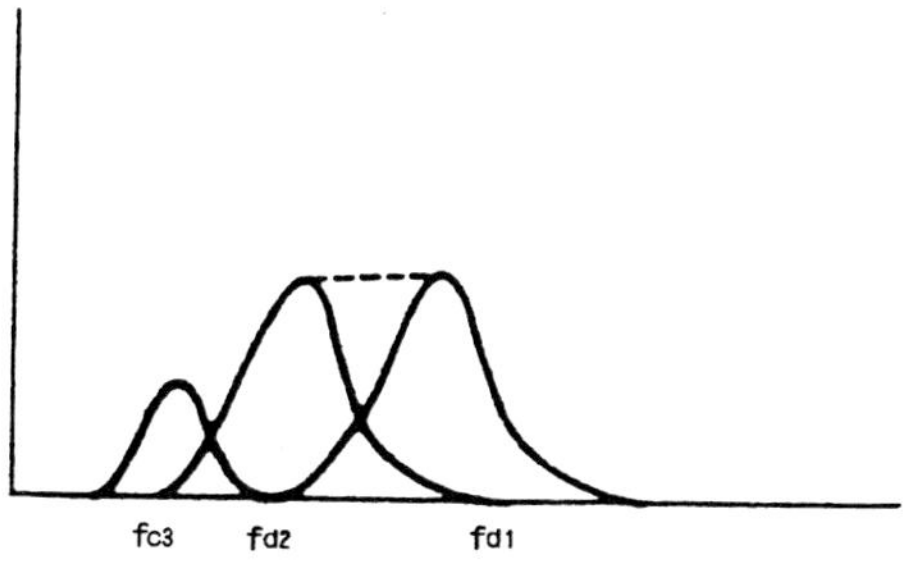

図62●

い。DRW—1MKIIはフォステクスFW160を2本使ったが、この場合の標準密閉箱は13・2ℓ、標準バスレフは30ℓである。それに対して、DRWの設計ではV_{C1}＝52ℓ、V_{C3}＝47ℓとなっている。これがいいのかどうかはわからない。DRW—1ではV_{C3}は36ℓだったが、どちらもちゃんと動作していた。

DRWのf特は理想的に動作すれば**図62**のようになる。f_{d1}は第1キャビの低音、f_{d2}は第2キャビの低音で、これは同相なので点線のようにつながってバンドパス特性が期待できる。f_{c3}はウーファーのm_0にV_{C1}、V_{C2}の空気のマスがプラスされてf_0が下がったもので、周波数は非常に低いが、レベルも非常に低いので無視できる存在だろう。f_{c3}はf_{d1}、f_{d2}とは逆相になるが、それも無視できる。

DRWのメリットは第一が超低域再生、第二がアコースティック・ローパス・フィルターの効果である。ローパス・フィルターがダブルに使われているので、電気的なフィルターがなくてもf_{d2}からの中高域の漏れは十分に抑えこめる。そのためにLCネットワークによる劣化がない。しかし、硬く丈夫なコーンからダイレクトに放射される低音のような力強さはない。空気を振動板として利用しているので、軽快だが、ソフトタッチの超低音になる。キャビネットが巨大化するのもデメリットだ。

DRWは強力なユニットが必要である。非力なユニットではダクトをドライブしきれず、十分な音圧が得られないし、ユニットの方がダクトに振り回されてトランジェントが悪くなる。アコースティックフィルターが効いているのでフルレンジでも使えるが、中高域は第3キャビの板を通しても出てくるし、第1キャビと第3キャビの合わせ目から漏れてくるので、材質と工作精度で違いが出てくる。吸音材は、第3キャビには軽く充塡、第1、第2キャビも、ダクトからの中高音の漏れを減らすように必要最小限に配置していく。

音響迷路

振動板背面から放射される音を完全に殺してしまうのは密閉型だけで、それ以外の方式はなんらかの形で背面の音を利用している。概して低音のみ利用する方式が多いが、音響迷路もそのひとつ。音道が直線でなく、曲りくねっているので迷路（ラビリンス）と呼ぶ。

図63のように複雑に折れ曲がった通路を通ってユニット背面の音を前面に導き出すのである。通路はホーンのように末拡がりでなくてもよいし、共鳴管のようにストレートである必要もない。ストレートでは具合が悪いのである。迷路で重要なのは全長である。複雑に折り曲げることで、中高音を減衰させ、共鳴も防ぐ。背面の音は前面に対して逆相だが、迷路の全長をℓとすると、波長がℓの音は逆相のまま出てくるのでf特上は谷になる。波長が2ℓの音は同相になって出てくるので山を作る。波長が2ℓ以下の音はダラ下がりに下降する。2ℓの0.7倍ぐらいの周波数までが再生帯域と考えられる。ℓが2mだったら波長が2ℓになるのは85Hz、その0.7倍で60Hzといったところである。

もっと波長の短い周波数でも山と谷はできる。ℓ/2なら谷、2ℓ/3なら山になる。共振によるピークではないので、鋭いピーク、鋭いディップにはならず、なだらかな山、谷になる。半径がℓの平面バッフルと似ているのだが、ずっと小型化が可能。ℓ＝2mでもかなりコンパクトにまとめられるが、半径2mのバッフルはどんな部屋にも入らない。**図64**aは平面バッフル、これを、前方に絞ったもの（b）がフロントロードホーン、後方に絞ったもの（c）

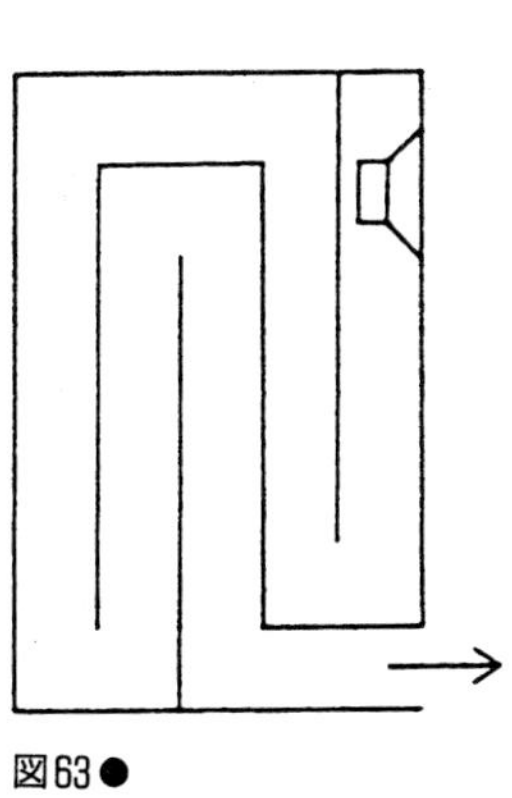

図63●

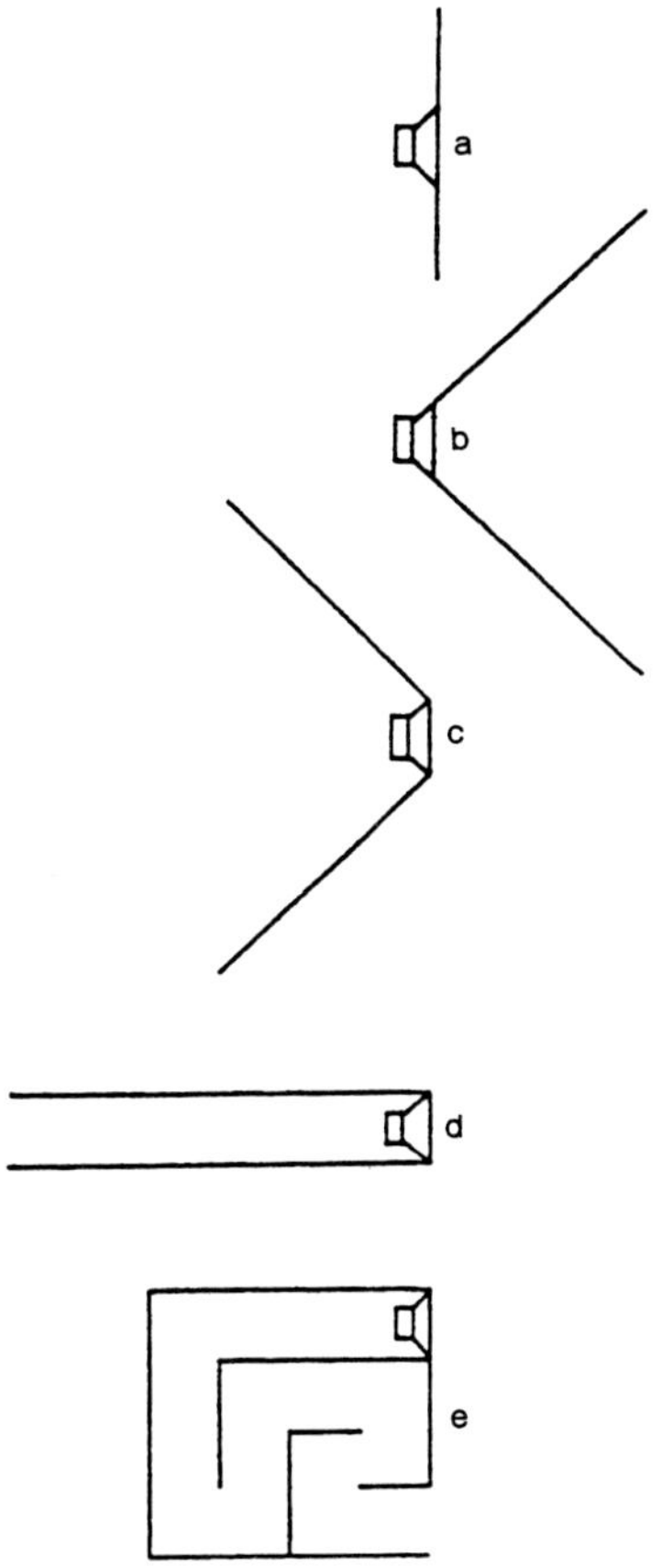

図64●

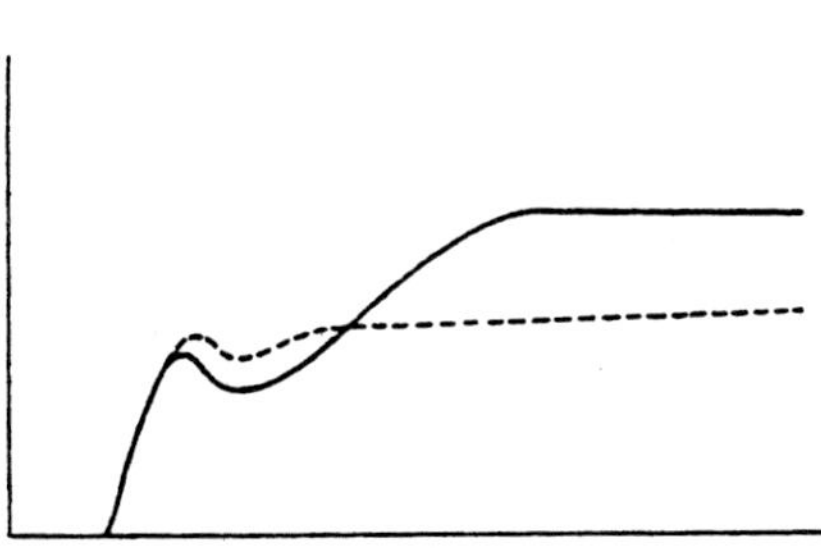
図65●

がバックロードホーン、さらに絞って直管1本にしたもの（d）が共鳴管、図は省略するがフロントロードの共鳴管もある（ボーズのキャノン）。dを複雑に折り曲げて共鳴しにくくしたもの（e）が迷路である。いずれも共通点があり、複数の動作を兼ねている場合が多い。そのためにf特に極端なピークやディップが出ないのである。

迷路はＢＨ《バックロードホーン》や共鳴管のようにロードをかけるタイプではないので、設計は難しくない。音道が振動板実効面積より小さくなるとロードがかかるので、常に大きめになるように設計する。面積比で1.5〜3.0倍ぐらいか。音道の断面積は一定でもよいが、軽く末拡がりにした方が、開口部での空振りが多少減るだろう。スロートを振動板実効面積より小さく絞り、末拡がりを大きくするとＢＨになる。ＢＨでは音道の入口と出口で6〜10倍ぐらいに拡げるが、迷路はせいぜい2倍だ。全長は2〜4m、5mでも10mでも使えないことはないが、時間差が気になるし、あまりにも長大な迷路は密閉に近付く。僕が設計した迷路システムＦ—81では、実効振動板面積28㎠に対して音道の断面積は43㎠から少しずつ拡がって、開口では86㎠になっている。Uターン3回で、音道の全長は3.6m。ただし開口は天板後端なので、開口からフロントバッフルまで34㎝ある。それを加えて約4mで計算すると、42・5Hzが増強されることになる。Ｆ—81のインピーダンス特性は平面バッフルに取り付けた時と変わらずf_0の山ひとつだけ。f_0の上昇もなかったので、ＢＨでも共鳴管でもないと推定できる。両者のインピーダンス特性は低域に山がいくつもできるからだ。

迷路はユニットにロードをかけないので、インピーダンス特性は平面バッフルや大型密閉箱に近付くのが基本である。迷路の低音増強は最大限でも大型密閉箱の低域の一部を2倍（3dBアップ）にするだけの効果しかない。迷路に使うユニットは非力でも強力でもいいが、どちらかというと低能率で、Q_0の高い（0.7以上）ものが向いている。**図65**実線は高能率でQ_0の低いユニットを使った場合、点線は低能率でQ_0の高いユニットを使った場合である。ちなみにＦＥ83はQ_0＝0.8、出力音圧レベルは公称88dBだが、実測では85dBと低い。

共鳴管

共鳴管は、パイプ共振を利用するシステムである。パイプには**図66**に示す3タイプがある。aは両端が閉じた閉管、bは両端の開いた開管、cは一端が開いた片開管（片閉管）である。aの共振は両端で音圧最大、中央で最小になる。パイプの長さをℓとすると、波長2ℓの周波数で共振する。室内で発生する定在波と同じだ。bの共振は両端で音圧最小、中央で最大の定在波になる。ただし、パイプ長がℓであっても、共振波長は点線の位置までパイプがのびたとして計算する。

定在波は往復反射によって発生するもので、反射は空間の条件が極端に変化する境界面で起きる。壁もそうだが、パイプの切口もそうなのである。ただ、切口でどんとぶつかって反射するという形ではなく、空気のあいまいさが出て、点線付近で反射したようになる。この点線までの距離は0.82rと概算されている。rはパイプ断面の半径。角パイプの場合は円に換算しての半径である。図66cは閉端で音圧最大、開端で最小になる。図66cは閉端で音圧最大、開端で0.82rをプラスするのは同じ。共振する波長は4ℓになる。実用的なのはcなので、以下cについて説明する。

図66cの共振波長は$4(\ell+0.82r)$だ。実際には**図67**a、bのような共振もある。aは$\frac{4}{3}(\ell+0.82r)$、bは$\frac{4}{5}(\ell+0.82r)$である。さらに$\frac{4}{7}$、$\frac{4}{9}$もあるのだが、影響は少ないので、4と$\frac{4}{3}$だけ考えておけばよい。周波数でいうと、ℓ、rとも単位は㎝として、基本

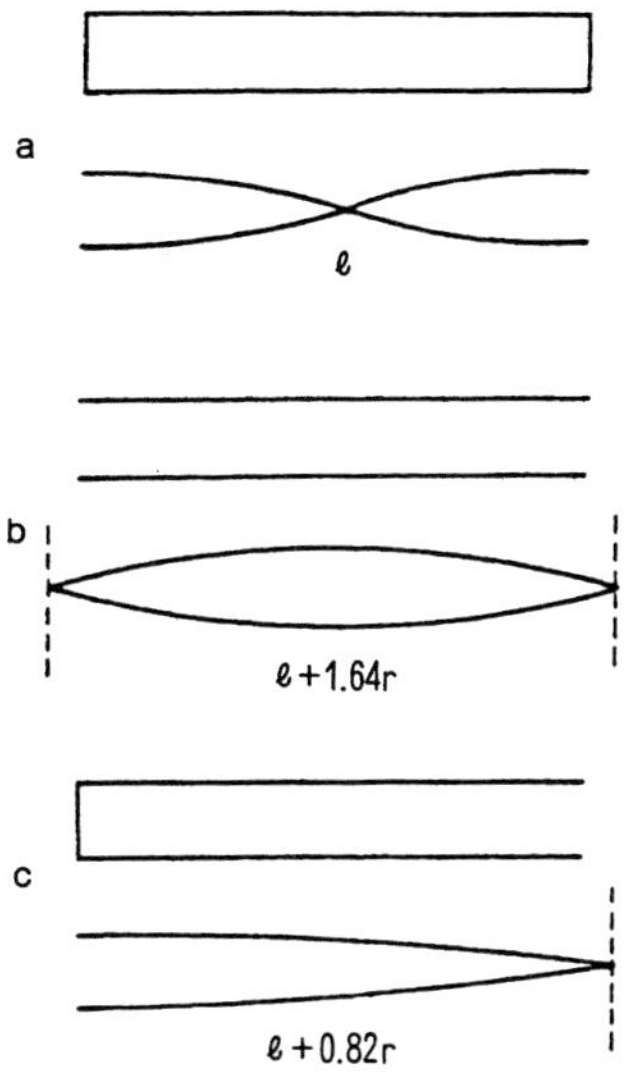

図66●

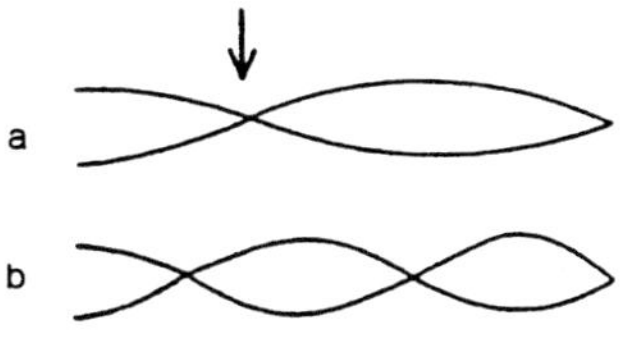

図67●

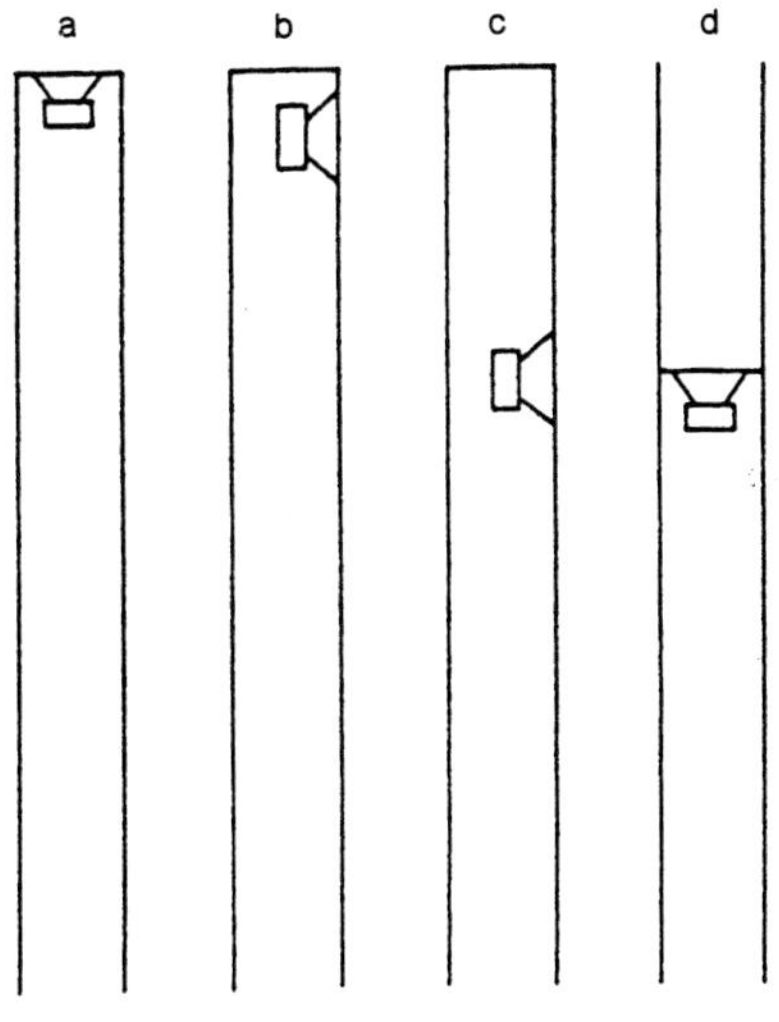

図68●

波は $\dfrac{8500}{\ell+0.82r}$ となり、以下、その3倍、5倍、7倍……という奇数倍の周波数が計算上は出てくる。1倍と3倍だけ頭に入れておけばよいということだ。なお波長とパイプの関係を逆に考えると、基本波に対してパイプの長さは$\frac{1}{4}$波長であり、以下、$\frac{3}{4}$波長、$\frac{5}{4}$波長ということになる。波長はλ（ラムダ）で表わすので、$\frac{1}{4}$波長をクォーターラムダと呼び、共鳴管方式をクォーターラムダ方式と呼ぶこともある。

このパイプのどこかにユニットを取り付ければ共鳴管システムになる。**図68**のようなものがあるが、共鳴管は同時に音響迷路としての動作もある。cの方式では音響迷路としては短かくなるので不利だが、別の狙いがある。このユニットは図67 aの矢印のところに取付けられている。ここをコーンの振動で叩くことによって3倍共振を破壊してしまおうという狙いだ。たとえば全長1.7 mの共鳴管だとすると、共振の基本波は約50 Hz。3倍は150 Hz。50 Hzのピークはいいが、150 Hzのピークは好ましくないというので、矢印を狙うのである。最近は見当たらないが、昔はオンキョー、デンオンにこの方式のシステムがあった。

dはボーズのキャノンである。長さの異なる共鳴管をユニットの前後に取り付けて、サブウーファーとして使う。高低2つの共振周波数を持ち、効率はよいが、2つの周波数は逆相になるので、ある程度離すことが必要である。極端な話、前後のパイプの長さが同じだったら低音はキャンセルされてゼロになる。

共鳴管の計算

パイプ共振だけを考えればよいので単純である。パイプの長さと断面積が関係してくるのだが、一応長さだけで考えても大きなずれは出ない。基本周波数をf_1とすると、

$$f_1=\frac{8500}{\ell} \qquad \ell=\frac{8500}{f_1}$$

で決まる。ℓが150 cmだったら、f_1は57 Hz。250 cmだったら34 Hz。また50 Hzを狙おうとすればℓは170 cm。30 Hzなら280 cm、20 Hzなら425 cmとなる。実際にはrが効いてくるのでℓはもう少し短かくなるし、f_1はもう少し低く出る。ただf_1はむやみに低くしてもレンジが広くなるわけではなく、**図69**実線のような形になるおそれがある。特に低く取る場合はサブウーファーの追加を覚悟しておかなければならない。

迷路としての効果

共鳴管は迷路としても働く。迷路については前に説明したが、仮にパイプ長250 cmで考えると、共鳴管としてはf_1=34 Hz、f_3=102 Hzが強調されるが、迷

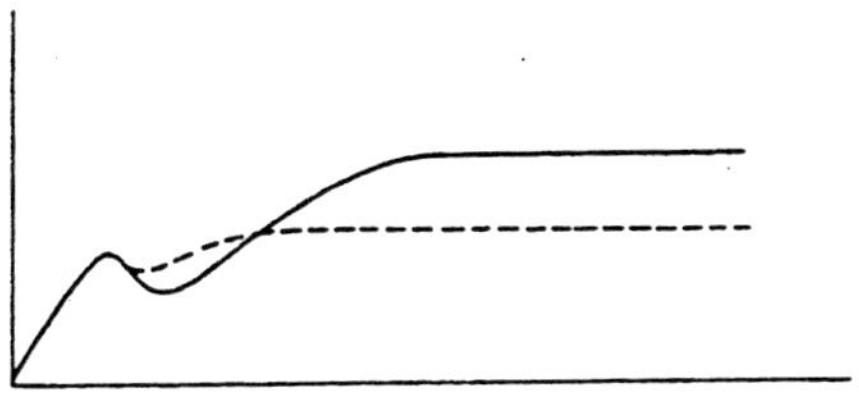
図69●

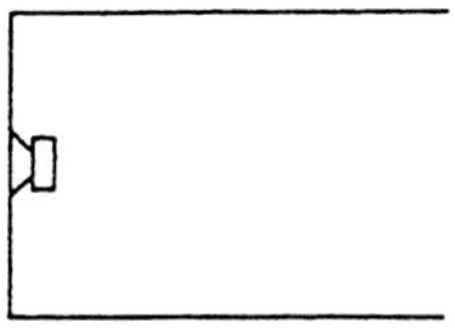

図70●

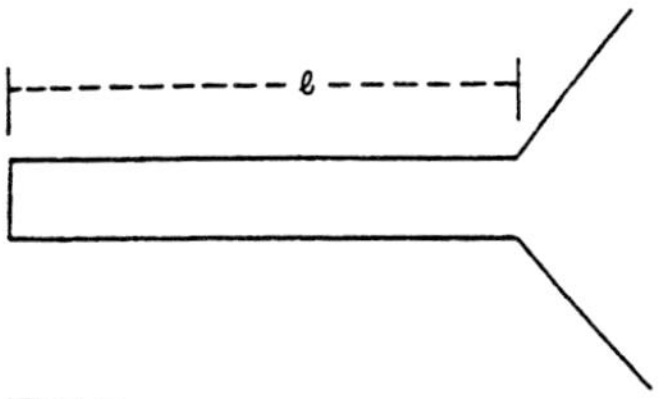

図71●

路としては68Hzで強調、136Hzでは減衰することになる。これをうまく利用すれば図69のしゃくれをある程度埋めることはできる。

パイプの太さ

パイプは太い方が音圧は高くなるが、バスレフのダクト同様、ユニットの振動板面積に見合った太さがある。これがどのくらいなのかは実は明確なデータも公式もない。推測としては振動板面積より、パイプの断面積が小さければ背圧が大きくなり、振幅は抑えられ、効率は低下する。断面積が極端に大きい場合は図70のようになり、共鳴管というよりは後面開放箱に近付く。小音量ではパイプ共振は起きにくいし、起きた場合はユニットの制動力不足でダンピングが劣化する。実用的には振動板実効面積の1.5～3.0倍といったところか。

折り曲げパイプ

共鳴管はボーズのキャノンのような円形断面のストレートパイプが効率最高である。そのかわりくせも強く出る。しかし3mの直管となると製作、セッティングとも容易ではない。そこで折り曲げ型となるが、パイプは折り曲げ回数が増える程共振しにくくなり、迷路そのものに変身してしまう。折り曲げ回数は90度折り曲げなら2回、180度折り曲げなら1回が無難だが、180度2回でも共鳴はする。共鳴しにくくなっても迷路としては確実に動作している。

テーパード・パイプ

開口に向かって少しずつ広がっていく共鳴管もある。開口面積が広い方が開口部での空振りが減って有利だが、ほどほどにしないと逆効果になる。たとえば図71のように極端に広げた場合、共鳴管としての長さはℓとなり、短かくなってしまう。また、広げ方によってはBH《バックロードホーン》に近付く。BHと違うのは空気室がないこと、スロートが絞れていないことで、ダンピングの悪いBHになってしまう。いずれにしてもBH、迷路、共鳴管の3つは常にからみ合っているものなのである。

ユニットの選定

共鳴管は大きな矛盾をかかえたシステムである。強力なユニットを使用、パイプ共振周波数を低めに設定すると図69実線のようになってしまう。非力なユニットを使えば点線のようになってしゃくれは浅くなるが、ダンピングは劣化する。もともと共振を前提としたシステムであり、ブーミーになりやすいのを強力なユニットの駆動力（＝制動力）で抑えこんでいるので、それを覚悟でなら非力なユニットを使ってもよい。強力なユニットを使って共振周波数を高めにとればしゃくれは解消するが、それではバスレフと同じではないか？

決して同じではない。バスレフはキャビネットによる背圧が効いてf_0、Q_0が上昇、これが低域のしゃくれを防いでくれるのだが、共鳴管ではそれがない。その代わり、背圧のかからない（正確にいうとパイプ共振の周波数では背圧がかかる）よさがある。開放的で、Dレンジの広い音だ。f特だけで考えると、共鳴管には、駆動力が大きいが能率は低いウーファーというのが適している。強力フルレンジの場合は図72のaがBH、bが共鳴管という感じになる。方舟のネッシーIIはbであり、しゃくれをサブウーファーでカバーしている。

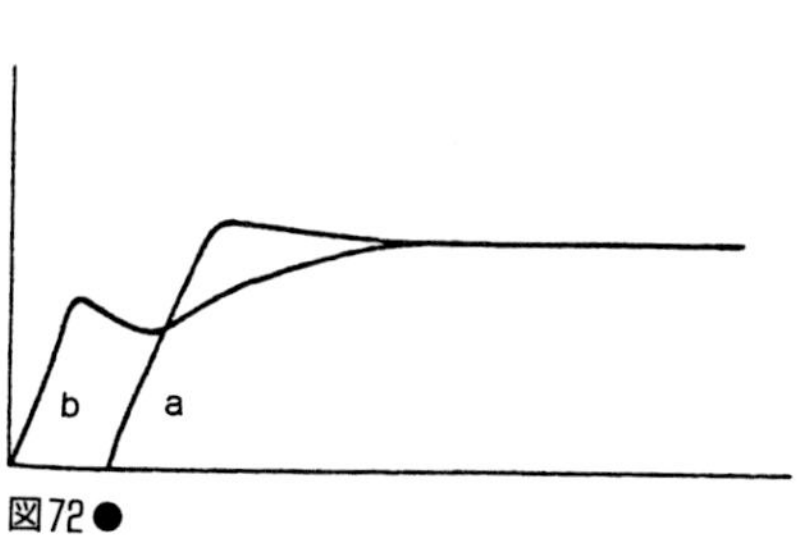

図72●

フロントロード・ホーン●

ホーンは楽器でいえばホルン、末広がりのラッパのことである。昔の運動会などで見られたメガホンもホーンの一種である。ヤッホーと叫ぶ時、たいてい両手で口を囲うようにするが、これもホーンだ。楽器も含めてこれらのホーンはすべてフロントロードホーンである。前に、空振り現象について触れたが、ホーンは空振りを防ぐための仕掛けである。振動板前面の空気が横へ逃げるのを妨げるために囲いをつけたと考えてもよい。ただの囲いではホーンとはいわないが、音響学的に考慮された囲いはホーンになる。ホーンにはパラボリックホーン（図**73** a）、ハイパボリックホーン（b）、エクスポネンシャルホーン（c）、コニカルホーン（d）、その他多くのタイプがあるが、一般的なのはエクスポネンシャルホーンである。

ホーンの狙いは小口径ユニットの動作を、大口径ユニットの動作なみに変換することだ。一種のトランスである。ユニットと自由空間とのマッチングトランスだといわれる。前に説明したように小口径ユニットは低音を再生しにくい。図73のようなホーンでユニットの実効振動面積を100㎠、ホーン開口の面積を500㎠とすると、ホーンの動作が完璧な場合、ユニットが振幅5㎜で振動した場合、開口では振幅1㎜で振動する計算になる。小口径大振幅→大口径小振幅の変換トランスである。トータルエネルギーでは同じなのだが、大面積になるほど空振りが減るので、効率が上がる。小口径ユニットは低域では空振りによるロスが多いので、大振幅で振動しても低音は出ない。それを救うのがホーンである。

そのホーンの形が問題で、図**74** aのように急激に広がるホーンは正味点線までのホーンになり、その先は単なるバッフルになってしまう。またbのように広がりのゆるやかなホーンは、充分な開口面積に達するまでに5mも10mもの長さが必要になり、実用性がない。その辺をうまくコントロールしたホーンがエクスポネンシャルホーンであり、拡がりのスピードを規定する〝拡がり係数〟である。フロントロード・ホーンは通常図**75**のようにユニット背面は密閉箱になっているが、これはバスレフでも、平面バッフルでも、さら

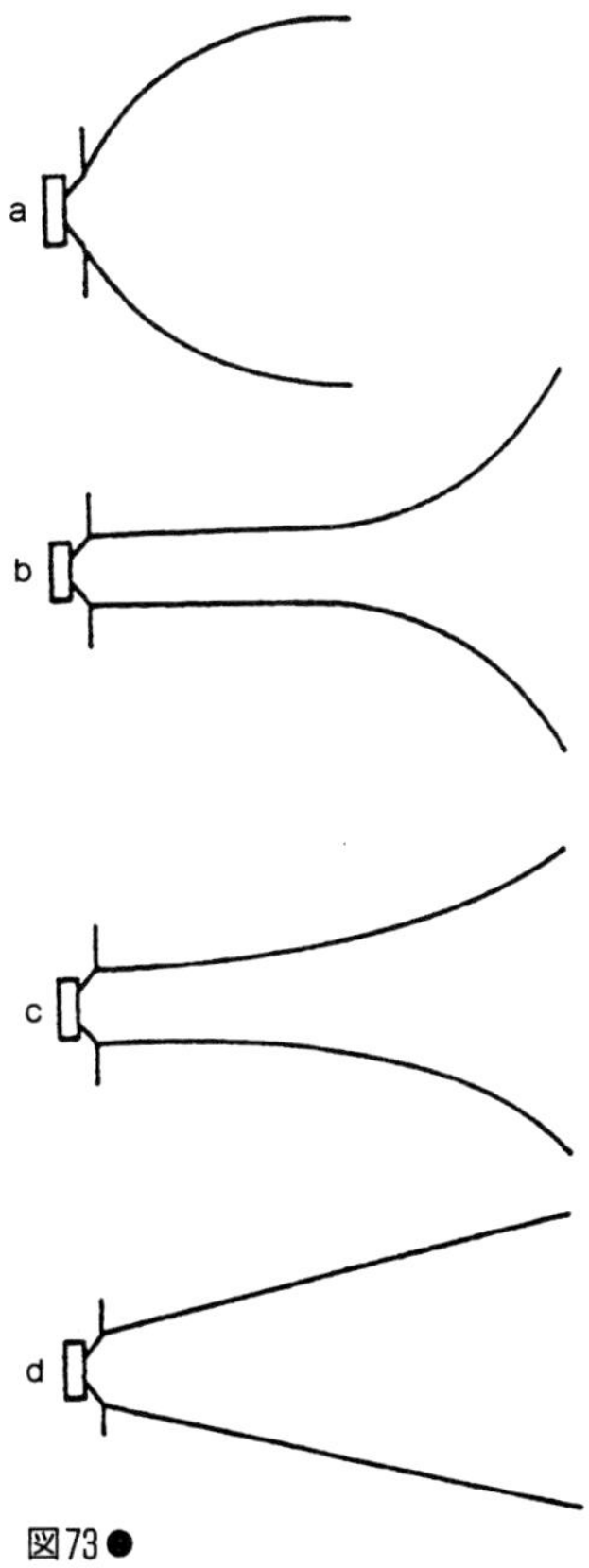

図73●

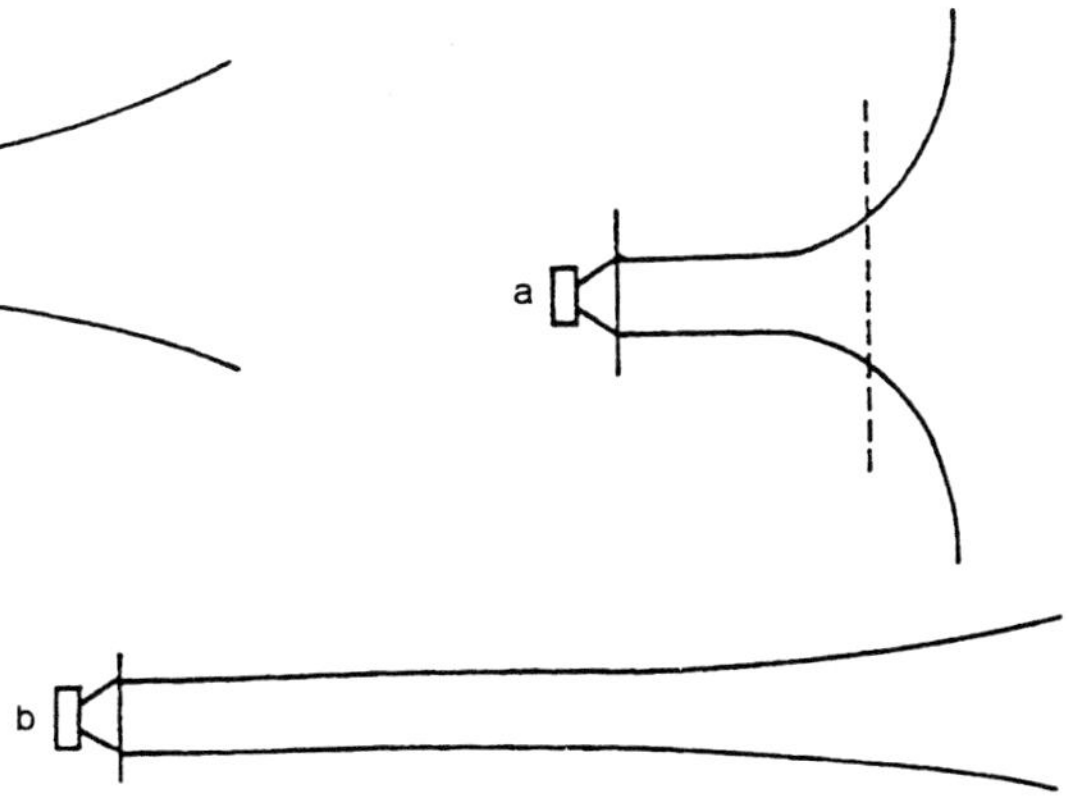

図74●

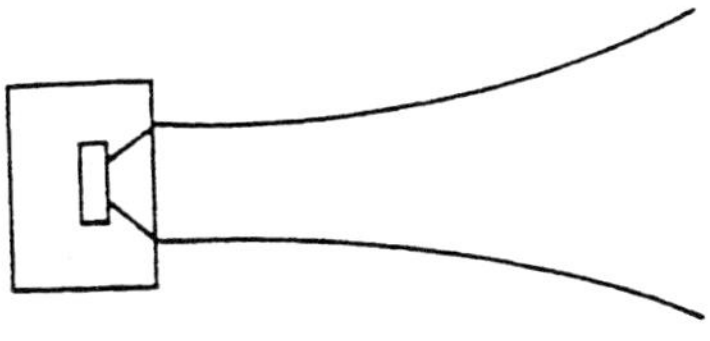

図75●

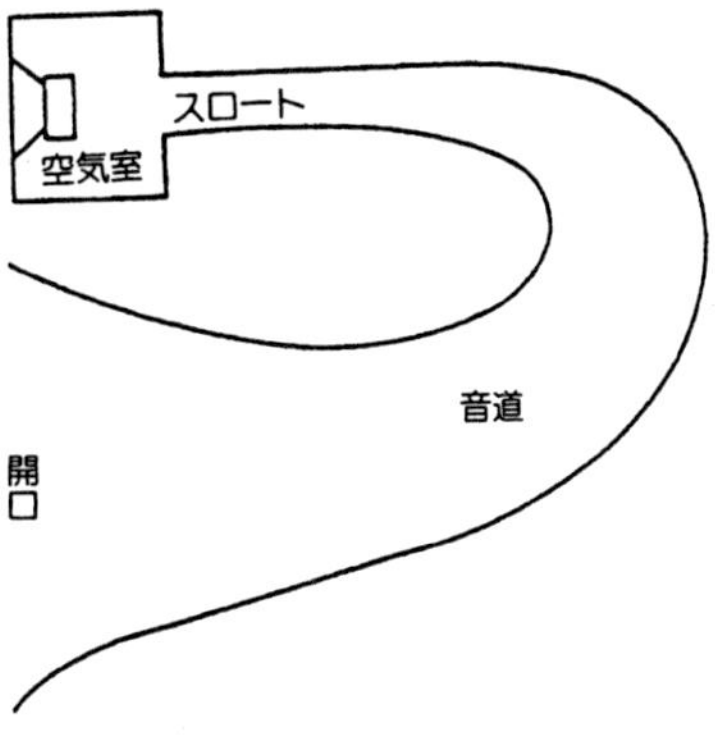

図76●

にはホーンでもいいのである。フロントロード・ホーンとバスレフを組み合わせたものとしてアルテックA7があり、国産ではトリオ（現ケンウッド）、パイオニア製品があった。フロントロード・ホーンとバックロード・ホーンを組み合わせたものとして、タンノイのオートグラフ、ウエストミンスター・ロイヤル、ラウザーTP—1などがある。

フロントロード・ホーンもバックロード・ホーンも基本的には同じであり、図73、図74のユニットを逆向きに取り付ければバックロード・ホーンになる。低音再生用の本格的なホーンは巨大なものになるので、一部超マニアが自宅に組み込んでいるだけであって、自作ではちょっと無理だ。前記市販のフロントロード・ホーンは中音用であって低音用ではない。単品のホーンユニットはトゥイーターとスコーカーだけである。ということから、以下、バックロード・ホーンについて説明する。

バックロード・ホーン——●

正式にはバックローデッド・ホーン、バックローディング・ホーン、リアローデッド・ホーン等、いろいろな呼び方があるが、要するにわかればいいので、一番簡単なバックロード・ホーン、略してBHでいくことにする。

BHの基本は**図76**である。フロントロード・ホーンでも空気室はあるが、できるだけ小さくするように設計されている。空気室が大きいと、ここで高音が吸収されてしまい、ホーン開口からは放射されなくなるからである。トゥイーター、スーパートゥイーターでは特にぎりぎりまで狭められている。BHでは話が違ってくる。中高音はユニット前面から放射されるので、ホーンからは一切放射されないというのが理想である。そこで空気室を大きめにとる。ただ、中高音をどの辺から減衰させるかは難しいところで、空気室が大きすぎると中低域の落ち込んだf特になってしまう。中高域はユニット前面から、低域はホーンからというように2ウエイ動作になってf特がフラットになるというのが理想である。

スロートは空気室とホーンの継ぎ目だが、ここの断面積をどのくらいにするかも難しい問題である。バスレフでもダクトの断面積は、キャビネットの内容積、ユニットの駆動力で左右されるが、BHでも同じであって、一律にはいかない。開口面積は大きければ大きいほどよい。といって図74aのように強引に拡げた場合は効果がない。エクスポネンシャルホーンの公式通りに拡げていかなければならない。エクスポネンシャルホーンは**図77**のように無限遠（左方向）の一点から発して、無限遠（右方向）の無限大開口までのびていく。現実的なホーンは図77の点線のように、無限長のホーンの一部を1～5mの長さだけ切りとって使うものである。ユニットの口径が小さくなれば切り取る部分は左へシフトすることになるので開口面積が小さくなる。口径が大きくなれば右へシフトするので開口面積は大きくなる。

低音用フロントロード・ホーンはウーファーの口径も大きく、開口面積も巨大なので建築設計の段階で組み込む形になり、ホーンとしてはストレートかL字型のシンプルなものが普通だが、BHはセッティング自由のいわゆるスピーカーシステムとして設計されるのでストレートやL字は無理、複雑な折り曲げホーンになる。フォールデッドホーンである。

また、ホーンの効率からいくと、気流抵抗ゼロが理想である。そのためにはホーンの断面は真円がベスト、ホーン内面の仕上げは鏡面仕上げがベストだが、現実的にはまず不可能である。BHのホーン断面は角型が基本だが、正方形断面ではなく、長方形断面が普通である。キャビネットとしての納まりを考えると、幅一定、高さだけの変化するCW（CONSTANT WIDTH）ホーンが扱いやすい。この方式の難点はスロートがかなりつぶれた長方形になり、気流抵抗が増えることである。例えばD—5のスロート断面は50×360mmと横長である。もっとも気流抵抗が大きいことは必ずしもマイナスではない。効率は落ちるがダンプ

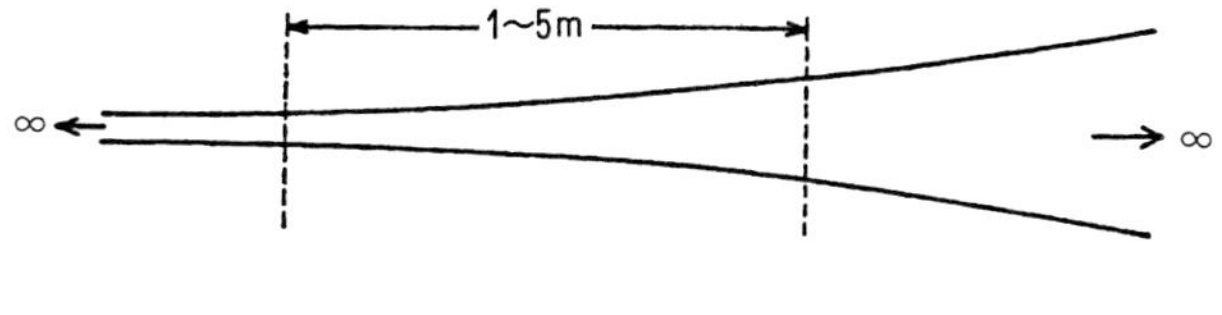

図77●

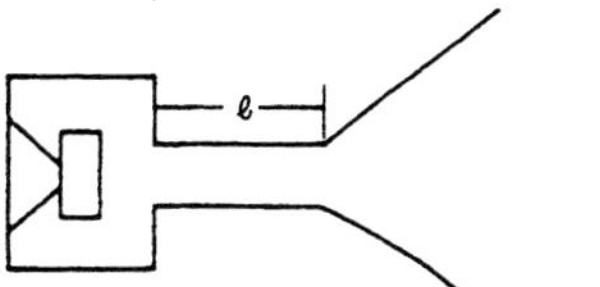

図78●

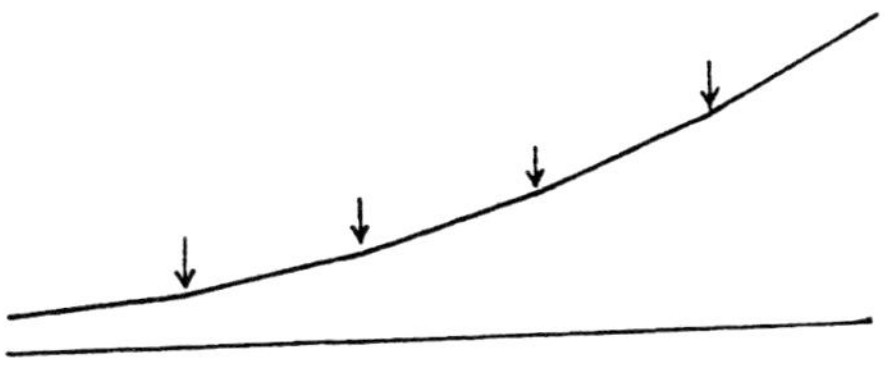

図80●

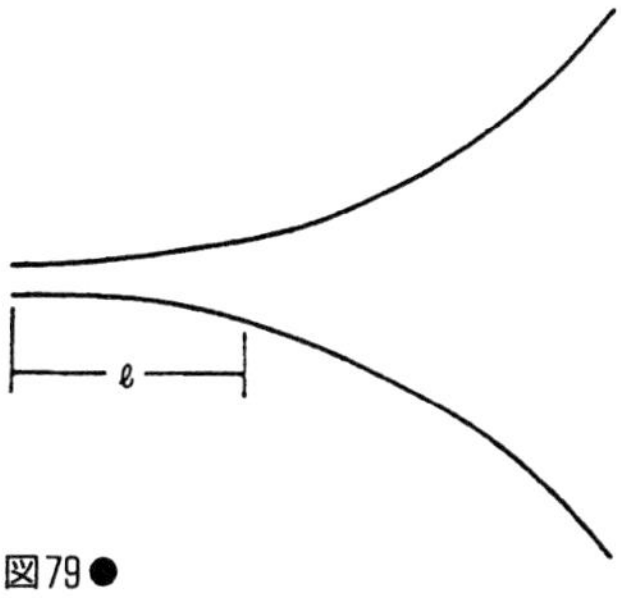

図79●

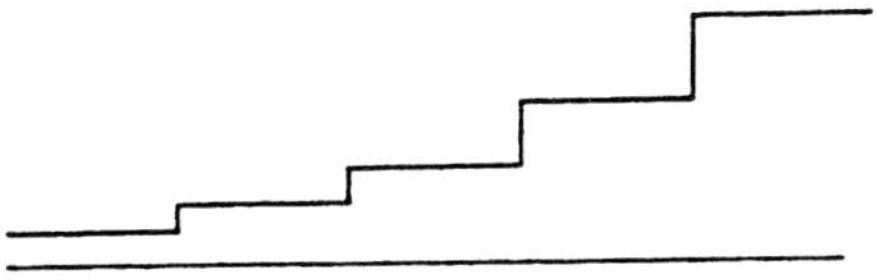

図81●

効果が出て、くせが弱められる。また正方形断面は気流抵抗は小さいが定在波がでやすくなる可能性がある。因みにスーパースワンのスロート断面は60×70㎜になっており、かなりいい線だといえる。

内面の仕上げについてもホーンの動作だけ考えれば鏡面仕上げがベストだが、ユニット背面からの中高音の漏れを考えると鏡面仕上げはワーストである。微粒面仕上げとか、メーカー製システムのバッフルによく見られる植毛方式がベストであろう。スーパースワンでは底板内面に薄いフェルトを貼ってあるし、D−55、D−57等でも底板にフェルトを貼るように注意してあるのは、中高音の漏れの防止のためである。

BHは多くの矛盾をかかえたシステムなので、設計は難しいが、逆にいえば理想的な設計は困難なので、いい加減に設計してもいいのだということになる。ホーンの正式な設計理論はかなり難しいが、空気は時に気体、時に液体、時に固体、時に弾性、時に粘性、時に剛性と、多面性を持っているので、理論にのりにくいのである。20年前にBHのブームがあり、各社から各様のBHが市販されたが、ろくな音がしなかったのでブームはあっという間に去った。メーカーは理論通りに設計していたのでうまくいかなかったのである。

●

BH《バックロードホーン》は音響迷路としても働く。また、図78のようなホーンがあったとすると、これはダクト長ℓのバスレフになる。トゥイーターのホーンは精密に設計、製作され、開口面積も十分広くとられているが、BHは図79のℓぐらいで切りとられているので、ホーンとはいえないという意見もある。さらに実際の工作では曲面の採用は困難なので、直線構成のコニカルホーンをつないでいく図80（矢印がつなぎ目）や、直管でつないでいく図81が採用される。ますます本格的エクスポネンシャルホーンからは遠ざかっていくのだが、それでもやっぱりホーンとして働いているというのが長年BHと取り組んできた僕の実感である。ただ、設計法は難しい。本格的に計算していくと、恐ろしく難しいことになり、僕の手には負えない。しかも厳密に計算して設計したメーカー製BHがことごとく失敗していることからすると、BH設計には独自の計算法が必要と考えられる。

ホーンの計算法

CWホーンの場合、ホーンの断面積は高さに比例するから、単純化すると図82のように描くことができる。これを10㎝間隔で切っていく。ホーンの入口の面積（高さ）をS_0とすると、n×10㎝ 進んだ時の面積S_nは$S_n＝S_0・K^n$となる。30㎝進んだところでの断面積は $S_3＝S_0・K^3$ ということである。Kはカットオフ周波数を決定する常数だ。

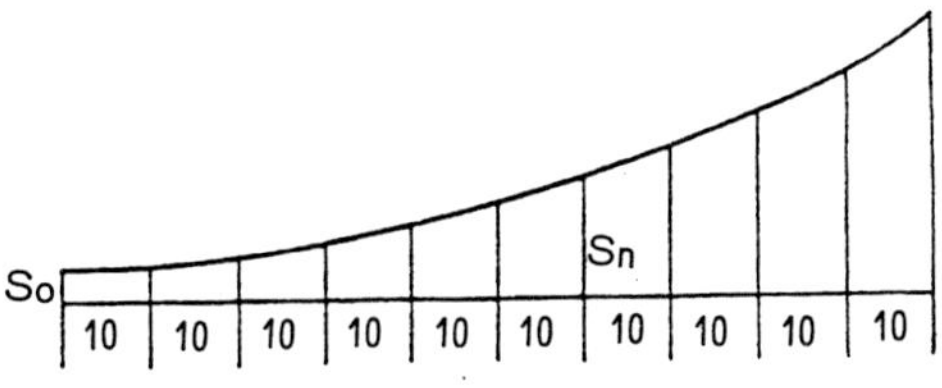

図82●

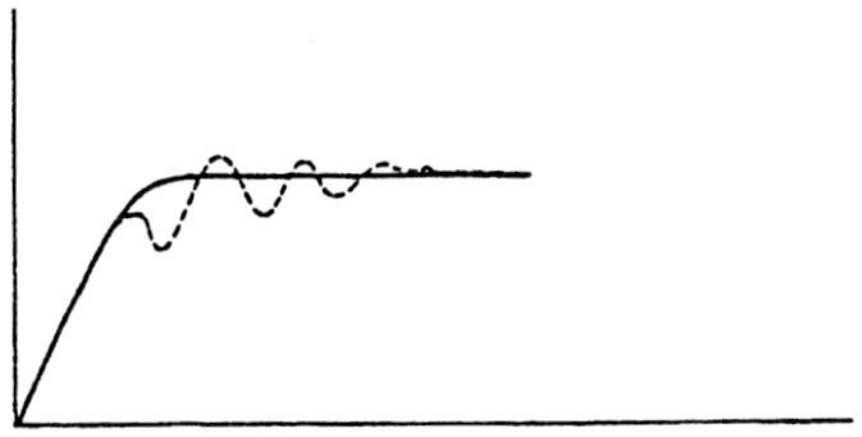

図83●

ホーンは急激に拡がる朝顔型のホーンから、ごくゆっくりと拡がるアルプホルン型のホーンまでいろいろある。ゆっくり拡がるホーンは低音まで効果があるが、朝顔型のホーンは中高音にしか効果がない。ホーンの拡がり方によって、再生可能な最低音域が決まるが、この周波数をカットオフ周波数という。K＝1だとホーンではなく、直管になってしまう。K＝1・08とするとカットオフは20Hz、K＝1・12で30Hz、K＝1・16で40Hz、K＝1.2で50Hzとなる。ただし、K＝1・08とすれば20Hzまでフラットに再生できるのかといえば、それはホーンの開口が図79のように十分に開き切るまでのばした場合の話であって、ℓで切ってしまった場合は早めにレベル低下を起こすし、凹凸も激しくなる。**図83**実線が開き切ったホーンのf特、点線が早めに切ってしまったホーンのf特である。

全長3mのホーン、1.5mまではK＝1.1で来て、そこから2.5mまではK＝1・15と少し開いたホーンにつなぎ、2.5mから先はK＝1.5とするといったやり方をカスケードホーンと呼ぶ。図80はコニカルホーンのカスケードでエクスポネンシャルに近付けたもの。図81は直管のカスケードでエクスポネンシャルに近付けたものである。

エクスポネンシャルのカスケードはもっと開きが急になるものだが、つなぎ目での計算は簡単である。前記でいうと1.5mまでは $S_n = S_0 \times 1.1^n$ で計算し、そこから先はS_{15}をS_0として

$S_n = S_0 \times 1.15^n$ として計算していく。

$S_n = S_{15} \times 1.15^n$ と書いても同じである。念のために書いておくが、n乗の計算は簡単である。電卓に1.1、×、＝、＝、＝……と置いていくだけである。＝を1回押せば2乗、14回押せば15乗になる。

カスケードのメリットは、音道の全長は同じでも開口面積が大きくとれるので、放射効率が上がるということがある。デメリットとしてはホーンの効果が低下するということで、一長一短といえる。僕の場合、限られたキャビネットに音道をどう組み込むかで、やりくりがつかない時にカスケードでつなぐといった使い方をしている。

カスケードのポイントはつなぎのスムーズさだ。極端にKの異なるホーンをつなぐと図78のようになってしまい、効果がない。カスケードのポイントは図82のようなカーブを描いて見て、視覚的に滑らかで美しいカーブになっているかどうかである。極端なことをいうと、ホーンは計算抜きでまず美しいカーブを方眼紙上に描いてみて、それから寸法を割り出していくという方法でもいいのである。

ホーンの全長は1～5mが基本。例えば全長10cmだったらただのバスレフになってしまうし、34mだったら開口からの低音は0.1秒遅れて出てくるのでまとまらない。1mあれば一応ホーンとして働くが、迷路として考えると340Hzでディップ、170Hzでピークを生じることになる。5mだと68Hzでディップ、34Hzでピークを生じる計算。開口からの低音は0・015秒遅れて出てくる。実際に製作したスパイラルホーンのD―113ではホーン全長約4m、10cm一発で信じられない程の重低音、超低音を再生したが、一拍遅れの感じが少しあって、オルガンにはいいがバスドラやウッドベースには瞬発力不足だった。これまで作った中では1.8～3mがバランスがよかった。瞬発力を重視するなら1.8m、低音の伸びと量感を重視するなら3mというところで、無難なのは2.0～2.5mか。

スロートと空気室

ホーンの入口付近の、一番狭い部分をスロートと呼ぶ。どこからどこまでをスロートと呼ぶかという厳密な定義はない。見た目でいかにも細い部分をスロートと呼ぶのであって、問題になるのはホーンの入口の断面積（図82のS_0）である。本格的なホーンのスロートは**図84**の実線のように曲線であり、K＝1.1で、スロートの長さを30cmとすると $S_3 = S_0 \times 1.1^3 = S_0 \times 1.331$ となり、断面積は33％増える。図84の実線のようになるのだが、これを直管で代用する時はどうするか。S_0の直管でいくと狭すぎる。S_3の直管でいくと広すぎる。そこで適当に中間をとって点線のような直管とする。この時、スロート断面積はS_0であるとして計算する。

図84●

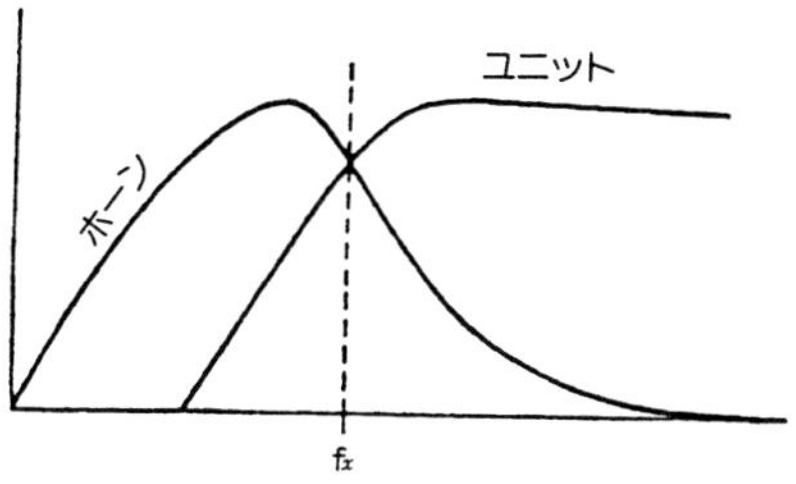

図85●

実際の直管の断面積より小さめに見積もるのである。BHはいくら厳密に計算しても、計算通りにはいかない。特に自作の場合はそうだ。大切なのは見た目である。見た目に美しく設計できればまず成功と考えてよい。

スロート断面積はユニットの実効振動面積の同等以下にとるのが基本。極端な話、スロート断面積が1／100だったらただの密閉箱に近付くし、10倍だったらただの後面開放箱になってしまう。第一、巨大なものになって部屋に入らない。スロート面積を振動板面積で割ったものをスロート絞り率(SR)というが、明確な公式はなく、筆者の体験から割り出した次の式が一応の目安になるが、確定した公式ではない。

$$SR=\frac{1}{5Q_0}$$

もうひとつの目安として

SR=0.5〜0.9 という幅で抑えるという方法もある。

スロート絞り率が1.0以上だったら、ユニットはホーン直結になるが、1.0以下の場合は自動的に図78のような小型キャビネットが作られる。これを空気室と呼ぶ。空気室はコーン前面の音に影響を与え、ホーンに対してはローパス・フィルターとして働く。空気室が極端に小さく、しかも絞り率が小さい(0.5以下)と、コーンに背圧がかかり、コーン前面からの低音放射が抑えられ、歪みも増える。一方、ホーン開口からは中高音の放射が増える。空気室が極端に大きいと、ホーンへのプレッシャーがかからず、単なる大型密閉箱の動作になってしまう。空気室はコーン前面の音と、ホーンからの音のバランスを調整するネットワークの働きも持っており、**図85**のようにf_xというクロスオーバー周波数を持つ。

●

フロントロード・ホーンでは空気室は小さい程よいとされる。大きいと高域が減衰してしまうからだ。BH《バックロードホーン》ではホーンで再生するのは低域であり、高域は減衰した方がよいので、空気室はある程度の容積をとる。どのくらいの容積をとるかはユニットのQ_0とf_xで決まってくる。例えば、ダイヤトーンP—610はQ_0が0.7で、推奨エンクロージュアは65ℓである。空気室を65ℓとすれば密閉、あるいはバスレフに近い動作になる。ホーンにプレッシャーがかからないからである。空気室を6.5ℓとすると、f_0は140Hz、Q_0は1.3に上昇する。これだと140Hzにピークが出てくる。もしQ_0が0・25だったとすると上昇しても0・47なので問題がない。BHはQ_0の低いユニットを使うのが前提となっており、P—610のようなユニットは向いていないのである。ただ、あまり細かく追究していくと設計もできなくなってしまうので、体験から超シンプルにまとめた公式を紹介する。

Q_0は前回のSR(スロート絞り率)で取り上げたが、SRでスロート断面積S_0が決まる。

$$f_x=\frac{10S_0}{V_a}$$

$$V_a=\frac{10S_0}{f_x}$$

f_x=ユニット前面の音とホーンからの音の交差点(Hz)

V_a=空気室内容積(ℓ)

S_0=スロート断面積(㎠)

これだけでは目安がつかない場合もあるので、その時は

$V_a=0.07a^2〜0.3a^2$ という範囲を逸脱しないようにするというのもひとつの方法だ。f_xはどのくらいがいいか。ユニットの口径、f特でも違ってくるが300Hz以上にはしないのが基本である。人の声の領域までホーンを効かせると聴きづらい音になるからだ。100Hz以下まで下げてくるとホーンの必要性が薄れる。

折り曲げホーンの問題点

ホーンの音道は曲面構成が理想だが、アマチュア工作では曲面はほとんど無理である。

折り曲げには90度と180度があるが、180度は気流の乱れが起きやすいので90度の方が有利である。また一本一本の音道の長さは異なっている方がよい。長さが同じだと特定の波長での定在波が強張されるおそれがある。**図86**はすべて180度折り曲げで、音道の長さも揃っているので不利になる。ただし、それは理屈の上でのことであって、実際にこれと似たBHを作ったことがある

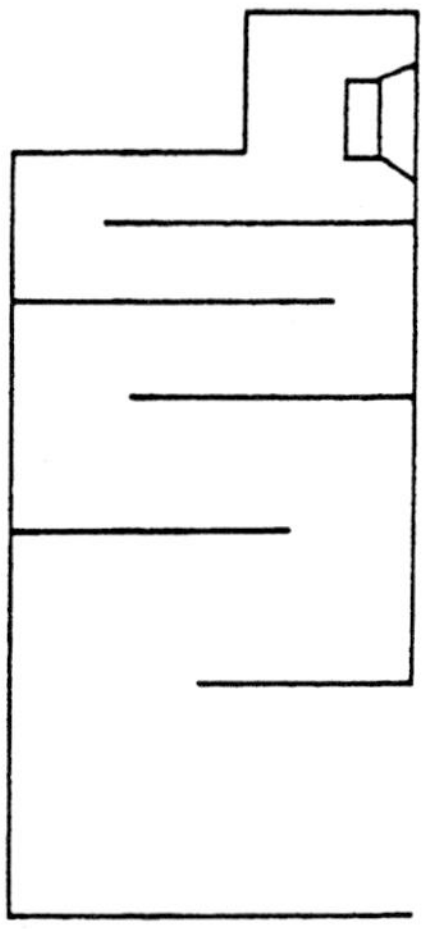

図86●

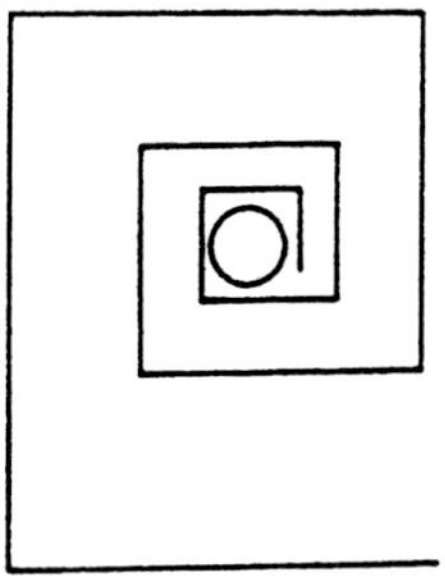

図87●

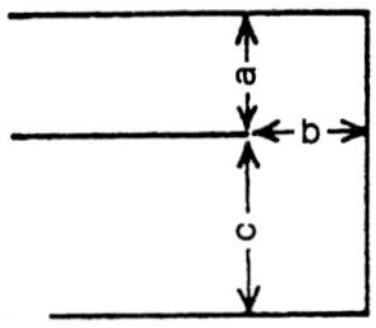

図88●

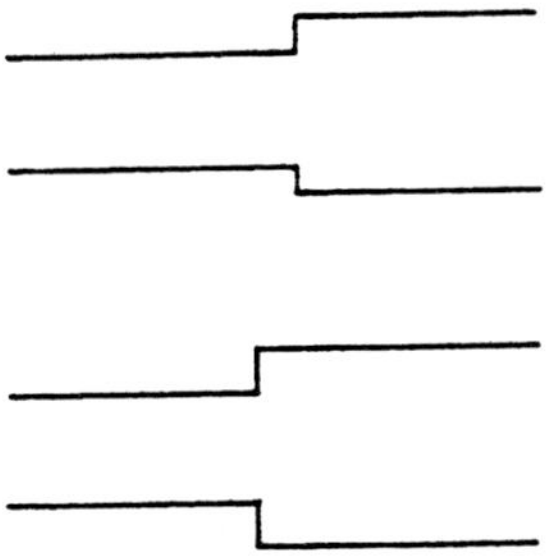

図89●

が、特に問題はなかった。

図87はすべて90度折り曲げて、音道の長さも異なるので非常に有利であり、実際に音もよい。スパイラルホーンと称して何度も挑戦しているが、この方式の最大の欠点は組み立てが容易でないということだ。音道の幅が正確に出ないとか、どこかに隙間ができるとか、必ずといっていいくらい組み立てミスが出る。どうしたらスパイラルホーンを完璧に組み立てられるかは今後の課題である。

180度折り曲げの時は**図88**のbの間隔をどのくらいにとるかも問題になる。常識的に考えればaとcの中間にとればよいということになるが、それでいいのか。もしb=aとすれば**図89**aの形になる。b=cとすればcの幅の音道が長くなり図89bの形になる。これは前出の図81の階段図を描いてみてスムーズに見える方を選ぶということになるが、できればb=cに近い方がよいと思う。

イメージホーン

部屋をホーンの延長として使おうという考え方は昔からあった。一番単純なのはホーン開口が床に接している時、床をホーンの延長として使うという考え方で、効果は少ないがゼロではない。もっと積極的なのは部屋のコーナーの利用で、コーナーホーンと呼ぶが、**図90**と**図91**が代表的なものである。簡略化して描いているが、図90はスピーカーシステムをコーナーに押しつけて使う。図91はコーナーから離して使う。ホーンの効果としては図91の方が上だが、図90はコーナーに置かなくても使える。コーナーホーンを成功させるには、硬く丈夫で、家具などを置いていないコーナーが必要なので簡単にはいかない。

バックロード・ホーン向きユニット

BHは**図92**実線のf特のユニットの中低域を持ち上げて点線のようなf特にするというのが狙いであり、**図93**実線のユニットをBHで使うと点線のように膨らんでしまう。これもひとつの音造りではあるが、フラットを狙うなら図92だ。このような特性を示すユニットというと、軽量振動板、ハイコンプライアンス(低f_0)、強力な磁気回路のオーバーダンピング・タイプになる。密閉、バスレフ、ダブルバスレフでは低音不足になるユニットだ。フォステクスのFEシリーズ、FFシリーズ、テクニクスのF20シリーズなどがそうだ。

f_0、Q_0の高いユニットでもBHで使えないことはない。例えば20年ぐらい前、ダイヤトーンにはKB—610HというBHのキットがあった。P—610×2+TW—503の3スピーカー2ウェイのBHである。ただし成功とはいえなかった。もっと昔、ナショ

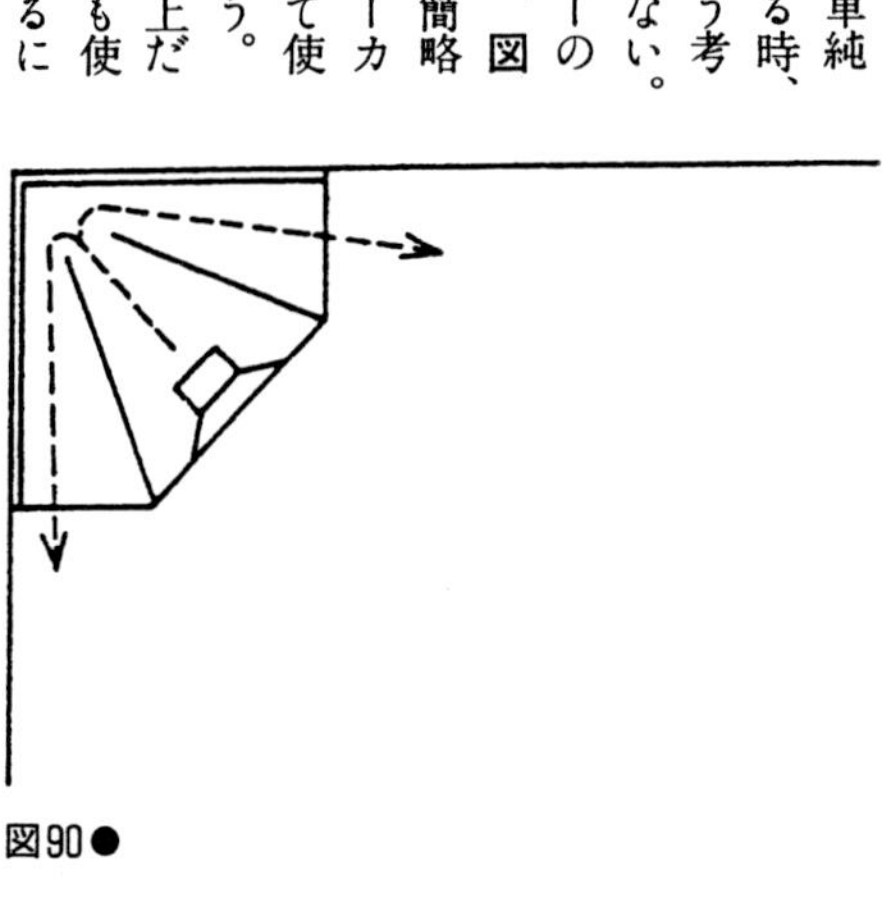

図90●

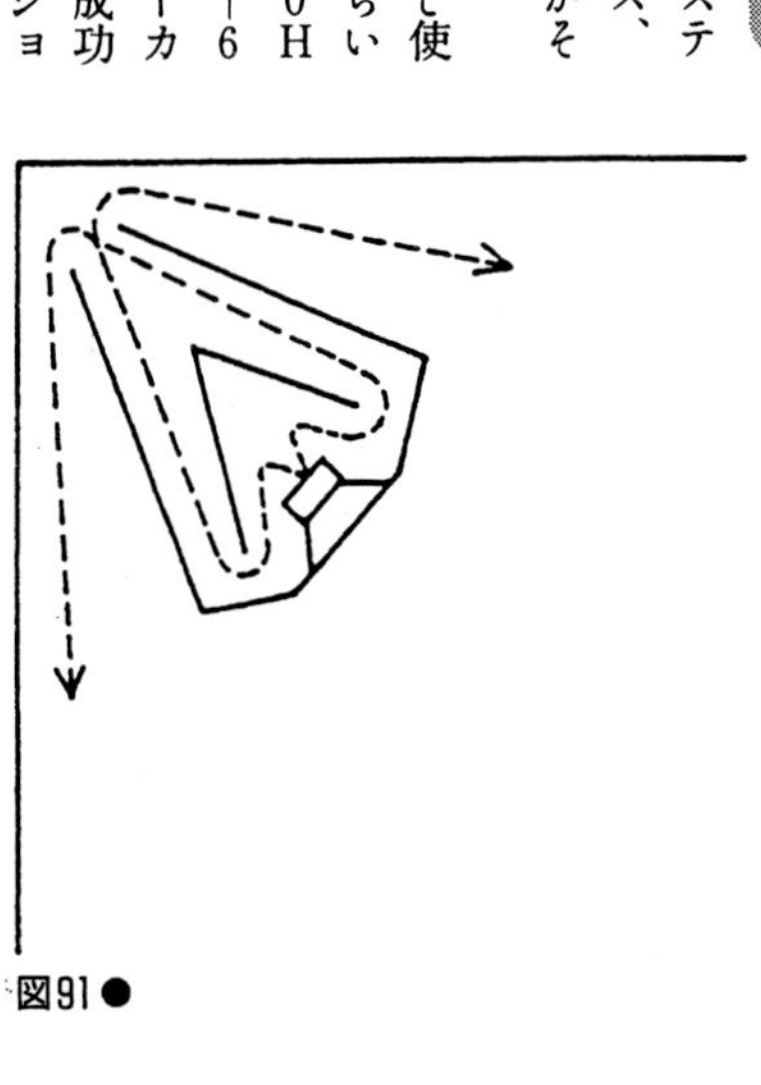

図91●

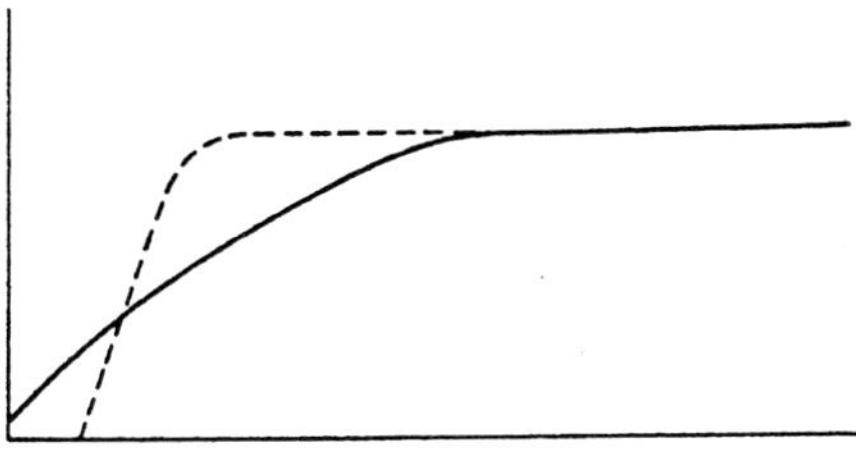

図92●

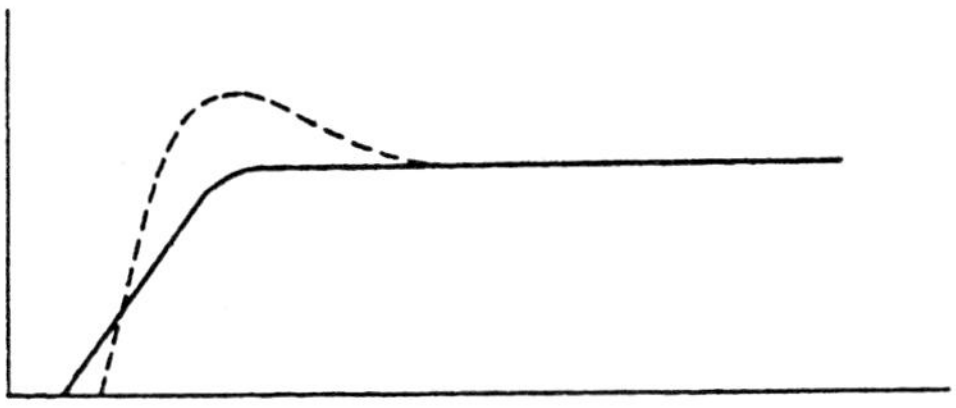

図93●

ナル8PW1（Q_0＝0・73）を使ったBHもあった。BHにウーファーを使うことも可能である。タンノイのオートグラフやGRFが実例だが、ハイスピードに叩きつけてくるサラウンドではない。バスレフでも使えるユニットをBHで使っているので、低域が膨らみ気味になり、スピード感は落ちるのである。とはいってもタンノイのウーファーはコーンが軽く、能率が高い。フォステクスでいうと、軽量コーン、高能率の12W360あたりがBH向き、FW168、208はBH向きではないと思う。小型バスレフで充分な低音再生が可能なユニットを大型BHで使うのは効率が悪いといえる。

逆ホーン

ホーンはスロートが一番細く、徐々に拡がっていって、十分開いた開口から音波を放出する。この動作を空気の動きで見ると**図94**の矢印のように、スロートでは小面積での大きな動き、開口では大面積での小さな動きとなる。

低音の放射効率は面積に比例するので、ホーンは低音再生に威力を発揮する。これはトランスの働きと似ている。トランスは昇圧にも降圧にも使える。昇圧というのは10V1A（アンペア）の電力を100V0.1Aの電力に変換することだが、降圧というのは100V0.1Aの電力を10V1Aの電力に変換することである。同じトランスが昇圧にも降圧にも使える。どちらの側を入力にするかの違いである。ホーンがトランスだとすれば、逆向きに使えば逆ホーンとしての動作になる。

図94の開口部（右端）にユニットを取り付けたとして、コーンの振幅が±1mmだったとすると、スロート（左端）では10mmとか20mmとかの大振幅になる。スロートでは空気の出入りが激しいのである。この時スロートに吸音材を充填すると効果抜群で、最小限の吸音材で最大限の効果を発揮することができる。よくできた逆ホーンは背圧に関しては巨大密閉箱、巨大平面バッフルなみで、定在波は発生せず、バッフル面積は極小となる。実際にはそんなにいいことづくめにはいかないが、面白い方式ではある。特にスコーカー、トゥイーターには実用性が高い。しかし、ウーファーには多くの難点がある。理想的に動作したとすると、f特はウーファーの裸のf特に近付く。数百Hzから一気に下降するf特である。低音がほとんど出ない。低音を充分に再生するにはアンプで10～20dBもブーストする必要がある。

逆ホーンのシステムは実験的に作られたことはある。20年ぐらい前、パイオニアはPE－101という10cmユニット用にいくつかのキャビネットを作ったが、その中に逆ホーンがあった。**図95**のような形で音道を絞って行き、スロート部分に吸音材を充填してエネ

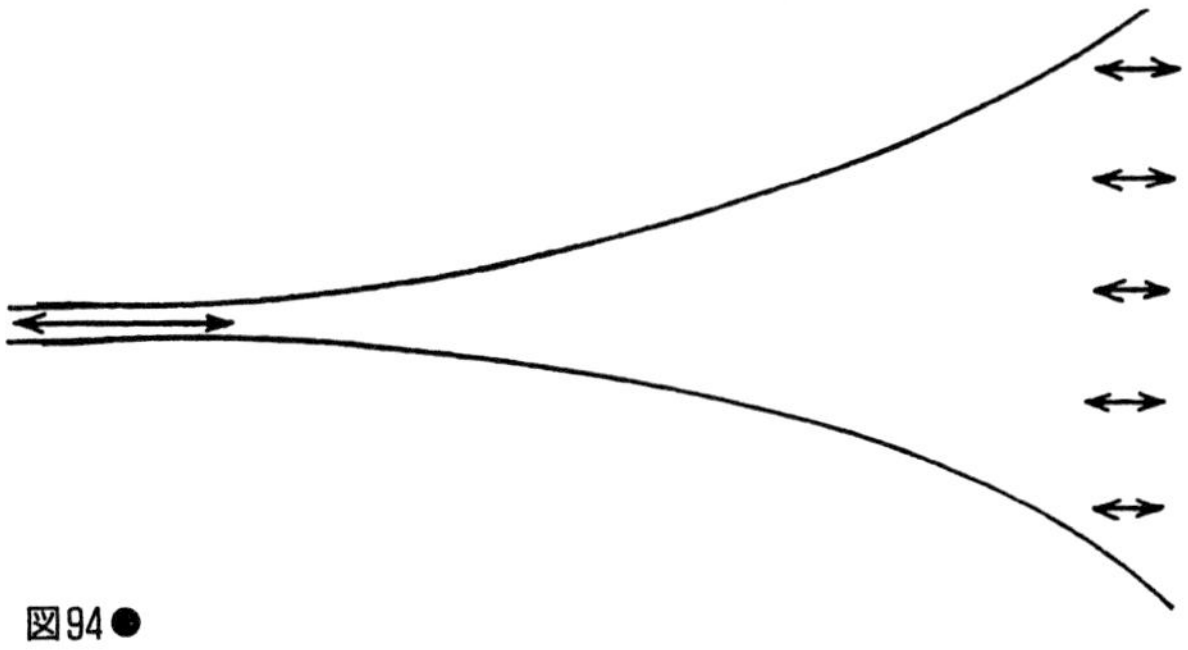

図94●

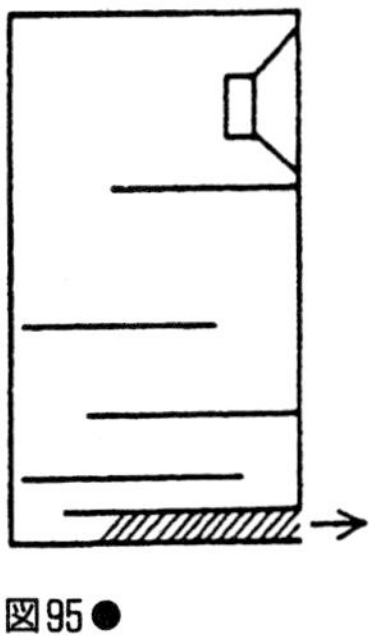

図95●

ルギーを吸収するものである。僕自身、これと似た方式を2回実験しているが、成功とはいえなかった。逆ホーンが本格的システムとして実現したのはB&Wのノーチラスが初めてであろう。30cm4ウェイ。中高域の3本のユニットはストレートホーンに取り付けられている。ウーファーはストレートホーンを採用すると全長3メートルにも達するので実用性がない。そこでスパイラルホーンとしてオウム貝（あるいはカタツムリ、アンモナイト）のような形にまとめた。ノーチラスはオウム貝のことである。このスピーカーは4chマルチアンプでドライブする。中高域3ユニットに対してはアンプはフラットでいいのだが、ウーファーに対しては大幅なローブーストが必要なので、中高域用とは別の大出力アンプが必要になる。ノーチラスでは強力なオーバーダンピング・タイプのウーファーを使っているが、逆ホーンのメリットを手軽に生かそうと思ったら、非力なダンピング不足のウーファーの方がいいかもしれない。

複合型ホーンスピーカー

アルテックA7は、フロントロード・ショートホーンとバスレフの組合せである。バスレフだけだと中低域に浅い谷ができるので、中低域に効くショートホーンでこれをカバーしようという狙いである。タンノイのオートグラフは、バックロード・ホーンとフロントロード・ショートホーンの組合せであり、狙いは同じ。ラウザーのTP—1も同じ狙いである。このような複合型のシステムはいろいろ考えられる。

複合型は振動板の前後の音を利用するのだと考えれば、バスレフは、バスレフと平面バッフルの複合型であり、BHはBHと平面バッフルの複合型と考えることもできる。前後バスレフ、前後共鳴管のシステムはサブウーファーとして使われる。複合型はキャビネットの工作が難しいとか、ユニットの取り付けが厄介だとかの問題があるので、アマチュアの工作用としては歓迎されない。

リニアフェーズ

キャビネットの形式の如何にかかわらず、マルチウエイ・システムでは各ユニットの位相関係が問題になる。図96aのような2ウエイがあったとして、ウーファーのセンターキャップと、トウイーターのドームはクロスオーバー付近では同じ音を再生していると考えられる。ところが矢印のように距離差があるのでウーファーの音の方が遅れて耳に届くことになる。これは位相のずれにもつながり、時間差と位相差を持った2つの音源から同じ音が出るわけで、音質劣化はさけられない。これを防ぐために考え出されたのがリニアフェーズである。リニアフェーズという言葉はテクニクスの造語であり、その第1号がSB—7000だが、方式としては古くからあり、たとえばアルテックA7は代表的なものである。各社それぞれ独自の用語を発明して使っているが、わかりやすいのでリニアフェーズを一般名詞として採用する。

リニアフェーズの一例として図96bがある。段違いバッフルで距離差を解消するのだが、これにも大別して二つの考え方がある。ひとつは時間差の解消で、振動板の位置、あるいはボイスコイルの位置を揃えるという考え方。もうひとつは位相差の解消で、bのようにボイスコイルの位置を揃えても、ネットワークの存在で2本のユニットの位相はずれる。コンデンサーが入ることでトゥイーターの位相は進み、コイルが入るとウーファーの位相は遅れる。bの方式ではこの位相差は解消できない。そこで図96cのようにトゥイーターをさらに後退させて位相を揃える。しかし、この方式は新たに時間差を生じることになり、ベストとはいえない。SB—7000はcの方式を採用していたが、最近はbの方が多いようだ。

しかし、bにしてもcにしてもメリットだけではなく、デメリットも多い。バッフルに凹凸がつく、図96cのような反射による音質劣化がある。ウーファーとトゥイーターを接近して取り付けることが困難になる。反射を抑える

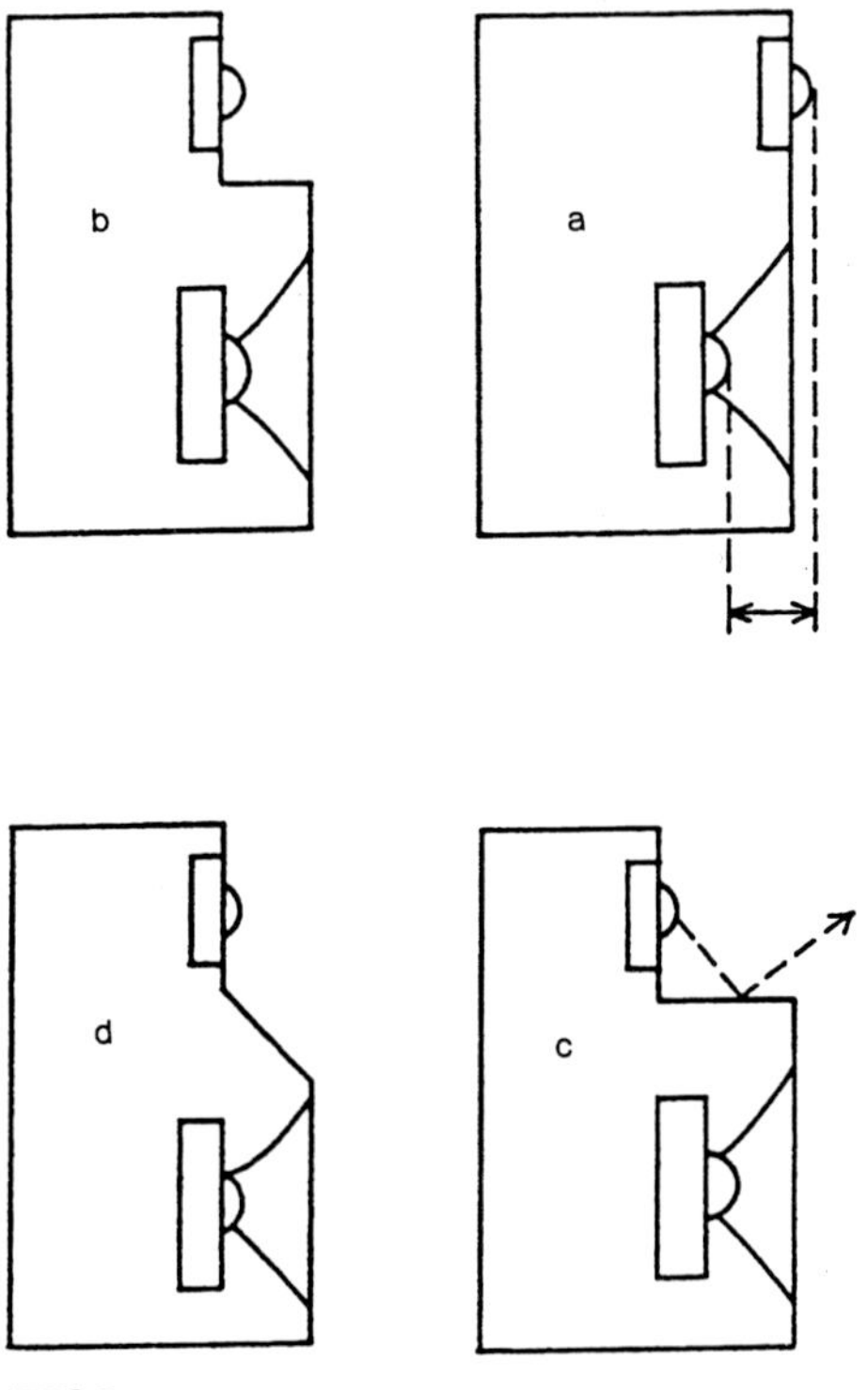

図96●

スピーカーユニットの使いこなし

ために図96ｄのような斜面でつなぐ方式もあるが、この方式ではユニットの接近した取り付けは不可能になる。

トゥイーターにホーン型を使うと、フラットなバッフルでもリニアフェーズが実現できる。ホーン型のダイヤフラムは奥まったところについているからだ。さらにドーム型の場合でも、バッフルにくぼみをつくって取り付けるとフラットバッフルでリニアフェーズが実現できる。一見ホーン型のように見えるが、ホーンとしての動作はしておらず、ボイスコイルを後退させて取り付けるための工夫なので、パイオニアではダイレクターと呼んで、ホーンと区別している。

しかし、位相差、時間差はあっても、結局図96ａの単純な方式がいいのではないかという考え方もあり、パーセンテージから見ると現行商品ではａの方が多い。僕自身リニアフェーズ・システムはいろいろ設計しているが、すべて成功しているわけではない。メリットもあるがデメリットもあり、デメリットがメリットを上回ったケースもある。成功したと思えるのはＲ－12、Ｒ－14等の無指向性リニアフェーズだ。

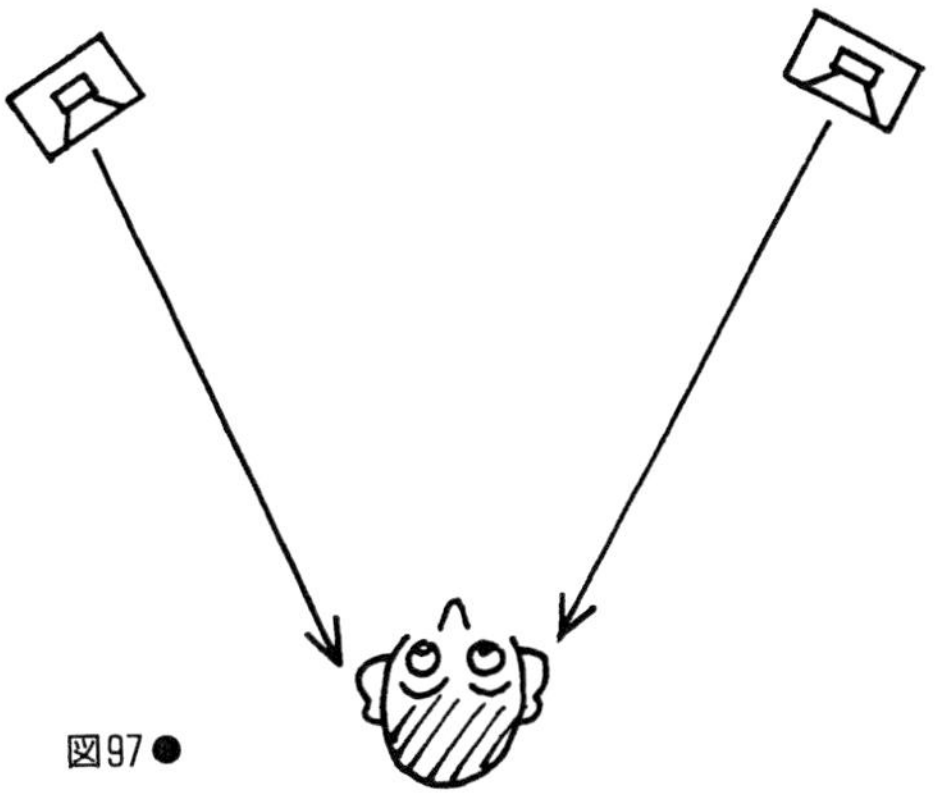

図97●

指向性の工夫

指向性は広ければよいというものではない。たとえば極めて指向性の鋭いスピーカーを**図97**のようにセットすれば、左スピーカーの音は左の耳だけに、右スピーカーの音は右の耳だけに入ることになるので、クロストークがなくなり、ダミーヘッド録音のソフトを再生すれば、ヘッドフォンなみのサラウンド効果が得られる。しかもヘッドフォンのような圧迫感がなく、音場が頭の回りに集中することもない。さらに壁から屋外に音がもれることがないので、遮音の悪い部屋での大音量再生が可能になる。ただし、実現は極めて困難である。メーカーも挑戦しているがうまくいっていない。

指向性の拡大

水平方向の指向性を拡げる方法としてトーンゾイレがあるが、多面バッフ

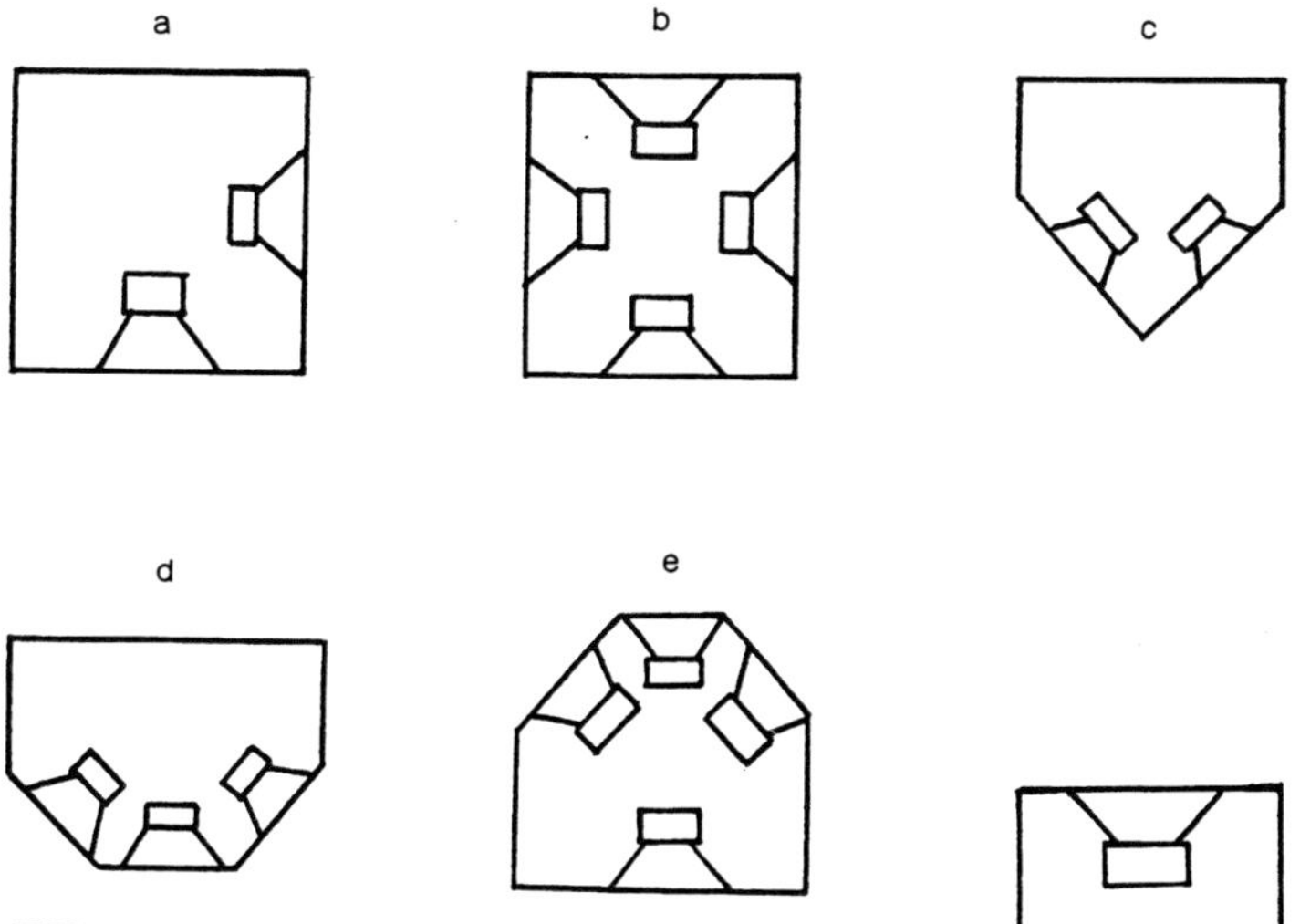

図98●

図99●

ルという方法もある。**図98**はキャビネットを上から見たところだが、aは2面バッフルで広指向性、bは4面バッフルで無指向性（水平360度指向性）c、dは水平180度指向性を狙ったもの。eは反射型である。いずれもスムーズな広指向性を得るのは難しく、ユニット間のつなぎ目に問題があり、波板状の指向性になりやすい。また、リスナーの耳と各ユニットをつないで見ると距離差（イコール時間差、位相差）があることがわかる。これはハイファイ再生用としては問題がある。図98の各方式は音場感では優れているが、音質をシビアに追究するとマイナス面が出てくるので一長一短のシステムといえる。

b、eは音場型とも呼ばれ、リスニングルームの中に音場を作りだすのに効果的だ。ただし、この方式で作られる音場は録音現場の原音場とは異なり、部屋に左右される創成音場になる。

図99はキャビネットを横から見たところで、天板に上向きにユニットが取り付けられている。この場合中低域は水平360度指向性になり、ユニットが一発なので図98のような波板状の指向性にはならない。ただし高音はすべて上方に向かってしまい、水平方向ではカットされた形になる。高域まで水平360度にするため円錐状のディフューザーを使うという方法はメーカー製システムに見られるが、自作では好結果が得られないのでやめた方がいい。むしろネットワークなしでハイカットが実現するのでトゥイーターの追加で2ウエイとするのがよい。3次元的な全指向性を実現するためには球形キャビネットを使うか、正6面体のキャビネットに6本のユニットを使うといった方法があり、成功すれば面白いが、なかなか難しい。セッティングも細いスタンドの上にのせるか、天井からチェーンで吊るしかないので不安定であるし、小型システムに限定されてしまう。

フルレンジからの発展——●

フルレンジ一発というのはひとつの理想だが、メリットと同時にデメリットもある。メリットは、ネットワーク、アッテネーターがないこと。このメリットはDレンジの拡大につながる。ネットワークもアッテネーターもリミッターとして働くので、これがないフルレンジはDレンジが特に広く、ボーカルの生々しさに通じる。その他、位相特性の良さ、音のつながりの良さ、定位、音場の良さといったこともある。デメリットはfレンジが狭いこと、高域に向かって指向性が鋭くなること、歪み（高調波歪み、変調歪み）が多いこと、等々。

そこで2ウエイの第一歩はフルレンジ＋αという形でスタートする。最もシンプルなのはトゥイーターの追加だ。原則としてフルレンジはフィルターなし、スルーで使う。トゥイーターとど

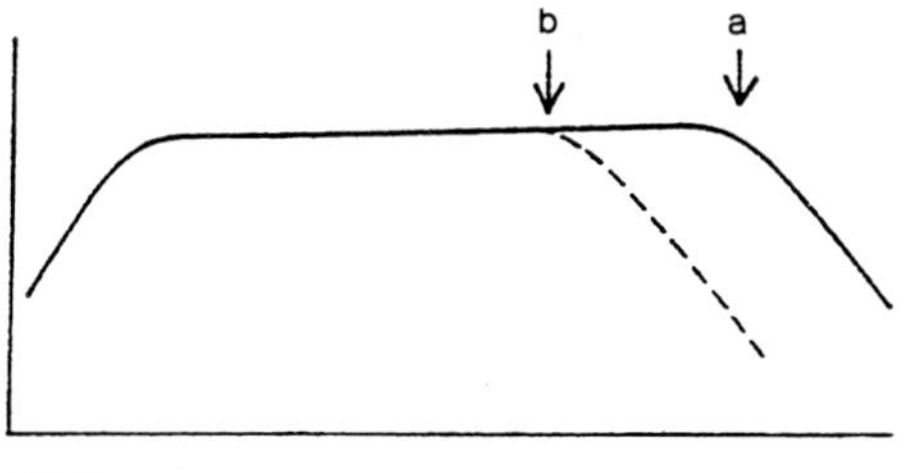

図100●

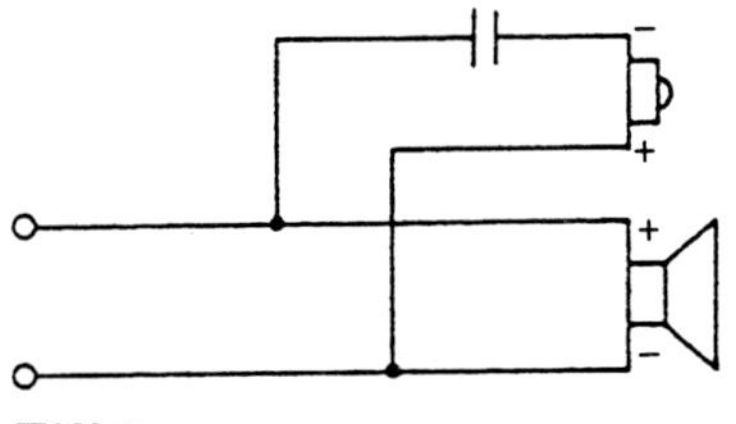

図101●

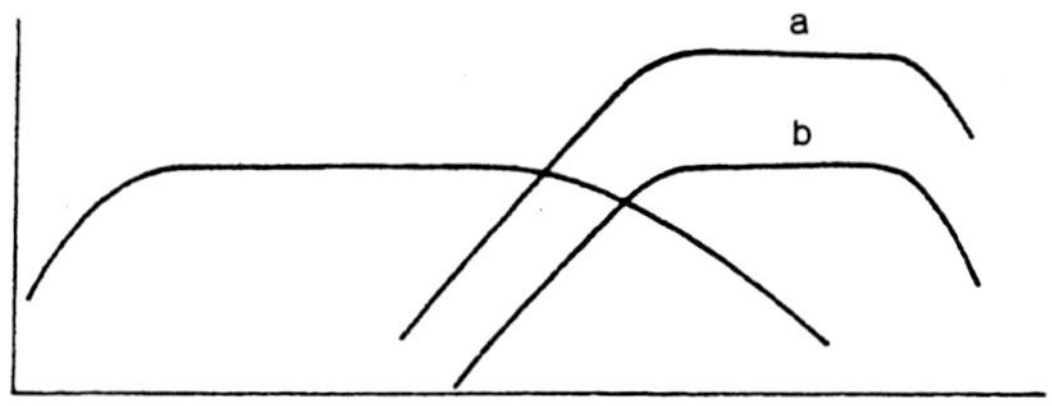

図102●

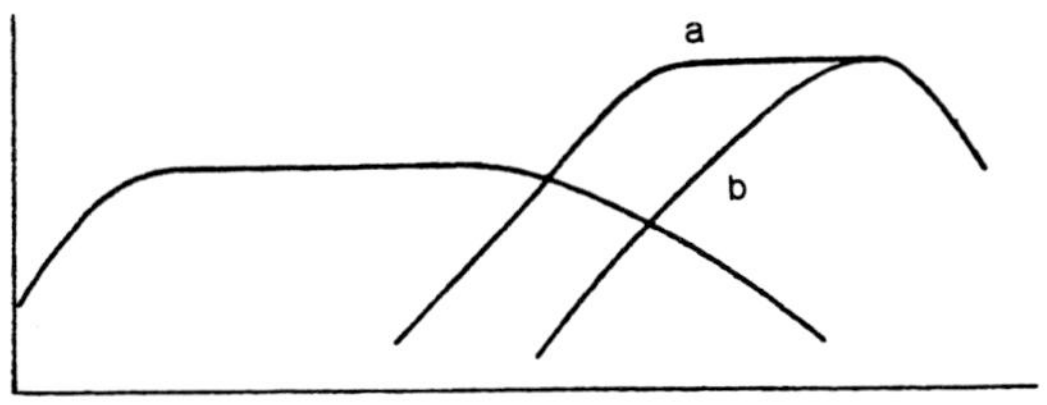

図103●

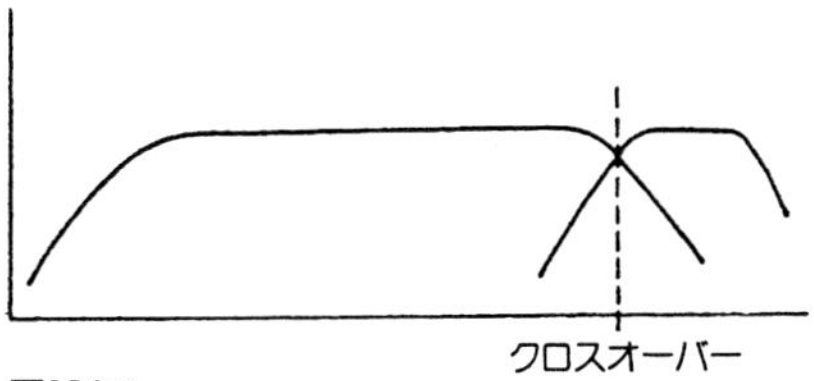

図104●

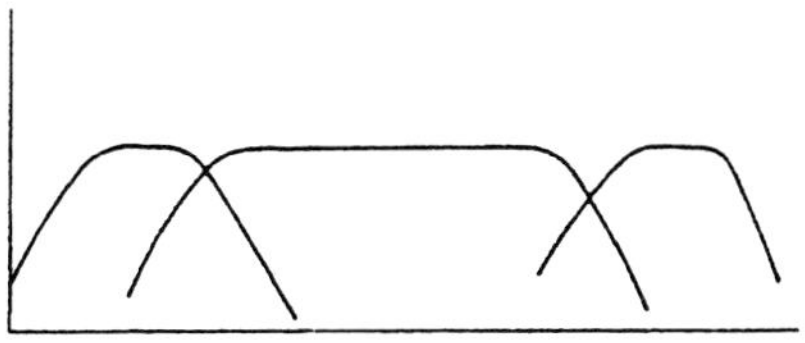

図106●

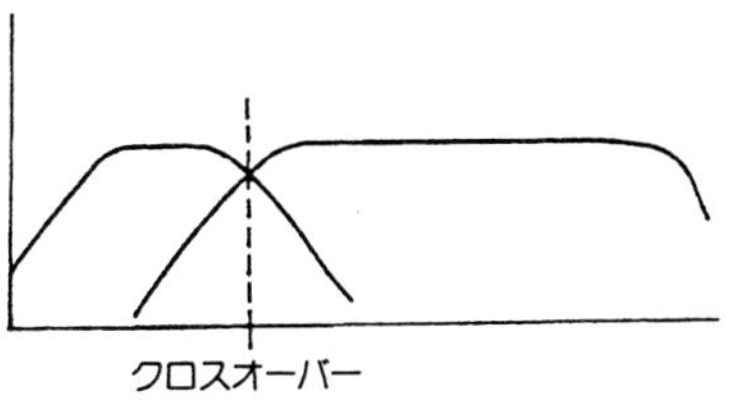

図105●

こでクロスさせるかはフルレンジのｆ特で見るのだが、図100実線が軸上の正面のｆ特、点線が30度方向のｆ特だとすると、高域が下降し始める矢印ａ、ｂの間にクロスオーバーを設定する。ａで設定するとクロス付近に落ち込みが出る。ｂで設定すると、逆に山ができたり、暴れが出たりする。これはトゥイーターの性格や音の好みで決めるものなので、普通は何種類かのコンデンサーを用意してヒアリングで絞り込んでいく。最もシンプルな形は図101のようなコンデンサー1個だ。フルレンジに対してトゥイーターは同相で接続するか、逆相にするか、ケース・バイ・ケースなので一概には言えないが、逆相でうまくつながるケースが多い。リニアフェーズで設計するとまた違ってくる。

　トゥイーターの選定、基本からいうと、出力音圧レベルが等しいこと、振動板の素材が同じであること、形状(コーン、ドーム、ホーン、平板等)が同じであること、等が条件になるが、現状ではぴったりの条件を持ったトゥイーターはまずない。能率が高すぎる場合はアッテネーターで落とすか、コンデンサーを小さくして落とす。

　両者は効果が違う。図102ａは高能率のトゥイーターをコンデンサーだけでつないだ場合で、明らかにハイ上がりになってしまう。コンデンサーの容量を変えず、アッテネーターでレベルを落としたのがｂで、きれいにつながる。図103ａは図102ａと同じ。ここでアッテネーターを使わず、コンデンサーの容量を小さくしたのがｂで、ハイ上がりになるが、耳につく高域はそれ程上昇せず、超高音で上昇するので聴感上はハイ上がりにはならない。この方式はコンデンサーの容量に敏感である。大きめだと聴感上もハイ上がりになるし、小さめだとクロス付近に谷ができて音が引っ込む。コンデンサーは何通りも用意して比較試聴で決めるしかない。測定で判定する方法もあるが、一般ユーザーには無理だろう。

　コンデンサー1個のネットワークを6dB／octと呼ぶが、よりシャープにカットするネットワークとして、12dB／oct、18dB／octといったものがあるが、後で詳しく説明する。さらにフルレンジにも中高域をカットするフィルターを入れる場合があるが、フルレンジの良さを生かすにはスルーで使った方がよい。

　フルレンジ＋トゥイーターの基本は図104のようになり、クロスオーバー周波数は高めにとるのがポイント、５kHz以上が目安になる。３～５kHzというのは耳の感度の良い帯域なので、一般論としては３～５kHzにクロスオーバーを持たない方がよいとされる。しかしあくまでも一般論であって、他に重要なファクターがある場合は３～５kHzクロスでも差し支えない。

　フルレンジの発展形としてはフルレンジ＋ウーファーというのもある。プラストゥイーターの場合は概して大口径フルレンジ向きだが、プラスウーファーの場合は概して小口径フルレンジ向きである。基本は図105のようになる。この方式は昔からあるが、多いのはミニスピーカー＋スーパーウーファーという組合せだ。クロスオーバーは十分低くとれるのでウーファーの指向性が気にならなくなり、ウーファーはどこへ置いてもよいということになる。ただし、この方式はほとんどがアンプ内蔵ウーファーなので、自作向きではない。アンプを内蔵していないプラスウーファーとしてはボーズの３６３や５０１シリーズがある。

　アンプ内蔵ウーファーはクロスオーバーの設定が自由だが、アンプなしのスーパーウーファーは中域をどこまで抑えられるかがポイントだ。ネットワークとキャビネットの工夫だけで抑えるので設計は難しい。この方式もフルレンジの処理はスルーで使うか、ハイパス(ローカット)フィルターを入れるかだが、それぞれ一長一短である。スルーで使うのは音質的には有利だが、パワーが入らない。フィルターを入れるとパワーは入るが、音質はフィルター(主としてコンデンサー)に支配される。前者の場合、フルレンジ用のキャビネットを標準より小型(1/2～1/3)にし、Q_0の上昇は吸音材で抑えるという形で、コーンの振幅を抑えて許容入力を上げるという手法がとられる。

　フルレンジにトゥイーターとウーフ

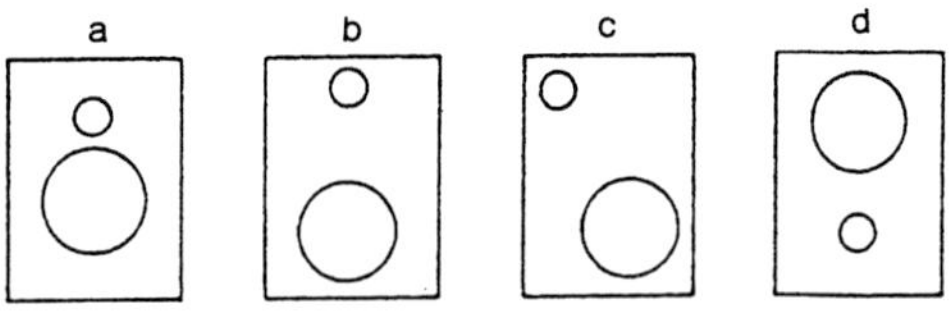

図107●

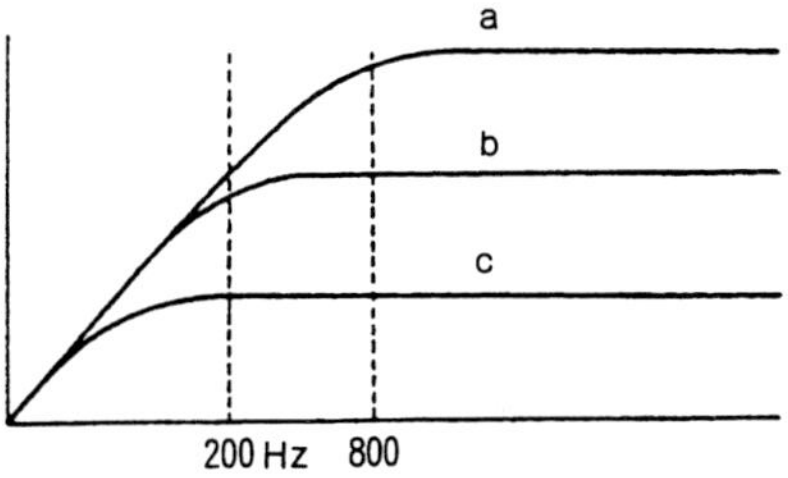

図108●

アーをプラスすると図106になる。この方式のシステムはオンキョーやダイヤトーンにもあった。一見ウーファー、スコーカー、トゥイーターを使った3ウェイと同じようだが、決して同じではない。スコーカーはハイパスとローパスのフィルター（バンドパス・フィルター）でがっちりガードされているが、フルレンジはスルーで使える。レンジも広いので、フルレンジ＋スーパートゥイーター＋スーパーウーファーという形が可能になる。前に、フルレンジにはワイドレンジ・ウーファー、ワイドレンジ・トゥイーター、ワイドレンジ・スコーカーの3タイプがあると説明したが、図104、図105、図106がそれぞれ対応している。

2ウェイのユニット配置

図107はいずれもメーカー製のシステムからとったものである。aはオーソドックスなレイアウトで、ユニットはできるだけ接近させて取り付ける。フレームを三日月形にカットしてまで近付けるというものも多い。これは音源を集中させたいという狙いからで、究極の形としてはコアキシアルがある。

bはできるだけ間隔をとったもので、変調歪みの低下が狙い。aのようなレイアウトだと、トゥイーターから出た音がウーファーのコーンに反射して、この時に変調歪みが発生しやすい。これが最大になるのはコアキシアルで、確かにコアキシアルは変調歪みが多いのである。bのように間隔を拡げ、さらにユニットの中間に防波堤のようなものを設けると変調歪みは減らせる。しかし音源が分散するのはデメリットになる。

cはbのバリエーションだが、ユニットをコーナーに取り付けるということで強度の点で有利だ。dは逆転型で、欧米にはよく見られる方式。ウーファーは床の影響を強く受けるので、床からなるべくはなして取り付けるという考え方である。トゥイーターをキャビネットの天板の上にのせるという方式だと、リニアフェーズが容易に実現できる。

フルレンジ＋ウーファー（図105）の方式では図107にとらわれることはない。ウーファーからの中高音はなるべく聴きたくないので、リスニングポイントからウーファーが見えない方式にすることも多い。ウーファーをリアやサイドに取り付けたり、ウーファーをキャビネット内部に取り付けるＡＳＷ（ケルトン）、ＤＲＷ、ＰＰＷといった方式である。

ウーファーの使いこなし

ウーファーのf特だけ見ると結構ハイエンドまで伸びているものが多い。カタログではＦＷ１０８、ＦＷ１２７、ＦＷ１６８は10kHzまで、ＦＷ２０８、ＦＷ１８７、ＦＷ２２７、ＦＷ２１ＤＶ、１０Ｗ１５０、１２Ｗ１５０、１２Ｗ３６０、１５Ｗ４００はいずれも５k～８kHzまで伸びているので、ウーファースルー（フィルターなし）でトゥイーターをのせれば使えそうに思えるが、f特だけならフラットにつながるが、音はよくない。ＦＷ１０８は10kHzまでフラット、15kHzまで伸びているので一発でフルレンジとしても使える。実際にもＢＳ―４７とかＦ―６０というＦＷ１００一発のバスレフを作ったことがあり、一応成功はしているが、クラシック向き、アダルト向きのネクラでおっとりとした音で、それなりの良さはあるが、低能率で、切れがなく、分解能いまいち、音が引っ込んで張り出してこない。ＦＥ１０８Σとは正に対照的なサウンドである。

ＦＷ１０８とＦＥ１０８Σの決定的な違いはm_0である。ＦＥは2.7gだが、ＦＷは7.5gと3倍近い重さがある。振動板は軽いほどよい。本当はウーファーの振動板も軽い方がいいのだが、軽いコーンのウーファーでローエンドを確保するには巨大なキャビネットが必要になる。小型キャビネットで低音を稼ぐにはコーンは重くしなければならない。また、軽いコーンは中高域の出力音圧レベルが高くなるので、それもウーファーとしては難点になる。

図108はコーンの重さとf特の関係を単純化したものだが、aはコーンの軽いもの、cは重いもの、bは中間である。aはＦＥシリーズのような高能率フルレンジ、bは低能率フルレンジ、及び、高能率ウーファー、cは低能率

ウーファーである。出力音圧レベルというのは図の点線の範囲内のスポット測定の平均値だから、aの場合、中高域は公称出力音圧レベルより数dBより高いのが普通、またa、b、cとも重低音、超低音の領域は数dB低いのが普通だ。トゥイーターとの組み合わせにはその辺を考慮する必要がある。

システムのまとめにはボーカル帯域をどんなユニットに受け持たせるかがポイントになる。ボーカル帯域は厳密にいえば30Hz～30kHzに達するが、重要なのは300Hz～3kHz、ここにクロスオーバーを持たない方がよい。コーンの重いウーファーに3kHzまで持たせると、声は重く鈍くなり、生気を失う。といって300Hzでクロスさせようとするとネットワーク素子が大型になり、その面でのデメリットが出てくる。どこでクロスさせるかは多くのファクターのバランスで決まってくるので一概にはいえない。

ネットワークの種類とその設計

ハイパス・フィルター

ローカット・フィルターと同義である。ニュアンスからするとハイパスの方が実感がある。10kHzクロスでトゥイーターを使う場合、ローカットと呼ぶのは抵抗がある。9kHzがローだとは誰も思わないからだ。しかしスコーカーを300Hzクロスで使うとなると、ローカットの方がピンとくる。

ハイパスの最もシンプルな形はコンデンサーだけの6dB／octである。6dB／octというのは**図109**のように周波数fを基点として、½fで6dB、¼fで12dB、⅛fで18dBと、1オクターブ低くなるごとに6dBダウンするフィルターのことをいう。fが10kHzであれば、10kHz6dB／octのハイパス・フィルターと呼ぶ。実際には図109のように直線的な変化はしない。**図110**のようなカーブになり、fでは3dBダウン、½fでは7dBダウン、¼fで12dBダウン、以下は直線的変化になる。なぜカーブを描くのかというと、コンデンサーが入ることによる位相回転から説明しなければならないが、電気の教科書を見ればすぐわかることなので省略する。ハイパス・フィルターの計算式は次の通り。

$$f=\frac{159}{Z\cdot C}$$

$$C=\frac{159}{Z\cdot f}$$

f：フィルターの基準周波数(kHz)
Z：ユニットのインピーダンス(Ω)
C：コンデンサーの容量(μF)

クロスオーバー周波数というのはfとは限らない。½fの場合もある。fだとクロス付近が盛り上がる可能性があり、¼fだと谷が出来る可能性がある。トゥイーターの能率が高い場合は**図111**aのようになるので、アッテネーターを使用してbのように落とす。落とさないとクロスオーバー周波数は低い方にずれ、f特はハイ上がりになる。

アッテネーターを使わないで、トゥ

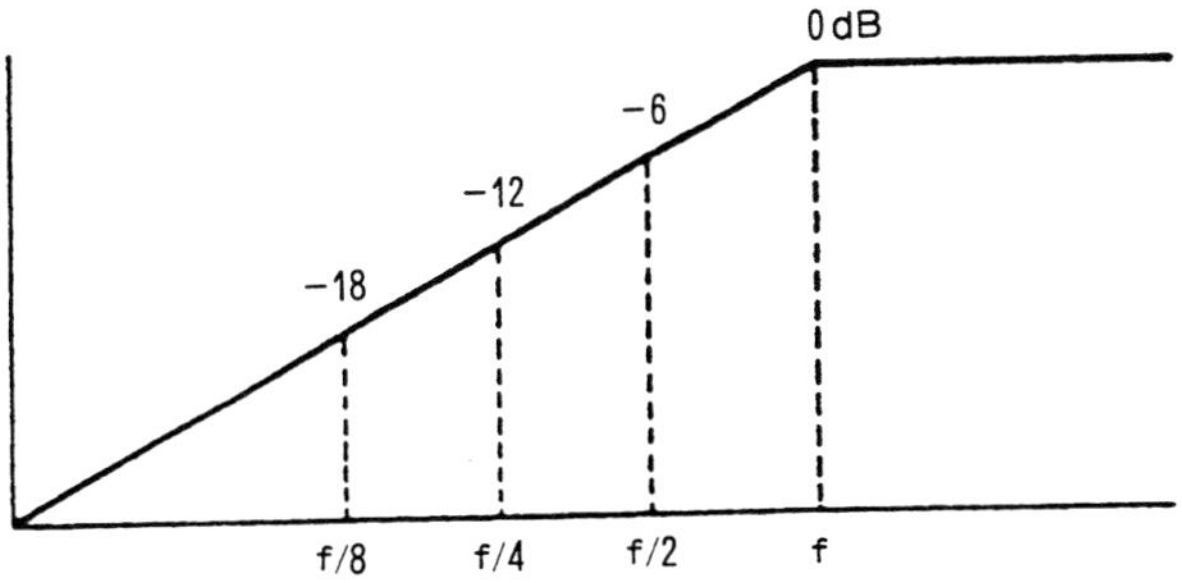

図109●

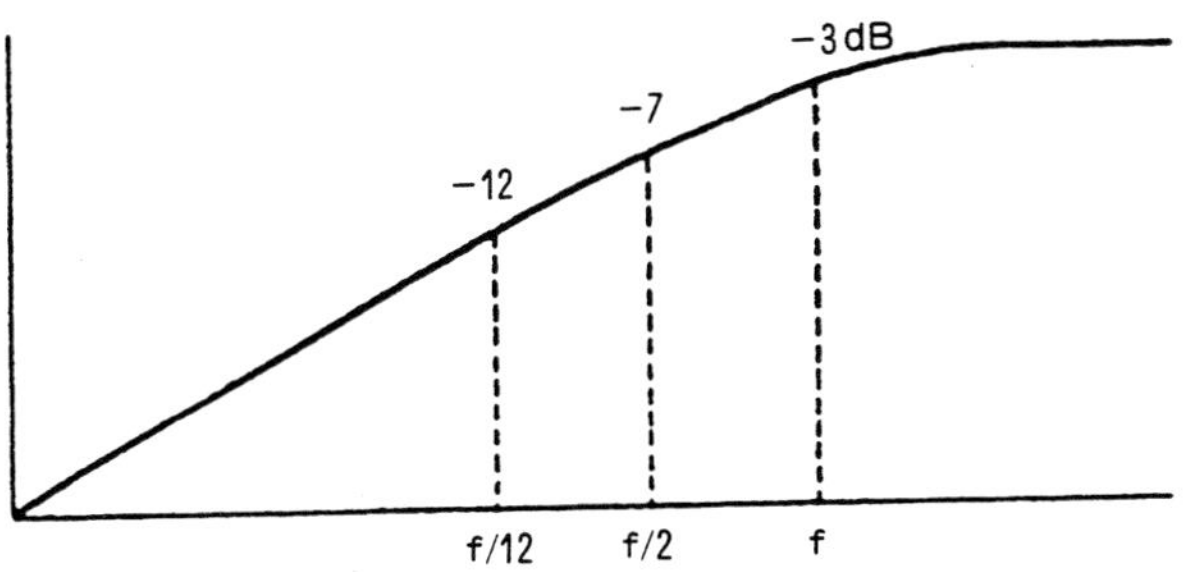

図110●

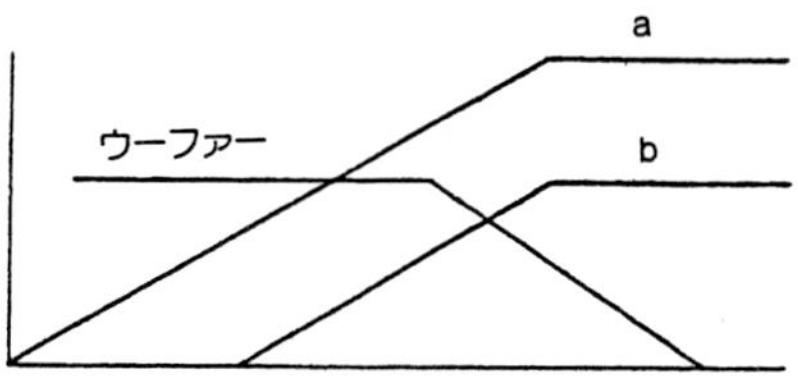

図111●

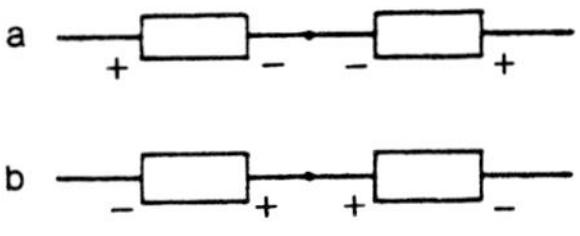

図113●

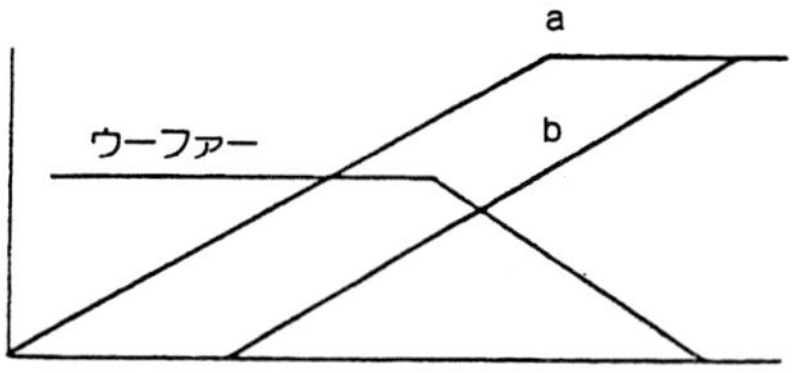

図112●

イーターのハイパスの基準周波数fを上げてつなぐというのが図112である。aでは図111aと同じだが、コンデンサーの容量を減らすとbのようにfが上昇する。図111のbのようにウーファーとのクロスはうまくいっている。違うのはクロス以降のf特が6dB／octで上昇していくことだ。ただし、この図はトゥイーターのf特が数10kHzまでフラットであるという前提で描かれている。トゥイーターのハイエンドが20kHz以上ダラ下がりになっていれば（たいていそうだ）上昇は抑えられる。図111bの方式ではむしろハイ落ちになる可能性もある。どちらの方法でいくかは一概にはいえないが、クロスオーバーが5kHz以下の場合は図111がいい。図112を選ぶと聴感上もハイ上がりの音になる。またクロスオーバーが10kHz以上の場合は図112でよい。5～10kHzでは他のファクターとのからみでケース・バイ・ケースになる。

　コンデンサーには多くのタイプがあるが、ネットワークに使われるのはフィルムと電解ぐらいである。フィルムにも素材や製造法で違いがあり、たとえばフォステクスのフィルムコンデンサーにはCMシリーズとUΣシリーズがあり、どちらも耐圧は200Vだが、同じ4.7μFでもCMは¥850、UΣは¥2400と価格差は大きい。しかもこの価格差は音質にも反映されており、UΣの方がCMより音がよいのである。しかし、使い方次第でCMも生かせる。たとえばユニットとシリーズに入れるにはUΣがいいが、並列に入れるのはCMでも間に合うとか、大容量を必要とする時はCMとUΣを並列で使うといったやり方である。たとえば11μFが必要な時、UΣだけで組み合わせると¥4300になるが、CMの10μFと、UΣの1μFを組み合わせれば¥2450で上がる。かつてはλ（ラムダ）、Hiλ、Uλと言った超高級コンデンサーがあり、音もよかったのだが、生産中止で入手不可能になった。

　電解コンデンサーは通常＋－の極性があり、＋から－の方向には直流を通してしまうのでネットワーク用には使えない。ネットワーク用には2個を逆相シリーズに接続したものを使う。図113のようになるがaでもbでもよい。この場合、耐圧は2倍になるが、容量は1/2になる。たとえば50V100μFの電解を2個使うと、100V50μFになる。外観は普通の電解コンデンサーだが、内部で図113の接続になっているものをBP（バイポーラー）とかNP（ノンポーラー）コンデンサーとか呼び、メーカーが使っているのはこれだが一般には入手しにくい。またBPは音が悪いといって、普通のコンデンサーを図113の方式で使っているメーカーもある。

　電解はフィルムに比べると明らかに音が悪い。歯切れが悪く、余分な音が付きやすいのである。充電されたコンデンサをショートするとパチッと火花が飛ぶ。フィルムの場合、火花は一回限りだが、電解はちょっと時間を置いてからもう一度ショートすると、小さいがまた火花が飛ぶ。三回目でもかすかにバチッとくる。充電、放電とも時間がかかるのが電解の問題点で、トランジェントの劣化につながる。これを防ぐために小容量のフィルムをパラって使うという手があり、メーカー製システムにもよく見られる。メーカーはトゥイーターにシリーズに入るコンデンサーでも平気で電解を使うが、自作では絶対にやらない。

6dBフィルター

　前項で説明した6dB／octのハイパス・フィルターというのは図114のようになる。aは図解だが、bは記号による回路図である。コンデンサーは略してCと書く。bはフィルムコンデンサーの記号だが、cはBP、あるいはNPの記号で、dは有極性電解コンデンサーを2個逆相シリーズに使った時の記号である。

　コンデンサーは蓄電器のことであり、外部から供給された電力を貯めておくことができる。バッテリーと混同されやすいが、バッテリーは蓄電池であり、電力を内部で作り出す、あるいは電力を化学エネルギーに換えて貯えるものである。コンデンサーは発電も化学変化もない。貯められる電気量のことを容量（キャパシタンス）と呼び、単位はμF（マイクロファラッド）で表す。アンプのフィルターコンデンサーには

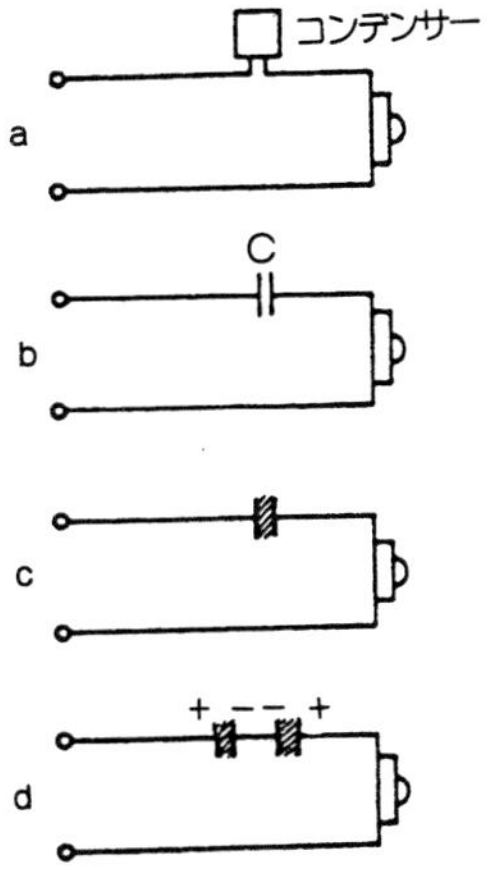

図114●

数万μFという大容量のものもあるが、スピーカーのネットワークに使われるものは0.1μF〜300μFぐらいのものである。コンデンサーは直流は通さないが、交流は通す。無抵抗に通すわけではなく周波数が高くなるほど通しやすくなる。これを周波数と抵抗値（インピーダンス）の関係で示したのが図115である。実際には図のような一直線にはならないが、可聴帯域では直線とみなしてよい。この性質がフィルターとして使われることになる。なお、コンデンサーはキャパシターと呼ばれることもある。

　コンデンサーと逆の性質を持った素子にコイルがある。コンデンサーの容量に対応する値としてインダクタンスがあり、単位はmH（ミリヘンリー）である。ネットワークに使われるのは0.1mH〜18mHぐらいである。コイルは周波数が高くなるほど抵抗が大きくなるので図116のような形になる。超低域ではコイルの直流抵抗だけになる。コイルの略号はL、インダクターと呼ぶこともある。

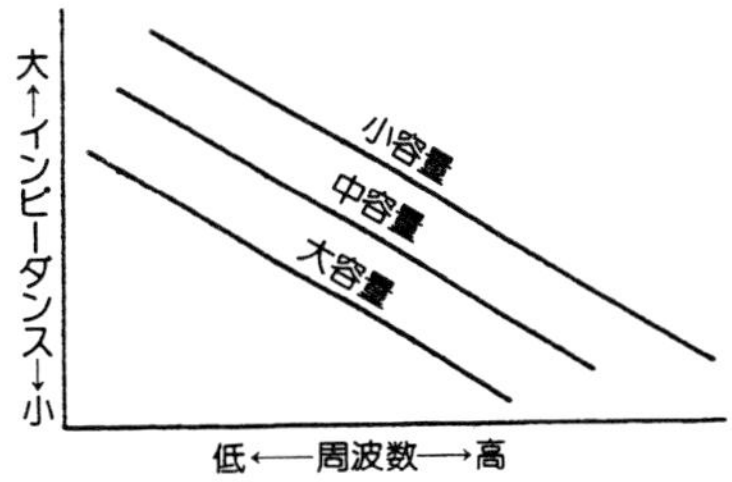

図115●

　コンデンサーにはフィルムと電解があるが、コイルには空芯とコア入りがある。空芯はドーナツ状のコイル、コア入りは鉄芯にコイルを巻いたもので、フェライトのコアに巻いたものが多いが、インダクタンスの大きいものは、アンプのトランスと同じ珪素鋼板のコアを使っている。音は空芯の方がよいのだが、インダクタンスの大きいコイルを空芯で作ると、巨大なものになり、コイルの線材も長くなり、直流抵抗が増える等、デメリットが出てくる。フォステクスでも空芯コイルは3.5mHまで、それより大きいものはコア入りになる。以前は4mH、9mH、18mHがあったが、今残っているのは18mHだけであり、10mHぐらいのコイルがほしいという声もある。

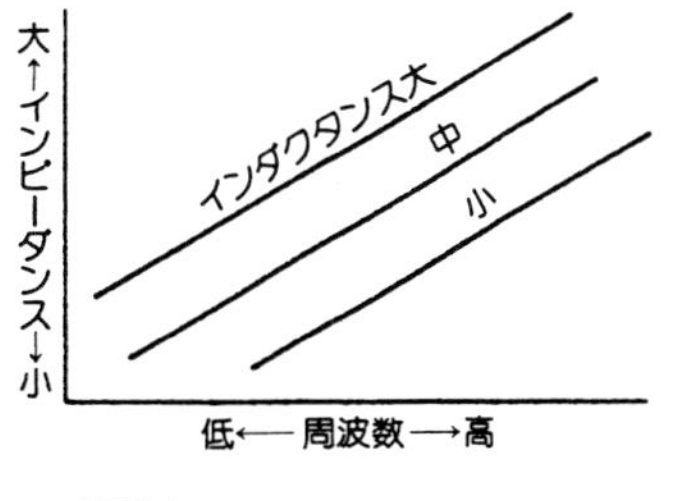

図116●

　コイルの記号は図117、aは空芯コイル、bはフェライトコア入りコイル、cは硅素鋼板コア入りコイルの、6dB／octのローパス（ハイカット）フィルターである。図118のように周波数fを基点として、2fで6dB、4fで12dB、8fで18dBと、1オクターブ高くなるごとに6dBダウンする。実際には実線のような直線ではなく点線のようなカーブになり、fで3dB、2fで7dBダウンになる。この辺はコンデンサーの効果と同様である。計算式は、

$$f=\frac{0.159Z}{L}$$

$$L=\frac{0.159Z}{f}$$

f：フィルターの基準周波数(kHz)
Z：ユニットのインピーダンス(Ω)
L：コイルのインダクタンス(mH)

ただし、コンデンサー、コイルとも、ユニットのインピーダンス特性がフラットであるという前提での計算である。実際にはユニットのインピーダンス特性はフラットではなく、たとえばウーファーだと図119のようなものが多い。これにLを入れた場合、理想的には図120実線のようなローパス効果が出るはずのものが点線のようになってしまい、十分に落ちてくれない。ハイエンドに向かってのインピーダンス上昇がコイルの効果を弱めてしまうのである。通常のコイルではf_0付近のインピーダンス上昇は影響がない。

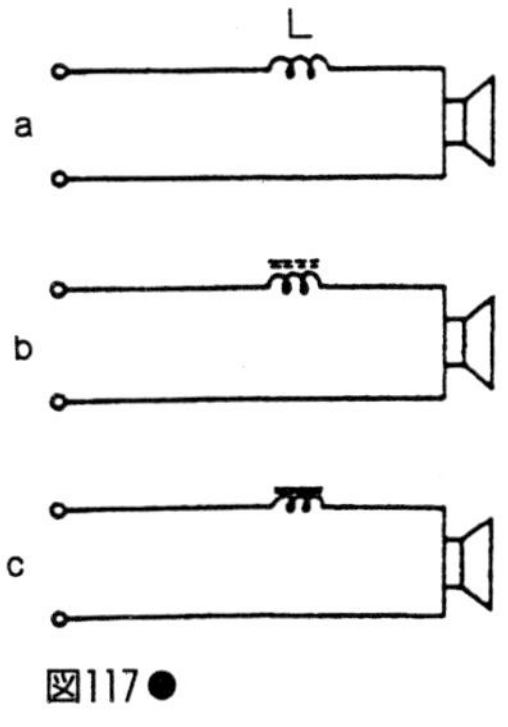

図117●

　図119のユニットに大容量のコンデンサーを入れたらどうなるか。フルレンジをスコーカーに使う場合にありがちなのだが、f_0のインピーダンス上昇が影響して、本来なら図121実線のようなローカット効果が出るはずのものが、点線のようになってしまい、歪みが増え、許容入力が落ちる。通常のコンデ

ンサーではハイエンドのインピーダンス上昇は影響がない。

こういった問題を抑えるためにインピーダンス補整回路というのがある。図120に対しては**図122**のRとCで対応する。Rはレジスタンス＝抵抗器で、ハイエンドに向かってのインピーダンス上昇を抑える。コンデンサーが入っているので低い周波数、f_0付近にまでは影響しない。ウーファー、フルレンジはf_0に頼って低域をカバーしているので、f_0をなくしてフラットなインピーダンス特性にすると低音が出なくなる。Rはユニットのインピーダンスと同じか、少し大きいくらい。例えば8Ωのユニットなら8～10Ω。Cは8Ωのユニットなら10μFぐらい。ネットワークの計算は変わらない。図121に対しては**図123**のようにRだけでいい。これはf_0にもハイエンドの上昇にも効果があるが、8Ωのユニットに対して8Ωを入れると4Ωになってしまう。といって100Ωでは効果がない。8～20Ωぐらいが手頃。なお、ネットワークの計算はZ＝8Ωではなく、R＝8Ωの時はZ＝4Ω、R＝20Ωの時はZ＝5.7Ωとして計算する。因みに抵抗R_1とR_2の並列合成抵抗は$R=\frac{R_1\times R_2}{R_1\times R_2}$である。なお、インピーダンス補整は特性をフラットにするには有効だが、音質面ではマイナスになることも多いので乱用しない方がよい。

ついでにコンデンサーとコイルのインピーダンスの計算式を紹介しておく。

X＝6.28f・L

X＝コイルのインピーダンス(Ω)

f＝周波数(kHz)

L＝コイルのインダクタンス(mH)

例えば1mHのコイルの1kHzでのインピーダンスは6・28Ω、1・27mHのコイルの1kHzでのインピーダンスは8Ω。ユニットのインピーダンスとコイルのインピーダンスが一致する周波数が図118のfになる。

$$減衰比=\frac{\sqrt{X^2+Z^2}}{Z}$$

Z：ユニットのインピーダンス(Ω)

例えば1mHのコイルの10kHzでのXは62・8Ω。8Ωのユニットに対しての10kHzでの減衰比は7.9になる。約18dBの減衰量である。減衰比をdBに変換する公式は、

1.122n＝減衰比

という簡単なもので、電卓に1・122と置き、これが1dB、×＝を一回叩くとこれが2回目で1・259となり2dB、続いて＝を叩くと1・412で3dBである。前記7.9という減衰比に達するには＝を17回、最初の数字を置いたのを1回と数えるとトータル18回で7・94となり、18dBと数える。念のために別に表をつけておく(**表1**)。

$$Y=\frac{159}{f\cdot c}$$

Y：コンデンサーのインピーダンス(Ω)

例えば1μFのコンデンサーの1kHzでのYは159Ω、減衰比の計算はコイルと同じで、

$$減衰比=\frac{\sqrt{Y^2+Z^2}}{Z}$$

1μF、10kHz、ユニットは8Ωで計算すると減衰比は2・225、約7dBである。

12dBハイパス・フィルター

図124のようにLとCを組み合わせたフィルターを12dB/octのフィルターと呼ぶ。**図125**のように基準になる周波数をfとすると、½fで12dB、¼fで24dBとオクターブ12dBの割で減衰していくフィルターである。

8Ωのユニットに対して4μFのコン

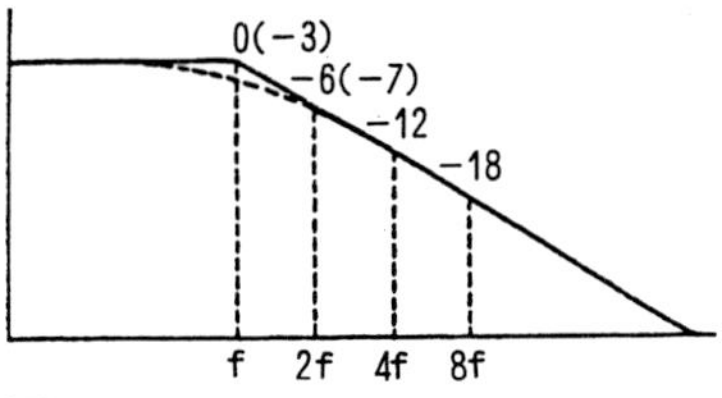

図118●

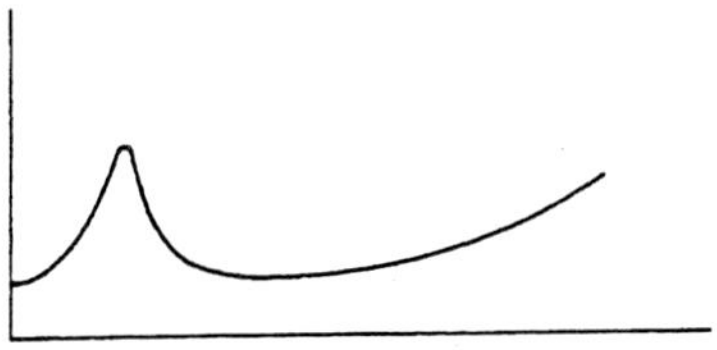
図119●

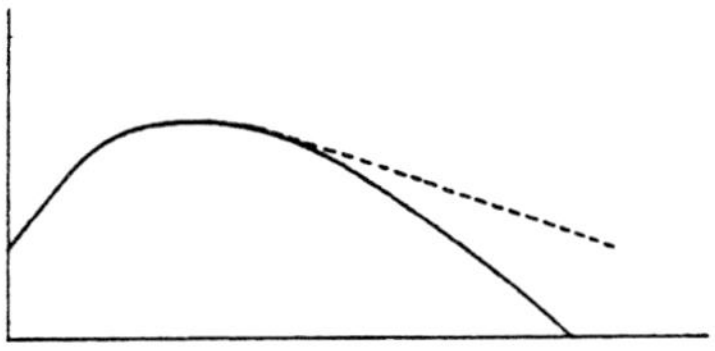
図120●

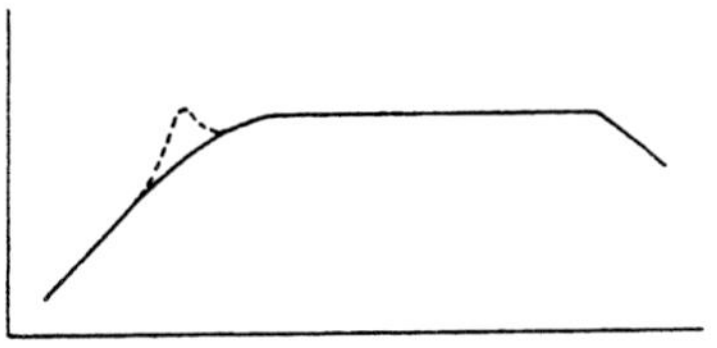
図121●

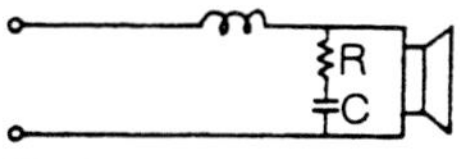

図122●

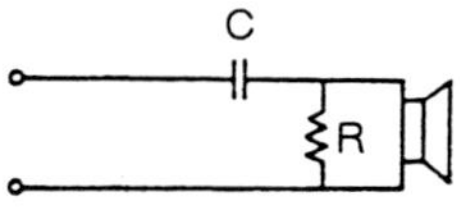

図123●

1 dB	1.122(減衰比)
2	1.259
3	1.412
4	1.585
5	1.778
6	1.995
7	2.238
8	2.512
9	2.818
10	3.162
11	3.547
12	3.980
13	4.466
14	5.011
15	5.622
16	6.308
17	7.077
18	7.941
19	8.910
20	9.997

表①

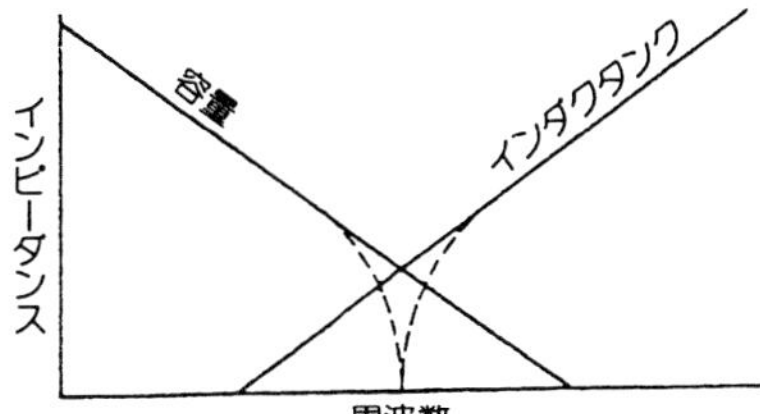

図127●

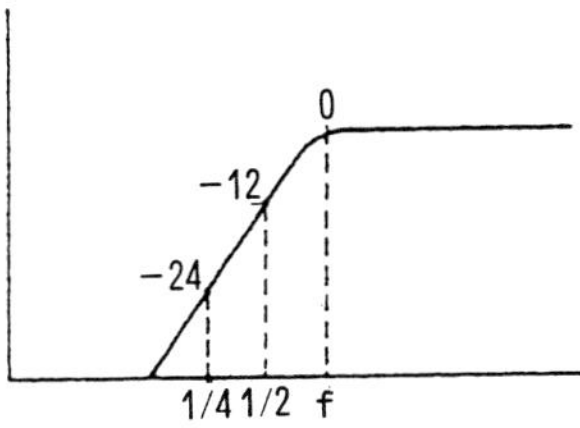

図125●

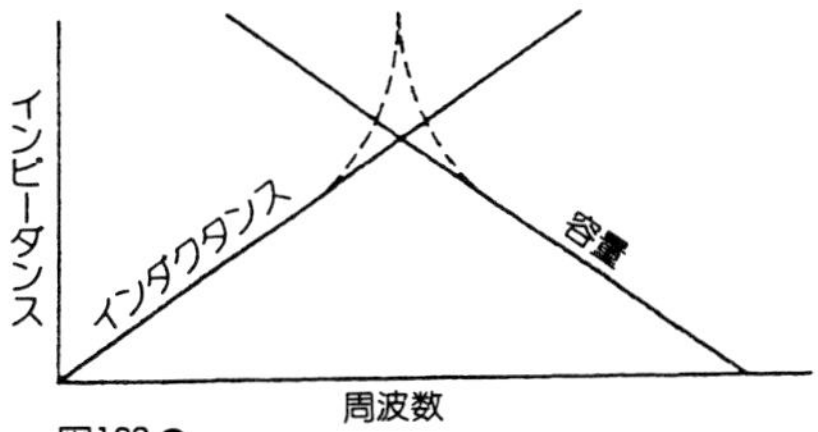

図128●

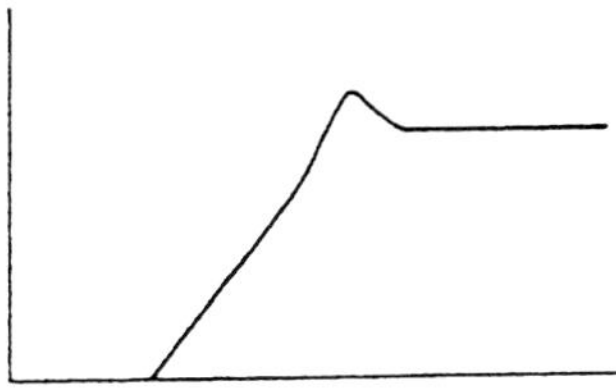
図126●

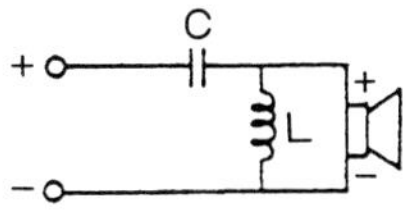

図124●

デンサーを組み合わせると5kHz6dB／octのフィルターになる。また8Ωのユニットに対して0・25mHのコイルを組み合わせると5kHz6dB／octのフィルターになる。では8Ωのユニットに対して4μFと0・25mHを図124のように組み合わせたらどうなるか。確かに5kHz12dB／octになるのだが、**図126**のようにピークができる。これはいわゆるLC共振によるものである。

LC共振というのは**図127**のようにLとCのインピーダンス特性の交叉点でインピーダンスが点線のように近付いたり、**図128**のように無限大に近付いたりする現象をいう。**図129**aのようにLCをシリーズ接続した時に図127のようになり、図129bのように並列接続した時に図128のようになる。共振周波数の公式は

$$f=5\sqrt{\frac{1}{L\cdot C}}$$

単位はkHz、mH、μFである。

図127の要領はそのままで、インダクタンスを大きくすると、共振周波数は下がる。例えば4μFに0.5mHを組み合わせると共振周波数は3.5kHzになり、フィルター特性は**図130**のようになる。5kHz6dB／octと3.5kHz12dB／octの、折れ線型のフィルターであり、スタガード12dB／octのフィルターと呼ぶ。オーソドックスな12dB／octは図125だが実際には**図131**のように小さなへこみとピークを持っている。これは図130のピークを左へ寄せていったものであり、ミクロでみればスタガーだが、マクロで見れば図125と同等である。この形を実現する公式は

$$C=\frac{112.5}{f\cdot Z}\qquad L=\frac{0.225Z}{f}$$

$$f=\frac{112.5}{C\cdot Z}\qquad f=\frac{0.225Z}{L}$$

であり、単位はkHz、mH、μF、Ω。図130の小さなへこみが気に入らないという人はインダクタンスをちょっと小さくしてもいいし、小さなピークが気になるという人はインダクタンスをちょっと大きくしてもよい。うんと大きくすると図131のスタガード12dB／octになる。

ネットワークの公式というのはインピーダンス特性、周波数特性、エネルギー特性がすべてフラットであるという前提で設定されたものであり、実際にはそんなユニットはありえないのでややこしくなる。周波数特性がネットワークに影響を与えることは容易に想像がつくが、エネルギー特性というのは指向性が引っかかってくるのでやっかいである。インピーダンス特性については**図132**のような特性のユニットをf_1・f_2で切ろうとすると公式のZを8Ωとしたのでは実際的でないことがわかると思う。メーカー製のシステムを調べてみればわかるが、公式通りに設計されたネットワークというのはまずない。なんでこんな数値になるのかと

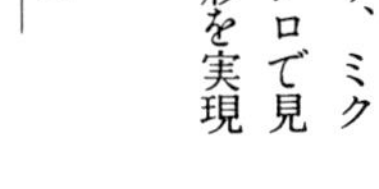

図129●

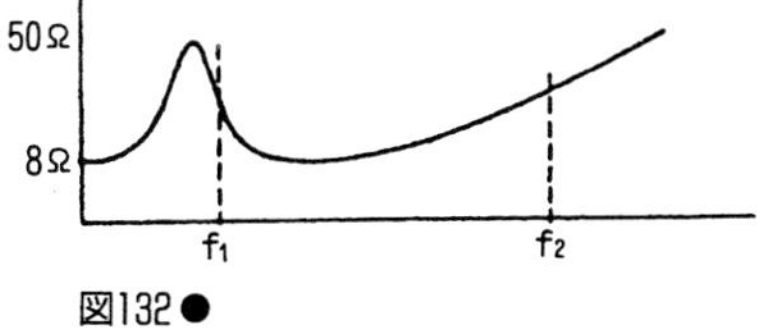

図132●

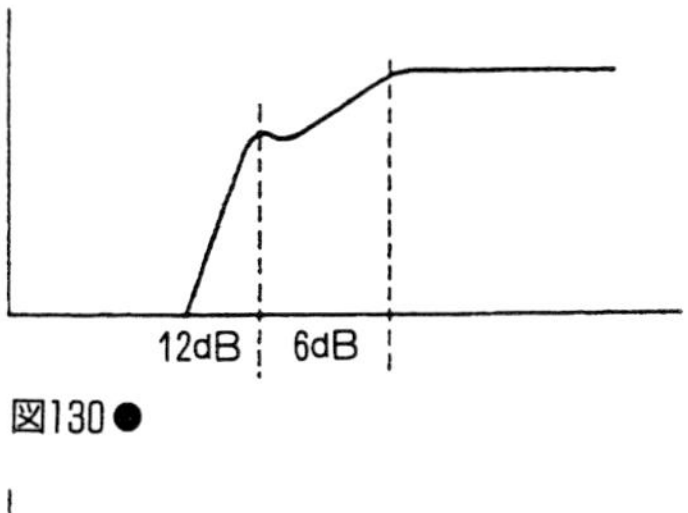

図130●

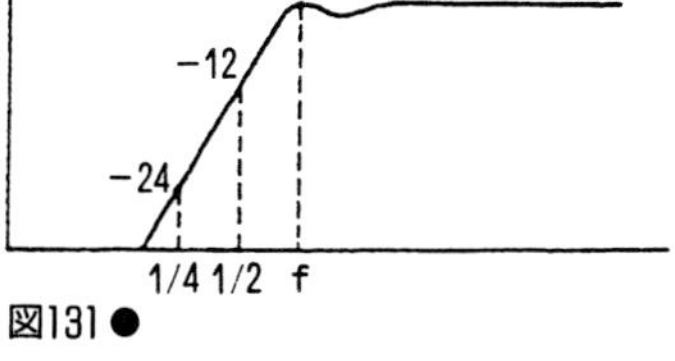

図131●

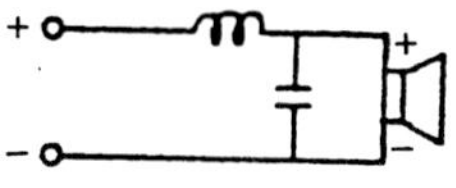

図133●

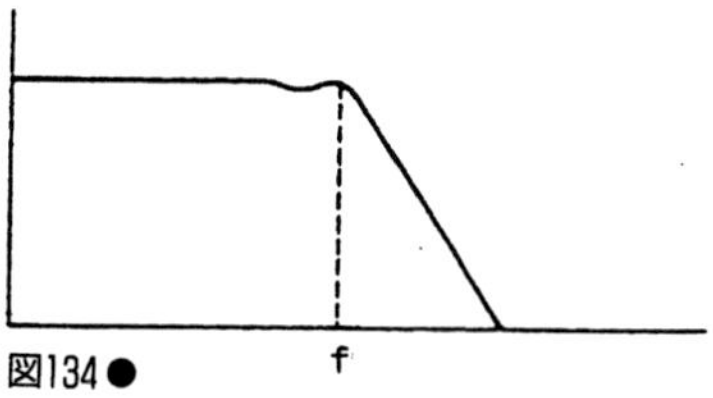

図134●

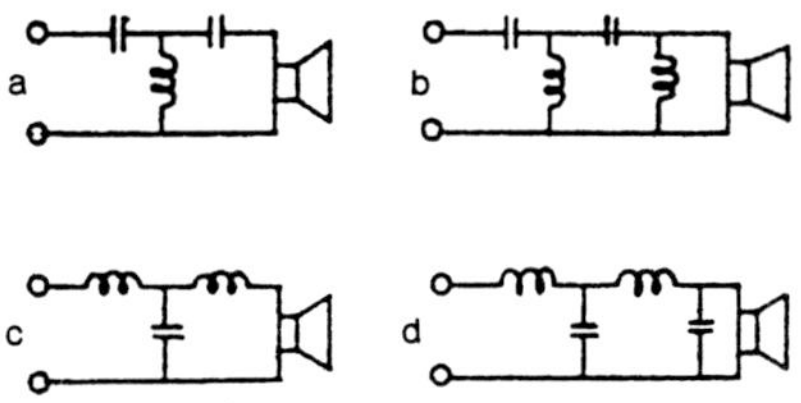

図135●

首をひねることが多いが、インピーダンス特性、周波数特性、エネルギー特性等とのからみで公式からずれた設計になっているのである。

12dBローパス・フィルター

図133のようにLとCを組み合わせたものを12dB／octのローパス・フィルターと呼ぶ。減衰特性は図134のようになる。公式はすべてハイパス・フィルターと同じで、0・25mHと4μFを組み合わせると5kHzにピークが出てくるので、ピークを右へずらせる工夫が必要になる。ハイパスの時とは逆で、ピークを高い方に押しやるのだが、0・25mHはそのままでコンデンサーを2μFにすると、5kHz6dB、7kHz12dBのスタガーになり、減衰特性は図131を裏返したような形になる。

18dB、24dBフィルター

図135aを18dB／oct、bを24dB／octのハイパス・フィルター、cを18dB／oct、dを24dB／octのローパス・フィルターと呼ぶ。シャープな減衰特性が得られるが素子を多用することによる音質劣化もあり、計算も複雑になるので、アマチュア工作ではほとんど使われない。

並列型と直列型

前項までのネットワークはアンプ例から見てLとCが並列に入っているので並列型と呼ばれる。これに対して図138のようにLとCが直列になる直列型のネットワークもある。公式はどちらも同じ。一長一短だが信号経路は並列型の方がわかりやすい。

クロスオーバー周波数

図136はウーファーのf特性とトゥイーターのf特の交叉を示す。交叉点がクロスオーバー周波数で、平均レベルから3dB落ちの点でクロスさせるというのが基本になっているが、6dBの方がよいという説もあり、実際には0dBから12dBまでいろいろである。図136で実線の方がオーバーラップしている部分が多く、深いクロスという。点線の方は浅いクロスという。クロス付近では両ユニットともエネルギー特性では下降気味になっているので、エネルギー特性をフラットにするためにはクロスを深く、0dBに近付ける。クロスオーバー付近では位相や音色の異なった音が重なるので音が濁りやすい。それを防ぐためにクロスを浅くするというのはメーカー製のシステムにはよく見られる手法だ。音の重なりを少なくするには18dB、24dBといったシャープなフィルターが効果的だが、この場合は、クロス付近で音がウーファーからトゥイーターへ一気に飛ぶといった現象が起きる。

以上はf特からの考察だが、図136の減衰特性を持つネットワークを組んでも、f特は図136の通りにはならないのが普通である。図136のf特を実現するようにネットワークを設計するのがポイントだ。ネットワークにはやっかいなことがたくさんあるが、位相のずれもそのひとつだ。図137aはフィルターなしのユニットの再生するサインウェーブ、bはコンデンサーをシリーズに入れた6dB／octのハイパスの場合で、位相がずれている。このようなずれを位相が90度進んだという。cはコイルをシリーズに入れた6dB／octのローパスの場合で、位相が90度遅れたという。dはコイルとコンデンサーを組み合わせた12dB／octの場合で、図124でも図133

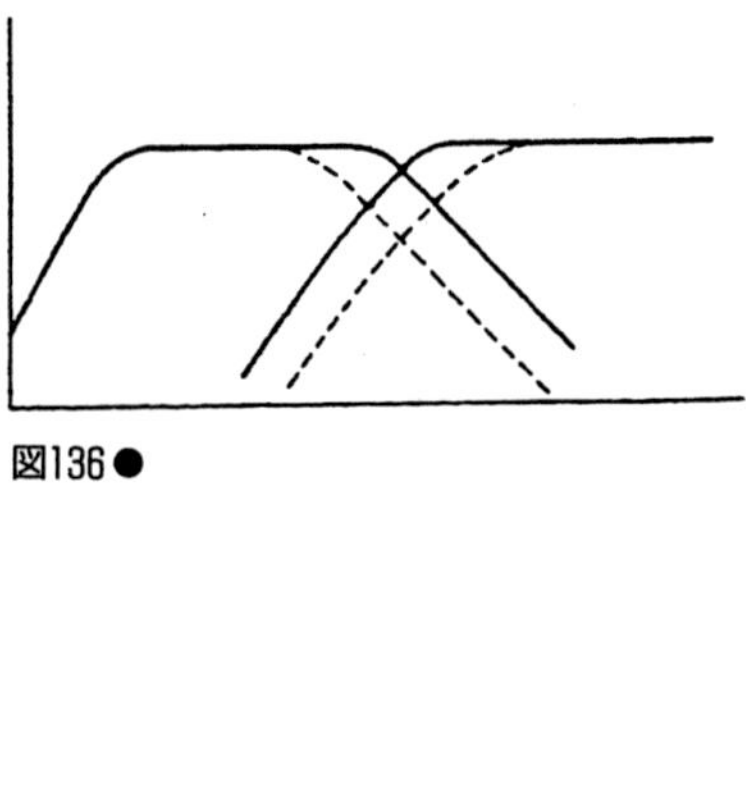
図136●

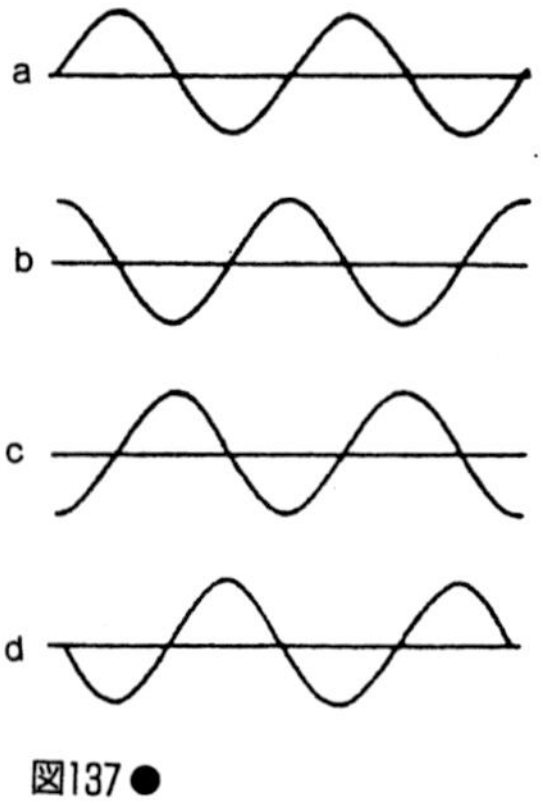

図137●

でも同じで、位相が180度ずれている。逆相である。

以上は位相のずれだけであって時間のずれはない。通常ウーファーのボイスコイル位置と、トゥイーターのボイスコイル位置とは前後のずれがあり、これは時間差と位相差の原因になる。マルチウェイの組み合わせには位相の問題がついて回るが、一応の目安としては、ウーファー、トゥイーターとも6dB／octの場合はトゥイーターを逆相にする。ウーファーを逆相にしても同じように思われるが、ウーファーはアンプに対して常に正相というのが基本である。これはウーファーを逆相にすると低音（特に超低音）の疎密の関係が逆になるからだ。中高音は逆になっても聴感ではわからない。ウーファー、トゥイーターとも12dB／octの場合は同相でよい。しかし、ユニットによっては基本通りに行かない場合もある。

6dBと12dBの組み合わせはどうか。ウーファー（フルレンジ）スルーで、トゥイーターのみコンデンサー1個という場合はどうなのか。ケース・バイ・ケースである。筆者もマルチウェイの位相合わせはすべてスペアナを見ながら決めている。逆相にするとクロス付近が大きく引っこみ、同相にするとフラットになるといった場合は簡単だし、耳で聴いてもわかるが、同相でも逆相でもスペアナに差が出ない時もある。どっちでもよさそうだという時は同相にしておくというのも基本である。

PST方式

この方式は筆者が開発したものではないが、特に呼称がないのでPSTと命名した。PASSIV SERVO TECHNOLOGYの略で、ヤマハのAST（ACTIVE SERVO TECHNOLOGY）からとったものである。ASTは専用アンプを使ってアクティブに低域増強を図る方式、PSTはLCRを使ってパッシブに低域増強を図る方式である。回路の基本は**図139**のようになる。コイルは6dB／octのローパスフィルターで、必要に応じて適当な価をとる。抵抗はユニットのインピーダンスに近い価をとる。

結果は**図140**のようになる。aはフィルターなし、ユニット本来のf特。bはフィルターが入ったf特。cは更に抵抗を入れた時のf特である。Lだけだと高域に向かってインピーダンスが上昇するので中高域はユニットに信号が流れにくくなる。Rはバイパス回路として働く。ユニットが8Ωの場合、Rを8Ωとすれば中高域にも6dB落ちで信号が流れる。図140のaとcとのレベル差は6dBになる。ハイエンドでcが上昇しているが、これはユニットのインピーダンス上昇があるとしての修整である。インピーダンス上昇がなければcのハイエンドはフラットである。Rを4Ωとすると3.5dB差。0ΩだとaそのものになるRを16Ωとすると9.5dB差。Rが無限大、つまりRを外してしまうとbそのものになる。Rの変化により、f特はaとbの間で変化する。Rを可変抵抗器にすればウーファー、あるいはフルレンジの中域レベルコントローラーとして使える。このRは電流が流れるので10W以上の大型のものを使いたい。可変抵抗器も巻線式の10W、20Wの大型のものが必要である。以上はユニットが8Ωの場合だが、4Ωの時はR＝4Ωで6dB、2Ωで3.5dB、8Ωで9.5dBである。

以上は6dB／octのPSTだが、変形6dB／octのPSTもある。**図141**がそれで、効果としては図140dの点線のようにハイエンドが落ちる。スタガードに12dB／octではなく、6dB／octが2段構えになった形であり。コンデンサーの容量はRとターンオーバー周波数で決まる。R＝8Ωで5kHzから落とそうとしたら4μFを入れればよい。この場合の容量の計算式は

$$C=\frac{159}{f\cdot R}$$

f：kHz

C＝μF　　R：Ω

容量をむやみに大きくすると単なる12dB／octに近付いて、Rの効果はなくなる。PSTは中域をコントロールするものなので、**図142**のようなf特を実現する場合に便利。またオーバーダンピング気味、ハイ上がりのフルレンジの低域を増強するのにも使える。しかし問題もある。中高域の信号は抵抗を通過してユニットに供給されるので音質劣化の可能性がある。良質の抵抗を使うことが必要だ。

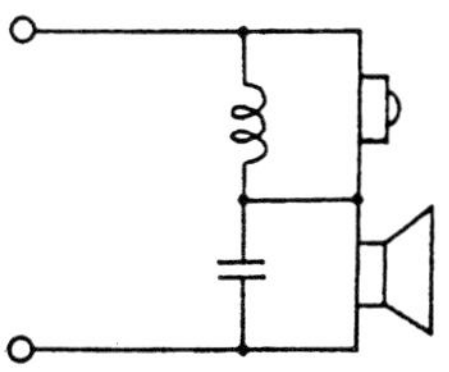

図138●

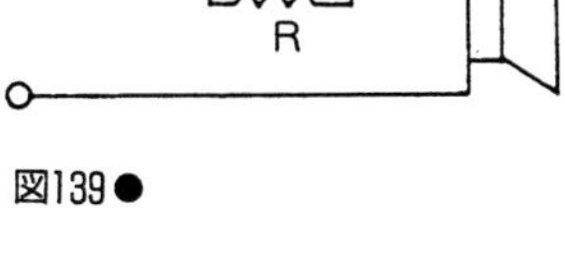

図139●

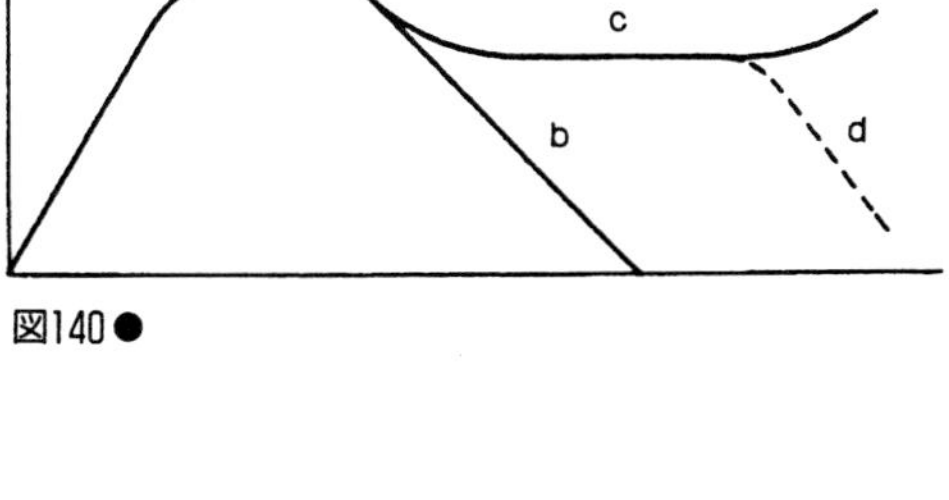

図140●

表④

dB \ R	R_1	R_2
1	0.9Ω	65Ω
2	1.6Ω	31Ω
3	2.3Ω	20Ω
4	3Ω	14Ω
5	3.5Ω	10Ω
6	4Ω	8Ω
7	4.4Ω	6.5Ω
8	4.8Ω	5.5Ω
9	5.2Ω	4.3Ω
10	5.5Ω	3.7Ω
11	5.7Ω	3.1Ω
12	6Ω	2.6Ω

表③

dB \ Z	8Ω	4Ω
1	1Ω	0.5Ω
2	2Ω	1Ω
3	3.3Ω	1.6Ω
4	4.7Ω	2.3Ω
5	6.2Ω	3.1Ω
6	8Ω	4Ω

表②

R \ Z	8Ω	4Ω
1Ω	1dB	2dB
2Ω	2dB	3.6dB
3Ω	2.9dB	5dB
4Ω	3.6dB	6dB
5Ω	4.3dB	
6Ω	5dB	
7Ω	5.5dB	
8Ω	6dB	

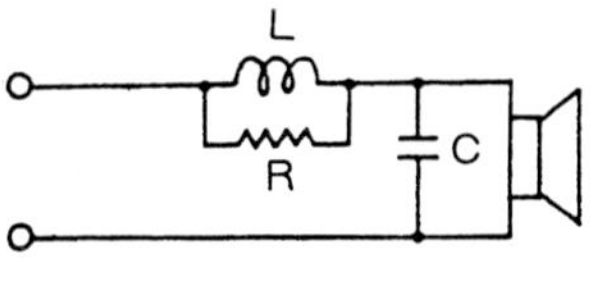

図141●

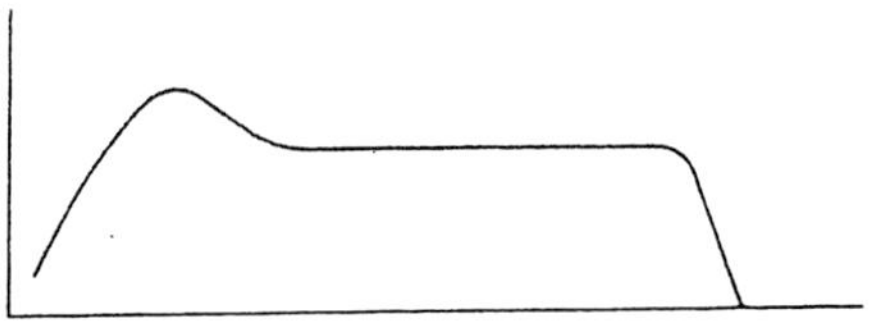
図142●

アッテネーター

略してATT。ウーファーの出力音圧レベルを基準として、スコーカー、トゥイーターのレベルが高すぎる場合に入力信号を減衰させるのがアッテネーターである。固定型と連続可変型とがある。一番簡単なのは抵抗を1個、ユニットとシリーズに入れるもので、**図143**のようになる。ATTはネットワークの後に入れること。ユニットが8Ωの場合、3dB減衰させようと思ったらR＝3.3Ω、6dB減衰させようと思ったらR＝8Ωとする。この場合、ネットワークの定数変更が必要になる。R＝3.3Ωとすると、ネットワークから見たユニットのインピーダンスは11・3Ωとなる。ネットワークの公式のZを11・3Ωとして計算し直すのである。R＝8Ωの場合は16Ωだ。

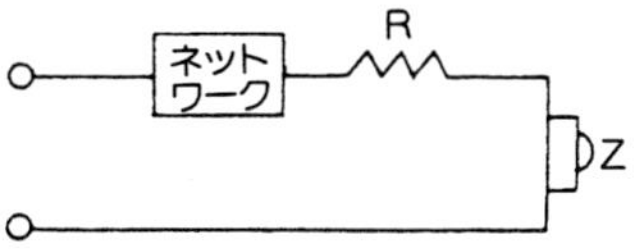

図143●

この方式は簡単だがユニットにシリーズに入る抵抗の値が大きくなるので音質劣化のおそれがある。6dB、10dBといった大きな減衰量を必要とする場合は定抵抗型の方がよい。抵抗1個の簡易型は減衰量が小さい時に有利である。抵抗をR、ユニットのインピーダンスをZとすると、$\frac{R+Z}{Z}$を計算し、これをdBに変換すればよい。44頁でも説明したが、1・122という数字を何乗すれば計算値に達するかを見るのである。計算値が1.4だったら3dB、2だったら6dBである。わかりやすいように早見表をのせておく。**表2**は明快な数値の抵抗を用いた場合の減衰量を示す。**表3**は明快な減衰量を得るための抵抗値を示す。4Ωのトゥイーター、スコーカーというのは補修パーツぐらいしかないと思うが、一応のせておく。6dB以上は抵抗を2個使う定抵抗型の方がよい。

定抵抗型というのは連続可変型に対しての呼称であり、固定抵抗2個の組合せはバラエティが多いがここでは8Ωユニットの場合だけを取り上げる。6Ω、4Ωについては公式にあてはめて計算してほしい。**図144**のような回路で、ネットワーク側から見たトータル・インピーダンスがZと同じになるようにする。減衰量の計算式は

$$\left(R_1+\frac{R_2\cdot Z}{R_2+Z}\right)\times\frac{R_2+Z}{R_2\cdot Z}$$

これをdB表示に変換する。これも早見表をのせておく。小数点付きの抵抗がない場合は四捨五入してよい。減衰量が多少変わり、トータル・インピー

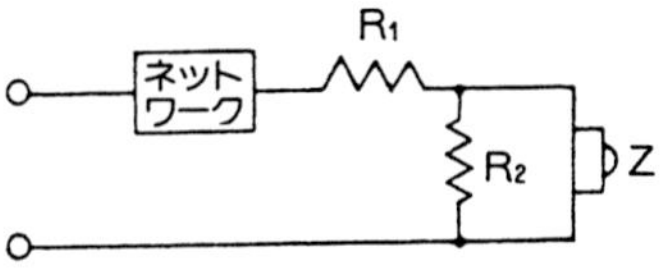

図144●

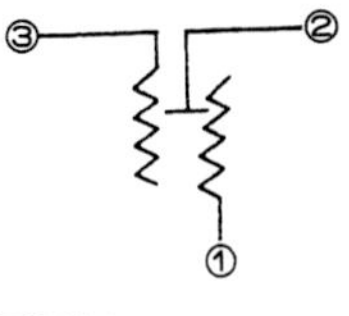

図146●

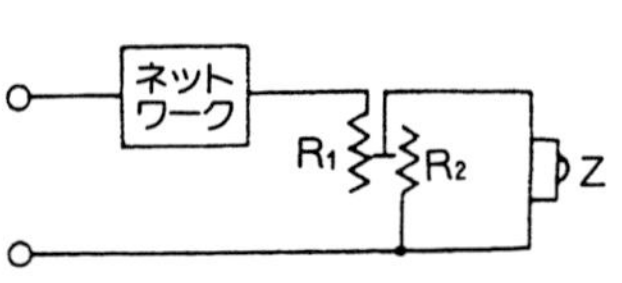

図145●

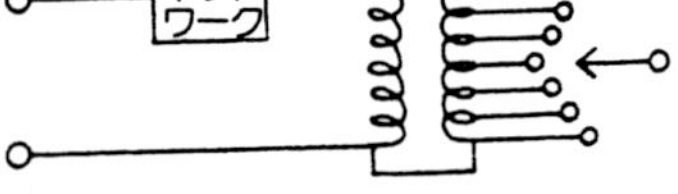

図147●

ダンスも多少の増減はあるが大勢には影響ない。適当な抵抗が入手できない場合は、減衰量に小数点がついても問題はないし、トータル・インピーダンスも6Ωとか、10Ωとかになっても構わない。ただし、その場合はネットワークの素子を計算し直すことが必要である。

アッテネーターの抵抗には入力信号の全電流が流れるので音質劣化の原因になる。劣化は必ずあると思ってほしい。ゼロにすることはできない。抵抗による音質劣化と、レベルを合わせたことによる音質向上と、プラス・マイナス、おつりがくるかどうかがポイントである。1dBぐらいの減衰量だったら使わない方がいいかもしれない。音質劣化を最小限に抑えるには抵抗を選ぶことが必要だが、最近は高品位の抵抗を入手することが困難になっている。メーカー製システムもすべてセメント抵抗だ。

抵抗の電力容量としては10W以上が必要で、容量の大きいものがない場合は並列で使う。もちろん、2本並列なら抵抗値は1/2、3本並列なら1/3になる。なお、容量1WでもATTとしての機能には問題ないが、小容量の抵抗は入力に応じて温度上昇があり、温度が上がると抵抗値も上がるので、リミッターとして働く可能性が出てくる。

連続可変型は**表4**の関係を連続で自動的に作りだすもので、**図145**のようになっている。外見は普通のボリュームと変わらないが、中はボリュームが2個組み合わされた形になり、端子が3個ついており、1、2、3と番号がつけられているが、その接続は**図146**のようになっている。

連続可変型にはトランス式というのもある。完全な連続ではなくステップダウン式で、**図147**のようになっている。抵抗が入らないのでいいが、トランス自体の振動による音質劣化や、わずかだがレンジが狭くなるといった問題もあり、抵抗式に比べて一長一短だ。

スコーカーのネットワーク

スコーカーにはハイカット・フィルターとローカット・フィルターが必要。**図148**aはハイカット、ローカットとも6dB／octの場合で、図ではハイカットの次にローカットが来ているが、順序を逆にして、ローカットの次にハイカットが来るようにしても同じである。図148bはハイカット、ローカットとも12dB／octの場合で、やはり順序を逆にしても同じである。この他にバリエーションとして、ハイカット6dBとローカット12dB、ハイカット12dBとローカット6dBといった組合せもあるが、いずれにしても素子の定数、フィルター特性は2ウェイ用のフィルターと同じである。ウーファー、トゥイーターとの位相関係については2ウェイの場合と同じに考えていいのだが、実際には作ってみないとわからないことが多い。

特殊なネットワーク

ダブルウーファー・システム、あるいはダブルボイスコイルのウーファーを使ったシステムで、低音の特定の周波数を増強するネットワークがある。**図149**はダブルウーファー（ダブルボイスコイルでも同じ）の場合で、W1は正規のネットワークで使用、例えば1kHzクロスといったものである。

W2は特定周波数増強用で、**図150**のようなフィルター特性になる。中心周波数f_pを50Hzとすれば35～70Hzの信号を通過させ、中高域、超低域は阻止する。f_pの計算は12dB／octの計算と同じで、ウーファーのインピーダンスが8Ωなら36mHと280μFになる。4Ωなら18mHと560μFである。36mHのコイルは入手しにくいが、18mHはフォステクス製がある。8Ωのユニットに対しても18mH＋560μFで使える。どこが違うのかというと8Ωに対しては36mH＋280μFの方が効率がよいということだけだ。

f_pはLとCで決まる共振周波数である。10mH＋1000μFでも50Hzになる。念のために計算式をもう一度紹介しておくと

$$f = 5\sqrt{\frac{1}{L \cdot C}}$$

逆に特定の周波数をキャンセルする回路もある。ウーファーのf_h（高域共振周波数）が鋭く、通常のネットワークでは取り切れない場合がある。**図151**がそれだが、このf_hの信号を阻止する

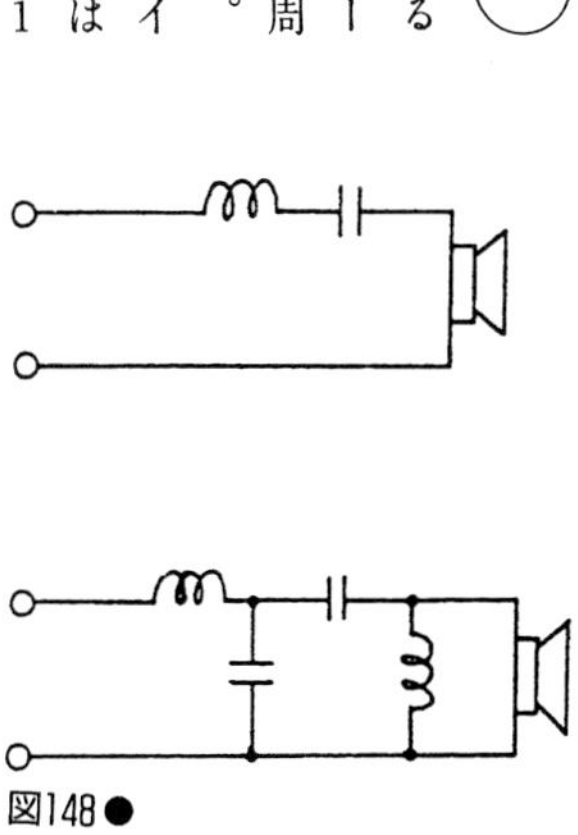

図148●

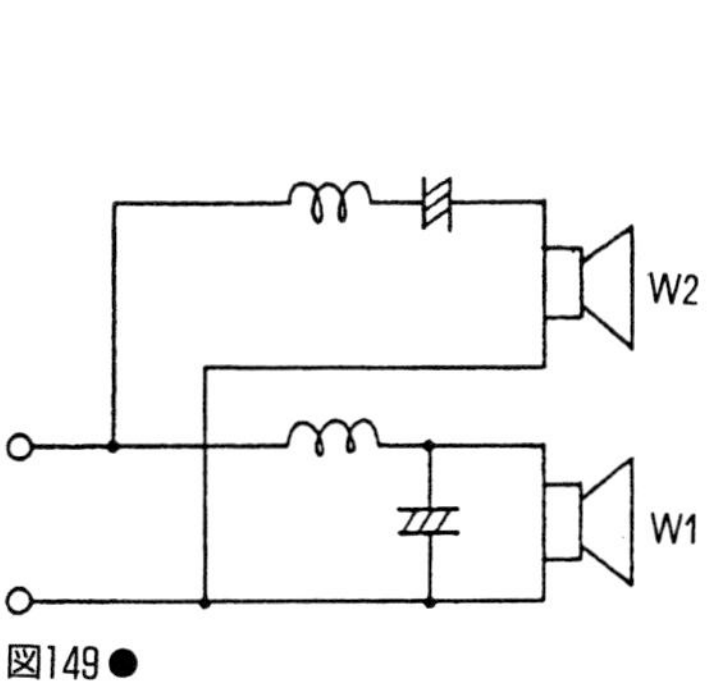

図149●

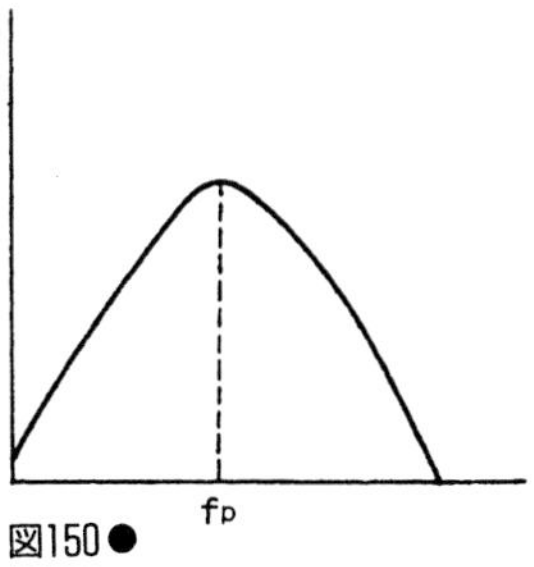

図150●

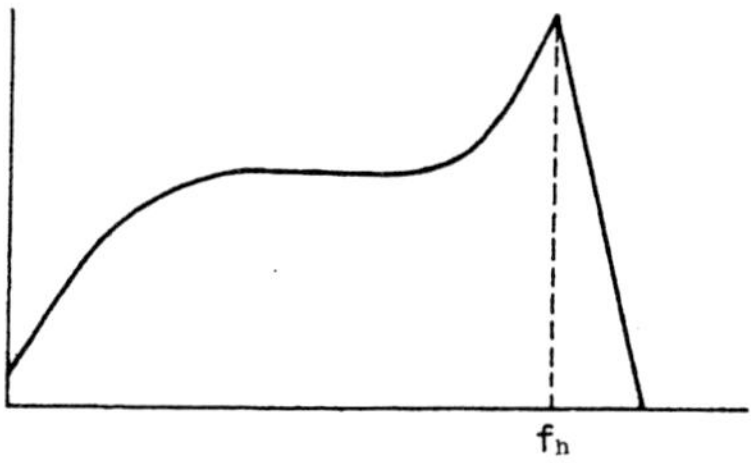

図151●

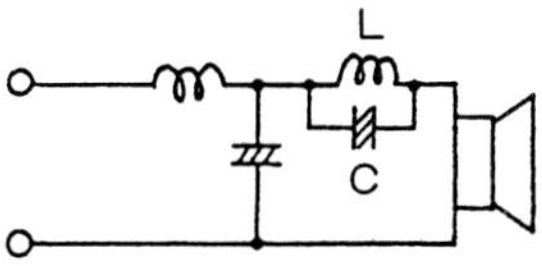

図152●

ために、図152のL、Cのような回路を追加する。f_hが1kHzだったとすると、8Ωのウーファーに対してはL＝1.8mH、C＝14μF、4Ωのウーファーに対しては0.9mH、28μFになる。FW168は3.7kHzにピークがあるが、これに対しては0・24mH、7.6μFでよい。

ただ、このフィルターは特定の周波数の信号を阻止するだけで、振動板が勝手に動くのを止める力はない。例えば2kHzに鋭いピークを持つユニットは、1kHz、4kHzの信号が入っても2kHzで振動する可能性がある。また、L、C、Rすべての素子は音質劣化の原因でもあるので、複雑なネットワークはf特のコントロールには有効でも音質にはマイナスになりやすい。どうしようもないピーク以外はむやみにキャンセル回路は使わない方がよい。

内部配線

アンプからスピーカーターミナルまでは5.5mm²キャブタイヤケーブルといった、太くて丈夫で重いケーブルを使いたいが、内部配線はもっと細くて軽いものでよい。10cmクラスの小型ユニットの入力端子に5.5mm²キャブタイヤをハンダ付けするのはほとんど不可能であり、できたとしてもケーブルの張力と重量が端子を曲げ、ねじ切ってしまうおそれがある。ねじ切らないまでも端子に応力歪みが発生して音質劣化の原因になりうる。内部配線はユニットの大小に応じて、1・25mm²から3.5mm²ぐらいまでの間で選ぶのがよい。50cmぐらいで間に合うものなので、それほど気にする必要はない。絶賛される海外製スピーカーも内配配線は糸みたいに細いものを使っていることが珍しくない。重要なのは端子との接続で、まずハンダ付けなしでも使えるくらいにしっかり巻きつけておき、ハンダをしみ込ませ、カバーして仕上げる。この仕上げ次第で音は変わる。うまく仕上げられるようになるには年季がいる。

ネットワークの取付け位置

ネットワークは振動に弱いし、磁界にも弱いので、これを避けることで音質向上が可能になる。また各素子間の配線も音質に影響する。5.5mm²とか、3.5mm²といった太いものではなくてもよいが、糸のように細いケーブルでは困る。ネットワークの処理についてはメーカー製システムが参考になる。

簡易方式としては小型のコンデンサーが1個、キャビネットの入力端子とユニットの入力端子の間で宙吊りになっているものがある。これはいいのか悪いのか判断に苦しむ。キャビネットの振動からは完全に隔離されているのでいいが、音圧でふらつくおそれはある。簡易ネットワークでは基板に組み込んだものも多い。素子間の接続は基板のパターンによっているわけで、これはケーブルとして見ると髪の毛のように細いものであり、いい音がするわけがない。ただ、これにはメーカーの言い分もある。もともとユニットのボイスコイルは糸みたいに細いものであり、トゥイーターのボイスコイルは髪の毛のように細い。またリボン型トゥイーターのリボンは基板のパターンなみではないかと。もっともな説なのだが、現実として、基板に組み込んだネットワークと、普通のケーブルで接続したネットワークとでは音が違うのである。

メーカー製でも板（ハードボード、パーチクルボード、合板）の上にネットワークを組んで、これをキャビネットに取りつけているものは多い。この場合、キャビネットにがっちり固定してしまう方法と、ブチルゴムなどで浮かせて取り付ける方法とがある。素子間の相互干渉を避けるためとして、ウーファー用、スコーカー用、トゥイーター用と、ネットワークを分散配置する手法もよく見られる。取付位置はユニット（特にウーファー）のマグネットから離れた位置で、キャビネットの振動の少ない部分ということで探すわけだが、マグネットの横より、真後ろの方が磁界が弱いといわれる。

振動を避けるため徹底した方式として箱の中にネットワークを組み込み、エポキシ樹脂を流し込んで全体を一個のブロックにしてしまうというものがある。振動を完全に抑えこんでしまうのだが、全体として見るとQが高いのでよくないという説もある。

そこで逆のコンセプト、やはり箱の

中にネットワークを組み込むが、ジルコニアサンド（オーストラリアの砂漠の砂、現在は輸入禁止）を充塡してダンプしてしまうというもの。いずれにしてもこの箱はキャビネットの中に設置される。究極のネットワークは箱入りのネットワークを外に出してしまうというもので、キャビネットの振動、ユニットの背圧からは完全に解放されるが、ネットワークにもスピーカー本体にも入力端子があるので、接点がふえることになり、これはマイナスになる。

一応、素子を板に取り付けて配線するとして、シビアにやるには素子そのものの固定が重要である。メーカーでもやっているが、コイル、コンデンサー、抵抗ともエポキシで板に取り付けてびくともしないようにする。コイルは中までエポキシをしみこませて固めた方がよい。フォステクスのコイルを使ったことのある人なら知っていると思うが、線の端を引っ張ると簡単にほどけてしまう。これでは困るのでエポキシで固めるのである。エポキシは5分硬化ではなく、30分以上かかるものを使用、塗りつけてからドライヤーで加熱すると水のように流れやすくなり、コイルの芯までしみこんで行く。

素子の配線も重要。コイルを2個使う場合、図153a、b、cのような配置はよくない。dがベストである。配置は結線にも影響する。なるべくハンダ付け箇所が少なくなるように配置する。入力端子と素子、素子と素子をつなぐケーブルはできるだけ使わないほうがよい。しかし、読者訪問で自作スピーカーをチェックすると、ハンダ付けだらけの結線をよく見る。例えば図154aの配線図を見て、bのように接続するのである。1～8はそれぞれ短く切られたケーブルであり、黒丸の部分はハンダ付け箇所である。入力端子まで含めるとハンダ付けは12箇所に達する。しかし、うまく配置すれば、ケーブルは4本、ハンダ付けは8箇所ですむはずである。

ハンダの代わりに圧着で接続する方法もある。圧着リングをはめて、電工ペンチで押しつぶすのだが、意外と難しい。しっかり圧着したつもりでもケーブルを持って引っ張るとするりと抜けてしまうことがある。原因は単純、圧着力が足りないのである。メーカーも圧着はよく使うが、電工ペンチのような非力な道具は使わない。アマチュアが圧着する場合は、その上から更にハンダをかぶせるのが無難である。

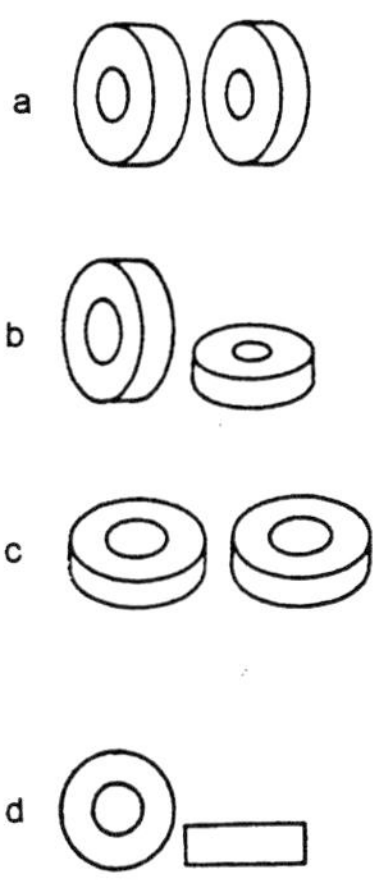

図153●

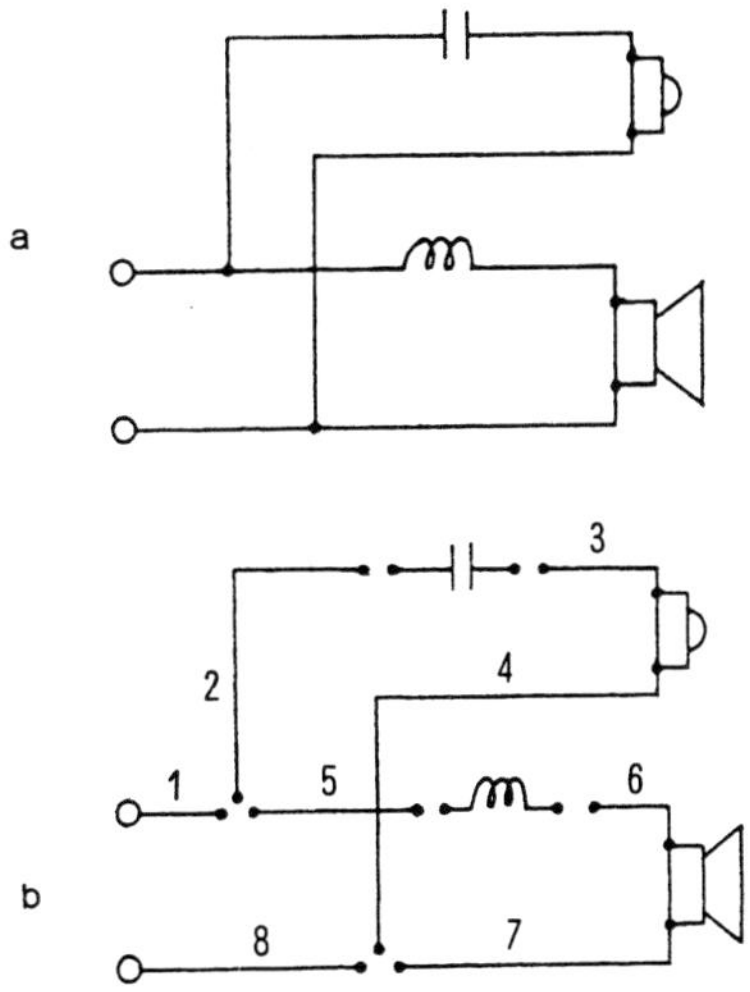

図154●

メーカー製システムのリフォーム

スピーカー工作の一種にメーカー製システムのリフォームがある。古くなって故障したスピーカー、故障はしていないが音が気に入らないスピーカー、これをリフォームして楽しめるスピーカーに変身させようという、誰でもが考えることなのだが、意外と難しいものである。まず何でリフォームしたいのかがはっきりしないと成功はしにくい。音が気に入っていたのか、キャビネットが気に入っていたのか、もっといい音にしたいのか、新品を買う予算がないのか、いじるのが趣味なのか。

この中で間違いがないのはいじるのが趣味というケースだ。どんな音が出ようと、あるいは音が出なくてもいいので気が楽である。音が気に入っていたが、こわれたので復元したい、というのは一番難しい。完全な復元はまず不可能、まあまあの線でがまんしなければならない。復元を超えてもっといい音にする方が楽かもしれない。キャビネットが気に入っているという人は結構多い。Q&Aなどでも大昔のセパレートステレオのスピーカーが気に入っているのでリフォームしたいという相談がよくある。しかしこの手のスピーカーキャビネットは見かけだけで、音質面への考慮はなされていないので、板厚は極端に薄く、薄板は穴あきといったものが多い。このキャビネットに30cm3ウェイを組んでも意味はないので、余分な穴はふさいで、ダイヤトーンP－610あるいは無印良品16cm一発のシステムにするといった方法がベターだ。この手のスピーカーはバッフルが格子や厚いネットでカバーされているので、バッフルに細工をしても、どんなユニットをつけても外からは見えないからルックスが損なわれることはない。

キャビネットを生かす改造

ハイファイ用のスピーカーシステムのキャビネットを生かす改造は多くのやり方がある。①ユニットはそのままで、吸音材を変える。②ネットワーク、線材、入力端子を変える。③ユニットを変える。④キャビネットの形式を変える。①については古い密閉型システムが効果的だ。昔の密閉型は組み合わせるアンプのダンピングファクターが小さかったので、ウーファーを機械的に強くダンプする必要があった。そのため密閉箱にはグラスウールを入るだけ入れて、ぎっしり詰めこむ。一度取り出したら二度と入らないくらい大量に入っていた。これを半分とか、三分の二とか取り出すと、新しいアンプにマッチするサウンドに変身、詰まった感じがなくなり、低音の量感が増す。
②は定数の変更はしない方がよい。素子、特にコンデンサーの交換が効果的だ。同じ容量でより高品位の（概してひと回り大きくなる）コンデンサーに換える。電解コンデンサーも容量ぬけ、絶縁不良（直流抵抗の減少）等の劣化があるので、交換は効果的だ。その際、内部配線も上質の、やや太め（1・25mm²～2.0mm²）のものに換えるとよい。ターミナルも古いものは小型のワンタッチが多いし、ネジどめでも太いコードは使えないものが多いから交換するとよい。ただ、端子板ごとの交換が必要になるので、合板で端子板を作り直さなければならない。
③については安直に考えている人が多いのだが、理想をいえばバッフル開口と、フレームサイズが同じもので交換したい。ユニットは16cmならすべて同じと考えると大間違い、公称16cmでもバッフル開口はφ126、φ134、φ143、φ145、φ146、φ151、φ152とばらついている。開口が小さすぎた場合は削ればよい。木工用ヤスリで現物合わせて削っていくとよい。開口が大きすぎた場合はサブバッフルが必要になるが、小型のサブバッフルだと、他のユニットのフレームにぶつかるおそれがある。バッフルを2枚重ねにするつもりでやった方がよい。フレームサイズも問題で、元のユニットより大きいフレームを持ったユニットは、他のユニットのフレームにぶつかってしまうので取付不可能の場合が多い。3ウェイの場合、全ユニットを交換してしまう場合はネットワークも含めて新しく設計するのと同じだからかえって楽だが、一部のユニット交換は厄介である。オリジナルのユニットの正体がわからないからだ。メーカー製システムはユニットのインピーダンスを自由に調達できるので、たとえばウーファー4Ω、スコーカー5.6Ω、トゥイーター8.7Ωといったものがある。ウーファー8Ω、スコーカー6Ω、トゥイーター3Ωというのもあった。これで公称インピーダンスは6Ωで通る。アマチュア工作のように、すべて8Ωのユニットで組むといったことは少ないのである。ほとんどないといってもいいだろう。ネットワークもインピーダンスに合わせて設計されている。ネットワークはf特によっても設計を変えるしスコーカー、トウイーターにはアッテネーションも必要なので、インピーダンス、f特、能

率、すべて異なるユニットと安直に交換してもまともな音にはならない。比較的無難なのはトゥイーター交換だろう。ハイ上がりになっても音にはなる。

④はバスレフを密閉、あるいはダンプドバスレフに変更するという方法がある。メーカーでもやっているが、ウレタンをダクトの形に切ったものを詰めこんで密閉、半分引出してダンプドバスレフ、全部引出してバスレフと、変化を楽しむという方法がある。しかし本格的改造というと密閉からバスレフへの変身だろう。たとえばNS－1000Mをバスレフに改造する。ダクトをどこに設けるか。フロントバッフルに設けるとするとスペースはトゥイーターの横しかない。YAMAHAのロゴをくりぬいてパイプダクトを取り付けるという方法である。しかし、ルックスの点で難があり、勧められない。そこでリアダクト方式。どのくらいのダクトを取り付けるかは設計者の好みだが、ざっと計算してみると、NS－1000Mの総内容積は約60ℓ、実効内容積は57ℓ（推測である）、ダクトはφ100、長さ17cmとすると、f_dは40Hzになる。いいところだろう。しかし、裏板に穴をあけるのが問題、工具もいるし、切りくずが箱の中に落ちてしまう。裏板に穴をあけないでバスレフ化する方法はないか。それがあるのだ。端子板を取除くと115×155mmくらいの穴があく。これを利用するのだ。この穴をダクトつきのパネルでカバーしてもよいし、図155のような箱を作って取り付け、端子板はそのまま箱の方に取り付けると、使いやすく、効果的だ。ダクトは外付けだから、後から挟めたり、縮めたり、伸ばしたりといった調整が可能だ。ダクトとしてはφ100×170mmとほぼ同等になるはずだ。このやり方だと、いつでもオリジナルの密閉に戻すことができる。

ユニットの改良

キャビネットはそのまま、ユニットを改良する方法もある。第一は重量増加で、磁気回路の裏に鉛の円板、あるいは円錐台形の鉛ブロックをエポキシ系接着材で接着する。鉛は平面性がよくないので充填タイプのエポキシがよい。重ければ重いほどよくなるわけでは決してないので2kg以内が目安。サイズもマグネットあるいは防磁カバーの径より小さいものを使うこと。10cmクラスの小口径ユニットなら500gぐらい。20cmクラスで1.5kgぐらいがいいところだろう。この鉛はブチルゴムでカバーすると固有音を抑えられる。ブチルゴムはユニットのフレームに貼ってもよいが、貼りすぎると音が死んでしまう。少なめにしておく方が無難だ。

図155●

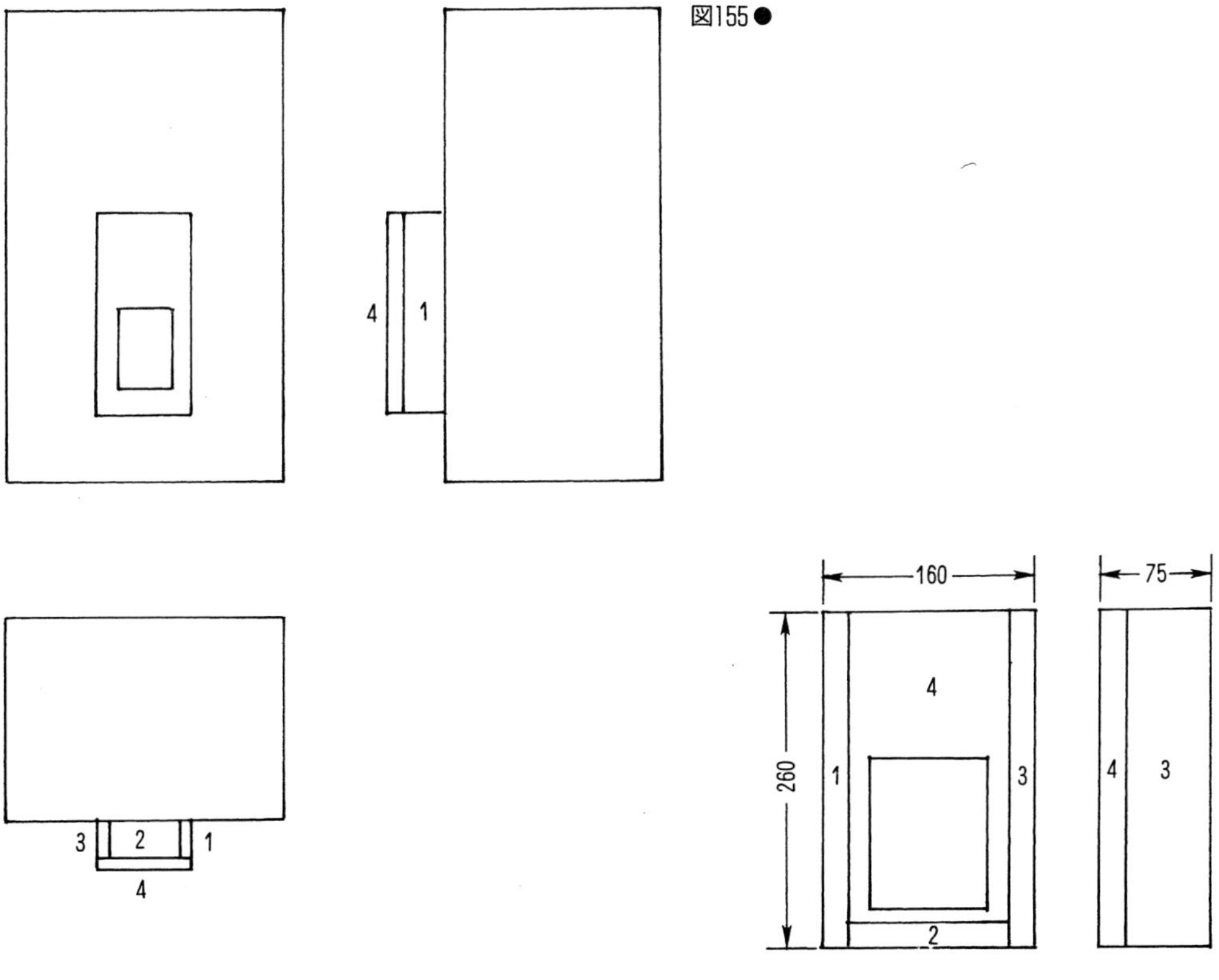

オリジナル・スピーカー造り
なんでもQ&A

エンクロージュアづくりについての質問

自作SPにベストの板材は何ですか

Q 先日、スーパースワンを作ろうと思い日曜大工店でシナ合板を購入しました。しかしその合板は中までシナ材の純シナ合板だったのです。よほど音質が劣るのであれば合板を買い換えようと思いますが、高校生の私には3万円でも大金なので処置法などがあれば教えて下さい。それとグレードアップの目安としてスワンがメーカー製スピーカーのどの程度の価格帯に入るのでしょうか。

A スピーカーはキャビネットの材質で音が変ります。スーパースワンについていえば、高密度高比重のカエデ集成材（ランバーコア）を使ったものはハードでシャープでハイスピードですが、少し余分な響きがつきます。純シナ合板のものは聴いたことはないのですがややソフトでマイルド、その代り余分な響きは少ないと思います。ラワン合板にシナを張ったものはシナ材がダンパーとして働いているようです。そこであなたの場合ですが、滑らかで柔らかい音という希望からすると純シナ合板でよいと思います。ただ、一種の補強として、板材の両面にクリアラッカーを塗ることを奨めます。乾いたら塗りで、3回ぐらい塗ればいいでしょう。ラワン合板にシナを張るのとは逆の手法ですが、効果はあると思います。

　スーパースワンをメーカー製スピーカーと比較するのは困難です。多くの点であまりにも違いがありすぎるからです。いい点もあれば悪い点もあります。いい点だけを見れば100万円のスピーカーにも匹敵しますが、悪い点だけを見れば3万円のスピーカーにも負けます。どういう点が違うのか。スワンはバッフル面積最小の点音源である。m_0（振動板実効質量）とシステム総重量との比が9300倍に達する（市販システムは1000倍以下）、ネットワーク、アッテネーターがない。能率が高い、等々です。たとえば能率は市販平均より10dB高いので、同じ音量を出すのにアンプのパワーは10分の1ですみます。ということはアンプの音質からして違っているはずなので、スピーカーの違いとアンプの違いの相乗効果で判定が困難になります。たいていのアンプはボリュームを絞ると音質は劣化するのでその点ではスワンは損をしています。しかし、100Wのアンプを使ったとすると、一般のスピーカーにとっては100Wですが、スワンにとっては1kWと等価になります。これはDレンジ（音ののび）に対しては断然有利、ネットワーク、アッテネーターがないことと相俟って、音ののびでは大きく差をつけます。一方、能率が高いことはアンプの残留ノイズに敏感なわけで、これはスワンにとっては損です。特にAVアンプではノイズが目立って実用性にも疑問が出るほどです。

長岡流クギの打ち方のコツを教えて

Q 長岡先生の方舟ラックを参考にして、ラックを自作しようと思うのですが、自作経験がなく、わからない点があります。ドリルで穴をあけて釘を打つとありますが、具体的にはどのような長さの釘をどの部分に打ったらよいのでしょうか。また、ドリルでどのように穴をあければよいのでしょうか。キリではだめなのですか。また、パテでうめるとはどのようにすることですか。周囲には日曜大工やスピーカー工作が趣味という人間が全くおらず、質問状を出すことにしました。よろしくお願い致します。

A 釘を打つ場所はケース・バイ・ケースで一概にはいえませんが、たとえば第1図の場合だったら、矢印の4か所ぐらいでいいでしょう。両端の釘は木口から40㎜ぐらいのところが無難ですが、30㎜でも50㎜でも構いません。釘の長さは板厚の2倍というのを基準にして下さい。板厚21㎜なら42㎜前後ということです。21㎜2枚重ねの場合でも、実質的には21㎜の工作ですから釘は42㎜前後です。84㎜ということにはなりません。

　穴をあけるというのは第2図のようにすることです。軽くザグッて、釘の頭を板の表面より深く打ち込んでしまうのです。穴は釘の頭と同じぐらいか、ちょっと大きめ。深さは数㎜。ドリルが楽ですが、キリでもよく、ナイフのようなものでざぐってもいいのです。釘を深く打ち込むのはカナヅチだけではダメで、クギシメというものを使って打ち込みます。この穴をウッドパテで埋めてからサンダーなどで仕上げると、釘の頭はまったく見えず、きれいに仕上がります。ウッドパテはチューブ入りの歯みがきのようなもので、色は何種類かありますから板に合わせ

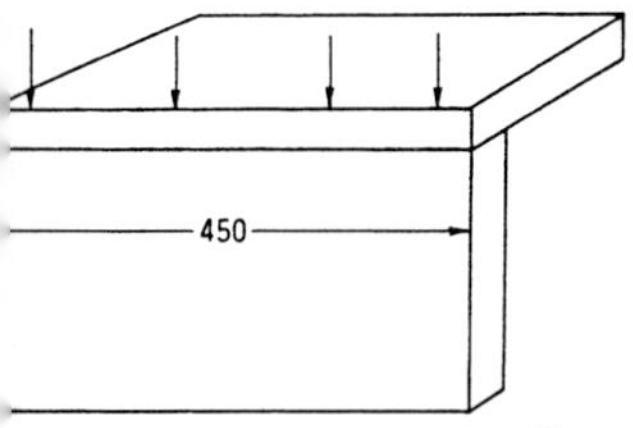

①

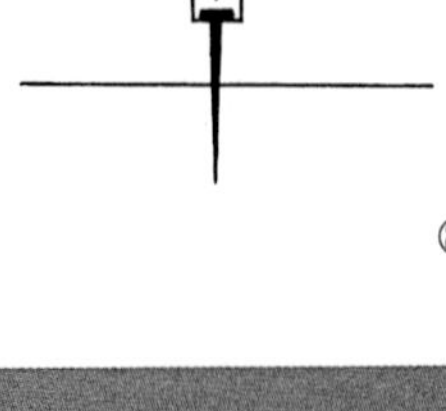

②

て選んで下さい。

工作用クギは太い方がよいのか?

Q D-55とDRW-1MKIIを製作しようと思います。すべてフォステクス製でD-55にFE208S+T500A+0.47μF、DRW-1MKIIにFW168と考えていますがどうでしょうか。また、クギは太くて頭の大きいものが良いのでしょうか。

A D-55は広い部屋での大音量再生に向いており、ベテラン向きでもあります。質問者は16歳で、部屋も広くないと思うので（広かったら失礼）まずスーパースワン辺りから始める方がいいと思います。それ以外にも問題はあります。DRW-1MKIIはフレーム幅168㎜のFW160用の設計なので、フレーム幅190㎜のFW168にはそのまま使うことはできません。第1キャビの天板と第2キャビの底板の切抜きを変更する必要があります。クギはボンドが硬化するまでの押さえなので普通のもので十分です。特に太いものを使えば合板の木口が裂けるおそれ大。頭の大きいクギは押さえは効きますが、表面を損うおそれがあり、第1キャビと第2キャビの合わせ目などではトラブルを起こす可能性がないとはいえません。

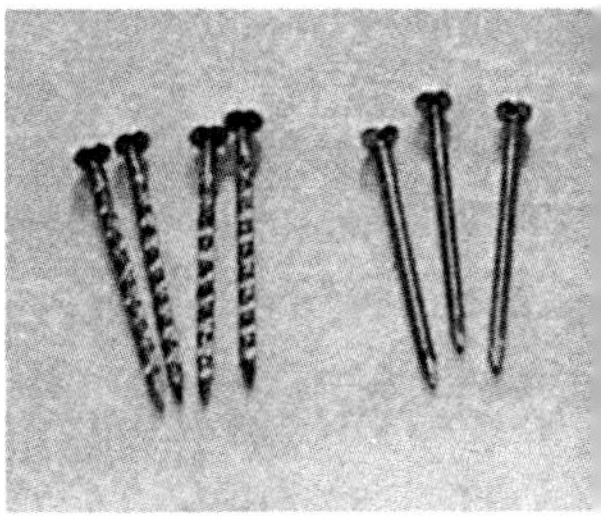

スクリュー釘（左）は、木ネジと針の中間的な性質で使いやすい

拝啓。先生はキクイムシにやられたことはありませんか?

Q 拝啓、長岡先生。先生のお部屋にヒラタキクイムシはおりませんか。ラワンの角材や合板を念入りに見ると必ず見つかる0.5φ程の穴。その中にこの虫がいます。わが愛するスピーカーにもやはりおりました。東急ハンズより購入した21㎜厚の合板にも、1年たった今、このヒラタキクイムシが数か所に姿を現わしてきました。この虫の撃滅法を既にご存知と思います。被害を受けられたことはこれまでにありませんでしたでしょうか。因みにスピーカー作り20年です。

A 私もヒラタキクイムシの被害にあったことがあります。10数年前、今の家を建てた時、トイレの床に白い粉が落ちているのに気がつきました。最初は原因がわからなかったのですが、細かく調べていくうちに、ラワン角材の柱に小さな穴があいており、ここから粉が落ちているのだとわかりました。で、対策ですが、極細のビニールパイプを使って穴の奥に殺虫剤を注入、さらに殺虫剤をねりこんだらウッドパテで穴を埋め、撃滅することができました。わが家はコンクリート系プレハブで、木材はほとんどゼロに近いのでキクイムシの被害も以後は皆無です。スピーカー工作歴35年ですが、キクイムシの被害にはあっていません。あなたの場合は家にキクイムシが棲みついているのではないでしょうか。一年たってキクイムシが姿を現わしたというのは東急ハンズの責任ではないと思います。

キャビネット自体の響きが気になります

Q AV-3をJIS一級耐水ラワン合板で、外側のみアクリル系水性ニス塗装で作りましたが、ユニットを取付ける前にバッフル孔に口を近付けて大声で怒鳴った時と同じ反響が完成後もします。音楽ソースは気になりませんが、台詞やナレーションはコンコンといった感じでかなり気になります。また水中ボンドは流れやすいとありましたが、私の使用した商品名水中ボンド（コニシ）はパテ状で全く流れません。なにか指定と違った物を使ってしまったのでしょうか。

A まず水中ボンドからお答えします。私が使っているものも同じコニシの水中ボンドでパテ状です。流れやすいというのは表面の問題で、工作では板材を斜めにつなぐ時、V字型の溝を埋めるのに使っていますが、ぴったり埋めても、立てたり、斜めに置いたりすると、一時間ぐらいでかなりずれてきます。これを流れやすいと表現したもので、水のように流れるということは決してありません。しかし全く流れないということもありません。

キャビネットの響きの問題は、基本的な問題なので、室内音響の問題と併せてお答えします。まずリスニングルームから考えて下さい。部屋は①壁、床、天井から音がもれる。②壁材、床材、天井材が振動して音を出す。③壁、床、天井が音を反射する。といった性質を持っています。これについての対策を説明していると1ページや2ページでは収まらないので、③だけについて考えると、反射を防ぐために吸音材の使用があります。昔はリスニングルーム、イコール吸音という考え方が支配的で、大量のグラスウール、パンチングボード、厚手のじゅうたんの使用で、無響室に近付けるのが理想と考えられていました。ところがこういう部屋では音が死んでしまうということに気がつき、現在では吸音処理は必要最小限にという方向が支配的になっています。自宅ホームシアター「方舟」でも、当初は会話ができない程ライブでしたが、機材、レコードラック、ソファー、じゅうたん、カーテン等が入って、適度なライブネスを保っています。じゅうたんは50㎝角のタイル方式のものですが、床全体に敷きつめるとデッドになります

すき間の処理に使える水中ボンド

ぎて、音が死んでしまうので丁度いいところをさがして枚数を調整しています。

さて、スピーカーキャビネットですが、①②③については全く同じです。どんなキャビネットでも①〜③は盛大に発生しています。①を防ぐには厚くて重い板が必要ですが、コンクリート100mm厚のキャビネットなどできっこないので、ある程度はがまんするしかありません。①への対策を考えたのはBS-107です。②への対策としては、補強材の使用があります。③への対策は吸音材です。音は吸音すればする程音がよくなるという考え方が支配的で、密閉箱では漬物でもつけるように大量のグラスウールを詰めこんでいました。グラスウールを全部引っぱり出したら、キャビネットの2倍ぐらいの体積にふくれ上がって元へ戻すのに苦労した経験があります。その後、吸音材を使いすぎると音が死んでしまうということに気がつき、現在では吸音材の使用量は昔の10分の1ぐらいに減っています。全く使っていないものもあります。メーカー製のシステムをあけてみるとわかりますが、数種の吸音材の小片をコラージュのように貼りつけたり、トランポリンのように張り渡したりと苦心惨胆しているのがわかります。反射を抑えながら音を殺さないようにということで、カット・アンド・トライで、必要最小限を実現しているのです。どんなスピーカーキャビネットでも吸音材ゼロの状態では内部の反射で響きが残ります。吸音材を入れていけば響きは限りなく抑えこまれていきますが、抑えすぎれば音は死んでしまいます。どのくらいの量がベストか？ これは基準がありません。ひとりひとりのベストが違うのです。AV-3は方舟の2階に置いてあり、これは吸音材ゼロで多くの人が聴いていますが、響きについて指摘した人はいませんでした。実際に不自然な音は出ていないと思います。あなたの場合ですが、ユニットを外してグラスウールを適量ほうりこめばよいと思います。ほうりこむのは楽ですが取出すのはやっかいなので入れすぎないように注意して下さい。

●ネットワーク、配線、他についての質問

スピーカーを作りました。良い調整方法を教えて下さい

Q 次のスピーカーを作って聴いてみたところです。ご指導をお願いします。ウーファーFW305のクロスオーバーは950Hzと考え、ウーファーのハイカットを2.4mH、20μFとしましたが、FW305はハイ上がりなので、スコーカーD-100A+H500のローカットはやや上にずらせて1100Hzと考えて1.2mH、10μFとしました。中高音のクロスオーバーは7500Hzと考えてスコーカーのハイカットは0.3mH、2.5μFとし、スーパートゥイーターT500Aのf特はロー下がりなのでローカットは4500Hzとし、0.3mH、2.2μFとしました。これで音のつながりはいいと思いますが。また、ウーファーに補正回路の10μFがあるのでハイカットの周波数の計算は総合的にどうなるのでしょうか。なお、中音部と低音部をやわらかく豊かにするために、ウーファーのハイカットを750Hz、3mH、25μFに、スコーカーのローカットを1.8mH、15μFに手直ししてはどうでしょうか。FW305は750Hz以下で使った方がいいのではないかと思いますが。あるいは2.4mH、25μFぐらいが無難でしょうか。エンクロージュアは75ℓ、ダクトはφ80×160mmとして超低音を切捨てた代わりに低音全体の豊かさを考えました。

A ウーファーやフルレンジのインピーダンスは周波数によって代り、f_0では100Hz、20kHzでは60Ωというように大きく変化します。ネットワークの計算式はインピーダンスが周波数に関係なく一定という前提で作られているので、ウーファーに関しては計算通りいかないのが普通です。そこで高域でのインピーダンス上昇を抑えるために抵抗とコンデンサーによる補正回路を入れます。コンデンサーはf_0のインピーダンスに影響を与えないために入っているのです。これが入ったために計算がずれるということはなく、むしろ計算通りの効果が得られます。

あなたのネットワークだと、ウーファーのハイカットは720Hz、スコーカーのローカットは1440Hz、ハイカットは5770Hz、トゥイーターのローカットは6150Hzとなり、ウーファーとスコーカーの間が薄めになりますが一応つながると思います。ネットワークの効果はLC共振の数値だけでは決まりません。たとえば1.8mHと14μFでは1kHzでぴったり、しか

吸音材の量は音質に

し、2mHと12・5μF、2.5mHと10μF、1.5mHと16・7μF、1.2mHと21μFでも1kHzになります。どこが違うのかというと減衰曲線が違ってきます。ただメーカー製のネットワークでもわざとずらした設計になっているものは珍らしくありません。あなたの場合も少しずつずれていますが、意識的なものではないでしょう。T500Aはクロス5kHz以上で使うように指定されているので6150Hzなら問題はありません、ずれも少ないのでこのままでいいでしょう。8Ωユニットで0.3mHを使う場合、ぴったりなのは2・34μFで6kHzになりますが、2.2μFで全く差支えありません。スコーカーのハイカットも同様に全く問題ありません。スコーカーのローカットは1kHzぐらいまで下げたいので、1.8mH、14μFとしたいところです。ウーファーのコンデンサーはぴったりの数値としては18・3（15＋3.3）μFですが、20μFのままで差支えありません。以上がオーソドックスな設計ですが、メーカーでもカットアンドトライで作りこんでくるのが普通なので、でき上がって、ある程度鳴らしこんでからの再調整は必要と思います。なお、質問者は82歳。今の若い者にはここまでやる元気はないのでは。③

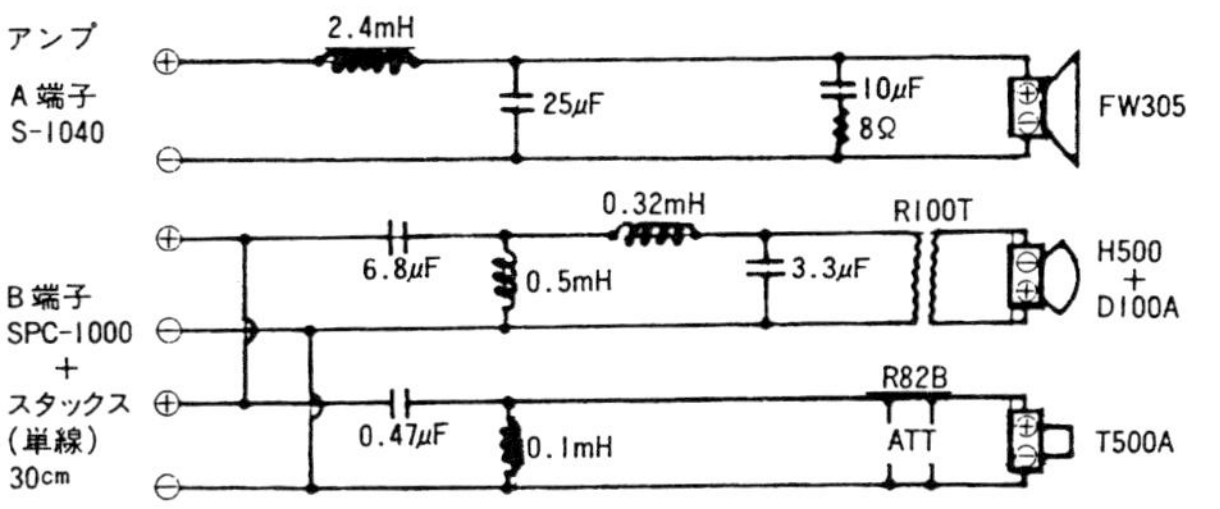

③

スピーカー設計しました。御指導おねがいします。

Q 次のスピーカーを作りました。ご指導下さい。ネットワークの考え方、クロスオーバー2500Hz、6dB／OCTときめて、6.8μF、0.5mHをきめ、ウーファーのハイカット650Hz、2.4mH、0・32mHをためし、補正回路を入れ、スーパートゥイーターのローカットは12000Hzとして0・47μF、0.1mHを入れていたものです。キャビネットは75ℓ、φ80mm、19cm、吸音はキルティングを2重にして、一側面を残してギザギザ張り。設計図、吸音材の質について見て下さい。

A スピーカーを作りましたとあるので完成しているものと思います。それにしてはキャビネットの設計図がないので評価のしようがありません。内容積75ℓ、φ80×190mmのパイプダクトとして計算するとダクトのチューニングは27Hzになり、低すぎると思います。ネットワークはかなり疑問があります。ウーファー用は645Hz、12dB／OCTのローパス・フィルターで、1290Hzでマイナス12dB、スコーカーのハイパス・フィルターは2700Hz12dB／OCTで、1350Hzでマイナス12dB、これでは1.3kHzに谷ができます。スコーカーのローパス・フィルターは4870Hz、12dB／OCTで、9740Hzでマイナス12dB、トゥイーターのハイパス・フィルターは23000Hz、12dB／OCTで、11500Hzでマイナス12dB、これからすると10kHz付近に谷ができます。そういう音造りもないとはいえませんが、あなたの場合、どういう音造りを狙っているのでしょうか。私だったら設計をやり直しますが。

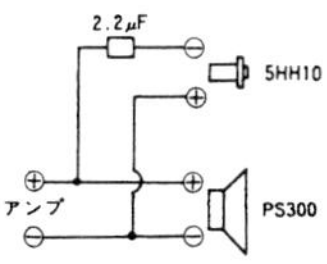

④

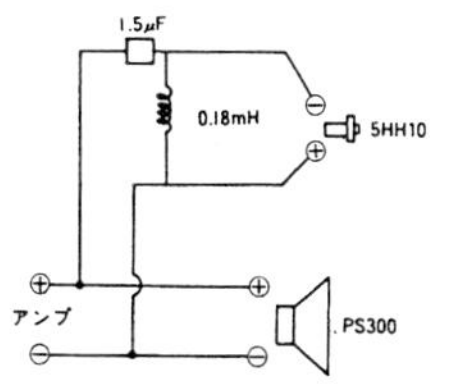

⑤

2ウェイ設計のクロス設定について

Q 手元にPS300と5HH10があるのでこれで2ウェイを作ろうと思います。両機のカタログを見て10kHzクロスぐらいかなと思いますが、④と⑤でどちらがよいでしょうか。あまり大音量は出しません。

A 2ウェイ化は大音量を出さないのであれば④でいいでしょう。ただ、2.2μFだと高域が耳につくおそれもあります。その場合は1.5μFとか、1.0μFとかに変えて下さい。

P-610DBをウーファーにするシステムの設計法

Q ダイヤトーンP-610DBをダブルウーファーで、トゥイーターにTW-501を使った2ウェイ3ユニット構成で最もシンプルなネットワークの結線図をお願いします。

A P-610DBは8Ω、TW-501は16Ωです。P-610DBをシリーズ接続として、トゥイーターをアッテネーターつきで使うのがオーソドックスな方法ですが、最もシンプルにということで、図6のような結線を奨めます。ハデな音にはなりませんが、無難な音にまとまると思います。

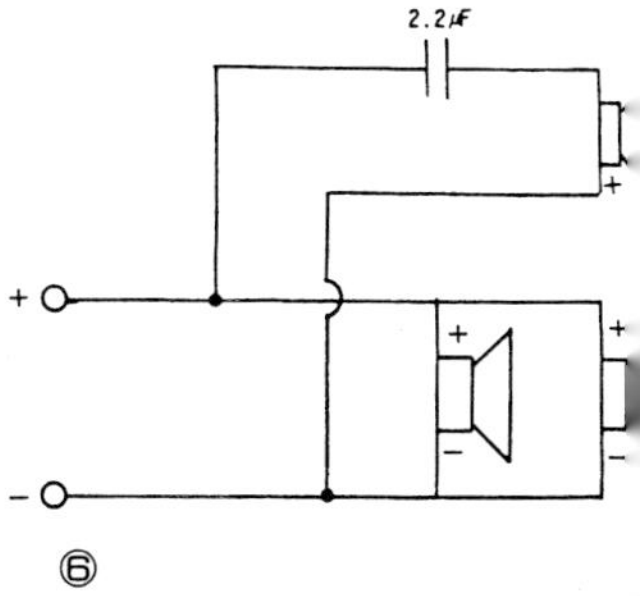

⑥

W-12IIのコンデンサーについて

Q W-12MKIIのネットワークですが、ウーファー用の1.0μFを外しても音が変りませんでした。このコンデンサーはどのような効果があるのでしょうか。

A ウーファーのコーンの振動で逆起電力が発生（ダイナミック・スピーカーとダイナミック・マイクロフォンは原理的にはまったく同じものであり、インターホンやドアホンではスピーカー・イコール・マイクです）します。これがアンプやトゥイーターに流れるのを防ぐために、逆起電力のうち高域成分をショートするという意味でコンデンサーを入れてあります。これがあってもなくても音がガラリと変わるということはありません。高域の透明度が多少向上するかなという程度です。実用上は差支えありません。⑦

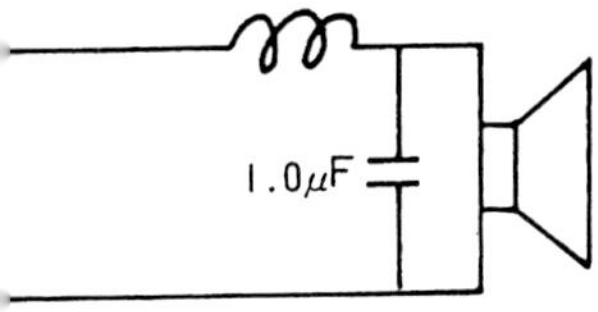

⑦

自作SPの設計値についての質問

Q 今度、海外移転していった友人より三菱のユニットPW-201、TW-501（共に3年使用）を譲り受けました。早速エンクロージュアの設計をと思いましたが、f_0が60Hzということ以外定格が不明なため途方にくれております。つきましては以下のことについてのアドバイスをお願い申し上げます。①バスレフで設計したいのですが、内容積、ダクト寸法等をご指導願います。②TW-501とつなぐ場合、最適なネットワーク値はどうなるでしょうか。また手持にFT55Dがあるのですが使えますか。

A PW-201、TW-501は32年前に放送（AM）用モニターシステムとして開発された2S-208（生産終了）のユニットです。理想的なキャビネットは実効内容積80ℓのフロアタイプ。ダクトは面積153㎠、長さ10㎝というのが指定されています。ネットワークはトゥイーターに4μFのコンデンサーを1個入れるだけでアッテネーターなし。ウーファーはスルーで使います。この通りに作れば2S-208に近い音が実現できるわけですが、あくまでも近い音であって、モニターそのものにはなりません。2S-208はキャビネットに金と手間がかかっており、これと同じものを日曜大工で作ることは不可能です。またユニットも3年使用ではなくてもっと古いのではないでしょうか。もうひとつ問題点はあります。前記の設計データは32年前の管球アンプで鳴らすことを前提としているので、現在のアンプで鳴らすには設計を変更した方がいいかもしれないという点です。またインピーダンスは16Ωですから今のアンプではメーカー表示の出力の半分しか取出せないことになります。PW-201とTW-501は2kHzクロスでフラットになるように総合設計がされているのでそのまま使うのがベストと思います。FT55D（生産終了）を6.8μFでつないでも一応使えますがベストとはいえません。

アッテネーターなしでTWを2本直列で使うにはどうする？

Q FW160+HS-33DのTWによる自作スピーカーを使用していますが、最近アッテネーターを外すとずいぶん音質が変わることに気付いたのです。アッテネーターなしですむようにTWを2本直列で使うというのはどうでしょうか。現用TWは変更のものなので変更後のTWとつながるのが心配です。また、その場合、コンデンサーは4.7μFの半分の2.3μFでいいのでしょうか。

A 自作スピーカーが筆者設計のBS-46なのか、独自設計のものなのか不明ですが、一応BS-46に限定して回答します。このシステムは本棚やレコードラックに押しこんだ状態で30Hz〜30kHzフラットを狙っているので、アッテネーターはあった方がいいと思います。またルックスも考えたデザインなのでレイアウトは崩したくありません。トゥイーターを2本使うとしても、バッフルのサイズからして無理と思います。2本使うのであればエンクロージュアの設計変更が必要です。新旧のトゥイーターはf_0がちがいますが、キャラクターはよく似ており、またf_0付近までは使わないのでシリーズ接続でも大丈夫と思います。ネットワークはCが2.2〜2.5μF、Lが1.0mHとなりますが、Lなしでいけそうな気もします。

長岡流アッテネーターの計算法、なんとか教えて下さい!!

Q アッテネーターの設計について詳しい計算式がどうしても知りたいので、なんとか教えていただけないでしょうか？

A 固定型アッテネーターの計算式をぜひ教えてほしいという人がいるので紹介しますが意外とやっかいなものです。合成インピーダンスをZとすると、クロスオーバー周波数はZとCの関係で決まります。Zは4〜16Ωの間に入っていれば構いません。仮に4kHzクロスとすると、Cは4Ωなら10μF、6Ωなら6.6μF、8Ωなら5μF、16Ωなら2.5μFになります。といってもいつも書いているように、決して杓子定規にいくものではなく、インピーダンス特性、f特、指向特性等も考えて計算値とはかなりずれた値になることが多いのです。

常識的なアッテネーターはR_3＝8Ω、Z＝8Ωとして計算します。しかし、メーカー製のシステムでは8Ω、8Ωというのはまずないと思っていいでしょう。仮に8Ω、8Ωでやるとすると、R_1を決めればR_2は自動的に決まります。R_1＝3Ωとすると、R_2＝13、33Ω、減衰量は4.1dBとなります。逆に8Ω、

8Ωで、4dBを実現しようとすると、R_1＝2・95Ω、R_2＝13・68Ωとなります。現実にはこんなはんぱな数字はナンセンスなので、R_1＝3Ω、R_2＝15で、8Ωユニットに対して約4dBというように、おおよその数字が合えばそれでいいのです。計算式は、

$$Z = R_1R_2$$

$$R_0 = \frac{R_2 \times R_3}{R_2 \times R_3}$$

$$x = \frac{Z}{R_0}$$

$$x = 1.122^n$$

$$n = 減衰量(dB)$$

xとnとの関係を見るには、電卓に1・122という数字を置き、これを2乗、3乗、n乗としていけばよいのです。1・122と置いて、(カケル)を押すと2乗(1・25884)続けて＝を押すと3乗(1・41247)4乗(1・58448)5乗(1・778)と数字はふえていきます。この数字がxと一致すれば、nがそのままdB値になります。一致しなくても中間の値をとることで推測できます。

固定式アッテネーターの抵抗値について

Q 固定式アッテネーターについての質問です。たとえば8Ωのトゥイーターの音圧レベルを3dB絞る場合、①R_1＝2.5Ω、R_2＝22Ω、②R_1＝8Ωのみとする。また3.5〜3.6dB絞る場合には①R_1＝3Ω、R_2＝20Ω、②R_1＝4Ωのみとする、という方法がありますが、素人目には②の方がより簡単なので、音質の面で①よりも有利にうつりますが、そう単純に判断して良いものなのでしょうか。

A アッテネーターは第8図のようになります。トゥイーターが8Ωの場合、R_1＝2.5Ω、R_2＝22Ωだと、減衰量は3dB強、トータルインピーダンスは8.4Ωになります。R_1＝2.3Ω、R_2＝20Ωとすると減衰量は3dB弱、トータルインピーダンスは8Ωになります。R_1＝8Ωのみとすると、減衰量は6dB、トータルインピーダンス16Ωになるので、Cは½に変更する必要があります。R_1＝3Ω、R_2＝20Ωだと、減衰量は4.6dBぐらいになり、トータルインピーダンスは8.7Ωになるので、Cがそのままだとクロスオーバーは8%ぐらい下がります。R_1＝4Ωのみとすると、減衰量は3.5dBぐらい。トータルインピーダンスは12Ωになるので、Cがそのままだとクロスオーバーは33%下がります。5kHzクロスのつもりで4μFを使っていたとすると、4Ωをシリーズに加えたことで3.3kHzクロスに下がってしまうということです。5kクロスに戻すにはコンデンサーを2.6μFに変更する必要があります。

以上はトゥイーターのインピーダンスが周波数によって全く変化しないとしての計算式です。しかし実際のインピーダンス特性は第9図のようになっており、f_0の山では、10〜40Ωになっています。この山はドームやコーンが高く、ホーンは低く、RPタイプではほとんどフラットです。R_1＝4Ωのみでアッテネートすると、f_0の山が効いてきます。平坦部は8Ωなので減衰量は3.5dBですが、f_0が32Ωだったとすると減衰量は2dBになり、トータルインピーダンスは40Ωになるので、f_0の山がなければ第10図の実線のようになるものが点線のように変化します。R_2にも抵抗をつなぐ方式では、たとえばR_2＝20Ωとすると、トゥイーター8Ωとしての合成(並列)インピーダンスは5.7Ωですが、f_0では32Ωとして、12・3Ωになり、その比は1対2・16。R_2がない時の比は8Ω対32Ωなので1対4ですから、R_2はf_0の山をつぶす効果も持っていることがわかります。結局どっちがいいのか、クロスオーバーを高めにとる時、減衰量が少なめの時はR_1のみでいくのがいいでしょう。メーカー製システムでもそうなっています。その場合、コンデンサーの容量は計算し直すことが必要です。

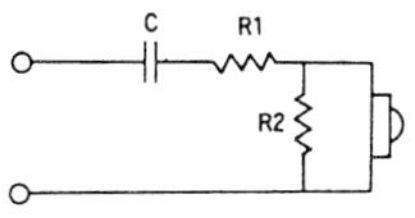

⑧

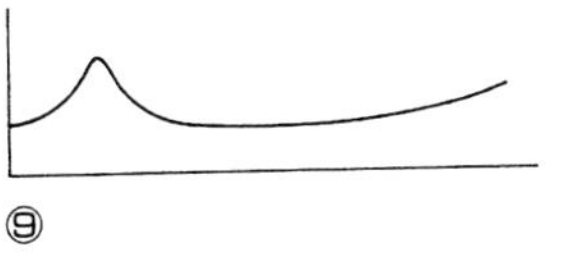
⑨

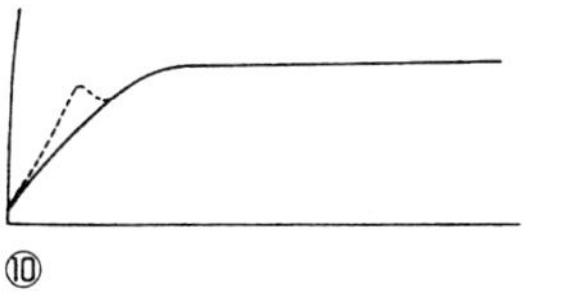
⑩

PSTで3Dウーファーを作りたい

Q 先生がよく使用するPSTを使い、3Dウーファーを作ろうと思います。ユニットはFW-160、ネットワークは4.5〜5.0mHと20W100Ωを使用したいと思います。原理的には150Hz以上がスパッと(−20dB)切れるはずです。うまくいくでしょうか。回路は図11のようになります。

A PSTは高能率フルレンジユニットの中高域を6〜10dBダウンさせて、相対的にローエンドをのばすという手法で、まずLを入れて中高域を6dB/octで落とし、その上でLに並列にRを入れて中高域を持ち上げるという形になります。3Dウーファーは中高域ゼロが理想なので、PSTを応用するのは根本的にまちがっているといえます。Lだけの6dB/oct、あるいはLCの12dB/octで使うべきです。あなたの場合、抵抗が100Ωと大きいので、あってもなくてもほとんど変わらないと思います。要するに無用の存在なので取除くべきです。100Ωがあってもなくても原理的には140Hz6dB/octぐらいであり、スパッとは切れません。⑪

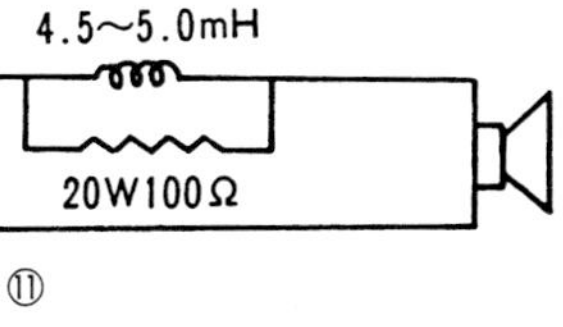

⑪

抵抗の数値に途迷う文系に愛の手を

Q 先日、長岡先生のスピーカーW-13MKⅡを作ろう

と思い、パーツを購入しようとしたところ、何Ωで何Wのやつですかと聞かれました。工作全図面集にはセメント3Ω、15Ωとしか書いてありませんでしたので迷ってしまい、5Ωのを買いましたが、大丈夫でしょうか。こんな文科系にやさしくW数の意味を教えて下さい。

A 5Wで大丈夫です。大型のシステムでは10W以上のものが必要になりますが、W-1-3MKⅡは超薄型小音量向きのスピーカーなので、3Wクラスでも大丈夫です。抵抗値は同じでもW数が違うのはどういう意味か。セメント抵抗はニクロム線を磁器のケースに納め、セメントで封じこめたものです。細い線を短かく使っても10Ω、太い線を長く使っても10Ωということで、この両者の違いがW数の違いになります。抵抗器に電流を流すと熱が発生します。熱量は抵抗値に比例するので、細く短い線でも、太く長い線でも、総熱量は同じです。とすると太く長い方が熱が分散するので、温度上昇は少ないのです。W数はこれ以上の電力を加えると熱くなりすぎて危険という意味です。太くて長い、つまり外形も大型のセメント抵抗の方がW数は大きくなります。ただ、5Wの抵抗を使っているから、アンプの方も5W以上出せないのか、という疑問も出ると思いますが、これは違います。抵抗はトゥイーターのアッテネーターとして使っているので、スピーカー全体としては50Wの入力があったとしても、抵抗に流れる電力は1Wぐらいのものなのです。

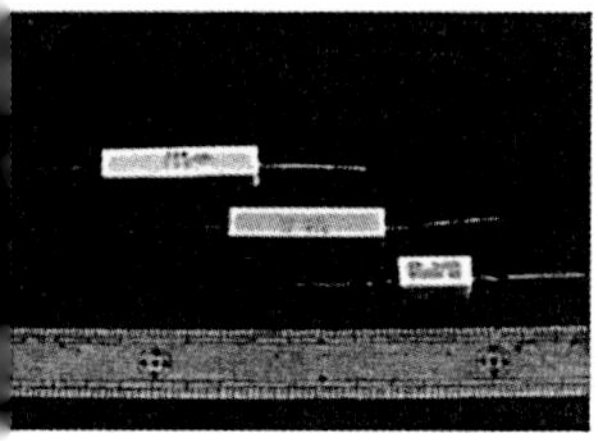

セメント抵抗器

コンデンサーの位置について教えて

Q 現在D-55+T925（1.3μFラムダコンデンサー+ヤマハL-082、-4dB）を使用しています。コンデンサーの位置について質問します。通常は第12図aの接続ですが、bのようにした方が音の拡がり、情報量、共に向上するようでした。アッテネーターは音質劣化の発生しやすい部分なので、bのようにすると、カットされる成分がバイアスの働きをするような感じを受けました。現在はbの接続で使っていますが、本質的にはどちらが正解なのでしょうか。

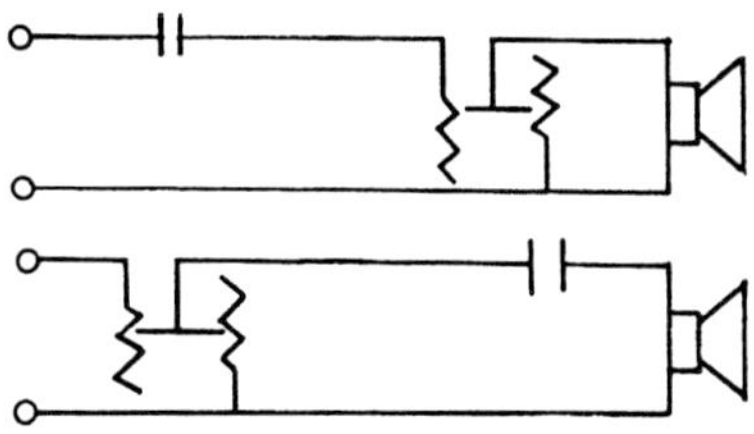

⑫

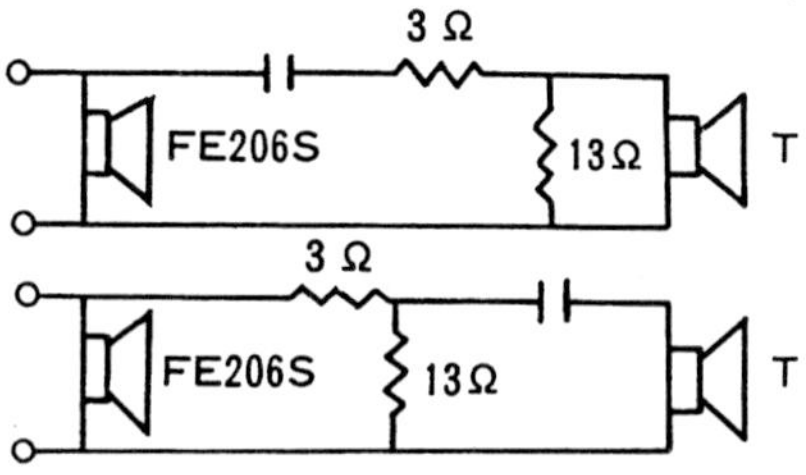

⑬

A 本質的にはaが正解です。アッテネーション-4dBで使っているとして、第12図aは、206Sも加えると第13図aのように書けます。第12図bは第13図bのようになります。bでは3Ω、13Ωの抵抗に、常時全帯域の信号が流れているわけで、小音量ならいいとしても大音量では問題があります。仮に-8dBまで絞ったとすると、抵抗の関係は5Ω、5Ωになるので、電流は倍増、FE206スーパーを流れる電流に匹敵します。マイナス面の多い使い方ですが、プラス面としては、アンプから見たスピーカーのインピーダンス特性がフラットに近付くということがあります。206スーパーと並列に抵抗が入るので、D-55のインピーダンスの山がつぶされて、アンプとしてはドライブしやすくなるということです。音がよいと感じられたらbでも構いませんが、アッテネーターの発熱には注意してください。

インピーダンス補正回路は必要でしょうか

Q 今度FW208とFT57Dの2ウェイで、18dB/OCT、2.5kHzのクロスのスピーカーを作ろうと思いますが、インピーダンス補正回路は必要でしょうか。また、先生は2ウェイではボーカルは不利だといっていますが、もしそうならFW208とFE83とFT57Dの3ウェイで500Hz、5kHz、18dB/OCTではうまくつながるでしょうか、また極性などはどのようにしたらよいでしょうか。

A ウーファーのインピーダンスはボイスコイルのインダクタンスの影響で高域に向かって上昇、中には20kHzで100Ωを超すものもあります。これは6dB/OCTの場合、コイルの効果に大きな影響を与え、フィルター効果がぐんと弱まります。そこで高域まで8Ωに抑えるために補正回路を入れるのですが、補正回路そのものに音質劣化の要素があるので、最近はメーカーでもあまり使っていません。それに12dB/OCTにすればインピーダンス上昇の影響は少なくなります。さらにFW208は20kHzで30Ω程度と上昇率が少ないので、補正回路は不要と思います。18dB/OCTにこだわっておられるようですが、ネットワークは素子がふえるほど遮断特性はシャープになりますが、音質劣化の原因にもなります。位相回りも複雑になります。またクロス付近の合わせ方がシビアになるのでアマチュアには難しい作業だと思います。クロスオーバーも高すぎます。私だったら12dB/OCT、1.5kHzクロスでやります。アッテネーターも必要です。FE83を加えての3ウェイは可能ですが、18dB／OCTは賛成できません。また、この3ウェイはルックスの点で感心できません。FW208とFT57Dはダイキャストの円形フレームでブラック、FE83は鉄板プレスの角型フレームで白に近いベージュ色で全く合いません。極性は私のスピーカー工作の場合、作ってみてf特を測定しながら決めています。設計段階で正しく予測することは困難です。特に18dB／OCTでは予測がつきません。12dB／OCTならスコーカーのみ逆相でいいでしょう。

ユニットの直列、並列接続について

Q 長岡先生にいくつか質問があります。①スピーカーユニットを並列または直列で複数使う場合、ユニットの規格はどのように変化しますか。②チムニーダクトの設計法、③チムニーダクト型スピーカーは共鳴管のようにダクトの共鳴を抑えるために強力なユニットが必要ですか。④共鳴管に強力なユニットを使うとどうして共鳴が抑えこめるのですか。

欲張って質問しましたが答えていただければ幸いです。

A ①ユニットは何本使ってもユニット本来の規格は変りません。同じユニットを複数使った場合、トータルでの規格はインピーダンスが2本並列なら1/2、2本直列なら2倍になります。4本並列なら1/4、4本直列なら4倍です。4本だと直並列という接続が普通で、その場合は1倍です。m_0は接続のいかんに拘らず本数に比例します。4本ならばm_0は4倍と見てキャビネットを設計します。実効振動反径aは本数の平方根に比例します。2本なら1.4倍、4本なら2倍になったとして計算します。Q_0は一応、本数に関係なく一定と見ます。出力音圧レベルと周波数特性は変りますが、極端な変化ではありません。また測定そのものが困難です。ユニット一発の場合は巨大密閉箱に取付けて、無響室で軸上1mで測定しますが、4本の場合は基準がありません。取付け方次第で音圧レベルもf特も変化します。②チムニーダクト、フロアダクト、トンネルダクトは私の命名ですが、いずれも外観からつけたネーミングであり、動作自体は通常のバスレフとなんら変りません。設計法も同じです。③一般のバスレフと同じに考えて下さい。④共鳴管システムは、パイプ共振を利用して低域を増強、同時に音響迷路としての低域増強効果もあります。共鳴管の共鳴を抑えこんでしまえばただの音響迷路です。たとえば複雑に何回も折り曲げたシステムは共鳴が起きにくいのでただの音響迷路となります。強力なユニットは共鳴を抑えこむのではなく、共鳴のトランジェント（立上がり、立下がり）をよくするのだと考えて下さい。

ハンダ付けか圧着接続かで迷ってます

Q ネットワークの結線はハンダ付けが便利なので仕上げたところですが、ハンダ付けは音の濁りの原因になるとかで、圧着結線で作りかえた方がよいかどうか迷っています。その必要がないのかどうか教えて下さい。スピーカー端子はハンダ付けの仕様になっていますが、取り替えた方がよいでしょうか。また、バイワイヤリング接続では、アンプのA、B端子から片側2本のスピーカーケーブルを使っていますが、スピーカーの入力端子の直前で20cmくらいのバイワイヤリング接続でも間に合うのかどうかも御指導願います。

スピーカーの配線は一般的にはんだ付けが安全

A 圧着は音がよいというのでメーカーでも採用していますが、それには条件があります。2種類の線材（たとえばネットワーク素子のリード線と接続用の撚り線）が相互にめりこんで合金になるくらいの圧力をかけるということです。圧着の圧力が小さくて、軽く接触しているくらいだと、ハンダ付けよりも音質は劣化します。実は私自身体験しているのです。圧着にはスリーブを使用、電工ペンチで締めつけますが、私の場合、力不足で圧着が完全ではありませんでした。失礼ですが、質問者は私より8歳年上なので、完璧な圧着ができるとは思えません。実行する場合は力のある若い人に頼んで下さい。若い人の死にもの狂いの力、それが必要です。そうでなければハンダ付けの方が無難です。十分に撚り合わせてハンダ付けすれば音質劣化の心配はありません。スピーカー端子というのはユニットの端子のことと思いますが、ほとんどはプラグイン式のチップに対応しています。メーカー製のスピーカーシステムでもほとんどがプラグイン式のチップを使っています。しかし、チップはコードとハンダ付けしているので、いいわけがありません。ユニットの端子にじかにハンダ付けする方がいいにきまっています。じかに圧着という方法も考えられますがアマチュアには不可能です。メーカーでもやっていません。ユニットの端子を取り替えるというのは意味がわかりませんが、私だったら絶対にやりません。

バイワイヤリングの狙いはアンプからスピーカーまでのコードを低音用、中高音用で独立させるという点にあり、20cmぐらいでは意味がありません。私自身はバイワイヤリングそのものにも疑問を持っているので自宅では一切やっていません。メーカーはバイワイヤリング端子つきのスピーカーを持ち込んできますが、テストは常にシングルワイヤリングで行います。これは私の勝手ではなく、メーカーの要望なのです。メーカーもバイワイヤリングを信用していないのだと思います。バイワイヤリング端子への対応は図14の方法がベストです。

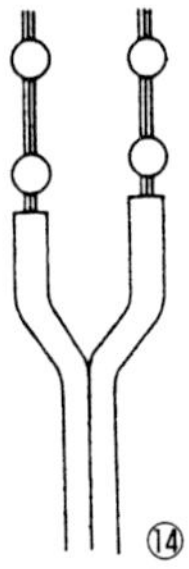
⑭

SP工作でケーブル、ターミナルは

Q 今度、スピーカー工作に挑戦してみようと思うのですが、①ケーブルを直出しするときは、2.0㎟ケーブルをアンプに通す方がよいのですか、それとも途中から5.5㎟につなげてアンプに通した方がよいのでしょうか。

②ターミナルを使う場合は、大型の物がよいといわれていますが、どのような物を選べばよいのでしょうか。

A ①スピーカーからアンプまでの距離次第です。短かければ2.0㎟そのままでよく、長ければ継いだ方がいいでしょう。問題はどのくらいの長さが境い目になるかで、実は私にもよくわかりません。ケース・バイ・ケースで何通りもの答えが出ると思いますが、2mぐらいが境い目でしょうか。

また、もうひとつ別の手もあります。たとえば5m必要だったとして、2.0㎟で5mのばしておき、別に4.8mぐらいの2.0㎟のケーブルを用意し、スピーカーから20㎝ぐらいのところで元のケーブルの被覆をはがして巻きつけるのです。こうすると、途中から4.0㎟につないだのと同じになり、つなぎ目で起きるトラブルも減らせます。

②スピーカーの内部配線に3.5㎟、5.5㎟にキャブタイヤケーブルを使ったりすると、ユニットの入力端子に大きな負担がかかり、端子をこわすおそれもあります。2.0㎟が無難でしょう。そこで内部配線は、ターミナルにハンダ付け、ターミナルから先は3.5～5.5㎟のケーブルを使うというのが一般的ですが、どうせ途中でつなぐのなら、ケーブル直出しにして圧着端子でつなぐ方が有利です。だからターミナルを使うのだったら特に良質のものを使うべきで、安物のターミナルはお奨めできません。

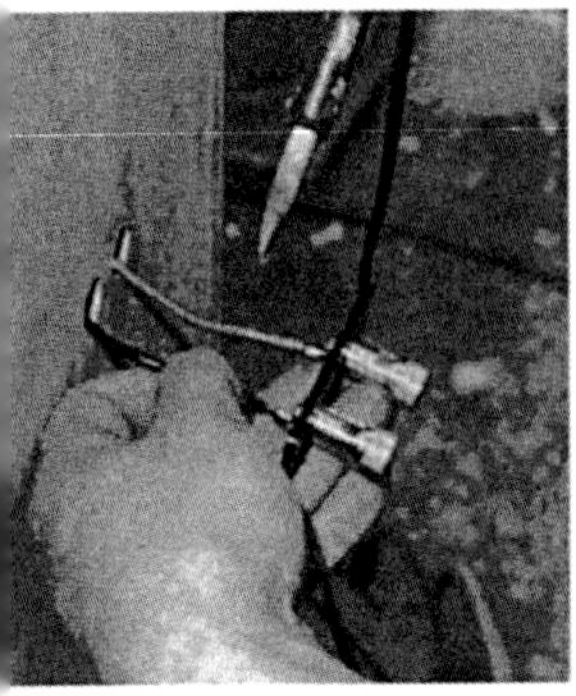
ターミナルを使う場合は良質なものに限る

長岡先生愛用のキャブタイヤとは一体何でドコで買えるのか

Q よく長岡先生が紹介している0・32φ×45芯キャブタイヤケーブルを扱っている店名、住所、電話番号を具体的に教えて下さい。

A キャブタイヤケーブルは電気工事用の規格品であり、正式名称は〝2芯ビニル絶縁ビニルキャブタイヤケーブル〟といいます。太さによって7種類に分けられていますが、オーディオ用として適当なのは2.0スケア（0・26φ×37芯）3.5スケア（0・32φ×45芯）5.5スケア（0・32φ×70芯）の3種類でしょう。この他、内部配線用には1・25スケア（0・18φ×50芯）も使えます。8スケア、14スケアといった極端に太いものは扱いにくいし、オーディオ用としても疑問があります。工事用であり、一般家庭用ではないので町の電気店には置いていませんが、頼めばなんとかなるのではありませんか。また、扱っている店を紹介してくれるかもしれません。工事用としての単位が200m巻きとなっているので、小売りは難しく、むしろ、切れ端をもらうという手もありそうです。北海道から秋葉原まで注文出すというのは最後の手段でしょう。秋葉原なら小柳出電気（オヤイデ電気03-3253-9351）に問い合わせるといいと思います。

スペアナでインピーダンス測定をするには?

Q 三和電気計器のスペアナS-30RTを使ってインピーダンスを測定したいと思ったのですが、サンワに問い合わせたところ、このスペアナはインピーダンスの測定は不可能だそうです。しかし、長岡氏はこれでインピーダンスの測定をしていらっしゃいます。もし可能なら、具体的にインピーダンス測定法をご教授いただきたいと思います。

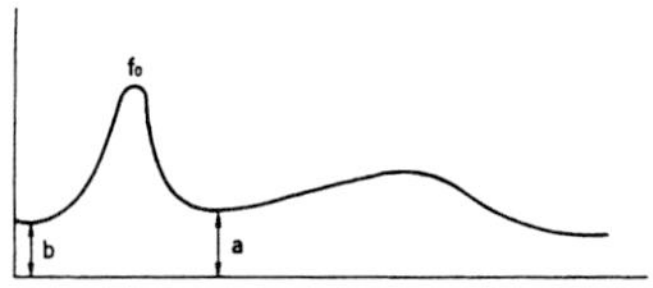

⑮

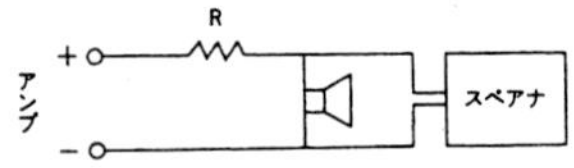

⑯

A スピーカーのインピーダンスというのは極めてあいまいな表示です。仮に図15のようなインピーダンス特性が得られたとして、公称インピーダンスというのは矢印aの高さをいいます。それが5.5Ωでも6.5Ωでも公称6Ωとなります。矢印bは直流抵抗で、これはテスターで簡単に測れますが、インピーダンス特性のカーブを求めるには交流信号を加える必要があります。交流を加えるとスピーカーの振動板は振動します。f_0は入力が大きくなると下がる傾向があるので、入力の大小でカーブが変る可能性があります。インピーダンスは矢印aの値が何Ωかを測定するだけでは何の意味もありません。カーブが重要なのです。サンワのスペアナでインピーダンス測定は不可能。これは本当です。では、私はどうやっているのか。図16のような方式です。スペアナの入力インピーダンスは高いので一応無視します。スピーカーは公称8Ω（実際は6～60Ωぐらいの範囲で変動している。100Ωを超える場合もある）として、Rの値を十分大きくとると、この回路は定抵抗に近付き、スピーカーに対しては定電流駆動に近付きます。定電流駆動では信号を流した場合、スピーカーの端子間にはインピーダンスに比例した電圧が発生します。この電圧をスペアナに入れればインピーダンス特性に相似したカーブが得られます。これが私が発表しているスペアナ写真であり、何Ωであるかを明示することはできませんが、カーブはかなり正確だと思います。メーカー発表のインピーダンス特性とそっくりに出るからです。問題はRですが、大きいほど正確になるはずですが、スピーカーへの入力が小さくなるので問題があります。200Ωぐらいがいいとところではないでしょうか。

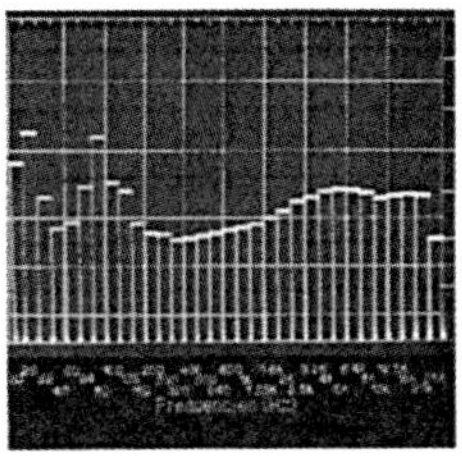

スペアナでとったインピーダンスカーブ（F-100）

LC3D

バックロード・ホーンについての質問

Q 長岡式BHホーン長が長い理由は?

現在BHに興味を持ち、色々と調べておりますが、長岡式BHに若干の疑問があります。教科書（フォステクスクラフト・ハンドブック）によると、ホーン長Lはユニットのf_0に40Hzを足した値f_rから導くとなっておりますが、長岡式BHは一体に長めであるようです。たとえば、FE−103の場合f_0=80Hz、従ってf_r=120Hz、ここからするとLは143cmとなるべき所、D−120では実に3m近くにもなっております。これはなぜなのでしょうか。また、私自身FE−168Σで教科書通りのBH、つまりL=170cm、V=6ℓ、絞り率0.6のBHの製作を考えておりますが、何か不都合が生じるでしょうか。

A 一般的なスピーカー設計の教科書というものはありません。ハンドブックももちろん教科書ではありません。過去には教科書的なものがありましたが、実状に合わないので現在は使われていません。メーカーもスピーカー設計は独自の方式（公式による設計ではありません）でやっており、カットアンドトライが基本です。スピーカー設計は料理に似ておりレストランそれぞれに秘伝があり味も違います。ラーメン一杯でも千差万別、それぞれに本物であり、どれかが間違っているということはありません。ラーメンにアンコをいれてもそれはそれでいいのです。BH（バックロードホーン）はスピーカーの中でも特に曲者であり、トゥイーターのホーンの理論をそのまま適用するわけにはいきません。BHはホーンではないという説もあるくらいです。BHはホーン、共鳴管、音響迷路、バスレフ、後面開放箱の要素を少しずつ持ったシステムと考えられます。設計次第でどの要素が強く出てくるかが決まります。BHの設計法は何通りあるのか、何十通りあるのかわかりませんが、それぞれにレストランの味と思えばいいでしょう。フォステクスの設計と私の設計が違うのは当然のことであって、なぜ違うのかといえば味付けが違うのだとしかお答えできません。なお同じユニットに対してBHの設計は無数にあります。FE−103（¥3300）に対してもホーン長50cmから5mまで可能です。BHの音質を左右するのはホーン長だけでなく、拡がり率、折り曲げ方も大きな影響力を持っているので、L=170cmでどうかと聞かれても何ともいえません。不都合は生じないと思いますが、音が好みに合うかどうかはわかりません。

Q BHになぜウーファーを使わないの

工作歴3年の21歳の社会人です。最近疑問に思うことが2つあります。長岡氏設計のバックロードホーンにはフルレンジを使用した物が多いようですが、BHは豊かな低音が売り物だと思うのですが、それならウーファーを使う方がいいのではないでしょうか。次にネットワークに使うコイルですが、フォステクスだと3.5mHまでしかありませんが、もっとインダクタンスの大きいコイルが必要になった場合はどうすればいいのでしょうか。

A BHの狙いは豊かな低音ではありません。低音を狙うのなら大口径ウーファーを密閉かバスレフで使う方がいいのです。BHでは40Hz以下の低音を再生するのは困難です。BHは、小口径軽量コーンのハイスピード高能率中高音がポイントで、これに見合った低音を高能率で再生するための工夫なのです。インダクタンスの大きいコイルですが、フォステクスにはLC3Dという18mHのEIコアのコイルがあります。その他は自作するしかありませんが、既製品をダブルで使う方法もあります。たとえば3.5mHのコイルを2個、直列に重ねます。コイル1の巻き終りとコイル2の巻き始めをつなぎ、巻きの方向を揃えて上下に重ね（タイヤを重ねるようなものです）エポキシでしっかり接着します。理論的には4倍の14mHになるはずですが、ロスが多いので3倍がやっとでしょう。以前実験したことがありますが10mHぐらいでした。

自作の失敗で音道が尻すぼみになってしまいました。

Q 地震により自作D-112が大型重量級本棚とAVラックの下敷きになり大破、そこで、代りにD-110を現在製作中なのです。ところが音道35㎜の部分なのですが、バッフルへの取り付けを失敗、入口部分34㎜、出口部分30㎜と尻すぼみの音道となってしまいました。いわばラッパの途中が一部へっこんでいるようなもので、ホーンの動作に影響が出ないか心配です。聴感上気にならなければよいのですが、そのまま工作を続けてよいのか、新しく作り直した方がよいのかわかりません。壊れたD-112製作時からの出費等を考えると気が重いのです。

追伸、ここ東灘区では超震度7の揺れでした。おまけにわが家は中層マンションの最上階でしたので揺れは一層酷く、家具、AV機器はほぼ全滅の有様。先生の方舟内を写真で拝見するに、AD、LDラックの積み重ねがとても危なく思います。先生にお怪我でもあれば大変です。どうかお気をつけください。

A D-110～113はスパイラルホーンのシリーズで、奥行はいずれも180㎜幅と高さは113が910×700㎜、112が700×590㎜、111が550×470㎜、110が470×385㎜となります。113から音道をひとつずつ減らしていって、これ以上小さくはできないというのが110です。ホーン開口面積157・5㎠なので、ホーンとしての動作は十分とはいえず、音響迷路としての動作に頼る形になります。ということから音道の一部が狭くなったとしても、多少気流抵抗がふえる程度で、音質にはそれほど大きな影響は出ないと思います。f特、出力音圧レベルにわずかな差が出るかもしれませんが、メーカー製のスピーカーシステムでも、LとRでわずかな差があるのは常識であって、LとRで全く差がないということは絶対にないといってもよいので、特に気にする必要はありません。むしろ部屋の影響の方が大きく、オーディオ・クリニックで読者宅を訪問してL、Rのスピーカーの伝送特性（リスニングポイントでのf特）を測定すると、あまりの違いにびっくりすることがたびたびでした。それでもスピーカーはちゃんと聴けるのです。

地震の件ですが、ご心配頂いてありがとうございます。AD、LDラックは一種の柔構造で、震度5までは大丈夫と思います。これまで震度4には襲われていますが、全く問題ありませんでした。むしろCDラックが問題で、これも震度4までは平気でしたが、5になったらどうかわかりません。6、7となったらお手上げでしょう。しかし大地震を予想しての対策というのはやっていませんし、やる気もありません。大地震でやられたら、それはその時と考えています。40年も前から地震対策として地下シェルターを作り、食糧や医薬品を貯えていた人が結構いますが、たぶん、今まで続けている人はいないと思います。

小型でも低音抜群のBHを作りたい

Q クラシック中心に聴いています。今度ぜひBHのスピーカーを製作したいと思いますが、部屋が5.5畳ほどしかないため、D-55のような大型のものは置けません。①候補として、D-102、D-103、D-104、D-126、D-162を考えています。この中ではどれが一番低音感があるでしょうか。またそれぞれどのような音ですか。②D-102を製作した場合、トゥイーターはFT96Hに0・47μFでバランスがとれるでしょうか。③スワンのネックを15～20㎝ぐらい縮めたとしたら、音はどうなりますか。

A ①並べて比較したことはないのでなんともいえませんが、音道が長く、全体が大きい方が低音は出ます。サイズのわりに（といっても550×470×180㎜ありますが）低音が豊かなBHとしてD-111もありますが、セッティングが自由で使いやすいという点で、D-102を奨めます。とくにスピード感のあるBHで、低音感も十分、ただし、オルガンの超低音は無理です。

②大体いいと思いますが、カット・アンド・トライで詰めていって下さい。

③ローエンドに多少の変化が起きるはずですが、耳でわかるほどの差は出ません。

D-55とネッシーはどう違うのか

Q ネッシーを作ってトゥイーターT500Aを使用中、また方舟と同じくスーパーウーファー、リアカノンも使用中、50インチリアプロジェクターで映画、オペラなどを聴いています。

①T500Aのコンデンサー、アッテネーターなどの使い方。

②D-55とネッシーとどんな風に違いますか。

ネッシーII

A ①アッテネーター不要、0・47～0・82μFのコンデンサーたけで逆相接続で使います。問題は良質のコンデンサーが入手できないこと。私自身も困っているほどです。T500Aはコンデンサーのクォリティをよく出すので、できるだけ良いものを使いたいのです。

②ピュアオーディオ用としてはD-55の方が上です。VA用、サラウンド用としてはネッシーが上です。D-55はハードでダイナミック、ハイスピードで、しかも抑制が効いて暴走しません。がちっと再生して余分な音を出さないというタイプ。ネッシーも十分ハードでハイスピード、ダイナミックですが、抑制が効かずに、陽気に鳴りまくる感じがあり、DSP的な効果も持っています。fレンジでは、D-55は重低音までフラットに再生しますが、超低音は再生しません。ネッシーは超低域まで再生しますが、全体としては低域ダラ下がりで、低音不足です。

F-3000ネッシーの設計図

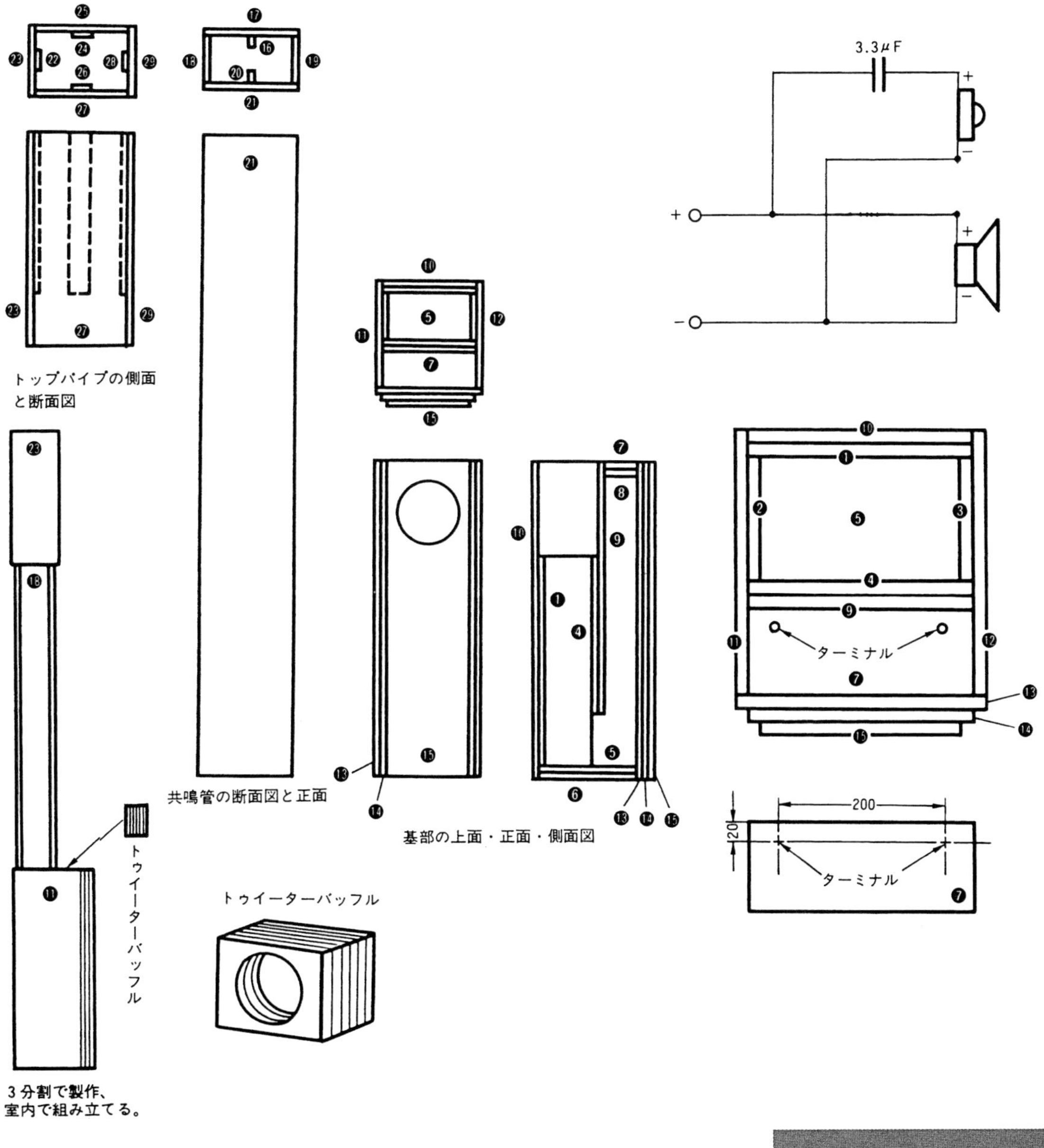

トップパイプの側面と断面図
3分割で製作、
室内で組み立てる。

共鳴管の断面図と正面
基部の上面・正面・側面図

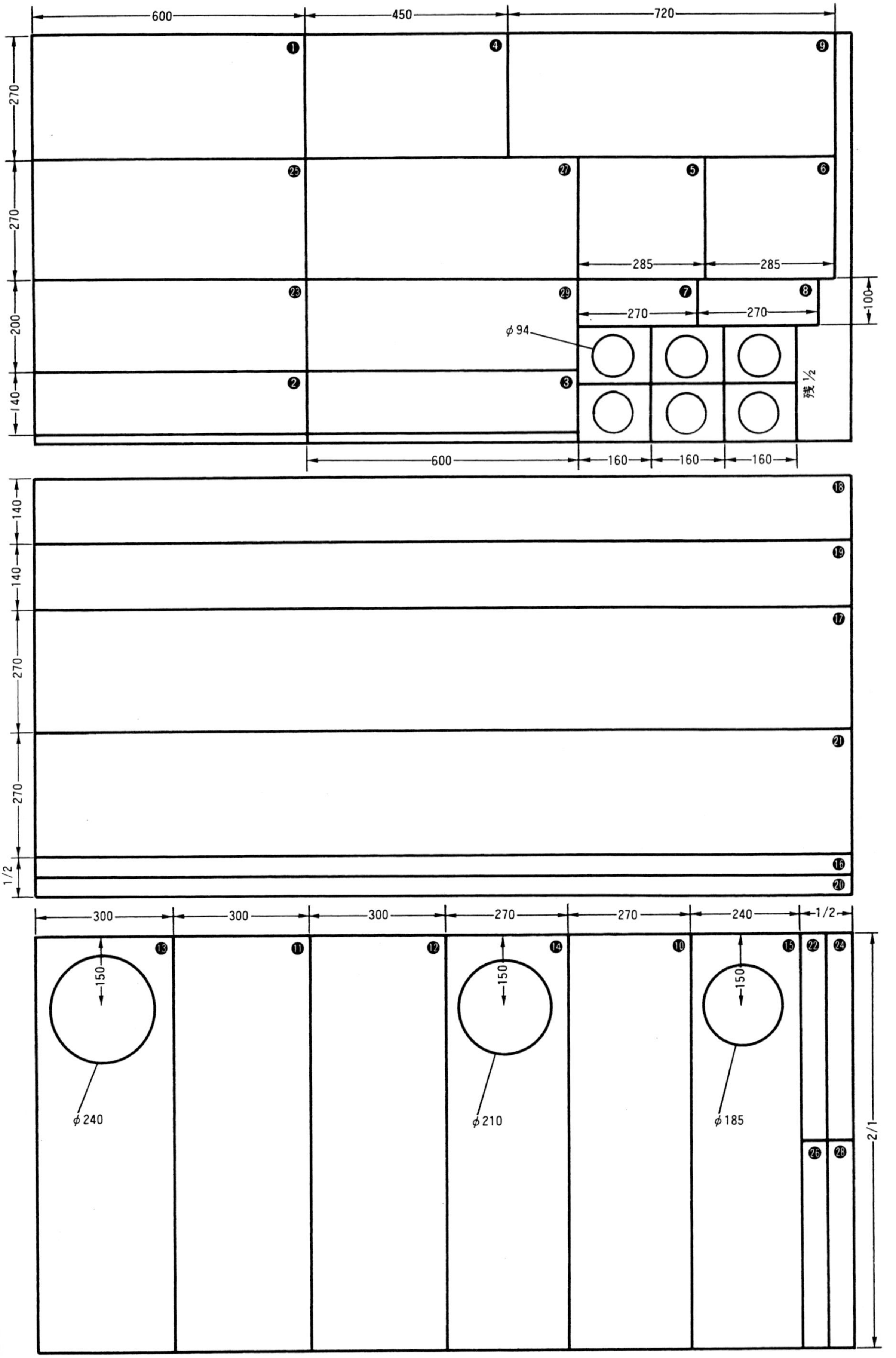
600
450
720
270
270
200
140
285
285
100
270
270
φ94
残1/2
600
160
160
160
140
140
270
270
1/2
300
300
300
270
270
240
1/2
150
150
150
φ240
φ210
φ185
2/1

D-55のスロート断面積について

Q FE206スーパーが4本手に入りましたので、2発入りのBHを設計しようと思います。参考にしようとD-55のスロート断面積を計算したら36×5＝180㎠となっていますが、先生の著書によると、

$$\frac{\pi a^2}{5Q_0}=\frac{206}{0.9}=228.9\text{㎠}$$

という計算になってしまいます。D-55はなぜ180㎠なのか、ただ単に私の計算違いなのでしょうか。トゥイーターはコーラルH-105を2本ずつ使う予定です。先生ならネットワークはどうしますか。

A D-55のスロート断面積は(36－2.1)×5＝169・5㎠です。絞り率は0・82になります。計算式が出ているのは「最新スピーカー工作20」ですが、それには絞り率 $1/5Q_0$ が一応の目安になるが、0.3以下、0.8以上にはしない方がよいと書いてあります。FE206スーパーは Q_0 が異常に低いユニットなので、公式通りにはいきません。たぶん絞り率0.8～1.0ぐらいまで使えると思います。

H-105は一本だけで1～2.2mH、アッテネーション0～3dBで使えます。2本シリーズの場合は1mHですが、セッティングはかなり難しいと思います。

D-55とスワンの音場感の違いは

Q D-55＋T500A(0・4mHUコン、逆相接続)が製作後一年以上のエージングを経てもうまく鳴ってくれません。音の拡がりというか、音場感という点でまったくリアリティがなく、辛抱の限界にきています。スワン(オリジナル)と置き換えるとその差は歴然です。ただスワンは低音の分解性と量感という点でやや難があり、どうしたものかと迷っています。D-55は私の製作した長岡式バックロードの六作目にあたり、細心の注意を払ったつもりなので、決定的な製作ミスはないと思うのですが。セッティングを含めてアドバイスをお願いします。

厚手のじゅうたんを敷いたマンション16畳洋室に、750×4000×39㎜(21㎜合板＋18㎜合板)の台を置き、その上にシステム一式をのせています。D-55はラスク(600×600×10㎜)を敷いた上に置いてあります。スピーカー背面は150㎜厚石膏コンクリート壁に、5㎜防振ゴムで浮かせた120㎜厚グラスウール吸音層、12㎜石膏ボードからなる遮音壁が前記合板の台に載る形で立ててあります。遮音壁の左右と上は防振ゴムで縁切りをしてあります。石膏ボードの壁は叩くと少し嫌な音がします。

A スワンの音場感は抜群で、この音場感に惹かれて10万円、20万円のスピーカーをスワンに換えたという人が何人もいます。D-55も音場感ではスワンにかないません。しかし、D-55にはスワンにないよさがあるので、D-55とスワンを並べて(スワンを外側に置く)随時切り換えて鳴らすというのはどうでしょうか。また合板の床台と、遮音壁もちょっと気になります。D-55は強大なエネルギーを持っているので台と遮音壁が一体となって鳴っているのではないでしょうか。台が厚いじゅうたんで床から浮かせてあり、遮音壁がゴムで壁と天井から浮かせてあるので鳴りやすいと思います。一方スワンには台と壁を共振させるほどのエネルギーがないと考えられます。床台と遮音壁がない時の音はどうなのか。床台でどう変わるか、遮音壁でどう変わるか。それを確認せずに、この上、さらにラスクボードを張りめぐらすといった計画は危険だと思います。

D-55を0.8倍してみたいのですが

Q スピーカー図面集、楽しく拝見させて頂いています。メーカー製にはないバックロードホーンに興味を持ち、まずはD-102を作ってみました。ダイヤトーンのDS-1000Zと比べてもそれほど聴き劣りしない音質にびっくりしています。ヤマハNS-10Mと比べると、fレンジ、中域の質感とも明らかに優っていると思います。次はより大型のものをと考えていますが、D-55では大型すぎて、アパートの狭い部屋の中では製作不可能です。高さを70㎝程度に抑えればなんとか可能なので、D-55を寸法比で0.8倍したものを15㎜厚合板で作ってみようと考えています。ユニットはFE168Σ、FT96Hを使用するつもりです。計算上は特に問題はないと思うのですが、如何でしょうか。またコンデンサーは0・68μF、約30kHzクロスとすればなんとかつながる(ハイ上がりにならない)と思うのですが、どうでしょうか。

A D-55はFE208スーパー(生産終了)用に設計したもので、FE208Σを使うと多少中域が引っこんだ感じになります。D-55の0.8倍はFE168スーパーを使えばバランスのよいシステムになると思いますが、FE168Σでは多少中域が引っこんだ感じになりそうです。しかしソフトによってはその方がいい場合も多いので、必ずしもミスマッチングとはいえません。スーパーは入手不可能なので、Σで製作、

FE208Σ

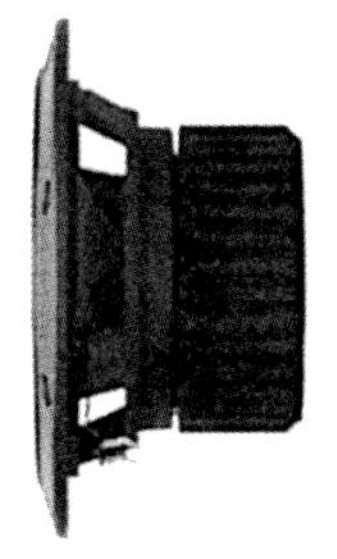
FE168Σ

後は使いこなしで調整すればいいでしょう。コンデンサーは0・47μFか0・68μFでバランスしそうです。

D-55にJBLのユニットでは

Q 12〜13年前に長岡先生が出された単行本にあった20㎝フルレンジ一発のバックロードに、JBLのLE8Tを組込んで聴いていましたが、D-55を見て、またムラムラとしてきました。そこで、①D-55にLE8Tを組込むのはどう思われますか、②13年使ったLE8Tのコーン紙を貼り替えるには、2〜3万円かかりますが、その意義はあるでしょうか。

A ①フルレンジにはトゥイータータイプ、スコーカータイプ、ウーファータイプがあり、LE8Tはウーファータイプです。大口径ボイスコイル、重いコーンで、低能率、低音重視型の設計。バックロードよりはバスレフ向きです。D-55は低音の出ないLE8Tとは正反対のキャラクターを持つユニットから低音を引き出すために設計したもので、LE8Tには合わないと思います。コーンの貼り替えはLE8Tにどのくらいほれこんでいるかで決まるものであり、ほれこんでいる人には十分に意味がありますが、そうでない人にとっては無駄な出費ということになります。

トゥイーターの音がきらきらする

Q 現在D-55（FE208S）にT500Aを0・47μF（フォステクス製）をつなぎ、DRW-1MKIIを加えて聴いています。音はかなり満足していますが、ひとつだけT500Aにほんの少しだけ絶えずきらきらした音がついてまわり、気になります。それさえなければ文句なしなのですが、コンデンサーやケーブルの交換などで解決できないものでしょうか。

A きらきらの原因はいくつか考えられます。トゥイーターの高域のピーク、振動板やホーンの鳴き、FE208S（生産終了）の高域ピーク、コンデンサーやコードの鳴き、部屋の影響。T500AはFT38Dと同様のPCPD振動板を採用、ホーンも鳴きの少ないものでT925やFT90Hに比べると能率も低く、ハイエンドものび切っていませんが、その代り繊細でくせが少なくホーントゥイーターとしてはおとなしい方に入ります。FE208Sは手作りに近い製品なのでバラツキがあり、8kHzにピークのあるものもあります。コンデンサーやコードによって音が変わるのはよく知られていることです。部屋の影響も意外と大きいものです。あなたの場合も何が原因かよくわかりません。そこで次のような順序でチェックして下さい。まずトゥイーターをオフにして聴いてみます。これできらきらするかしないか。しなければトゥイーターが怪しい。トゥイーター対策。基本は逆相面位置ですがこれを同相にしたり、前進後退させたりしてみます。それでダメなら、リスニングポイントを前後左右に少しずらしてみます。どうやってもダメならコード交換、トゥイーター用には細くしなやかな撚り線を使用、バイワイヤリング方式でアンプからじかに引っぱってきます。コンデンサーは現用のままでいいと思います。以上すべてやってもだめだったら再質問して下さい。

D-55のトゥイーターの数値についての質問です

Q D-55を製作し、現在FE204、FT17H＋1.5μFをバイアンプで鳴らしています。近々FE208Σを購入することになり、1.0μF（もしくは0・68μF）を使って1台のアンプで鳴らそうと考えています。これでうまくつながるでしょうか。また僕の家は風通しがとても悪く、湿度が高いので低音がもこもこし、ハイ落ちになることがあります（つゆ時、9月の台風の時）そんなときに1.0μFでうまくつながるでしょうか。最悪の時は1.5μFで別のアンプを使おうと考えています。

A D-55はFE208スーパー用に設計したものなので、FE204ではローブースト・ハイ落ちの感じになります。FE208Σではかなり改善されますが、スーパーと同じには行きません。トゥイーターは1.0μFで間に合うと思いますが、カット・アンド・トライでやるのがベストです。私の場合もそうやっています。つゆ時や台風の時は風通しがよいとかえって湿度が上がるでしょう。FEシリーズのようにコーティングなしの純パルプコーンは湿度に敏感なので、それを嫌って多くのメーカーがカーボンやポリプロピレンに走ったのですが、結局またパルプに戻っています。湿度対策はエアコン、除湿器しかありませんが、それでも完璧とはいい難く、ある程度のことはがまんするしかありません。湿度に応じてトゥイーターのドライブ方法を切り換えるというのはナンセンスです。FT-7Hの振動板はアルミドームで湿度の影響はゼロではありませんが、パルプコーンに比べればはるかに小さいのです。システムとしての音がハイ落ちになるのはパルプコーンのせいであって、トゥイーターをいじってもなおりませ

フォステクス
T500A

フォステクス
FE208スーパー

ん。

ユニット2発のD-55にTWは?

Q このたび、私はD-55の箱にフォステクスFE166スーパーを2発埋めこみました。そこで、よくマッチするトゥイーターとしてはどれがよいでしょうか。アドバイスをお願いいたします。

A D-55にFE166S（限定生産終了）×2というシステムは十分可能と思いますが、作ったことも聴いたこともないので、推測でしかお答えできません。音色からするとFT66Hが合いそうな気がしますが、その場合のネットワークは、コンデンサーが2.2μF、アッテネーター使用。

D-55用のスーパーウーファー製作

Q 現在D-55を使用しており、圧倒的なDレンジに大変満足しています。今度ローエンドを伸ばそうと思い、スーパーウーファーを追加の予定ですが、どのようなスーパーウーファーを使用するかで迷っています。DRW-MKIIを使用した場合、部屋の天井が弱いのでびりつきが心配です。またヤマハYST-SW100だと低音の質が合わないような気がします。アンプはサンスイB-2103モス・ビンテージと、テクニクスSE-A1000があり、専用アンプの使用が可能なのでフォステクスFW405を片チャンネル2本使うぐらいの普通のバスレフのスーパーウーファーの方がよいでしょうか。

A D-55と組み合わせるスーパーウーファーは40Hz以下をハイスピードで再生するものが必要で、これはかなり難しい注文です。普通のバスレフはスピード感はいいのですが、ローパス・フィルターが厄介です。プリアンプの出力が2系統あり、強力なフィルターアンプがあればFW405でも可能ですがちょっと無理でしょう。第一、FW405×2で超低域までのばすバスレフを設計しようとするとキャビネット容積は300ℓぐらい必要になり、実用的ではありません。ネットワークだけでフィルターを構成しようとするとコイルの入手が困難です。方舟のネッシーII（低域は150Hzぐらいからダラ下がりに16Hzぐらいまでのびており、バックロードホーンに比べるとかなり使いにくいシステムです）に追加して使っているスーパーウーファーは22cm×2のバスレフで、ユニットは横向きに取付けられて正面からは見えません。並列4Ωで、これに9mHの高品位のコイルを使って、一応71Hz 6dB/OCTとしています。現在このコイルは製造中止、入手できるのは3.5mHなので、FW405×2で4Ωとしても182Hz 6dB/OCTです。D-55と組み合わせるにはベストとはいえず、やはりアコースティックフィルターつきのスーパーウーファーが必要と思います。

D-57

D-57を18mm合板とFE168Σで作りたい

Q D-57を見て感じたのですが、スピーカーバッフルの幅を21cmにして他は同じで、18mm合板でFE168Σ用として製作してみたいのですが、いかがなものでしょうか。

A D-57のバッフルの幅は30cm（全幅は342mm）です。ユニットの振動板面積に比例する形でバッフルの幅を変えれば、他のユニット（できれば高能率強力型）でも使えます。FE208Σの振動板面積は206cm²、FE168Σは133cm²で、これからするとバッフルの幅は19・4cmとなりますが、19cmでも20cmでもよいと思います。音道については板厚の差があるので寸法にずれが出てくると思いますが、音道の高さを揃えるように設計図を書き直していくと、奥行、高さとも15mmずつ小さくなるはずです。

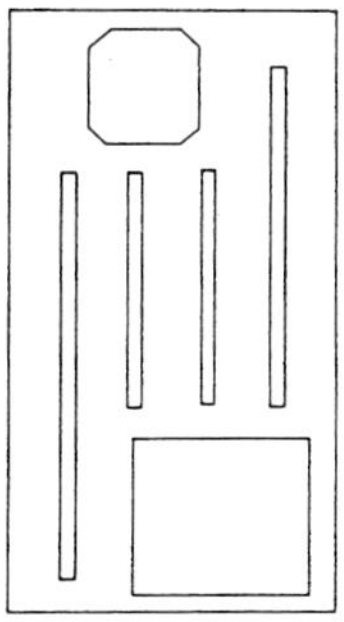

⑰

D-102にネットをつけたいのですが

Q 最近D-102を製作しましたが、このスピーカーの音が大変気に入り、某有名スピーカーを押しのけ、私のメインシステムとなって活躍しております。しかし、私はD-102の面構えがどうしてもひ弱に感じ、好きになれません。そこでサランネットを製作したいと思っております。ネットの材質と開口部をふさぐことについての害の有無を教えて下さい。

A ネットでユニットをカバーすることで中高域がわずかですが甘くなり、開口をカバーすることで低域も鈍くなります。できればネットはつけてほしくないので、たとえば図17のように（デザインは自由に）角材（15mm角位）を貼りつけてみるとか、Pタイルを貼ってみるとか、アクセントをつけてみるのはどうでしょうか。どうしてもネットをというのであれば、材質は自由です。着脱式にしておいて、音質優先の時は外すということにすればいいでしょう。材質はいかに選んでも音質劣化はゼロにはできないのですから。

小さなスペースで充分な低音の出せる自作のSPは?

Q BHを作ろうと思います。候補としてD-102、D-

121などを挙げてみました。低音に力と切れがあり、ADのそりに強いものがよいです。部屋は3畳半、音量は小〜中です。また他によいものがありましたら御紹介下さい。

A D-121はBHとしては超小型、部屋のコーナーをホーンの延長として利用するもので、ハイスピード高能率、音離れのよいのが特徴ですが、はっきりいって低音は出ません。まったく出ないというのではありませんが、市販のミニモニターなみと思ってもらえばいいでしょう。D-102はバランスもよく、低域も十分出ます。D-101「スワン」の超音にはかないませんが、3畳半という制約を考えればベストマッチングでしょう。クラシック中心であり、スペースファクターが悪くてもよいというのであれば、「スワン」をお奨めします。

10F20でコブラを作りたいのですが

Q テクニクス10F20を使ってコブラを作りたいのですが、手持ちのフォステクスFT96Hをつなぐ時（ATT使用）、コンデンサーの容量はどれくらいがよいでしょうか。明るく透明な音を希望します。また、ロック、ポップスなど国内盤マルチモノ中心ですが、スワンやコブラではかえってアラが目立ってしまわないでしょうか、それともそれなりによい音で鳴ってくれるでいょうか。

A D-108「コブラ」はフォステクスFE83を2発使ったシステムで、ボディは薄型で小型、ネックが異様に長いユニークなシステムで、個人的にはデザインの点でスワンを凌ぐものと悦に入っています。D-108のヘッドを10〜12cm1発用に変更したバージョンをサイドワインダーと呼んでいます。コブラはユニット（f_0=140Hz）からして重低音は望めませんが、サイドワインダーも低音の量感はスワンにはかないません。D-108はBHよりは音響迷路に近く、全容積からいってもスワンよりはひと回り小さいので、スワンなみの低音は無理なのです。しかし大音量再生を望まなければ、

フォステクス
FT96H

フォステクス
FE168Σ

D-108コブラの設計図

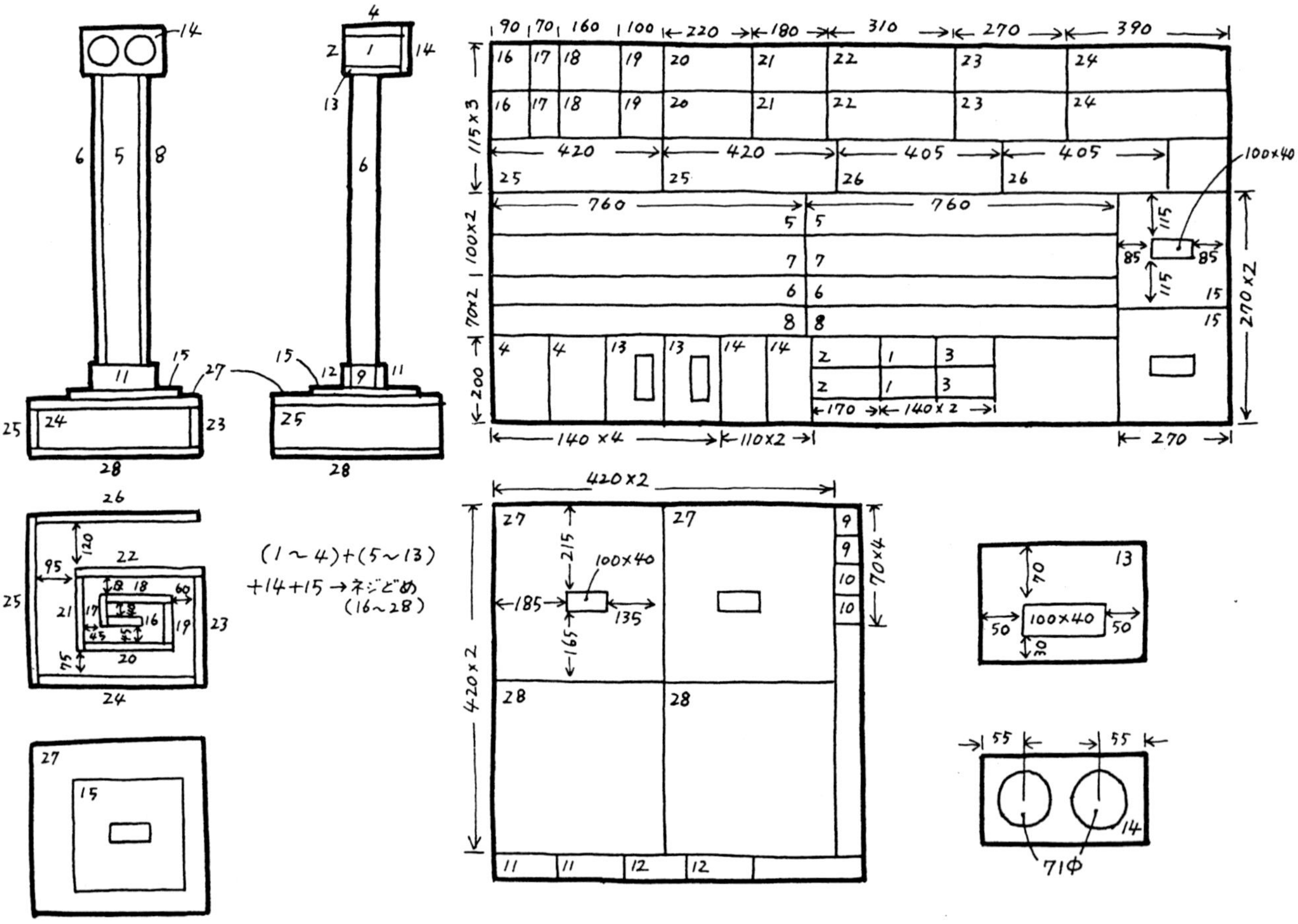

アンプのトーンコントロールの活用でスワンなみの低音再生も可能、ネックが長い分だけ音場再生は優れています。サイドワインダー用のユニットとしては能率がやや低めで、あまりハイ上がりでないフォステクスFE-03が手頃と思いますが、テクニクスEAS-10F20でも構いません。このユニットは特に強力でハイエンドものびきっているので、トゥイーターの必要はないと思います。どうしてもというのであれば、コンデンサーは1μFでアッテネーターを使うか、0・33μFでアッテネーターなしで使うかといったところでしょう。

トゥイーター交換でよりしなやかな音にできますか?

Q 長岡先生設計のD-130を製作致しました。3か月過ぎて私なりの試聴の結果と今後についてお教え下さい。部屋は木造2階洋間カーペットを敷いています。D-130は低音が上の方から出てくるためか腰高のように聴こえます。その分低音がかぶらないですっきりしますが、少し力みたいなものが薄くなるような気もします。高域の方は最初はきつい音でしたが、トゥイーターにブチルゴムを巻いてみたところ非常によくなりました。大変気に入り毎日楽しんでいます。今後のことですが、今の高域はストレートな音と思いますが、トゥイーターを交換することにより、しなやかな感じを出すことができないでしょうか。現在コンデンサーはUΣ4.7μFを使用していますが、カット周波数はいくら位になりますか。

A D-130はFE-68ΣとFT96HによるBHで超トールボーイなのでセッティングの安定がポイントです。ガタやぐらつきは徹底的に抑えて下さい。最上部のスペースにはたっぷりと砂を詰めることが必要、これをやらないと低音が軽くなります。一般にウーファーやバスレフダクトが床に近い場合は、床の反射によって量感はふえますが、濁りが出るおそれもあります。BHのように床が開口の延長になっている場

D-130テンナンショウの設計図

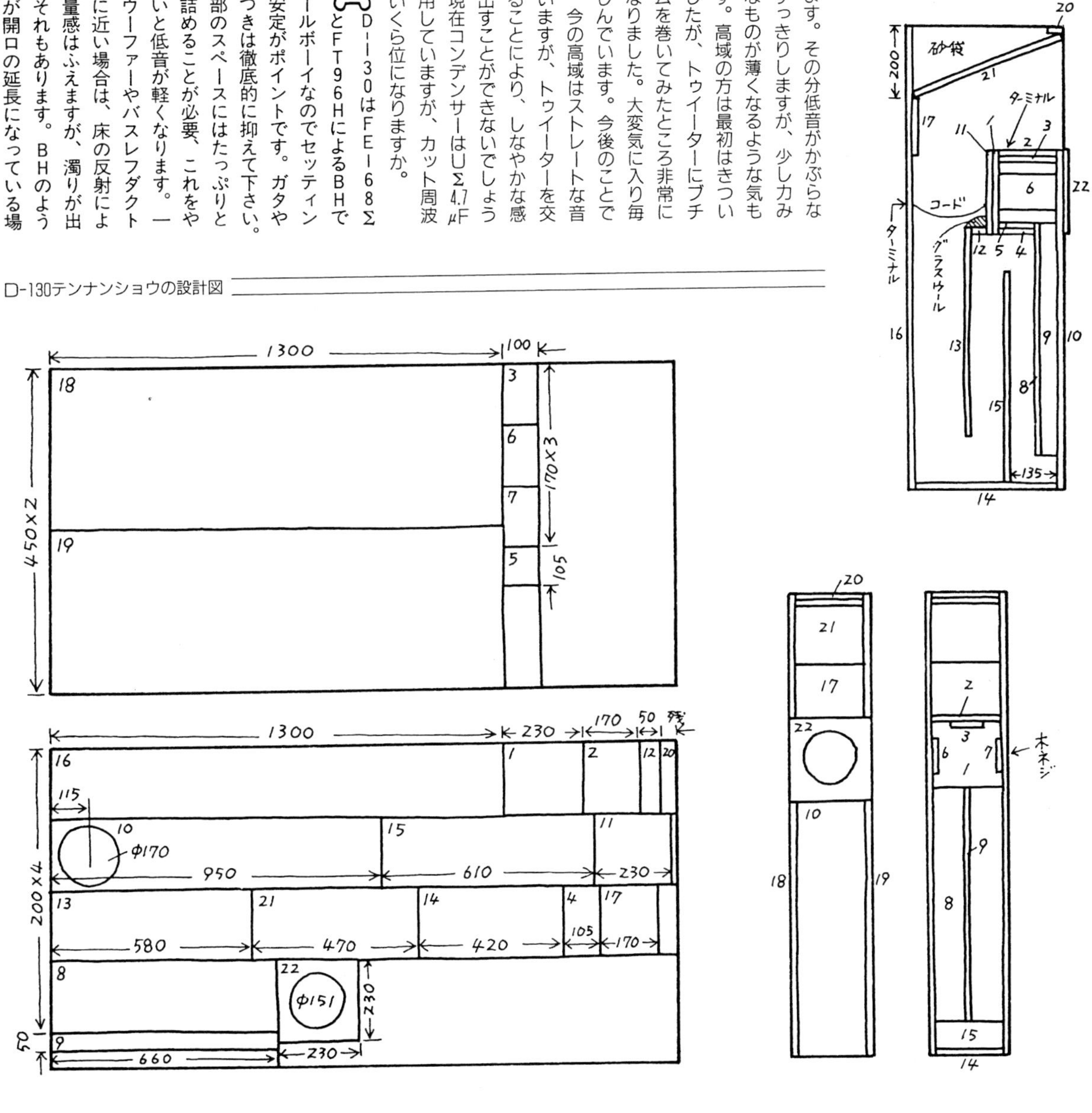

合は影響は少ないようです。D130は低音がすべて上方からでてくるので、量感はやや後退しますが、すっきりした濁りのない低音になります。気になるのはトゥイーターの使い方です。コンデンサーは0・47μFを指定しています。メーカーのスペックが100%信用できるわけではありませんが、出力音圧レベルを見ると、FE-68Σは94dB、FT96Hは100dBで6dBの差があります。アッテネーターを使わずにレベルを合わせる手段として0・47μFを使ったもので、これだと20k～30kHz94dBぐらいになり、FE-68Σとスムーズにつながります。4.7μFを使うと4.2kHz6dB/OCTのハイパス・フィルターになります。ある周波数からばっさり切れるというものではなく、1kHzで12dB、2.1kHzで7dB、4.2kHzで3dBというように減衰量は小さくなだらかです。この状態では明らかにハイ上がりになっているはずで、高域がきついのも当然の感じがします。それよりもクロスオーバーが低すぎることの方が心配です。取説にはクロスオーバーは8kHz以上と指定されています。6dB/OCT（コンデンサー1個）で使う場合は2.2μF（9kHz）が限度でしょう。4.7μFでも圧倒的大音量で鳴らさない限り破損のおそれはないのですが、万一を考えたら2.2μF以下にすべきです。トゥイーター交換は不要。コンデンサーを小さくすればしなやかな感じも出ます。交換するとしても手頃なものが見当りません。

「バックロードホーンは3m以上離れて聴け」ホントかウソか

Q D-50を製作しようと思っているのですが、友人に聞いたところ「バックロードホーンはホーンから3m以上距離をとらないとホーンの効果はないし、低音がぼやける」といっていました。僕は部屋の関係で2mぐらいしか距離がとれないのですが、バックロードホーンを使えるでしょうか。ちなみに左右のスピーカーの間隔は2mぐらいとれます。

A BHだから特に距離が必要ということはありません。バスレフだろうと、密閉だろうとBHだろうと同じで、要はサイズの問題です。D-102のように、コンパクトで、ホーン開口も小さめのBHは1.5mでも大丈夫です。一方、50～100kgもあるような大型フロアタイプのバスレフは3m以上できれば5mぐらい離れて聴く方がいいのです。D-50はかなり大型ですが、ユニットは狭い範囲に集中しているし、ホーンからの中高音のもれは少ないので、2mでも大丈夫です。左右の間隔は2mでは広すぎます。内側の側板同士の間隔が1mぐらいになるようにしてください。

バックロードにすると最近の録音は低音が遅れて出る様です

Q JBL D130+LE175DLH+075をクロスオーバー1200Hz、7kHzで、4560BKAで聴いています。バックロードなので、最近の録音では、独特の低音も遅れてしまいます。10年前から使用しているスピーカーなので愛着もあり、バスレフで可能性を引き出したいと思っています。高能率スピーカー特有の弾むような低音が再生できるD130用バスレフ箱のサイズ及び工作上の注意を教えて下さい。

A D130（生産終了）の可能性を引出すのにはBHがベストです。新たにバスレフのエンクロージュアを製作するより、BHのままでのクォリティアップを狙うべきですしょう。BHの低音は長い音道を通過してくるので遅れると考えられていますが、確かに同じユニットをバスレフとBHで使った場合、BHの方が遅れますが、重いコーンの低能率ウーファーを使っている市販のバスレフ、密閉と、D130やフォステクスのFEシリーズのような軽いコーンの高能率フルレンジを使ったBHとでは単純な比較はできません。ユニット自体の応答速度にかなりの差があるからです。むしろBHのほうが多くのブックシェルフよりはスピード感はあると思います。メーカー自身、低域のスピード感不足を気にして、どのメーカーも、ウーファーのコーンの軽量化に力を入れています。スピード感不足が気になるとしたら、D130BHだからではなく、他のところに原因があると思います。

①D130の老化。コーンやサスペンションが柔らかくなってきた。ボイスコイルが弱くなった、ボイスコイルとコーンの接合部が弱ってきた、ボイスコイル、リード線ターミナルの直流抵抗がふえた、マグネットが弱くなった、取付ネジがゆるんだ。

②ネットワーク、配線の老化

③アンプが弱い

④セッティングや部屋の問題

等々です。そこで対策ですが、まず③④の見直し、スピーカーケーブルも太く硬く重いものを短く使って下さい。①についてはコーンの張り替えという手がありますが、音はかなり変わってしまうので必ずしもお奨めはしません。②についてはネットワークの定数や素子の種類がわからないので何ともいえませんが、よくわかる人に見てもらうのが一番、それができないのであれば、D130だけをスルー（ネットワークを通さず

D-130
テンナンショウ

D-130の内部

アンプ直結とする）で使ってみるというのも手です。

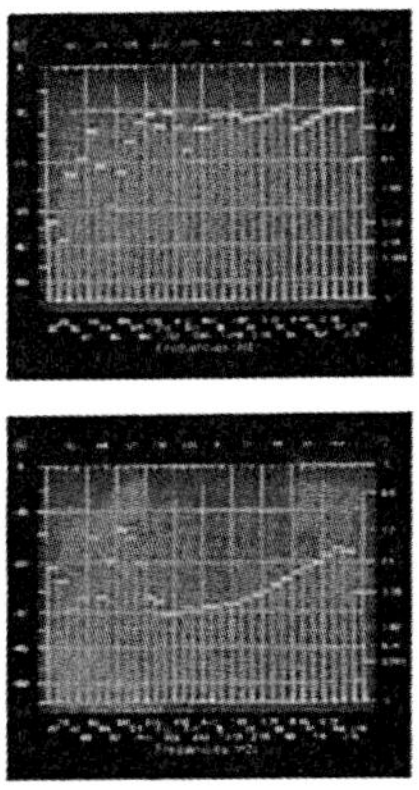

D-130のｆ特（1m）（上）とインピーダンス（下）

２０６Ｓ２本使用のＢＨを作るには

Q バックロードホーンのスピーカーを作ろうと思います。フォステクスＦＥ２０６スーパーをパラレルで２本使用した場合、周波数特性の中域において出力音圧レベルは＋３dBの１０１dBとなり、Ｔ５００ＡとＡＴＴ（アッテネーター）なしでつながると思いますが、高域においては相互干渉で音圧が低下してしまいます。この場合ＡＴＴは必要でしょうか。また、トゥイーターのコンデンサーはどの位に選定すれば良いでしょうか。Ｔ５００Ａより相性のよいユニットがあればそれもお書添え願います。

A ＦＥ２０６スーパー（限定生産終了）２発というと、私でさえ尻込みしたＤ-７７クラスということになります。Ｔ５００Ａ（￥６５０００）は巨大なスーパートゥイーターですが、能率は意外と低めなので、アッテネーターなしでＤ-５５とつながります。ＦＥ２０６スーパーは中域から中高域では１本でも１００dBはあります。２本並列では１０３dB相当。高域がどの辺からどの程度レベルダウンするかは作ってみないとわかりません。が、スーパートゥイーター１本ではつながりにくいような気もします。可能性としてはＴ５００Ａと１μFで、ＡＴＴなしといった組み合わせが考えられます。他にトゥイーターといってもフォステクスに限ってしまうと、ＦＴ６６Ｈぐらいしかなく、このトゥイーターはキャラクターとしては、繊細でしなやかでソフトタッチという方向であり、好みに合うかどうかが問題です。とにかく私自身作ったことのないものなので、ズバリの明快な回答は致しかねます。

２０Ｆ２０でＢＨの製作を計画中

Q ２０Ｆ２０が余っていますので、めり張りのきいたＢＨを作りたいと思いますが、２０Ｆ２０はQ_0が低いわりには低音がよく出ているので、計算式通りだと空気室が巨大になるか、低音がボンついてしまう設計になると思いますが、どうでしょうか。また低音、高音に対して中音のレベルが低く、スピード感も劣るのでフロントロードもつけて、全域のスピード感、レベルを揃える設計を考えていますが、うまくいくでしょうか。

A ＦＥ２０８ΣはQ_0＝０・２６。ｆ特は中高域に対して１００Hzで１０dB落ちています。２０Ｆ２０（生産終了）はQ_0＝０・１７。ｆ特は中高域と１００Hzが同レベルです。しかしこれらの測定値は測定条件が違うので同列での比較は困難です。フォステクスでテクニクスのユニットを測定したところ、発表値とかなり違うということでした。たぶん、テクニクスでフォステクスのユニットを測定したら、やはり発表値と違うというと思います。磁気回路だけでいえばＦＥ２０８Σよりは２０Ｆ２０の方が強力です。わが家のホームシアター「方舟」では最初２０Ｆ２０のハイカノンを作って一応満足していましたが、ＦＥ２０６Σ（生産終了）のネッシーに換えたところ能率低下、音も引込んでしまったので、フォステクスにφ１６０×２０㎜（２０Ｆ２０と同じ）のマグネットを持ったＦＥ２０６Σを作るように依頼したことがあります。しかし、フォステクスはテクニクス何するものぞと敵愾心を燃やして、φ１８０×２０㎜のマグネットを持ったＦＥ２０６スーパー（生産終了）を作ってきました。これは完全に２０Ｆ２０を上回りました。これとは別にＡＶレビュー誌№２４（８９年）でＦ-２０００ネッシーＪｒというのを作ったことがあります。この時はＦＥ１６６Σと１６Ｆ２０を使って比較してみました。結果は２０Ｆ２０、ＦＥ２０６Σの場合と同じで低域は同じでしたが、中高域は明らかに１６Ｆ２０が上でした。これらのデータからすると、２０Ｆ２０で低音がボンつくとか中音が引っこむとかいった心配はないと考えられます。２０Ｆ２０に対してはＤ-５０とＤ-５５の中間ぐらいの設計でいいと思います。

なお、低域の量感、力感は必ずしもｆ特には比例しないということもよく承知しておいて下さい。

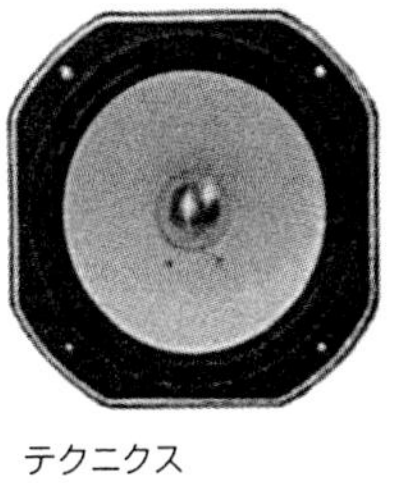

テクニクス
16F20

１６Ｆ２０を使ったバックロードを作りたい

Q テクニクス１６Ｆ２０をダイヤトーンＰ-６１０用標準箱と同等の箱（約６０ℓ）で鳴らしておりますが、どうもハイ上がりです。やはりＢＨ（バックロードホーン）で鳴らしたいと思うのですが、どのように設計すれば良いでしょうか。先生設計のＢＯＸで利用できるものはないでしょうか。

A １６Ｆ２０を６０ℓのバスレフで使ったのでは猛烈なハイ上がり低音不足になっていると思います。１６㎝のＢＨはＤ-３３、Ｄ-１６１「レア」がありますが、Ｄ-３３は大きすぎるので、Ｄ-３７を設計しました。Ｄ-１６１はスワンの１６㎝版で、うまくできていますが、背面開口なので壁から離して設置する必要があります。スーパースワンの１６㎝版という形でレアＭＫⅡも設計してみたいと思っています。なお、レアは１６Ｆ２０を取付けて測定、好結果を得たと記憶しています。フォステクスのキットは16F20にも使えますが、本来はFE164向きであり、16F20のような強力型では、また低音不足になると思います。FE164のマグネットはφ100×15㎜ですが、16F20のマグネットはφ120×20㎜です。

スワンaをFE108Σで作りたい

Q FE108Σを買いました。スワンaの自作を考えています。(スーパースワンを考えていたのですが、FE108スーパーは入手できませんでした）スワンaはもともとFE106Σ用のようですが、FE108Σの場合、板取りの変更は?

A バッフルの切り抜きが106Σ（生産終了）はφ98、108Σはφ100。それだけの違いです。スーパースワンとスワンaはかなり音が違います。フォステクスにしつこく注文を出していれば108スーパーの限定生産を再々開する可能性はあります。できれば頑張ってスーパースワンに挑戦してほしいところです。なお、108Σはスーパースワンのキャビネットとは相性がイマイチなのでスワンaが無難です。

スワンaに補修部品ターミナルでは

Q スワンaに、補修部品として入手したメーカー製スピーカーのターミナルを使用するというのは如何でしょうか。やはり推奨ターミナルはT-100なのでしょうか。

A ヒノオーディオのT-100を特に推奨しているわけではありません。一番いいのはケーブルをじかに引き出して、その先を3.5㎟ぐらいのキャブタイヤでつなぐ（圧着用スリーブ使用）方法です。内部配線までキャブタイヤでと思う人もいると思いますが、ユニットのターミナルに無理がかかるのでお奨めしません。内部配線はφ0.18×50芯ぐらいでいいでしょう。補修部品のパーツを使うのもまったく差支えありません。

スワンかコブラのスロートを縮める

Q 初歩的な質問ですがよろしくお願いします。今度スワンaかコブラを製作しようと思うのですが、ユニットの位置がやや高いので、スロートを10㎝程縮めたいのですが、音にどれ位の影響があると予想されますか。

A オリジナルのスワンはスロートが上下スライドできるようになっていました。10㎝ぐらいのスライドで音はほとんど変わらないことは確認しています。したがって、当然ほとんど影響なしと予想します。なおスワンは音質優先で設計していったらあのような形になったもの。コブラはスタイル優先で設計したもので、音の点ではスワンaに負けます。

スワンの低音がかなり階下にもれる

Q スワン・オリジナルを団地2階4.5畳で使っています。背後の壁から15～20㎝離していますが、かなりの低音が階下へもれているようです（階下のベースギターの音がよく聞こえます）。スワンⅡに替えると改善されるでしょうか。MX-15をテレビのアンプで鳴らしています。ドルビーサラウンドのソースでリアに定位するとされる音像は逆相で頭蓋の中に定位するのですが、ソース、使いこなし、耳、どれかが悪いのでしょうか。

A 低音が階下にもれるのは①低音そのものが床を通過してしまうか、②低音の音圧で部屋全体が振動して上下左右の部屋に影響を与えるか、③スピーカーの底板の振動が床に伝わって階下の天井をも振動させるか、以上3つが考えられます。あなたの場合、階下だけの問題であり、階下のベースギターの音も聞こえるということからすると①が原因と思われます。低音は指向性がないので、ホーンの開口の向きで、階下へのもれが大きく変わるということは考えられません。結局部屋の問題なので、床に大がかりな遮音対策をする以外手はないと思います。

DSのリア定位の信号は、モノラル信号をL、Rに逆相等量に配分したものです。MX-15はヘッドフォン再生に準ずるセパレーションのよさを狙っているので、逆相成分は明確にキャッチされます。これをどう受けとるかは人によってかなり違います。無定位で拡散していると感じる人、頭の中に定位すると感じる人、後方に定位すると感じる人。頭の中というのはパーセンテージとしては少ないのですが、耳が悪いというのではなく、位相差（逆相と限らず90度でも）に特に敏感なタイプであって、むしろ耳はよいといえると思います。対策としては、フロントL／R、リアはL＋Rとしてスピーカー3本によるマトリックス再生です。これはDSプロセッサーに近いのですが、フロントのL／Rには逆相成分が入っているので、これが気になるかもしれません。DSプロセッサーをフルに使いこなしてもこの問題は残るので、サラウンドは受けつけないという人もいます。そこで妙な対策ですが、音像を頭の中から追い出すように意識的に努力することです。

気長にやっているとうまくいくことがあります。

スワンの超高域超低域を伸ばしたい

Q 主にクラシックを聴いております。CDとアンプの接続は、単線を用いた自作キャノン（バランス）、SPケーブルには、φ2.6Fケーブル4mを、ブチルゴムでダンプして用いております。リスニングルームは、洋間10畳です。解像力、透明度、音の伸び等、大変満足しており、特に音像のリアリティという点では、コストを問わず、このシステムを凌ぐものを聴いたことがない程です。そこで気になる点は、超低域と超高域をもう少しのばしたいということです。左右のスワンaの間にヤマハYST-SW1000を置き、その上に専用バッフルを作ってトゥイーターを置こうと思います。このような3D（4D?）ウーファー／トゥイーター方式は可能でしょうか。また、この場合のトゥイーターとコンデンサーについてご教示下さい。

A スワンにスーパーウーファーという相談はよく受けます。その前にスーパーウーファーの定義をしておきます。スーパーウーファーはメインスピーカーシステムのローエンドを延長するために使います。理想はフラットにのばすということであって、そのためには音域がダブらないようにすることが必要です。そうしないとキャラクターの異なる低音が異なる場所から出てきてミックスされるという好ましくない状況が生じるからです。市販のローコストのスーパーウーファーの多くは、ミニスピーカーとの組み合わせを前提に設計されており、200Hzぐらいまで再生してしまいます。スワンaは50Hzぐらいまでのびているので、このようなスーパーウーファーとの組み合わせは好ましくありません。組み合わせるなら、本物のスーパーウーファーです。その点でYST-SW1000なら音域的には好適といえます。低音の質は、スワンaの低音が軽くポンと出てくるのに対して、SW1000の低音はやや重い感じなので、多少の違和感はありますが、超低域なので問題はないと思います。トゥイーターはいわゆるセンター・トゥイーター方式のことと思いますが、超高域は音像定位には関係が少ないので、セッティングの自由度が高い。とすれば、L、R用を密着させてセンターに置いてもよいのではないかという考え方で、センターに置くとリスナーが首を振っても、L、Rで位相がずれないというメリットがあります。トゥイーターはFT27D、コンデンサーは1μF。あるいはFT96Hで0・47μF。バッフルは合板を重ねてブロック状としたものをL、R独立に作ればスワンaの上にのせて使うこともできます。

スーパースワンを0.9倍したいのですが…

Q スーパースワンを使用中のものです。ルックス以外(?)すべての面で自分の音の好みと100%一致、わが家の価格で何倍（何十倍?）もするスピーカーを追い出してメインの座についてしまいました。さて、スーパースワンに味をしめ、居間用に寸法比で0.9倍したものを作り、FE83を使ってみようと考えています（BGM的に使用、大きな音は出さない）。いかがでしょうか。

A FE83の実効振動半径は3.0㎝、FE108スーパー（生産終了）は4.0㎝です。それだけで決まるわけではありませんが、一応寸法比0・75倍（容積比0・56倍）でいくのが順当です。空気室の容積、スロート絞り率等はQ_0に左右されますが、108スーパーのQ_0は0・25、FE83のQ_0は0.8と大きな差があり、単純に0・75倍というわけにもいきません。小音量でBGM的に聴くという前提なら0.8倍でいいでしょう。0.8倍というのは板厚も支配するので、15㎜厚ではなく、12㎜厚を使うことになります。全高80㎝になりますが、BGMは軸上を外して聴く方がいいのでこれでよいと思います。

ラックがスワンの音場感を損なわぬか

Q スワンaとオーディオラックを作ろうと思います。ラックは、長岡先生が雑誌「ステレオ」で製作された小型ラックと同等のものを、15㎜か18㎜厚シナ合板で作ろうと思います。ところで部屋の都合上、どうしてもセンターラックになってしまうのですが（スワンのヘッドとラックの間はたぶん35～40㎝）、スワンの最大の特徴である音場感を損なうことはないでしょうか。また、先生のラックは写真で見ると木工がきれいなのですが、どういった処理をしているのでしょうか。

A スワンの件、30㎝以上離れていれば問題はありません。ラックはプロに作らせたものなので、木口はシナの突板を貼って仕上げてあります。自作でも突板を貼ればルックスはずっとよくなります。

スワンの質問に、まとめて回答する

Q スワン・シリーズについての質問が非常に多いので、まとめて回答、解説してみたいと

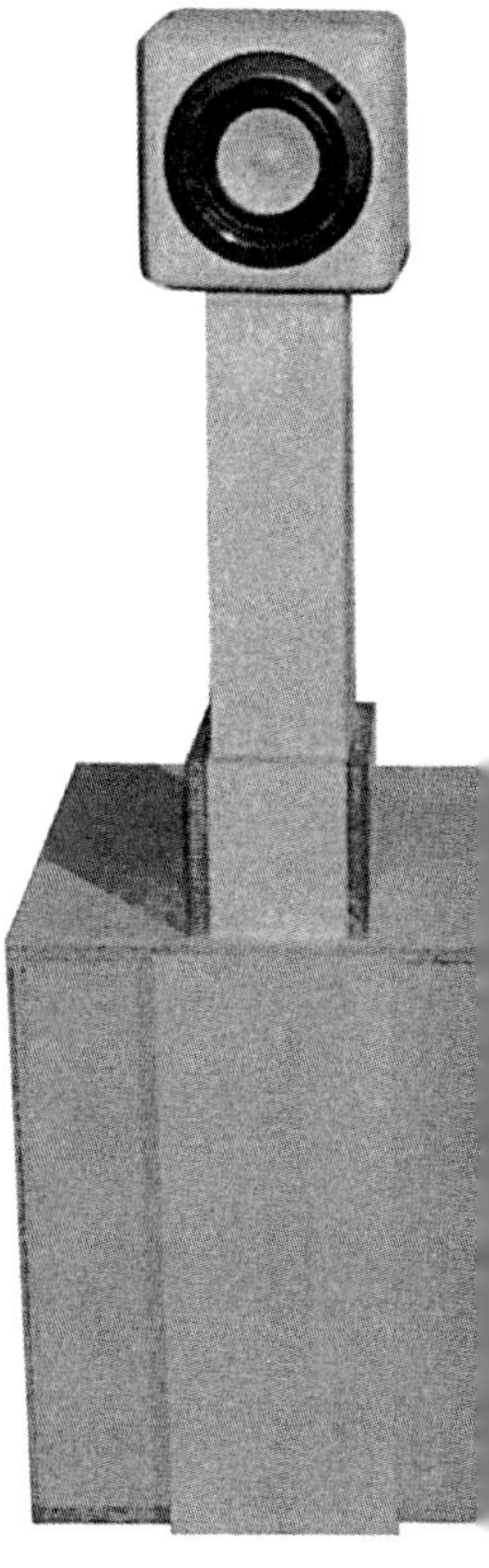

D-101S
スーパースワン

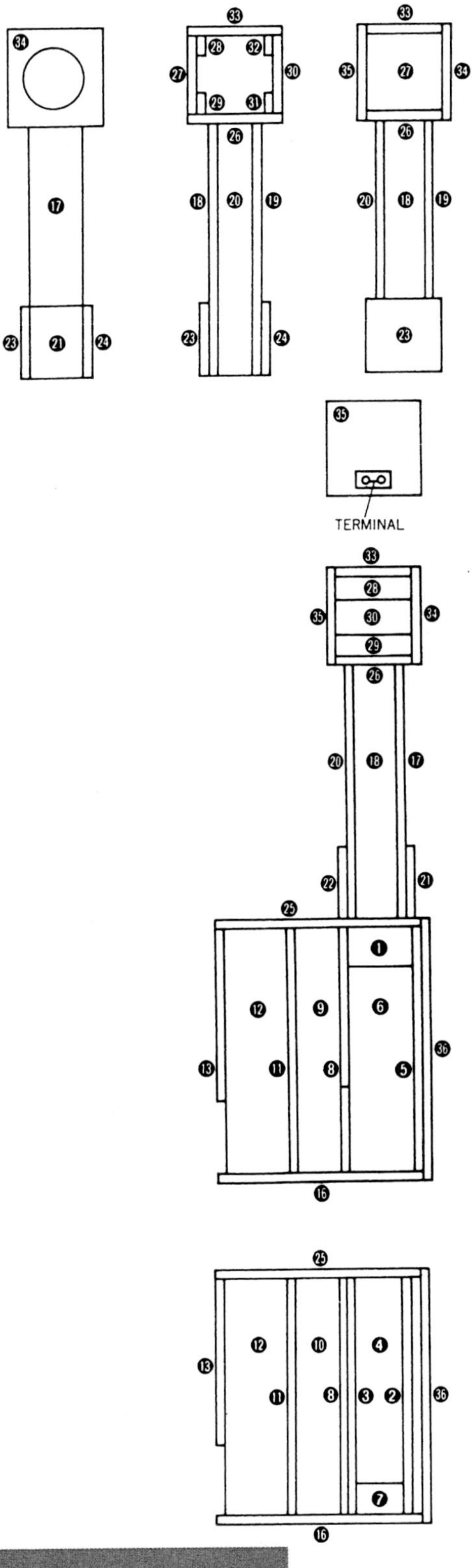

思います。

Ａ 現在自宅ＶＡルーム「方舟」ではアンプのテストにスワンを使用しています。最近はＣＤのテストにもスワンを使います。以前はＣＤのテストは大がかりなメインシステムを使っていたのですが、わずかな差を拡大して見せるのは最もシンプルなシステムであるということがだんだんわかってきたので、ＣＤプレーヤー、メインアンプ、スワンという最短距離の構成の中のどれかひとつを変えることで、機器のテストを行なうようにしています。ＣＤ、アンプのテストではスワンが主役になるわけです。当初は10㎝（実質9.5㎝）フルレンジ一発で、50万円、100万円のアンプをテストすることに、私もメーカーもためらいがあったのですが、現在は、テストにはスワンがベストであるということで意見が一致しています。スピーカーによっては5万円のアンプでも100万円のアンプでも同じように鳴るものがたくさんあります。差が出たとしてもプロが神経を集中してやってわかる程度の差でしかないのが普通です。ところがスワンは価格差（正確には実力差）に比例した鳴り方になるので、シロウトが聴いても違いが非常によくわかるのです。むしろ違いを拡大して見せる感じすらあります。年季の入ったエンジニアが方舟へ来て一番驚くのは、スワンのパフォーマンスです。スワンのポイントは小口径フルレンジのメリット、バッフル極小のメリット、ホーンによる高効率低音再生のメリット、後面開放のメリット等にあります。ネットワーク、アッテネーター、小型エンクロージュア、吸音材、重いコーン、粘りのあるエッジといったものは常にリミッターとして働きます。スワンにはそれが一切ないので、市販のどんなスピーカーと比べてもＤレンジが広いのです。平面バッフルに10㎝フルレンジを取り付ければＤレンジは更に広くなるかもしれませんが、低音不足、バッフル面からの放射による音の濁り、音像の拡大等のデメリットが出てきます。欠点としては耐入力が小さいという点ですが、能率が高いので、48畳の方舟でも十分な音量は得られます。ただ、ホーンロードがかからなくなる超低域では、平面バッフルなみにコーンの振幅が大きくなるので、パワーは入りません。その点だけは要注意です。高域については2ウェイ、3ウェイのトゥイーターが焼き切れる程度のパワーが入ってもまず大丈夫です。トゥイーターはボイスコイルの線径が細く、10㎝フルレンジのボイスコイルに比べると弱いのです。なお、私はコーンの振れを目で確認しながらパワーを入れているので、ユニットをこわしたことはありません。たまにうっかりしてダンパーがぶつかってしまうこともありますが、その程度のショックではこわれないものです。スワンは丈夫なスピーカーであり、10㎝一発とは信じられない程の大音量（メーカーのエンジニアの感想）再生が可能ですが、10㎝はあくまでも10㎝であり、30㎝、38㎝とは違うのです。スワンは10㎝をフルに使い切るシステムではありますが、10㎝を30㎝に変身させるシステムではありません。スワンを30㎝3ウェイと比較して低音が足りないといってくる人がいますが、確かに大音量再生時の低音の量感では負けますが、中小音量の低音の、軽くてスピード感のある鳴りっぷりでは勝っていると思います。現に30㎝3ウェイからスワンに乗り換えたという人が何人もいます。スワンの音のよしあしはアンプ次第だということも重要です。スワンが鳴っているのではなく、アンプが鳴っているのだと考えてください。不満が出てきたらアンプを疑うことです。トゥイーターはつければそれなりの効果はありますが、スーパートゥイーターとしてスパイス程度に使うことが必要です。方舟のスワンaはトゥイーターなしで使っています。アンプのテストにはその方がいいからです。ソバ通は薬味ものりも、もちろんウズラの卵も入れずにソバを食うそうですが、ま、そういった感じです。

D-101S スーパースワンの設計図

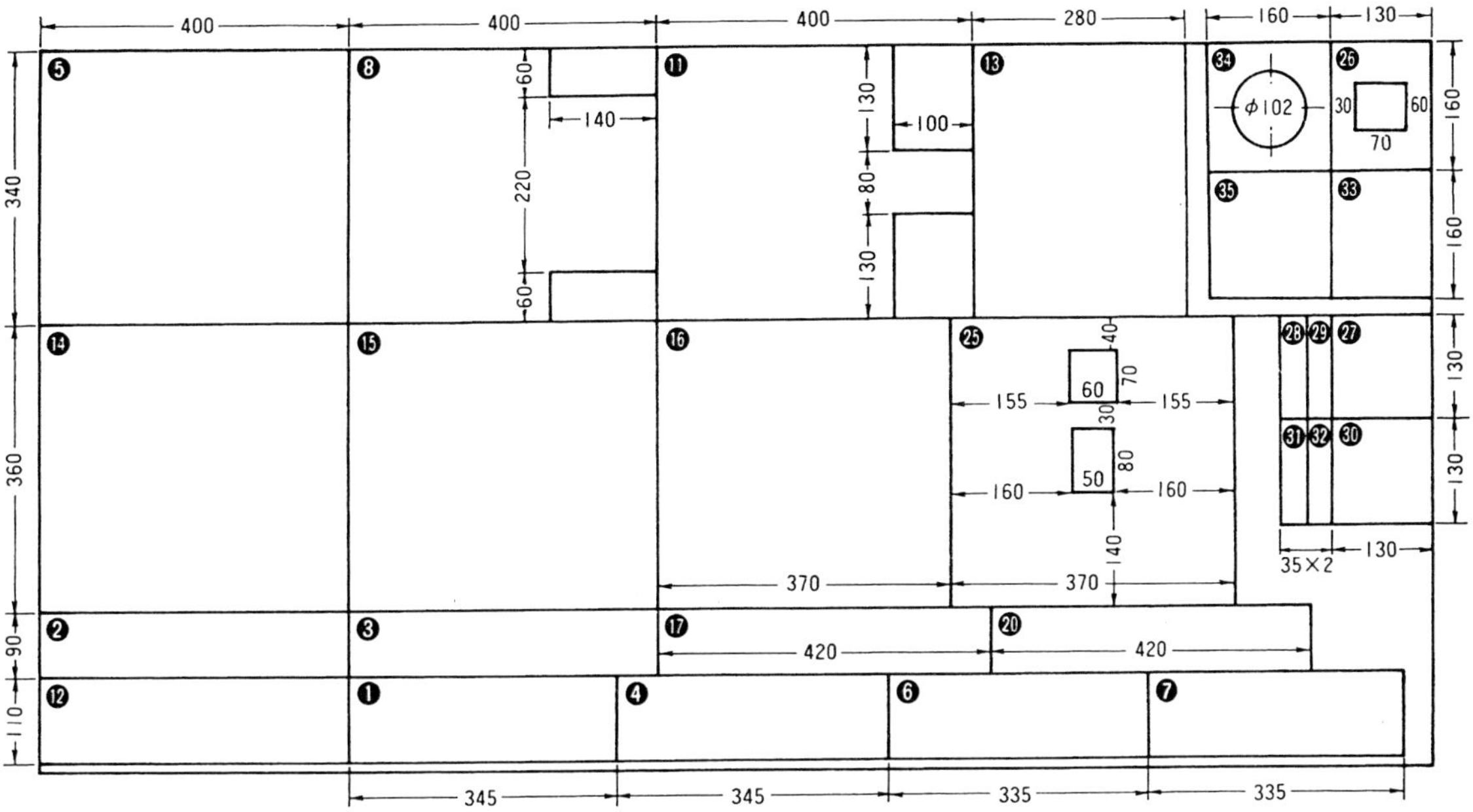

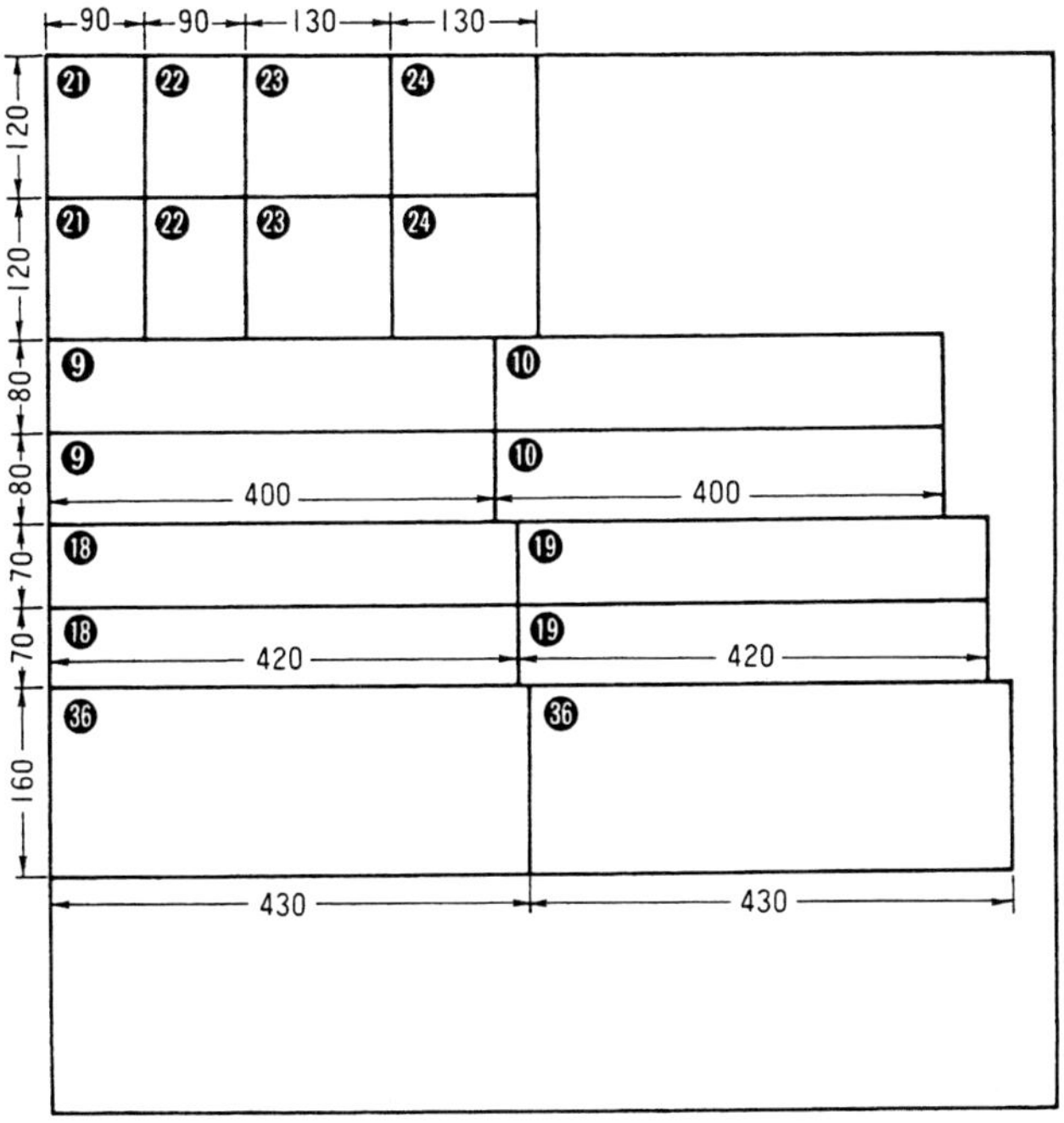

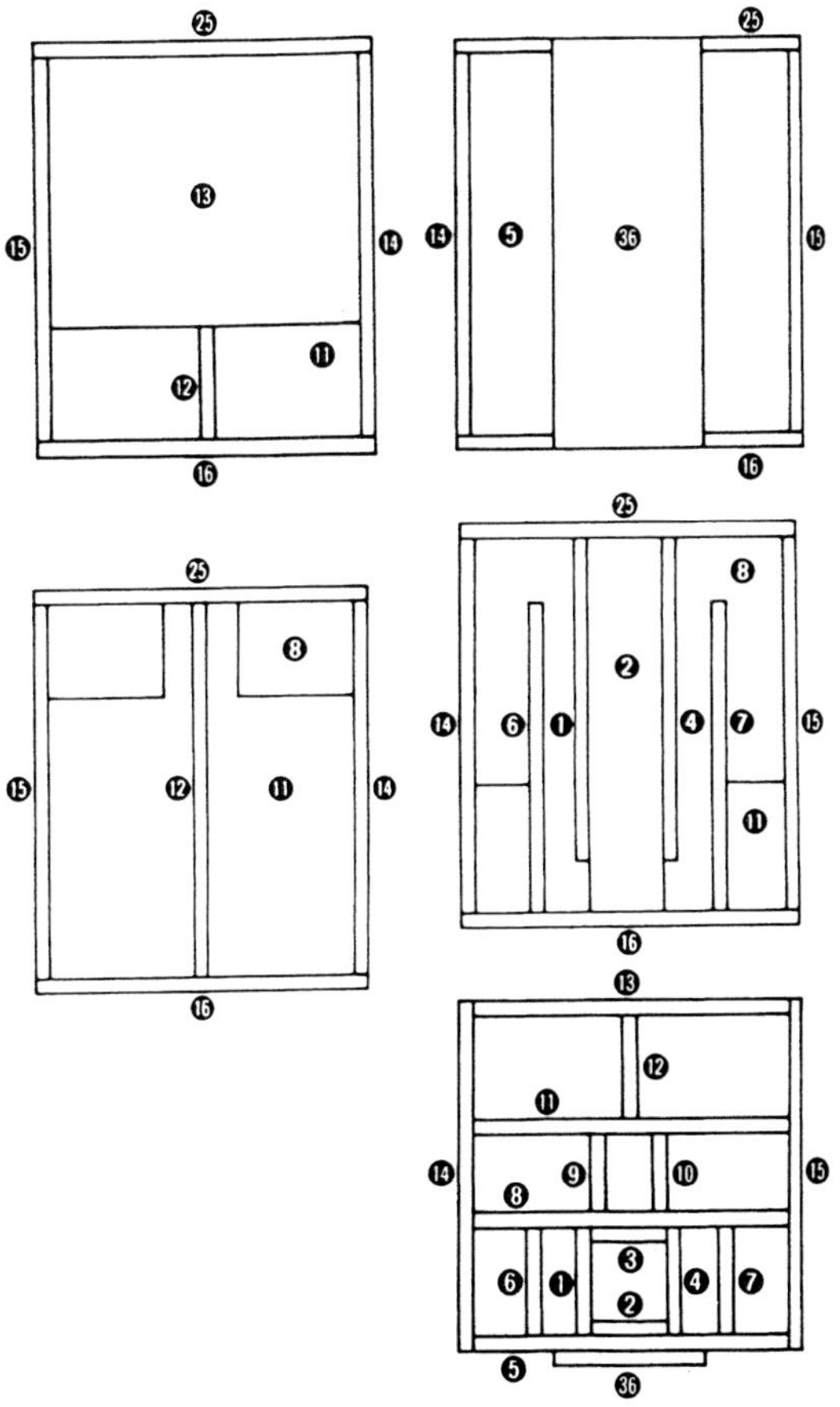

組み立て順 1＋2＋3＋4＋5＋6＋7＋(8＋9＋10)＋(11＋12)＋13＋14＋15＋16＋17＋18＋19＋20＋21＋22＋23＋24＋25＋26＋(27＋28＋29)＋(30＋31＋32)＋33＋34＋35＋36＋26＋27＋30＋33＋34＋35＋36＋26＋27＋30＋33＋34＋35

ヘッド部は接着のみ。クギは不可

接合しない木口(1、4、13の下端、6、7の上端、8の両サイド水平木口、11の両サイド水平木口)は角を丸める(サンダー、のこやすりなどを使用)ヘッド部の稜線(計12本)もすべて15R程度のアールをつける

スーパーウーファーについての質問

スーパーウーファーの作り方教えて

Q 現在、D-1にFE-166Σを取りつけクラシックからAVまで幅広く楽しんでおります。このたびスーパーウーファーを製作しようと考えましたが、以下の点がわかりません。お答え頂ければ幸いです。

①専用パワーアンプで駆動しようと思いますが、密閉、バスレフ、ASW、DRW、等のうちどの方式が好ましいでしょうか。

②共鳴管を利用した場合、その断面積と振動板面積との関係はどうなるのでしょうか。

③40㎝ウーファーのバスレフの場合はどのユニットが適しますか。

A ①どの方式も一長一短ですが、エレクトリッククロスオーバー（チャンネルデバイダー）やグライコを使うか、全く使わないかで違ってきます。全く使わないのであればDRWがベスト、次がASWで、バスレフ、密閉は使えません。前記を使うのであればどの方式でもいけますが、サイズからして密閉かバスレフにメリットがあります。ダクトのチューニングを希望の周波数に設定したバスレフがベストですが、希望の周波数がはっきりしない場合は密閉で使用、グライコなどで調整するのがベストでしょう。DRWは音質的にはメリットがあるのですがサイズは密閉の3倍以上になります。

②共鳴管はハイファイ用としては否定されているので資料がありません。私の経験からすると、振動板面積の1～3倍と思います。大きすぎると共鳴管として働かなくなります。いずれにしてもスーパーウーファーとしての共鳴管は長大なものが必要です。

③40㎝ウーファーはどれでもバスレフとして使えます。

DRW-1についてお聞きします

Q DRW-1についてお聞きします。①先生のSWはリスニングポジションの横にセッティングされていますが、スペースが許せばメインSPの隣に置いた方がケーブルも短くなり、有利ではないでしょうか。

②追加ダクトBを使用するとして、開口はどこに向けるべきでしょうか。

③SWまでは極太ケーブルで持ってくるとして内部配線は0・18φ×50芯程度でいいのでしょうか。

④現在D-70＋FT66H×2＋DRW-1MKⅡで使用中ですが、将来SPマトリックスによる4chを計画中です。リアは何Ωにすべきでしょうか。先生はよくアンプの負担をいわれますが、先生程の大音量再生でないのならば、100Wのアンプで大丈夫ではないでしょうか。

A ①ある時期からメインSPの隣に置きました。②私は後方へ向けましたが、部屋の状況で違います。前後左右どっちにしても極端な差は出ないので、ヒアリングとルックスで決めて下さい。チューナーのノイズで、DRW-1のみ鳴らし、リスニングポジションでの中高域のもれが少なくなる方向、というのもひとつの目安にはなります。

③内部配線は太すぎるとユニットのターミナルに無理がかかります。といっても0・18φ×50芯（1.25スケア）では細いと思います。2.0スケアから3.5スケアぐらいが適当。電力線では0・26φ×37芯か、0・32φ×45芯ですが、メーカー製のSPケーブルでは種類は豊富です。内部配線はキャブタイヤのように硬く重いものより、しなやかな平行線か＋－独立の一本線（もちろん中身は撚り線で）の方が無難でしょう。

④アンプの出力よりローインピーダンスへの対応が問題です。D-70は高能率なのでリアSPも高能率タイプが必要。できれば4Ωを使いたいところで、方舟でやっているように、8Ωを2本パラッて4Ωとするのが適当でしょう。この場合通常のマトリックス接続ではアンプ側から見ると、メインSPに対して8Ωが並列に入ったのと等価になります。現在D-70＋DRWで既に4Ωになっています。これに8Ωがつながるので、2.7Ω相当になります。最近のアンプなら大丈夫ですが、一昔前のアンプだとすぐ保護回路が働いてしまうのでパワーが出せません。

DRW-1MKⅡについて質問します

Q DRW-1MKⅡについて質問します。単行本の「フロア型と音場型」のDRWの概念図18でのユニットの取り付けはコ

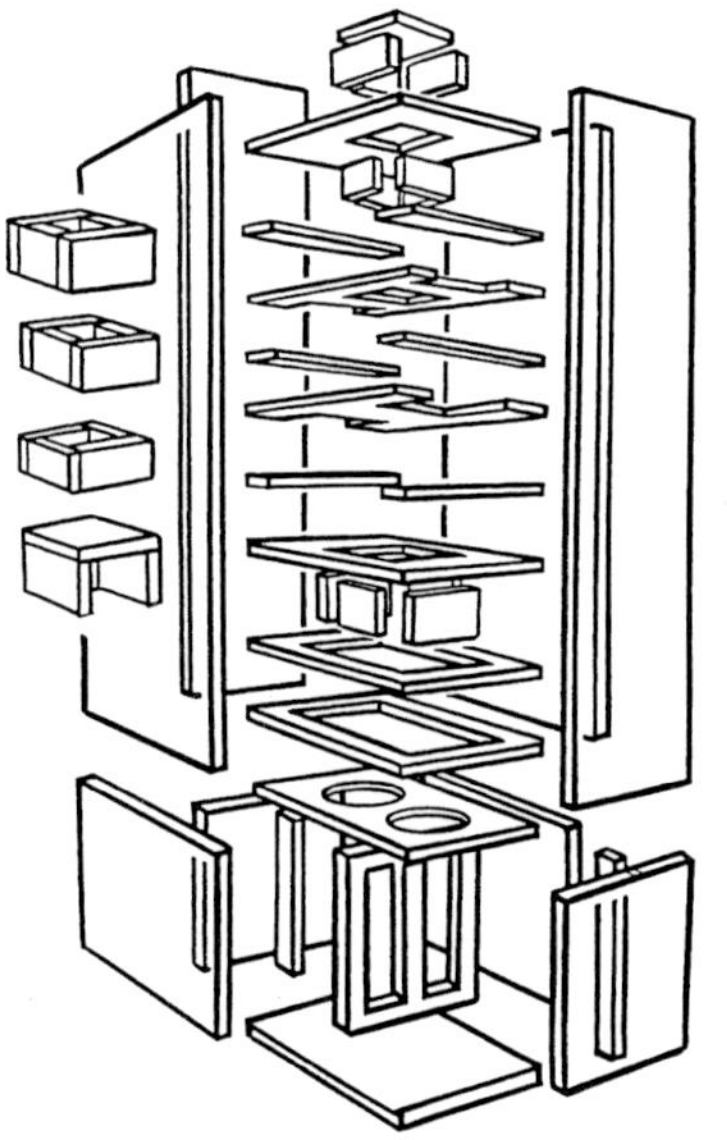

DRW-1Ⅱの構造図

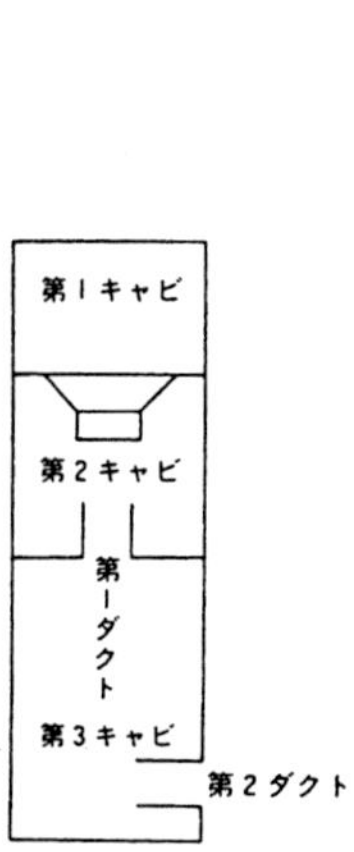

DRW-1MKⅡ概念図

⑱

ーン紙の前面が密閉側に、マグネットが開放側になっています。これに反しカットや、記事の説明には、コーン紙前面が開放側に、マグネットが密閉側になっていますが、どちらが良いのでしょうか。またはどちらでも差はないのですか。

A ユニットはどう取り付けても動作には変わりはありません。違いがあるとしても無視できる程度です。ただ、ダクトからの中高音のもれは多少の差があります。それよりもエンクロージュアの設計、組み立て易さ、ユニットの取り付け易さといったものの方が重要です。概念図はそういったことを考慮していないので、理想形として描いてあります。この理想形は3分割でなく、一体型として作ることが必要。実現不可能です。実際のDRW－1MKⅡでは、3分割構造。下段の密閉箱にユニットは外付けの形で（コーンがダクト側を向く）取り付けます。最も作りやすく、安定した構造です。もし逆向けに取り付けようとすると、このユニットは逆向き（いわゆる中付け）取り付けに不向きなので、いろいろ困難が生じます。ターミナルの取り付けや配線にも不都合が生じます。逆向き取り付けに自信があれば、その方が多少もれが少なくなるかもしれませんが、私はお奨めしません。

DR-1MKⅡをスワンに合うように

Q 「スワンに超低音を」と考えていますが、先生の記事にDRW－1MKⅡはスワンにはオーバークオリティとあり、考え込んでいます。図19のような使用は可能でしょうか。これなら場所をとらないし、能率も下がって、スワンに合うと思うのですが、だめな場合、DRW－3とスワンではどうでしょうか。

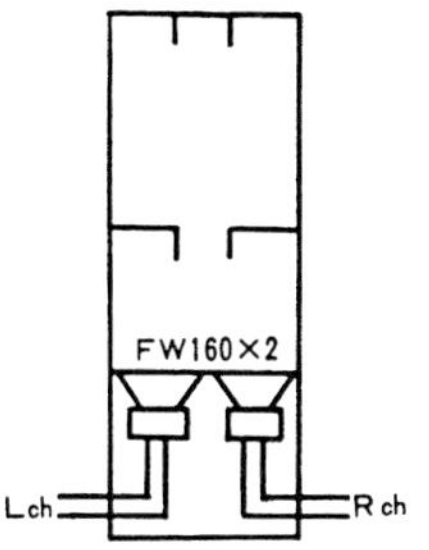

⑲

A DRW－1MKⅡは、4Ωのウーファーをシリーズ8Ωで使っています。仮にアンプの出力電圧が10Vだったとすると、片ch当りの入力は12・5Wになります。LR両chで25Wです。あなたの図のように4Ω、4Ωで使うと、アンプの出力電圧10Vの場合、入力は25Wになり、両chで50Wです。見かけ上の能率はむしろ3dBアップになります。この方式でやるのなら、FE－64に3.5mHのコイルの組み合わせで作るといいでしょう。DRW－3でもオーバークォリティの感じはありますが、特に問題はありません。超低音が出すぎると思ったら、ダクトにグラスウールを詰めればいくらでもダウンできます。これはDRW－1MKⅡの場合でも同じです。

SW-168のサイズ変更をしたい

Q F－55を使っておりますが、低音をもう少し力強くしたいと思います。音量を上げると力強く聴こえてきますが他の音が大きすぎます。F－55用のスーパーウーファー（SW）としてSW－168の②③⑤⑫の幅を25cmにして、ユニットをFW208に変えて作りたいと思います。そしてソニーTA－F222ESAを利用してSW－222の専用フィルターを使いたいと思っています。

フォステクス
FW208

A F－55は32Hzまで十分なレベルで再生しており、SWを加えるとなると30Hz以下を再生する超SWが必要となります。これは容易なことではありません。またSW－168は外形寸法250×570×360mmですが、あなたの計画ではこれを280×570×360mmにしてFW208を取付けようということのようですが、これは絶対にうまく行きません。実は私自身、FW208を使ったSW－208とSW－2082（2発入り）を計画、ざっと寸法をとってみたのですが、SW－208は342×663×450mmとなりました。体積であなたの設計の約1.8倍です。このくらいは必要なのです。そしてSW－208にしても30Hz以下を再生する超SWではなく、30Hz以下の再生は困難、普通の（つまり市販並みの）SWなのです。もうひとつの問題、一般に自作も含めてSWの低音はたっぷりはしていますが力強くはありません。このことはよく承知しておいてほしいと思います。さらにもうひとつ問題があります。私が考える力強い低音と、一般ユーザー（ベテランでないユーザー）が考える力強い低音とは必ずしも同じではないということです。私のいう力強い低音というのはスピード感があり、立上り立下りのよい低音のことですが、一般にこの種の低音は量感不足ととられがちです。一般ユーザーのいう力強い低音というのはむしろ対照的な量感たっぷりの低音のことである場合が多いのです。この場合ですが、アンプ、部屋、セッティングに問題がありそうです。これらに問題がないとしたら中高域とのバランスでしょう。音量を上げれば低音は力強く出るというのですから、この時、中高域を抑えればいいのです。具体的にいうと、FF225用の抵抗を5Ωから8Ωに変える。トゥイーター用のコンデンサーを4.7μFとし、アッテネーターを入れて、6dBぐらい絞る。これでボリュームを上げれば低音の量感はぐんと増えます。いずれにしてもSWの使用はお奨めできません。使うとすればSW－2082でしょう。これは342×1421×442mmぐらいのサイズになるはずです。

10年前の長岡氏の記事「FE103で25Hz再生」に疑問あり

Q フォステクス社発行「マイ・オリジナルサウンド100」に掲載されている「FE103で25Hzに挑戦」を見て製作しましたが、試聴記に書かれていたような効果はったく感じられません。夏の暑い時期に苦労して作ったものなので、このままでは納得できません。なお、試聴に使ったメインスピーカーはヤマハNS-1000Mです。

A せっかく作ったのに効果がないということでお怒りのようですが、私の方はもっと怒っています。一番困るのは、あなたは「マイ・オリジナルサウンド100」の記事をほとんど読んでいないということです。このシステムASW-1はミニスピーカーの低音補強用として設計したものです。試聴記もビクターJS-6と組み合わせた結果を書いています。JS-6という文字が見えなかったのでしょうか。JS-6は30cm3ウェイの大型システムだと思いこんだのでしょうか。JS-6がどんなスピーカーなのかよく調べて、それと同クラスのスピーカーを買って組み合わせてみて下さい。効果を確認できるはずです。NS-1000Mと組み合わせたいのならDRW-1MKIIか、DRW-3あたりでしょう。ASW-1では効果なしと断言できます。

スーパースワン用のスーパーウーファーを

Q スピーカーはメインにスーパースワン、リアにオリジナルスワン、クレーン（FE108Σ）を2-2-2方式スピーカーマトリックスで結線しています。スーパースワンは大変気に入っていますので、ネッシー等を作る気が起きません。スーパーウーファーを作りたいのですがこれにマッチングするものを教えて下さい。大変迷っていますのでよろしくお願いします。

A スーパースワンは40Hzまでフラットにのびているので、スーパーウーファーは特に必要としません。加えるとすればかなり大型のものになります。それにスーパーウーファーはどのようにドライブするのでしょうか。一応SW-68を挙げておきますが、このスーパーウーファーはローエンドは40Hzどまりなのでプラスウーファーとしての効果になります。私はトーンコントロールでバスブーストを勧めます。

スーパーウーファーに合うスピーカーを作りたい？

Q 最近、家を変えたので、スーパーウーファーDRW-1MKIIを作りたいのですが、最近の作品でこれとバランスが良く合うスピーカーを教えて下さい。なお、AVだけなら、ハイカノンやネッシーJrの方が良いのでしょうか。

A 単品で十分実用になるシステムのローエンドをさらに強化しようというのがスーパーウーファー（サブウーファー）です。まずメインのシステムがあって、これをそのまま使うか、スーパーウーファーを追加するか、追加するとしてどのようなスーパーウーファーを作るか、ケース・バイ・ケースで考えていくのが本筋です。先にスーパーウーファーを作って、それに合うメインスピーカーをというのは順序が逆です。方舟のネッシーIIは20Hz以下までのびていますが、100Hz以下ダラ下がりなので、サブウーファーSW-5MKIIを加えて補強しています。ネッシーIIを全高2.4mに抑え、前面開口としたシステムを使っているAVマニアを訪問したことがありますが、トーンフラット、サブウーファーなしでも25Hzまでフラットに出ていました。マンションのコーナーに押しこんであったため、低域がのびたと考えられます。まずメインスピーカーを作って、鳴らしてみることが先で、スーパーウーファーはその後で、もし必要ならばベストマッチングのものを選ぶべきです。必要がなければない方がいいのです。

各種オリジナルSPについての質問

BS-17の形が気に入りましたが

フォステクス
FE103

Q 「スピーカー工作全図面集」を見ていて、BS-17の形がとても気に入りました。見れば見るほど惚れこんでしまいましたが、いざ作ろうとするとカタログにはFE-103の16Ωが記載されていません。そこでテクニクスEAS-10F-2を代わりに使おうと思いますが、いかがでしょうか。

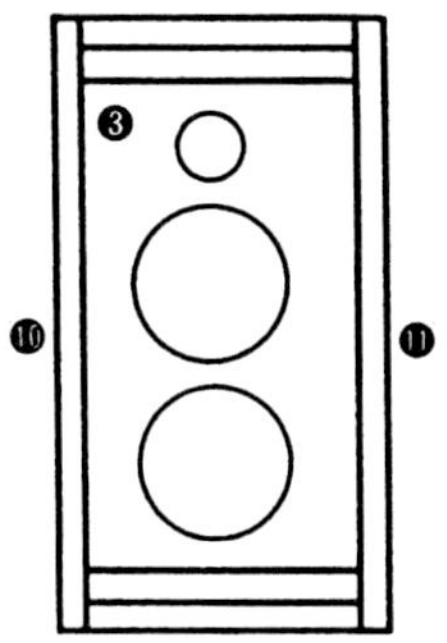

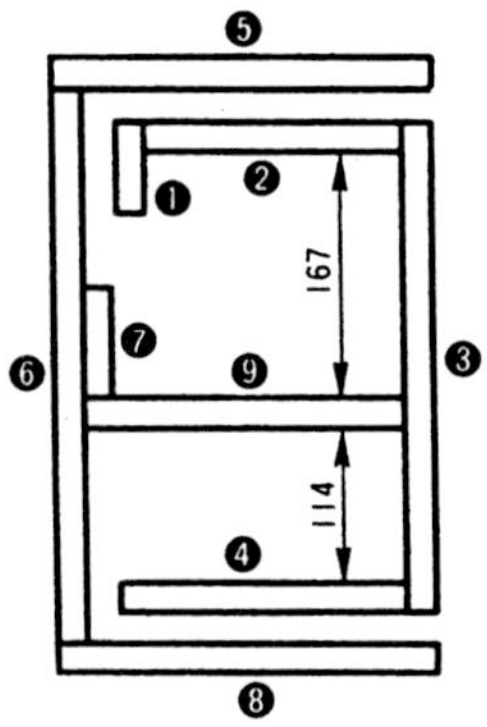

A 10F-2はフレームがひとまわり大きく、取り付けは不可能ではありませんが、ぎり

ぎりの離れ技になるので、やめた方がいいと思います。FE-103の16Ωは製造中止ですが、8Ωを使ってそのまま製作可能です。もともとフルレンジなので、トゥイーターは味付けでよく、FT500Aを使って問題はありません。ただコンデンサーはオリジナルでは1μFになっていますが、2.2μFの方がいいかもしれません。1〜3.3μFの間でカット・アンド・トライで決めて下さい。

BS-35のユニットが発売中止に

Q 全図面集を見てBS-35を製作しようと思い、スピーカーユニットを注文しましたがMW201と、FE-103(16Ω)は販売中止となっていました。BS-35が気に入っていますので他のユニットで適当なものとネットワークを教えて下さい。

A FE-103（16Ω）の代りとして、テクニクスEAS-10F-2があります。取付穴径はφ106と大きめになります。取付位置も少しずらします。MW201の代りはありませんが、フルレンジを使うことは可能です。FE204、FF-65K、FF225K等。FE204、FF225Kの場合は取付位置を少し下にずらします。ネットワークは図のようになります。ただ、この変則3ウェイにどの程度のメリットがあるか疑問です。なお、図20の33μFはエルナーのバイポーラ・コンデンサーを使います。

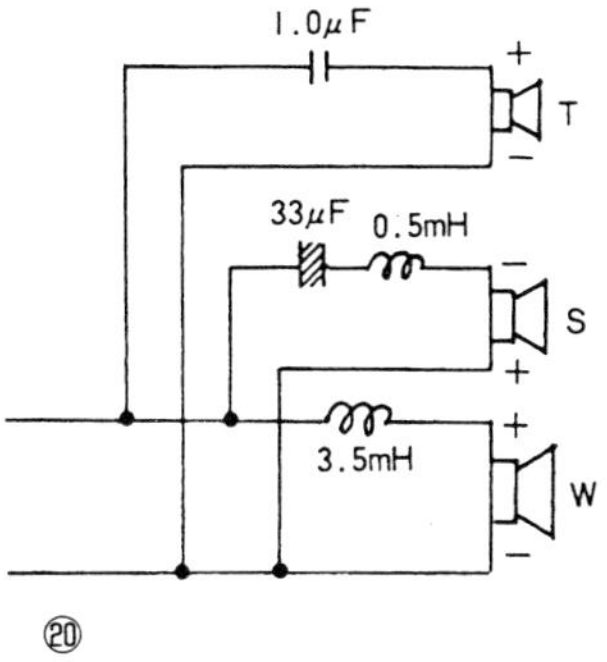

⑳

BS-85のダクトについて質問があります

Q BS-85についてお聞きしたいと思います。ダクト面積を40㎠から35㎠にするとありますが、第1、第2ダクト共にでしょうか。また、その場合のダクト長は何㎝がよいでしょうか。PSTを採用して400Hz以上のレベルを10dB落とせばとありますが、コイルと抵抗の値、回路図を教えて下さい。

A 第1ダクトはそのまま、第2ダクトのみ変更します。ダクト長は7.5㎝。バッフル板厚こみです。PST用にはコイル3.5mH、

BS-17の設計図

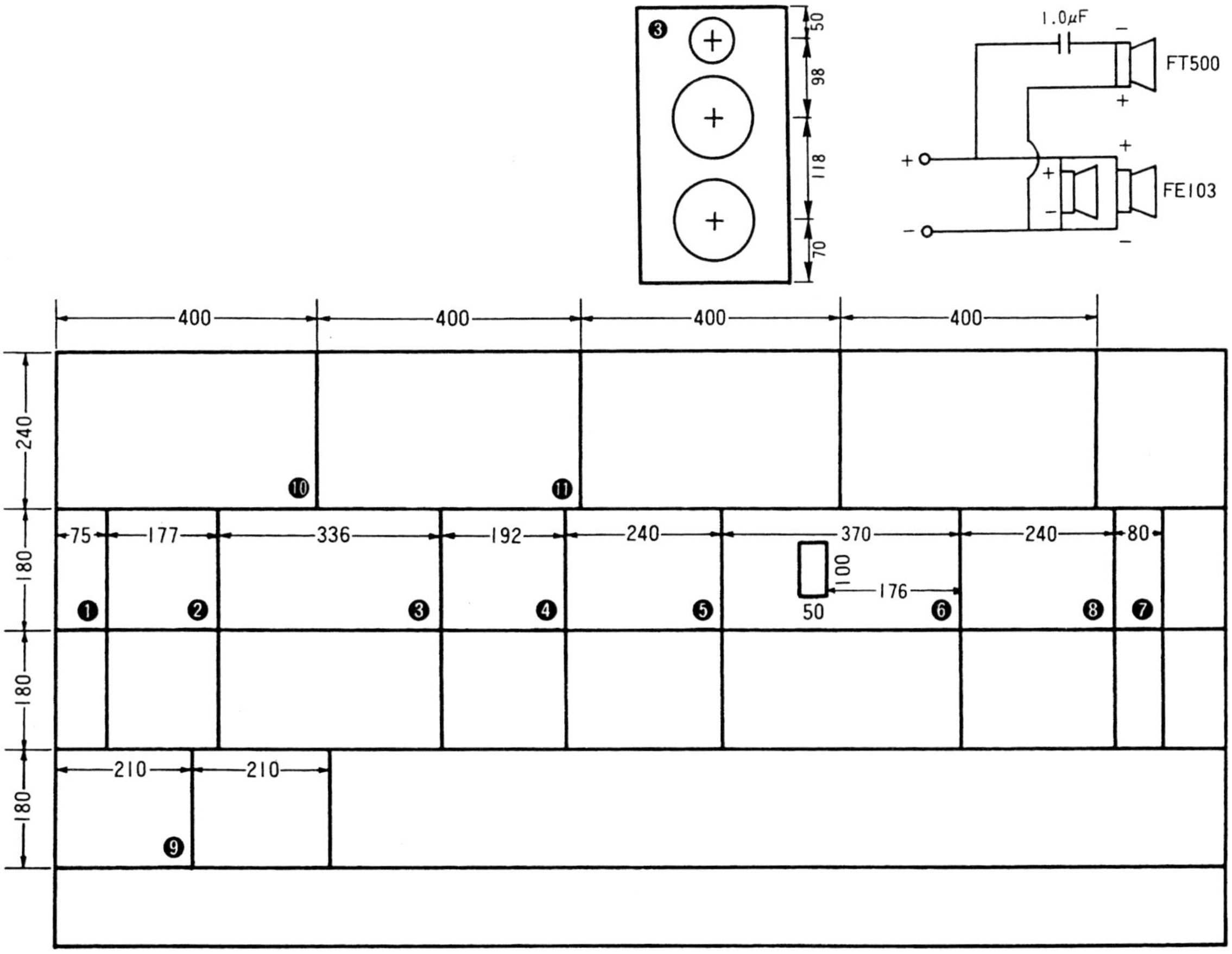

抵抗10Ωを使用、図21のように接続します。

DB-8のハイ上がりがひどい

Q 全図面集のDB-8を作って1ヵ月ですが、思ったよりもハイ上がりがひどく、低域が消されてしまいます。トーンコントロールやグライコの結果もよくありません。何か改善法はあるでしょうか。もしない場合、①D-1化する。②D-162化する。③補強してDB-10化する。のどれが低域パワーを上げるのにいいでしょうか。また、他に良策があったら教えていただきたいと思っています。

A DB-8は全体としてはハイ上がりですが、ローエンドはダラ下がりにどこまでものびているというタイプ。透明、繊細で、微小信号に強く、雰囲気のよく出るスピーカーです。ただし、ドスの効いた、アクの強い低音は出ません。クラシック、特にバロックには好適ですが、ポップス系には低域のアクセント不足。ポップス系には、100~200Hzにピークを持たせることが必要で、小型の箱に入れてf_0、Q_0を上げるという手もありますが、グライコでその辺をブーストしても効果はあるはずです。100Hz以下はブーストせず、特に50Hz以下はできるだけ減衰させることが必要。またクラシック向きの低音なら普通のトーンコントロールでいいはずです。次はネットワークの変更による方法、現在第22図のようになっているはずですが、これを第23図のようにします。さらに徹底するなら第24図のようにFF-65（K）にコイルを入れれば、アンプがフラットでも低音は豊かになります。中高域が衰するので、トータルでは能率が下がりますが、相対的に低音が上昇した形になります。エンクロージュアの変更はお奨めしません。

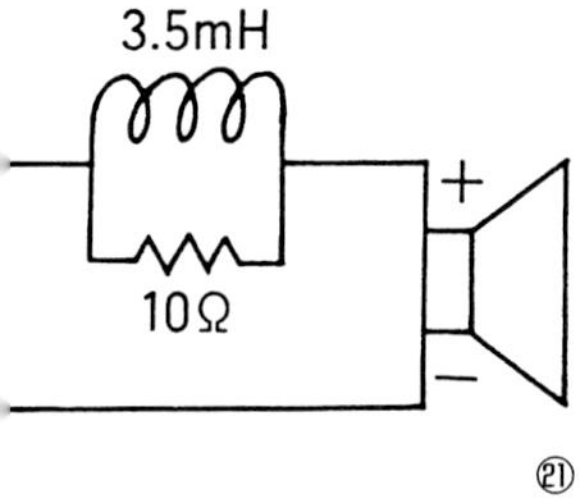

㉑

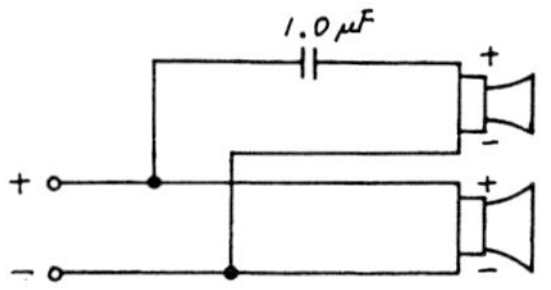

㉒

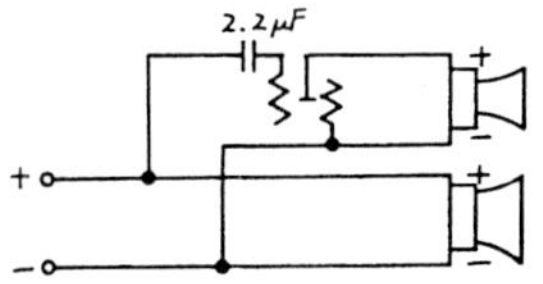

㉓

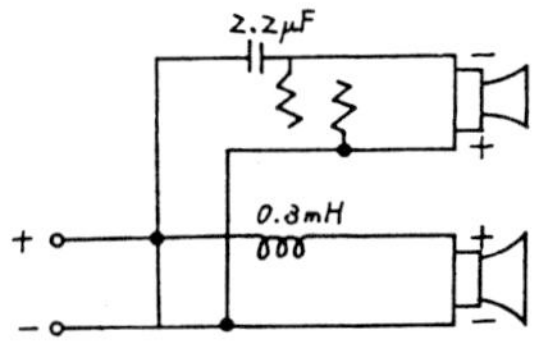

㉔

DB-8の固有の響きについて。内部で共鳴があるようです

Q DB-8の響きは、キーボードや、ギター、チューナーを利用して調べてみましたが247Hzで共振が起きてそれがダクトからもれてくるものとわかりました。対策はないものでしょうか。

A DB-8はトールボーイのフロアタイプで、吸音材ゼロなので、定在波発生のおそれはあります。247Hzの定在波が発生する条件としては約70cmの対向面があることですが、DB-8では第2キャビの天地が約60cmで、これによる定在波は約280Hzということになります。いずれにしてもエンクロージュア内での共鳴が原因らしいので、これは吸音材の使用で簡単に抑えることができます。ただエンクロージュアが完成してしまっているので、吸音材の使用も制限を受けます。

まず250×200mmのグラスウールを1枚、第2ダクトから押しこんで、底板に落としこんで下さい。つぎに、ユニットを外して、240×900mmのグラスウールを第1ダクトから下に落としこみ、上端は手前に折り曲げておきます。これは不要の場合、簡単に引っぱり出せるようにしておくわけです。第2ダクトの分だけで解決できればその方がいいのですが、ダメな場合は第1ダクトの方も追加して下さい。

スワンの兄弟分DB-101「ダック」を使っていますが…

Q 現用DB-101「ダック」の底板がそっていてずいぶんガタがあります。そのうち自然に落着くだろうと思いましたが、まったく落着きません。そこでもう1枚厚めの合板をブチルゴムで底板につけ、クギで打ちつけようと考えておりますが、いかがでしょうか。

A 底板のそりにはいろいろありますが、一番やっかいなのは凸面状にそった場合で、4か所にスペーサーを入れないと落着きません。スペーサーを使わずに落着かせるには中央部のふくらみをカンナか、サンドペーパーで削りとることです。凸面以外のそりだったら、たいていスペーサーを1か所にはさめば落ち着きます。スペーサーは鉛板（釣り用の板錘り）が適当です。厚からず薄からず最適の厚みのスペーサーが必要だからです。コインの類ではまずうまくいきません。底板の2枚重ねは有効ですがブチルゴムは避けた方がいいでしょう。完全な2枚重ねにせず、図25のように額縁式にした方が安定はよくなります。この場合、ガタがあっても、4隅のどこか1か所にスペーサーをはさめば落着くはずです。

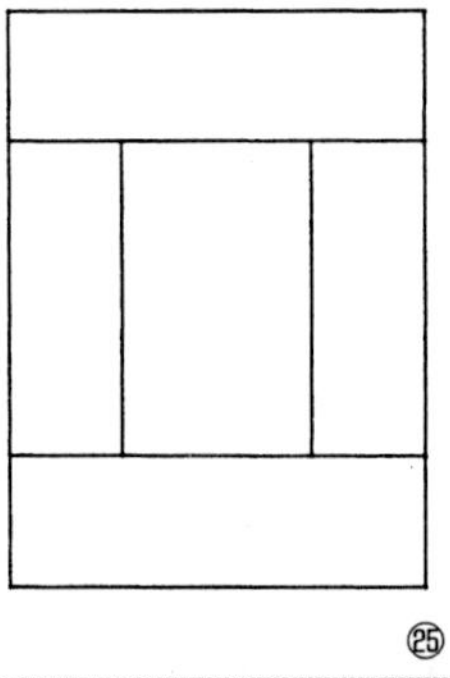
㉕

DB-18について質問があります

Q これまで私はFW160を使って何種類かの2ウェイバスレフを作ってきました。今回は広指向性のDB-18を作ろうと思います。つきましては以下の質問にご回答ください。①ウーファーを広指向性化することでどのようなデメリットが考えられますか。②FW168には4kHzにピークがありますが、スルーで使うのに問題ありませんか。現用FW160を流用した方が良いですか。

A ①ウーファーを広指向化するというよりは天板に取付けることのデメリットでしょう。まず、ほこりがたまりやすいということがあります。重力によりコーンに下向きの力がかかるので、動作の対称性が失われます。極端な場合、ボイスコイルがギャップの中央に正しく位置しないということもありえます。しかし、通常の垂直取付けでも重力は働いており、サスペンションは上下で対称性が失われています。一長一短でしょう。音質面では低音がふわっと拡がるため、前面に力強く押し出してくるという感じは出にくくなります。トゥイーターとの位置関係ではリニアフェイズには程遠いものになるというのもデメリットです。②ピークはFW160にもありますし、90度方向から聴くので問題ありません。ウーファーの高域ピークは必ずあるもので、これをメカニカルな工夫で抑えこもうとするとかえって音が悪くなるものです。

F-92をAV用のユニットで作る

Q F-92をFW187とFT27Dを使ってAV用スピーカーを作りたいと思っていますが、ネットワークを教えて下さい。

A FW208は20cm、FW187は18cmということになっていますが、振動板実効半径は208が8.1cm、187が8.0cmなので、キャビネットはそのまま使えると思います。少し内容積を減らすために、補強桟を追加するというのも手でしょう。ネットワークは図26のようになります。

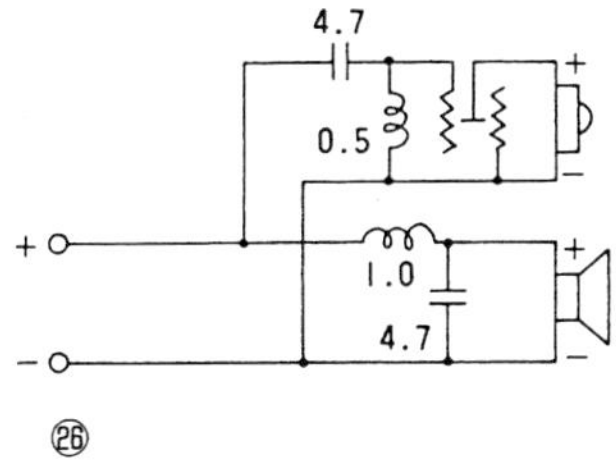

㉖

F-106「キリン」のユニットは8Ωと4Ωのどちらがイイ

Q F-106「キリン」を製作しようと思いますが、ユニットは10F10（8Ω）と10F-1（4Ω）のどちらの方がよいでしょうか。

A EAS-10F10、同10F-1では結線もネットワークも変りますが、それは図面集でごらんのことと思います。両者の比較では10F-1の方がよいと思います。キリンに関してはスタガードシリーズ方式は4Ωのユニットでないと無理だからです。8Ωのユニットを使う場合はオーソドックスなフルレンジ2ウェイ方式になります。この方式で使うのであれば、FE103、EF125Kも使えます。103は能率がちょっと低めなので、トゥイーターはFT25Dが向くと思います。その場合に取付位置、穴あけ寸法は変更が必要です。FF125Kはほとんどそのまま使えます。穴あけ寸法をφ106からφ104に変えるだけです。無理なのは10F1+5HH10でしょう。㉗

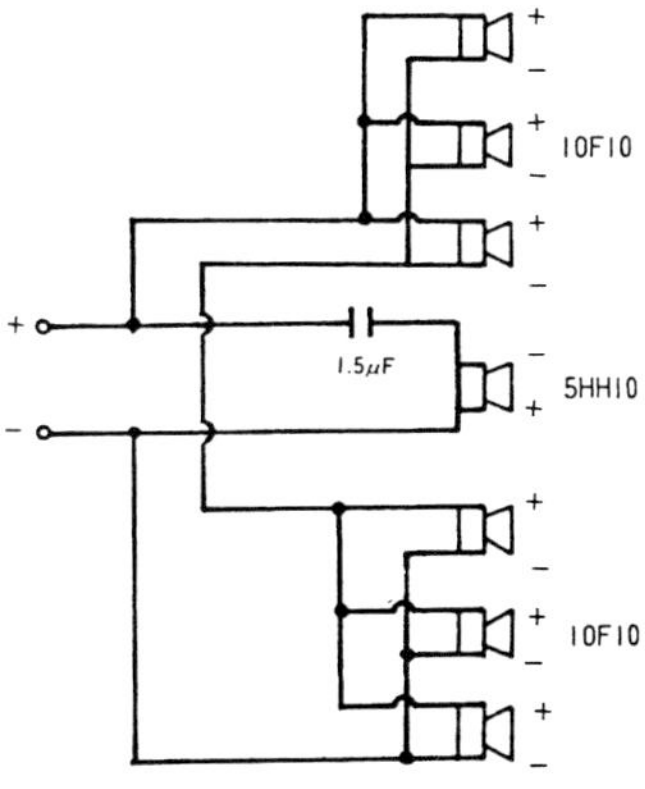

8Ωユニット使用のNW

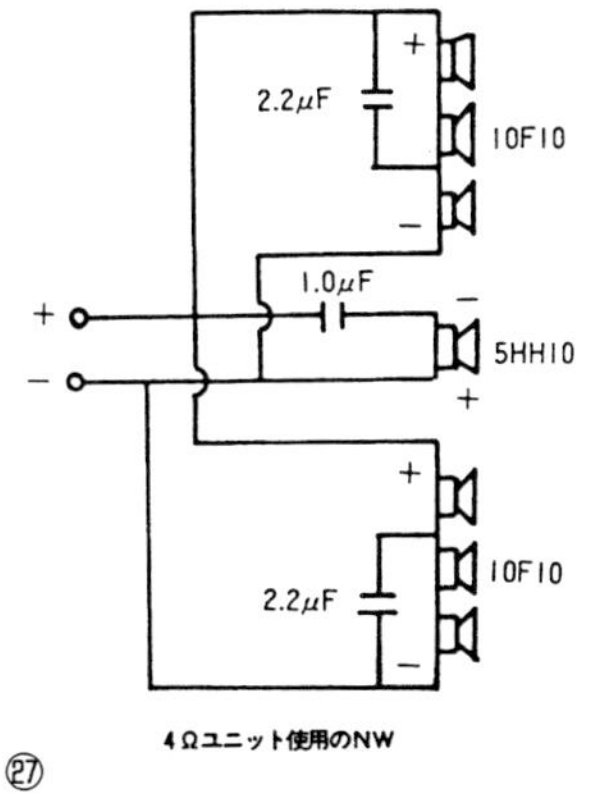

4Ωユニット使用のNW

㉗

F-102「カノン」のユニット変更は

Q F-102「カノン」の使用ユニットFF125と、10F20とでは音はどのように違うのでしょうか。FE103を使ってD-104を作った場合、どのような音（クラシック向きかポピュラー向きか等）になるでしょうか。F-15AVのP-610DBの取付けはコの字ヨークを左右に向けて取付けるのでしょうか。またこのスピーカーはテレビ内蔵の4W＋4W程度のアンプでも十分鳴ってくれるでしょうか。

A 「カノン」のユニットでは10F20の方が開放的で陽気なサウンド、FF125Kの方がもう少し落着きのあるサウンドで、一長一短ですが、ルックスで選べばいいでしょう。D-104はスパイラルホーンで、万能型ですが、ややクラシック向きの傾向。P-610DBはコの字が左右（水平）になるように取付けます。同じP-610DBでも、AV-6の場合は上下（垂直）方向になるように取付けます。もっとも、これが逆になったとしても実用上は問題ないはずです。またテレビ内蔵のアンプは電源がしっかりしているので意外と力があり、十分鳴ってくれることを確認しています。

F-165を改造する計画を予定中

Q 7F10の音が好きで、Dレンジ、fレンジを拡大させるには、と思い色々と検討をしておりますが、長岡先生のF-165をモデルにトゥイーターのバックキャビティを3ℓぐらいに拡大してFT27Dを7F10に交換しては、と考えました。①7F10はなるべくスルーで使用したいのですが、それによって低域のインピーダンスが落ちた場合、FF165の音圧レベルはどのように変化するでしょうか。7F10を4個ではなく、6個シリパラで接続して12Ωまたは5.3Ωにした方がバランスはとり易くなるでしょうか。②F-165のダクトを普通の後面開口ダクトにした場合、上面、あるいは底面開口（脚をつける）にした場合、低音の出力はどのように変化するでしょうか。③FF165のコイルは3.5mHで適当でしょうか。④トゥイーターは必要だと思いますが、推奨機種とネットワークを教えて下さい。

A F-165というのはトールボーイのフロアタイプで、両サイドにFF165（K）を取付けて並列4Ωで使用、フロントにFT27Dを4本、バックキャビティ（ウーファーの背圧を防ぎ、バッフルを補強するのが狙い）つきで使用、1.2kHzクロスを実現したもので、トゥイーターのローエンドをぎりぎりまでのばすというのが狙いです。自作スピーカーのユニット変更、キャビネット変更の質問は非常に多いのですが、正直いって明快な回答は不可能です。たぶんどんな高名なエンジニアに質問しても答えは同じだと思います。スピーカーシステムはどこかをわずかに変更するだけで音が変ります。それも意表をつくような変り方をすることが多いのです。また7F-0の音が好きなら、1本使うべきです。4本、6本と数多く使うとキャラクターが変ってしまいます。①7F-0をどのように使ってもFF-65の音圧は変化しません。それよりアンプから見たインピーダンスの低下が問題。F-165ではトゥイーターにハイパスフィルターが入っているので、トータルで4Ωを下回ることはありませんが、7F-0をスルーで使うと、低域では2.7Ωになります。アンプによってはちょっと苦しいでしょう。6本で12Ωでは能率不足5.3Ωではトータルインピーダンスが2.3Ωになってしまいます。②設計が全く変ってしまうので低音だけでなく、全体に音が変るのでしょう。どう変るかは見当がつきません。案外変らないかもしれません。③F-165と同じにします。④FT27Dでは、1.0～2.2μFくらいが適当でしょう。

PA-2をクラシック向きに改造するためのノウハウは？

Q 18畳洋間で主にクラシックを聴いております。自作例の比較的少ない30cmダブルウーファーのスピーカーシステムを自作したいと思います。PA-2はクラシック向きではないようなので、F-1のエンクロージュアが、PA-2と同じウーファー(PS300)を1本用いたBS-43の約2倍の容積なので、PA-2のユニット、ネットワークをそのままF-1のエンクロージュアに組み、ダクトのみ面積をBS-43の2倍とし、fdを変えないように計算して製作しようと思います。解像力の良い低音まで期待しておりますが、うまくいくでしょうか。

PA-2の設計図

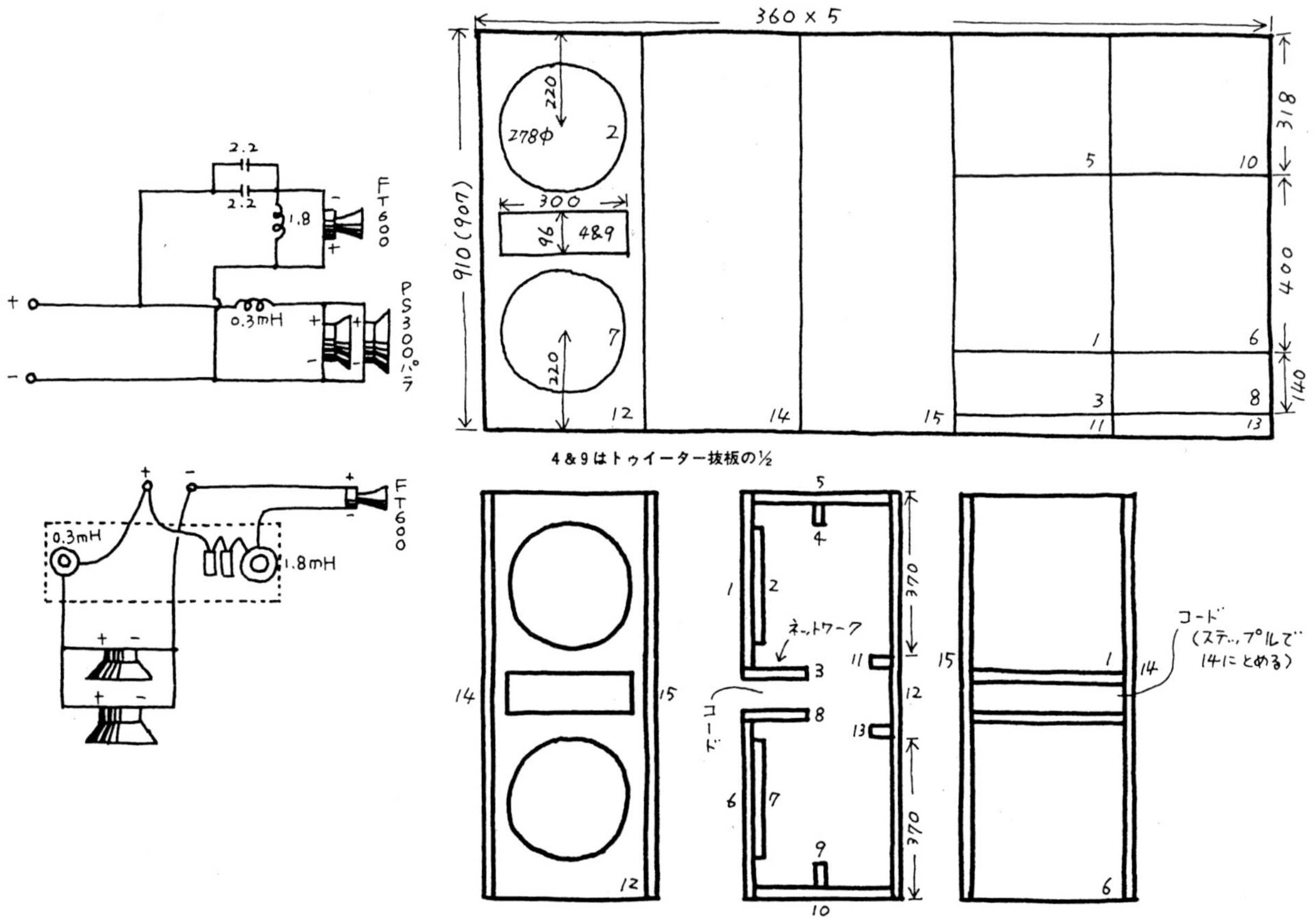

A PA-2はライブ系小ホールで使うことを前提のPAスピーカーです。普通のスピーカーではライブな部屋で距離をとって聴くと、低音はブーミーで、高域は不足、切れが悪く、甘く、鈍い、スピード感のない音になりがちです。PA-2はハイ上がり、超ハイスピードの、鮮烈に切れこむ、目のさめるような、というよりは目のくらむような音のスピーカーです。BS-43はPA-2に比べるとだいぶおとなしくなりますが、それでもスピード感と切れ込みは一般のスピーカーよりは上回っており、低域の解像力もありますが、超低域まではのびていません。というのもPS300というユニットが、もともとウーファーではなく、PA用に設計されたフルレンジだからです。f_0も58Hzと高めで、ハードプレスの軽量高剛性パルプコーン採用、ダブルコーン方式で高域をのばしています。PS300は隠れた名器ともいうべきハイCP比ユニットですが、キャラクターからして、いわゆるクラシック向きではないと思います。実は同じようなことがPA-2のトゥイーターFT600についてもいえるのです。この両者の組合わせは相性もよく、痛快、壮絶、空前絶後ですが、どうエンクロージュアを工夫しても、いわゆるクラシック向きとはむしろ対照的な音になってしまうと思います。

製造中止ユニット使用のR-12とW-12を作るには

Q D-50を製作しましたが、トゥイーターに手持ちのPT-8Dを使いたいと思います。ネットワークを教えて下さい。またR-12、W-12も製作したいと思い、スピーカーユニットを注文したところ、製造中止になってしまいました。それにかわるユニットを教えて下さい。

A PT-8Dは出力音圧レベルが93・5dBと低いので効果は弱いと思いますが、一応2.2μFのコンデンサーのみで使ってみて下さい。R-12の代替ユニットは見つからないので、30cmウーファーFW305を使ったR-12MKⅢを設計しました。

フォステクス
FF165K

E-6に合う現役のユニットは

Q E-6（レコードラック兼用ダブルバスレフ・アンサンブル型スピーカー）を作りたいと思います。しかし、ユニットの6F60、UP163、6A70等はいずれも現在入手不可能です。エンクロージュアは汎用型の設計になっているので他のユニットでも使えるそうですが、多少ハイ上がりとなるのは覚悟するとして、どれが一番良いでしょうか。

A 16cmフルレンジはフォステクスFE167、FF165K、テクニクスEAS-16F10、16F20、16F100がありますが、この中ではFF165Kです。ややハイ上がりになります。

ケムンパスDのセンターに左右セパレーターを入れたいが？

Q 現在E-13「ケムンパスD」の製作を考えています。し

E-6の設計図

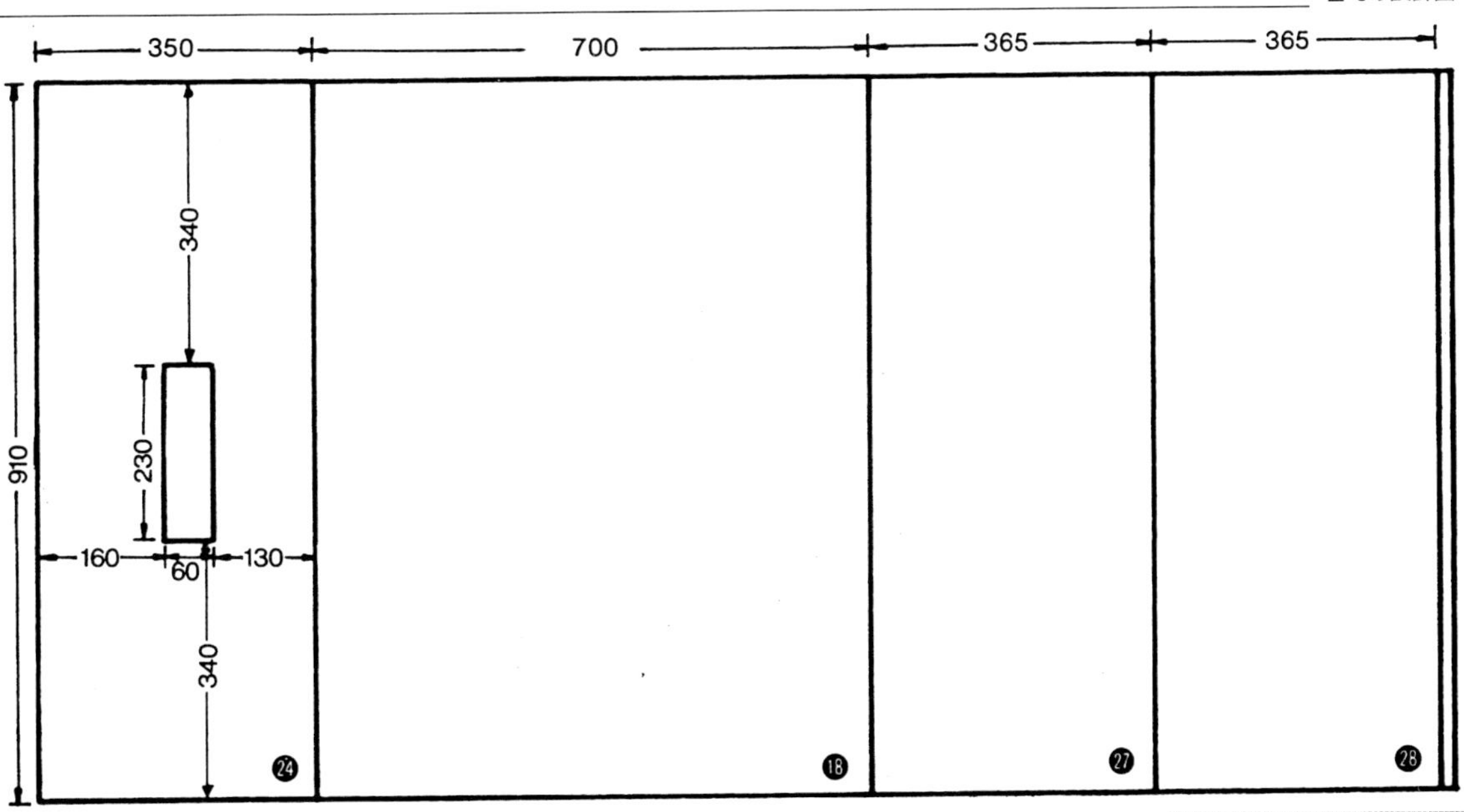

E-6の設計図

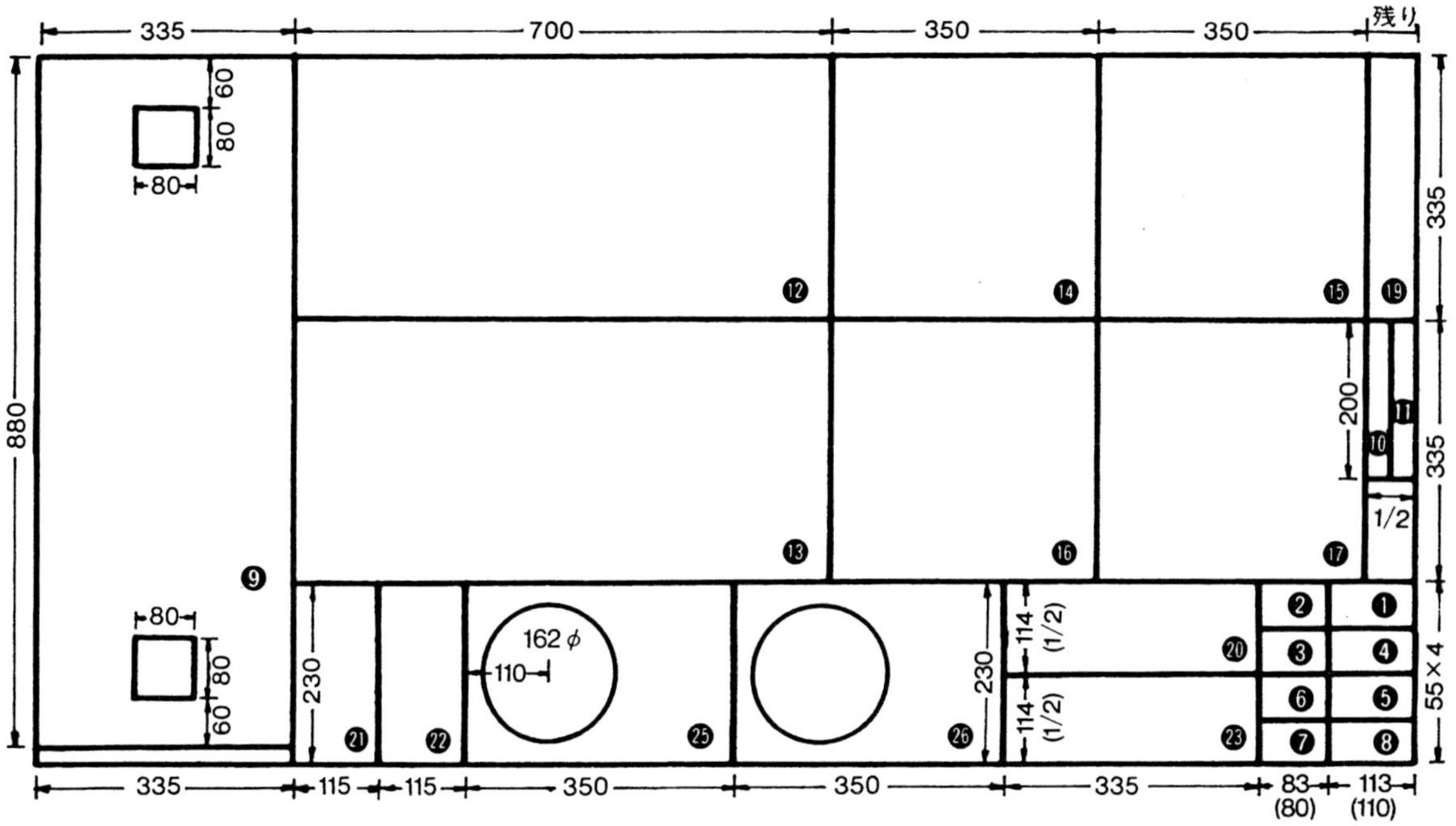

F-111クレーンの設計図

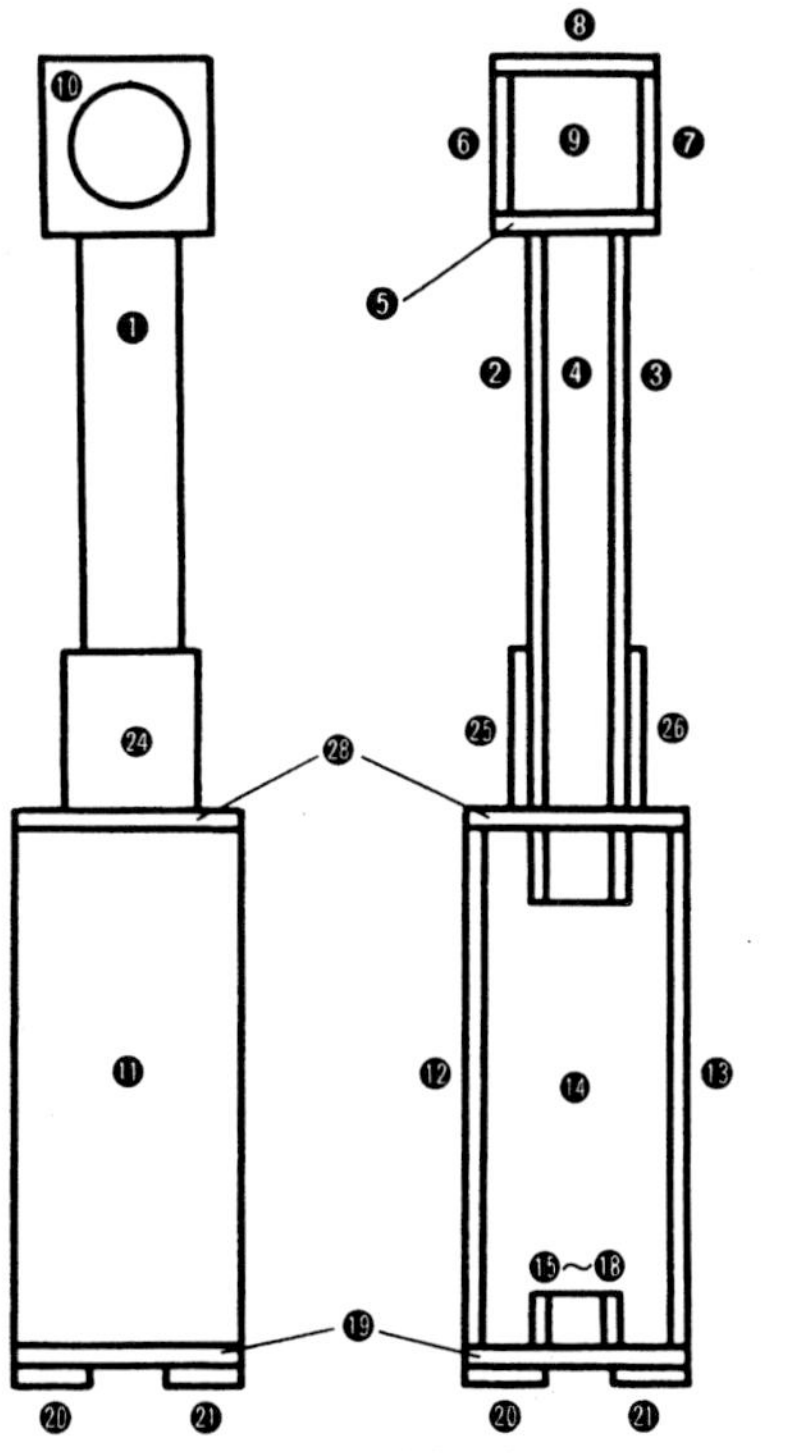

正面図

⑩❶㉔⑪をとった正面図

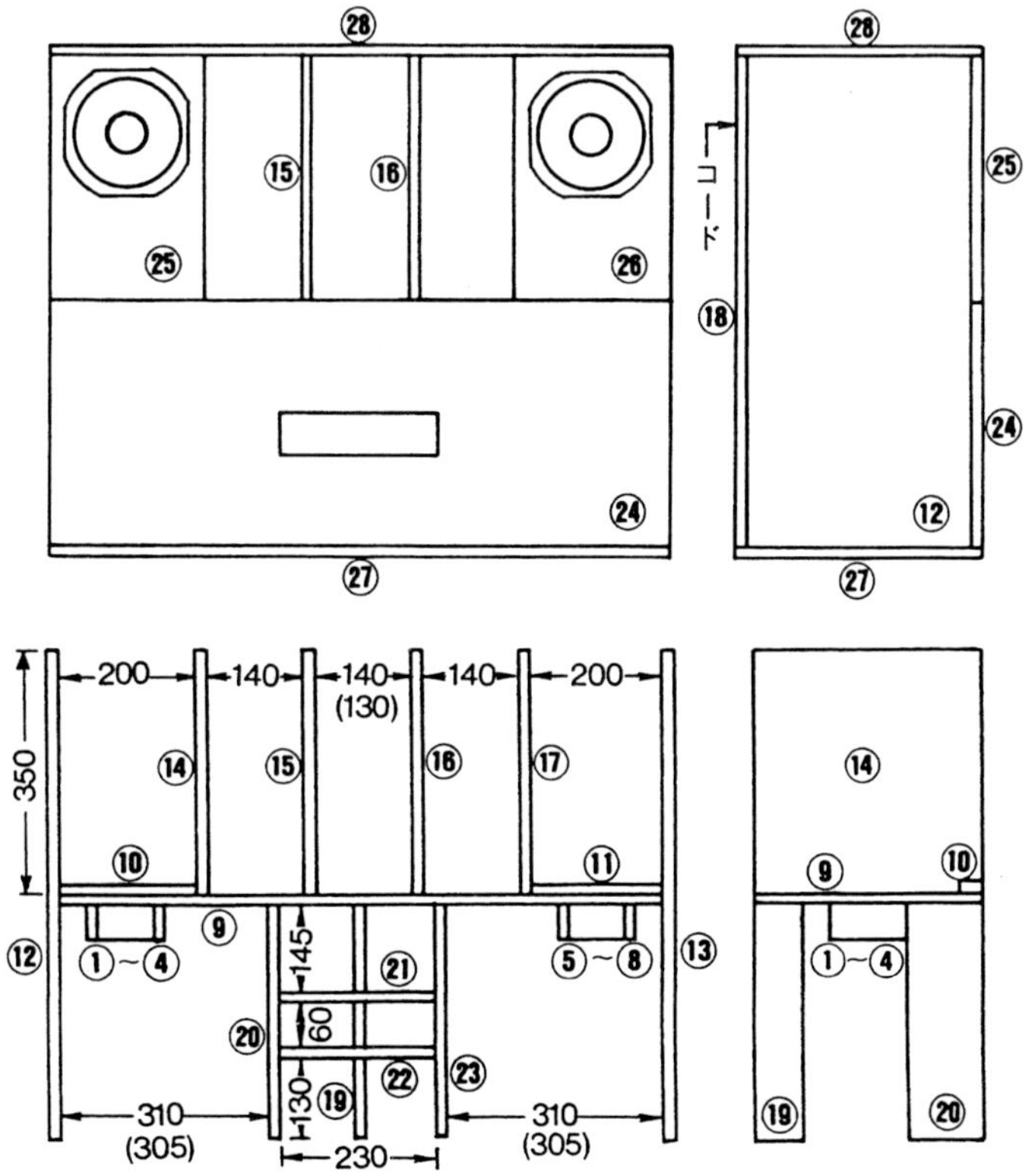

かし、このままでは左右のアコースティッククロストークが大きく、相互にドローンコーン的な動作になってしまうような気がします。そこでトゥイーター間から首にかけてセンターに補強も兼ねたセパレーターを加えたいと思いますが、いかがなものでしょうか。またトゥイーターを5HH-10に変えるのはどうでしょうか。8dBほどアッテネーションもします。

A アコースティッククロストークは一般のスピーカーシステムでもあります。主として中低域ですが、特に低域が問題。ところが、低域信号はLR同相で録音されていることが多いので、クロストークが起きるとすればL、R間の距離差（時間差）が重要なファクターになります。距離差ゼロならクロストークは無視できます。距離差があると位相のずれた逆起電力が相手チャンネルのボイスコイルに発生するわけです。その点、距離差の小さいE-13はむしろ有利という見方もできます。現に両ユニットが最接近しているAV-1でも聴感上はまったく問題がありません。またドローンコーンは動作原理（駆動系を持たないユニットがf_0を中心に振動する）からしてもあまり関係がないと思います。セパレーターは必要ないのではないでしょうか。EAS-5HH-10の使用は可能と思います。コンデンサーとアッテネーターは2.2μF6dB〜0・47μF0dBといったところで、カット・アンド・トライで決めて下さい。

クレーンを一般のBSのリアに利用

Q マトリックスサラウンドに関心を持ち、スペース的にも、セッティング的にも、予算的にも利用しやすいだろうという考えから、F-111「クレーン」を自作しようと思っています。クレーンはスワンa専用リアスピーカーということで紹介されているので、一般のブックシェルフに対してもリアスピーカーとして利用できるのか気になります。また利用できるのであれば、使いこなし上の留意点をお教え願いたいと思います。

A クレーンはほとんどのブックシェルフに対するリアスピーカーとして使えます。ユニットも、FF125K、テクニクスEAS-10F20でも使えます。セッティングはリスニングポジションに対して、前でも横でも後ろでも構いません。いろいろテストして好みの位置を見つければいいでしょう。ただ、無難なのはわずかに前に出すセッティングです。方舟のサラウンドもそうなっています。ユニットの角度も自由で、前でも横でも後方でも、あるいは壁に向けて反射音を聴くという形でも構いません。無難なのはリスナーに対して軸上正面ではなく、30度ぐらいずらすといった感じでしょう。

R-8IIを作ろうと思っています

Q 今度、音場型のR-8MKIIを製作したいと思っています。そこで次の質問があります。①リボントゥイーターではどんな音質を得られるのか。②リボントウイーターをフォステクス社はい

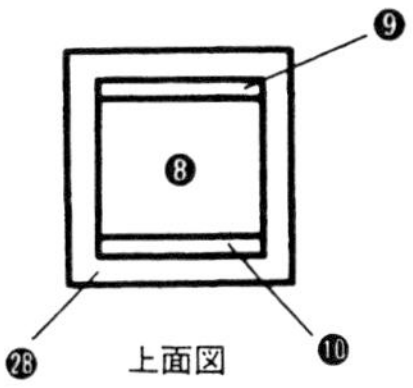
上面図

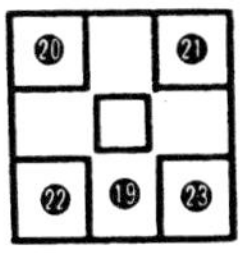
底板の補強

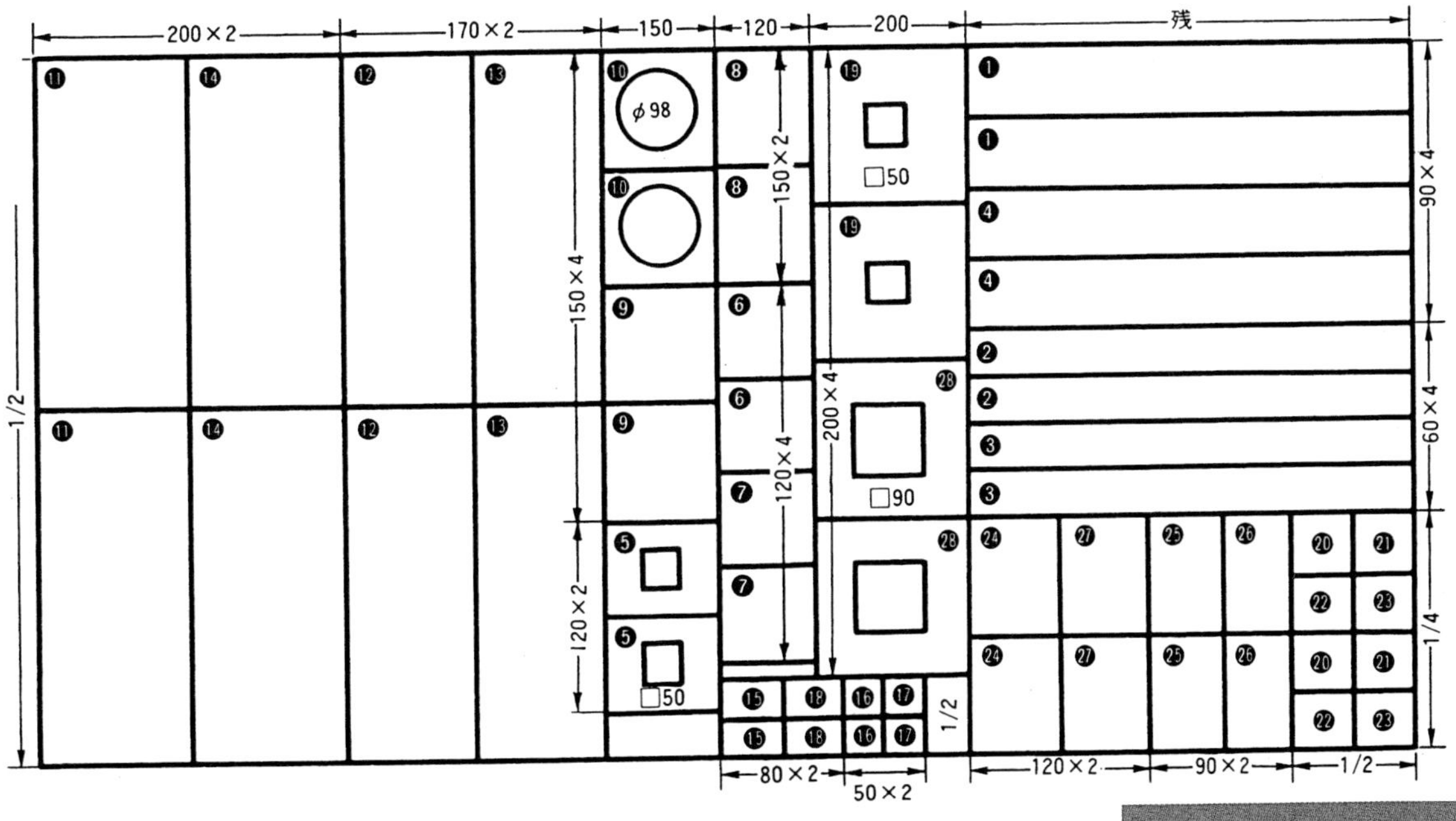

つまで生産し続けるのか。③トゥイーターを交換するとしたらどのような機種があり、どのようなネットワークになるのか。④16Ωのユニットが手に入らないが、8Ωではどのうよなネットワークになるか。⑤底板にコード引出し兼ダクトの穴（φ21㎜）をあけても問題はないか。以上のような質問です。よろしくお願いします。

A ①軽くさわやかな音ですが、多少くせがあります。私はFT27Dの方が好きです。設計当時は他に適当なトゥイーターがなかったのです。

②知りません。

③FT27D、コンデンサー2.2μF、ATT必要。

④16Ωを使うのは能率を下げるためです。8Ωだとアッテネーターが必要になり、感心しません。FW-27とFT27Dの組み合わせを奨めます。FW-27用のコンデンサーは有極電解の100μFを2個逆相でシリーズ、それに、3.3μFフィルムをパラって使います。16Ωのコンデンサーの倍と思えばいいでしょう。

⑤問題ありません。

共鳴管についての質問

共鳴管システムを作ろうと思います

Q 16cmのユニットを使って共鳴管システムを作ろうと思います。ハイカノンF-201の本体をやや細めにし、第2共鳴管の上に第3共鳴管をかぶせる形とし、共鳴管の断面積×長さは順に230cm²×90cm、280cm²×100cm、390cm²×120cm程度を考えています。①これで低域は十分出るでしょうか。②トウイーターは必要でしょうか。必要なら手持ちのFT-15H+1.5μF逆相でいいでしょうか。

A 共鳴管は断面積の変化がなく、折り曲げもないというのが理想ですが、その代わりくせは強くなります。断面積を徐々に拡げていくとくせは少なくなります。ポイントは最初のパイプ（スロート）の断面積で、これが狭く、開口が広いと、BHに近付きます。スロートが広すぎると大型密閉箱に取り付けたような感じになり、共鳴が起こりにくく、音響迷路に近付きます。16cmの共鳴管システムは、AVレビュー24号で作ったことがありますが、共鳴管は170cm²×90cm、238cm²×180cm、340cm²×0～45cm（スライド式）となっています。これで普通のセッティングだと低域ダラ下がりですが、コーナーにセットすると20Hzまでほぼフラットに再生できました。共鳴管の低音は、宙空に拡散してしまう傾向があるので、コーナーセッティングは必要です。少なくとも、壁を背にすることは必要でしょう。ハイカノンは20cm用で253cm²×90cm、350cm²×240cmの2段パイプです。あなたの設計は、16cm用よりは20cm用に近いように思いますが、これがどういう結果になるかは、やってみないとわかりません。というのも、共鳴管システムは資料が皆無で、16cmユニットに対し、スロート断面積はどの位がベストかといったデータが全くないからです。

六畳和室。共鳴管タイプが鳴らない

Q スワンのリア用としてクレーンのワンランク上を狙って共鳴管方式のスピーカーを作ったところ①音に厚みがなく低音不足、特に100Hz～60Hzが聴感上6dBほど落ちています。測定は六畳和室で位置を変えて何度かしました。MX-16AVの方がはるかによい音がします。②スリムに作ったにもかかわらず音像、音場があいまい。③最大の問題点は、男性アナウンサーの声や映画のせりふでピイーン、ボーボーという余韻がかなりつきまとうことです。一から作り直す覚悟もしているので対策を教えて下さい。

A スピーカーの音は部屋で大きく左右されます。ウェイトからいくと、スピーカー4、部屋6ぐらいでしょう。あなたの製作したシステムは底面積が小さく、和室の畳の上では極めて不安定、しかもユニットは最上部についているので、コーンの反動でキャビネットがゆれます。また和室のコーナーは低音増強効果が弱いので、このシステムは基本的に和室には向かないと思います。MX-16AVはテレビ（置台、コンパチ、ビデオを含めると70～80kgある）の上にのせて使う、スリムで軽いスピーカーであり、反射音に頼らず直接音だけでサラウンドを実現する狙いなので、部屋の影響は受けにくいのです。①共鳴管の低音は基本的にダラ下がりであり、方舟のメインであるネッシー2もそうです。FE-08Σの共鳴管なら

F-201ハイカノンの設計図

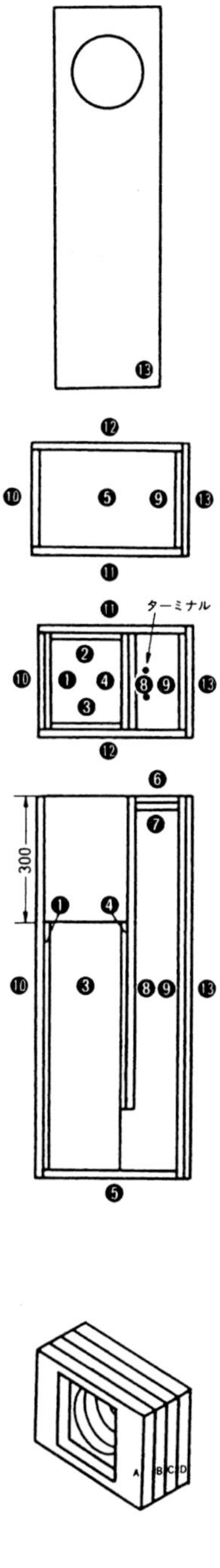

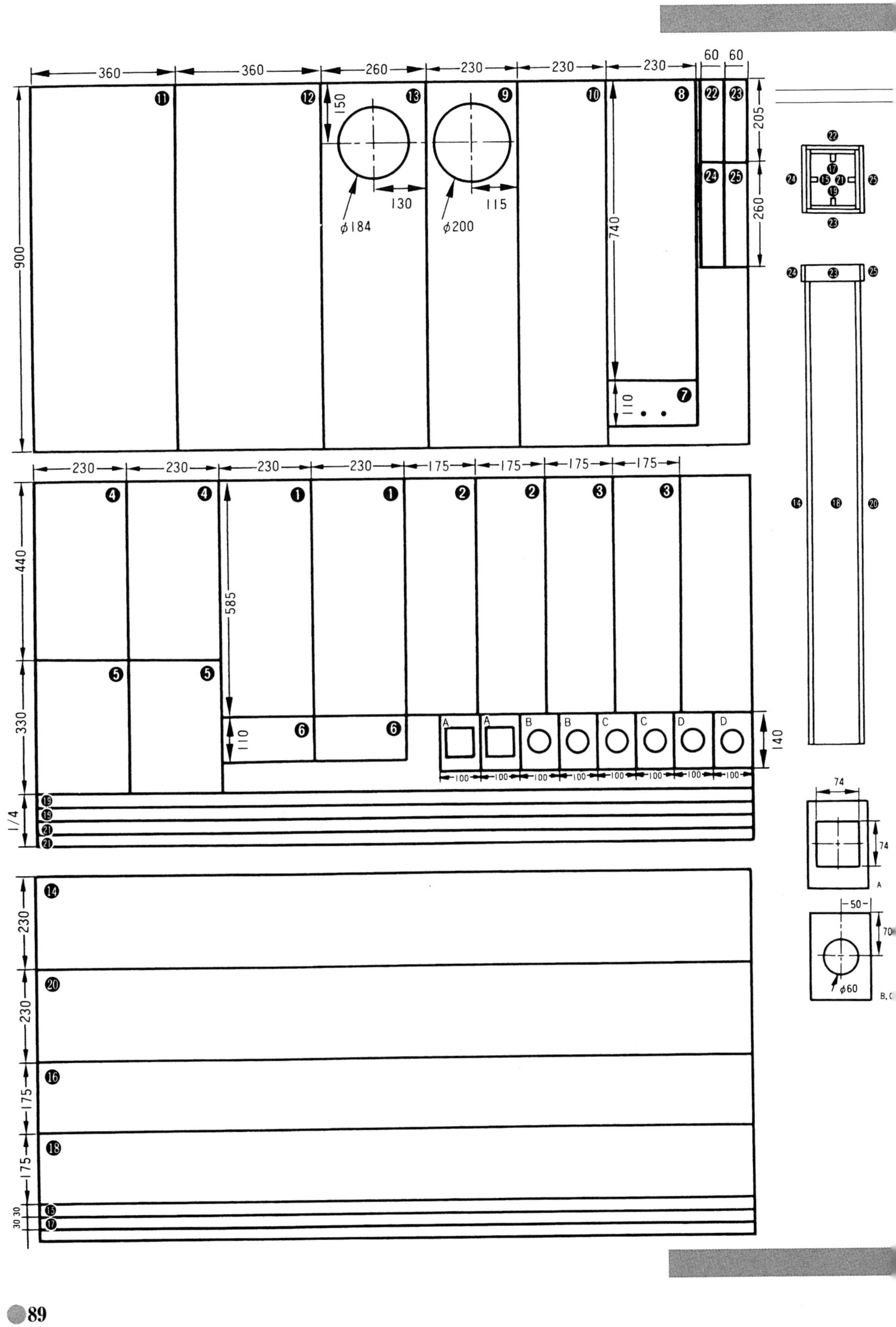

360
360
260
230
230
230
60
60
900
150
130
115
φ184
φ200
740
110
205
260
440
330
585
110
175
175
175
175
140
100
1/4
230
230
175
175
30 30
30
74
74
50
70
φ60
A
B
C
D

300Hzぐらいからダラ下がりになるでしょう。ただ、ストンと急降下する特性ではないので堅くて重い壁、床、天井に囲まれたコーナーに押しこめれば10dBは楽に上昇します。トールボーイのリアスピーカーはいろいろ作っており、たとえばAV-150Rがあります。全高1530mm、本体は外寸140×140mmの角柱、密閉箱ですが、ベースは300×300mmと広くとり、鉛を入れて安定させています。これでも畳の上ではまだふらつくでしょう。このスピーカーはFE-27を使っていますが200Hz以下ダラ下がりです。差信号のみ扱うリアスピーカーのf特はこれでいいのです。というより、この方がいいのです。②リアスピーカーはフロントスピーカーの補助であって、単体で音像がどうの、音場がどうのというものではないと思いますが、問題なのは畳の上でのふらつきと、もうひとつ、ユニットと共鳴管開口が極端に接近していることでしょう。開口からもれてくる中高音とユニットから直接音がまじり合って音が濁ります。③これは内部の定在波の影響と思われますが、構造が単純で定在波が発生しやすく、開口がユニットに近いのも問題と思います。対策は簡単です。開口からグラスウールを押しこめばいいのです。さらに徹底したいというのであれば、底板に300×270mm、厚さ30mmのベースを取付け、この上に鉛インゴットをのせること。さらにやる気があれば、開口部に外寸150×120×300mmの角柱を立てて(接着可能)共鳴管を延長することです。

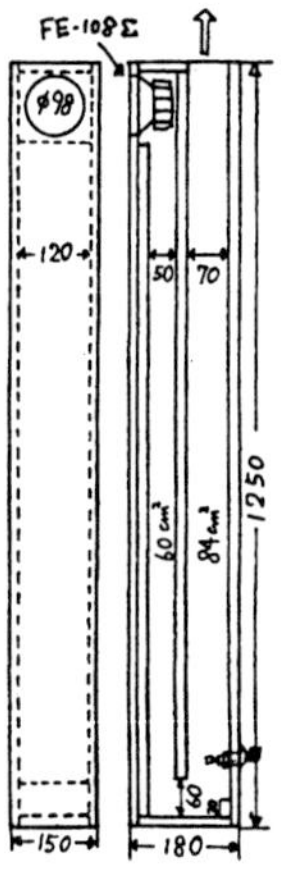

共鳴管方式SPに合うトゥイーターを

Q 共鳴管方式のSPを作ろうと思います。管の長さ230cm、直径16cm相当で、16cmフルレンジ+トゥイーターでいこうと思います。フルレンジの候補としてFF-165、16F20を考えています。それに合うトゥイーター（なるべくドーム）を、それとネットワークを教えてください。希望はハイが静かでミッドが充実した音です。

A 共鳴管用としては、磁気回路の強力なテクニクスEAS-16F20の方が向いていますが、音としてはハイ上がりになります。ドームトゥイーターでおとなしくというのであれば、フォステクスFF-165Kでしょう。トゥイーターはフォステクスFT38D、1.0~2.2μFのコンデンサーだけでつながると思いますが、細かい調整はカット・アンド・トライでやるしかありません。計算だけで一発で決めるというのは困難です。

FE83使用共鳴管SPを作りたい

Q FE83を使って、共鳴管スピーカーを作りたいと考えています。その場合
①FE83は共鳴管システムにうまくマッチするでしょうか。
②パイプの長さ2mで適当でしょうか（1回折り曲げ）。
③断面積は50cm²で適当でしょうか。
④f特、および音（特に低域）はどの程度期待できますか。

A ①すべてのユニットが一応共鳴管で使えます。ただ、駆動力の弱いユニットは共鳴管をコントロールしきれず、共鳴管が勝手に鳴るという傾向が出て、くせのある音になりやすく、逆に駆動力が強すぎるユニットは、ダンピングが効きすぎて、低音不足の音になりやすいということがあります。実際にF-2000という16

F-104カテドラルの設計図

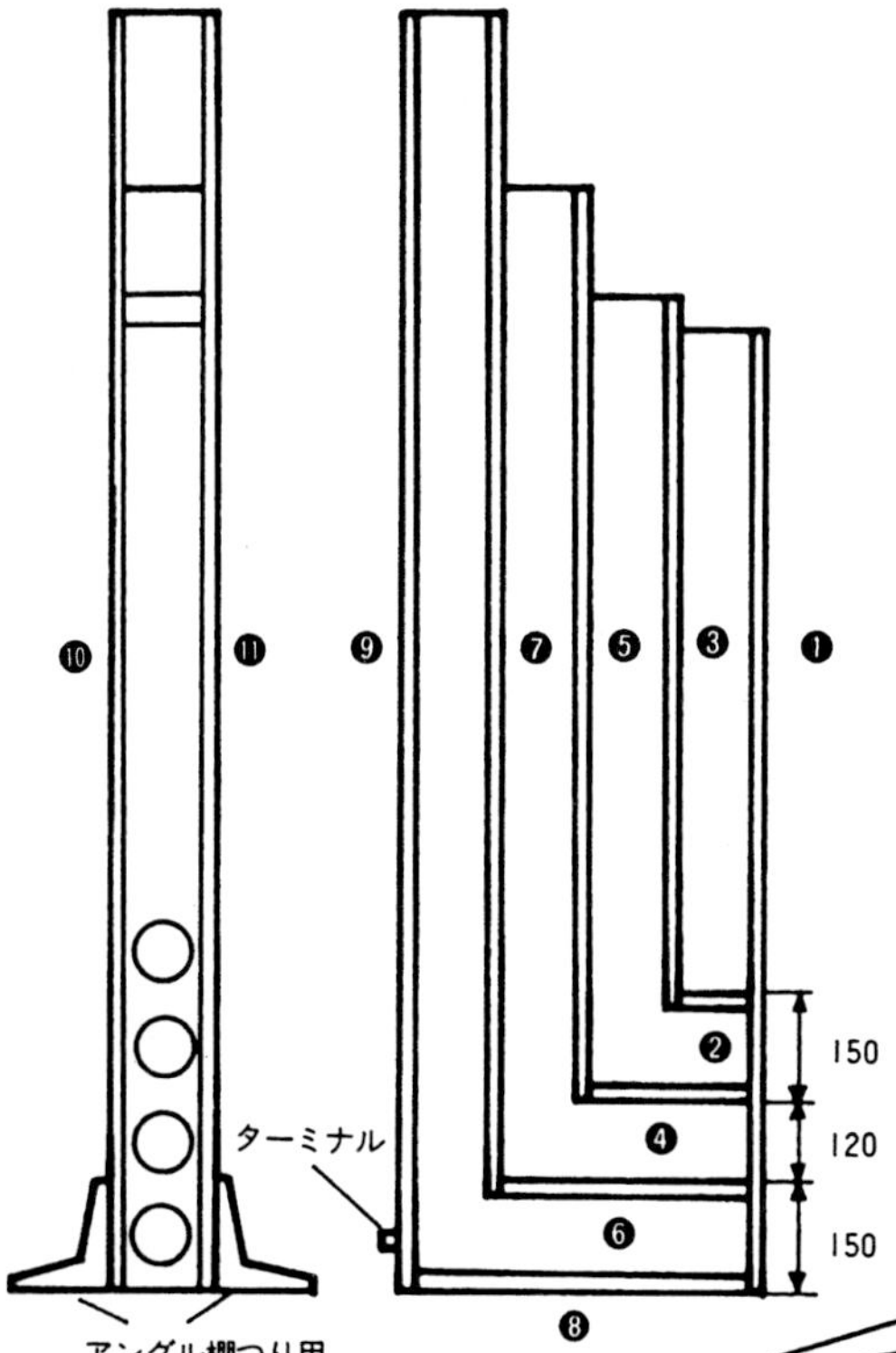

カテドラルの組み立て図

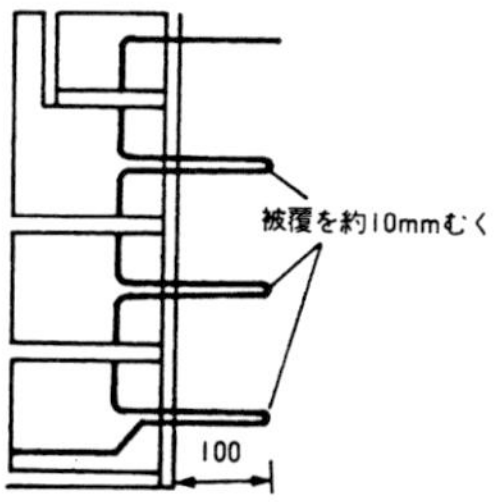

コードの引き出し方法

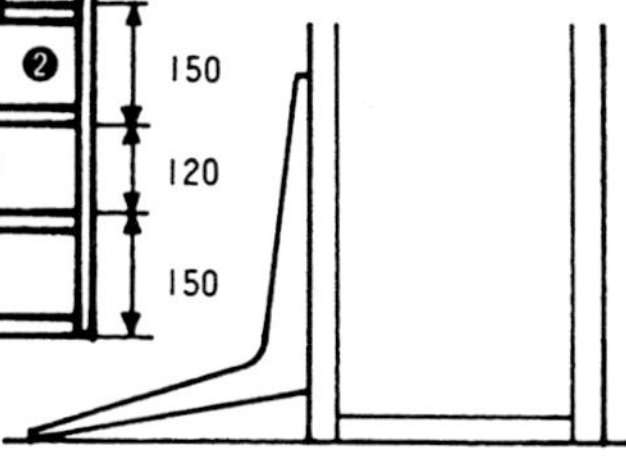
アングルの取り付け方

フォステクス
FE83

cm用共鳴管システムで実験してみましたが、フォステクスFE-167ではやや駆動力不足、テクニクスEAS-16F20ではオーバーダンピング、FE-66Σで適当という感じでした。FE83は共鳴管用に手頃のユニットと思います。

②共鳴管は長さに制限はありません。1mでも4mでもいいのです。現にF-104「カテドラル」というシステムは、片ch4本の10cmフルレンジを使用、95cmから220cmまで4本の共鳴管を組合わせています。FE83に対して2mは適当でしょう。

③共鳴管のユニット付近での断面積はどのくらいあればよいか、正確なデータはないのですが、直感と、これまでの実験からして、振動板面積の1.0～2.0倍と見ています。開口部ではもっと拡げて構いませんが、極端に拡げると、その部分は共鳴管として動作しなくなります。FE83の振動板面積は28㎠なので、50㎠なら大丈夫でしょう。

④については設計図がないのでなんともいえません。また設計図があっても、それだけではおおざっぱな推測しかできず、実際に作ってみて初めてわかるものです。f特は中高域についてはユニットの取扱説明書のf特と同等、低域は凹凸は出ますが、だら下がりに40Hzぐらいまではのびると思います。静かで穏かな低音でしょう。

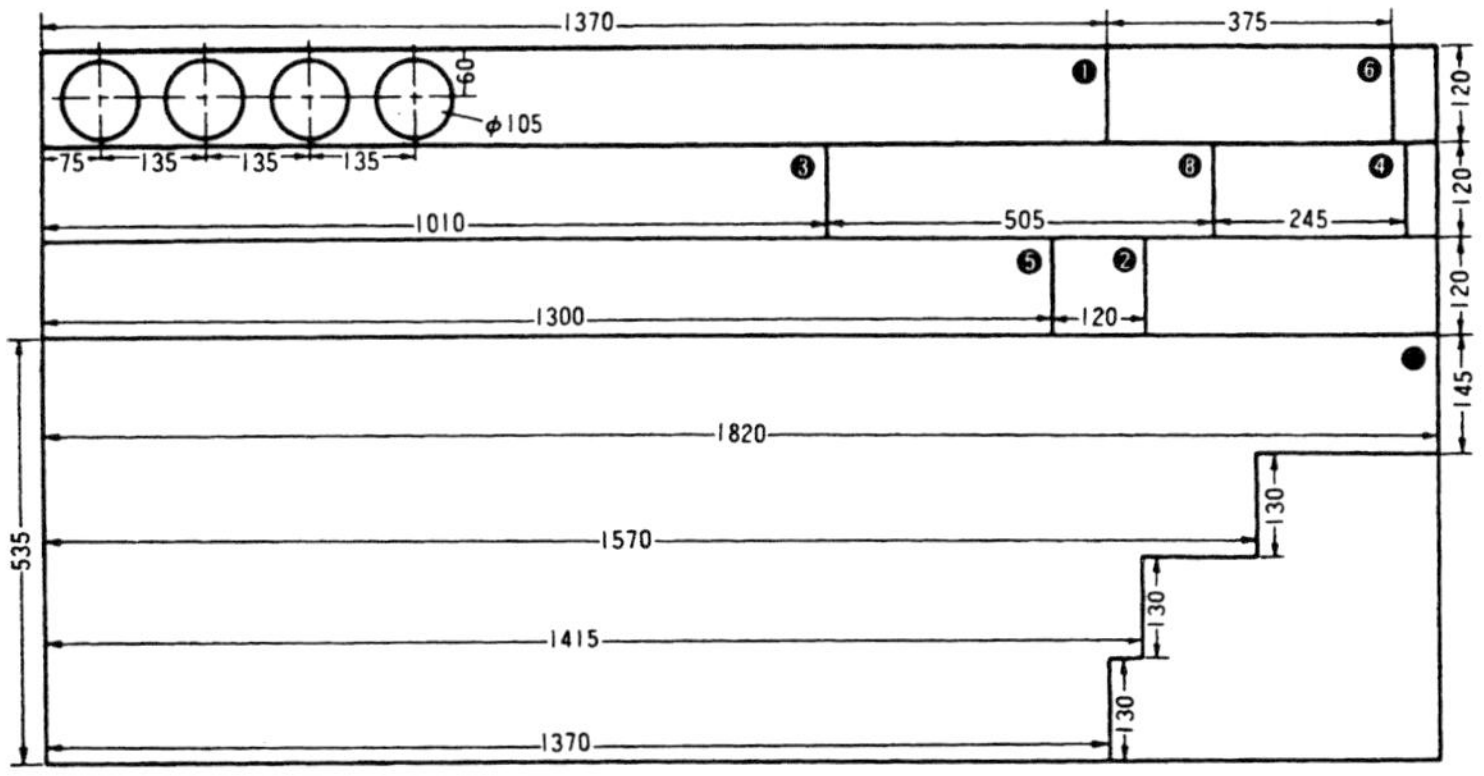

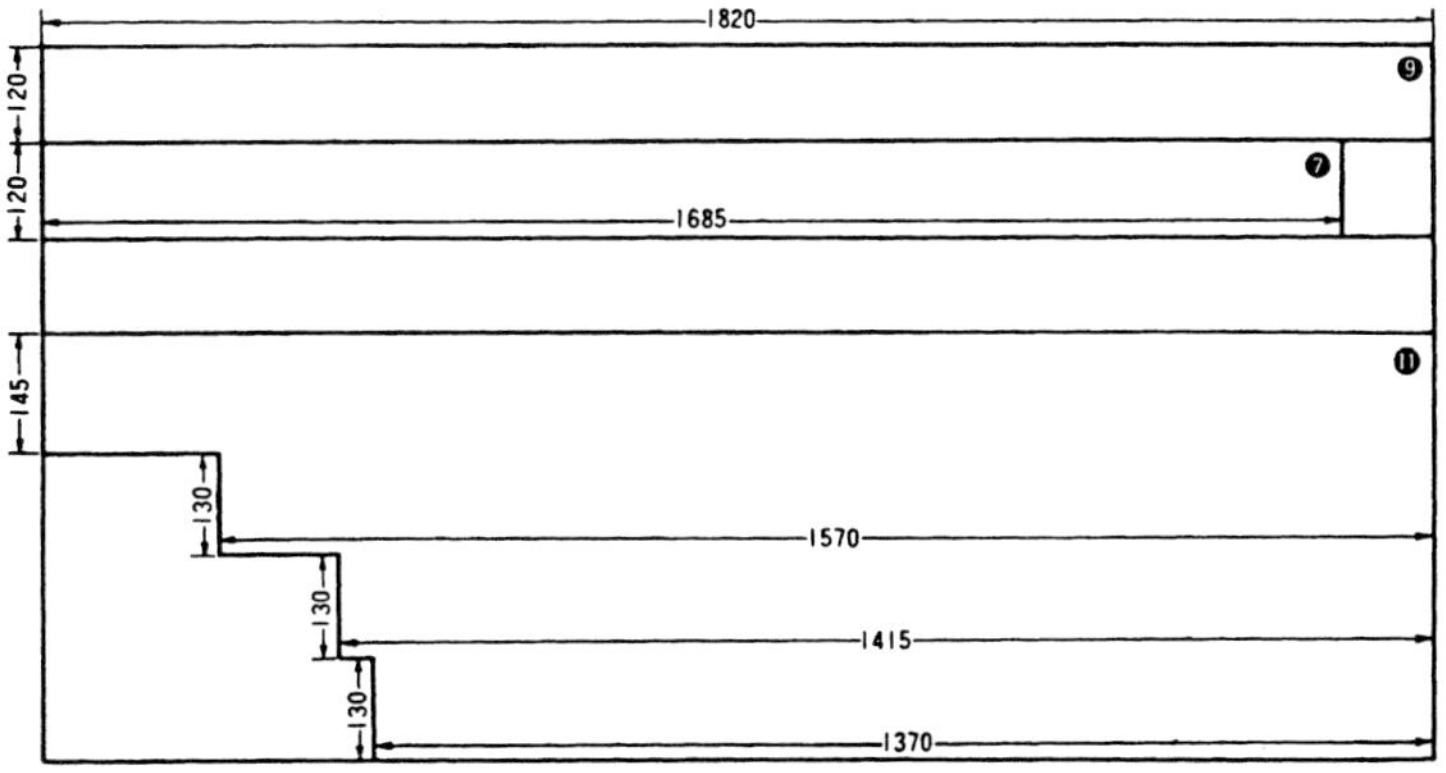

長岡鉄男のオリジナルスピーカー設計術
こんなスピーカー見たことない
Special Edition
［基礎知識編］

著　　者：長岡鉄男
2007年11月1日　第1刷発行
2022年12月31日　第8刷発行

発行・編集人：大谷隆夫
発 行 所：株式会社 音楽之友社
東京都新宿区神楽坂6-30
製版・印刷：錦明印刷
製　　本：錦明印刷

音楽之友社OnLine
http://www.ongakunotomo.co.jp/

「方舟」実測のスピーカーユニット・データ

註：スピーカーユニット・データは、2000年5月に長岡鉄男氏が逝去された後にも同一条件で測定したものを挿入しています。但し逝去後に取材した機種には特徴などのコメントはありません。取材の対象ユニットは現行商品、製造・販売完了製品も含まれていますので、ここでは価格表記は削除しています。

ユニットの測定

メーカー発表のスペックは信用できない。正確にいえばスペックにウソはないが、測定基準が異なるので同列に比較することができないのである。ユニットAの出力音圧レベル89dB、ユニットBの出力音圧レベルが91dB。このスペックにウソはない。しかし実際に鳴らしてみるとAの方が高能率である。なぜか、測定基準が異なるからである。あらゆる面でこういうずれが生じているので、すべてのユニットを同列で比較できるようにするためには、誰かが同一条件ですべてのユニットを測定しなければならない。それを僕が引受けることになった。決して理想的な測定条件ではないかもしれないが、そんなに悪い条件でもない。何よりもすべてを全く同一条件でというのが画期的である。しかも、現行製品だけでなく、旧製品でも補修パーツでも片っぱしから測定してしまうのだから、われながら凄いと思ってしまう。

インピーダンス特性の測定は難しいので、アンプとユニットの間に132Ωの抵抗を入れ、定電流駆動に近い形とし、裸のユニットの入力端子に現れる電圧をスペアナで測定する。スペアナの見方としては、**図1**のピークがf_0、f_0より上でインピーダンスが最低になる点Zを公称インピーダンスとする。高域に向かって上昇するのは、インダクタンス成分によるものである。インダクタンスの意味がわからなくてもシステムの設計には支障がない。厳密にいうとf_0は入力によって多少の変動がある。大入力の方が少し低めに出るのである。方舟方式の測定はユニットへの入力は小さいのでメーカー発表値より高く出る可能性もあるが、高いといってもせいぜい2、3Hzの違いなので無視できる。f_0のピークの形はユニットのキャラクターを示唆する。**図1**実線は駆動力（磁気回路とコイルの線材の総量で決まる）の大きいユニット、点線はそれをメカニカルにダンプしたユニット。**図2**実線は駆動力の小さいユニット、点線はそれをメカニカルにダンプしたユニットである。

f特の測定も難しい。どんな部屋か、どんなキャビネットかバッフルか、どんなマイクか、どんなマイクセッティングか、どんな入力信号か、どんなアンプか、どんなケーブルか、それが完全に規制されていない以上、同列比較は絶対に不可能なのである。方舟の測定はフルレンジとウーファーは900×1200㎜の平面バッフルに取付けて5角形の部屋の床のセンターをわざと外して、どの壁面とも平行しない角度にセット、やや仰角をつける。**図3**のようにマイクは軸上正面2mと、30度2mの2点で測定。いずれも床からの高さは1m、入力はピンクノイズ、これは5Hzの超低域から20kHzの高域まで、常時ランダムに、しかしトータルではフラットに発生しているノイズだ。全域パルスで構成されているので、サインウェーブ・スイープよりは厳しいソースになる。測定はアンプのボリューム位置一定で行なう。入力は1W以下、正確に計算はしていないがこれは適当でよいのである。入力1Wというのは6Ωのスピーカーに対して定電圧駆動のアンプで入力端子面に2・45Vの電圧を加えるということなのだが、6Ωのスピーカーが実際にぴったり6Ωであることはまずないので、もともとあまりあてにはならないのである。それよりボリューム一定というのが重要だ。これとインピーダンスを照合す

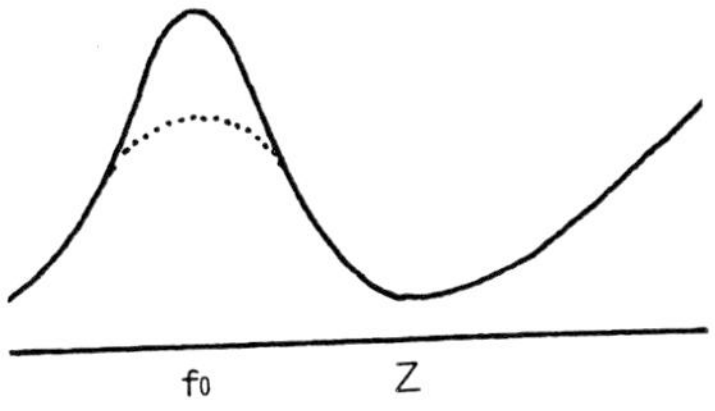

図1●

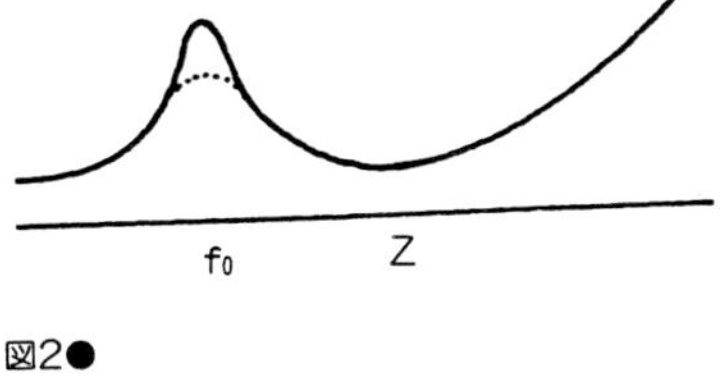

図2●

れば正しい出力音圧レベルがわかるし、2ウェイ、3ウェイを組む場合はこのf特が修正なしに使える。マルチウェイでは4Ωのウーファー、8Ωのトゥイーターといった組合せが珍しくないが、マルチアンプでない以上、どのユニットに対してもボリューム位置は同じだからである。なお平面バッフルでの測定なので、低域はダラ下がりに下降している。低域特性はキャビネットとの組み合わせで大幅に変化するので、メーカーでもユニットの測定は大型平面バッフルか、巨大密閉箱に取付けて行なっている。海外のメーカーの中にはユニットのみ宙吊りにして測定しているメーカーもある。

トゥイーターはバッフルを使わず、スタンドの上にのせて距離2m、高さ1mで測定**図4**。やはり軸上正面と30度である。入力はフルレンジ、ウーファーと同じだが、2.2μFのコンデンサーをシリーズに入れる。もう少し大きくしたかったのだが、スーパートゥイーターも入るので小さめにした。特に大型のトゥイーター、スコーカーに対しては10μFを使う予定である。インピーダンス特性の測定にはコンデンサーを入れてない。入力がごく小さいので安全と考えたからである。2.2μFを入れたことで、f特は5kHzで7dB、2.5kHzで12dB落ちる計算、その分を補正して見るとよい。

スペックの見方

〈口径〉ごくアバウトな目安であって正確な数値ではない。トゥイーターの場合は振動板の直径をさすことが多い。

〈外形寸法〉正確な数値である。ユニットをバッフル面にレイアウトする時、キャビネットの奥行を考える時に必要な数字だ。

〈バッフル開口〉メーカー発表値

〈同最小寸法〉実測であって、この穴をあけてユニットを叩きこめばはまるという寸法。これにゆとりを持たせたのがメーカー発表値である。

〈再生周波数帯域〉あまりあてにならないのでスペアナのf特を参考にしてほしい。

〈出力音圧レベル〉同右。

〈インピーダンス〉あまりあてにならないのでスペアナのインピーダンス特性を参考にしてほしい。

〈f_0〉同右。

〈最大入力〉あまりあてにはならないが、それほど気にしなくてもよい数字である。トゥイーターの場合、クロスオーバー周波数を下げれば最大入力も下がる。

〈Q_0〉f_0でコーンが勝手に振動するのを抑える働きを示す。数字が小さい程抑えがよく効いている。つまり締まりはよいが、低音が出にくい。数字が大きいと低音はよく出るがしまりがない。0.5が標準と考えられている。

〈振動板実効半径〉メーカーによって測り方に多少の違いはあるが振動板とエッジの一部を加えた半径であり正確と見てよい。

〈マグネットサイズ〉メーカー発表値。

〈マグネット重量〉実測値、防磁カバーつきのものはカバーのサイズ、アルニコマグネット(一部ALと表示)、コの字型ヨークのものはマグネットのサイズ。壺型ヨークの場合はヨークのサイズで示す。

〈重量〉実測値である。

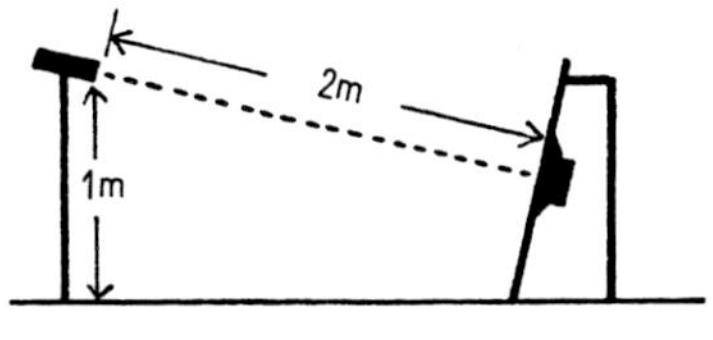

図3●

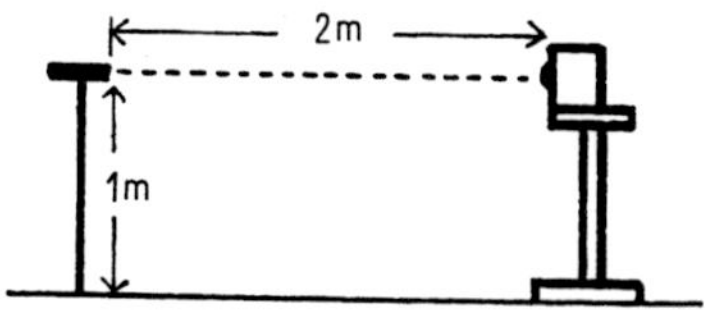

図4●

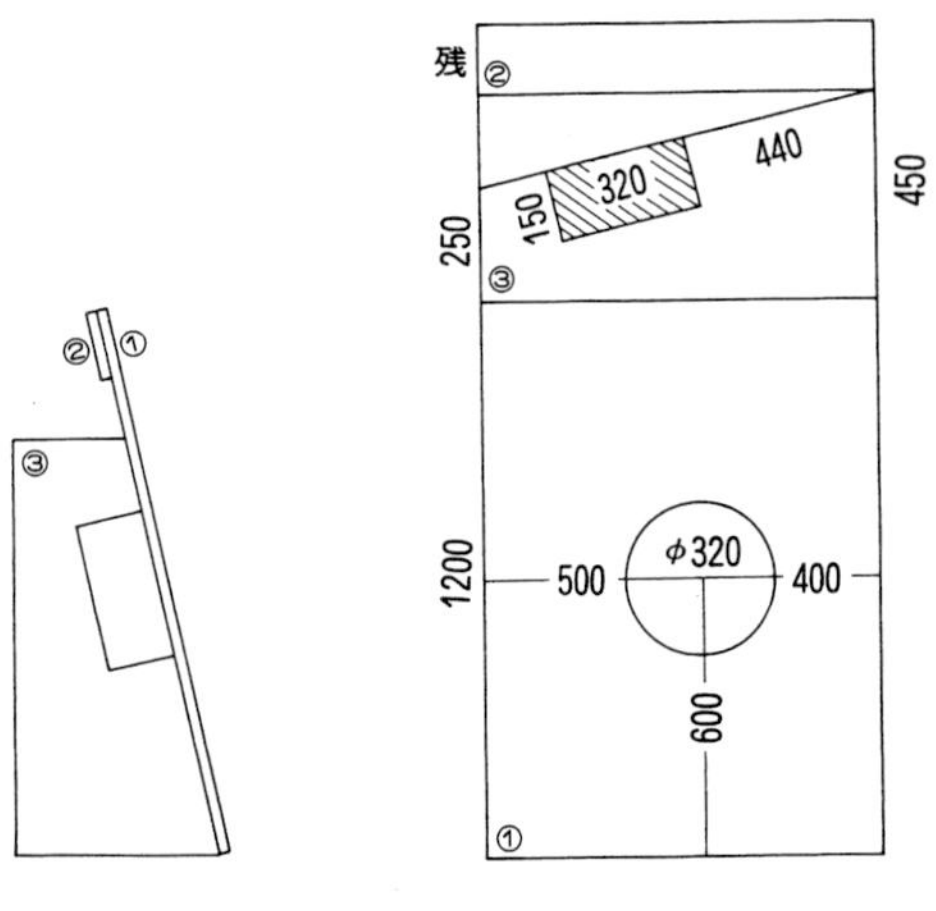

測定用のバッフル

スペックの見方，補足

【f特】

測定法は基本的には設計術と同じだが、トウイーター測定は2.2μFと10μFのf特を2重露出で一枚に収めるという方法をとった。トゥイーターの安全のためには2.2μFがいいのだが、もともと入力はそれほど大きくないので10μFでも大丈夫ということがわかったからである。メーカー発表のf特はワイドフラット、きれいな波形で発表されているが、これはローカットしたサインウェーブのスイープを使っているためである。ピンクノイズで、コンデンサーを入れて測定するとメーカー発表のf特とはかなり違った形になるが、2の方が実働状態に近い。音楽信号では20kHzの正弦波だけが連続で入ってくるということは決してない。常に複雑な信号のミックスであり、パルス性の信号も多いので再生は難しい。1kHzと20kHzが同時に入力されたとすると、1kHzでダイヤフラムがゆさぶられて20kHzのレベルが低下することもある。なお、設計術では、ピンクノイズの帯域を5Hzから20kHzまでとしているが、これは20kHz以上が正しい。

【インピーダンス】

信号はピンクノイズではなく、サインウェーブのスイープで測定している。f特の測定とは条件が違うからである。スペアナを見てインピーダンスが何Ωか正確に判定するのは難しいが、一応図1のように㊀30dBのラインが8Ω、㊀40dBのラインが2Ωと見て大きな間違いはない。ハイエンドは25kHzが落ちているが、入力信号が22・05kHzまでだからであって、特に意味はない。

【f_0】

f_0はユニット間のばらつきが多いので1個ずつ違うものである。また、エーシングで徐々に下がってくるのが普通なので、使いこんだユニットのf_0は概して低めに出る。発表したf_0は大部分が新品の実測値である。メーカーは各種のテストなどでエーシングの進んだユニットのf_0を公称値として発表している。ユニットによってはエッジが硬化してエーシングでf_0が上昇するものもある。エーシングで硬化する含浸クロスエッジなどがそうだが、最近のエッジには少ない。フルレンジやウーファーのf_0はスペアナ左の方にある大きな山がそれで、一目でわかる。f_0はすべてのユニットにある。海外製品ではトゥイーターのf_0が発表されている場合があるが、日本ではない。トゥイーターのインピーダンス特性で中域にピークの見られるものがあるが、それがf_0である。

図1

【最大入力】

100Wとあったら中高域での許容入力であり、低域での許容入力はもっと小さくなる。0Hz(DC)では0.1Wでエッジが突っ張ってしまう。トゥイーターの場合、推奨クロスオーバー(12dB／oct)使用時の許容入力である。いずれにしても測定法に、連続最大、音楽信号最大、瞬間最大といろいろあるので同列比較はできない。

【クロスオーバー周波数】

トゥイーターの場合、5kHz以上とあったとすると、12dB／octのネットワークを通し、最大入力まで入れられる周波数のことである。条件が変わると周波数も変る。許容入力を小さめにとればクロスオーバーを低めにとることが可能、クロスオーバーを上げれば許容入力は大きめにとれる。またネットワークを6dB／octとするとクロスオーバーは高くなる。これも許容入力次第で大きく変るのだが、変り方は機種によって違い、6dB／octの時のクロスオーバー周波数は12dB／octの時の1.5〜2.0倍に上昇する。大音量再生しないのであれば、6dB／octでも12dB／octでもクロスオーバーはメーカー発表値よりも低めにとれる。ただしその状態で、メーカー発表値の最大入力まで入れると破損のおそれはある。ひとつの目安として、f_0がわかる場合は、f_0の2倍以上でクロスさせるという手もある。ウーファーのクロスオーバー周波数は入力による制限は全くなく、f特、指向性、歪率などで決めている。高域の特性が素直ならばネットワークなし、スルーでも使えるし、中高域の暴れのひどいウーファーは推奨値よりも低めにとらないときれいな音にならないこともある。

HP080G0

●Audax

形式(メーカー呼称)……8cm/フルレンジ
外径寸法………………φ9.2×5.0cm
インピーダンス……………………6Ω
fo………………………………117.75Hz
Qo……………………………… ———
Mo……………………………… 2.52
a………………………………… ———
許容入力…………………………25W
出力音圧レベル　85.4dB/2.83V(m)
再生周波数帯域…………………———
メーカー推奨クロスオーバー周波数…———
マグネットサイズ……　φ62×T10mm(註：解説)
バッフル開口………φ72mm/最小寸法(註：解説)
総重量……………………………300g

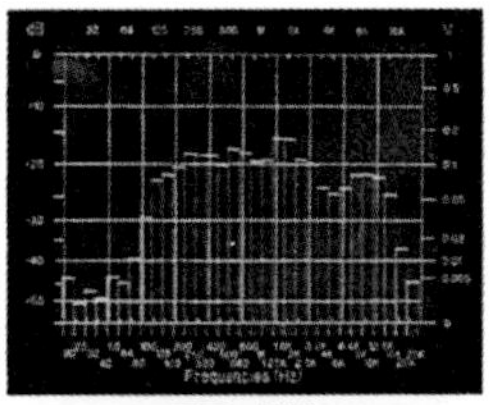

正面 f 特性

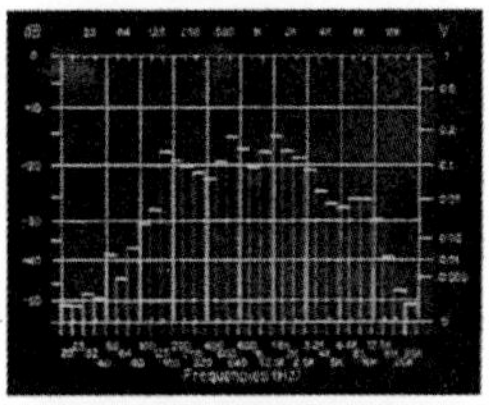

30度 f 特性

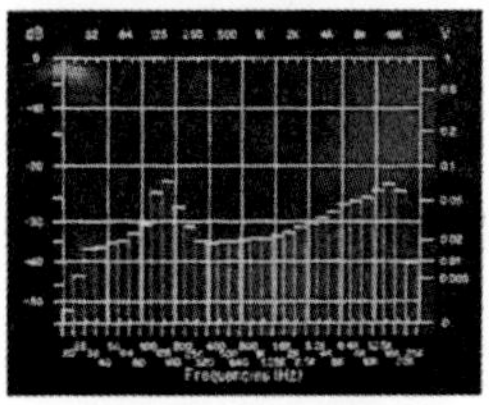

インピーダンス特性

7F10

●テクニクス

形式……………………………7cmF
外形寸法……………□75×44.1mm
インピーダンス…………………8Ω
f_0……………………………120Hz
Q_0……………………………0.55
M_0……………………………0.87g
a………………………………2.4cm
許容入力…………………………20W
出力音圧レベル…………………88dB
再生帯域……………120〜20kHz
クロスオーバー……………………
マグネット重量…………………125g
マグネットサイズ…………φ60×14mm
総重量……………………………345g
バッフル開口……………………φ63mm

オーディオ用フルレンジとしては最小。10シリーズの基本はそのままに縮小した形で、音色も共通している。f_0はメーカースペックより高く、重量はスペックでは275gだが実測では345gある。f特は凹凸はあるがハイエンドまでよくのびており、30度でも急降下にはならない。低域は無理なので、一発で本格的オーディ用には使えないが、サブには好適。能率が低いのを承知でなら、トゥイーター的な使い方もできる。

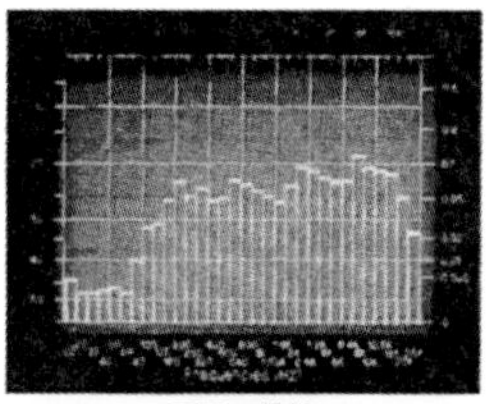

正面 f 特性

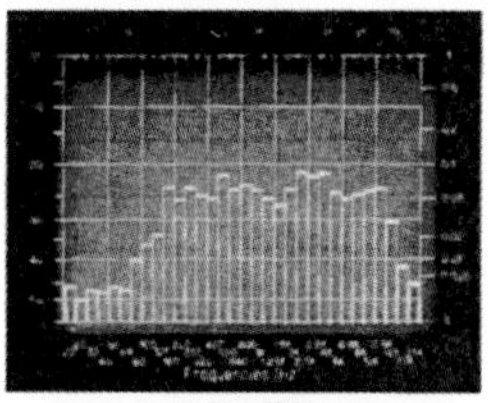

30度 f 特性

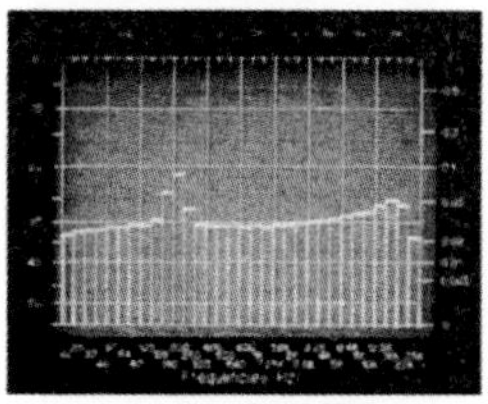

インピーダンス特性

JX62S

●ジョーダン

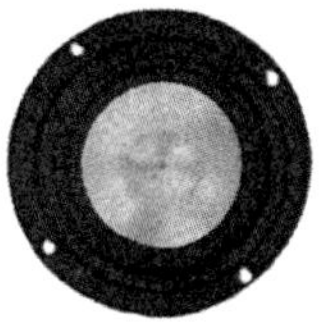

形式……………………………6.2cmF
外形寸法……………　105×49mm
インピーダンス…………………4Ω
f_0……………………………95Hz
Q_0……………………………0.63
M_0……………………………1.88g
a………………………………——
許容入力…………………………35W
出力音圧レベル…………………90dB
再生帯域…………………………——
クロスオーバー…………………——
マグネット重量…………………——
マグネットサイズ………………——
総重量……………………………322g
バッフル開口……………………φ82mm

アルミコーンの防磁型小口径フルレンジ。コーン径62mmとあるが、実効径だとするとFE83同等、コーンだけの径でエッジの一部を含まないとするともう少し大きくなる。インピーダンス特性はフラットに近く、よくコントロールされている。f_0は95Hzと発表されているがもっと高いのではないか。軸上では16kHzに鋭いピークがあるが30度では消えている。エンクロージュアは1ℓから使えるがf特は200Hzなのでサブウーファーがほしい。

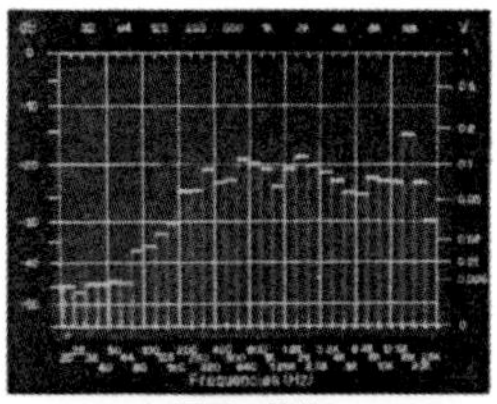

正面 f 特性

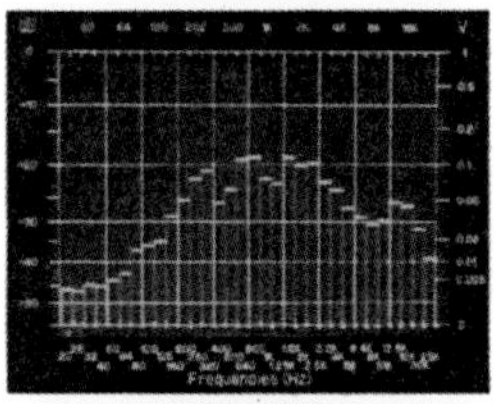

30度 f 特性

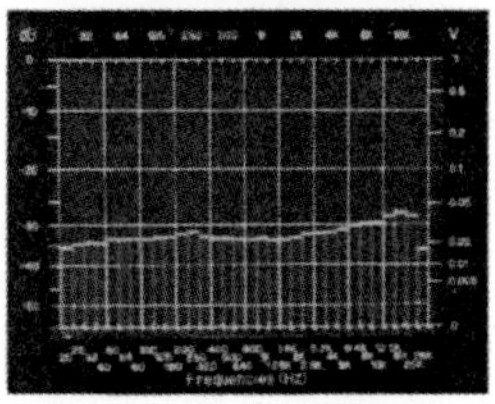

インピーダンス特性

FULLRANGE

フルレンジ

註：口径順に記載

W3-582SB

●TangBand

形式(メーカー呼称)…8cm/防磁型フルレンジ
外径寸法………………φ8.0×6.0cm
インピーダンス…………………8Ω
fo……………………………100Hz
Qo……………………………－－－
Mo……………………………－－－
a………………………………－－－
許容入力…………………………15W
出力音圧レベル………86dB/W(m)
再生周波数帯域………100～20000Hz
メーカー推奨クロスオーバー周波数……－－－
マグネットサイズ…………φ68×T32mm(註：解説)
バッフル開口………φ74mm/最小寸法(註：解説)
総重量…………………………600g

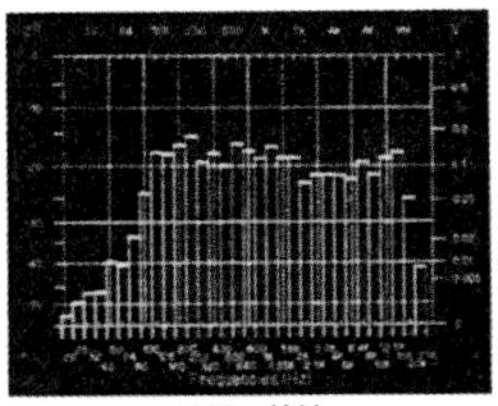

正面 f 特性

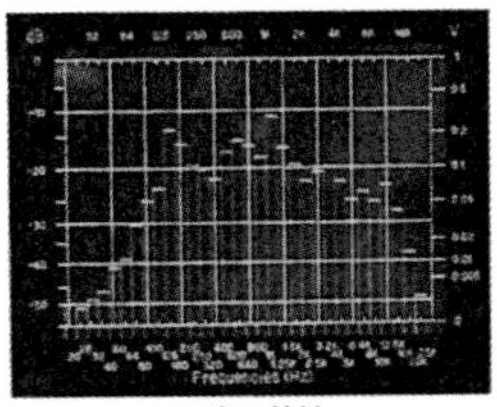

30度 f 特性

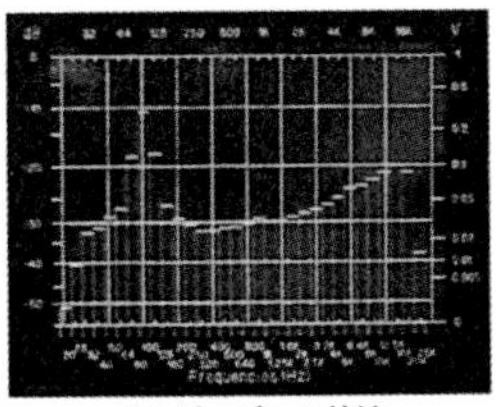

インピーダンス特性

W3-593SD

●TangBand

形式(メーカー呼称)……8cm/防磁型フルレンジ
外径寸法………………φ8.0×6.0cm
インピーダンス…………………8Ω
fo……………………………100Hz
Qo……………………………－－－
Mo……………………………－－－
a………………………………－－－
許容入力…………………………15W
出力音圧レベル………86dB/W(m)
再生周波数帯域………100～20000Hz
メーカー推奨クロスオーバー周波数…－－－
マグネットサイズ…………φ68×T32mm(註：解説)
バッフル開口…………φ74mm/最小寸法(註：解説)
総重量…………………………600g

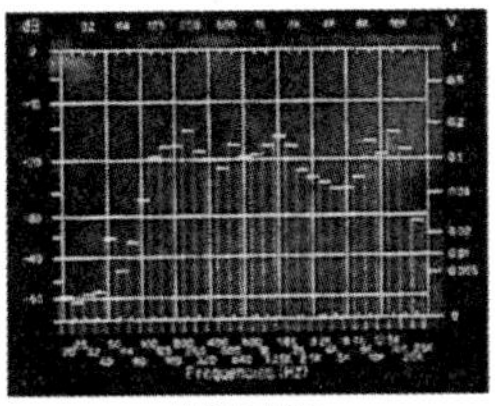

正面 f 特性

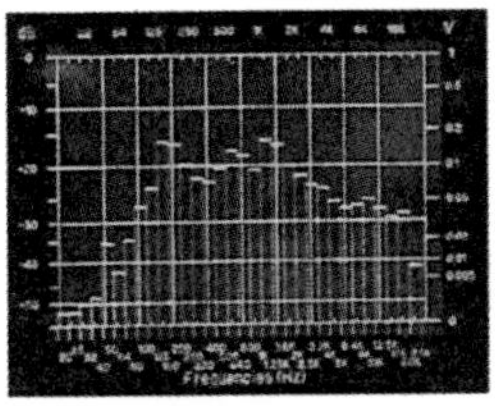

30度 f 特性

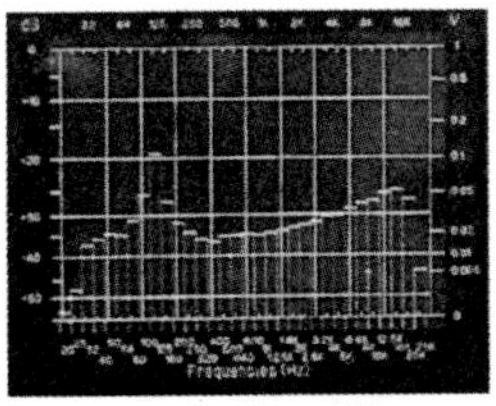

インピーダンス特性

SA/F80AMG

●DIY

形式(メーカー呼称)……8cm/フルレンジ
外径寸法……………□8.1×5.95cm
インピーダンス…………………8Ω
fo……………………………89.3Hz
Qo……………………………
Mo……………………………
a………………………………－－－
許容入力…………………………30W
出力音圧レベル……84.3dB/W(m)
再生周波数帯域………90～22000Hz
メーカー推奨クロスオーバー周波数…－－－
マグネットサイズ……φ68×T32mm(註：解説)
バッフル開口……φ75.5mm/最小寸法(註：解説)
総重量…………………………650g

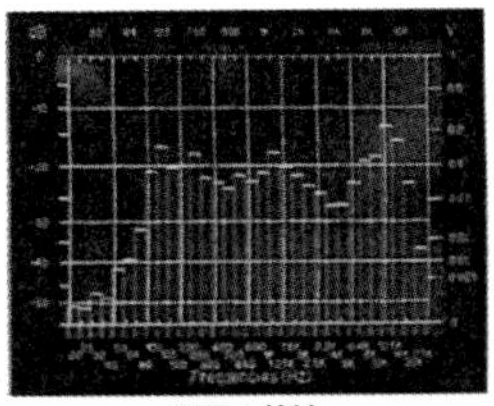

正面 f 特性

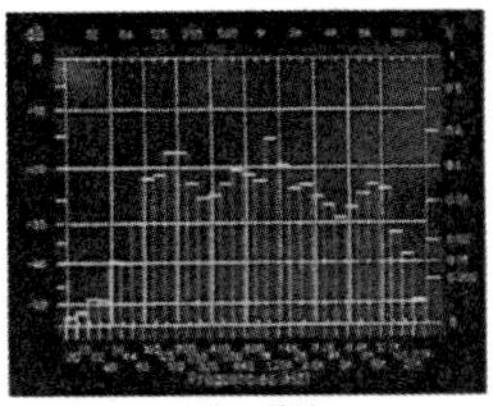

30度 f 特性

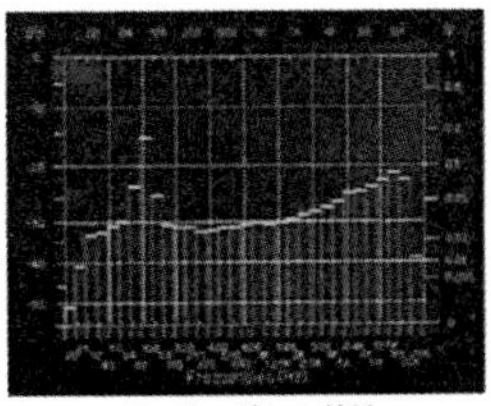

インピーダンス特性

HP080M0

●Audax

形式(メーカー呼称)……8cm/フルレンジ
外径寸法………………φ9.2×5.0cm
インピーダンス…………………6Ω
fo……………………………118Hz
Qo……………………………－－－
Mo……………………………－－－
a………………………………－－－
許容入力…………………………25W
出力音圧レベル 85.4dB/2.83V(m)
再生周波数帯域…………………－－－
メーカー推奨クロスオーバー周波数…－－－
マグネットサイズ……φ62×T10mm(註：解説)
バッフル開口………φ72mm/最小寸法(註：解説)
総重量…………………………300g

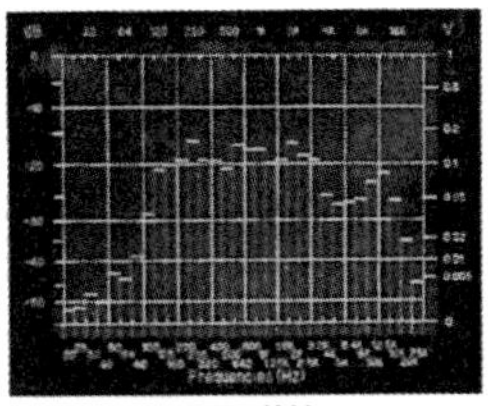

正面 f 特性

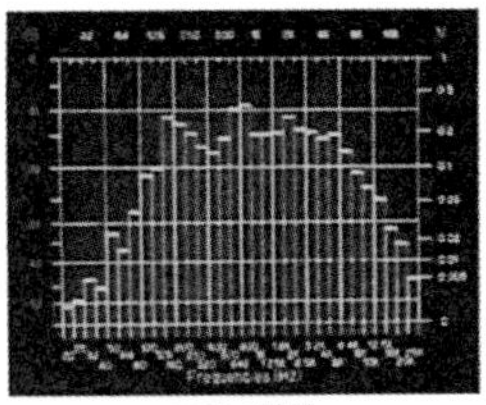

30度 f 特性

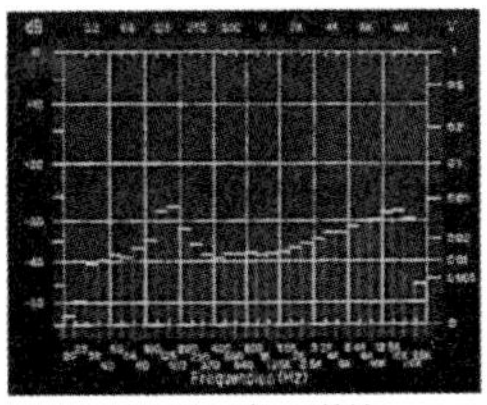

インピーダンス特性

FE87

●フォステクス

形式	8cmF
外形寸法	□83×45.6mm
インピーダンス	8Ω
f_0	140Hz
Q_0	1.08
M_0	1.4
a	3cm
許容入力	10W
出力音圧レベル	89dB
再生帯域	f_0～21kHz
クロスオーバー	
マグネット重量	76.4g
マグネットサイズ	φ53×26mm（カバー）
総重量	300g
バッフル開口	φ71mm

FE83のAVバージョンであり、違いは磁気回路だけと見ていいだろう。FE83のマグネットはφ60×15mm、140gと強力だが、FE87はダブルマグネットで76・4gと小型になった。磁束密度は上がったので出力音圧レベルも1dBアップ。ただし、ピンクノイズによる測定ではFE83より2dBダウンしている。聴感でも少し控えめのサウンドに聴こえる。指向性はいい。直視管テレビと密着して使うAVスピーカーとして真価を発揮する。

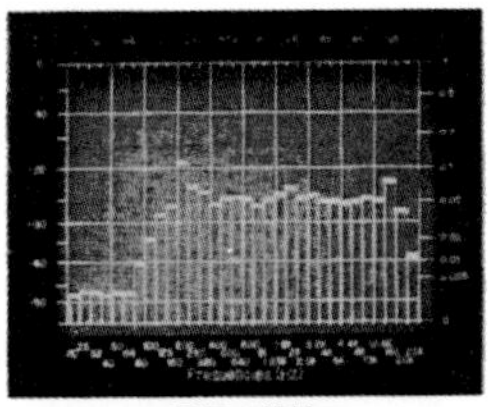

正面 f 特性

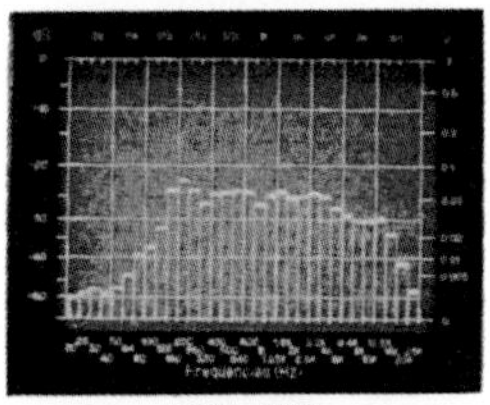

30度 f 特性

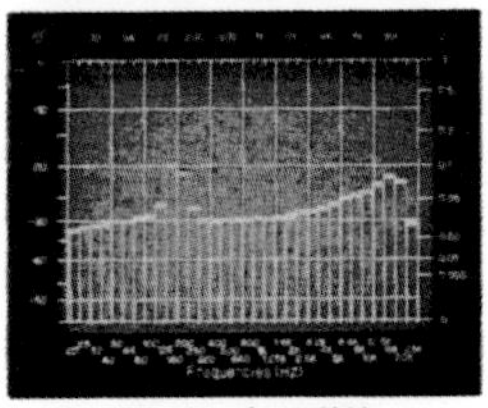

インピーダンス特性

FF85K

●フォステクス

形式	シングルコーン8cmF
外径寸法	□83×49mm
インピーダンス	8Ω
f_0	125Hz
Q_0	0.47
m_0	1.8g
a	3cm
許容入力	10W
出力音圧レベル	88dB/W（m）
再生帯域	f_0～32kHz
クロスオーバー	
マグネット重量	228.3g
マグネットサイズ	φ70mm
総重量	565g
バッフル開口	φ72mm

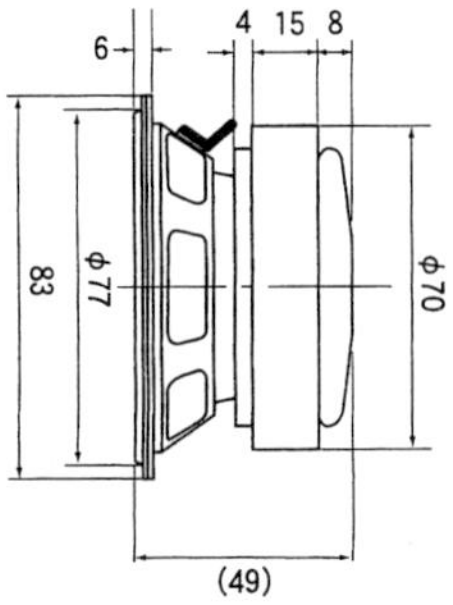

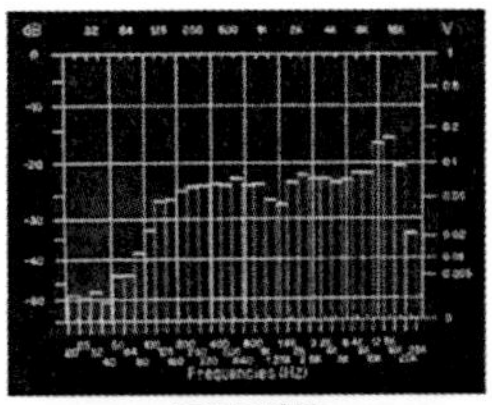

正面 f 特性

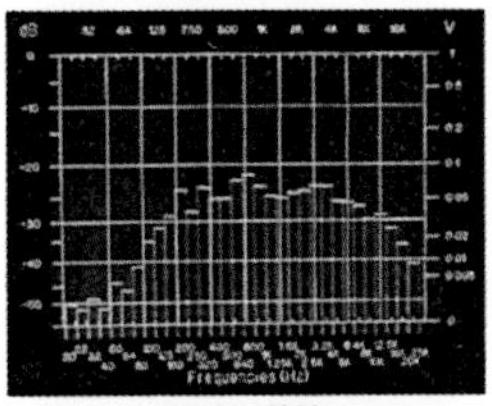

30度 f 特性

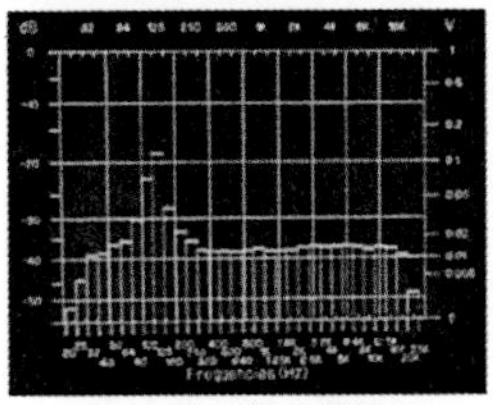

インピーダンス特性

FE83E

●フォステクス

形式	シングルコーン8cmF
外径寸法	□83×44mm
インピーダンス	8Ω
f_0	140Hz
Q_0	0.78
m_0	1.38g
a	3.0cm
許容入力	10W
出力音圧レベル	88dB/W（m）
再生帯域	f_0～30kHz
クロスオーバー	
マグネット重量	140g
マグネットサイズ	φ140mm
総重量	0.36g
バッフル開口	φ70mm

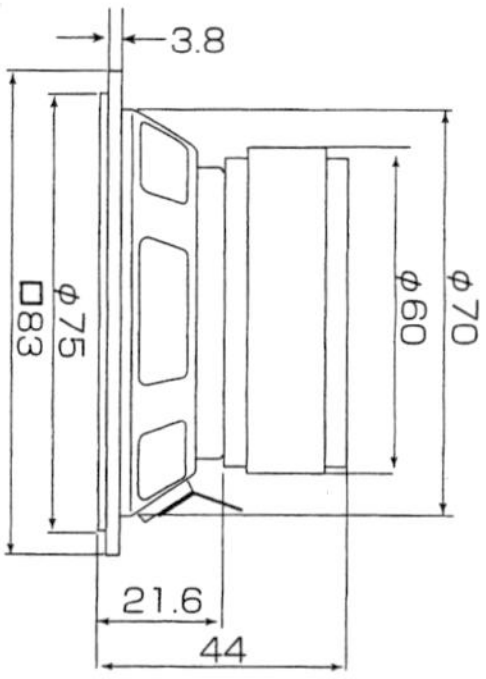

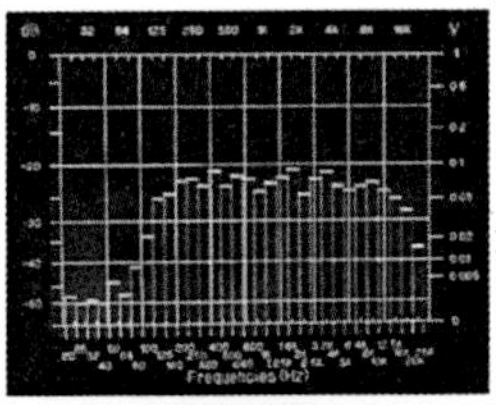

正面 f 特性

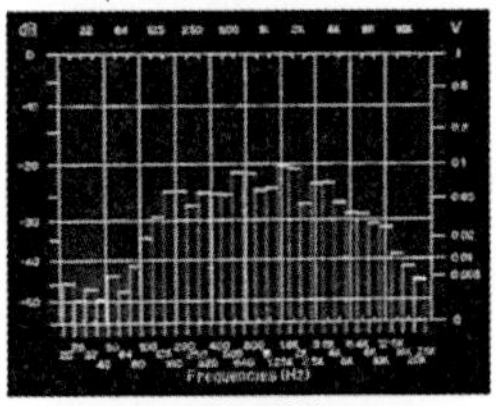

30度 f 特性

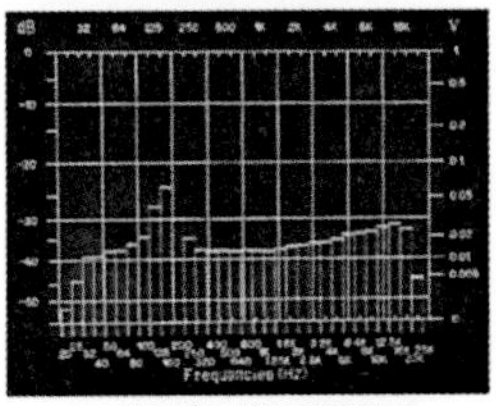

インピーダンス特性

FE83

●フォステクス

形式	8cmF
外形寸法	□83×44mm
インピーダンス	8Ω
f_0	140Hz
Q_0	0.8
M_0	1.15
a	3.0cm
許容入力	7W
出力音圧レベル	88dB
再生帯域	f_0～20kHz
クロスオーバー	―
マグネット重量	140g
マグネットサイズ	φ60×15mm
総重量	380g
バッフル開口	φ71mm

本当に小さなユニットだが、実力はなかなかのもの。人の声はFEシリーズ中のトップという人もいる。タイプとしてはフルレンジ・トゥイーターであり、Q_0も高いのだが、平面バッフルからBHまで、あらゆる方式で使える優れものである。f_0は145Hzぐらい。f特はきれいだが能率は低い。スペックではFE103より1dB低いだけだが、スペアナで見る限り5dBぐらい低い。アンプなしのサブウーファーと並列で使うには好適。

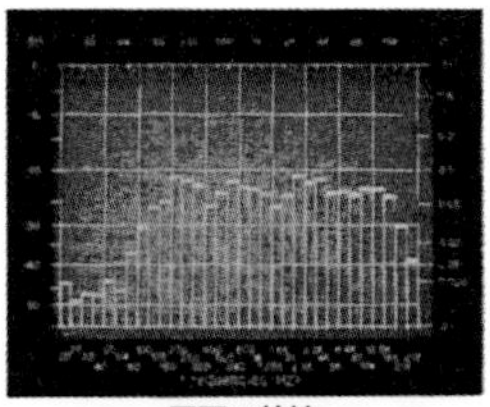

正面 f 特性

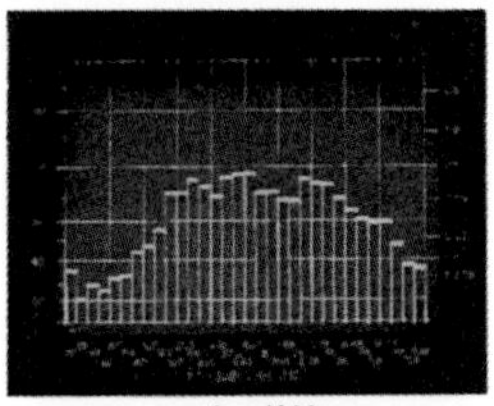

30度 f 特性

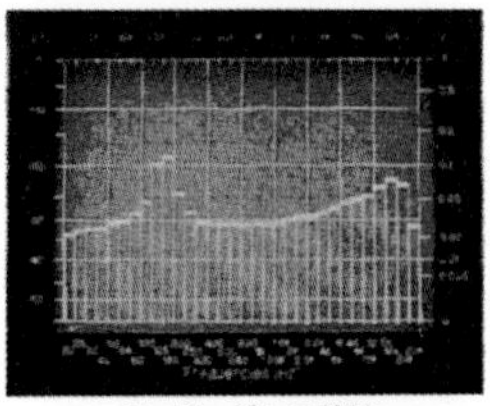

インピーダンス特性

JX92

●ジョーダン

形式 ………………………… 9.2cmF
外形寸法 ……………… 140×65mm
インピーダンス ……………… 5.1Ω
f_0 ………………………………45Hz
Q_0 ……………………………… 0.63
M_0 ……………………………… 7.22g
a ………………………………——
許容入力……………………………50W
出力音圧レベル…………………86.5dB
再生帯域……………………………——
クロスオーバー…………………… ———
マグネット重量……………………——
マグネットサイズ ………………… ——
総重量………………………………1100g
バッフル開口 …………… φ112.5mm

アルミコーンの小口径フルレンジ。コーン径92mmとあるが、有効径だとするとFF125Kと同等、純粋にコーンだけの径だとするともう少し大きくなる。インピーダンス特性は高域の上昇がないが銅リングがついているのだろう。f_0はスペック通り。f特はわりとフラットで12kHzに小さなピークはあるがい特性だ。指向性はある方で、30度方向で高域が急降下する。エンクロージュアは4～12ℓが推奨されている。防磁ではない。

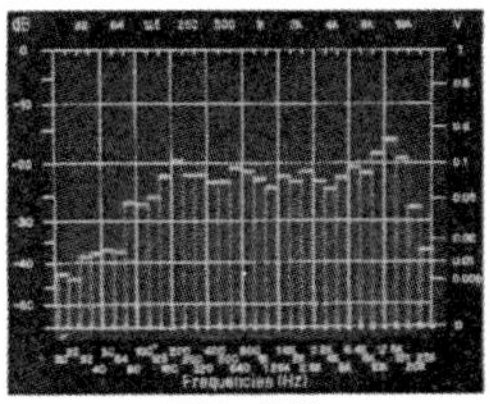

正面 f 特性

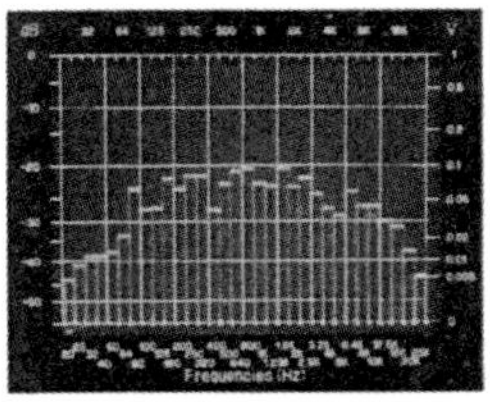

30度 f 特性

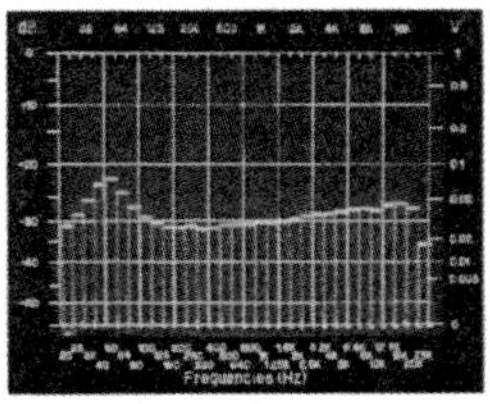

インピーダンス特性

6N-FE88ES

●フォステクス

形式 ……………………………… 8cmF
外形寸法 ……………………104×51mm
インピーダンス ……………………8Ω
f_0 …………………………………110Hz
Q_0 …………………………………0.31
M_0 …………………………………1.3g
a ……………………………………3.0cm
許容入力………………………………12W
出力音圧レベル………………………90dB
再生帯域 …………………110～22kHz
クロスオーバー……………………——
マグネット重量…………167(×2)g
マグネットサイズ …… φ80×8(×2)mm
総重量 ………………………………785g
バッフル開口…………………… φ82mm

FE83とは全く別物、倍以上の重量を持つ強力ユニットである。インピーダンス特性のf_0の山も高く、大きく、駆動力の大きさを示す。ESコーンとUDRタンジェンシャルエッジの効果で、歪みが少なく、ハイエンドは20kHzまでフラット、無色透明で繊細かつパワフルなサウンドが特徴。使いやすいユニットですべてのエンクロージュア形式に適合、小型密閉で使ってもクォリティは高く、低音不足が気にならない音楽性の豊かなユニットだ。

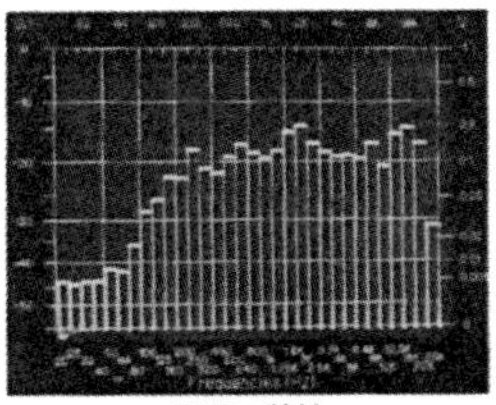

正面 f 特性

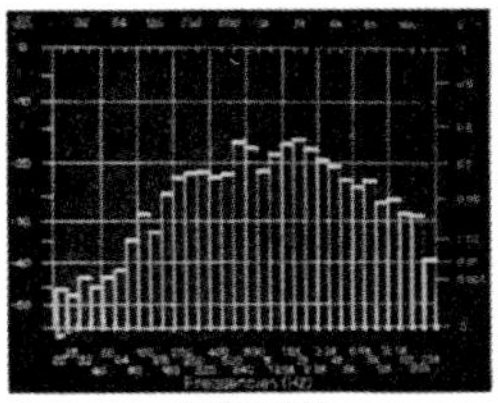

30度 f 特性

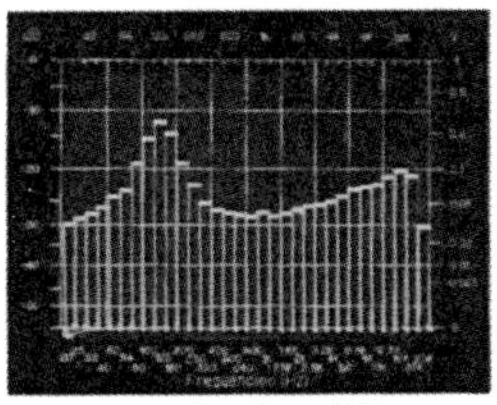

インピーダンス特性

FE88ES-R

●フォステクス

形式(メーカー呼称)……8.5cm/フルレンジ
外径寸法 …………… φ11.2×6.5cm
インピーダンス …………………8Ω
fo ……………………………106Hz
Qo ……………………………0.46
Mo ……………………………1.9g
a …………………………3.425cm
許容入力…………………………18W
出力音圧レベル ………88dB/W(m)
再生周波数帯域 ………fo～40000Hz
メーカー推奨クロスオーバー周波数 … ———
マグネットサイズ …… φ85×T24mm(註：解説)
バッフル開口………φ87mm/最小寸法(註：解説)
総重量 …………………………1130g

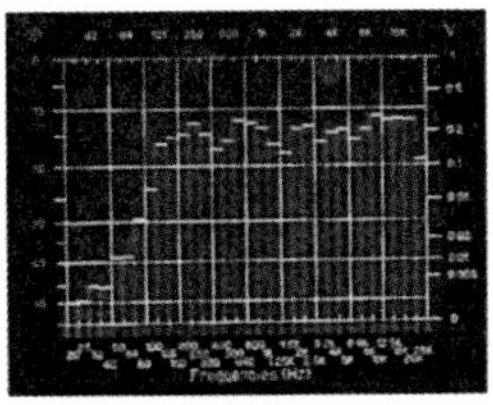

正面 f 特性

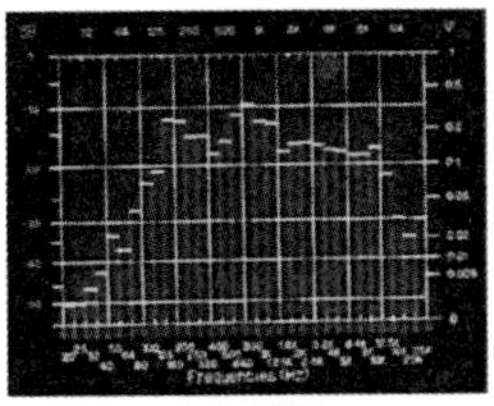

30度 f 特性

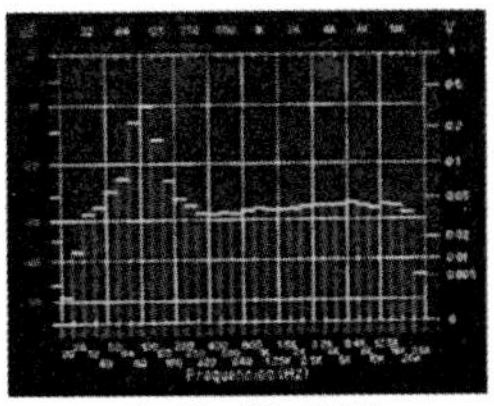

インピーダンス特性

FE87E

●フォステクス

形式…………………シングルコーン8cmF
外径寸法…………………□83×45.6mm
インピーダンス……………………8Ω
f_0 ………………………………140Hz
Q_0 ………………………………0.92
m_0 ………………………………1.4g
a ……………………………………3.0cm
許容入力……………………………10W
出力音圧レベル…………89dB/W(m)
再生帯域……………………f_0～30kHz
クロスオーバー……………………
マグネット重量…………………76.4g
マグネットサイズ………………φ53.8mm
総重量……………………………0.288g
バッフル開口……………………φ70mm

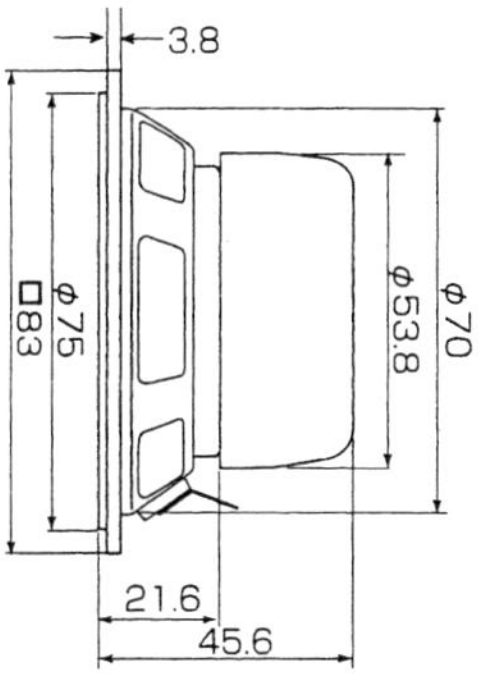

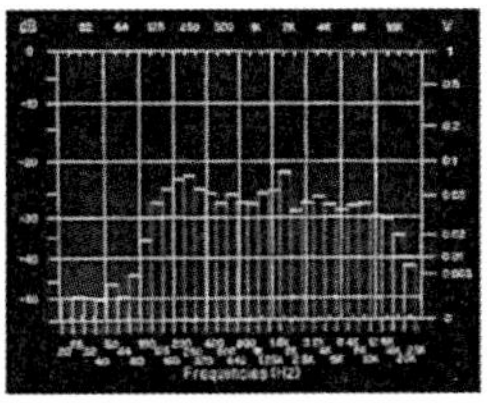

正面 f 特性

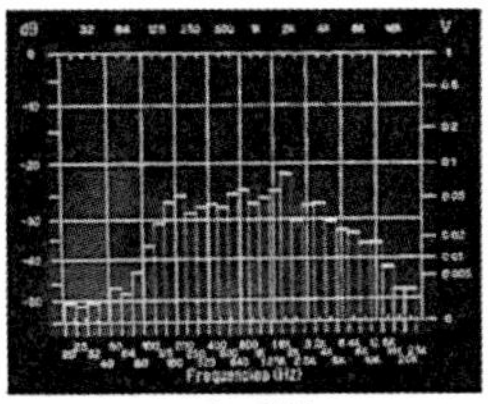

30度 f 特性

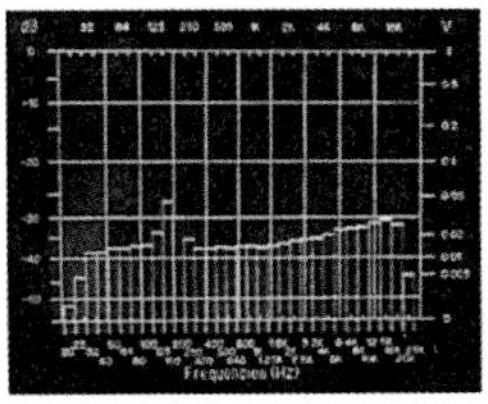

インピーダンス特性

10F20

●テクニクス

形式	10cmF
外形寸法	□121×64.2mm
インピーダンス	8Ω
f_0	55Hz
Q_0	0.35
M_0	3.8
a	4.5cm
許容入力	50W
出力音圧レベル	92dB
再生帯域	55〜20kHz
クロスオーバー	ーーー
マグネット重量	440g
マグネットサイズ	φ100×15mmヨーク
総重量	1080g
バッフル開口	φ106mm

10シリーズとはコンセプトの異なるユニークなハイファイ用フルレンジ。フレームは同じだが磁気回路は大幅強化。ポールピースは純銅ショートリング付きでインダクタンスを抑えているので、インピーダンス特性は高域までフラット。センターキャップはボイスコイル直径のアルミドームで、メカニカル2ウエイの動作、6.4kHzクロスになっている。30度方向の特性がよい。ハイコンプライアンスでf_0は低め。レンジが広く、BHに向く。

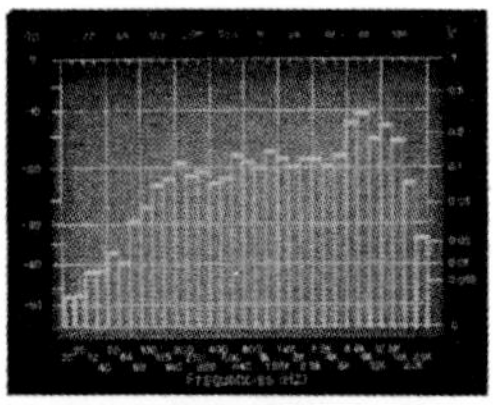

正面f特性

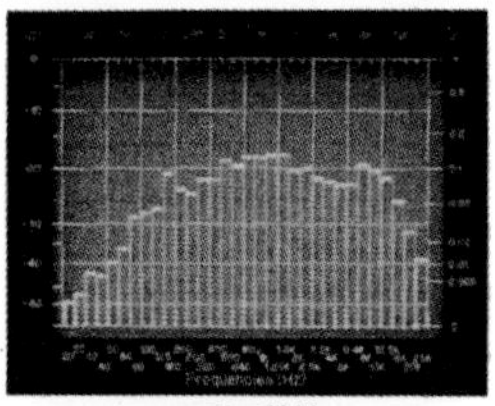

30度f特性

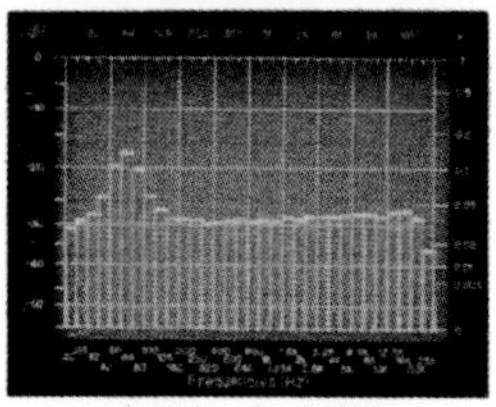

インピーダンス特性

10F10

●テクニクス

形式	10cmF
外形寸法	□121×60.3mm
インピーダンス	8Ω
f_0	70Hz
Q_0	0.49
M_0	3.1g
a	4.5cm
許容入力	50W
出力音圧レベル	92dB
再生帯域	70〜20kHz
クロスオーバー	——
マグネット重量	283g
マグネットサイズ	φ80×15mm
総重量	815g
バッフル開口	φ106mm

10Fシリーズのベーシックモデルで FE103の対抗馬。103より口径が大きく、マグネットも厚さが50%増しになっている。ピュア・パルプコーンのFEと、パルプにコーティング、アルミセンターキャップ付きの10F10は、f特はよく似ているが音は違う。しなやかなFE、めり張りの10Fという感じ。バッフルでも125Hz〜16kHz見事にフラット。密閉、バスレフ、ダブルバスレフ、BH《バックロードホーン》、共鳴管、なんでも使えるユニットだ。

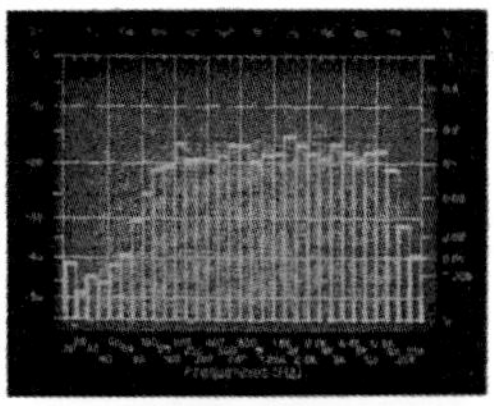

正面f特性

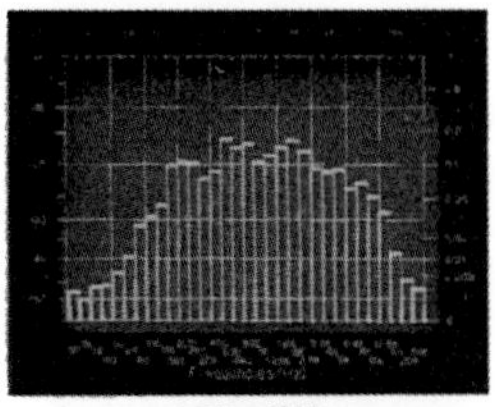

30度f特性

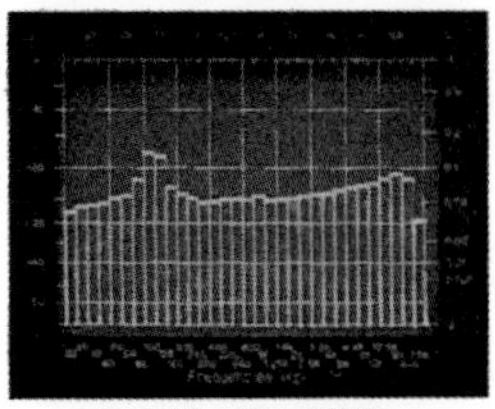

インピーダンス特性

J124FR

●JENSEN

形式	10cmF DC
外形寸法	□103×50mm
インピーダンス	4Ω
f_0	——
Q_0	——
M_0	——
a	4.2cm
許容入力	60W
出力音圧レベル	90dB
再生帯域	80〜20kHz
クロスオーバー	——
マグネット重量	138g
マグネットサイズ	φ70×8mm
総重量	410g
バッフル開口	φ100mm

カーオーディオ用のフルレンジ。カポック使用のダブルコーン。磁気回路はプラスチックのカバーつきで、なぜかカバーの中央の突起がある。マグネットは小型。f_0は112Hzと高めだが、レンジは広く、100Hzから20kHzをクリア、軽快で明るくにぎやかな音で、落着きはないが、カーオーディオ用には好適。ホームオーディオに使うとすると、7ℓぐらいのバスレフで、fdを100Hzぐらいにとるとよさそうだ。

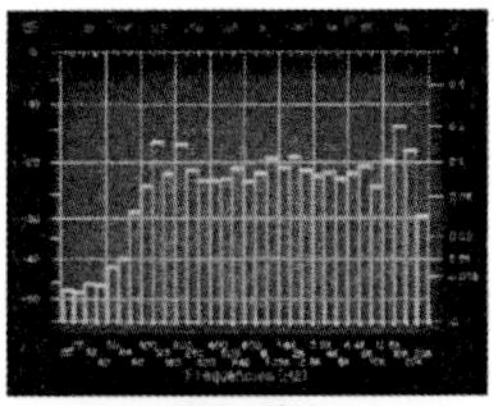

正面f特性

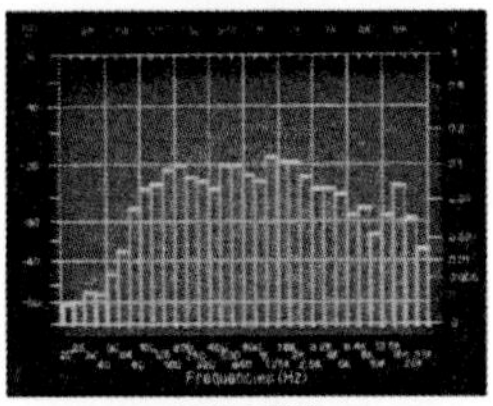

30度f特性

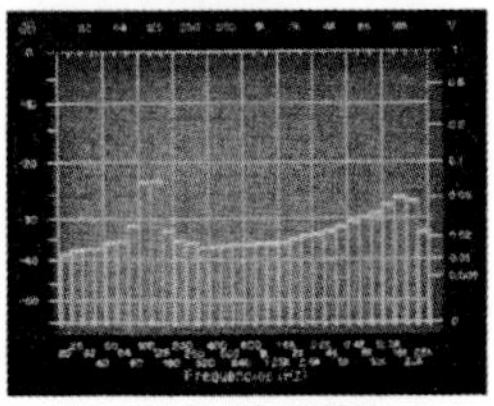

インピーダンス特性

CF404-8A

●Altec

形式(メーカー呼称)	10cm/フルレンジ
外径寸法	φ13.5×51.5cm
インピーダンス	8Ω
fo	Hz
Qo	
Mo	
a	cm
許容入力	32W
出力音圧レベル	90dB/W(m)
再生周波数帯域	150〜150000Hz
メーカー推奨クロスオーバー周波数	ーーー
マグネットサイズ	φ85×T12mm
バッフル開口	φ105mm/最小寸法
総重量	800g

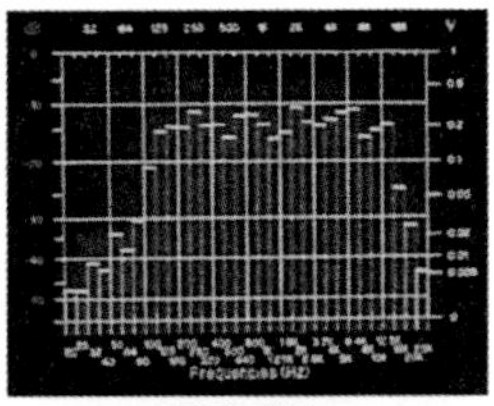

正面f特性

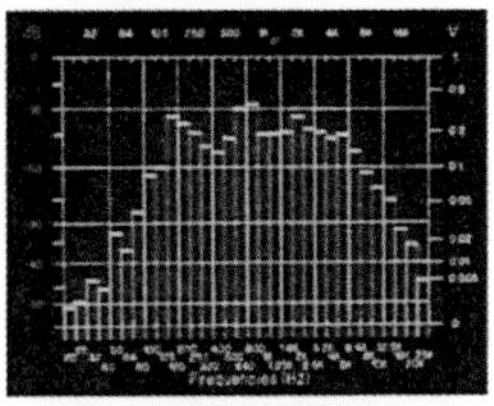

30度f特性

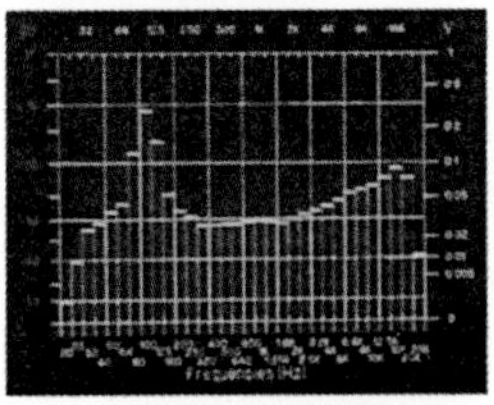

インピーダンス特性

FE103E

●フォステクス

形式	シングルコーン10cmF
外径寸法	□107×45.6mm
インピーダンス	8Ω
f_0	80Hz
Q_0	0.35
m_0	2.6g
a	4.0cm
許容入力	15W
出力音圧レベル	89dB/W(m)
再生帯域	f_0〜22kHz
クロスオーバー	
マグネット重量	193g
マグネットサイズ	φ80mm
総重量	630g
バッフル開口	φ92mm

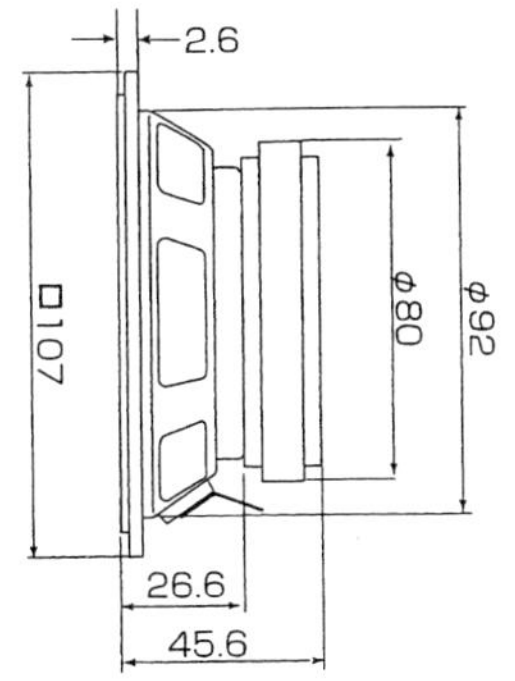

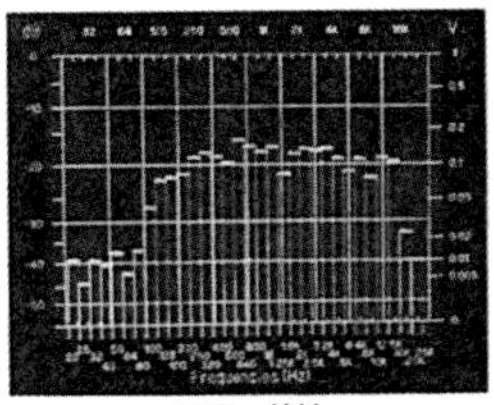

正面 f 特性

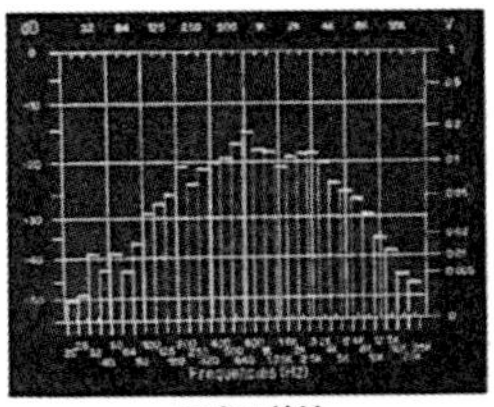

30度 f 特性

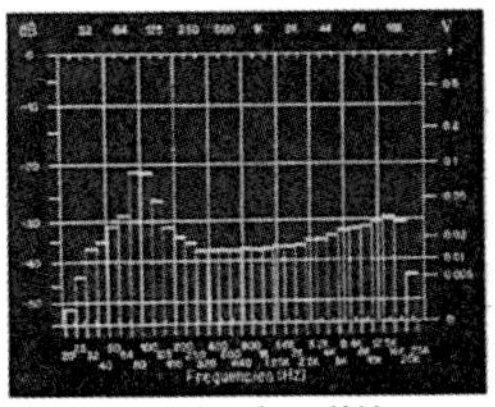

インピーダンス特性

FE103

●フォステクス

形式	10cmF
外形寸法	□107×46mm
インピーダンス	8Ω
f_0	80Hz
Q_0	0.35
M_0	2.7
a	4cm
許容入力	15W
出力音圧レベル	89dB
再生帯域	f_0〜18kHz
クロスオーバー	ーーー
マグネット重量	193g
マグネットサイズ	φ80×10mm
総重量	600g
バッフル開口	93mm

ＦＥシリーズの原点、万能型の名作といえる。振動板面積はＦＥ８３の78％増しなので低音も結構出る。密閉、バスレフ、ＤＢ《ダブルバスレフ》、ＢＨ《バックロードホーン》、共鳴管、なんでも使えるが、ＢＨではやや甘口の音になる。f_0は100Hzぐらい。軸上のｆ特は16ｋHzまでみごとにフラット。指向性は結構ある。６Ｎ－ＦＥ１０３に比べるとf_0、ｆ特、能率とも違う。音は素直でバランスがよく耳当たりがよいが、ＦＥ１０８Σ、同スーパーに比べると音は引っこむ。

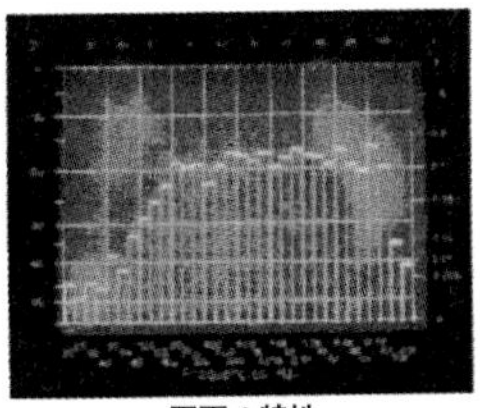

正面 f 特性

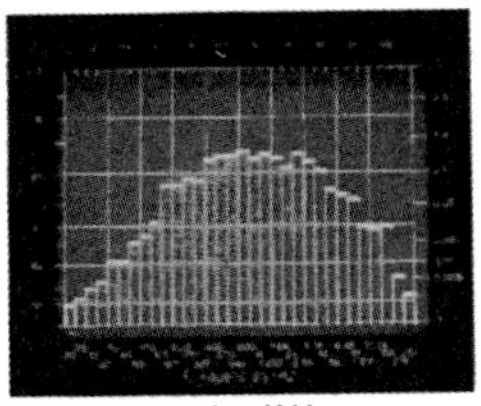

30度 f 特性

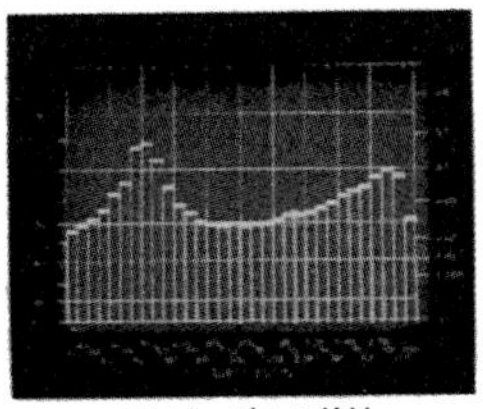

インピーダンス特性

BC10

●フォステクス

形式	10cmF
外形寸法	φ128×85mm
インピーダンス	8Ω
f_0	80Hz
Q_0	0.42
M_0	2.2
a	4cm
許容入力	45W
出力音圧レベル	90dB
再生帯域	f_0〜20kHz
クロスオーバー	ーーー
マグネット重量	176g(アルニコ)
マグネットサイズ	φ80×50mmヨーク
総重量	1530g
バッフル開口	φ100mm

限定生産品なので新品の入手は難しいかもしれない。正面から見るとＦＥ１０８Σに似ているが、バイオセルロース・コーンでm_0は2.2ｇ（１０８Σは2.7ｇ）とローマス、磁気回路はアルニコ壺型ヨーク、ボイスコイルは７Ｎとデラックス版。f_0は88Hzぐらい。ハイ上がりで明るいサウンド、高域はへたなトゥイーターを凌ぐクォリティを持っているが、低音が出にくい。ＢＨで使うにはコーンが弱い。防磁タイプ。

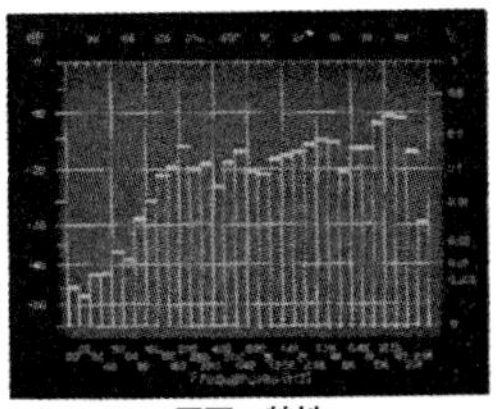

正面 f 特性

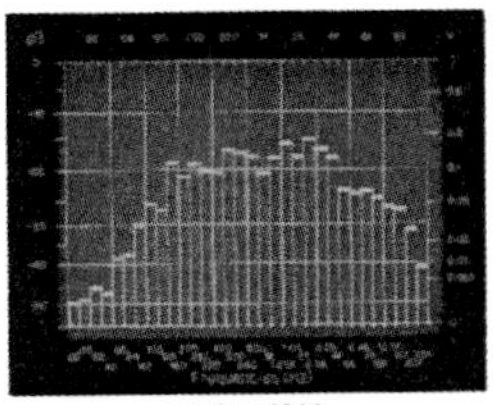

30度 f 特性

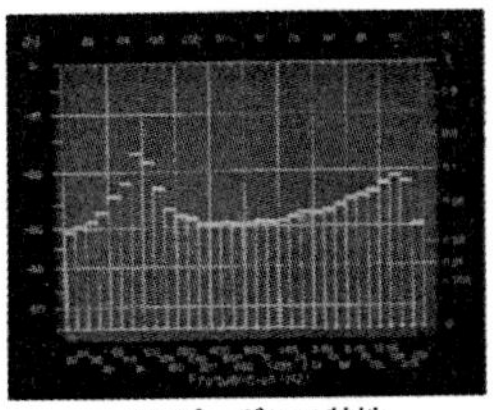

インピーダンス特性

10F100

●テクニクス

形式	10cmF
外形寸法	□121×60.3mm
インピーダンス	8Ω
f_0	140Hz
Q_0	0.65
M_0	2.8g
a	4.5cm
許容入力	70W
出力音圧レベル	94dB
再生帯域	140〜16kHz
クロスオーバー	——
マグネット重量	——
マグネットサイズ	φ80×15mm
総重量	815g
バッフル開口	φ106mm

１０Ｆ１０と同じフレーム、磁気回路を持つボーカル用ＰＡスピーカー。振動系は10シリーズ、20シリーズとは全く違い、軽量コーン、硬く、弾性の大きいサスペンションで、f_0が高く、能率が高いのが特徴。レンジは広くないが、中域の張り出しがよく、ボーカルがクリアに飛び出してくる。クラシック向きの繊細感はいまいちだが、丈夫で使いやすく、マトリックスのリアスピーカー、ローコスト3ウェイのスコーカーにも使える。

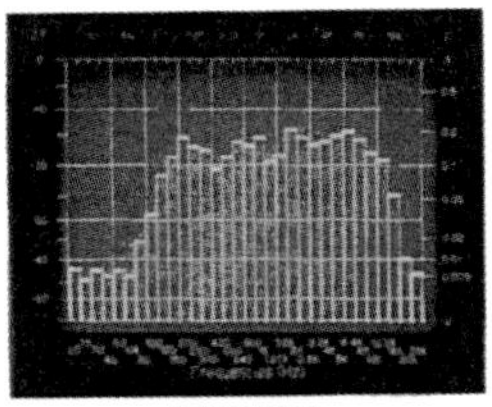

正面 f 特性

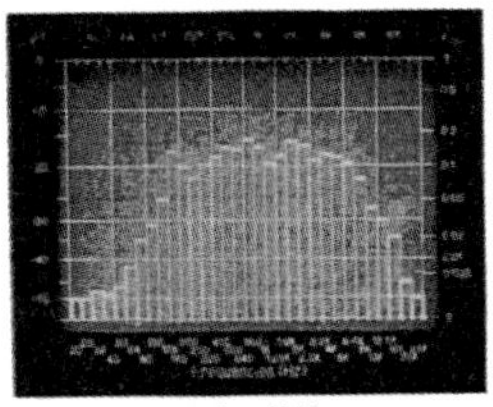

30度 f 特性

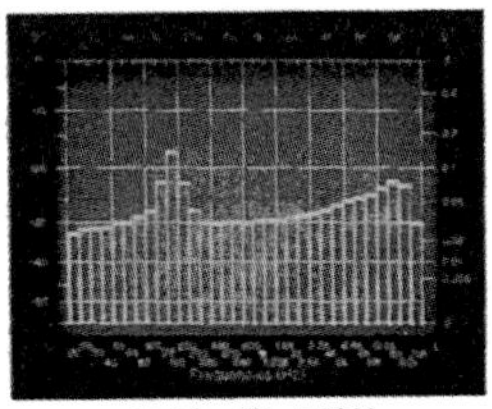

インピーダンス特性

FE108Σ

●フォステクス

形式……………………………10cmF
外形寸法………………φ128×64mm
インピーダンス…………………8Ω
f_0……………………………80Hz
Q_0……………………………0.28
M_0……………………………2.7g
a………………………………4cm
許容入力………………………15W
出力音圧レベル………………92dB
再生帯域……………f_0～18kHz
クロスオーバー………………―――
マグネット重量………………386g
マグネットサイズ…………φ80×20mm
総重量…………………………1,005g
バッフル開口………………φ100mm

FE103Σからの発展で外観も音も違う。フレームは格段に向上、マグネットは10mm厚2枚から20mm厚1枚に変更、ゴムのカバーがついた。スペアナで見るとf_0は88Hzぐらい。f特はややハイ上がりだがFE103と比べて明らかに高能率、指向性も向上している。12kHzのピークはFE103にもある。密閉、バスレフ、DB《ダブルバスレフ》ではハイ上がりになる。BHがベストだが、103、108Σ、108スーパーと、それぞれに合った設計が必要。

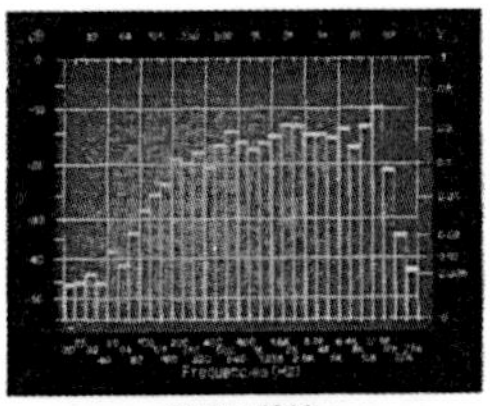

正面f特性

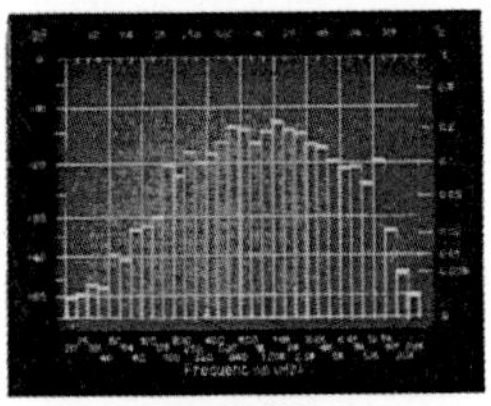

30度f特性

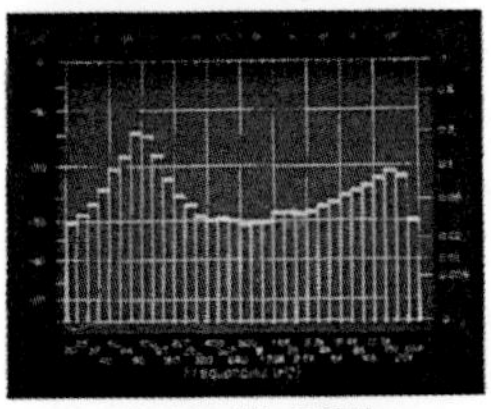

インピーダンス特性

FE107E

●フォステクス

形式………………シングルコーン10cmF
外径寸法……………□107×54.7mm
インピーダンス…………………8Ω
f_0……………………………80Hz
Q_0……………………………0.38
m_0……………………………2.6g
a………………………………4.0cm
許容入力………………………15W
出力音圧レベル……………90dB/W(m)
再生帯域……………f_0～22kHz
クロスオーバー…………………
マグネット重量………………160g
マグネットサイズ……………φ74mm
総重量…………………………0.55g
バッフル開口…………………φ92mm

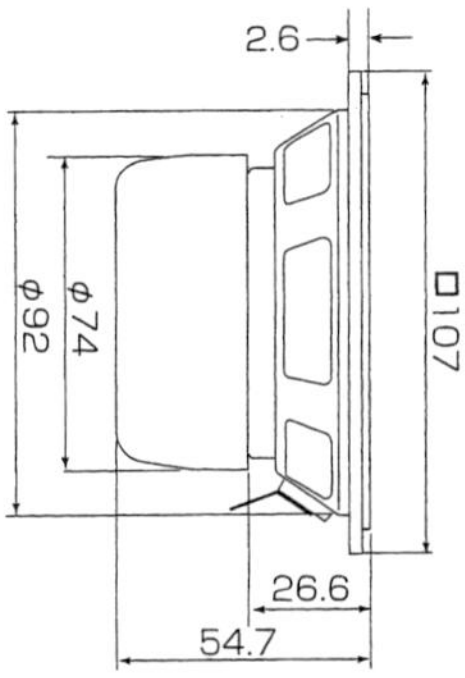

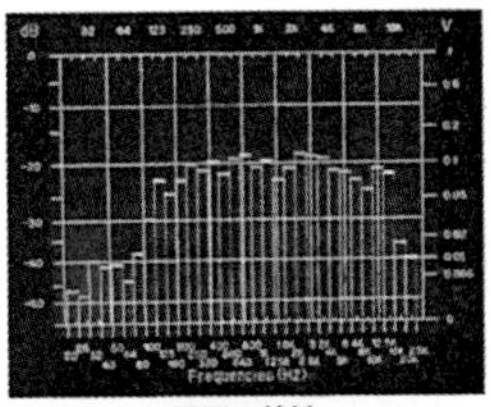

正面f特性

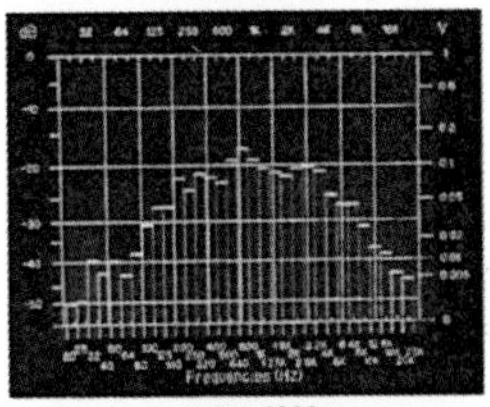

30度f特性

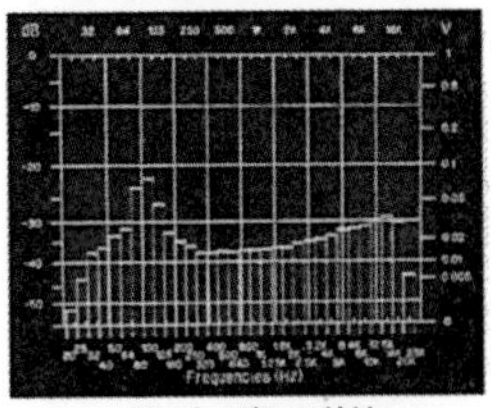

インピーダンス特性

FE107

●フォステクス

形式……………………………10cmF
外形寸法……………□107×54.6mm
インピーダンス…………………8Ω
f_0……………………………80Hz
Q_0……………………………0.43
M_0……………………………2.7g
a………………………………4cm
許容入力………………………15W
出力音圧レベル………………90dB
再生帯域……………f_0～18kHz
クロスオーバー………………―――
マグネット重量………………160g
マグネットサイズ……φ73×29(カバー)
総重量…………………………565g
バッフル開口…………………φ93mm

FE103のAVバージョンであり、違いは磁気回路だけと見てよい。103のマグネットはφ80×10mm、193g。107はダブルマグネットで160g。FE87ほど極端に軽くはなっていないのがポイント。磁束密度が上がるので、出力音圧レベルは103より1dBアップする。ピンクノイズによる測定ではワイドでフラットだが、1dBダウンしている。83と87ほど違いは大きくないが、107も103よりは少しおとない。AV用には好適だ。

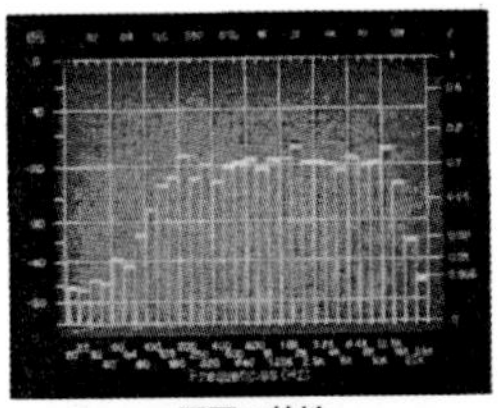

正面f特性

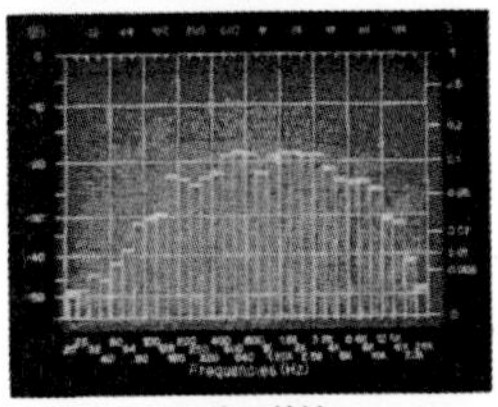

30度f特性

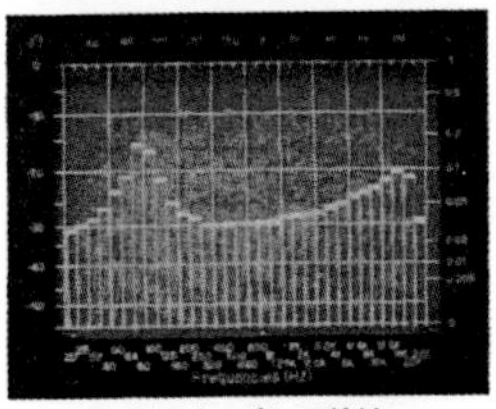

インピーダンス特性

6N-FE103

●フォステクス

形式……………………………10cmF
外形寸法…………□106.8×45.6mm
インピーダンス…………………8Ω
f_0……………………………90Hz
Q_0……………………………0.28
M_0……………………………2.2
a………………………………4.0cm
許容入力…………………………
出力音圧レベル………………90dB
再生帯域……………f_0～20kHz
クロスオーバー………………―――
マグネット重量………………193g
マグネットサイズ…………φ80×10mm
総重量…………………………640g
バッフル開口…………………φ93mm

FE103にいくつかの改良を施した限定モデルである。ボイスコイルが6Nになった。フレームが焼付塗装で艶が出てきて、多少強度も上がったはず。磁気回路(前後プレート)に銅メッキが施された。ボイスコイルとコーンの接着剤が軽量級の旧タイプに変わった。以上が改良点だが、効果は接着剤、銅メッキ、焼付塗装、6Nの順だ。ボイスコイルが4Nから56Nに変わっても音は変わらない。しかしこのモデルは明らかに音質が向上している。

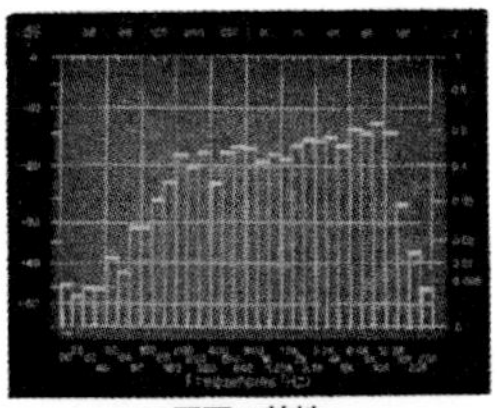

正面f特性

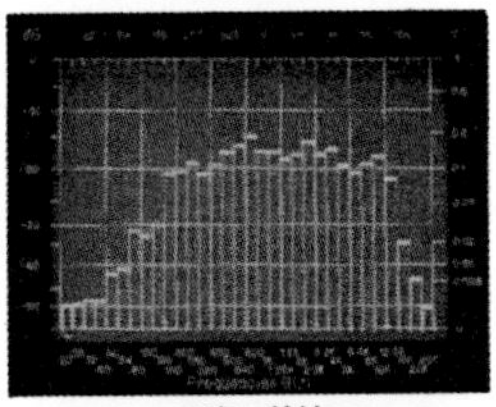

30度f特性

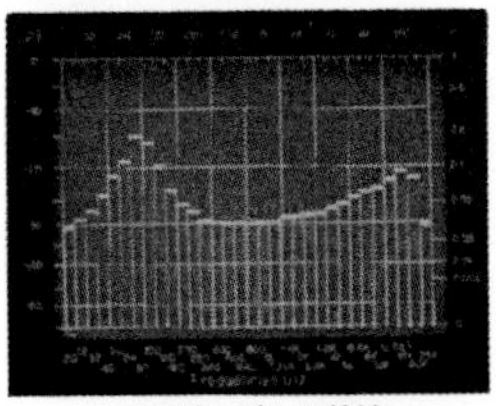

インピーダンス特性

PS100

●フォステクス

形式	10cmF
外形寸法	□105×47.1mm
インピーダンス	8Ω
f_0	200Hz
Q_0	0.78
M_0	1.66
a	4.3cm
許容入力	25W
出力音圧レベル	92dB
再生帯域	100〜16kHz
クロスオーバー	―――
マグネット重量	193g
マグネットサイズ	φ80×10mm
総重量	600g
バッフル開口	φ93mm

PA用の高能率高耐入力ユニットである。FE103とは全く違う設計で、フィクスドエッジに近く、f_0は225Hzぐらいと異常に高い。センターキャップはアルミドームで、ハイエンドを伸ばしているが、テクニクスの20シリーズのような大きな山はない。オーディオ用としてはベストとはいえないが、ポップス向きのローコスト3ウェイのスコーカーといった使い方もできる。1〜5ℓの小型密閉箱での使用が推奨されている。

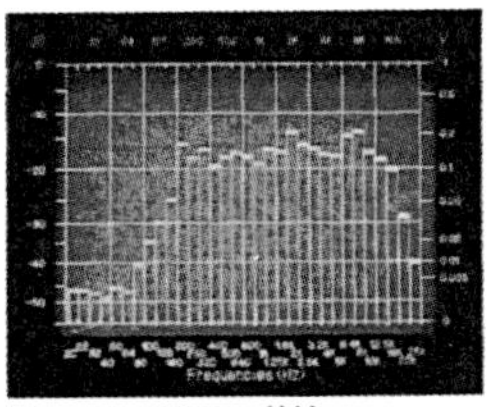

正面 f 特性

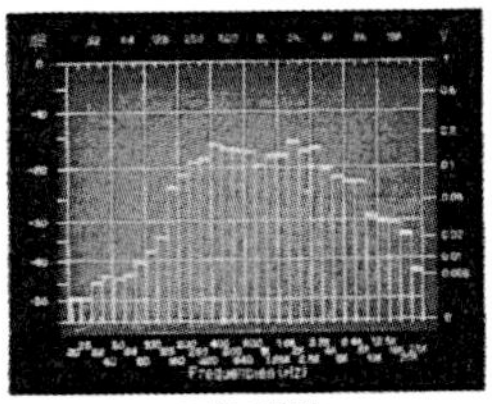

30度 f 特性

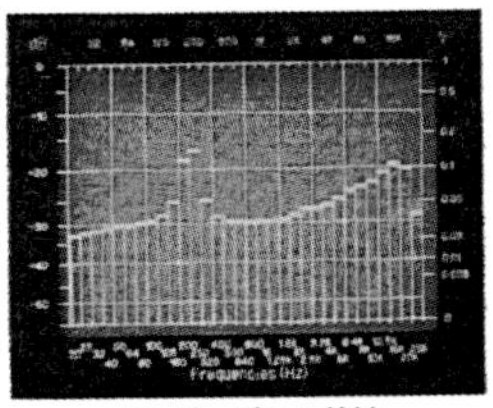

インピーダンス特性

6N-FE108スーパー

●フォステクス

形式	10cmF
外形寸法	φ128×64mm
インピーダンス	8Ω
f_0	80Hz
Q_0	0.25
M_0	2.7g
a	4cm
許容入力	15W
出力音圧レベル	93dB
再生帯域	f_0〜18kHz
クロスオーバー	―――
マグネット重量	442g
マグネットサイズ	φ100×15mm
総重量	1,115g
バッフル開口	φ100mm

6N－FE103は設計の古い103に多くの改良点を加えたので大変身をとげたが、本機の場合はそれほどの大きな差にはなっていない。磁気回路が飽和状態になっているので、変化しにくいのかもしれない。インピーダンス特性は103と似ており、f特も似ているが、中高域のレベルが高く、低域のレベルはむしろ低く、典型的なオーバーダンピング症状を見せている。指向性は本機の方がよい。音質は格段の差だ。BH向き。

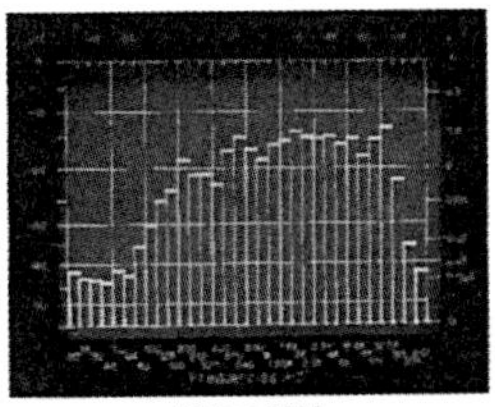

正面 f 特性

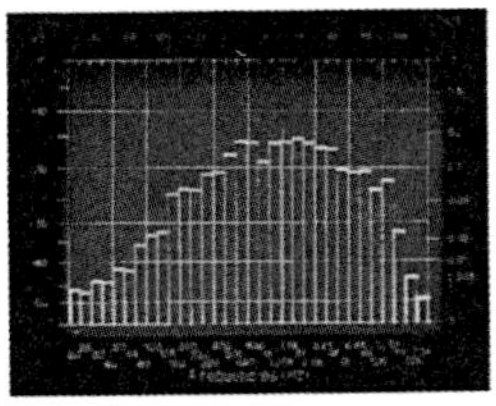

30度 f 特性

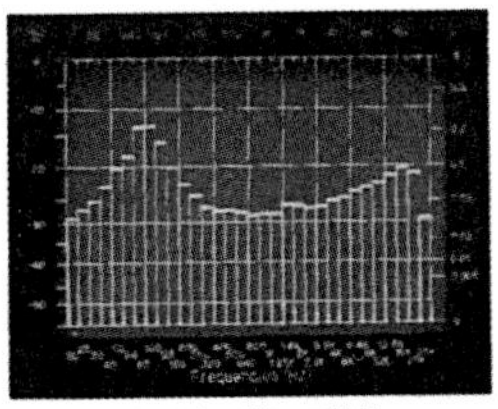

インピーダンス特性

FE108E Σ

●フォステクス

形式	シングルコーン10cmF
外径寸法	φ128×65mm
インピーダンス	8Ω
f_0	77Hz
Q_0	0.3
m_0	2.7g
a	4.0cm
許容入力	24W
出力音圧レベル	90dB/W(m)
再生帯域	f_0〜23kHz
クロスオーバー	
マグネット重量	400g
マグネットサイズ	φ90mm
総重量	1.2g
バッフル開口	φ99mm

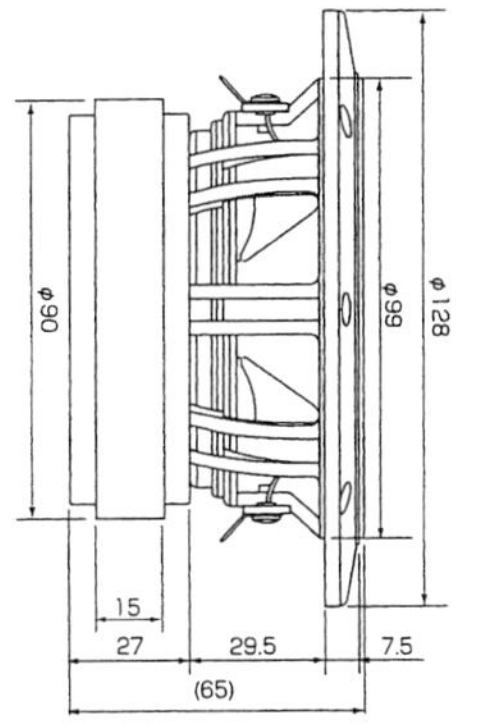

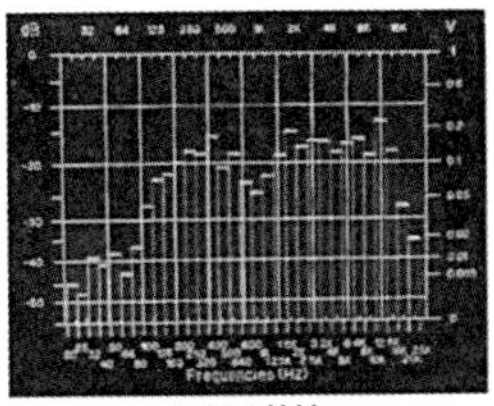

正面 f 特性

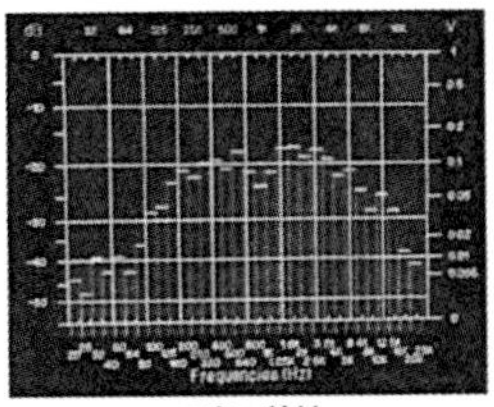

30度 f 特性

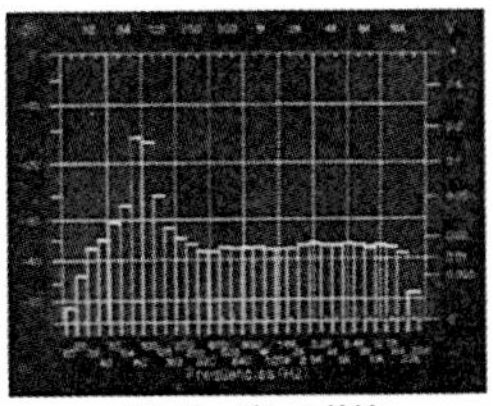

インピーダンス特性

6N-FE108ES

●フォステクス

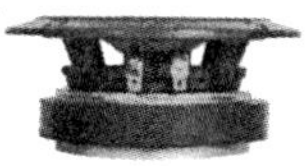

形式	10cmF
外形寸法	φ128mm
インピーダンス	8Ω
f_0	80Hz
Q_0	0.23
M_0	2.2g
a	4cm
許容入力	15W
出力音圧レベル	93dB
再生帯域	80〜22kHz
クロスオーバー	―――
マグネット重量	442g
マグネットサイズ	φ100mm
総重量	1080g
バッフル開口	φ105mm

88ESと208ESは全面変更で新しいハイクォリティ・ユニットとなったが、108ESは108Sのマイナーチェンジで、コーンの素材とセンターキャップに違いがあるが、その他はあまり変っていない。88と208ではm_0が大きくなったが、108ではm_0が、2.2gと20%減、ハイエンドも16kHzまでのびて、軽快で透明なサウンドだがやや弱さがあり、BHで使うと力強さが後退する。いずれ全面改良の108ESⅡが出る。

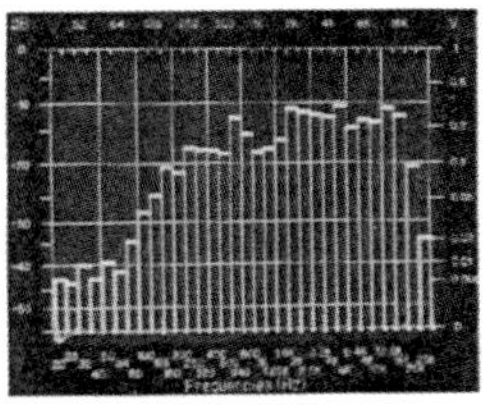

正面 f 特性

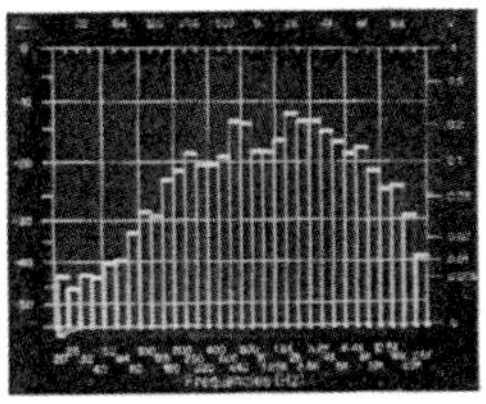

30度 f 特性

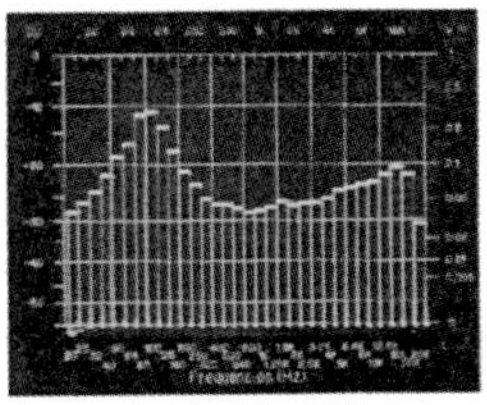

インピーダンス特性

FE126E

●フォステクス

形式(メーカー呼称)	12cm/フルレンジ
外径寸法	□11.7×6.1cm
インピーダンス	8Ω
fo	70Hz
Qo	0.25
Mo	2.9g
a	4.6cm
許容入力	45W
出力音圧レベル	93dB/W(m)
再生周波数帯域	fo～25000Hz
メーカー推奨クロスオーバー周波数	ーーー
マグネットサイズ	φ100mm(註:解説)
バッフル開口	φ105mm(註:解説)
総重量	1010g

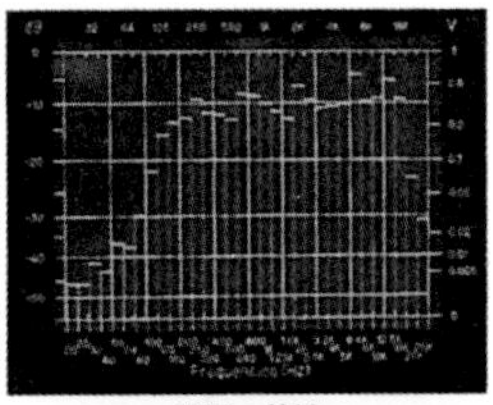

正面 f 特性

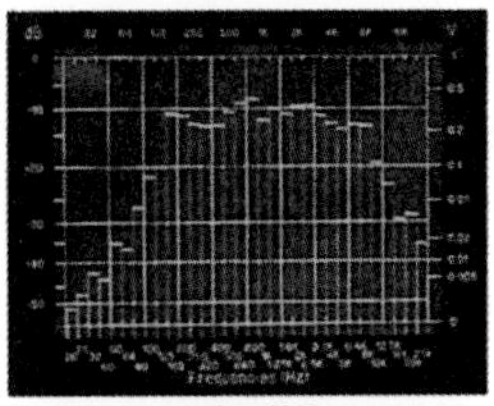

30度 f 特性

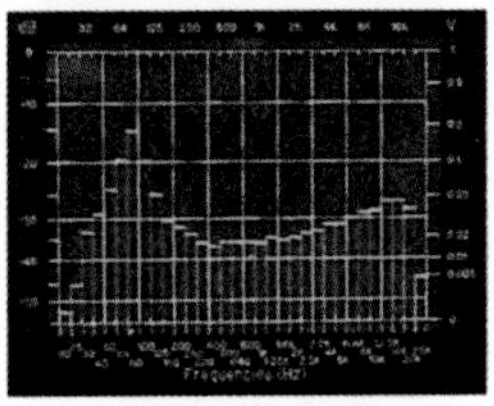

インピーダンス特性

F120A

●フォステクス

形式	12cmF
外形寸法	□123×89mm
インピーダンス	8Ω
f_0	65Hz
Q_0	0.45
M_0	4.7
a	4.6cm
許容入力	30W
出力音圧レベル	89dB
再生帯域	50～20kHz
クロスオーバー	ーーー
マグネット重量	211g(アルニコ)
マグネットサイズ	φ87×50(ヨーク)
総重量	1,820g
バッフル開口	φ104mm

10cmの最高級機。アルニコ壺型ヨークの強力な磁気回路を持ち、ボイスコイルはアルミリボン線エッジワイズ巻、マイカ・ファインセラミックス・コーティング多層コーンと特徴が多く、センタードームはボイスコイル直結でトゥイーターとして働くメカニカル2ウエイである。f_0は72Hzぐらい。能率はFE103より低い。f特は4kHzを中心に大きな谷があるが、これがメカニカル2ウェイのクロスオーバー帯域になる。

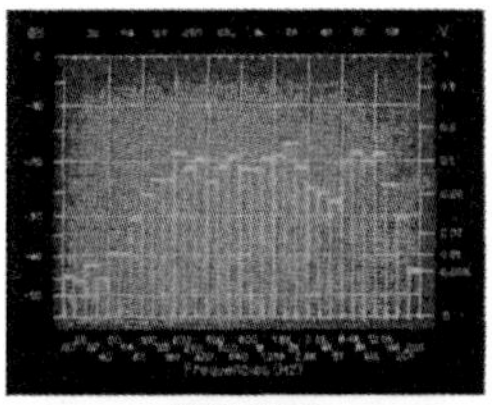

正面 f 特性

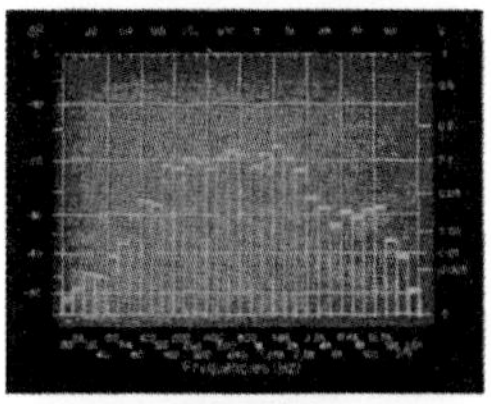

30度 f 特性

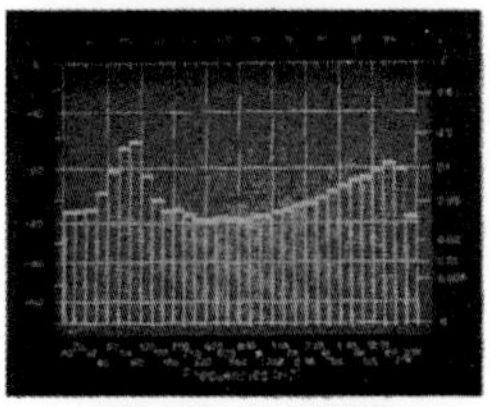

インピーダンス特性

BC-120

●フォステクス

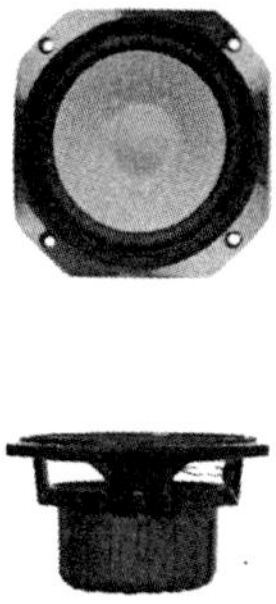

形式	12cmF
外形寸法	□123×61.5mm
インピーダンス	8Ω
f_0	80Hz
Q_0	0.9
M_0	5.0
a	4.6cm
許容入力	30W
出力音圧レベル	88dB
再生帯域	f_0～15kHz
クロスオーバー	——
マグネット重量	——
マグネットサイズ	φ78×38mm
総重量	1000g
バッフル開口	φ104mm

DDD方式のプッシュプルドライブ機構を持ち、コーンはバイオセルロースとケナフ採用、BC10のようなピュアバイオではないのでM_0は大きめ、マグネットはネオジミウムを使っているのでフェライトとは音が違う。f特はカマボコ型で、他のFFやFF、あるいはFXに比べると、能率は低めでハイ落ち、Q_0が高いので平面バッフルか大型密閉箱向き。フォステクス製品の中では異端児で、特にソフトで優しい音だ。

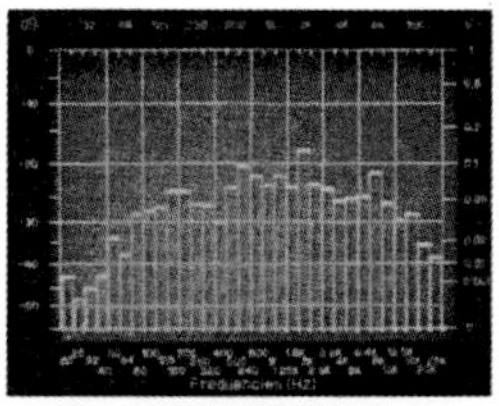

正面 f 特性

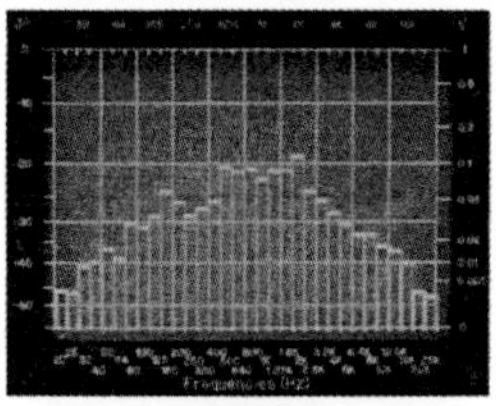

30度 f 特性

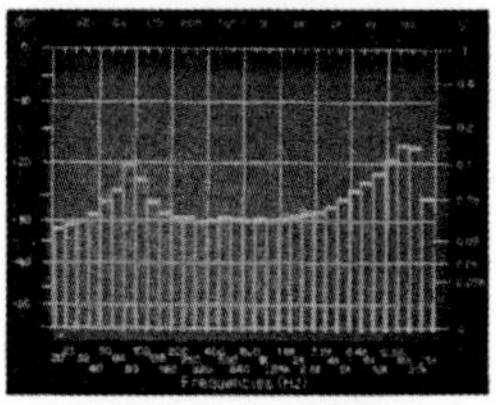

インピーダンス特性

S100

●フォステクス

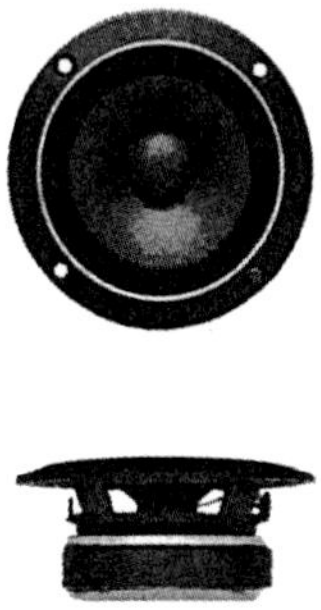

形式	10cmF
外形寸法	φ128×56mm
インピーダンス	8Ω
f_0	80Hz
Q_0	0.43
M_0	3.2
a	4.2cm
許容入力	60W
出力音圧レベル	89dB
再生帯域	f_0～20kHz
クロスオーバー	——
マグネット重量	330g
マグネットサイズ	φ90×15mm
総重量	1,050g
バッフル開口	φ100mm

108Σと同じフレームを採用。コーンはハイテク素材による剛性の高いもので、m_0はやや大きめ、Q_0も0・43と、バスレフ向きを狙っている。許容入力もズバ抜けて大きいのでラフな使用にも向く。スペアナで見るとf_0は92Hzぐらい。高剛性のコーンは高域に強いピークが出やすいが、8kHz付近のピークがそれであろう。力強くめり張りのある音で、バスレフで十分に鳴ってくれる。8kHz付近のピークは軸上を避ければ気にならない。

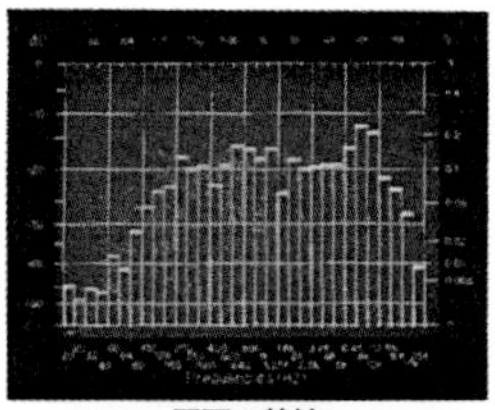

正面 f 特性

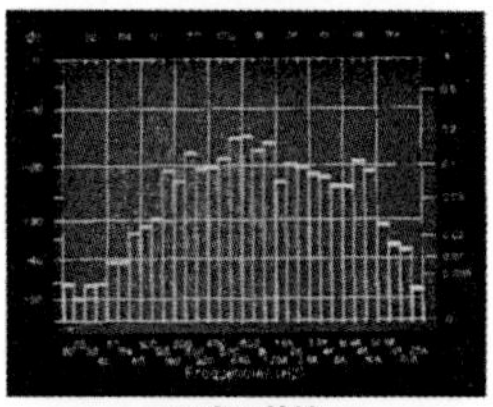

30度 f 特性

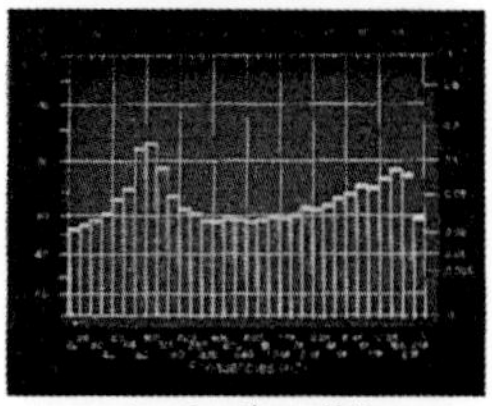

インピーダンス特性

FX120

●フォステクス

形式	120mmF
外形寸法	□123×63mm
インピーダンス	8Ω
f_0	65Hz
Q_0	0.46
M_0	5.3
a	4.6cm
許容入力	30W
出力音圧レベル	89dB
再生帯域	f_0～20kHz
マグネット重量	330g
マグネットサイズ	φ90×15mm
総重量	1320g
バッフル開口	φ104mm
最小開口	φ103mm

UPシリーズの後継機種で、外観では区別がつかない。フレーム、磁気回路は同じ、スペックもほとんど同じだが、m_0はちょっと違う。大きな違いはコーンで、バイオセルロースとケナフ繊維によるコーンに、マイカ配合の表面材をコーティングしている。ダンパーもアクリル系を採用。音は変わった。f_0は72Hzぐらい。f特は凹凸が少なく、30度ではきれいな右下がりになっており、使いやすい。バスレフ向き。

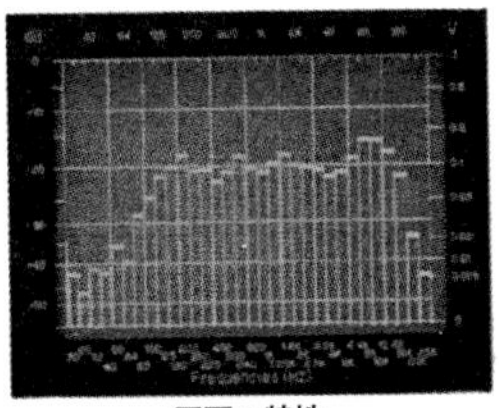

正面f特性

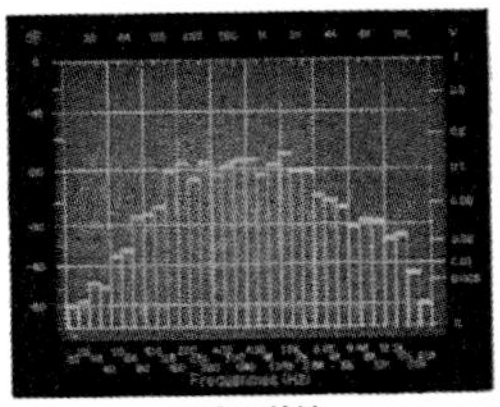

30度f特性

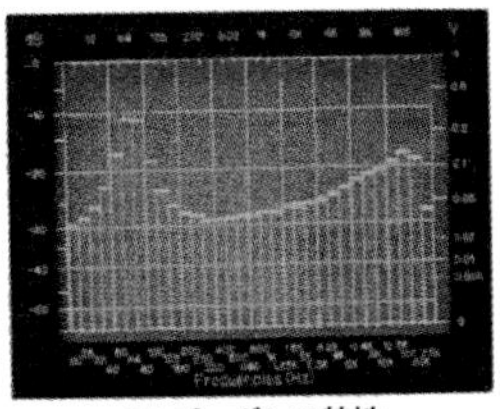

インピーダンス特性

FF125K

●フォステクス

形式	12cmF
外形寸法	□117×601mm
インピーダンス	8Ω
f_0	70Hz
Q_0	0.25
M_0	4
a	4.6cm
許容入力	50W
出力音圧レベル	92dB
再生帯域	f_0～18kHz
クロスオーバー	
マグネット重量	442g
マグネットサイズ	φ100×15mm
総重量	990g
バッフル開口	φ104mm

FE108スーパーは強力なユニットとしてよく知られているが、FF125Kも負けず劣らず強力である。aもm_0も108スーパーよりは大きめだが、マグネットは同サイズ。やはりオーバーダンピングでBH向きのユニットである。NシリーズのFF125Nは中域が引っこむ傾向があったが、Kシリーズになって解消された。108スーパーに比べるとやや大味だが、価格差を考えれば立派。BHや共鳴管で実力を発揮するユニットだ。

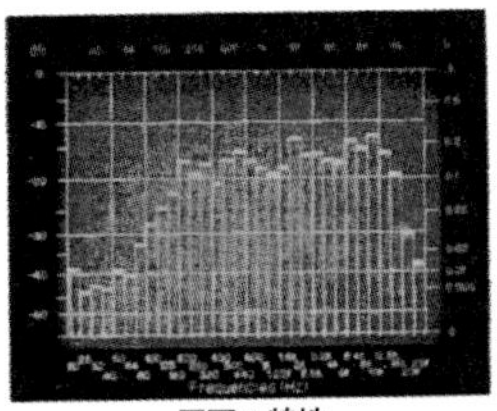

正面f特性

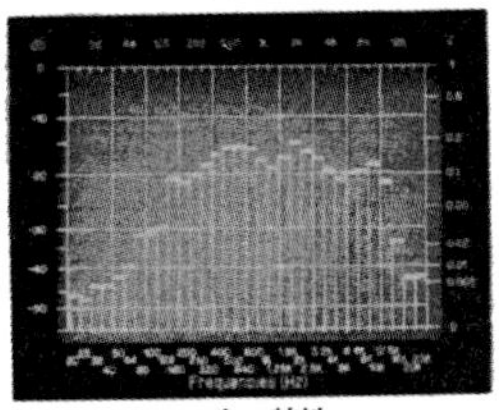

30度f特性

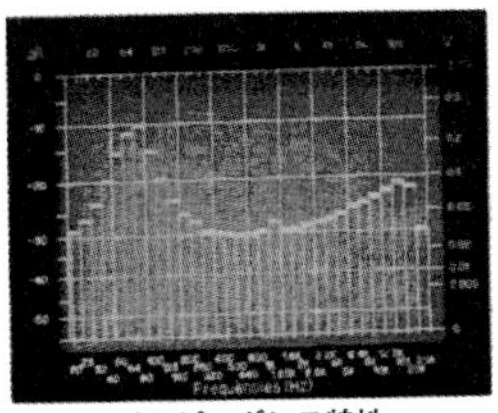

インピーダンス特性

FE127E

●フォステクス

形式	シングルコーン12cmF
外径寸法	□117×64.7mm
インピーダンス	8Ω
f_0	70Hz
Q_0	0.43
m_0	2.9g
a	4.6cm
許容入力	W
出力音圧レベル	91dB/W(m)
再生帯域	f_0～20kHz
クロスオーバー	
マグネット重量	160g
マグネットサイズ	φ73mm
総重量	0.57g
バッフル開口	φ103mm

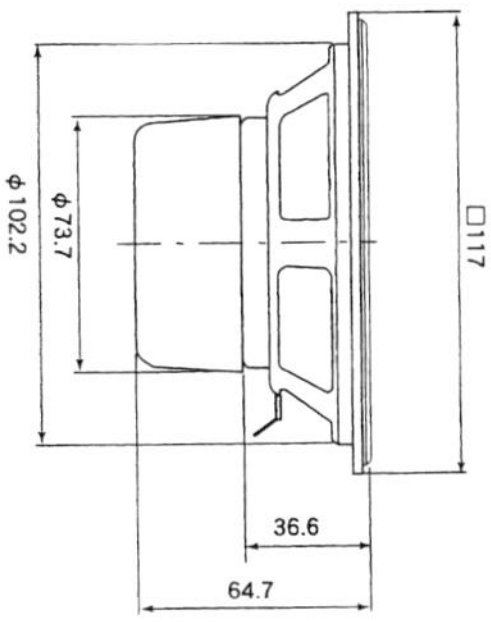

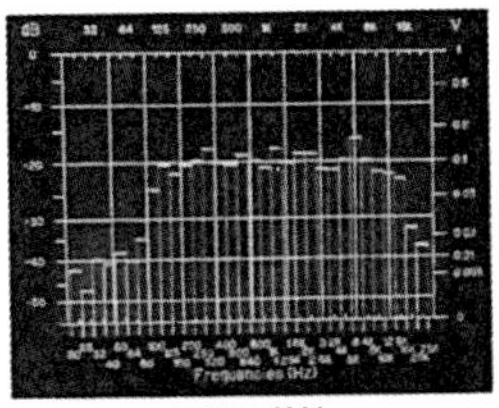

正面f特性

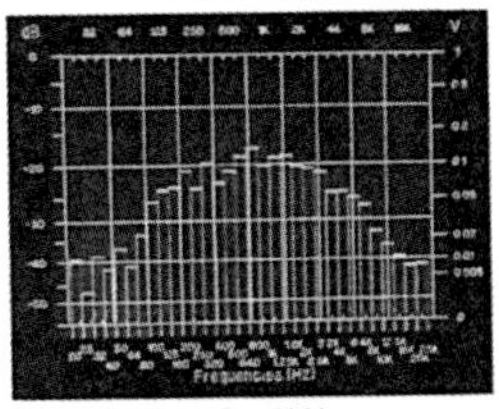

30度f特性

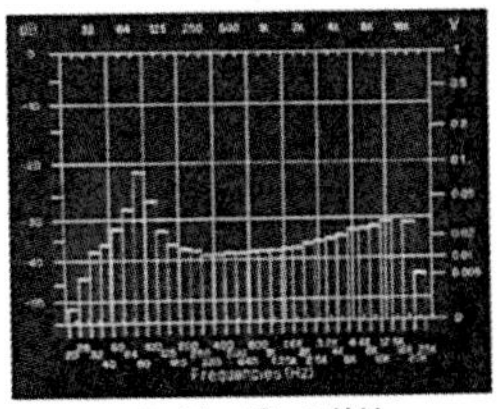

インピーダンス特性

FE127

●フォステクス

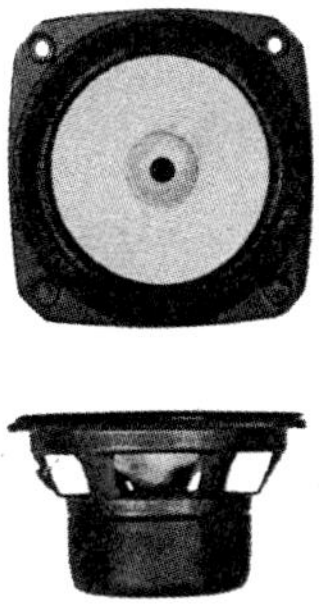

形式	12cmF
外形寸法	□117×64.7mm
インピーダンス	8Ω
f_0	70Hz
Q_0	0.52
M_0	2.9g
a	4.6cm
許容入力	45W
出力音圧レベル	91dB
再生帯域	70～20kHz
クロスオーバー	―――
マグネット重量	160g
マグネットサイズ	φ73×30mm(カバー)
総重量	580g
バッフル開口	φ104mm

FEシリーズの中では変わり種である。フレームはFF125Kと同じだが、シングルコーンでセンターキャップに穴があいているという、他にない設計。コーンも特に白く、103、107とは違うようだ。磁気回路、ボイスコイルは107と同じ。しかしm_0が大差ないのでスピード感は107なみ。レンジは広く、音離れがよく、AV用途しては107を上回る。明るく威勢のよい音だが、キャラクターがあり、歪み感も多少ある。

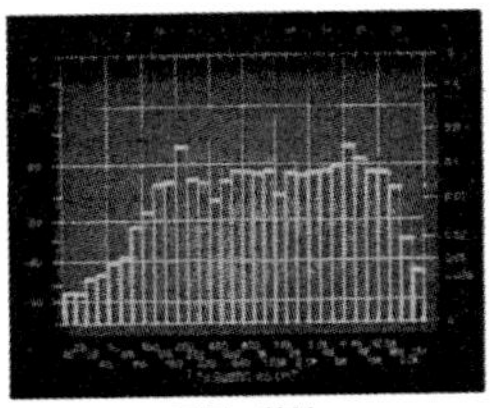

正面f特性

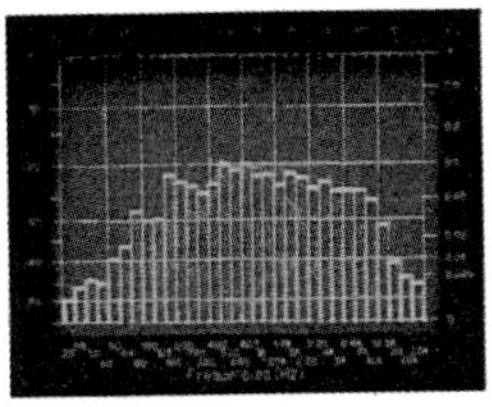

30度f特性

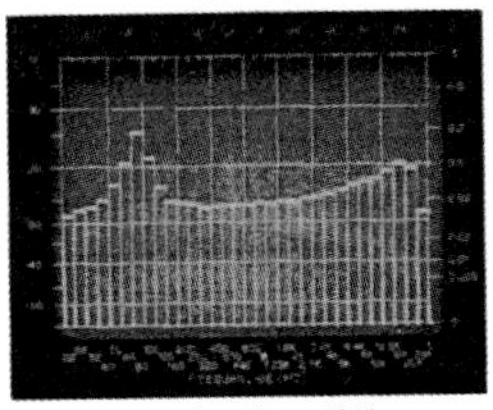

インピーダンス特性

14F10

●テクニクス

形式	140mmF
外形寸法	□142×72mm
インピーダンス	8Ω
f_0	60Hz
Q_0	0.42
M_0	4.2
a	5.5cm
許容入力	50W
出力音圧レベル	93dB
再生帯域	60〜20kHz
クロスオーバー	ーーー
マグネット重量	422g
マグネットサイズ	φ100×15mm
総重量	1200g
バッフル開口	φ124mm

振動板の面積を1対2にとると、7cm、10cm、14cm、20cm、28cm、40cmとなるのがベストなのに、なぜか14cmは本機だけしかなく中途半端な16cmが氾濫している。貴重な存在であり、f特もきれいなので、スコーカーとしても使える。メタルキャップはボイスコイル径より大きく、メカニカル2ウェイとは違う。f_0は73Hzぐらい。BHでも使えるが、バスレフが適当、メーカーでは内容積15〜30ℓのバスレフを推奨している。

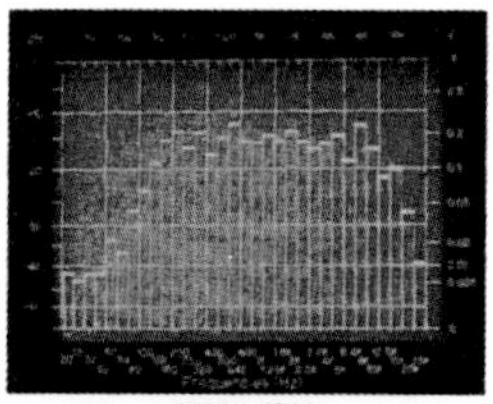

正面 f 特性

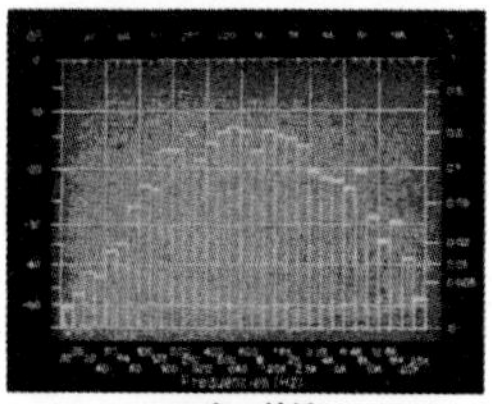

30度 f 特性

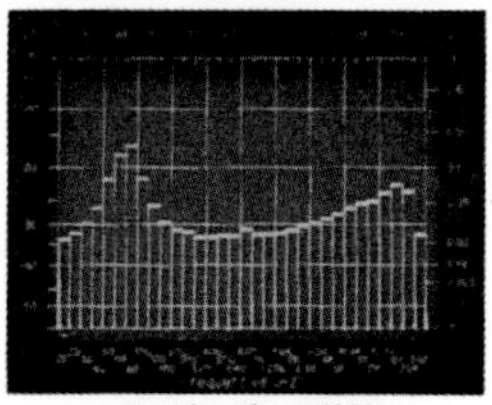

インピーダンス特性

JDS130MKⅡ

●JENSEN

形式	13cmF CX
外形寸法	φ130×57mm
インピーダンス	4Ω
f_0	――
Q_0	――
M_0	――
a	5.4cm
許容入力	80W
出力音圧レベル	90dB
再生帯域	70〜20kHz
クロスオーバー	――
マグネット重量	153g
マグネットサイズ	φ86×10mm
総重量	810g
バッフル開口	φ114mm

カーオーディオ用のコアキシアルユニット。グラスファイバー系コーンのウーファーにソフトドームのトゥイーター。トゥイーターのマグネットがネオジミウムである。f_0は105Hzぐらい。f特はやや中抜け気味だが、トゥイーターが効いて6〜20kHzのレベルが高い。指向性はかなりある方、やはり、明るくにぎやかな音だ。低音感、重量感はいまいち、ホームオーディオ用には10ℓのバスレフでfdを90Hzぐらいにとる。

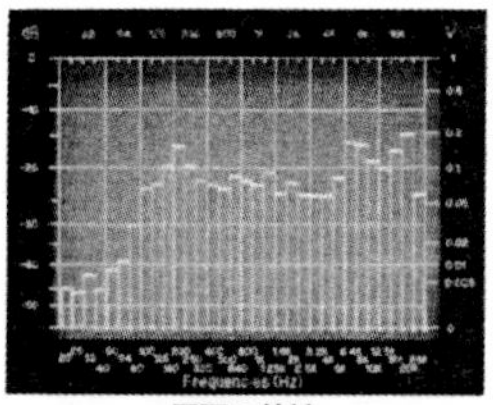

正面 f 特性

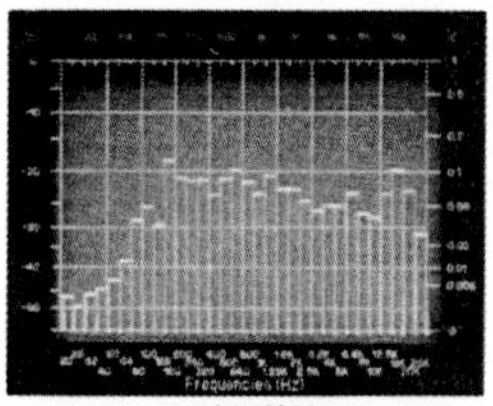

30度 f 特性

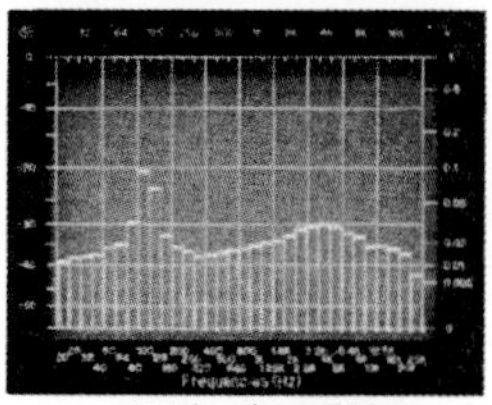

インピーダンス特性

SX-100（F）

●ビクター

形式	12.5cmF
外形寸法	φ113×115mm
インピーダンス	6Ω
f_0	――
Q_0	――
M_0	――
a	4.5cm
許容入力	75W
出力音圧レベル	90dB
再生帯域	――
クロスオーバー	――
マグネット重量	――
マグネットサイズ	φ80×45mmALヨーク
総重量	1830g
バッフル開口	φ119mm

SX―100という小型スピーカーに採用されていたフルレンジ・ユニット。一時全国的に市販（補修パーツ扱いで¥6500）されていたことがあるが、今でも買えるという話だ。ダイキャストフレーム、大型ヨークのアルニコマグネット、コーンもセンタードームもアルミで、動作としてはメカニカル2ウェイになる。クロス付近で大きく落込むのと、許容入力が大きくとれないのが難点。フランジが2段になっているので取付けが難しい。

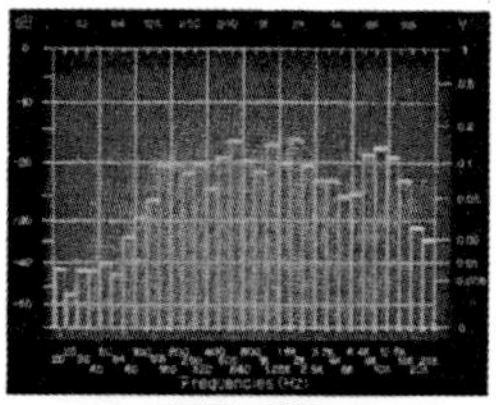

正面 f 特性

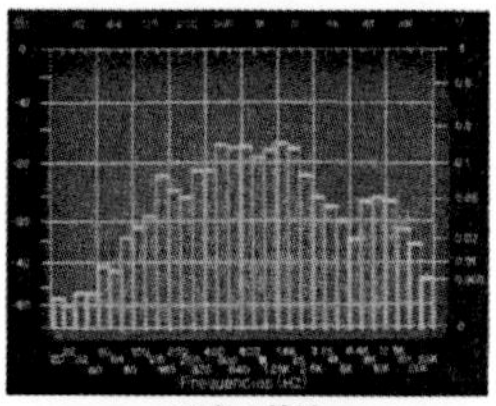

30度 f 特性

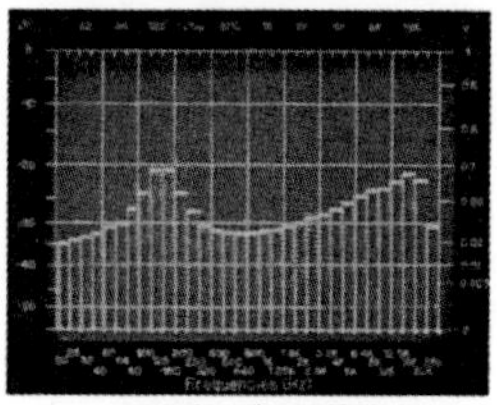

インピーダンス特性

UP120

●フォステクス

形式	120mmF
外形寸法	□123×63mm
インピーダンス	8Ω
f_0	65Hz
Q_0	0.45
M_0	4.7
a	4.6cm
許容入力	30W
出力音圧レベル	89dB
再生帯域	f_0〜20kHz
マグネット重量	330g
マグネットサイズ	φ90×15mm
総重量	1300g
バッフル開口	φ104mm
最小開口	φ103mm

ニューUPシリーズと呼ばれており88年の発売。パルプコーンの表面にファインセラミック混入の樹脂材をコーティングした2層コーン、センターキャップはボイスコイル直結でメカニカル2ウェイタイプ。フルレンジウーファーに近い方式なのでバスレフ向き。駆動力は大きい。f_0は80Hz、f特は1mでは凹凸はあるが12kHzまでフラット、3mでは3kHz以上急降下、わりと指向性は強い。FEシリーズとは対照的なキャラクター。

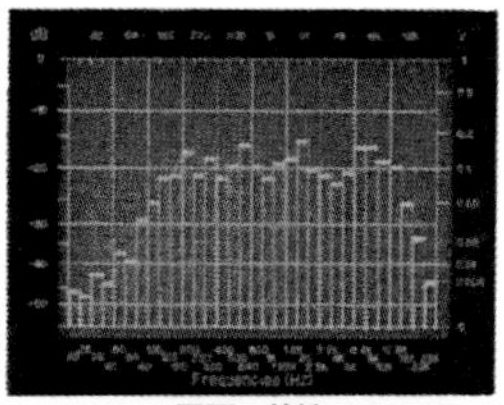

正面 f 特性

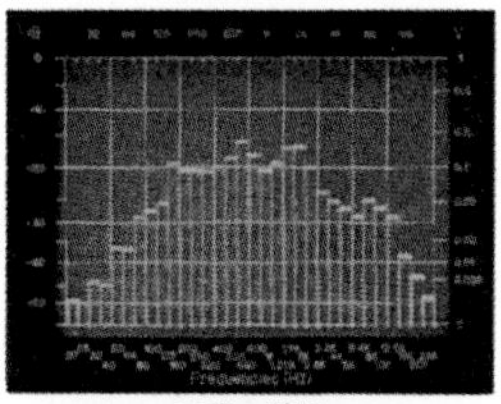

30度 f 特性

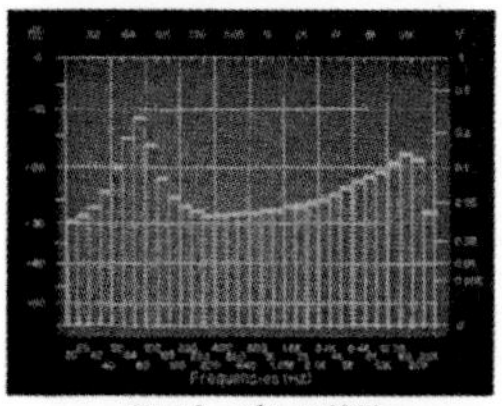

インピーダンス特性

DDDS5

●アルパイン

形式	16cmF
外形寸法	□156×75mm
インピーダンス	4Ω
f_0	55Hz
Q_0	0.66
M_0	——
a	——
許容入力	45W
出力音圧レベル	88dB
再生帯域	f_0〜22kHz
クロスオーバー	——
マグネット重量	——
マグネットサイズ	——
総重量	375g
バッフル開口	φ141mm

カーオーディオのアルパインだが、本機は奥行が78mmもあり、車載専用ではあるまい。フレームはBMC成型で8本支柱。磁気回路まで包みこんでおり、軽量級だが強度は大きい。マグネットは小型だがボイスコイルの前後にギャップを持つ独特の方式でリニアリティがよい。インピーダンスはかなり低め。f_0は60Hzぐらい。駆動力はそれほど大きくはない。f特は12kHzまでフラットできれいな特性。指向性もよく、軽快でさわやかな音だ。

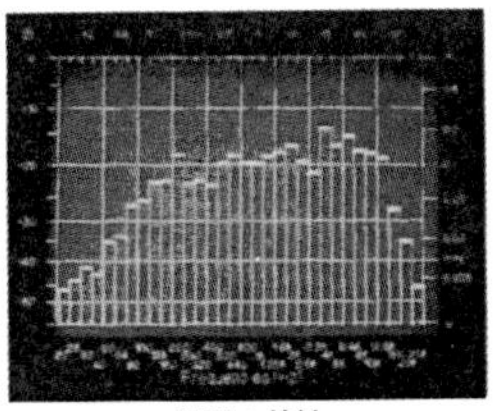

正面 f 特性

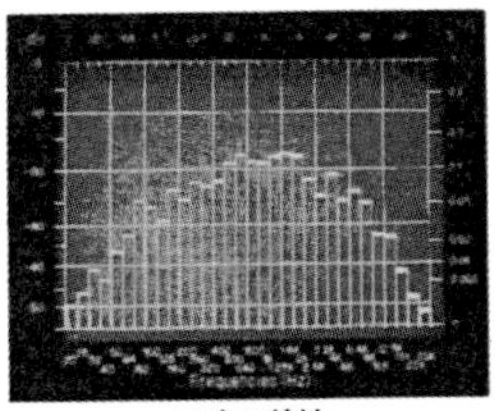

30度 f 特性

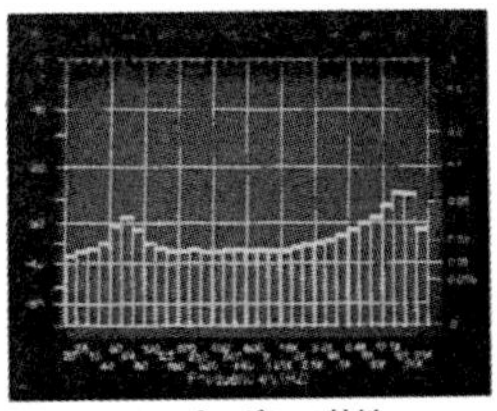

インピーダンス特性

PR-6530F8

●MAX

形式(メーカー呼称)	16cm
外径寸法	φ17.5×8.8cm
インピーダンス	———
fo	———
Qo	———
Mo	———
a	———
許容入力	65W
出力音圧レベル	———
再生周波数帯域	———
メーカー推奨クロスオーバー周波数	———
マグネットサイズ	φ108×T27mm(註：解説)
バッフル開口	φ145mm/最小寸法(註：解説)
総重量	2000g

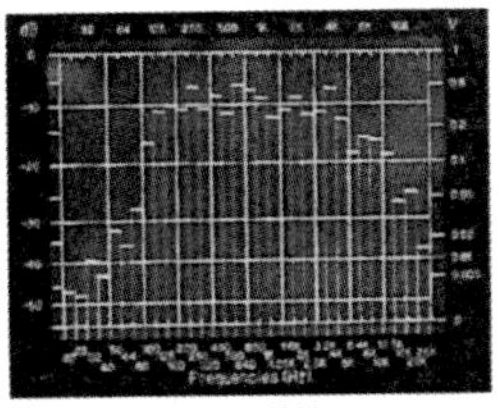

正面 f 特性

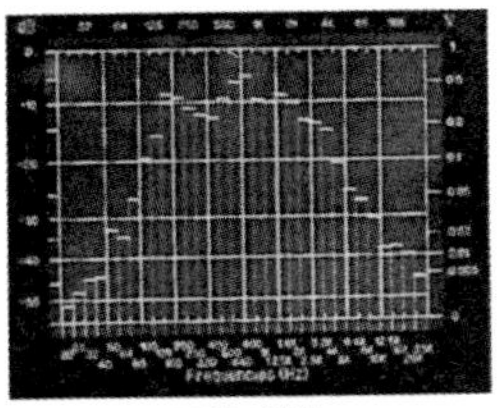

30度 f 特性

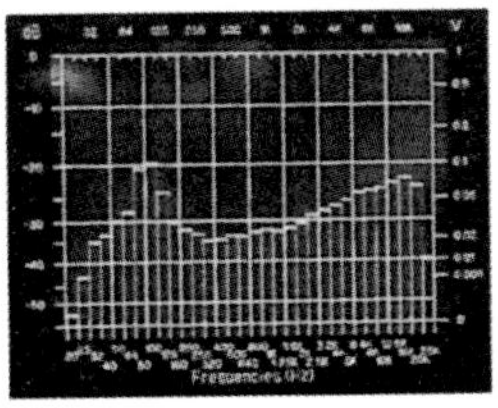

インピーダンス特性

J165FR

●JENSEN

形式	16cmF DC
外形寸法	φ158×50mm
インピーダンス	4Ω
f_0	——
Q_0	——
M_0	——
a	5.7cm
許容入力	75W
出力音圧レベル	91dB
再生帯域	80〜20kHz
クロスオーバー	——
マグネット重量	——
マグネットサイズ	φ73×20mm(カバー)
総重量	500g
バッフル開口	φ128mm

カーオーディオ用のフルレンジ。J124FRの上級機で、同じくカポック使用のダブルコーンである。特性は124とはかなり違う。f_0は105Hzぐらい。f特は下は80Hzまではのびているが、上は6kHzどまりで急降下している。ホームオーディオ用として使うにはトゥイーターが必要になり、CP比が低くなる。鋭い音を出さないBGM的カーオーディオという方向だろう。

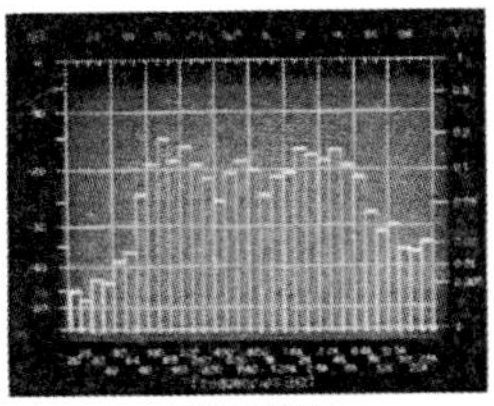

正面 f 特性

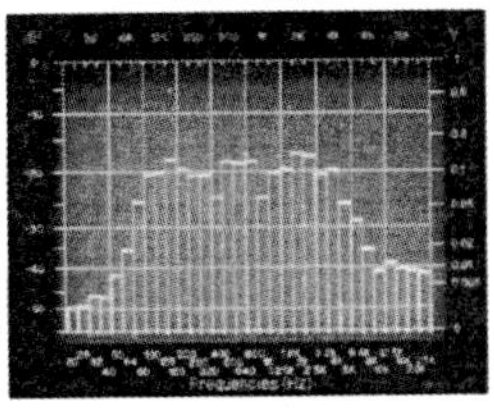

30度 f 特性

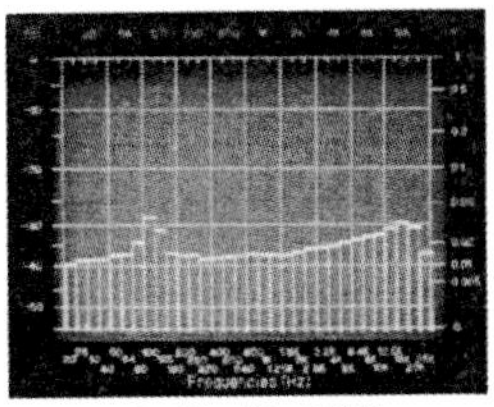

インピーダンス特性

JDS165MKⅡ

●JENSEN

形式	16cmF CX
外形寸法	φ166×55mm
インピーダンス	4Ω
f_0	——
Q_0	——
M_0	——
a	6.5cm
許容入力	100W
出力音圧レベル	91dB
再生帯域	80〜20kHz
クロスオーバー	——
マグネット重量	——
マグネットサイズ	φ85×10mm
総重量	855g
バッフル開口	φ144mm

カーオーディオ用のコアキシアルユニット。JDS130MKⅡの上級機で、やはりグラスファイバー系コーンのウーファーにソフトドームのコアキシアル。トゥイーターのマグネットはネオジミウム。フレームに総計14個もの穴があいているのがカーオーディオらしい。f_0は87Hzぐらい。ハイエンドがのび切っていて25kHzまでフラット、30kHzまではのびているだろう。15ℓぐらいのバスレフでfdを80Hzぐらいにとればよい。

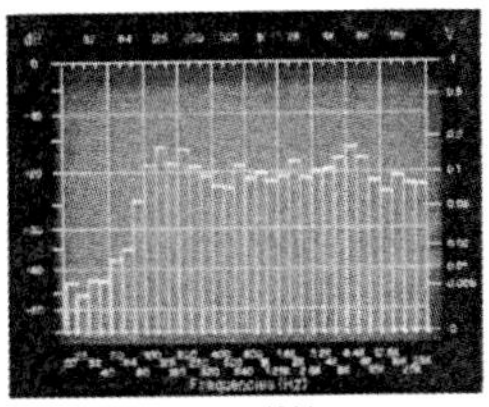

正面 f 特性

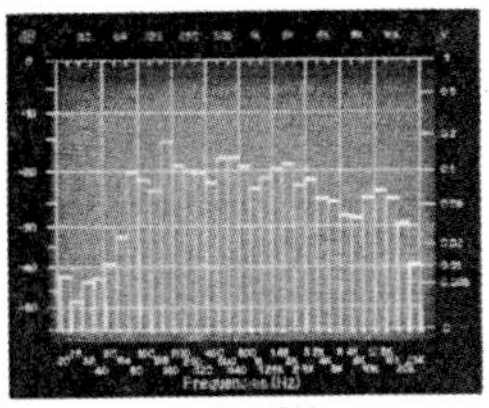

30度 f 特性

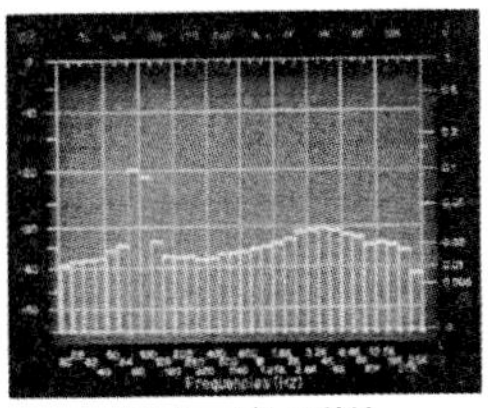

インピーダンス特性

P-610MB

●ダイヤトーン

形式	16cmF
外形寸法	φ173×85mm
インピーダンス	8Ω
f_0	70Hz
Q_0	0.7
M_0	7g
a	6.5cm
許容入力	20W
出力音圧レベル	92dB
再生帯域	f_0〜20kHz
クロスオーバー	ーーー
マグネット重量	
マグネットサイズ	φ30×25mm
総重量	900g
バッフル開口	φ145mm

一度は生産中止になったが、ファンの熱望に応えて復活。P―610DB同等品のはずだが、多少の違いはあるようだ。もともとはオリジナルの610とDBとはかなり違う。マイナーチェンジを繰り返して成長してきたものであり、パルプコーンという生き物を扱っている以上ばらつきは避けられない。MBのインピーダンス特性はDBと変わらないが、f特は違う。能率も少し低くなっている。全くの新品でコーンがほぐれていないのだろう。

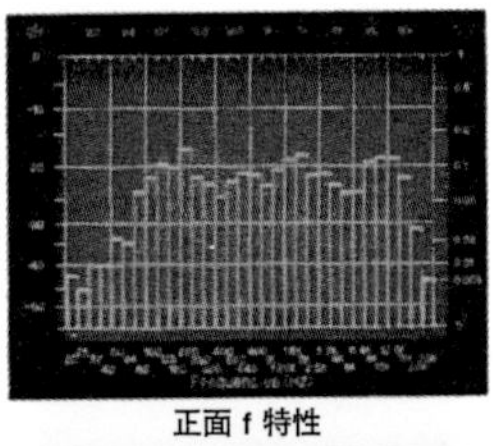

正面 f 特性

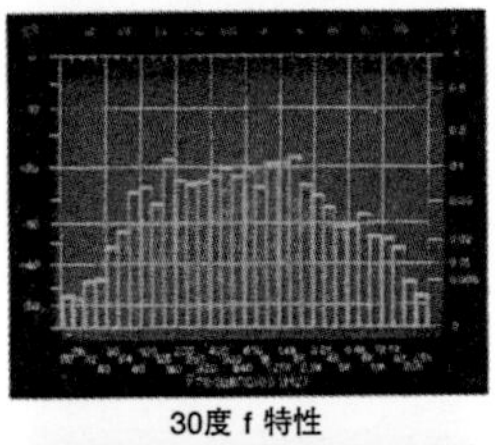

30度 f 特性

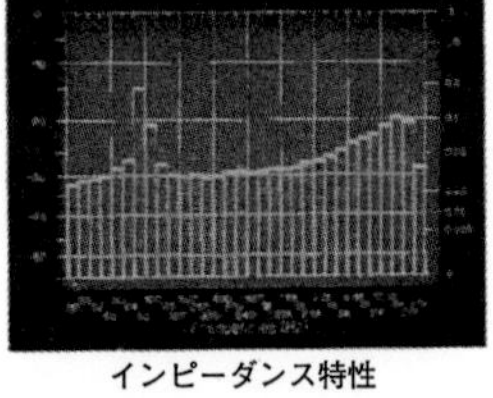

インピーダンス特性

P-610DB

●ダイヤトーン

形式	16cmF
外形寸法	φ160×95mm
インピーダンス	8Ω
f_0	70Hz
Q_0	0.7
M_0	7
a	6.5cm
許容入力	7W
出力音圧レベル	92dB
再生帯域	f_0〜20kHz
クロスオーバー	ーーー
マグネット重量	——
マグネットサイズ	φ30×35mm
総重量	900g
バッフル開口	φ145mm

生産中止になったがまだ入手は可能、中古もあるはず。4タイプあるがDBはアルニコ、コの字型ヨークで、8Ωのユニットである。パルプコーンにチタンのセンタードームでメカニカル2ウェイ。Q_0が0.7と高いので、バッフル、大型密閉箱、バスレフで使える。スペアナで見ても平面バッフルで80Hzまでフラットに再生している。フォステクス、テクニクスに比べると古典的なユニットだが使いやすい。防磁タイプ。

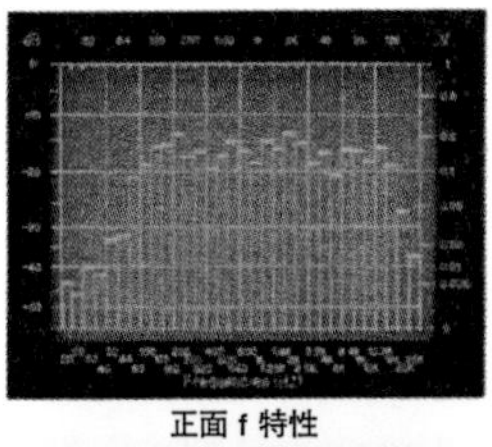

正面 f 特性

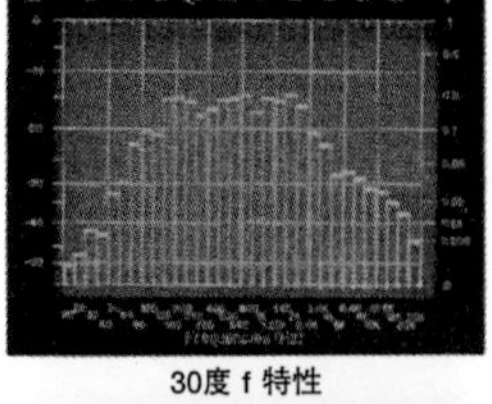

30度 f 特性

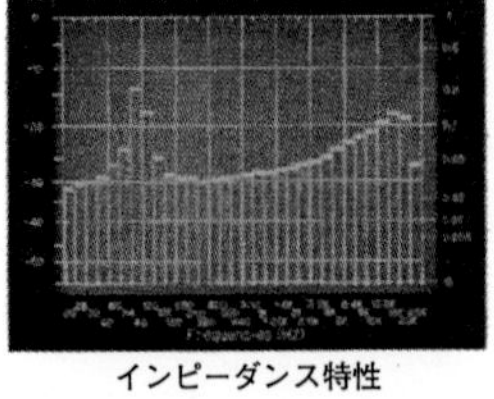

インピーダンス特性

DS-16F（無印良品）

●ダイトー

形式	160cmF
外形寸法	φ164×68mm
インピーダンス	8Ω
f_0	
Q_0	
M_0	
a	
許容入力	
出力音圧レベル	
再生帯域	
クロスオーバー	ーーー
マグネット重量	
マグネットサイズ	φ70×14mm
総重量	585g
バッフル開口	φ145mm

16cmダブルコーンのフルレンジで、ブランド品ではないので￥1500と超ローコスト。f_0は88Hzぐらいか。f特は80Hz〜20kHzがほぼフラット、ボイスコイル径が極小なので高域特製は優れている。指向特性も良い。重低音、超低音を欲張らなければたいへん使いやすいユニットだ。f_0が高いので小型のキャビネットでも使える。ダクトのチューニングを80Hzぐらいに取ったバスレフが適当。複数使用の平面バッフルも面白い。

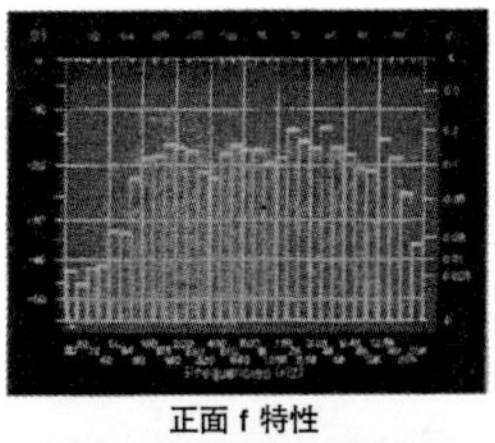

正面 f 特性

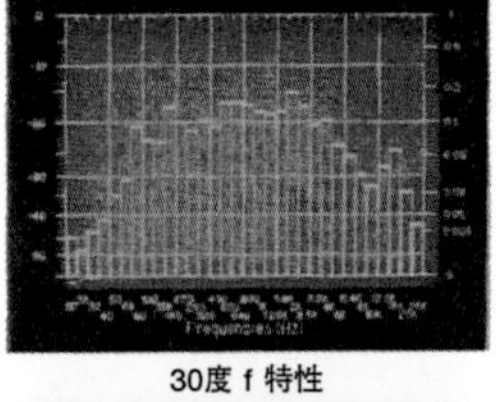

30度 f 特性

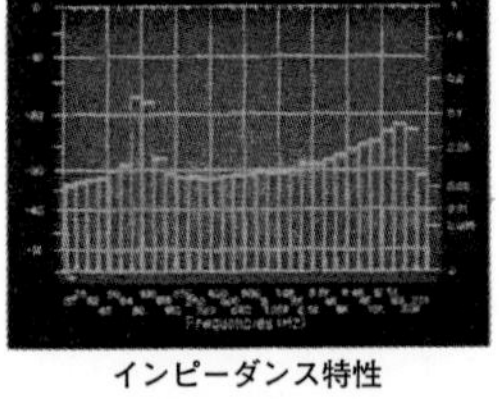

インピーダンス特性

XS-5H802

●ソニー

形式	16cmF（コアキシアル）
外形寸法	φ164×52mm
インピーダンス	——
f_0	——
Q_0	——
M_0	——
a	——
許容入力	——
出力音圧レベル	——
再生帯域	——
クロスオーバー	——
マグネット重量	——
マグネットサイズ	φ75×10mm
総重量	625g
バッフル開口	φ126mm

カーオーディオ用の16cmコアキシアルで￥1800と激安。トゥイーターはコーン型だが、フレームが光って、ルックスはいい。f_0は125Hzと、16cmとしてはかなり高い。これはサスペンションがしっかりしているためで、カーオーディオには必要な条件でもある。f特は100Hz〜16kHzがフラット、低域を欲張らなければ使いやすいユニットである。小型密閉箱、小型バスレフ向き。ダクトのチューニングは100Hzぐらいにとる。

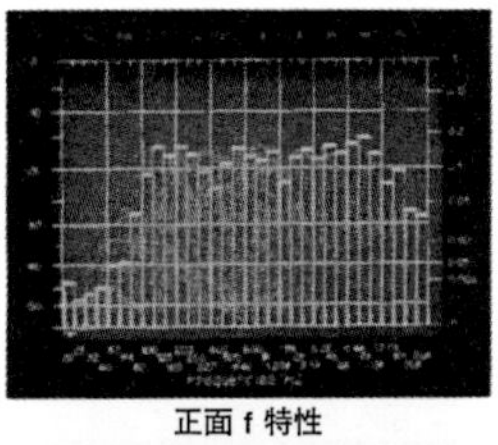

正面 f 特性

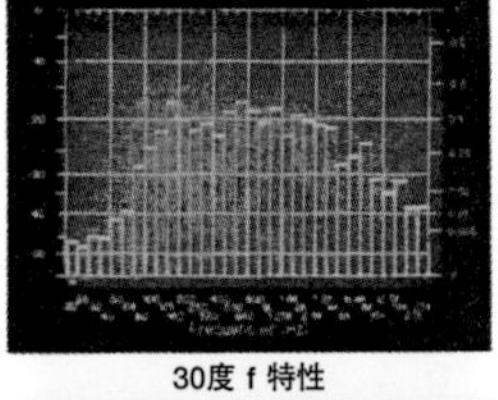

30度 f 特性

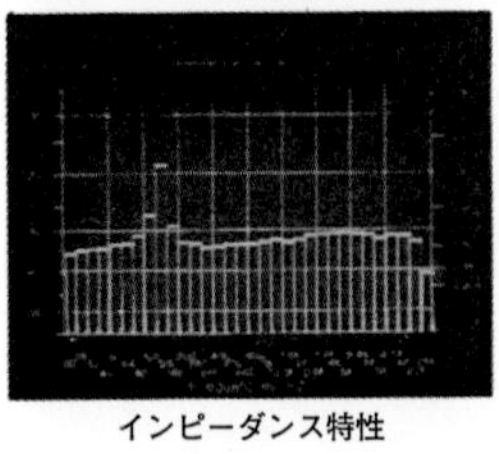

インピーダンス特性

FE164

●フォステクス

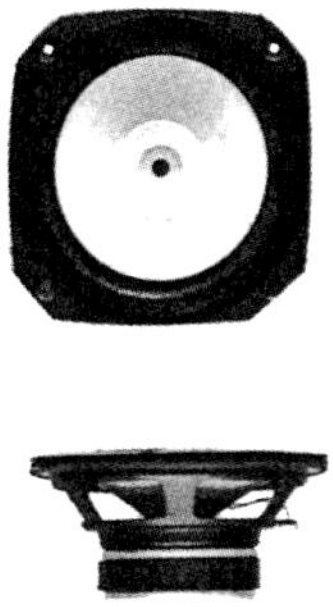

形式	16cmF
外形寸法	□166×72mm
インピーダンス	8Ω
f_0	50Hz
Q_0	0.34
M_0	6.9
a	6.5cm
許容入力	60W
出力音圧レベル	92dB
再生帯域	f_0～20kHz
クロスオーバー	ーーー
マグネット重量	330g
マグネットサイズ	φ90×15mm
総重量	1,100g
バッフル開口	φ146mm

FE163からの発展で、スペックには微妙な違いがあるが、一番大きな違いは重量が1260gから1100gに減ったこと。しかし外観に違いはないので、FE163の計量ミスではないか。FEシリーズの中では磁気回路が非力で、優しく繊細な音が特徴。スペアナで見るとf_0は60Hzぐらい。f特はフラットだが、わずかに中だるみが見える。12kHzのピークはサブコーンだろう。BHでは音が引っ込む。バスレフ、DB《ダブルバスレフ》が適当。

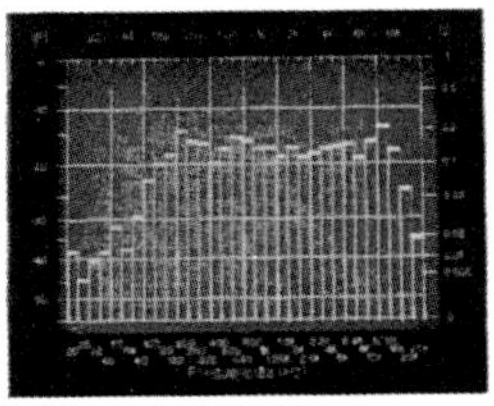

正面 f 特性

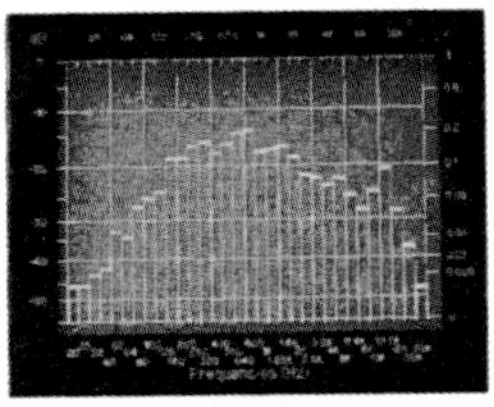

30度 f 特性

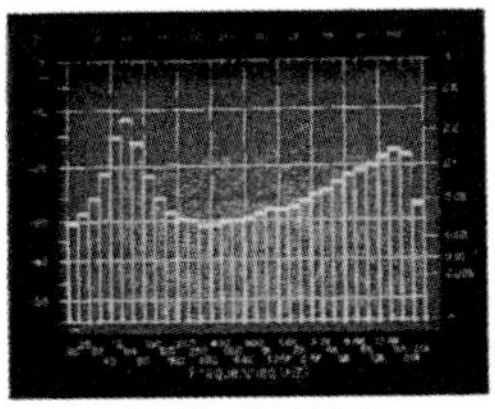

インピーダンス特性

16F100

●テクニクス

形式	16cmF
外形寸法	□162×77.3mm
インピーダンス	8Ω
f_0	90Hz
Q_0	0.53
M_0	6g
a	6.4cm
許容入力	80W
出力音圧レベル	95dB
再生帯域	90～14kHz
クロスオーバー	ーーー
マグネット重量	500g
マグネットサイズ	φ110×15mm
総重量	1,420g
バッフル開口	φ143mm

ボーカル用PAスピーカーで、黒いフレーム、黒いコーンにアルミドームとコントラストの強いデザイン。コーン紙が軽く、サスペンションが硬めなので、f_0が高く、パワーが入る。センターキャップはドームトゥイーターではなく、むしろ高域を抑えこむような設計になっており、30度方向もくせの少ないf特になっており、使いやすい。ローコスト大型3ウェイのスコーカーとしても使える。10～30 ℓのキャビで密閉、バスレフとも可。

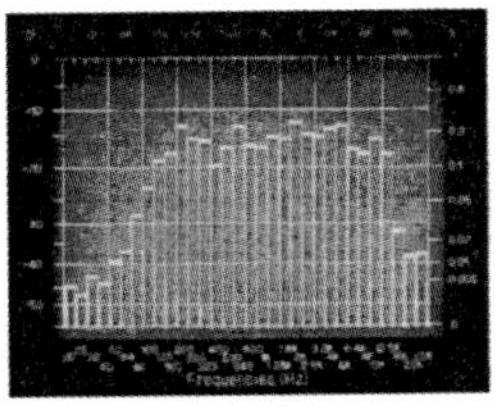

正面 f 特性

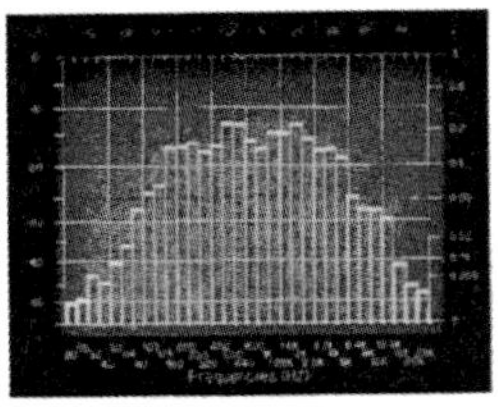

30度 f 特性

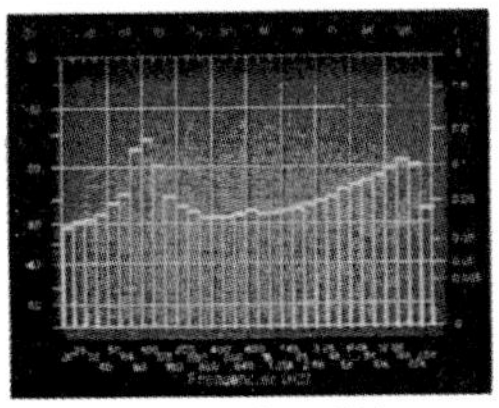

インピーダンス特性

16F20

●テクニクス

形式	16cmF
外形寸法	□162×84mm
インピーダンス	8Ω
f_0	35Hz
Q_0	0.22
M_0	7.6
a	6.4cm
許容入力	70W
出力音圧レベル	93dB
再生帯域	35～20kHz
クロスオーバー	——
マグネット重量	850g
マグネットサイズ	φ120×20mm
総重量	2050g
バッフル開口	φ143mm

16F10と同じフレームだが、内容はかなり違う。メタルキャップはボイスコイル直結でメカニカル2ウェイとなっている。f特で4kHz以上のレベルが高いのはメタルドームの効果である。磁気回路は16cmクラスでは最強、ポールピースに純銅ショートリングをかぶせてハイエンドでのインピーダンス上昇を抑えこんでいる。f_0、Q_0とも低いのでバスレフではハイ上がりになる。BHが適当。ハイスピードに散乱する鮮烈サウンドでややメタリック。

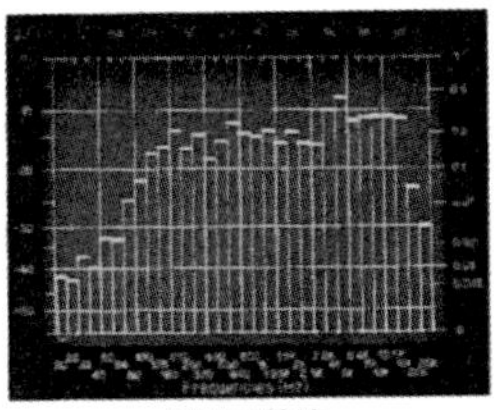

正面 f 特性

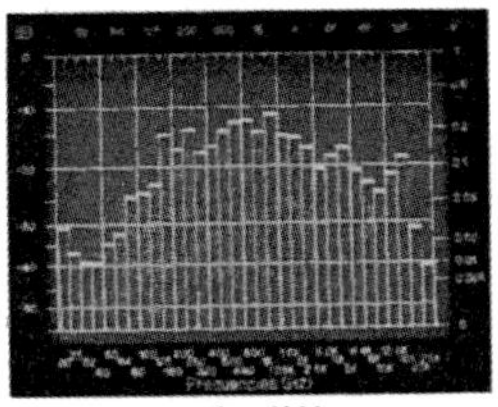

30度 f 特性

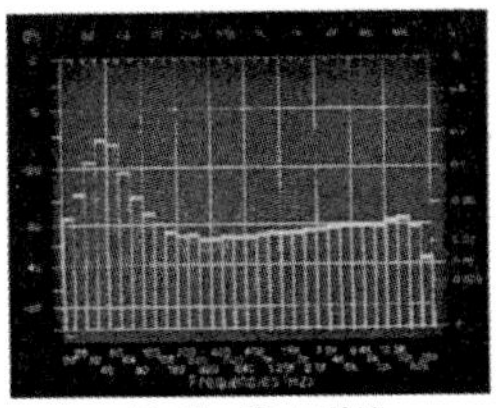

インピーダンス特性

16F10

●テクニクス

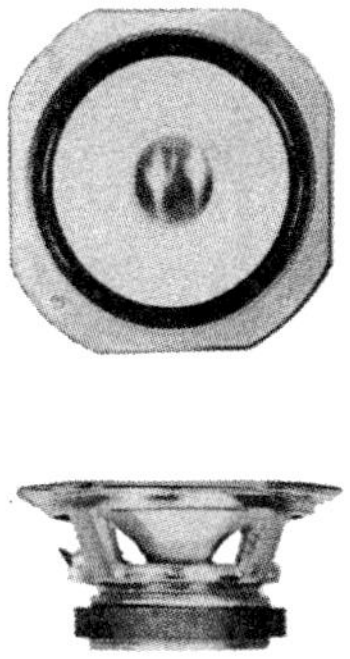

形式	16cmF
外形寸法	□162×77.3mm
インピーダンス	8Ω
f_0	45Hz
Q_0	0.42
M_0	6.4
a	6.4cm
許容入力	70W
出力音圧レベル	93dB
再生帯域	45～20kHz
クロスオーバー	ーーー
マグネット重量	500g
マグネットサイズ	φ110×15mm
総重量	1400g
バッフル開口	φ143mm

FE163の対抗馬というよりはF10シリーズの中堅機種として生まれたもの。163がFEシリーズの中では最も非力なユニットだっただけに違いが目立つ。重量300g増、マグネットもφ90からφ110と大幅強化。純銅ショートリング付きで、インピーダンス特性はフラット。センターキャップの効果で12kHz急降下。ややハイ上がりだが30度方向ではゆるやかな下降特性になる。使いやすいユニットだがトゥイーターは必要。

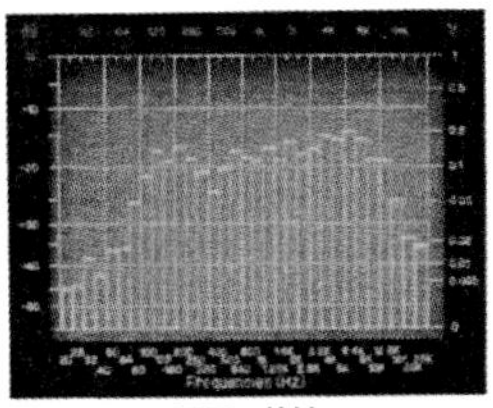

正面 f 特性

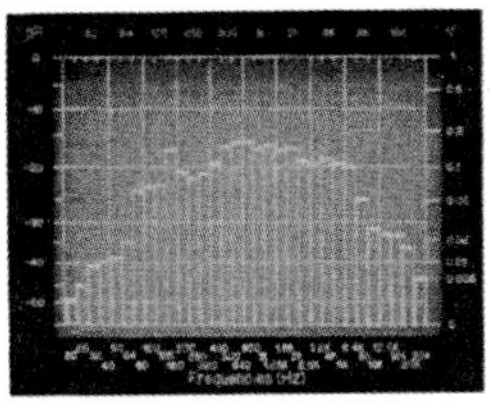

30度 f 特性

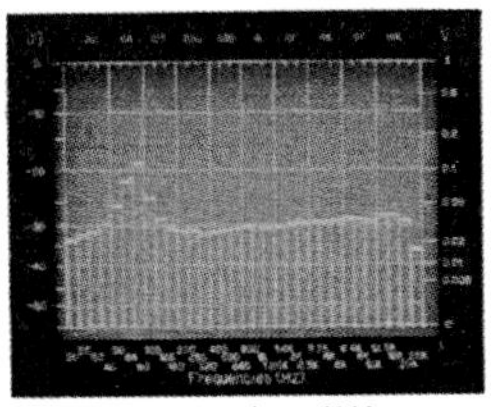

インピーダンス特性

FE167E

●フォステクス

形式	ダブルコーン16cmF
外径寸法	□166×85mm
インピーダンス	50Ω
f_0	50Hz
Q_0	0.31
m_0	6.9g
a	6.5cm
許容入力	65W
出力音圧レベル	94dB/W(m)
再生帯域	f_0～22kHz
クロスオーバー	
マグネット重量	362g
マグネットサイズ	φ91.5mm
総重量	1.32g
バッフル開口	φ144mm

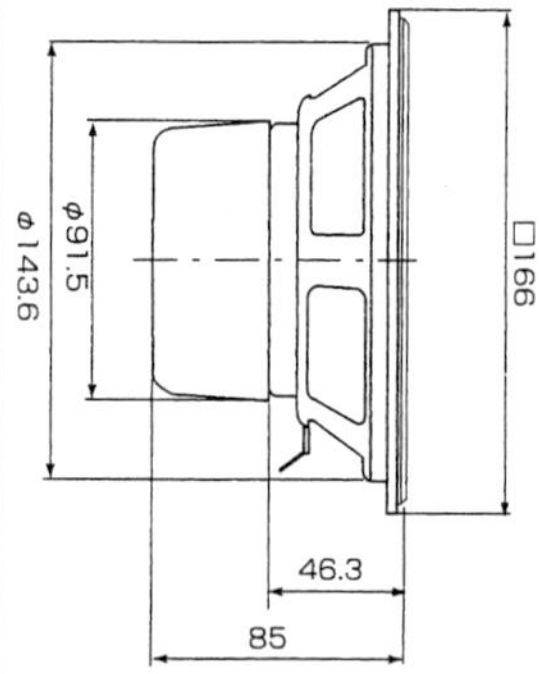

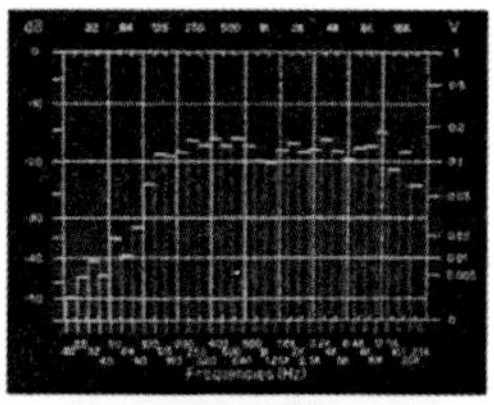

正面 f 特性

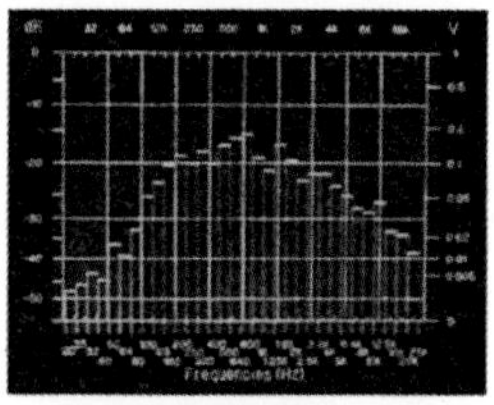

30度 f 特性

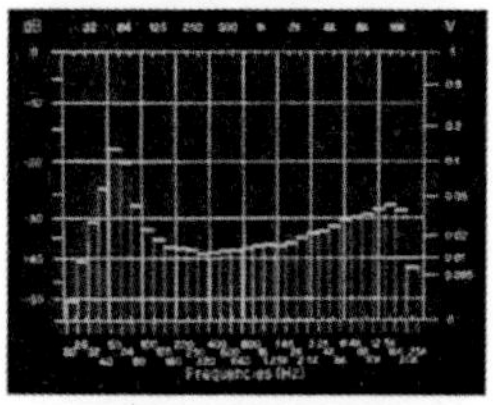

インピーダンス特性

FE167

●フォステクス

形式	16cmF
外形寸法	□166×83.5mm
インピーダンス	8Ω
f_0	50Hz
Q_0	0.39
M_0	7.5
a	6.5cm
許容入力	65W
出力音圧レベル	95dB
再生帯域	f_0～22kHz
クロスオーバー	–––
マグネット重量	362g
マグネットサイズ	φ91×39(カバー)
総重量	1.310g
バッフル開口	φ185mm

FE164のAVバージョン。FE164同様磁気回路はそう強力な方ではなく、それだけにやたらハイ上がりとか、突っ張っているといった感じはなく、やや細身だがすっきりした音が特徴。f特を見てもワイドでフラットだが、これはFE168Σとも共通した傾向だ。出力音圧レベルはFE164が92dBなのに対してFE167は95dBと、16cmの中では最高だが、スペアナで見る限りは91dBぐらいの感じだ。BHよりはバスレフ向き。

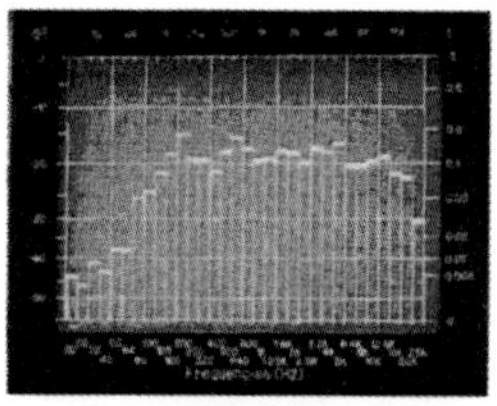

正面 f 特性

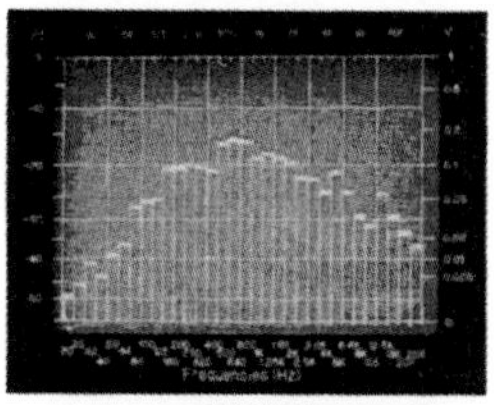

30度 f 特性

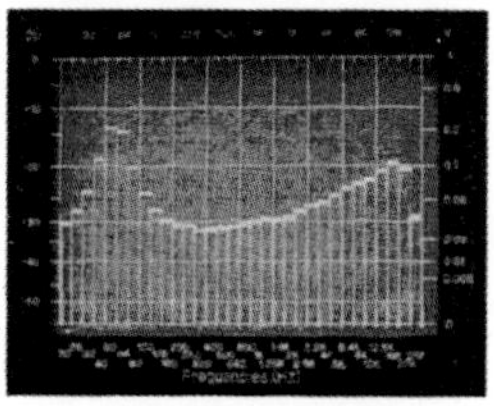

インピーダンス特性

FE166E

●フォステクス

形式	ダブルコーン16cmF
外径寸法	□166×76.3mm
インピーダンス	8Ω
f_0	50Hz
Q_0	0.22
m_0	6.9g
a	6.5cm
許容入力	65W
出力音圧レベル	94dB/W(m)
再生帯域	f_0～22kHz
クロスオーバー	
マグネット重量	600g
マグネットサイズ	φ110mm
総重量	1.6g
バッフル開口	φ144mm

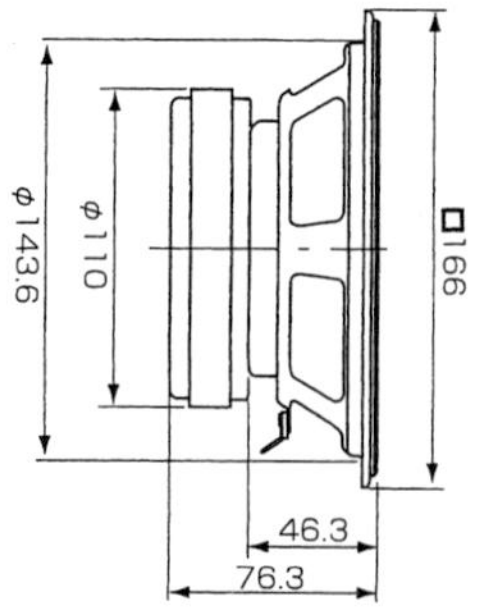

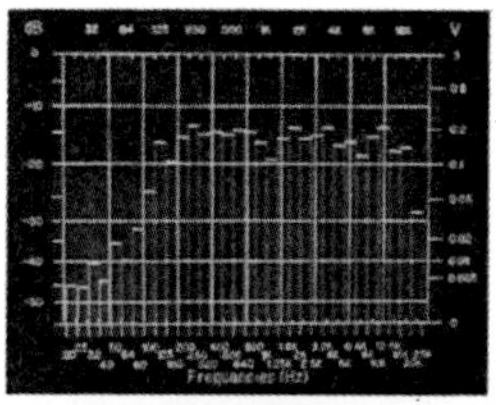

正面 f 特性

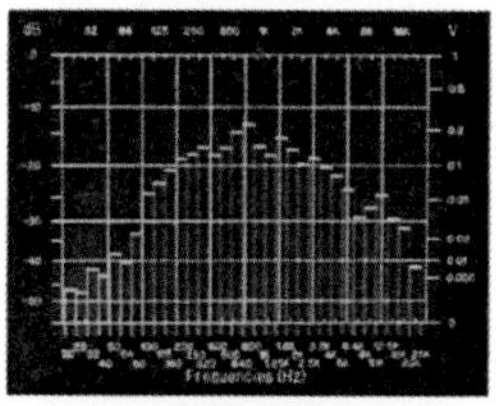

30度 f 特性

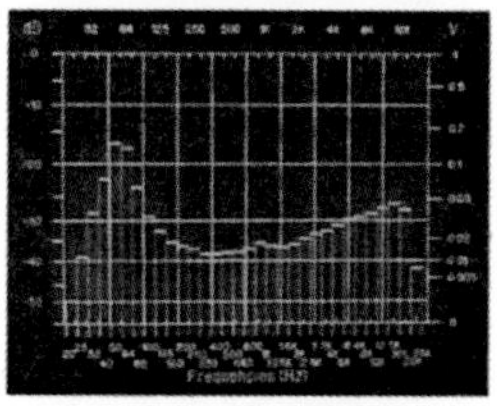

インピーダンス特性

FF165K

●フォステクス

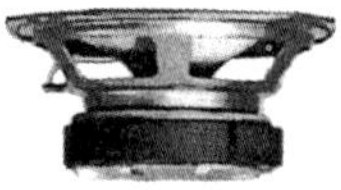

形式	16cmF
外形寸法	□166×73.7mm
インピーダンス	8Ω
f_0	40Hz
Q_0	0.2
M_0	7.8g
a	6.5cm
許容入力	70W
出力音圧レベル	94dB
再生帯域	f_0～17kHz
クロスオーバー	–––
マグネット重量	600g
マグネットサイズ	φ110×15mm
総重量	1,640g
バッフル開口	φ146mm

FF165Nの後継機種。コーンはケナフを主体に、バイオセルロースを少量混入している。スペックは多少の違いがあり、f_0は40Hzから45HzにQ_0は0.2から0・25に上昇、M_0は7.5gから7.8gに増加したことになっているが、実測では変化は認められない。しかし、音は変わった。ボーカル帯域が引っ込みがちなNのキャラクターが解消され、声が明るく張り出し、全体としても軽快に鳴るすっきりした音に変わった。バスレフでもBHでも使える。

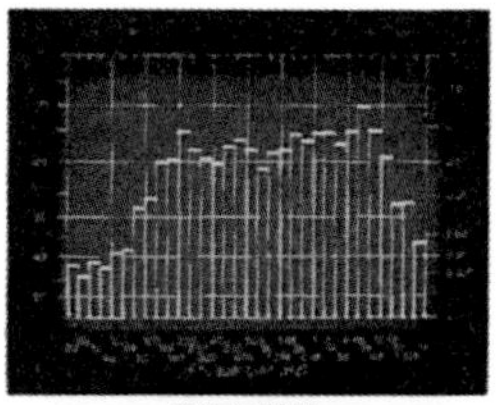

正面 f 特性

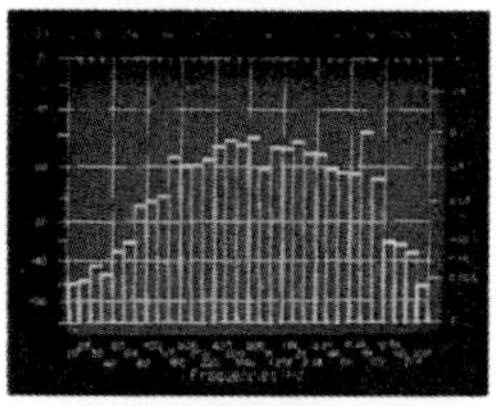

30度 f 特性

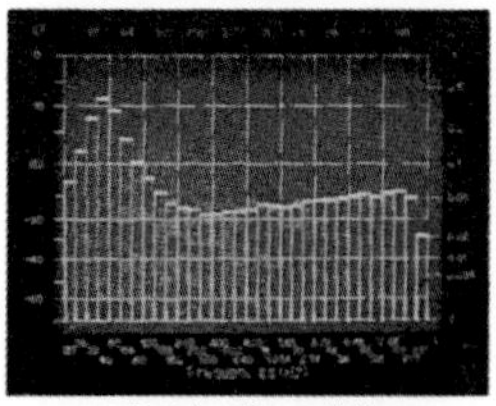

インピーダンス特性

DX160

●ロイーネ

形式	16cmF CX
外形寸法	□175×104mm
インピーダンス	7Ω
f_0	55Hz
Q_0	0.26
M_0	8.5
a	7.6cm
許容入力	40W
出力音圧レベル	91dB
再生帯域	55～20kHz
クロスオーバー	7kHz
マグネット重量	1520g
マグネットサイズ	φ120×18×2mm
総重量	3500g
バッフル開口	φ153mm

強靭なダイキャストフレームに大型のマグネット、一見オーソドックスなパルプ系のダブルコーンに見えるが、実はコアキシアルである。メインコーンとサブコーンは専用のボイスコイルを持ち(磁気回路は共用)メインコーン6dB／oct、サブコーン18dB／octの付属ネットワークを介して入力される。クロスオーバー7kHz。f_0は50Hz、インピーダンス特性は独得だが、軸上でのf特はオーソドックスで20kHzまでのびている。指向性はかなり鋭い。

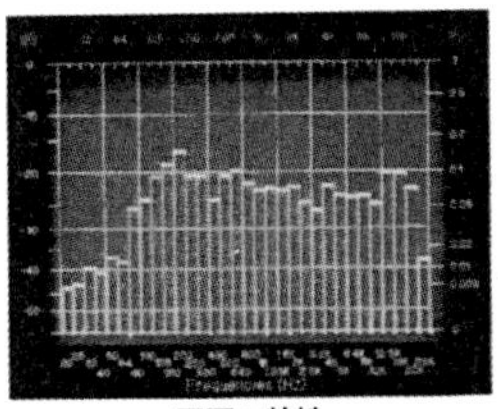

正面 f 特性

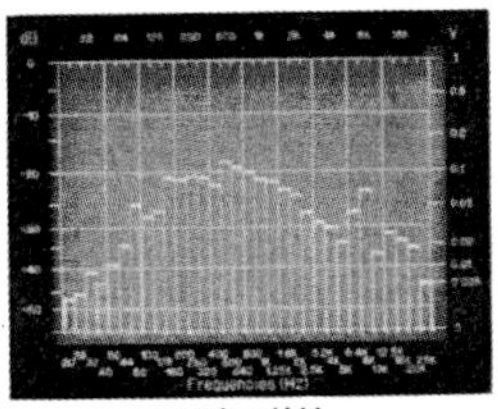

30度 f 特性

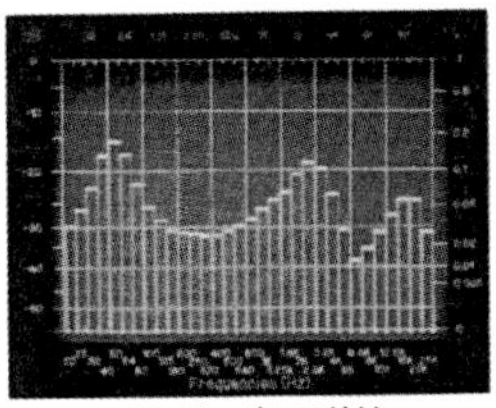

インピーダンス特性

FE168SS

●フォステクス

形式	16cmF DC
外形寸法	φ190×102.5mm
インピーダンス	8Ω
f_0	60Hz
Q_0	0.23
M_0	6.5
a	6.5cm
許容入力	80W
出力音圧レベル	94.5dB
再生帯域	f_0～25kHz
クロスオーバー	——
マグネット重量	2180g
マグネットサイズ	φ125×18×2mm
総重量	4200g
バッフル開口	φ151mm

FE163以来のFE16cmシリーズの頂点に立つ強力モデル。マグネット重量は6.6倍になった。ΣとSSの中間にくるSはあまり意味がないということで計画されなかった。磁気回路は超強力だが、ボイスコイルが小口径なので出力音圧レベルは208SSより低い。その代り高域ののびはトゥイーターを凌ぐ程で、20kHzまで一直線。指向性は強い。バスレフでは低音不足、BHで真価を発揮、バランスのよさでは208SSを上回る。

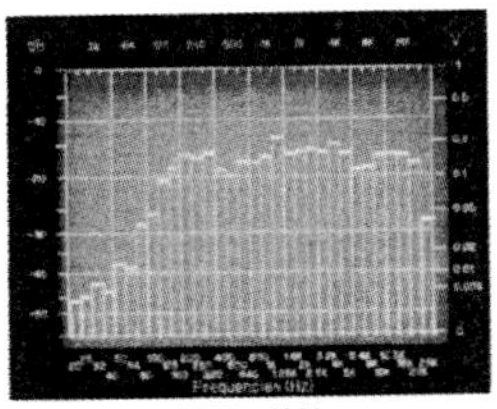

正面 f 特性

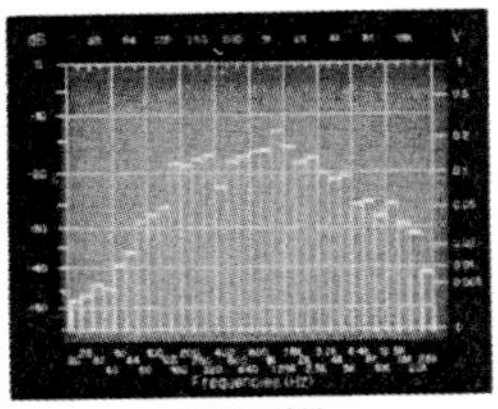

30度 f 特性

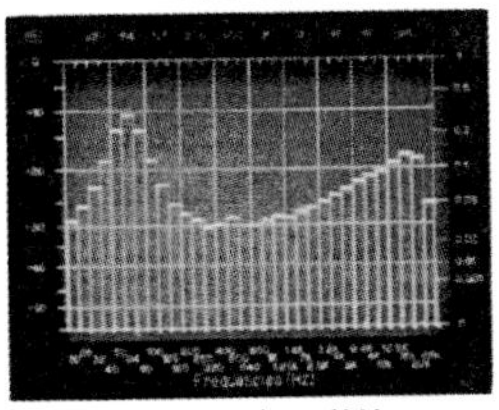

インピーダンス特性

FE168EΣ

●フォステクス

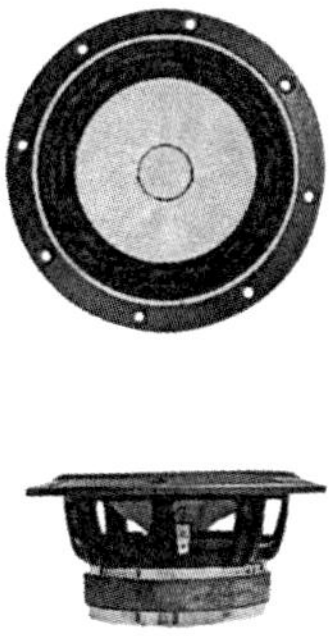

形式	シングルコーン16cmF
外径寸法	φ190×88mm
インピーダンス	8Ω
f_0	51Hz
Q_0	0.26
m_0	8.7g
a	6.0cm
許容入力	80W
出力音圧レベル	94.5dB/W(m)
再生帯域	f_0～21kHz
クロスオーバー	
マグネット重量	721g
マグネットサイズ	φ120mm
総重量	2.6g
バッフル開口	φ143mm

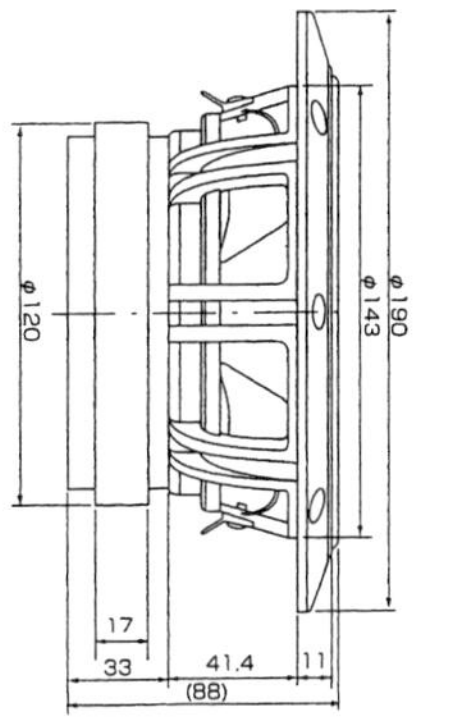

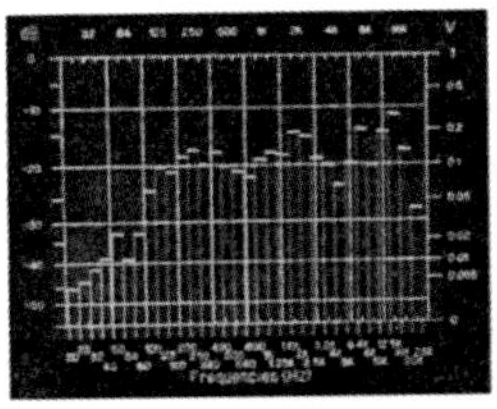

正面 f 特性

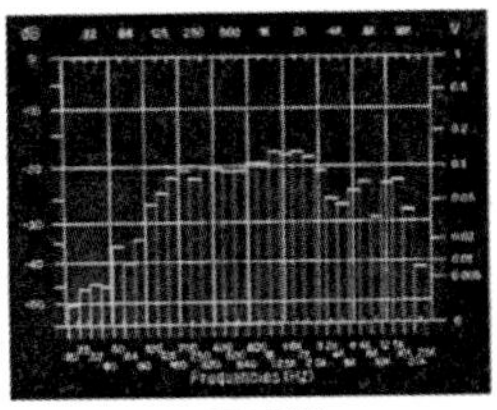

30度 f 特性

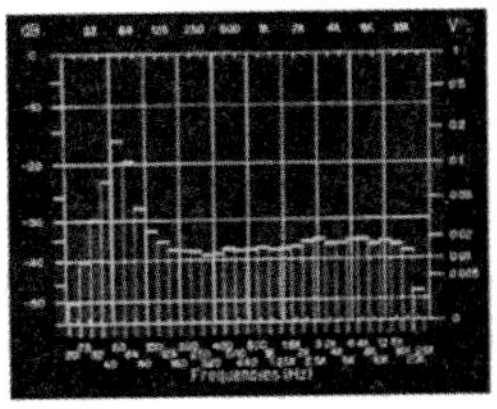

インピーダンス特性

FE168Σ

●フォステクス

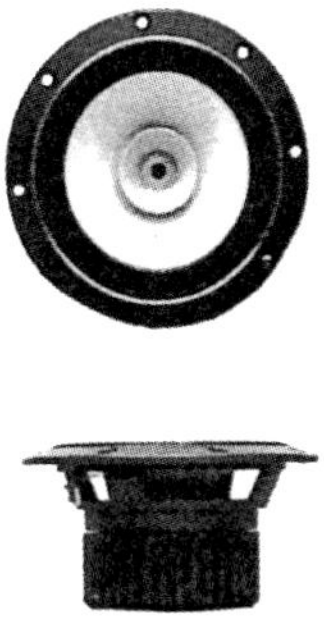

形式	16cmF
外形寸法	φ190×99mm
インピーダンス	8Ω
f_0	60Hz
Q_0	0.33
M_0	6.5
a	6.5cm
許容入力	80W
出力音圧レベル	94dB
再生帯域	f_0～20kHz
クロスオーバー	———
マグネット重量	840g
マグネットサイズ	φ100×15×2mm
総重量	2,100g
バッフル開口	φ151mm

FE163からの発展で、フレーム、磁気回路、振動系すべて違う。マグネットは単なる2枚重ねではなく、外径も90mmから100mmに増加して大幅強化。ゴムカバー付き。スペアナで見るとf_0は72Hzぐらい。f特はFEシリーズの中では最もフラット、20kHzまで一直線に伸びている。能率はそれ程高くはなく、92dBぐらいではないか。30度方向も素直に使える。共鳴管、BH向きだが、大口径ダクトのバスレフでも十分使える。

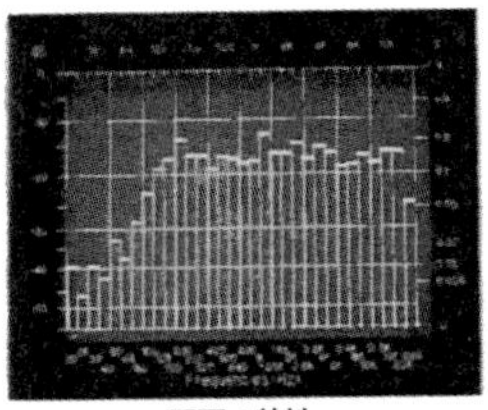

正面 f 特性

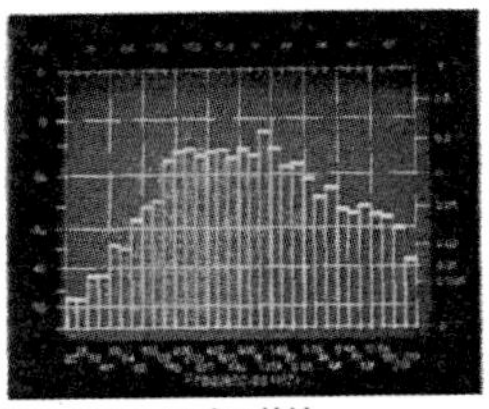

30度 f 特性

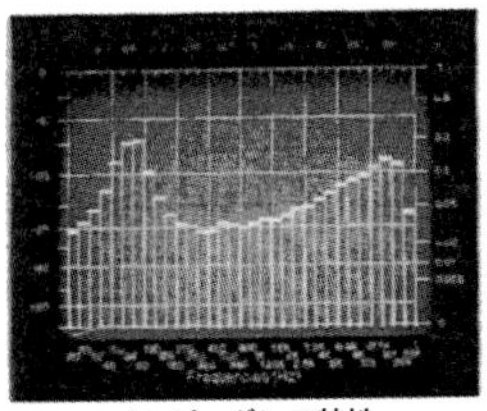

インピーダンス特性

409B

●アルテック

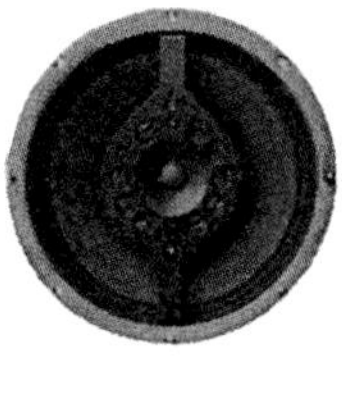

形式	200mm F
外形寸法	φ205×87mm
インピーダンス	8Ω
f_0	80Hz
a	8.25cm
許容入力	16W
クロスオーバー	2kHz
マグネットサイズ	φ85×11mm
総重量	1470g
最小開口	φ180mm

昔、ベストセラーになったDIG（ディグ）MKIIに使われていたコアキシアル・ユニットである。トゥイーターは8cmコーン型でウーファー、トゥイーターともマグネットはフェライト。DIGオリジナルに使われていた409Bとはマグネットが違うが、内容は変わっていない。駆動力は大きくないが、軽いコーンとバネを効かせたサスペンションで、音は弾力的に華やかに飛び出してくる。レンジはそう広くないが、能力は高く、指向性もよい。

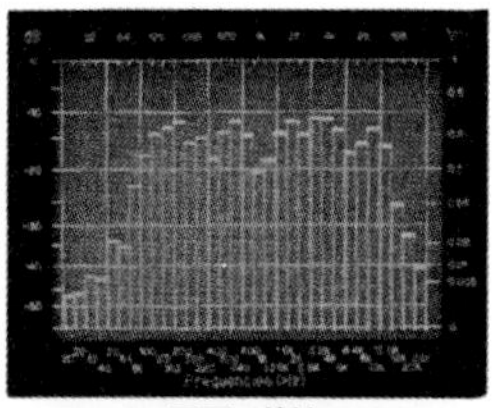

正面 f 特性

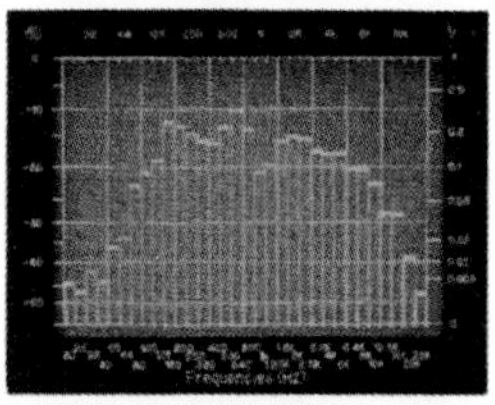

30度 f 特性

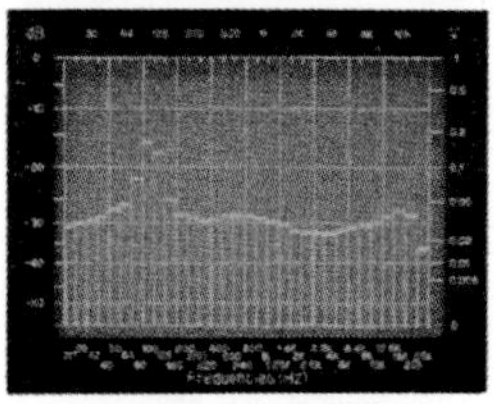

インピーダンス特性

CD408-8A

●Altec

形式(メーカー呼称)	20cm コアキシャル・フルレンジ
外径寸法	φ20.5×7.5cm
インピーダンス	8Ω
fo	———
Qo	———
Mo	———
a	———m
許容入力	32W
出力音圧レベル	98dB/W(m)
再生周波数帯域	82〜16000Hz
メーカー推奨クロスオーバー周波数	———
マグネットサイズ	φ84×T12mm(註：解説)
バッフル開口	φ175mm 最小寸法(註：解説)
総重量	1100g

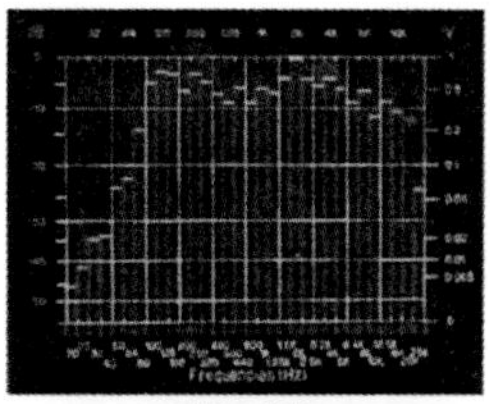

正面 f 特性

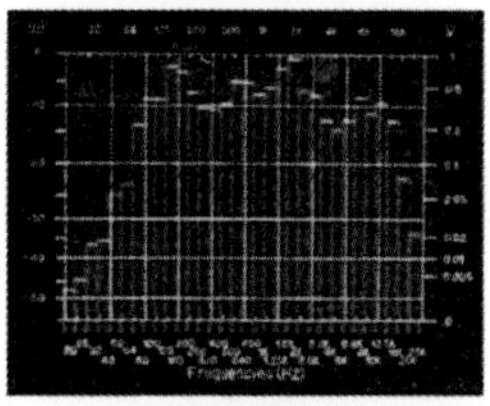

30度 f 特性

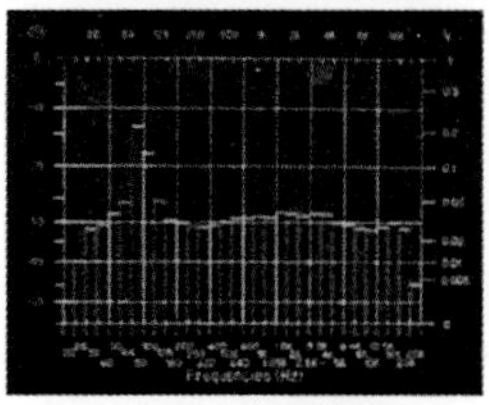

インピーダンス特性

NDX16

●ジェンセン

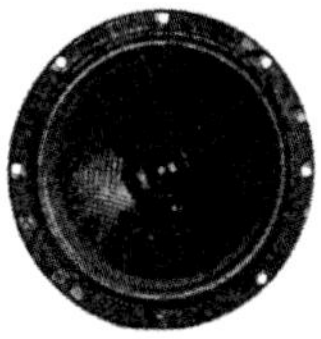

形式	16.5cm F（同軸）
外形寸法	φ165×67mm
インピーダンス	4Ω
f_0	
Q_0	
M_0	
a	
許容入力	20W
出力音圧レベル	91dB
再生帯域	50〜20kHz
クロスオーバー	———
マグネット重量	
マグネットサイズ	
総重量	1,000g
バッフル開口	φ145mm

カーオーディオ用の16cmコアキシアル。ウーファーはカーボンクロスのコーン、トゥイーターは不明。マグネットはネオジウムと説明されているが、こんな大きなネオジウムマグネットがあるのだろうか。ネットワークは外付けで、小型のコイルと電解コンデンサー各1個のシンプルなもの。インピーダンス特性から見るとウーファースルーで、トゥイーター12dB／octのようだ。f特から見るとワイドでフラットで使いやすいユニットのようだ。

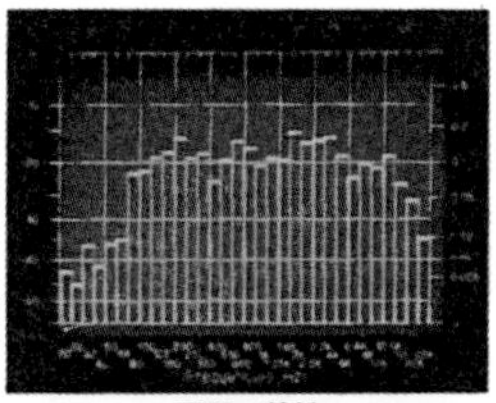

正面 f 特性

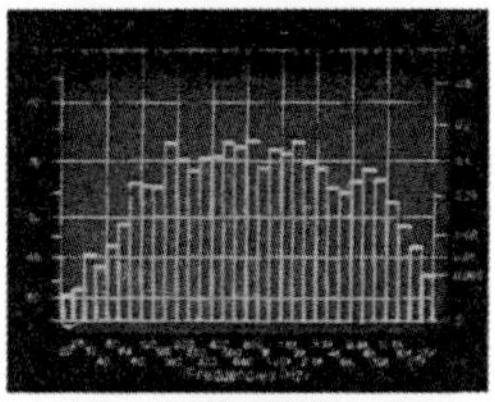

30度 f 特性

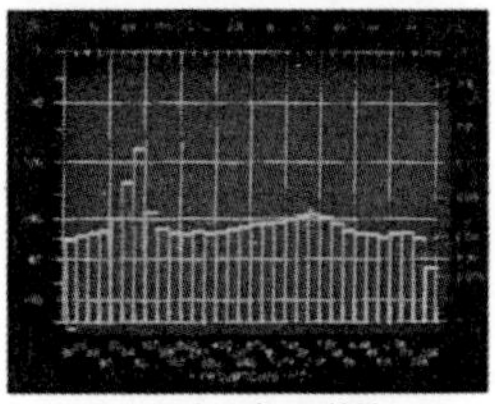

インピーダンス特性

RA160

●ロイーネ

形式	16cm F
外形寸法	□176×116mm
インピーダンス	8Ω
f_0	55Hz
Q_0	0.36
M_0	8.1g
a	6.5cm
許容入力	40Hz
出力音圧レベル	91dB
再生帯域	55〜20kHz
クロスオーバー	———
マグネット重量	
マグネットサイズ	φ110×57mm（ヨーク）
総重量	3,250g
バッフル開口	φ152mm

16cmダブルコーンのデラックス版。設計自体はオーソドックスで特殊な機構は持っていない。小口径のサブコーン付きで、メインコーンとのクロスは6kHzぐらいであろう。磁気回路はアルニコ壺方ヨークで強力、m_0はやや大きめ。サスペンションをやや硬めにしてf_0を55Hzに上げ、芯のあるしっかりした音を狙う。サブコーンがうまく働いて16kHzまでは十分に再生、6.4kHzのディップを除けばフラット。バスレフが向いている。

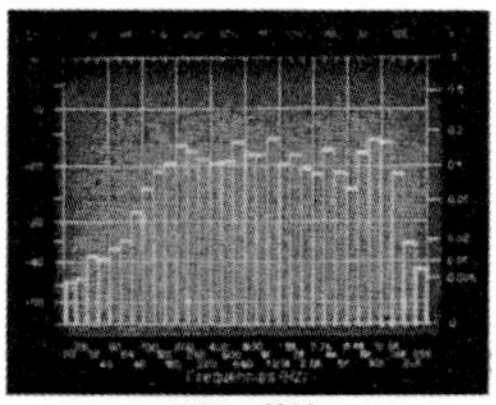

正面 f 特性

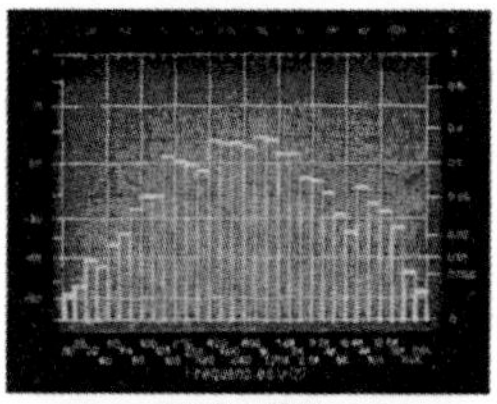

30度 f 特性

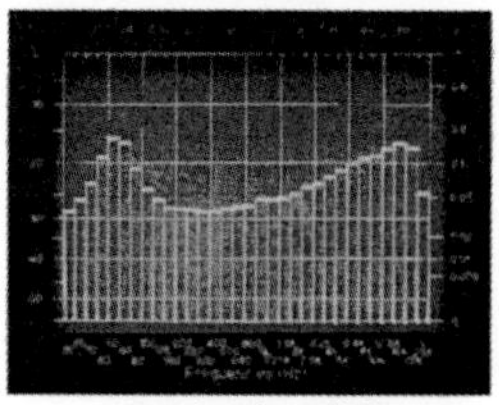

インピーダンス特性

20F20

●テクニクス

形式	20cmF
外形寸法	□204×99mm
インピーダンス	8Ω
f_0	32Hz
Q_0	0.17
M_0	13.6
a	8.2cm
許容入力	70W
出力音圧レベル	95dB
再生帯域	32〜16kHz
クロスオーバー	——
マグネット重量	1,400g
マグネットサイズ	φ156×20mm
総重量	4,050g
バッフル開口	φ184mm

超強力20cmフルレンジ。16F20をそのまま拡大した感じで、メカニカル2ウェイ、ショートリングなどの基本は共通。磁気回路はFE208Σより強力だが、208スーパーには負ける。3.2kHz以上がメタルドームの効果。やはりバスレフではハイ上がりになるのでBHが適当。16F20と共通したハイスピード鮮烈サウンドだが、めり張りと共に荒さもやや増大する。プレスフレームでは4kgを超す重量を支え切れない？

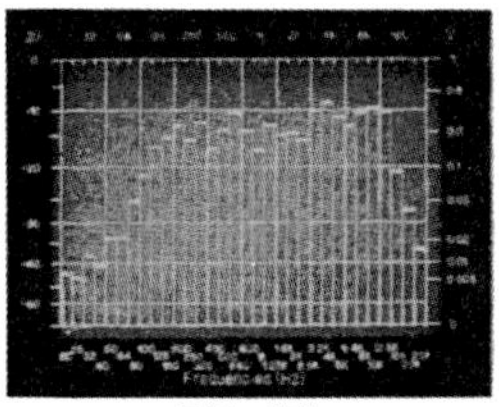

正面f特性

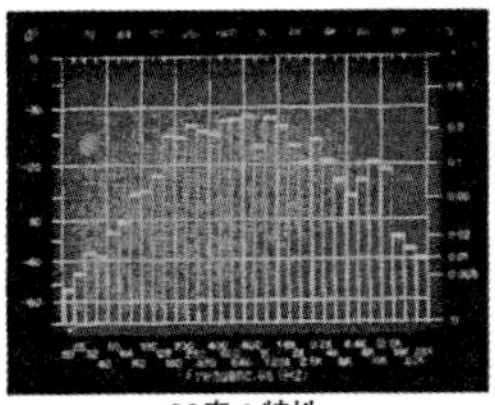

30度f特性

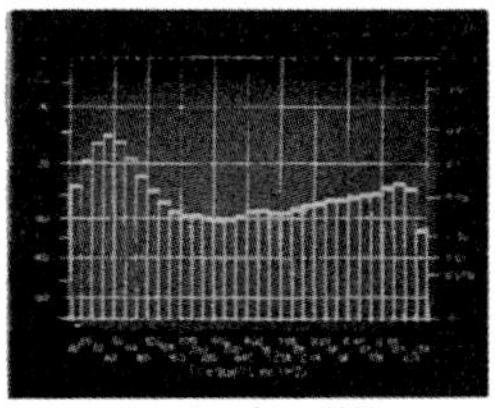

インピーダンス特性

20F10

●テクニクス

形式	20cmF
外形寸法	□204×96mm
インピーダンス	8Ω
f_0	40Hz
Q_0	0.38
M_0	12.1
a	8.2cm
許容入力	70W
出力音圧レベル	95dB
再生帯域	40〜16kHz
クロスオーバー	———
マグネット重量	903g
マグネットサイズ	φ130×20mmヨーク
総重量	2600g
バッフル開口	φ184mm

10シリーズの大型ユニット。FE203の対抗馬として登場、ひと回り大型のマグネットを搭載。スペックは似ているが、振動系の違いが大きく、音は違う。センターキャップはボイスコイルから放射される高域を抑える役目を持っており、10kHz以上急降下。20F20とは特性も音も全く異なる。純銅ショートリング付きなので高域でのインピーダンス上昇は少ない。FE204なみに用途は広い。音はややハードでドライ。トウイーターは必要。

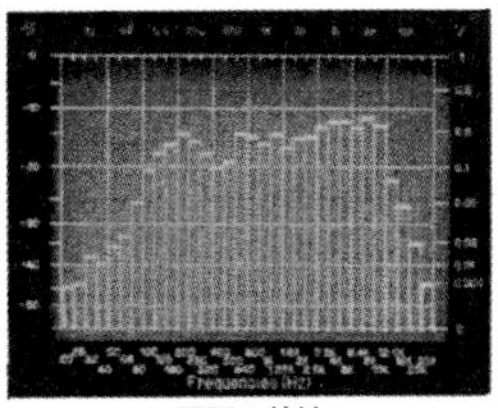

正面f特性

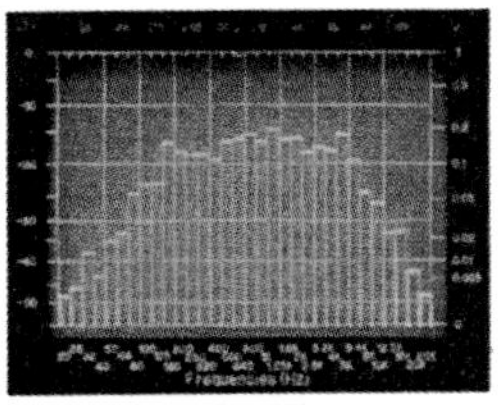

30度f特性

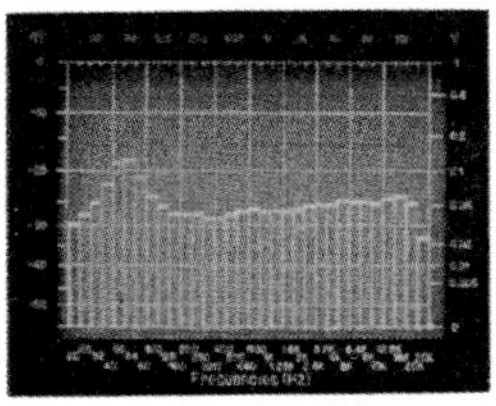

インピーダンス特性

SP-8C

●エレクトロボイス

形式	200mmF
外形寸法	φ213×121mm
インピーダンス	8Ω
f_0	55Hz
Q_0	——
M_0	——
a	8.25cm
許容入力	25W
出力音圧レベル	95dB
再生帯域	41〜12kHz
クロスオーバー	———
マグネット重量	——
マグネットサイズ	φ132×60mmカバー
総重量	3050g
バッフル開口	φ181mm

8A、8Bから発展してきた20cmフルレンジの代表機種、当時¥34000。f_0は50Hzぐらいか。駆動力は大きい方だ。ボイスコイルの大きいフルレンジ、ウーファータイプで、サブコーンも大きく、中低域をしっかりと再生、ハイエンドは不足気味なのでトゥイーターが必要になる。軸上正面ではフラット、能率も高い方だ。内容積34ℓのバスレフが推奨されているが、ダクトのチューニングは40〜50Hzぐらいが適当か。

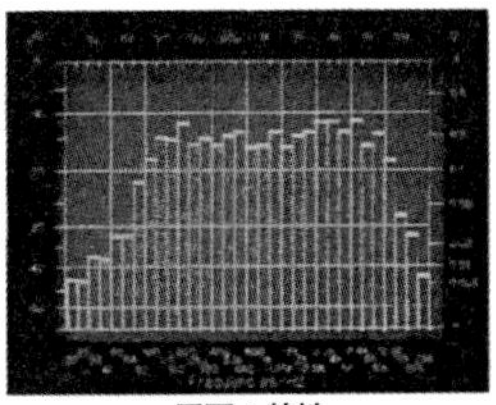

正面f特性

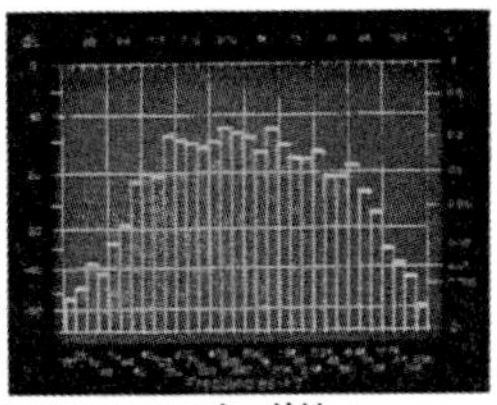

30度f特性

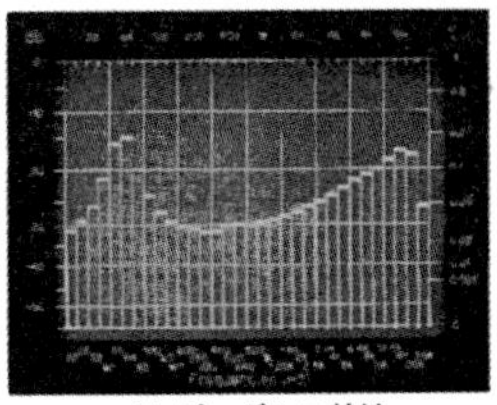

インピーダンス特性

LE8T-H

●JBL

形式	20cmF
外形寸法	□188×87mm
インピーダンス	8Ω
f_0	45Hz
Q_0	
M_0	
a	8cm
許容入力	50W
出力音圧レベル	89dB
再生帯域	35〜15kHz
クロスオーバー	———
マグネット重量	
マグネットサイズ	φ127×17mm
総重量	3,600g
バッフル開口	φ180mm

コーラルのFシリーズやフォステクスのUPシリーズの原型ともなった名器。超ロングセラーである。マグネットはアルニコからフェライトに変わっているが基本は変わっていない。φ51という大口径ボイスコイルを持つ、フルレンジウーファー・タイプ。f_0は57Hzぐらいか。ハイエンドはそれ程伸びていないが、中域がしっかりしており、バランスがよく、音楽を厚く豊かに鳴らす。ジャズにもいい。40ℓぐらいのバスレフが手頃。

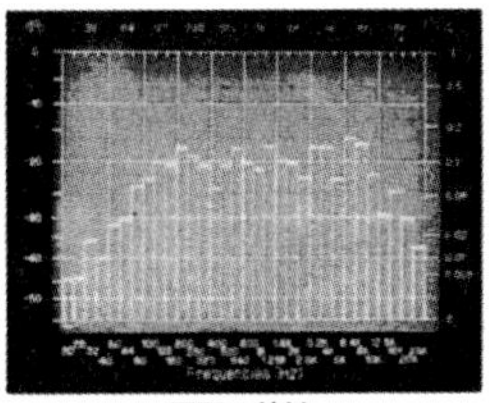

正面f特性

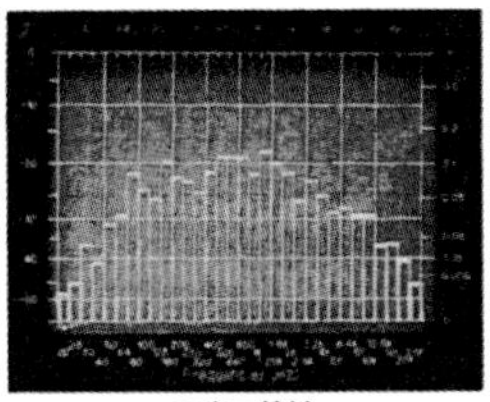

30度f特性

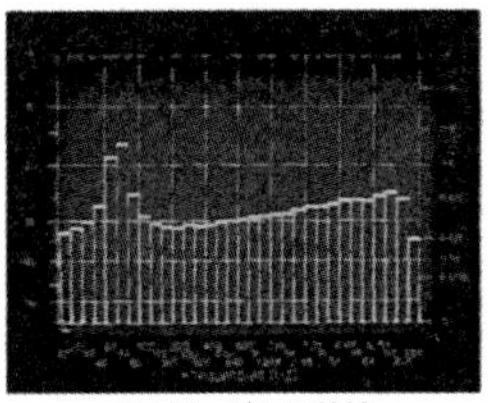

インピーダンス特性

FE204

●フォステクス

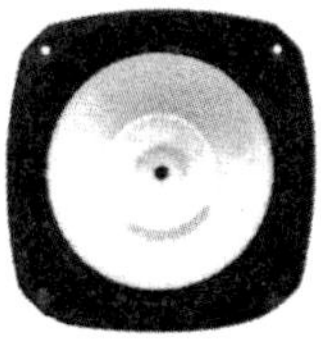

形式	20cmF
外形寸法	□208×89mm
インピーダンス	8Ω
f_0	45Hz
Q_0	0.23
M_0	14.6
a	8.1cm
許容入力	80W
出力音圧レベル	95dB
再生帯域	f_0～20kHz
クロスオーバー	——
マグネット重量	848g
マグネットサイズ	φ120××20mm
総重量	2,450g
バッフル開口	φ185mm

FE203の発展で外観、重量は変わらないが、m_0は11・8gから14・6gに増加、磁束密度は上がっていると思われる。この上にΣやスーパーがあるのだが、このFE204も十分強力で、共鳴管、BHでも使える。バスレフ、DBではハイ上がりになる。バスレフで使うとすれば、チューニングを高めにとった大口径ダクトが必要だ。スペアナで見ると、f_0は47Hzぐらい、f特は12kHzまでフラット、指向性も悪くない。

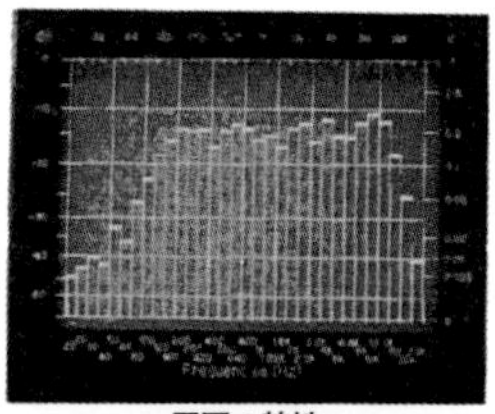

正面 f 特性

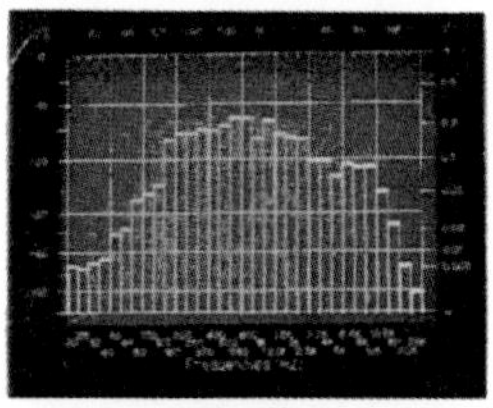

30度 f 特性

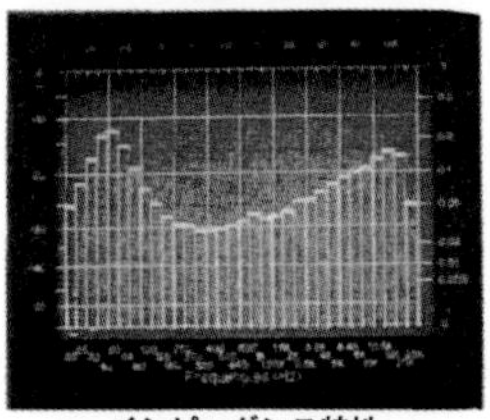

インピーダンス特性

AD9710M/01

●フィリップス

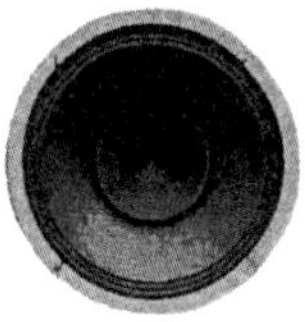

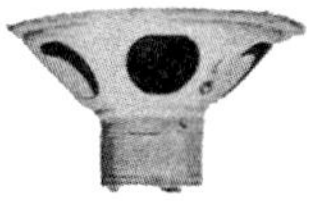

形式	20cmF
外形寸法	φ217×115mm
インピーダンス	7Ω
f_0	50Hz
Q_0	
M_0	
a	8.8cm
許容入力	10W
出力音圧レベル	98dB
再生帯域	45～19kHz
クロスオーバー	―――
マグネット重量	
マグネットサイズ	φ75×47mmヨーク
総重量	1.510g

古典的なコアキシアル・フルレンジ。いかにも紙のコーンという感じの作りである。磁気回路はアルニコ壺型ヨークだが、この後、フェライトの9710MCが出ている。高域に向かってのインピーダンス上昇がないのは銅キャップか、磁気回路の飽和かと思われるが、この時代、銅キャップはなかったのではないか。軸上正面ではかなりのハイ上がりだが、30度でフラットになる。この辺が設計のポイントになる。

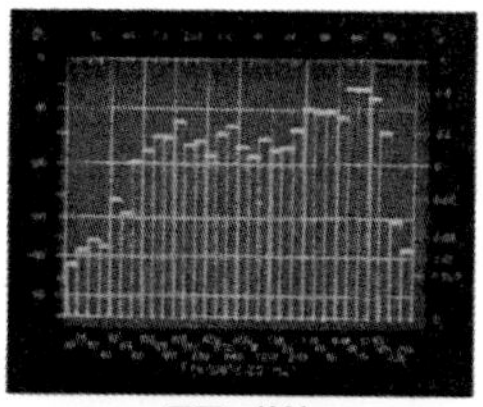

正面 f 特性

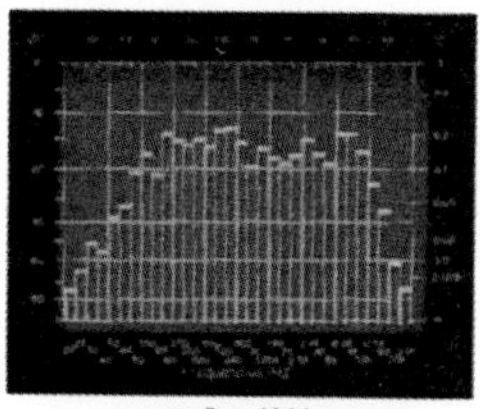

30度 f 特性

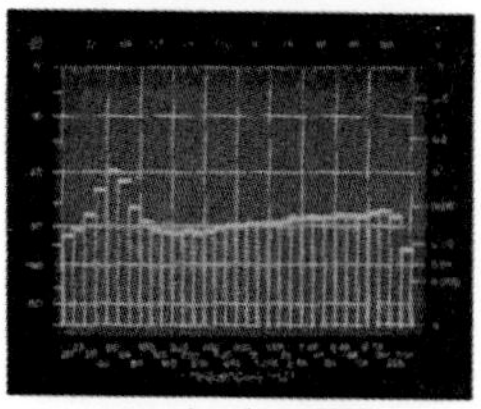

インピーダンス特性

20PW55

●ナショナル

形式	200mmF
外形寸法	φ207×139mm
インピーダンス	8Ω
f_0	25～40Hz
Q_0	0.48
M_0	15.5
a	8cm
許容入力	10W
再生帯域	20～20kHz
マグネットサイズ	φ102×60mmヨーク
総重量	2500g
バッフル開口	φ180mm

ゲンコツの元祖8PW1（20PW09）のクォリティアップ・モデル。ゲンコツの仇名の由来となったイコライザー球は中心部から放射される高音を1波長ずらせてサブコーン周辺部からの高音と同相にするという工夫。ただ円コルゲーションもユニーク。8PW1とはエッジ、フレーム、磁気回路が違い、ダンピングがよい。f特は軸上正面では凹凸があり、高域にピークがあるが、30度ではなだらかなカマボコ形になる。

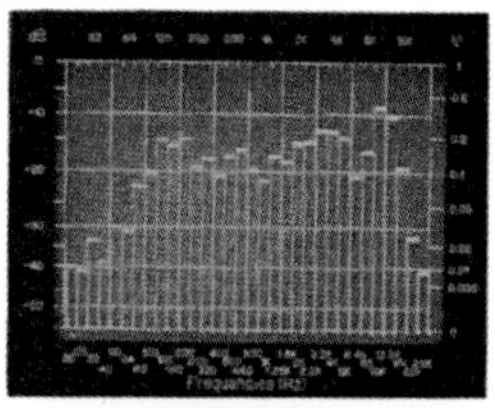

正面 f 特性

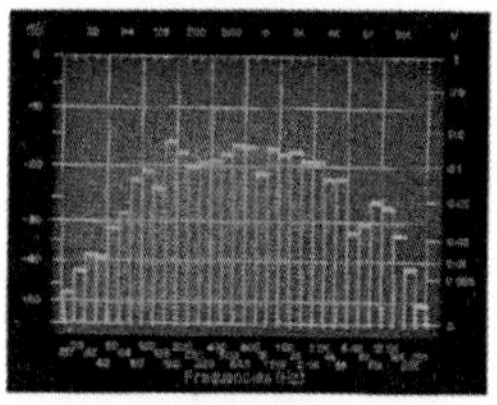

30度 f 特性

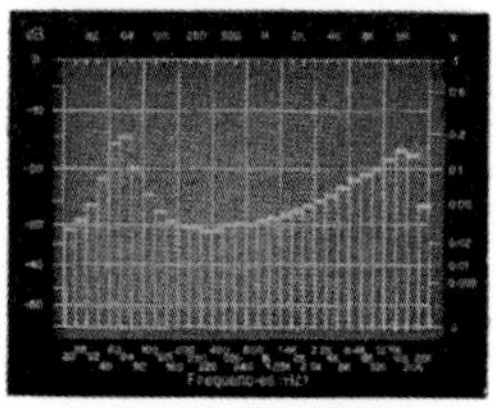

インピーダンス特性

20F100

●テクニクス

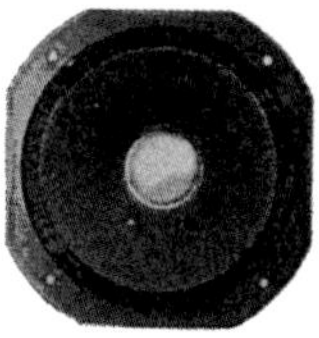

形式	20cmF
外形寸法	□204×96mm
インピーダンス	8Ω
f_0	80Hz
Q_0	0.48
M_0	11.4g
a	8.2cm
許容入力	100W
出力音圧レベル	97dB
再生帯域	80～12kHz
クロスオーバー	―――
マグネット重量	903g
マグネットサイズ	φ130×20mm
総重量	2.600g
バッフル開口	φ184mm

100シリーズはボーカル用なので30cm、38cmといった大口径はない。やはり10シリーズと基本は同じだが、振動系は全く違う。また本機のみ純銅ショートリング付きなので、インピーダンス特性はハイエンドまでフラット。レンジは狭いが100Hz～12kHzフラットで、スペアナのf特の方がメーカー公表のf特よりよい。30度方行はややくせが出る。明るく張り出すポップス向きサウンド。能率の高さをどう生かすかがポイントだ。

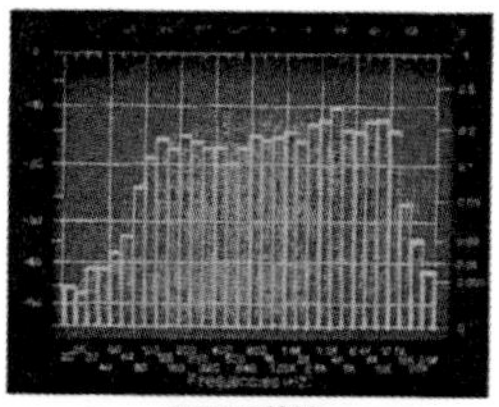

正面 f 特性

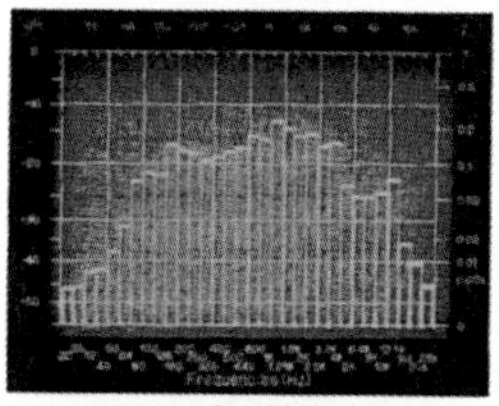

30度 f 特性

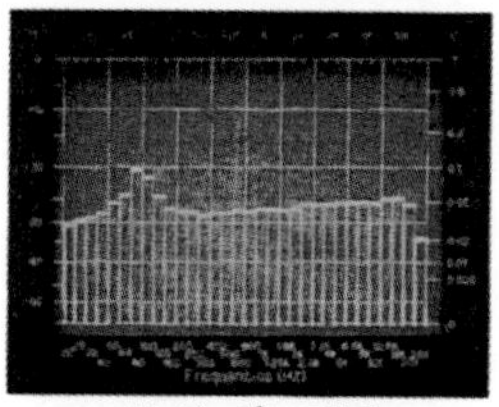

インピーダンス特性

FE207E

●フォステクス

形式	ダブルコーン20cmF
外径寸法	□208×104mm
インピーダンス	8Ω
f_0	38Hz
Q_0	0.26
m_0	15g
a	8.1cm
許容入力	90W
出力音圧レベル	95dB/W(m)
再生帯域	f_0～20kHz
クロスオーバー	
マグネット重量	707g
マグネットサイズ	φ118mm
総重量	2.65g
バッフル開口	φ182mm

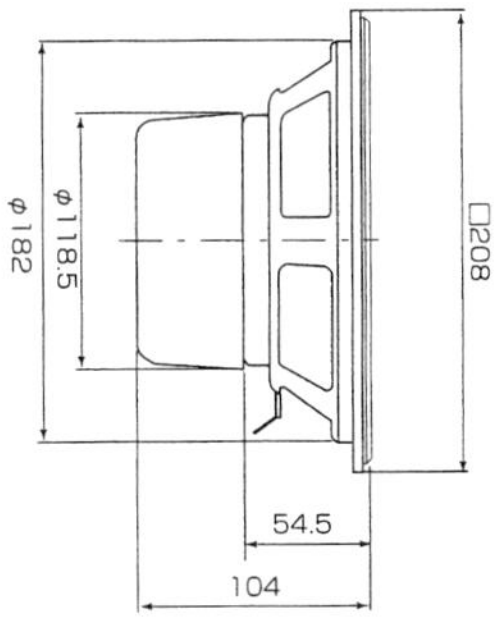

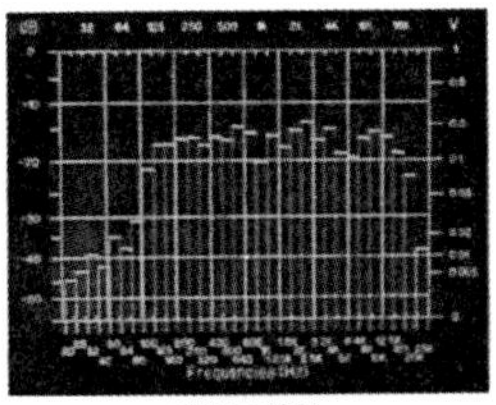

正面 f 特性

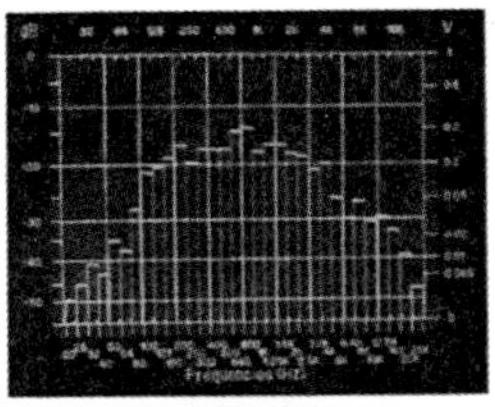

30度 f 特性

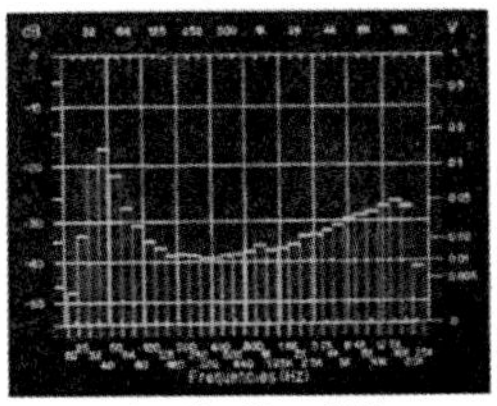

インピーダンス特性

FE207

●フォステクス

形式	20cmF
外形寸法	□208×102.5mm
インピーダンス	8Ω
f_0	40Hz
Q_0	0.33
M_0	13.9g
a	8.1cm
許容入力	90W
出力音圧レベル	95dB
再生帯域	f_0～20kHz
クロスオーバー	ーーー
マグネット重量	707g
マグネットサイズ	φ116×50mm(カバー)
総重量	2,600g
バッフル開口	φ185mm

FE204のAVバージョンで、マグネットはダブルで707g。204よりは軽くなっているが、磁束密度は変わらない。総重量は207の方が150g重い。Q_0 m_0などで204と違いがあるが、測定写真では違いは少ない。インピーダンス特性は全く同じ。f_0は47Hzぐらい。f特は形はほとんど同じだが、能率はやや低め。AV対応の7シリーズでは167以外はやや弱い感じがある。防磁の必要がなければ1100円安い204がお得。

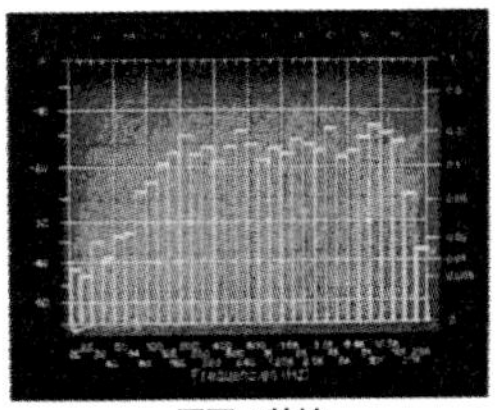

正面 f 特性

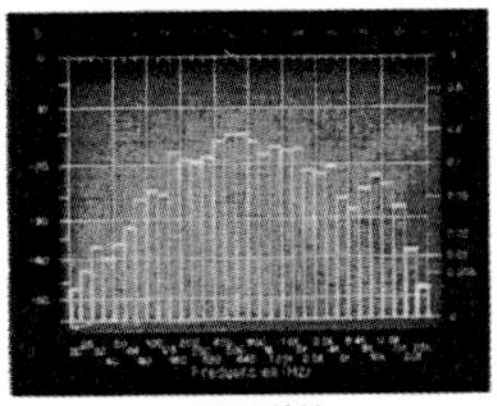

30度 f 特性

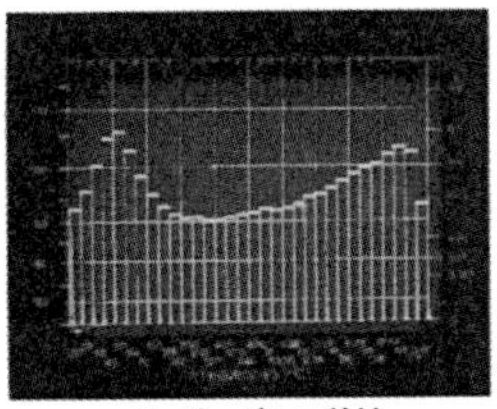

インピーダンス特性

FE206E

●フォステクス

形式	ダブルコーン20cmF
外径寸法	□208×87.5mm
インピーダンス	8Ω
f_0	38Hz
Q_0	0.2
m_0	15.3g
a	8.1cm
許容入力	90W
出力音圧レベル	96dB/W(m)
再生帯域	f_0～20kHz
クロスオーバー	
マグネット重量	1,067g
マグネットサイズ	φ145mm
総重量	3.35g
バッフル開口	φ182mm

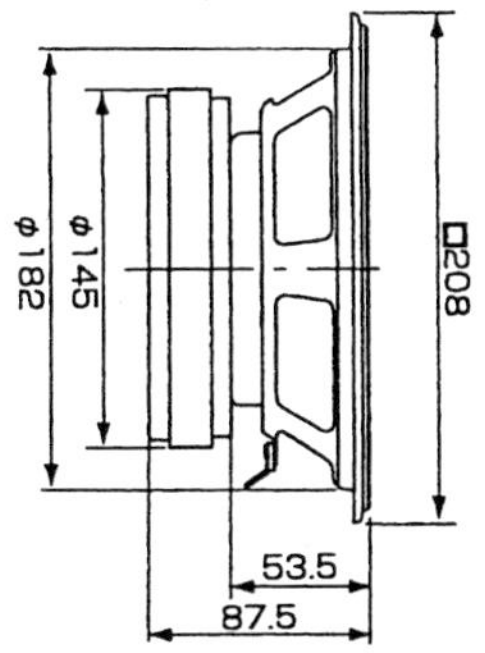

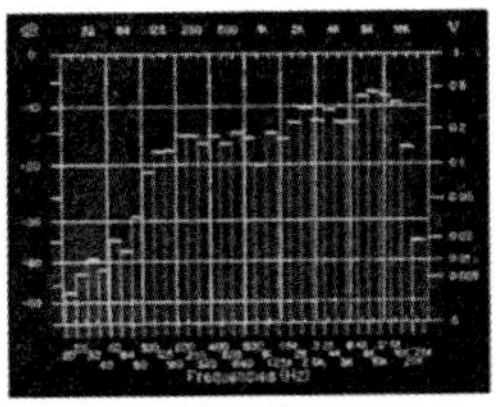

正面 f 特性

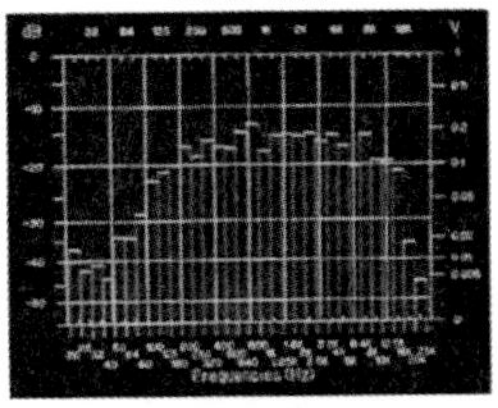

30度 f 特性

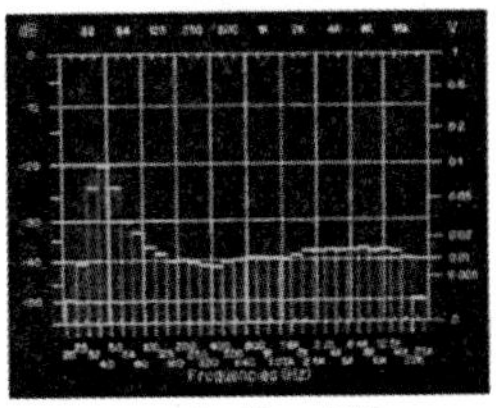

インピーダンス特性

6N-FE204

●フォステクス

形式	20cmF
外形寸法	□208×84.5mm
インピーダンス	8Ω
f_0	45Hz
Q_0	0.23
M_0	12.1g
a	8.1cm
許容入力	80W
出力音圧レベル	95dB
再生帯域	f_0～20kHz
クロスオーバー	ーーー
マグネット重量	721g
マグネットサイズ	φ120×17mm
総重量	2,350g
バッフル開口	φ185mm

300本の限定生産。ボイスコイルが6Nになった、接着剤が変わった、フレームが焼付塗装になった、マグネットの厚みが20mmから17mmに減った、ダンプ用のゴムリングが付いた、といったところだ。線径の違いでボイスコイルの体積が増えたため、磁束を落として、トータルでスタンダード204のスペックを確保するようにしたもの。FE207に比べて能率が高く、10kHz付近が上昇。音はスタンダードより歪みが少なく滑らかである。

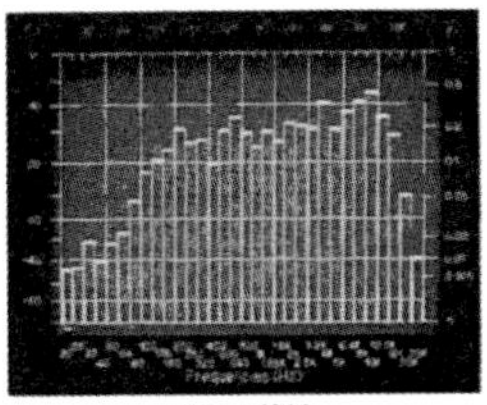

正面 f 特性

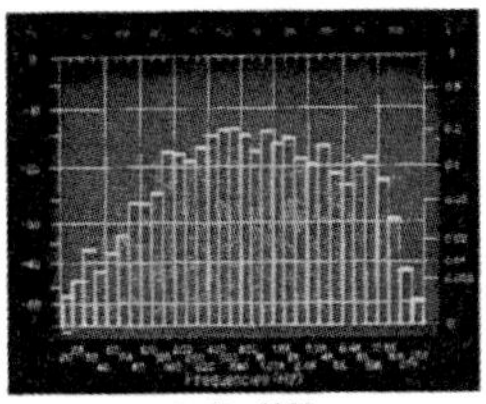

30度 f 特性

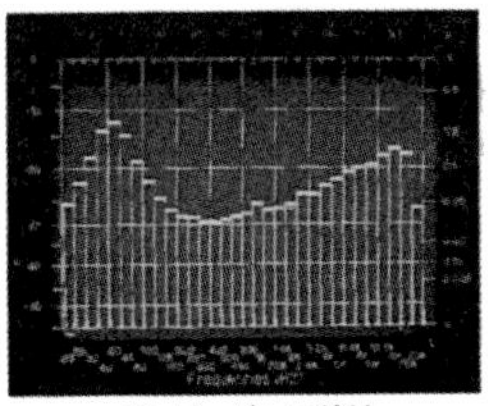

インピーダンス特性

6N-FE208スーパー

●フォステクス

形式	20cmF
外形寸法	φ230×105mm
インピーダンス	8Ω
f_0	45Hz
Q_0	0.18
M_0	12
a	8.1cm
許容入力	80W
出力音圧レベル	98dB
再生帯域	f_0～20kHz
クロスオーバー	―――
マグネット重量	1,821ｇ
マグネットサイズ	φ180×20mm
総重量	5,450ｇ
バッフル開口	φ185mm

FE204のマグネットを50％強化したのがΣで、100％強化したのがスーパーと単純に考えてもよい。そのスーパーのマイナーチェンジである。測定データではΣもスーパーも6Nも大差ないのだが、ピンクノイズでのヒアリングでは一聴して大きな違いがある。スーパーと6Nの差はそう大きくはないが、歪みが減って、繊細感、透明感が向上している。BH向きだが、共鳴管でも、サブウーファーで補強すれば好結果が得られる。

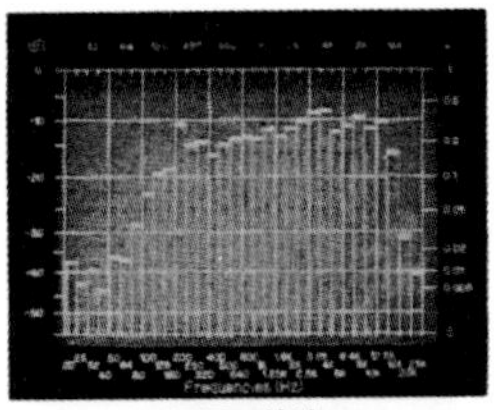

正面 f 特性

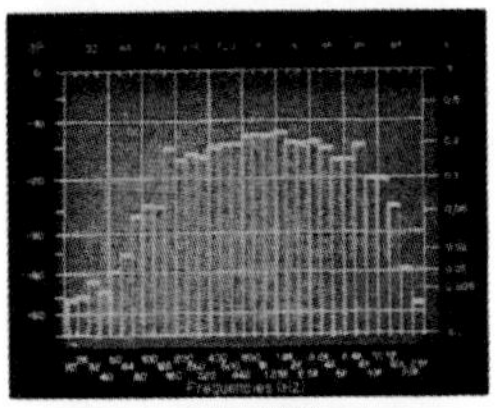

30度 f 特性

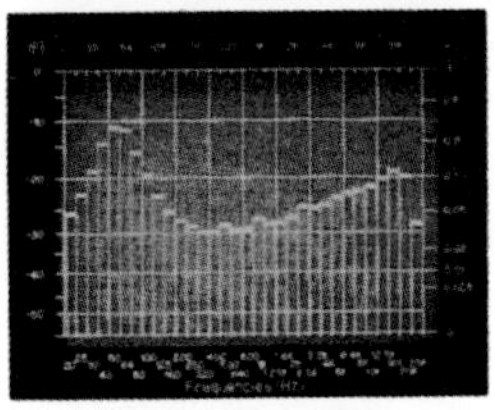

インピーダンス特性

FE208EΣ

●フォステクス

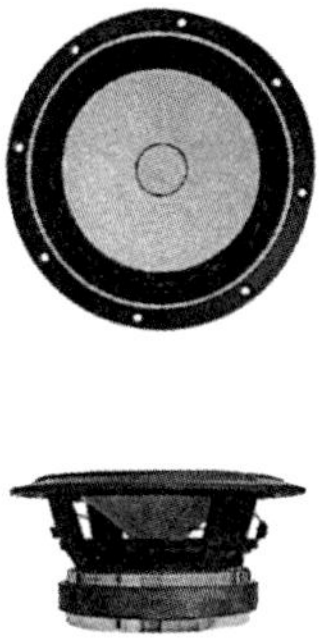

形式	シングルコーン20cmF
外径寸法	φ182×107mm
インピーダンス	8Ω
f_0	42Hz
Q_0	0.18
m_0	13.3ｇ
a	8.0cm
許容入力	120W
出力音圧レベル	97dB/W(m)
再生帯域	f_0～14kHz
クロスオーバー	
マグネット重量	1,408.7ｇ
マグネットサイズ	φ156mm
総重量	4.8ｇ
バッフル開口	φ182mm

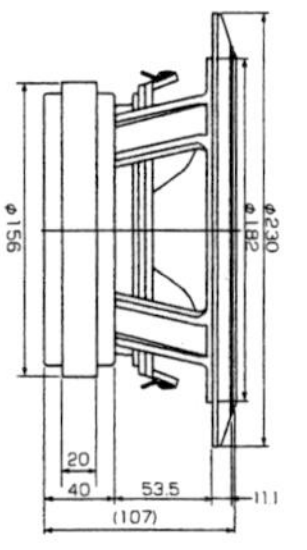

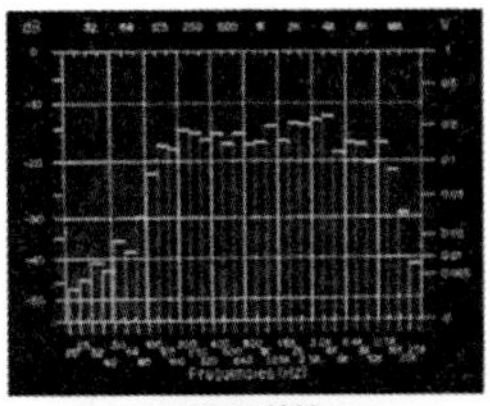

正面 f 特性

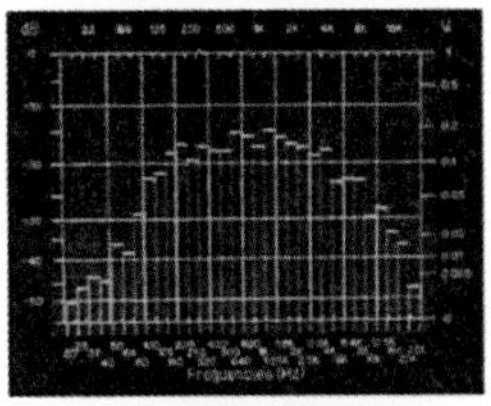

30度 f 特性

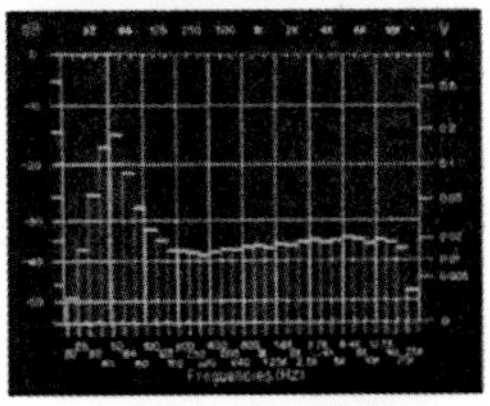

インピーダンス特性

FE208ES

●フォステクス

形式	20cmF
外形寸法	φ230×139mm
インピーダンス	8Ω
f_0	40Hz
Q_0	0.1
M_0	15ｇ
a	――
許容入力	100W
出力音圧レベル	99dB
再生帯域	40～13kHz
クロスオーバー	―――
マグネット重量	3640ｇ
マグネットサイズ	φ180×20(×2)mm
総重量	10500ｇ
バッフル開口	φ185mm

DE208シリーズはコーンの材質形状、磁気回路は共通点があったがESは全く別物。バナナの繊維を使った、ユニークな星型3次元構造のシングルコーン、UDRタンジェンシャルエッジ、新開発フレーム、新開発磁気回路（いわゆる防磁型は異なる）とすべて新開発。特性もSSを上回っているが、奥行が141mm深くなったのでD－58などのSSとの交換は工夫が必要になる。m_0は大きくなったが、出力音圧レベルはESがやや高い。

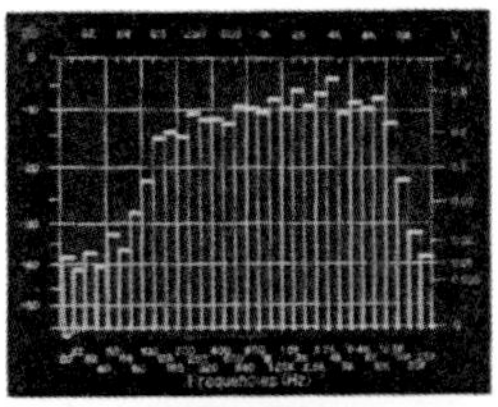

正面 f 特性

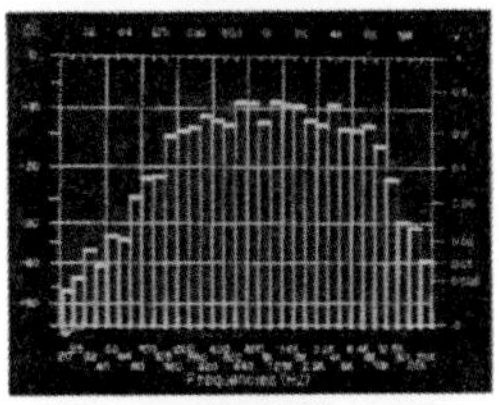

30度 f 特性

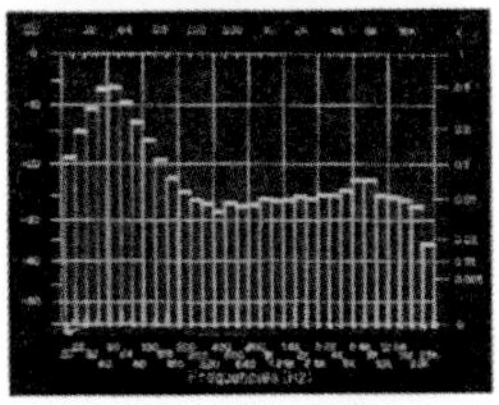

インピーダンス特性

FE208Σ

●フォステクス

形式	20cmF
外形寸法	φ230×127mm
インピーダンス	8Ω
f_0	45Hz
Q_0	0.26
M_0	12
a	8.1cm
許容入力	100W
出力音圧レベル	96.5dB
再生帯域	f_0～20kHz
クロスオーバー	―――
マグネット重量	1,700ｇ
マグネットサイズ	φ120×20mm×2
総重量	3,850ｇ
バッフル開口	185mm

FF203Σからの発展。フレーム、振動系が違い、マグネットにゴムカバーが付いた。204よりm_0が小さく、磁気回路が強力なのにQ_0は高くなっている。理由は不明。スペアナで見るとf_0は50Hz。ややハイ上がりだが高能率、204より2dBぐらい高いし、ハイエンドも伸びている。全域に渡ってトランジェントのよさが印象的。バスレフでは無理、BHがベストだが、204、208Σ、208スーパー、それぞれに設計は変えるべきだ。

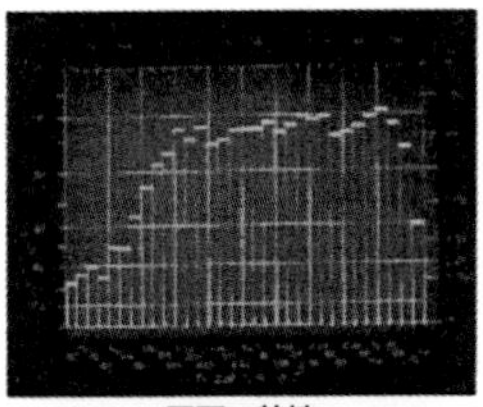

正面 f 特性

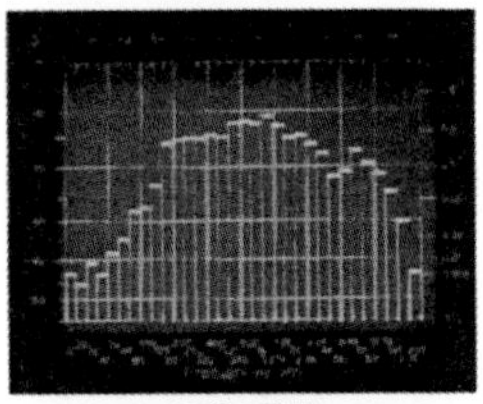

30度 f 特性

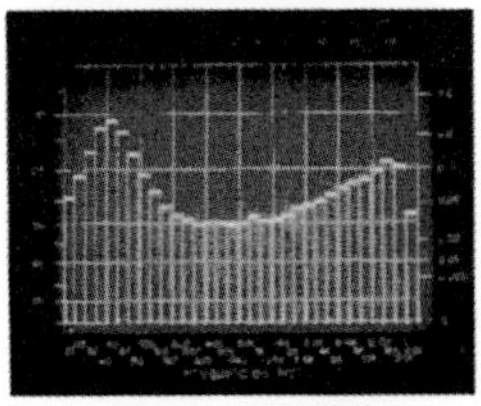

インピーダンス特性

PS200

●フォステクス

形式	20cmF
外形寸法	φ210×94.5mm
インピーダンス	8Ω
f_0	100Hz
Q_0	0.9
M_0	11g
a	8.4cm
許容入力	50W
出力音圧レベル	96dB
再生帯域	75〜18kHz
クロスオーバー	ーーー
マグネット重量	830g
マグネットサイズ	φ120×20mm
総重量	2,300g
バッフル開口	φ183mm

PA用フルレンジで、高能率、高耐入力、ヘビーデューティといったPAの条件を満たしているが、繊細、微妙な雰囲気の再現といった方向とは違う。サイズやマグネットはFE204なみだが、振動系が全く違う。硬く丈夫で軽いコーン、フィクスドエッジに近い強靱なサスペンション。f_0は112Hzと高く、高能率でめり張りがあり、爽快なサウンドだが、刺戟的で、歪み感もあり、観賞用としては聴き疲れがする。

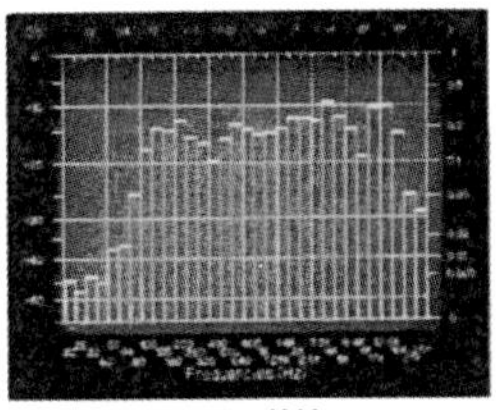

正面 f 特性

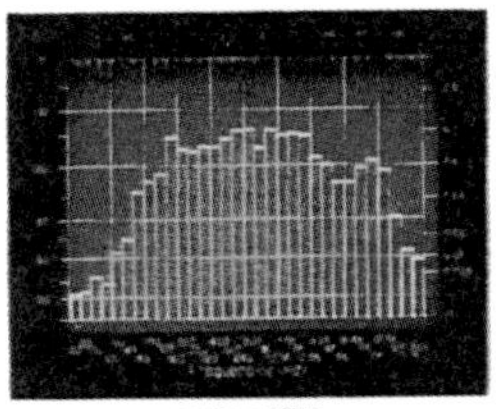

30度 f 特性

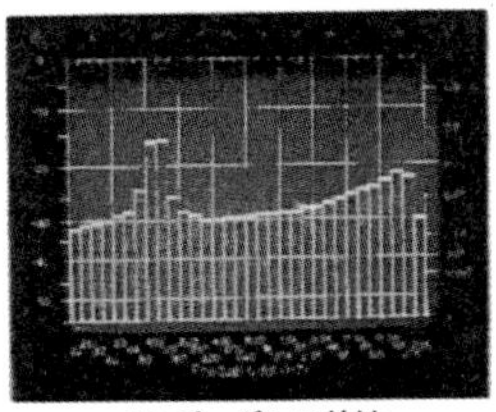

インピーダンス特性

FX200

●フォステクス

形式	20cmF
外形寸法	□194×82mm
インピーダンス	8Ω
f_0	38Hz
Q_0	0.46
M_0	15.8g
a	8cm
許容入力	45W
出力音圧レベル	92dB
再生帯域	f_0〜20kHz
クロスオーバー	ーーー
マグネット重量	721g
マグネットサイズ	φ120×17mm
総重量	2,500g
バッフル開口	φ183mm

ケナフとバイオセルロースの混抄コーンだが、FFシリーズではケナフが主役だったのに対して、FXシリーズではバイオが主役になっており、フレームもダイキャストで、高級機といえる。f_0は36Hzぐらいと20cmフルレンジとしては低め、f特は凹凸はあるがレンジは広い。能率は高い方ではないし、バッフルでも低音が伸びているので、バスレフで充分な低音再生が可能だ。メーカー推奨は25ℓバスレフだが、もう少し大きくてもいいと思う。

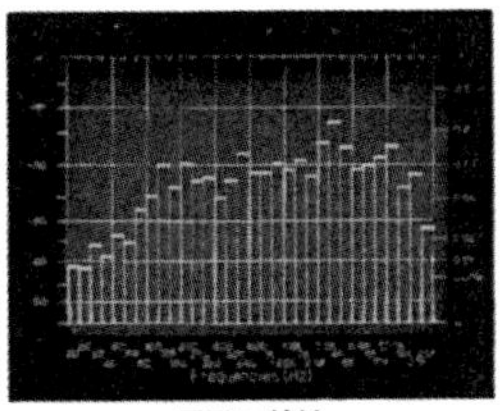

正面 f 特性

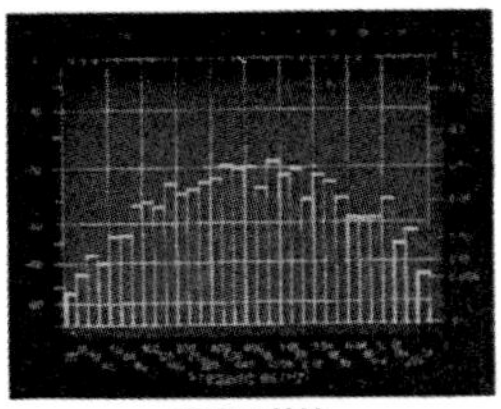

30度 f 特性

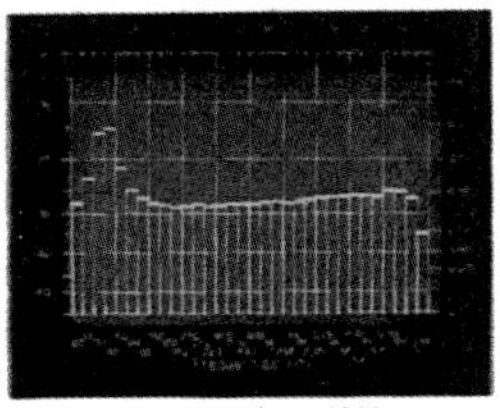

インピーダンス特性

FF225K

●フォステクス

形式	20cmF
外形寸法	□208×93mm
インピーダンス	8Ω
f_0	40Hz
Q_0	0.2
M_0	17.3g
a	8.4cm
許容入力	100W
出力音圧レベル	96dB
再生帯域	f_0〜14kHz
クロスオーバー	ーーー
マグネット重量	1,067g
マグネットサイズ	φ146×20mm
総重量	3,700g
バッフル開口	φ185mm

Nシリーズの改良型で、ケナフコーンを採用、中域の張り出しが改善された。FE204と同じフレームを採用するが、マグネットは一回り大型で強力。アルミ・センターキャップ付きだが、メカニカル2ウェイとは違う。f_0は44Hz、高域に向かってのインピーダンス上昇がないのはショートリング付きなのだろう。8kHzにピークがあるが、それを除けばフラット。高域はスーパートゥイーターが必要。高能率オーバーダンピング・タイプ。

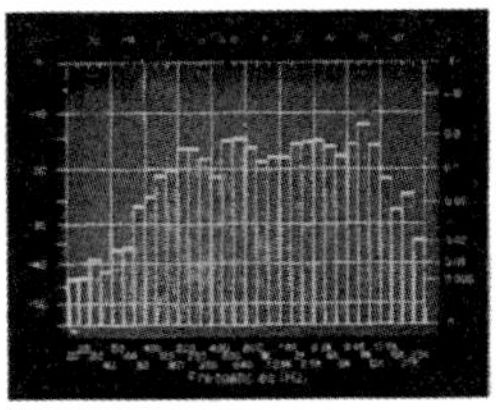

正面 f 特性

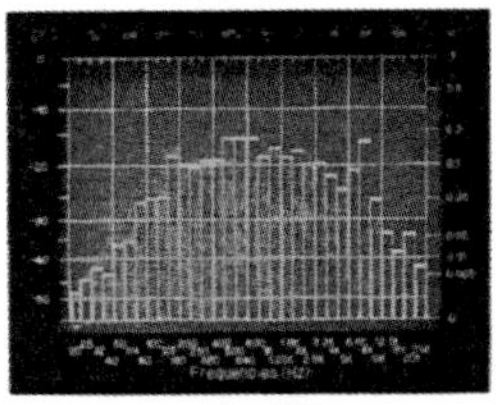

30度 f 特性

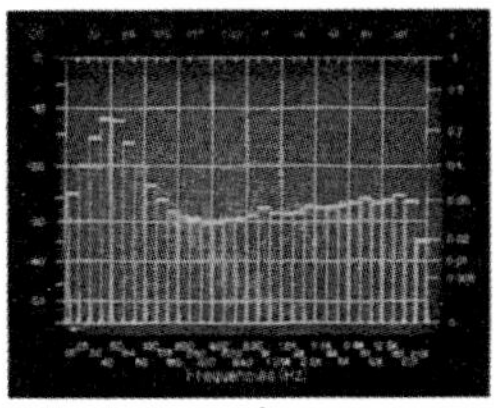

インピーダンス特性

6N-FE208SS

●フォステクス

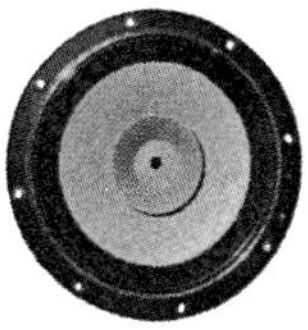

形式	20cmF
外形寸法	φ230×125mm
インピーダンス	8Ω
f_0	45Hz
Q_0	0.15
M_0	12
a	8.1cm
許容入力	100W
出力音圧レベル	99dB
再生帯域	f_0〜20kHz
クロスオーバー	ーーー
マグネット重量	3642g
マグネットサイズ	φ180mm×20(×2)
総重量	7350g
バッフル開口	φ186mm

6N−FE208Sのマグネットを2枚重ねにしたという単純な発想の製品である。Sでさえ磁束密度は限界に近いので、2枚重ねにしても数%しか上昇せず、測定データはΣ、Sとあまり変らない。それでも音は明らかに違う。磁束密度が極端に飽和した状態では大入力時にも磁束の変動がないのと、重量増加が効いているのだろう。超ハイスピードだが低域を持ち上げるのが難しく、大型BHでやっとという難物だ。

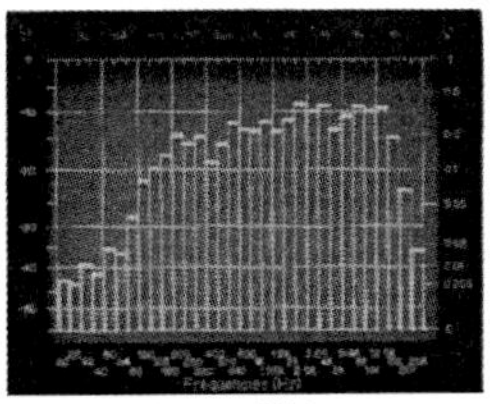

正面 f 特性

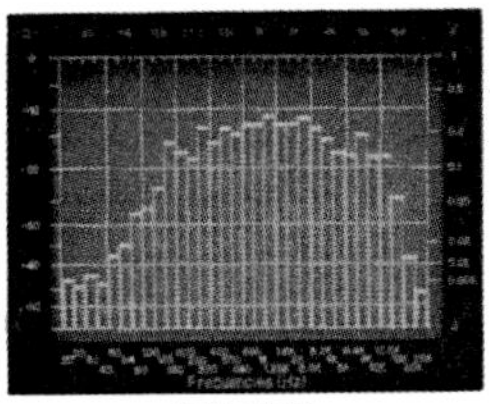

30度 f 特性

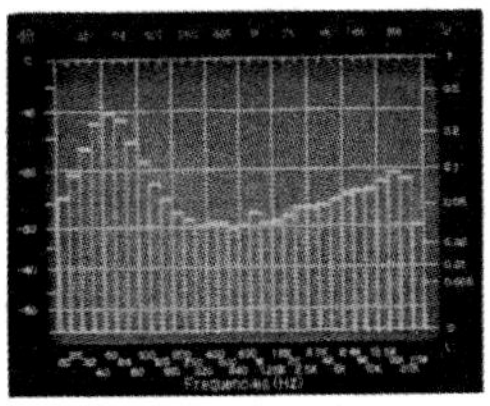

インピーダンス特性

PS300

●フォステクス

形式	30cmF
外形寸法	φ312×135mm
インピーダンス	8Ω
f_0	58Hz
Q_0	0.8
M_0	35
a	13.5cm
許容入力	150W
出力音圧レベル	98dB
再生帯域	f_0〜18kHz
クロスオーバー	―――
マグネット重量	1,410g
マグネットサイズ	φ156×20mm
総重量	4,750g
バッフル開口	φ278mm

プロ用、PA用の30cmフルレンジユニット。高能率、高耐入力を目標に設計されている。高剛性ダブルコーン。実用一点張りなので、民生用としてはルックスいまいちだが、独得のハイスピード痛快サウンドは一部で人気がある。スペアナでのf_0は58Hzぐらい。高域に向かって上昇がないのは、磁気回路が飽和しているのか、銅キャップを採用しているのか。f特は意外にフラットで、指向特性もよい。Q_0が高いが平面バッフルからBHまで使える。

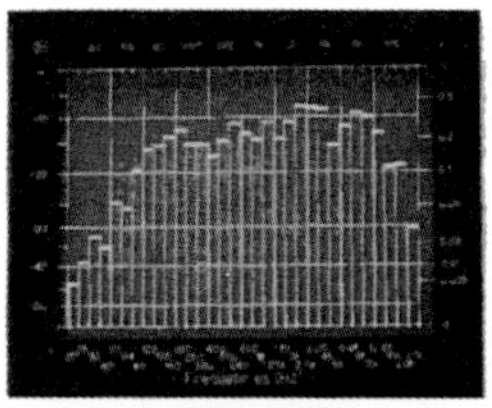

正面 f 特性

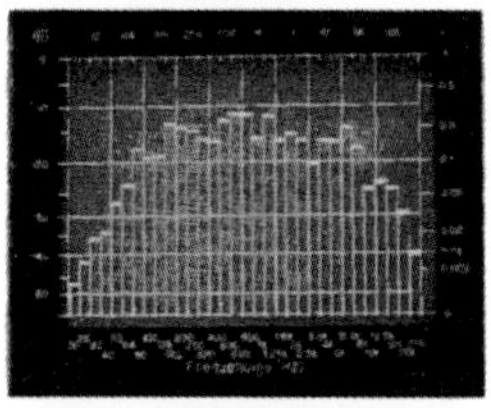

30度 f 特性

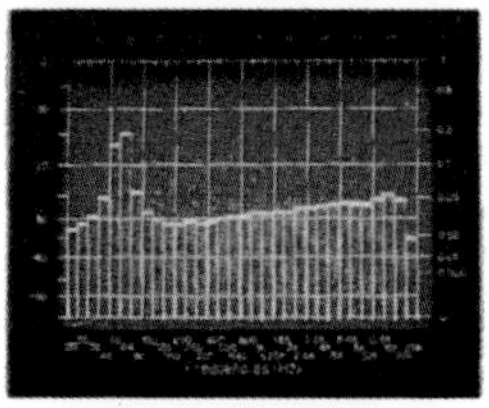

インピーダンス特性

W05

●マンガー

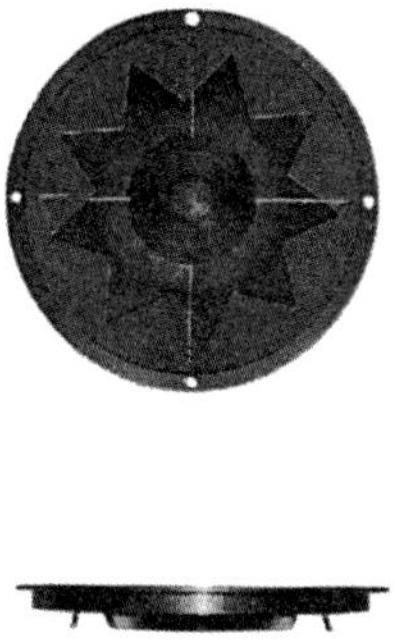

形式	21cmF
外形寸法	φ207×18mm
インピーダンス	16×2(8)Ω
f_0	75Hz
Q_0	1.25
M_0	――
a	22cm
許容入力	――
出力音圧レベル	90dB
再生帯域	200〜33kHz
クロスオーバー	―――
マグネット重量	――
マグネットサイズ	――
総重量	1120g
バッフル開口	φ190mm

ユニークなパンケーキ状のフルレンジ・ユニットである。ネオジウムマグネットを使った強力な磁気回路、振動板は9芒星パターンを持つ。3ウェイの各ユニットからの音の立ち上がりと減衰を揃えるためで、昔は2種類、3種類の振動板を同心円状につないだものがあったが、星型は連続可変になる。インピーダンス特性はきれいだが、80Hzのf_0の他に小さなピークが2つある。中低域のレベルが高いがハイエンドはよくのびてきれいな音だ。

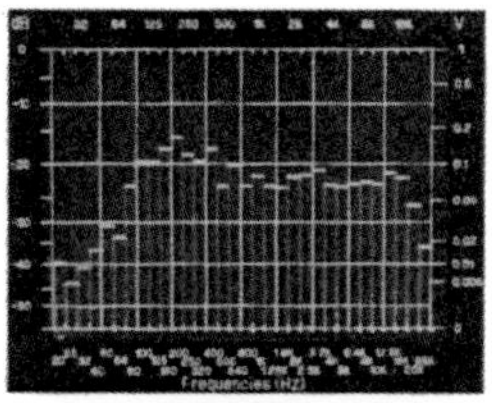

正面 f 特性

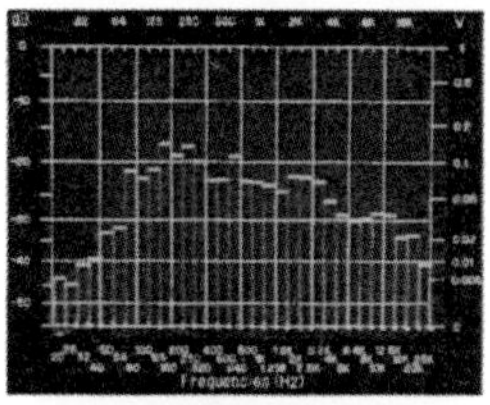

30度 f 特性

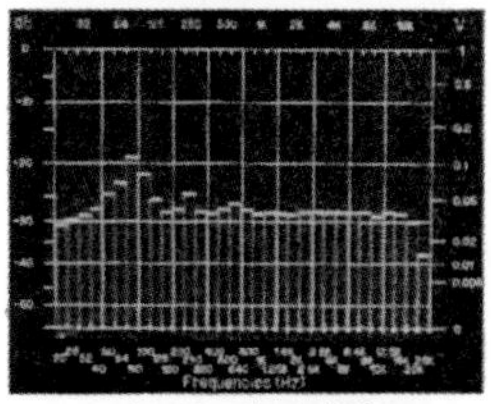

インピーダンス特性

DX200

●ロイーネ

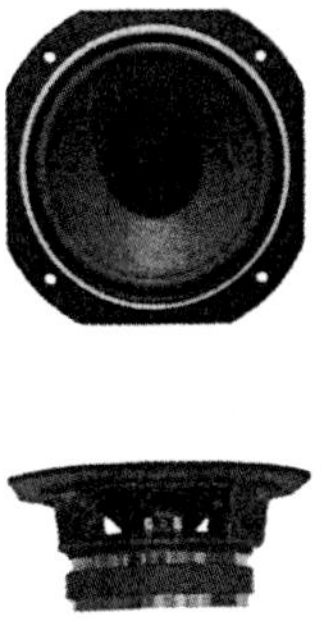

形式	20cmF CX
外形寸法	□200×100mm
インピーダンス	7Ω
f_0	45Hz
Q_0	0.37
M_0	14
a	8.3cm
許容入力	100W
出力音圧レベル	92dB
再生帯域	45〜20kHz
クロスオーバー	7kHz
マグネット重量	1200g
マグネットサイズ	φ146×20mm
総重量	4200g
バッフル開口	φ190mm

オーソドックスな20cmコアキシアル。フレームは強靭なダイキャストだが、マグネットはφ146×20mm1枚で、160のマグネットより軽い。ただ総磁束は大差ないはず。コーン型ウーファーとメタルドームの2ウェイで、磁気回路はシリーズの形になっている。専用ネットワークはウーファー12dB／oct、トゥイーター18dB／oct、f_0は40Hz、f特は多少中だるみはあるが16kHzまでほぼフラット、指向性も悪くない。

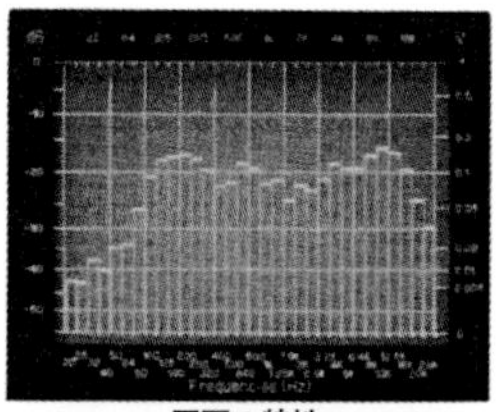

正面 f 特性

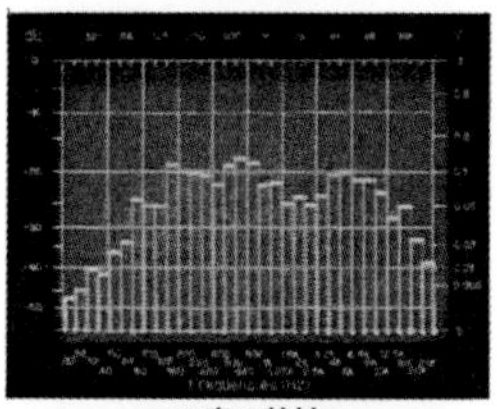

30度 f 特性

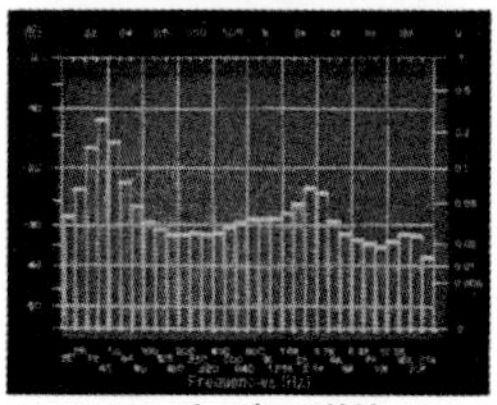

インピーダンス特性

PE201

●パイオニア

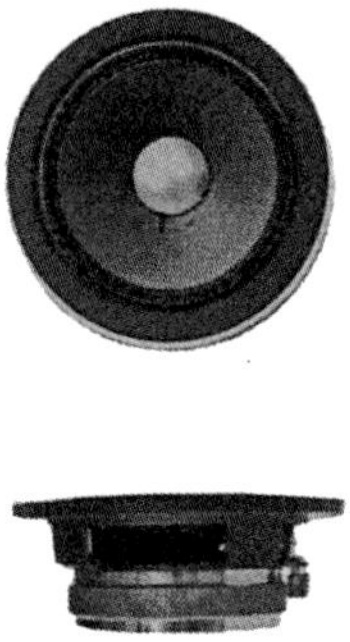

形式	20cmF
外形寸法	φ214×76mm
インピーダンス	8Ω
f_0	40Hz
Q_0	0.45
M_0	15.5
a	7.65cm
許容入力	25W
出力音圧レベル	93dB
再生帯域	f_0〜20kHz
クロスオーバー	―――
マグネット重量	
マグネットサイズ	φ140×20mm
総重量	3750g
バッフル開口	φ196mm

77年の製品でかなり高級な線を狙ったもの。ヘビー級で、マグネットも巨大。コーンはカーブが浅いのが特徴。ボイスコイルはアルミエッジワイズ、センターポールに銅キャップつき。センターキャップは内側からダンプ、あまり鳴らさないようにしている。能率は特に高い方ではないのでBHには向かない。キャピネットは30〜50ℓが推奨されているが浅いコーンは背圧には弱いので大きめのキャビネットがいいだろう。

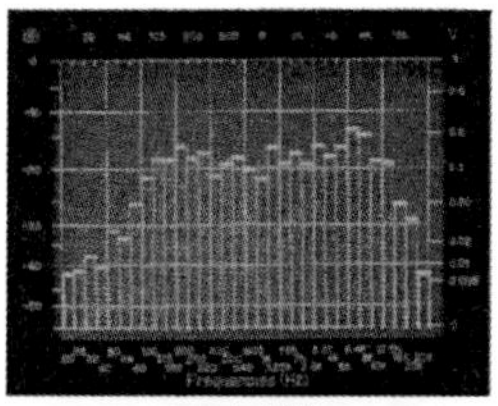

正面 f 特性

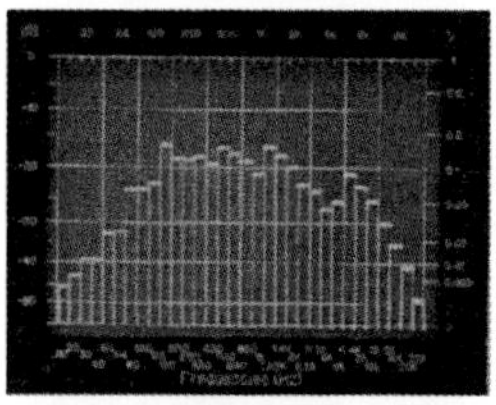

30度 f 特性

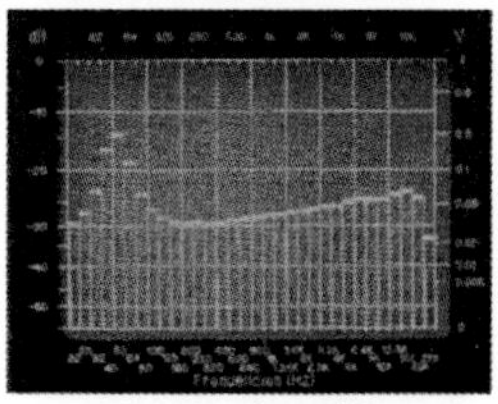

インピーダンス特性

TWEETER
トゥイーター

註：ブランド名順に記載

DTI01

●Audax

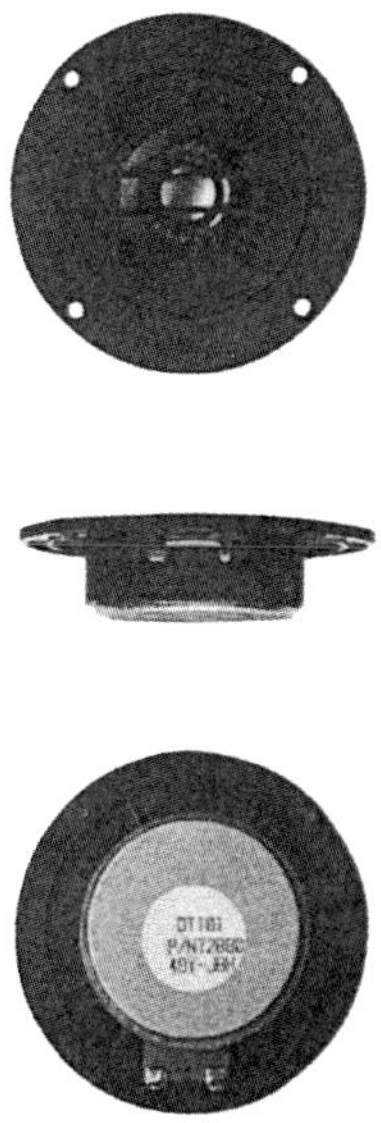

形式(メーカー呼称) …… ドームトゥイーター
外径寸法……………… φ11.43×2.7cm
インピーダンス ……………………… 6Ω
fo……………………………………1700Hz
Qo ……………………………………… ———
Mo ……………………………………… ———
a ……………………………………… ———
許容入力………………………………50W
出力音圧レベル ………94dB/W(m)
再生周波数帯域……………………———
メーカー推奨クロスオーバー周波数 … ———
マグネットサイズ……… φ71.8×T16mm(註：解説)
バッフル開口……… φ72mm/最小寸法(註：解説)
総重量 ……………………………… 505g

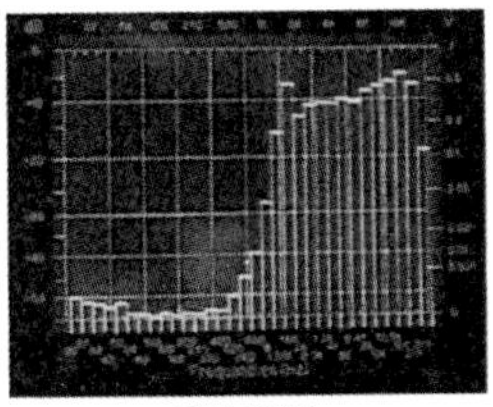

正面 f 特性

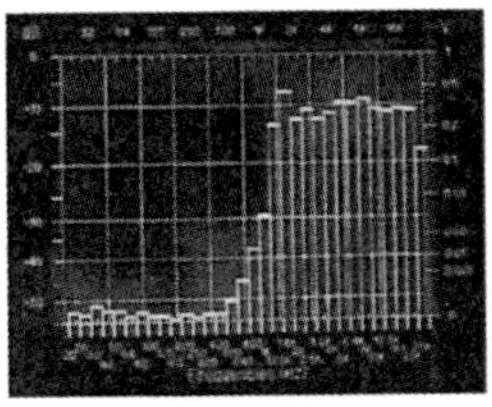

30度 f 特性

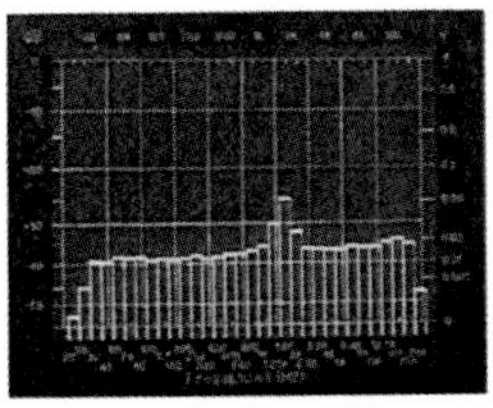

インピーダンス特性

TW034X0

●Audax

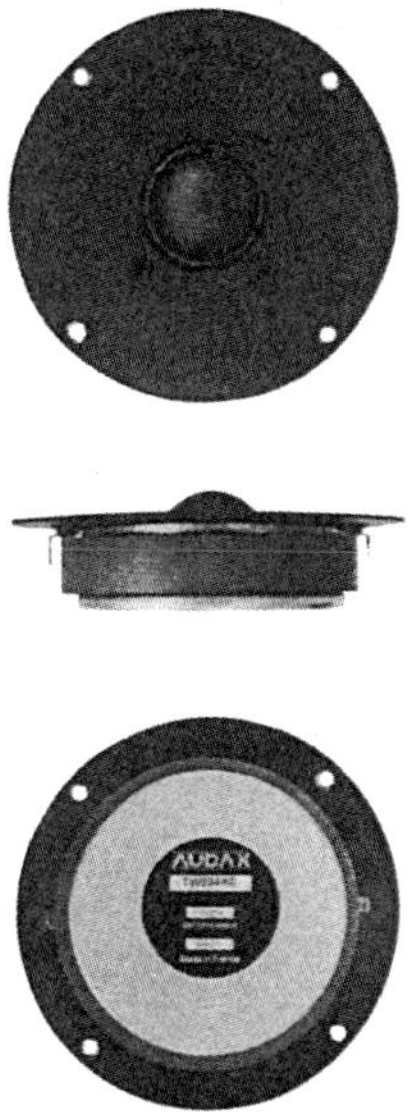

形式(メーカー呼称) …… ドームトゥイーター
外径寸法 …………… φ13.2×3.0cm
インピーダンス ……………………… 8Ω
fo……………………………………1170Hz
Qo ……………………………………… ———
Mo ……………………………………… ———
a ……………………………………… ———
許容入力………………………………70W
出力音圧レベル 93.0dB/2.83V(m)
再生周波数帯域……………………———
メーカー推奨クロスオーバー周波数 … ———
マグネットサイズ……………… φ100mm(註：解説)
バッフル開口 ……… φ100mm/最小寸法(註：解説)
総重量 ……………………………… 1180g

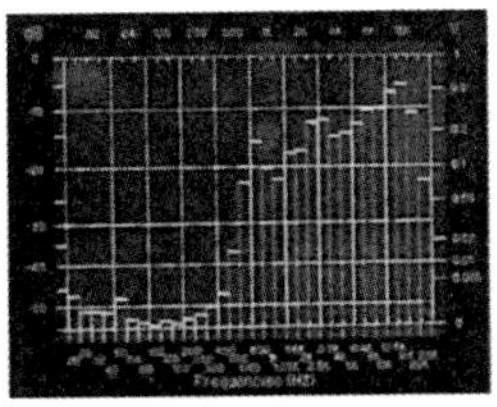

正面 f 特性

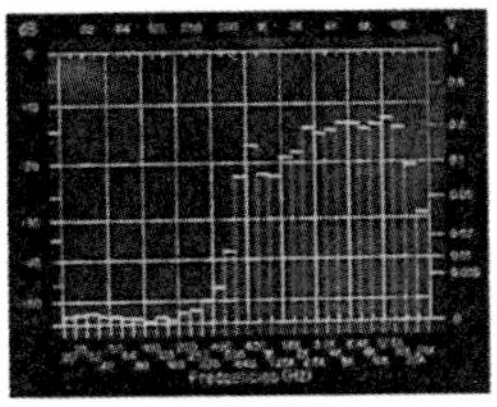

30度 f 特性

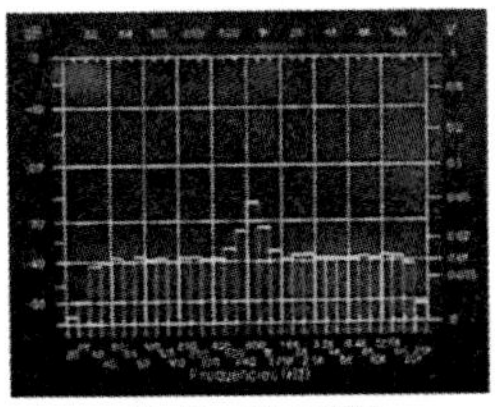

インピーダンス特性

ニューゴールデン12T

●リチャード・アレン

形式………………………………30cmF
外形寸法……………… □305×124mm
インピーダンス …………………… 8Ω
f_0……………………………………30Hz
Q_0 ………………………………… ——
M_0 ………………………………… ——
a………………………………——cm
許容入力……………………………45W
出力音圧レベル……………………92dB
再生帯域 ………………… 25～12kHz
クロスオーバー……………………——
マグネット重量……………………——
マグネットサイズφ141×28mmカバー
総重量……………………………2950g
最小開口 ……………………… φ284mm

数10年に渡って、ほとんど変更なしに作り続けられている超ロングセラー。日本では20cmの8Tの人気が高かった。硬くて軽いコーン紙による古典的なダブルコーン。60ℓぐらいの密閉でも使えるが、100ℓぐらいのバスレフが適当ではないか。ハイエンドは12kHzどまりとなっているのでトゥイーターは絶対必要。しかしDT20、DT30では能率が低すぎてつながらない。もっと能率の高いトゥイーターが必要だ。中づけが基本。

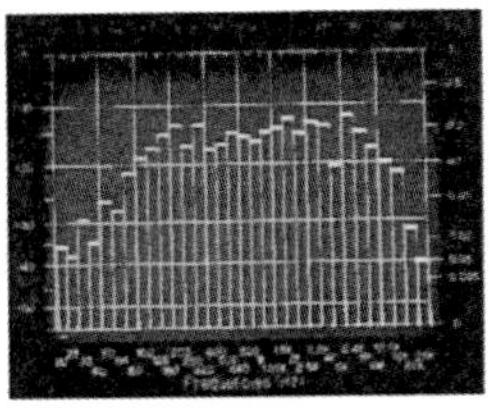

正面 f 特性

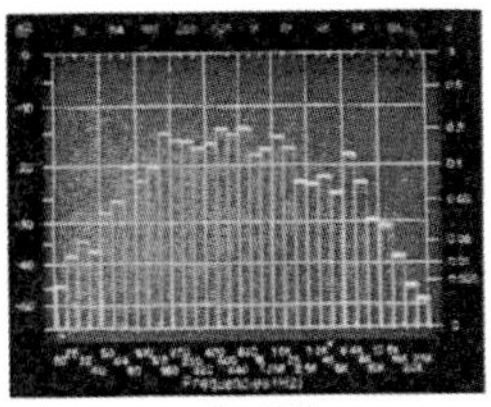

30度 f 特性

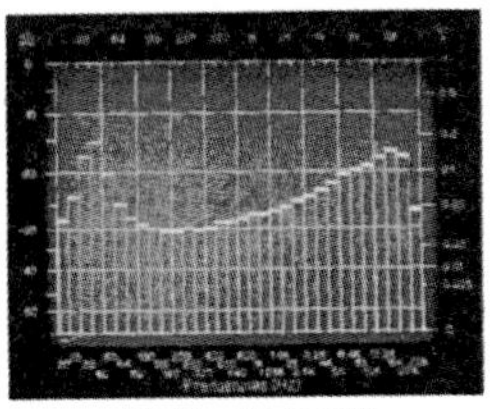

インピーダンス特性

AST-05

●Beyma

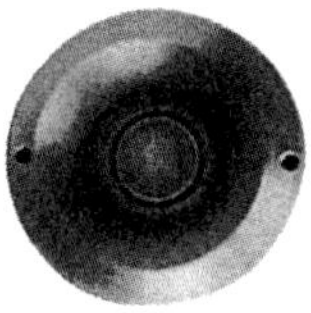

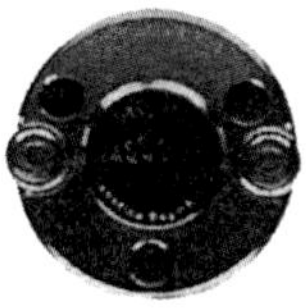

形式(メーカー呼称)…4.3cm/ホーントゥイーター
外径寸法……………… φ5.6×6.5cm
インピーダンス……………………———
fo…………………………………———
Mo ………………………………———
a …………………………………———
許容入力 …………………………100W
出力音圧レベル …… 105dB/W(m)
再生周波数帯域 …… 3000〜20000Hz
備考……………… スペアナは−20dBダウンに設定
メーカー推奨クロスオーバー周波数 … ———
マグネットサイズ………… φ56×T18mm(註：解説)
バッフル開口……… φ44mm/最小寸法(註：解説)
総重量 ……………………………… 505g

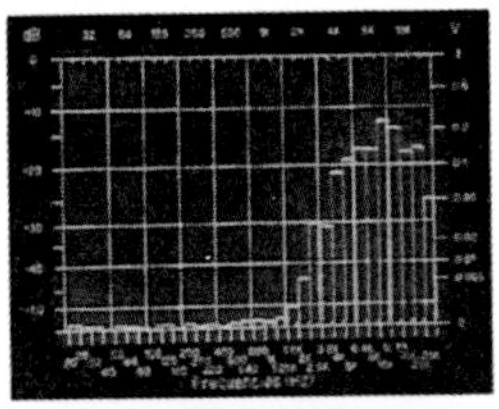

正面 f 特性

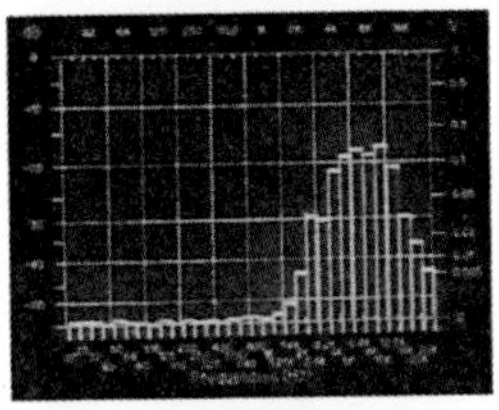

30度 f 特性

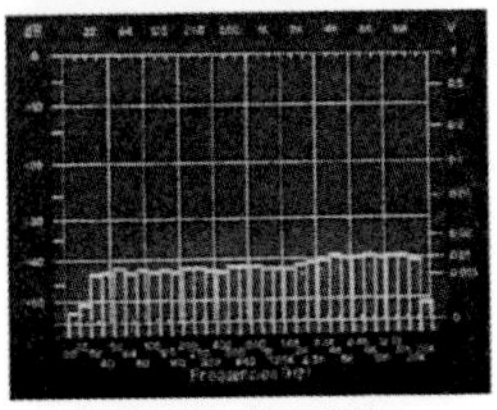

インピーダンス特性

G-Ⅲsi

●AurumCantus

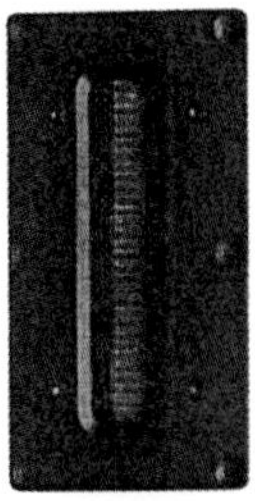

形式(メーカー呼称) …… リボントゥイーター
外径寸法……□7.4×14.0cm×7.7cm
インピーダンス ……………………6Ω
fo…………………………………———
Qo ………………………………———
Mo ………………………………———
a …………………………………———
許容入力……………………………50W
出力音圧レベル………99dB/W(m)
再生周波数帯域 …… 1400〜40000Hz
メーカー推奨クロスオーバー周波数 … 2300Hz以上
マグネットサイズ…□76×5.2×T3.0mm(註：解説)
バッフル開口 … □117×53mm/最小寸法(註：解説)
総重量 ……………………………1330g

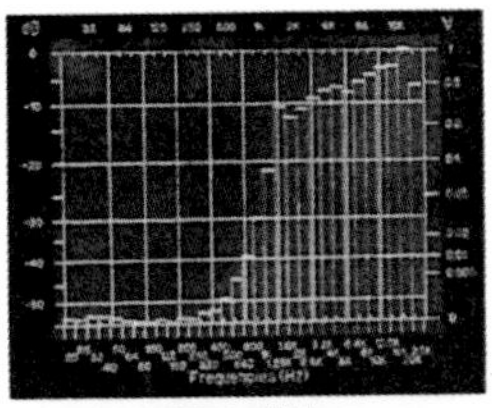

正面 f 特性

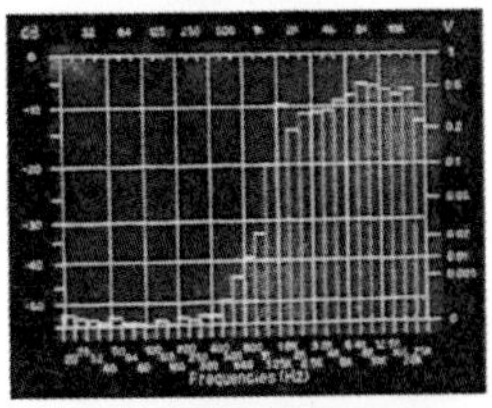

30度 f 特性

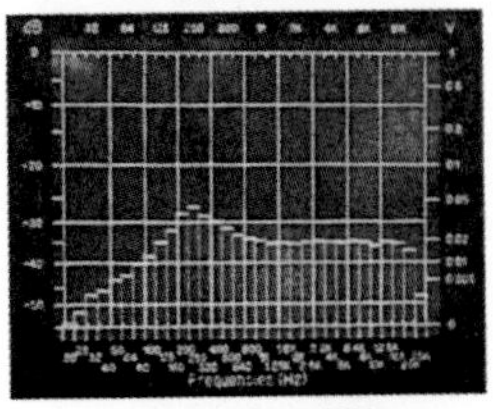

インピーダンス特性

G-Ⅱ

●AurumCantus

形式(メーカー呼称) …… リボントゥイーター
外径寸法 …………… □10.5×8.0cm
備考 … φ110mmフレームタイプも有
インピーダンス ……………………8Ω
fo…………………………………———
Qo ………………………………———
Mo ………………………………———
許容入力…………………………———
出力音圧レベル………96dB/W(m)
再生周波数帯域 …… 1700〜40000Hz
メーカー推奨クロスオーバー周波数 … 2500Hz以上
マグネットサイズ……□52×70×T35mm(註：解説)
バッフル開口……□55×85mm/最小寸法(註：解説)
総重量 ……………………………1200g

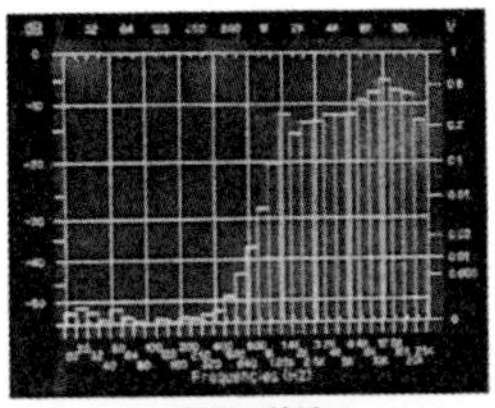

正面 f 特性

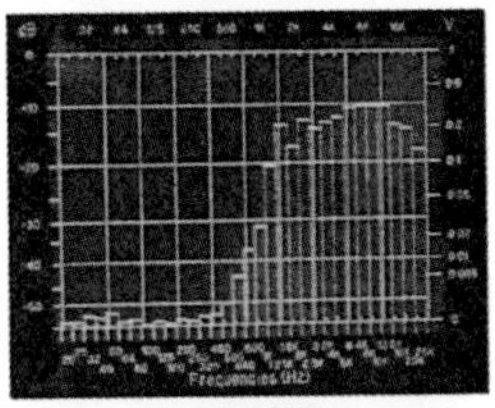

30度 f 特性

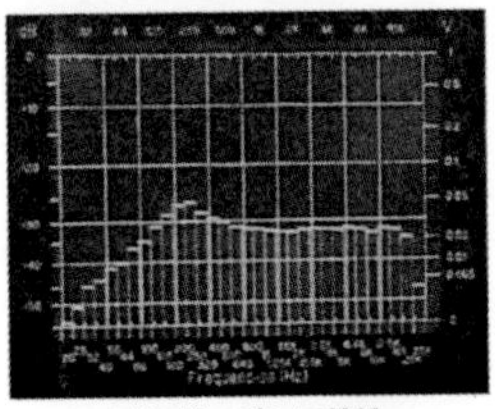

インピーダンス特性

G-Ⅰ

●AurumCantus

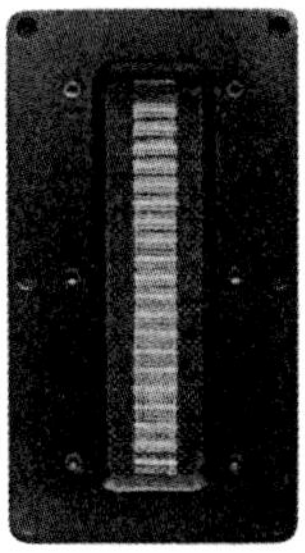

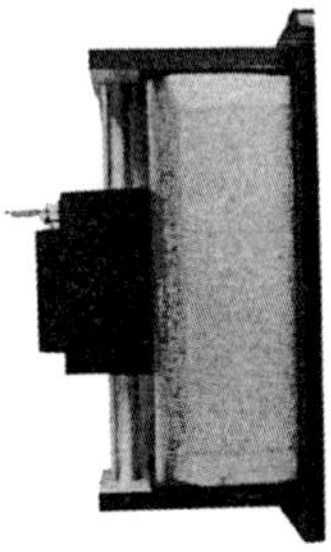

形式(メーカー呼称) …… リボントゥイーター
外径寸法……□10.6×19.0×11.0cm
インピーダンス ……………………8Ω
fo…………………………………———
Qo ………………………………———
Mo ………………………………———
a …………………………………———
許容入力 …………………………100W
出力音圧レベル …… 102dB/W(m)
再生周波数帯域………900〜40000Hz
メーカー推奨クロスオーバー周波数2000Hz以上
マグネットサイズ … □70×150×T55mm(註：解説)
バッフル開口 … □167×70mm/最小寸法(註：解説)
総重量 ……………………………3800g

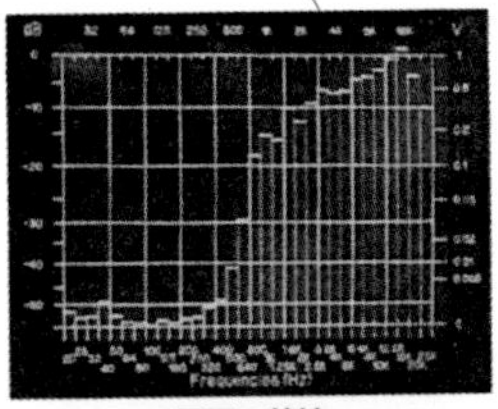

正面 f 特性

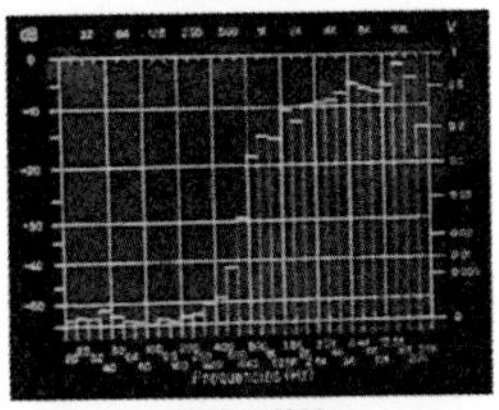

30度 f 特性

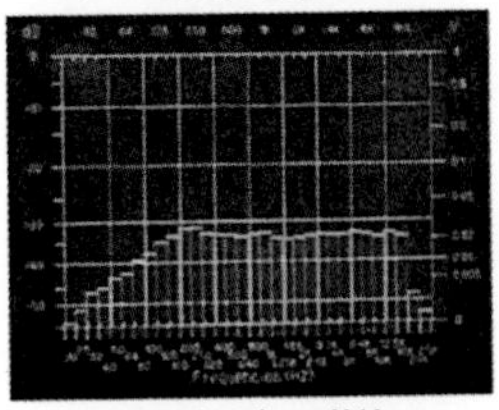

インピーダンス特性

D-260

●Dynaudio

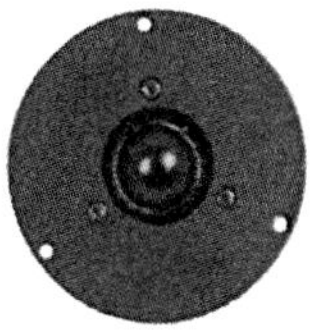

形式	2.6cmT（DM）
外形寸法	φ110×46mm
インピーダンス	8Ω
f_0	——
Q_0	——
M_0	——
a	——
許容入力	——
出力音圧レベル	——
再生帯域	——
クロスオーバー	——
マグネット重量	——
マグネットサイズ	φ70×15mmヨーク
総重量	640g
バッフル開口	——

ソフトドーム・トゥイーター。D—28／2の上級機で¥10000アップになる。外観は似ており、マグネットも同じだが、重量は65g増えて640g。フレームの違いだろう。ソフトドームは高域は鋭いピークが出ないのが特徴。ピークがないのではなく、細かく分散されて目立たなくなるのである。インピーダンス特性はフラットでf_0がわからないくらい。f特は1kHzぐらいまで伸びているが能率は低い。指向性は鋭いがくせはない。

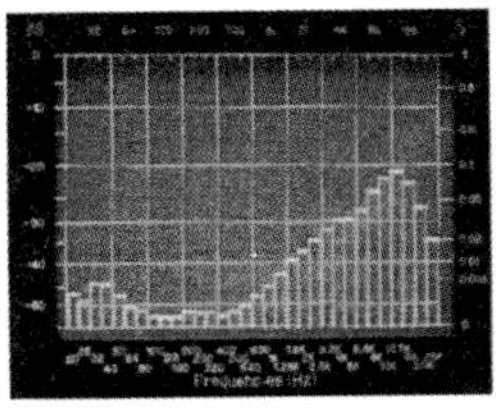

正面 f 特性

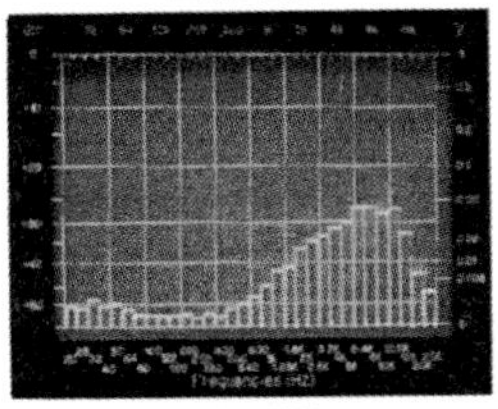

30度 f 特性

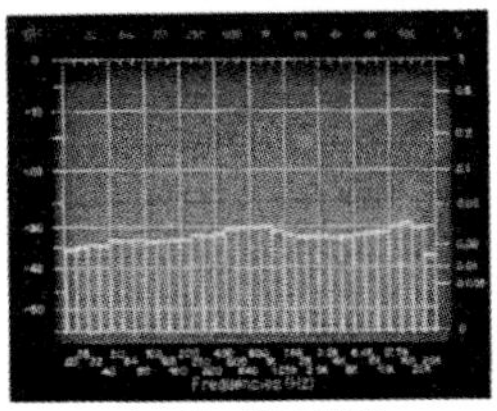

インピーダンス特性

D-28/2

●Dynaudio

形式	2.8cmT（DM）
外形寸法	φ110×48mm
インピーダンス	——
f_0	——
Q_0	——
M_0	——
a	——
許容入力	——
出力音圧レベル	——
再生帯域	——
クロスオーバー	2kHz以上
マグネット重量	——
マグネットサイズ	φ70×15mm
総重量	575g
バッフル開口	φ86mm

オーソドックスなソフトドーム・トゥイーター。プラスチックフレームで、保護用のネットはない。インピーダンスは8Ωと思われるが、驚く程フラットなインピーダンス特性で、f_0が完全に抑えこまれているのはみごと。f_0の影響を受けにくいのでネットワークが組みやすい。ドーム経が28mmと大きめなので、10kHzにピークを持ち、ハイエンドは16kHz以上ダラ下がりだが、10kHz以下は2kHzまで伸びており、使いやすいトゥイーターだ。

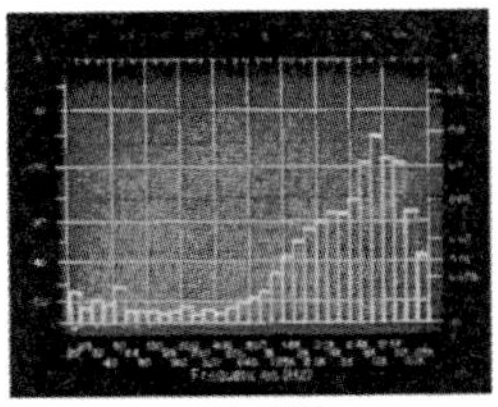

正面 f 特性

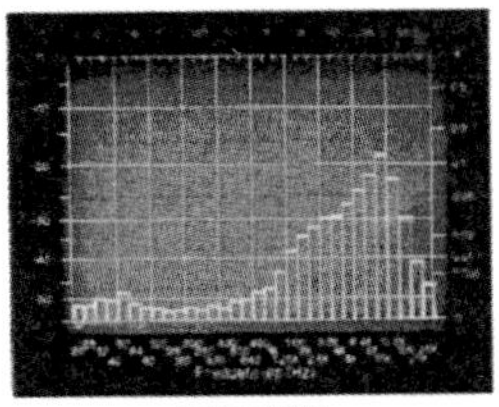

30度 f 特性

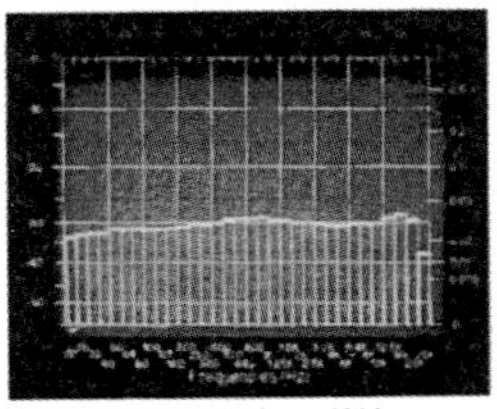

インピーダンス特性

PH-35

●Beyma

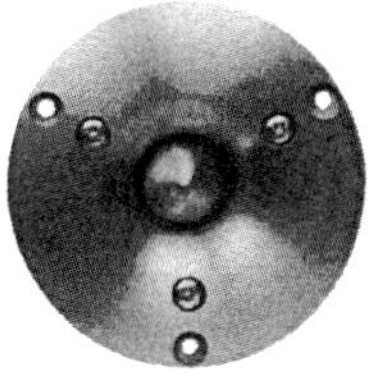

形式(メーカー呼称)	ホーントゥイーター
外径寸法	φ10×4.4cm
インピーダンス	4Ω
fo	———
Qo	———
a	———
許容入力	100W
出力音圧レベル	104dB/W(m)
再生周波数帯域	3500〜20000Hz
備考	スペアナは−20dBダウンに設定
メーカー推奨クロスオーバー周波数	———
マグネットサイズ	φ73×T15mm(註：解説)
バッフル開口	φ75mm/最小寸法(註：解説)
総重量	715g

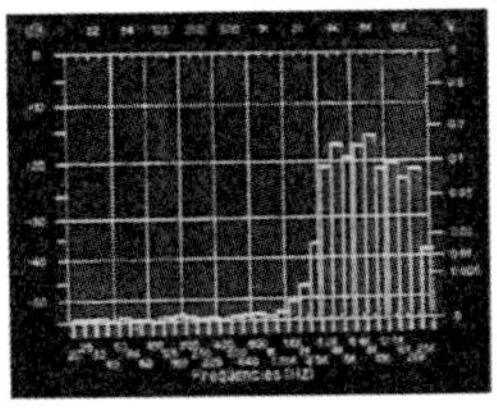

正面 f 特性

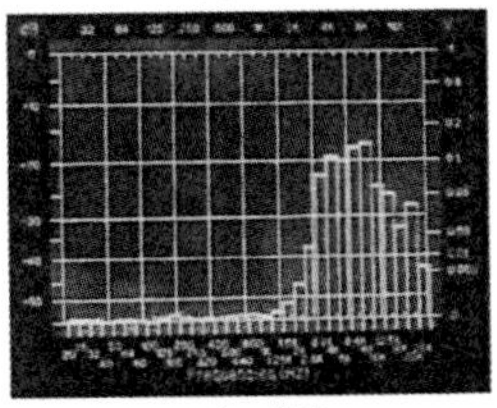

30度 f 特性

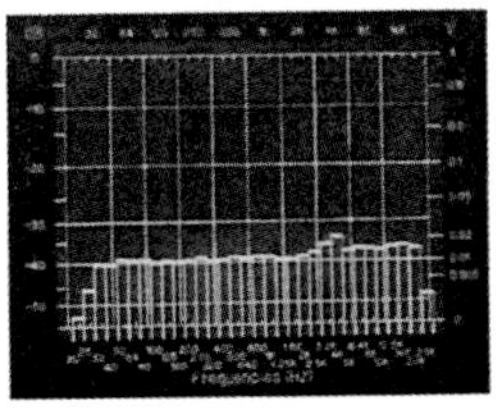

インピーダンス特性

AST-09

●Beyma

形式(メーカー呼称)	ホーントゥイーター
外径寸法	φ9.0×8.5cm
インピーダンス	4Ω
fo	———
Mo	———
a	———
許容入力	150W
出力音圧レベル	107dB/W(m)
再生周波数帯域	2500〜22000Hz
備考	スペアナは−20dBダウンに設定
メーカー推奨クロスオーバー周波数	———
マグネットサイズ	φ72×T28mm(註：解説)
バッフル開口	φ73mm/最小寸法(註：解説)
総重量	1400g

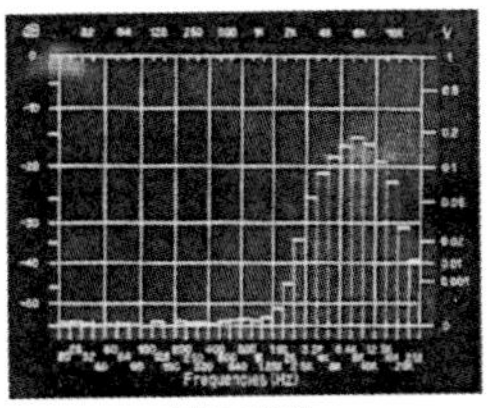

正面 f 特性

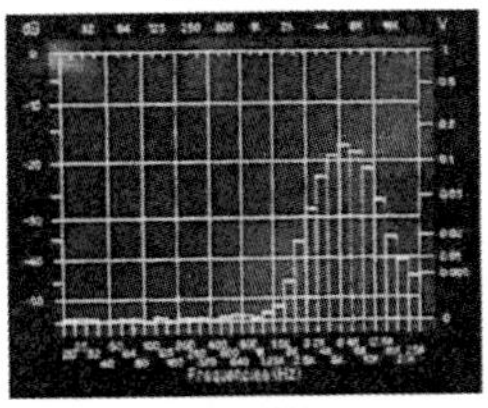

30度 f 特性

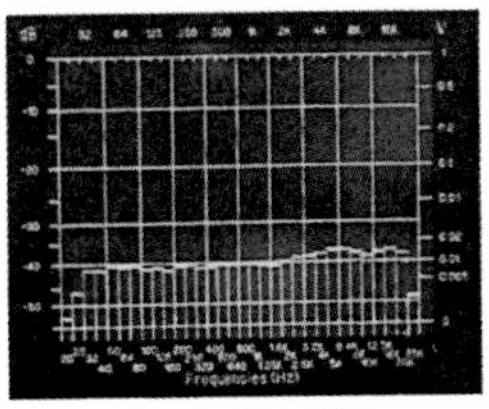

インピーダンス特性

OW1

●Hiquphon

形式(メーカー呼称)…2cm/ソフトドーム・トゥイーター
外径寸法……………φ9.4×4.15cm
インピーダンス……………………8Ω
fo……………………………………850Hz
Qo……………………………………———
Mo……………………………………———
a………………………………………———
許容入力……………………………100W
出力音圧レベル………87dB/W(m)
再生周波数帯域……2500〜25000Hz
メーカー推奨クロスオーバー周波数…———
マグネットサイズ…………φ68×T36mm(註：解説)
バッフル開口…………φ68mm/最小寸法(註：解説)
総重量………………………………360g

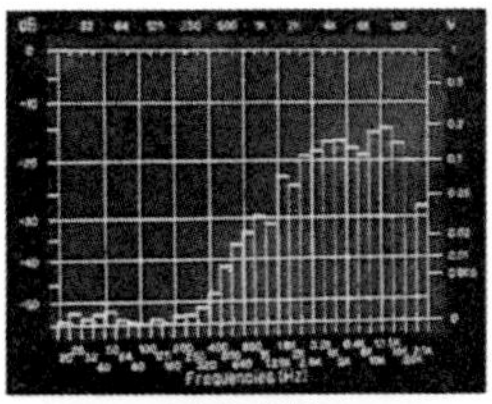

正面 f 特性

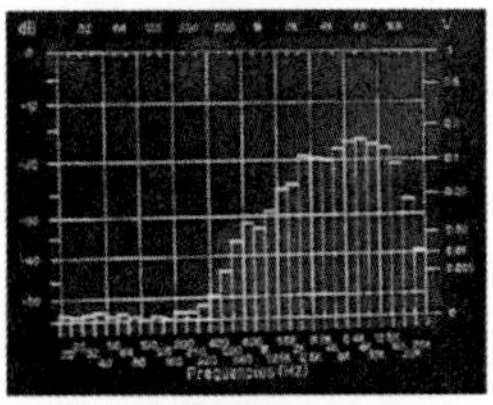

30度 f 特性

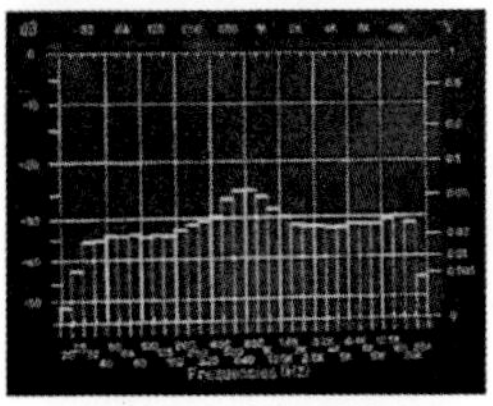

インピーダンス特性

TC120TD5

●Focal

形式(メーカー呼称)…………チタンドーム・ダブルマグネット・トゥイーター
外径寸法…………………□12;×4.4cm
インピーダンス……………………6Ω
fo……………………………………813Hz
Qo……………………………………———
Mo……………………………………———
a………………………………………———
許容入力……………………………150W
出力音圧レベル……93.5dB/W(m)
再生周波数帯域…………………———
メーカー推奨クロスオーバー周波数…———
マグネットサイズ…………φ99×T39mm(註：解説)
バッフル開口…………φ99mm/最小寸法(註：解説)
総重量………………………………1200g

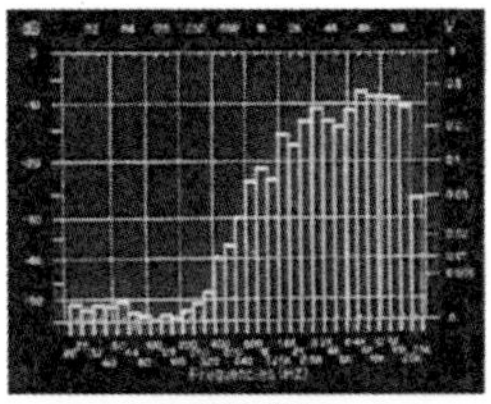

正面 f 特性

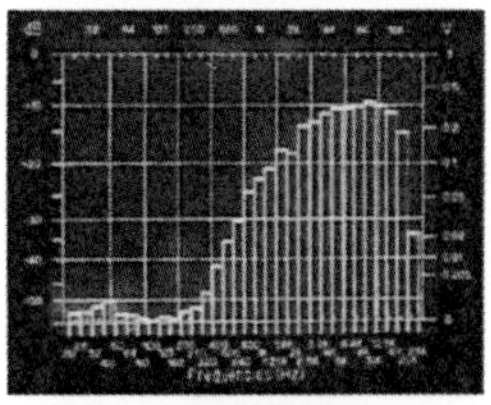

30度 f 特性

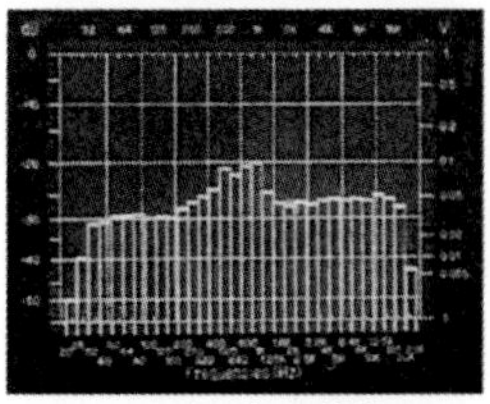

インピーダンス特性

TC90TD5

●Focal

形式(メーカー呼称)…………チタンドーム・ダブルマグネット・トゥイーター
外径寸法…………………□9.2×4.4cm
インピーダンス……………………6Ω
fo……………………………………1471Hz
Qo……………………………………———
Mo……………………………………———
a………………………………………———
許容入力……………………………75W
出力音圧レベル……91.5dB/W(m)
再生周波数帯域…………………———
メーカー推奨クロスオーバー周波数…———
マグネットサイズ…………φ72×T34mm(註：解説)
バッフル開口…………φ75mm/最小寸法(註：解説)
総重量………………………………650g

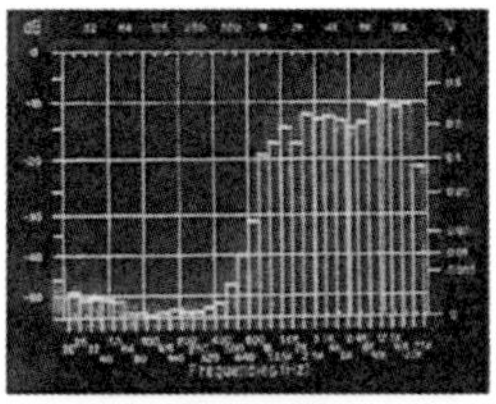

正面 f 特性

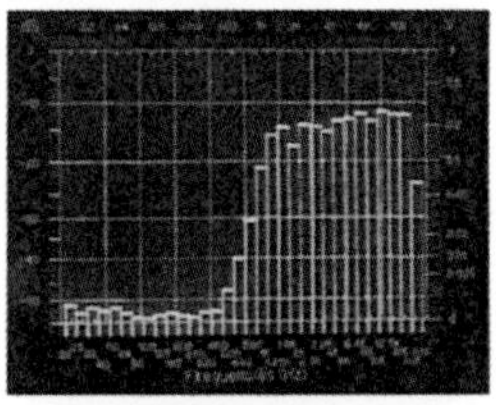

30度 f 特性

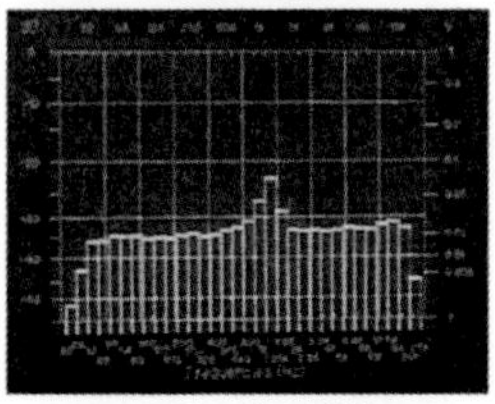

インピーダンス特性

D-2801XL

●DYNAVOX

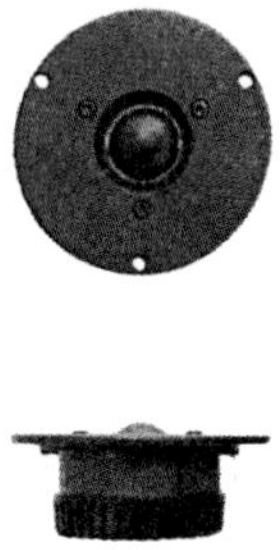

形式……………………2.8cmT DM
外形寸法………………φ110×47mm
インピーダンス………………8Ω
f_0……………………………——
Q_0……………………………——
M_0……………………………——
a………………………………——
許容入力……………………150W
出力音圧レベル………………92dB
再生帯域………………………——
クロスオーバー………………——
マグネット重量………………——
マグネットサイズ………φ70×15mm
総重量…………………………605g
バッフル開口………………φ85mm

台湾製のソフトドーム・トゥイーター。どこにでもあるデザインで特徴はない。ダイキャストフレームで、マグネットの後ろにバックキャビティを持っている。よく制動が効いており、f_0は見当らない。f_0を気にせずにネットワークが組めるが、f特で見ると10μFでも3kHz以下急降下なので、クロスオーバーは3kHz以上。軸上正面のf特はフラットだが、30度では指向性がつく。LW5004KGRとの組み合わせはぎりぎりのクロスになる。

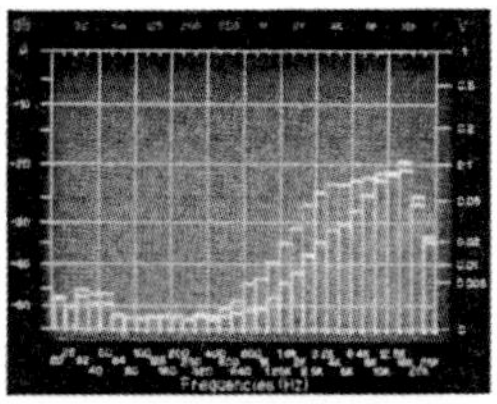

正面 f 特性

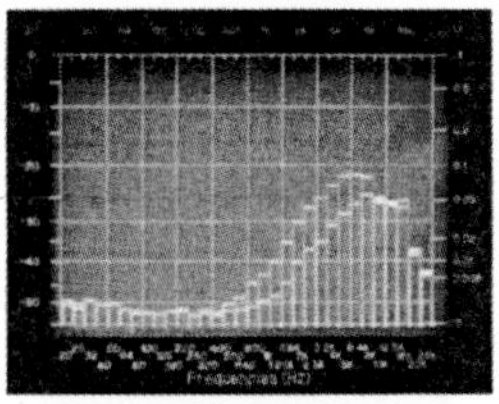

30度 f 特性

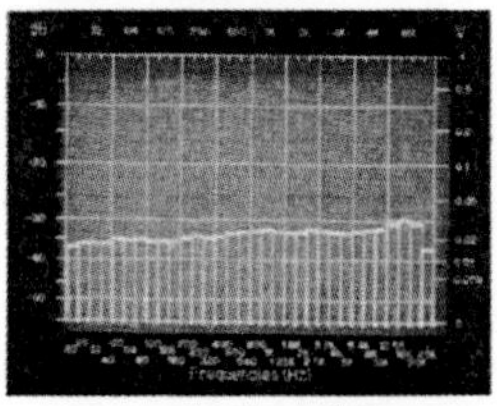

インピーダンス特性

MFDT4as

●MAX

形式(メーカー呼称)……ハードドーム・トゥイーター
外径寸法……………φ11.0×4.0cm
インピーダンス…………………8/6Ω
fo……………………………1534Hz
Qo……………………………———
Mo……………………………———
a………………………………———
許容入力………………………———
出力音圧レベル………94dB/W(m)
再生周波数帯域……2200〜22000Hz
メーカー推奨クロスオーバー周波数…———
マグネットサイズ…………φ85×T12mm(註:解説)
バッフル開口…………φ85mm/最小寸法(註:解説)
総重量…………………………810g

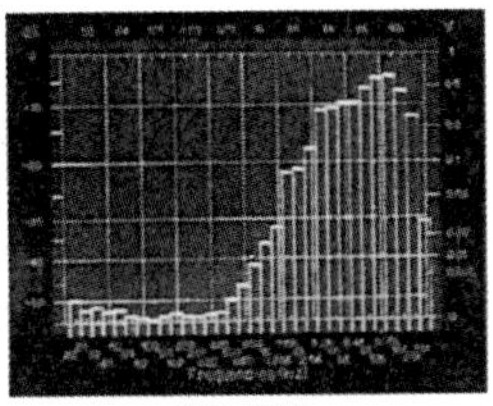

正面 f 特性

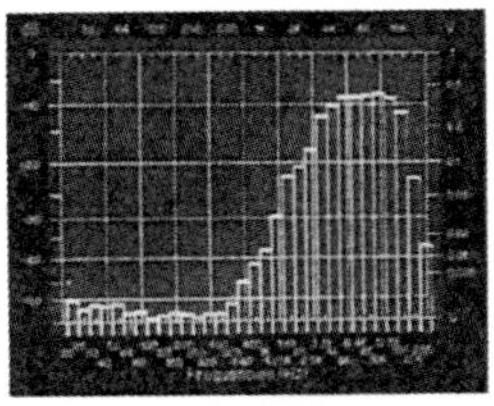

30度 f 特性

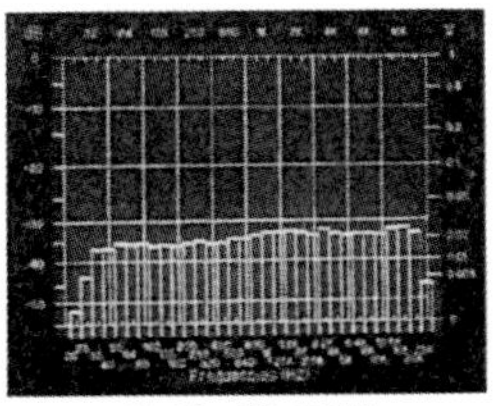

インピーダンス特性

T27A

●KEF

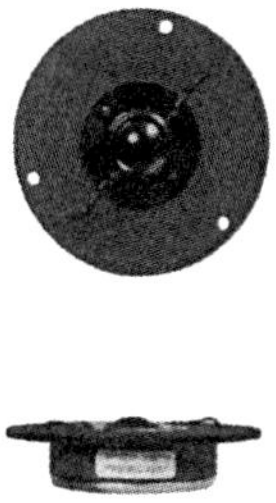

形式……………………1.9cmT DM
外形寸法………………φ108×19mm
インピーダンス………………8Ω
f_0……………………………900Hz
Q_0……………………………——
M_0……………………………——
a………………………………——
許容入力………………………50W
出力音圧レベル………………——
再生帯域………………3.5〜40kHz
クロスオーバー………………3.5kHz
マグネット重量………………——
マグネットサイズ………φ72×15mm
総重量…………………………685g
バッフル開口…………………74φmm

これも30年の歴史を持つ樹脂系のソフトドーム・トゥイーター。ドームもリード線もむき出しでネットも何もない。システムとしてサランネットをかけて聴くのを前提としているので音質優先でルックスには気を使っていない。f_0は1250Hz、倍の2.5kHzぐらいから使える。最適は3.5kHz。能率は低いが、指向性は抜群。低能率ウーファーとの組み合わせには使いやすいトゥイーターだ。音はしなやかでソフトタッチ。

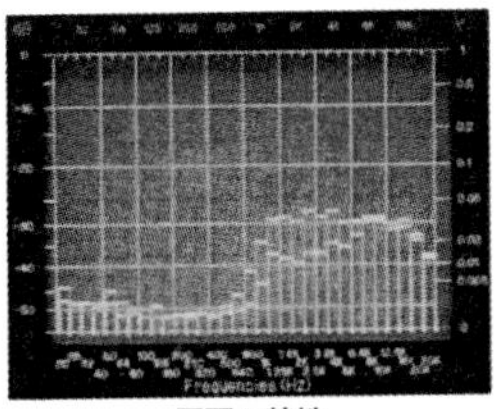

正面 f 特性

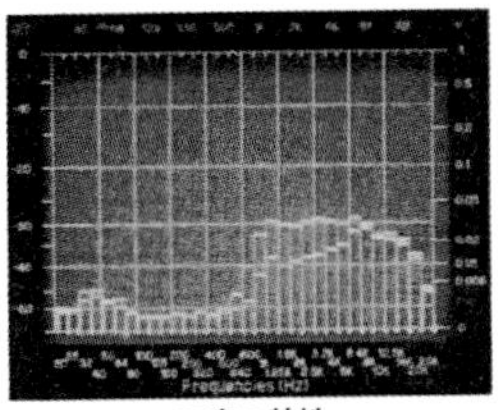

30度 f 特性

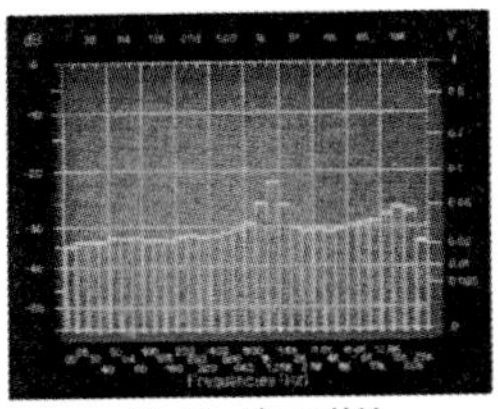

インピーダンス特性

OW3-FS

●Hiquphon

形式(メーカー呼称)……2cm/ソフトドーム・トゥイーター
外径寸法……………φ9.4×4.15cm
インピーダンス…………………8Ω
fo……………………………1200Hz
Qo……………………………———
Mo……………………………———
a………………………………———
許容入力……………………100W
出力音圧レベル………89dB/W(m)
再生周波数帯域……2500〜23000Hz
メーカー推奨クロスオーバー周波数…———
マグネットサイズ…………φ68×T36mm(註:解説)
バッフル開口…………φ68mm/最小寸法(註:解説)
総重量…………………………360g

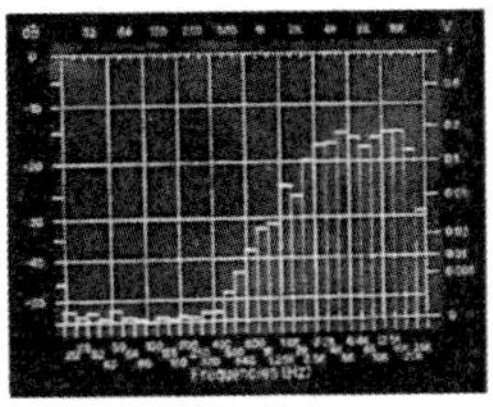

正面 f 特性

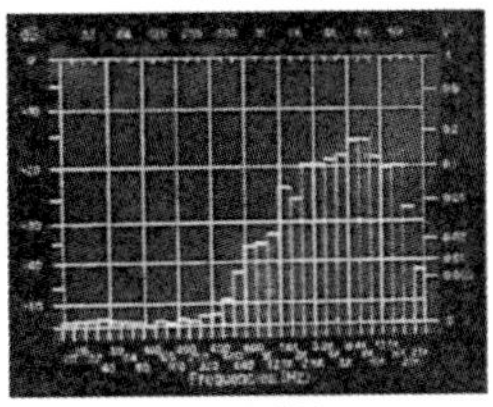

30度 f 特性

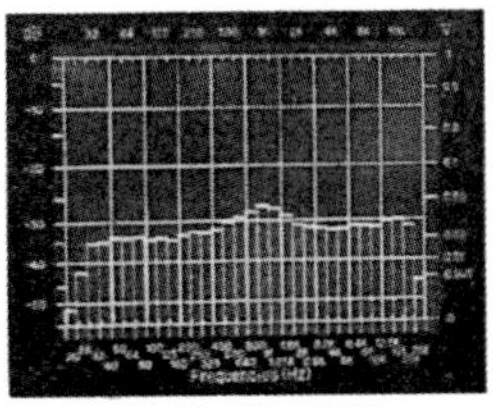

インピーダンス特性

OW2-GFS

●Hiquphon

形式(メーカー呼称)…2cm/ソフトドーム・トゥイーター
外径寸法……………φ9.4×4.15cm
インピーダンス…………………8Ω
fo……………………………1250Hz
Qo……………………………———
Mo……………………………———
a………………………………———
許容入力……………………100W
出力音圧レベル………90dB/W(m)
再生周波数帯域……2500〜20000Hz
メーカー推奨クロスオーバー周波数…———
マグネットサイズ…………φ68×T36mm(註:解説)
バッフル開口…………φ68mm/最小寸法(註:解説)
総重量…………………………360g

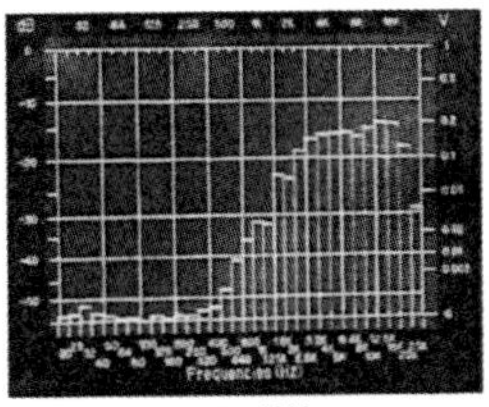

正面 f 特性

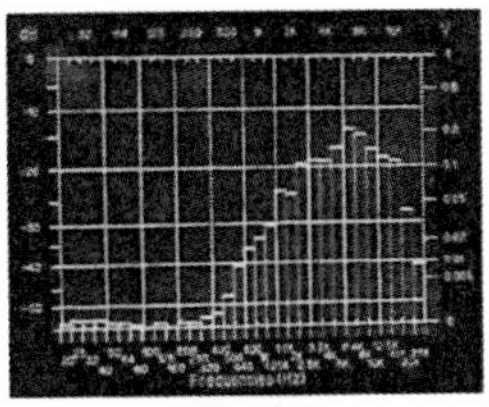

30度 f 特性

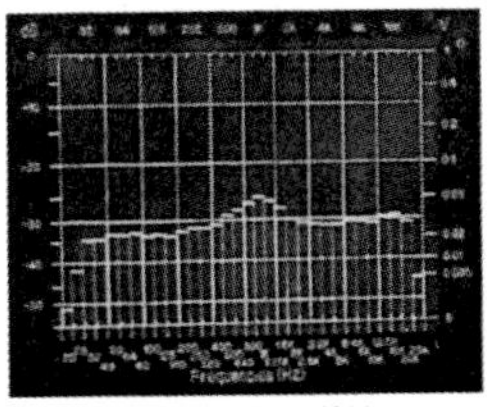

インピーダンス特性

MDT43

●Morel

形式(メーカー呼称)……ソフトドーム・トゥイーター/トップマウント
外径寸法……φ4.4×5.8cm
インピーダンス……8Ω
fo……750Hz
Qo……———
Mo……———
a……———
許容入力……120W
出力音圧レベル……92dB/W(m)
再生周波数帯域……2200〜22000Hz
メーカー推奨クロスオーバー周波数……———
マグネットサイズ……———
バッフル開口……———
総重量……100g

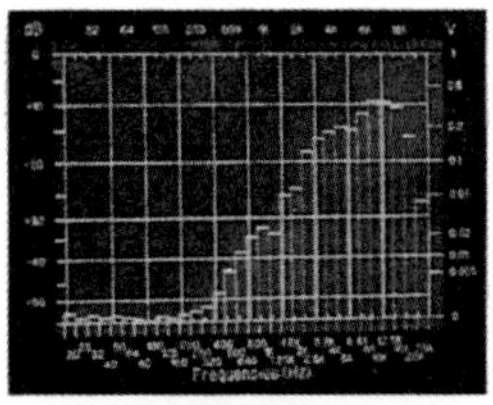

正面 f 特性

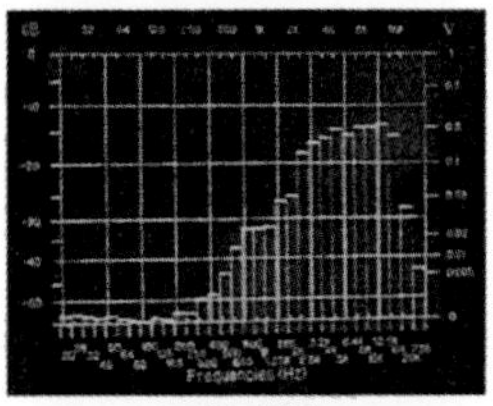

30度 f 特性

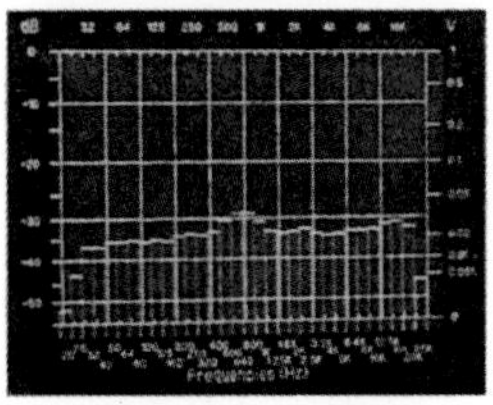

インピーダンス特性

MDT40

●Morel

形式……2.6cmT(DM)
外形寸法……□54mm
インピーダンス……8Ω
f_0……——
Q_0……——
M_0……——
a……——
許容入力……——
出力音圧レベル……89dB/W(m)
再生帯域……2.2〜20kHz
クロスオーバー……2.2kHz以上
マグネット重量……——
マグネットサイズ……——
総重量……900g
バッフル開口……□44mm

28cmソフトドーム・トゥイーター。バックキャビティつきだが手のひらサイズのミニ。ネオジミウムマグネット使用で軽量化にも成功。比較的ロープライスで使いやすい。インピーダンスはフラットに近く、f_0は800Hzぐらいか？よくダンプされている。f特は測定写真でも、メーカー発表データでも2kHz以下ダラ下がりで、2kHzクロスで使えるが2.5kHz以上が無難だろう。シャリシャリしない落ち着いた音だ。

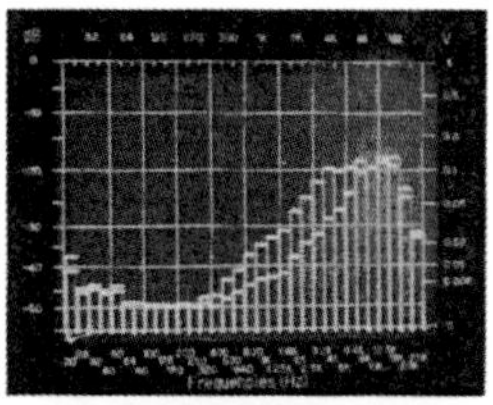

正面 f 特性

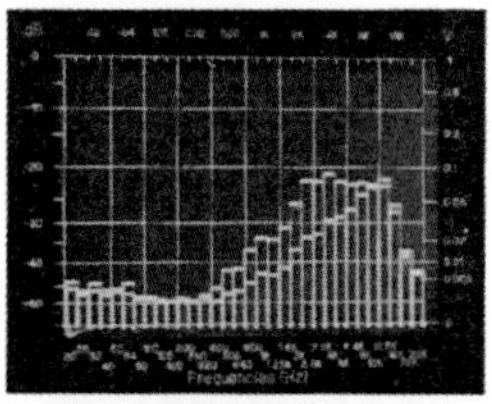

30度 f 特性

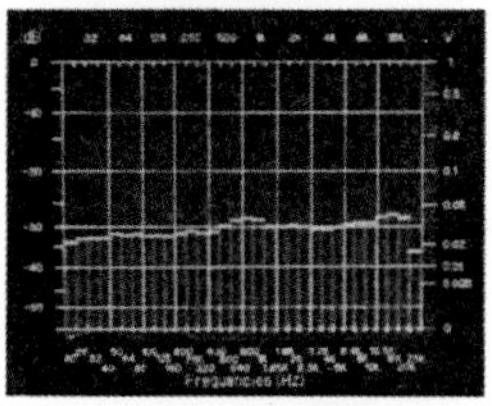

インピーダンス特性

MDT30-s

●Morel

形式(メーカー呼称)……ソフトドーム・トゥイーター
外径寸法……φ9.4×4.7cm
インピーダンス……8Ω
fo……650Hz
Qo……———
Mo……———
a……———
許容入力……200W
出力音圧レベル……90dB/W(m)
再生周波数帯域……1600〜25000Hz
メーカー推奨クロスオーバー周波数……———
マグネットサイズ……φ73×T40mm(註：解説)
バッフル開口……φ73mm/最小寸法(註：解説)
総重量……560g

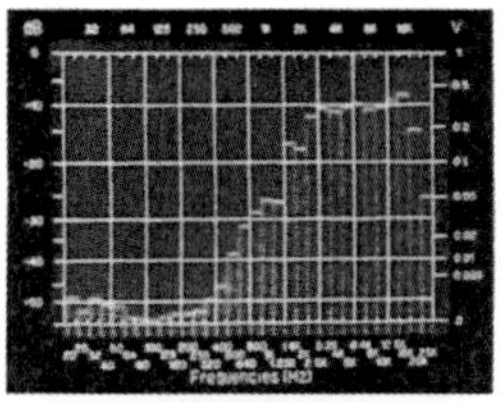

正面 f 特性

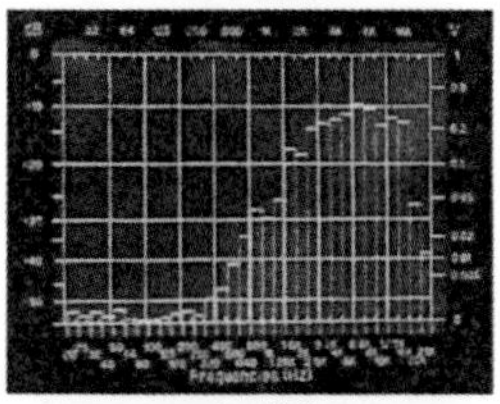

30度 f 特性

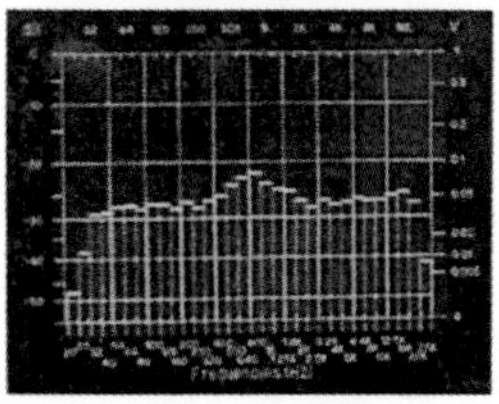

インピーダンス特性

MFDT30NEO

●MAX

形式(メーカー呼称)……7.8cm/シルクドーム・トゥイーター
外径寸法……φ7.8×3.5cm
インピーダンス……4Ω
fo……———
Qo……———
Mo……———
a……———
許容入力……25W
出力音圧レベル……———
再生周波数帯域……2000〜30000Hz
メーカー推奨クロスオーバー周波数……———
マグネットサイズ……φ55×T23mm(註：解説)
バッフル開口……φ60mm/最小寸法(註：解説)
総重量……118g

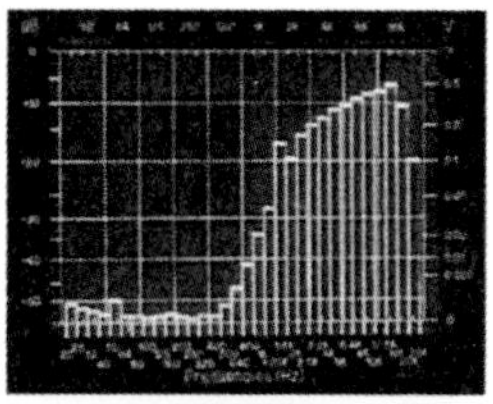

正面 f 特性

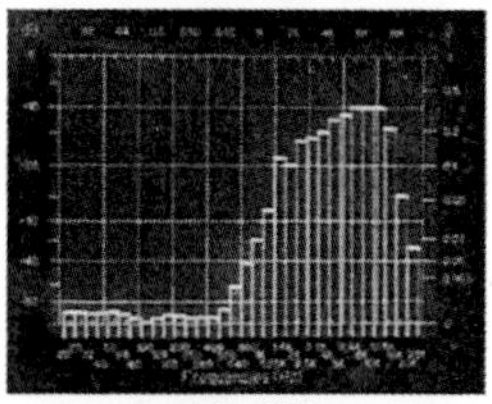

30度 f 特性

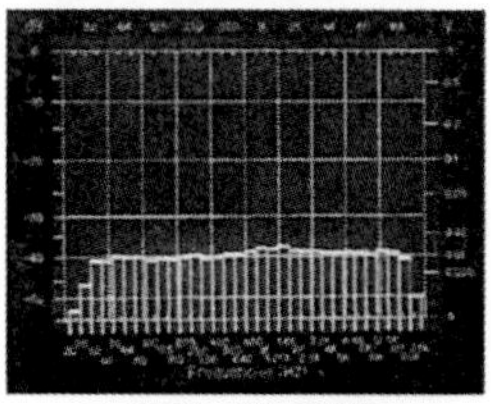

インピーダンス特性

RIT-X280

●RIT select

形式(メーカー呼称)……ソフトドーム・トゥイーター
外径寸法……φ11.0×4.0cm
インピーダンス……8Ω
fo……———
Qo……———
Mo……———
a……———
許容入力……150W
出力音圧レベル……92dB/W(m)
再生周波数帯域……800〜20000Hz
メーカー推奨クロスオーバー周波数……2000Hz以上
マグネットサイズ……φ72×T30㎜(註：解説)
バッフル開口……φ84㎜/最小寸法(註：解説)
総重量……600g

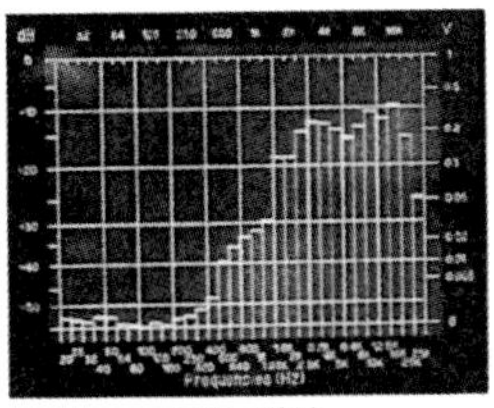

正面 f 特性

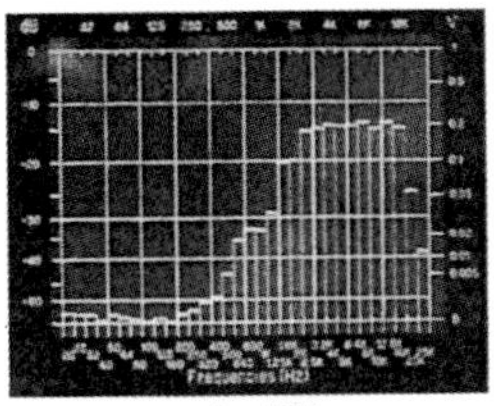

30度 f 特性

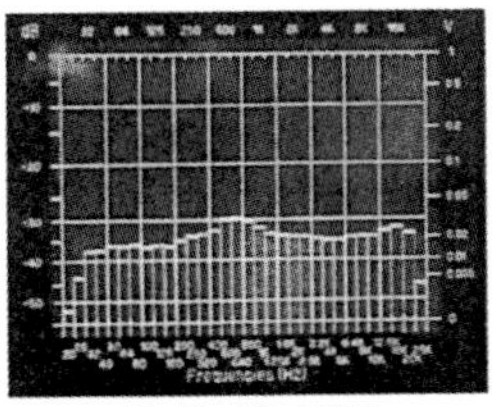

インピーダンス特性

SUPREMU130

●Morel

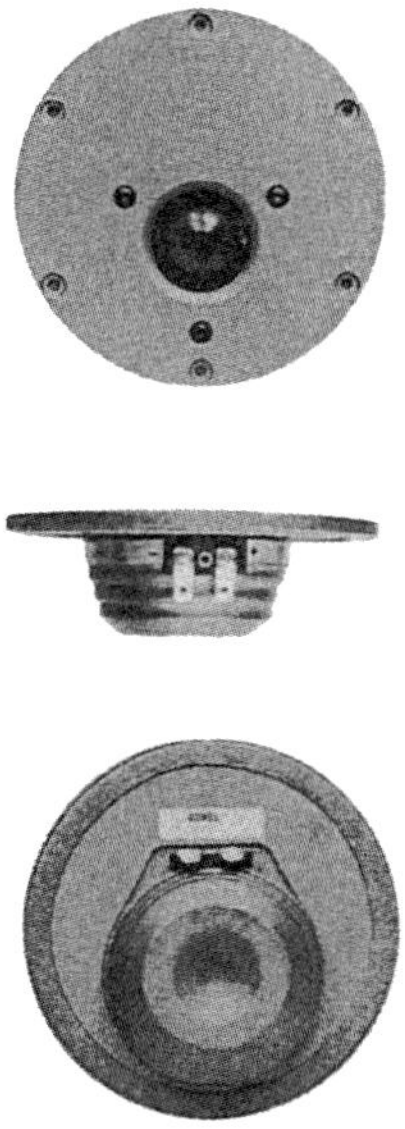

形式(メーカー呼称)……ドームトゥイーター
外径寸法……φ13.0×4.0cm
インピーダンス……8Ω
fo……680Hz
Qo……———
Mo……———
a……———
許容入力……220W
出力音圧レベル……91.5dB/W(m)
再生周波数帯域……1400〜22000Hz
メーカー推奨クロスオーバー周波数……———
マグネットサイズ……———
バッフル開口……φ75㎜/最小寸法(註：解説)
総重量……520g

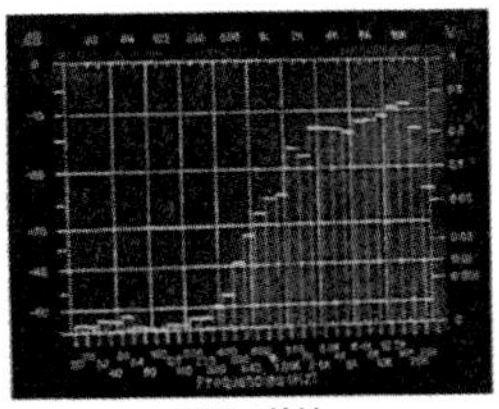

正面 f 特性

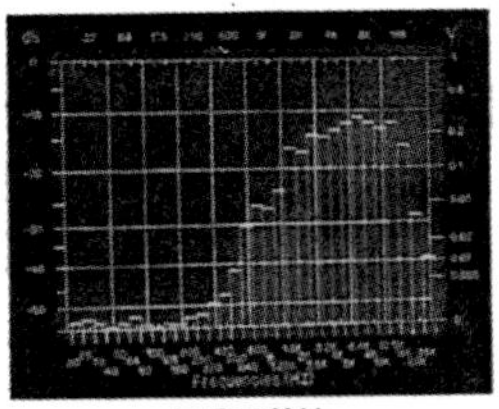

30度 f 特性

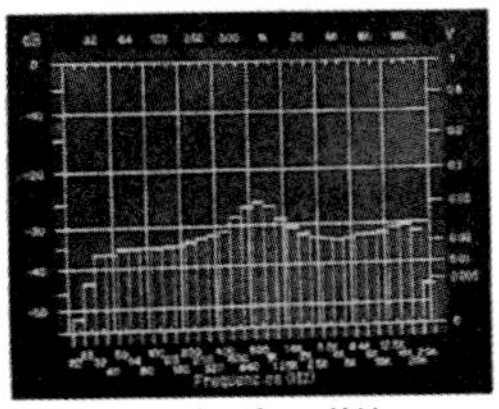

インピーダンス特性

SUPREME110

●Morel

形式(メーカー呼称)……ドームトゥイーター
外径寸法……φ11.0×4.0cm
インピーダンス……8Ω
fo……680Hz
Qo……———
Mo……———
a……———
許容入力……220W
出力音圧レベル……91.5dB/W(m)
再生周波数帯域……1400〜22000Hz
メーカー推奨クロスオーバー周波数……———
マグネットサイズ……———
バッフル開口……———
総重量……520g

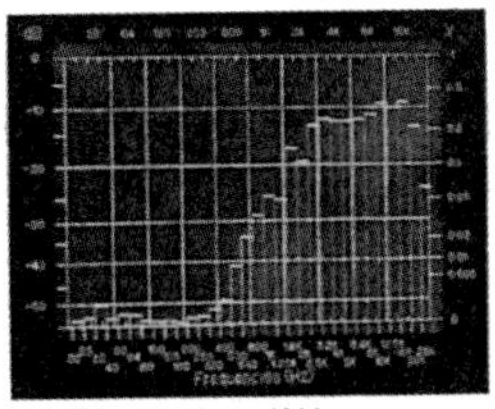

正面 f 特性

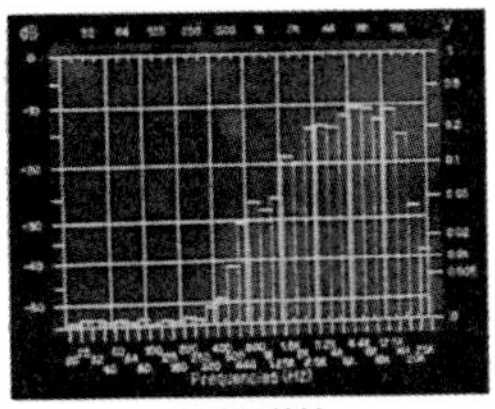

30度 f 特性

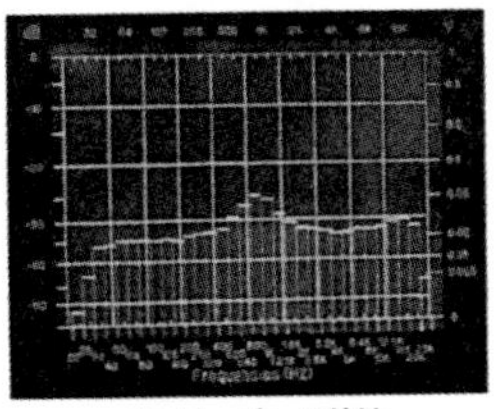

インピーダンス特性

MDT44

●Morel

形式(メーカー呼称)……ソフトドーム・トゥイーター
外径寸法……□5.4×5.8cm
インピーダンス……8Ω
fo……750Hz
Qo……———
Mo……———
a……———
許容入力……120W
出力音圧レベル……91dB/W(m)
再生周波数帯域……2200〜22000Hz
メーカー推奨クロスオーバー周波数……———
マグネットサイズ……———
バッフル開口……φ44㎜/最小寸法(註：解説)
総重量……100g

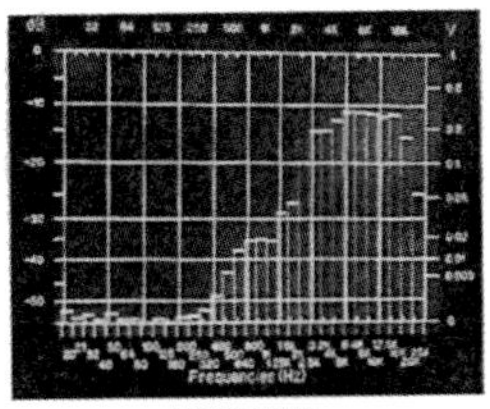

正面 f 特性

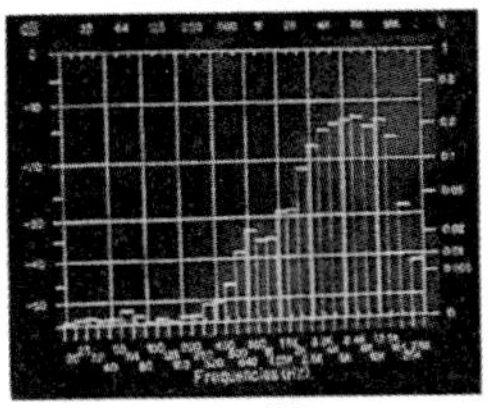

30度 f 特性

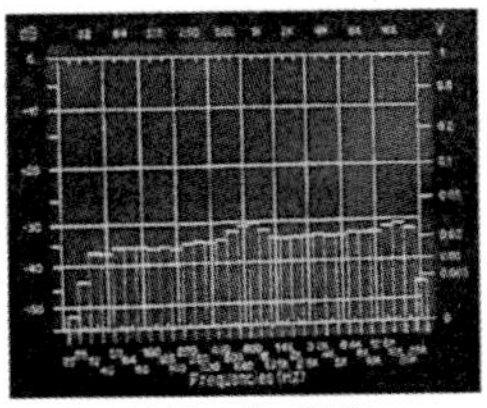

インピーダンス特性

D2905-9700

●Scan-Speak

形式 ……………………2.8cmT DM
外形寸法 ……………………φ104×44mm
インピーダンス ……………………6Ω
f_0 ……………………500Hz
Q_0 ……………………——
M_0 ……………………——
a ……………………——
許容入力 ……………………225W
出力音圧レベル ……………………89dB
再生帯域 ……………………2～30kHz
クロスオーバー ……………………——
マグネット重量 ……………………——
マグネットサイズ ……………………φ72×15mm
総重量 ……………………690g
バッフル開口 ……………………φ77mm

9300とそっくりのソフトドーム・トゥイーター。サイズも重量も同じ、外見上の違いとしてはフランジのネジが平頭になり、完全に沈みこんでいること。ネジ1本でもf特や歪みに影響は出るといわれているので9700の方がハイファイといえるだろう。f_0は500Hzと低いが、9300に比べるとダンプされていないのがわかる。f特にも500Hzが頭を出している。2kHz以上でのクロスが無難。

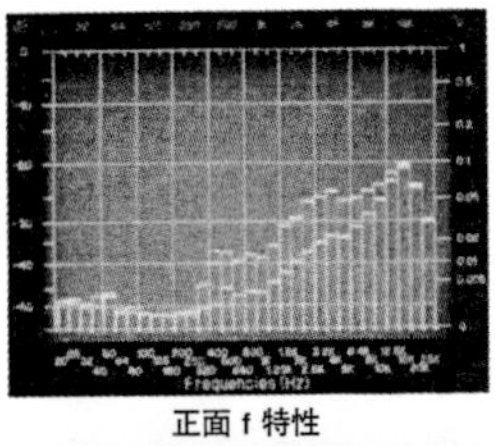

正面 f 特性

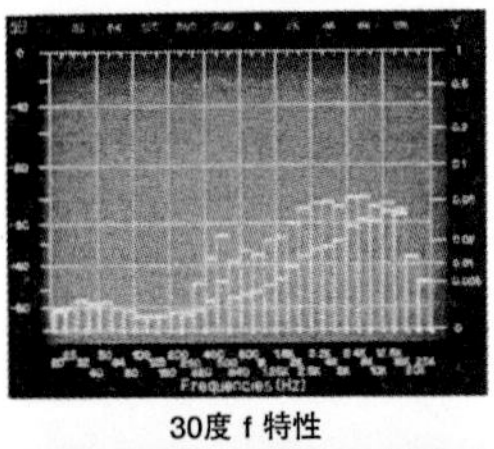

30度 f 特性

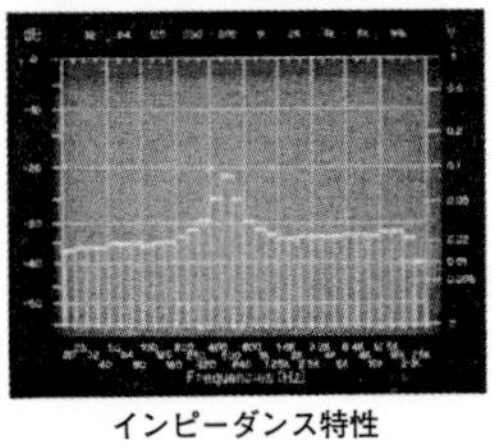

インピーダンス特性

D2905-9300

●Scan-Speak

形式 ……………………2.8cmT DM
外形寸法 ……………………φ104×44mm
インピーダンス ……………………6Ω
f_0 ……………………600Hz
Q_0 ……………………——
M_0 ……………………——
a ……………………——
許容入力 ……………………150W
出力音圧レベル ……………………90dB
再生帯域 ……………………2～30kHz
クロスオーバー ……………………——
マグネット重量 ……………………——
マグネットサイズ ……………………φ72×15mm
総重量 ……………………695g
バッフル開口 ……………………φ77mm

28mmソフトドーム・トゥイーター。9700と似ているが、フランジに丸頭のネジの頭がとび出しているとか、普及機のイメージはある。f_0は600Hz。よくダンプされている。1.2kHz以上で使えるが、f特から見ると2kHz以上でのクロスが無難だ。30度方向では20kHz、25kHzが10dBぐらい落ちるが、指向性はいい方だ。ドームは合織だが、手作業で数回のコーティングを行ない、余分な音の出ない振動板としている。優しい音だ。

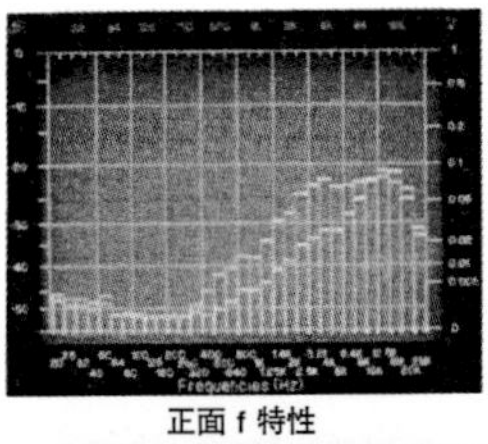

正面 f 特性

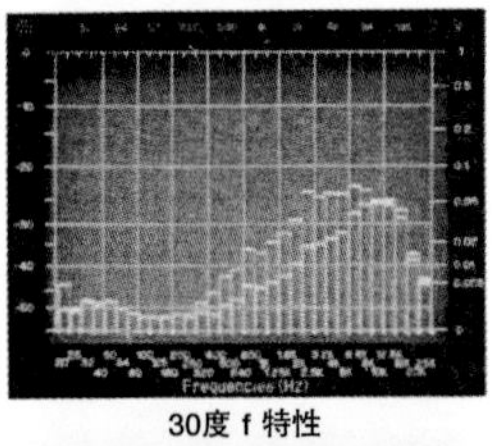

30度 f 特性

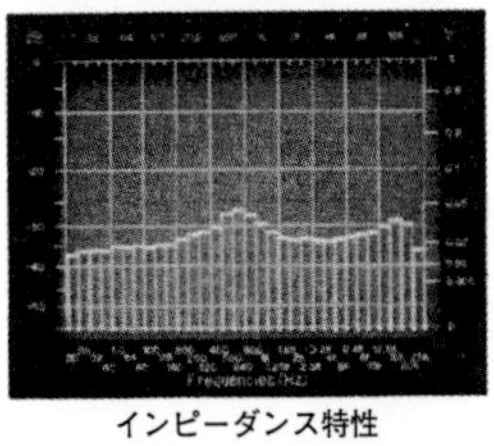

インピーダンス特性

D2905

●Scan-Speak

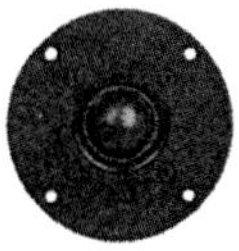

形式 ……………………2.9cmT(DM)
外形寸法 ……………………φ104×42mm
インピーダンス ……………………6Ω
f_0 ……………………——
Q_0 ……………………——
M_0 ……………………——
a ……………………——
許容入力 ……………………——
出力音圧レベル ……………………90dB/W(m)
再生帯域 ……………………2～30kHz
クロスオーバー ……………………2kHz以上
マグネット重量 ……………………——
マグネットサイズ ……………………φ69×17mm
総重量 ……………………670g
バッフル開口 ……………………φ74mm

D2905/9700と似ているが、こちらはアルミドームである。インピーダンス特性はf_0の500Hzでピークを作っているが、中音まで使えるというわけではない。f特は軸上、コンデンサー10μFでも2.5kHzどまりなので、クロスは2.5kHz以上が無難。高域に特にピークはないが、メーカー発表のデータを見ると20kHz以上急降下。32kHzで鋭いピークを作っている。明るくシャープな音だ。

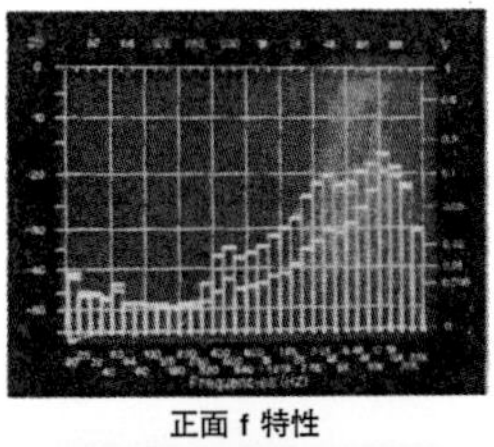

正面 f 特性

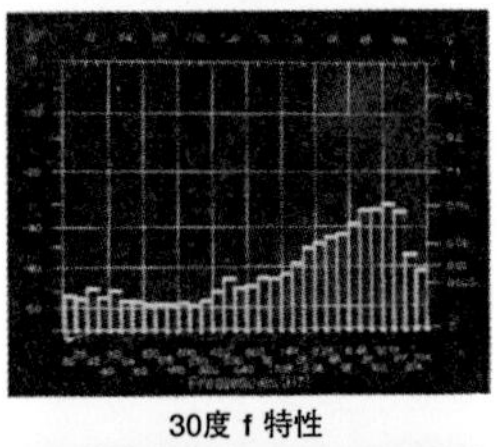

30度 f 特性

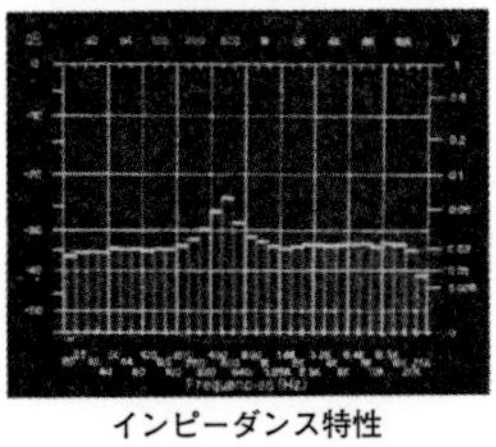

インピーダンス特性

D2904/6000

●Scan-Speak

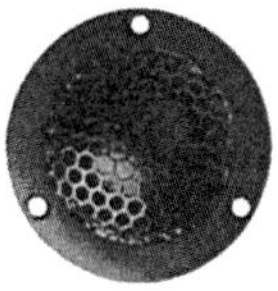

形式(メーカー呼称) … シルクドーム・トゥイーター/防磁型
外径寸法 ……………………φ5.95×3.2cm
インピーダンス ……………………4Ω
fo ……………………750Hz
Qo ……………………———
Mo ……………………———
a ……………………———
許容入力 ……………………150W
出力音圧レベル … 90dB/2.83V(m)
再生周波数帯域 …… 2500～20000Hz
メーカー推奨クロスオーバー周波数 … ———
マグネットサイズ…… φ40.8×T28.7mm(註：解説)
バッフル開口………… φ41mm/最小寸法(註：解説)
総重量 ……………………130g

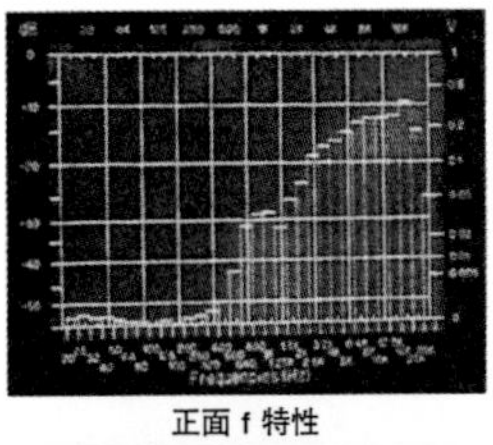

正面 f 特性

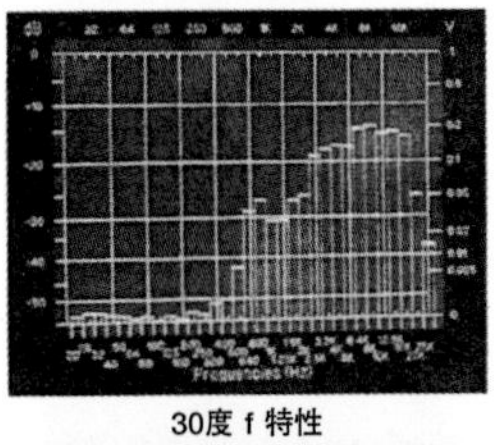

30度 f 特性

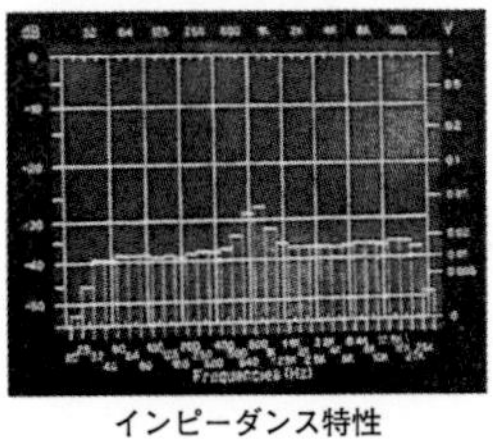

インピーダンス特性

T25/001

●SEAS

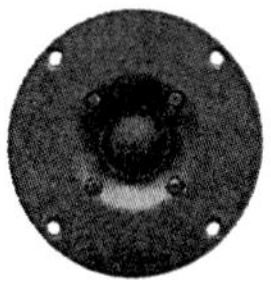

形式	2.5cmT DM
外形寸法	φ110×60mm
インピーダンス	6Ω
f_0	—
Q_0	—
M_0	—
a	—
許容入力	80W
出力音圧レベル	90dB
再生帯域	2〜25kHz
クロスオーバー	—
マグネット重量	340g
マグネットサイズ	φ70×10×2mm
総重量	755g
バッフル開口	φ77mm

25mmドームトゥイーターだが、同じSEASのドームの中ではちょっと違う。フレームはぐんと厚くなり強力、マグネットはダブルで防磁型になっている。ダイヤフラムはSEASが開発したソノテックスという繊維の布で、4層コーティング、ボイスコイルは銀線、入力端子は金メッキ、大型バックキャビティつきで、f_0は1kHzだが山が低くなっている。2kHzクロスで使えるが3kHzが無難、25TFFCの倍以上高いだけのことはある。

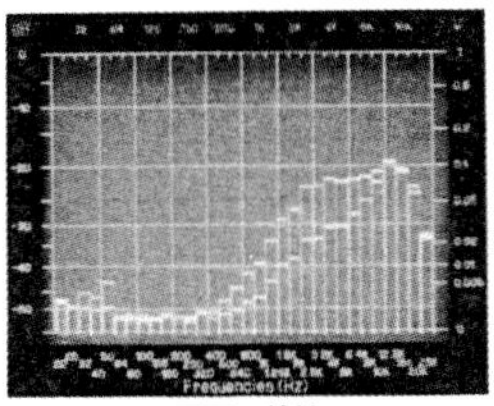

正面 f 特性

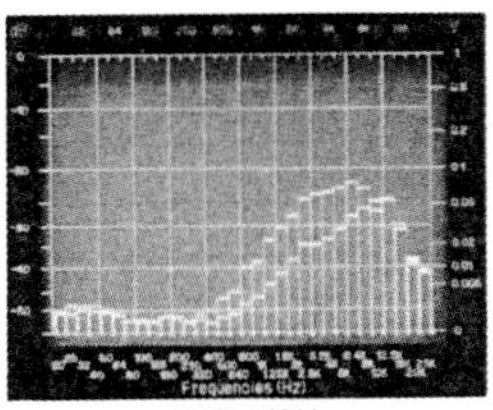

30度 f 特性

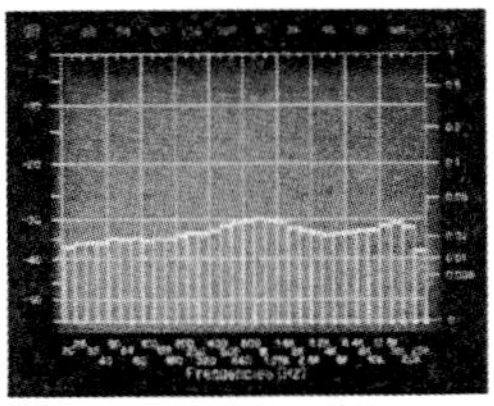

インピーダンス特性

25TFFC

●SEAS

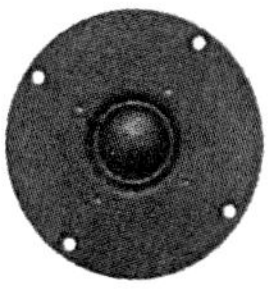

形式	2.5cmT DM
外形寸法	φ104×44mm
インピーダンス	6Ω
f_0	—
Q_0	—
M_0	—
a	—
許容入力	80W
出力音圧レベル	90dB
再生帯域	2〜25kHz
クロスオーバー	—
マグネット重量	250g
マグネットサイズ	φ70×15mm
総重量	530g
バッフル開口	φ77mm

25mmソフトドーム・トゥイーター。フレームはグラスファイバー強化プラスチック。バックキャビティつき。f_0は1kHz、3kHzから下降し始めるので、2.5kHzクロスが限界、3kHzが無難、ハイエンドは20kHzどまりで、ルックス、特性とも一般的なソフトドーム共通のものだが¥4000は安い。バックキャビティの効果で、背圧がかからず中域の歪みは少ないが、f_0付近での振幅は大きくなりやすい。

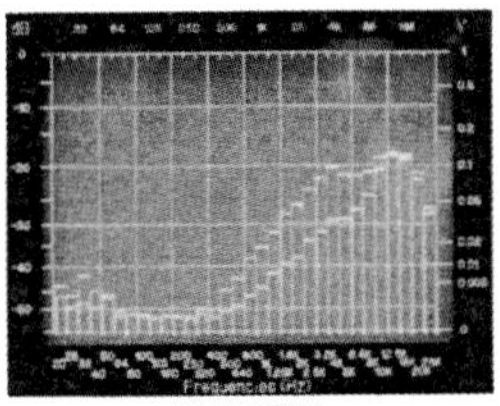

正面 f 特性

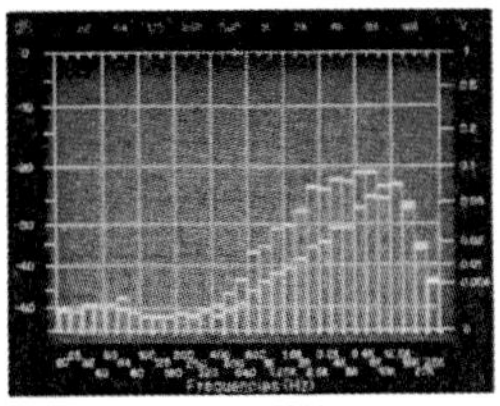

30度 f 特性

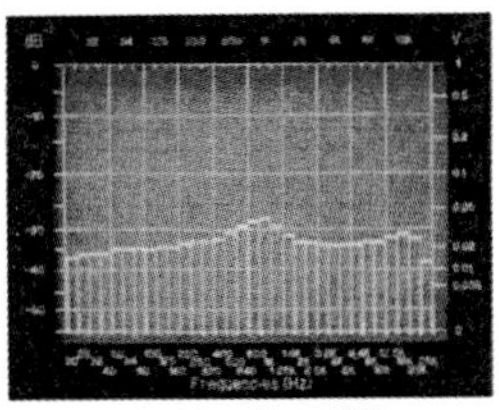

インピーダンス特性

25TACD

●SEAS

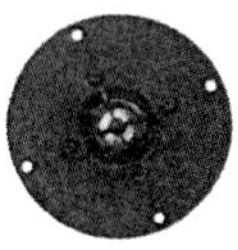

形式	2.5cmT(DM)
外形寸法	φ103×38mm
インピーダンス	6Ω
f_0	—
Q_0	—
M_0	—
a	—
許容入力	—
出力音圧レベル	91dB/W(m)
再生帯域	2〜25kHz
クロスオーバー	2kHz以上
マグネット重量	—
マグネットサイズ	φ68×13mm
総重量	510g
バッフル開口	φ71mm

25mmハードドーム・トゥイーター。振動板はグラスファイバーで強化したプラスチックである。能率は高い方だ。インピーダンス特性ではf_0は660Hzと読めるが、スペックと一致する。f特は2.5kHz以下だら下がりで、ハイエンドは特にピークは見当たらない。スペック通り2〜25kHzのレンジを持ち、指向性もよい。クロスオーバーは2.5kHz以上が無難。2.2μF1個だと8kHzクロスになる。スピード感のある切れのよい音。

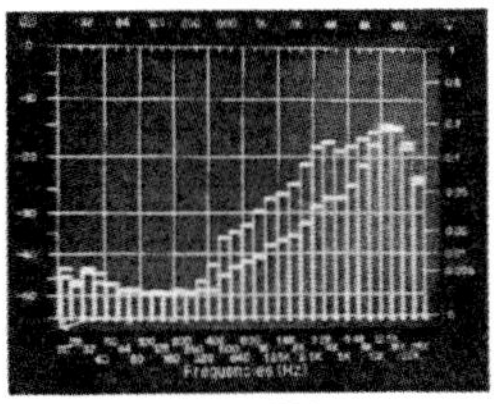

正面 f 特性

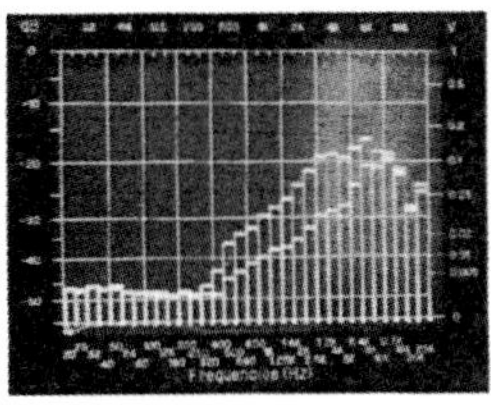

30度 f 特性

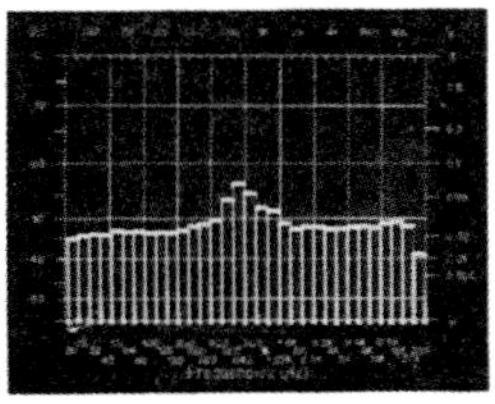

インピーダンス特性

D2905/9700

●Scan-Speak

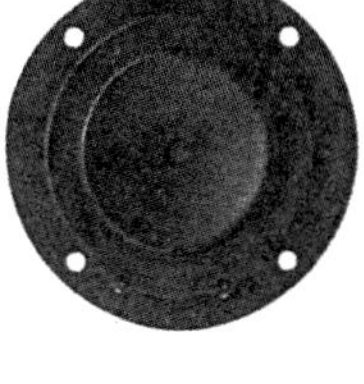

形式(メーカー呼称)	シルクドーム・トゥイーター
外径寸法	φ10.4×4.5cm
インピーダンス	6Ω
fo	500Hz
Qo	———
Mo	———
a	———
許容入力	225W
出力音圧レベル	89.5dB/2.83V(m)
再生周波数帯域	2000〜30000Hz
メーカー推奨クロスオーバー周波数	———
マグネットサイズ	φ74×T20mm(註：解説)
バッフル開口	φ74mm/最小寸法(註：解説)
総重量	700g

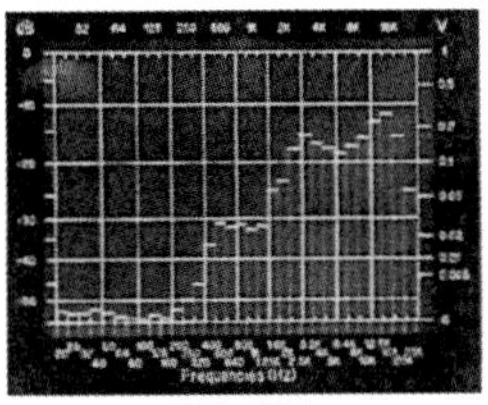

正面 f 特性

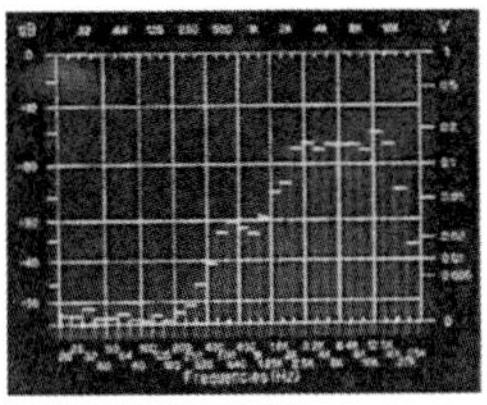

30度 f 特性

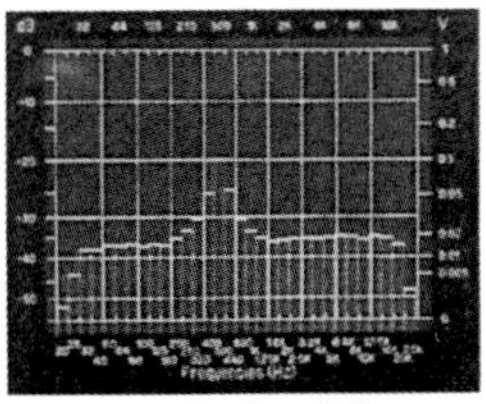

インピーダンス特性

HD-60

●コーラル

形式……1.9cmT DM
外形寸法……□95×35.4mm
インピーダンス……8Ω
f_0……——
Q_0……——
M_0……——
a……——
許容入力……50W
出力音圧レベル……96dB
再生帯域……8〜40kHz
クロスオーバー……8kHz以上
マグネット重量……——
マグネットサイズ……φ60×10mm
総重量……390g
バッフル開口……φ62mm

アルミドームのスーパートゥイーター。40kHzまではのびていないのではないかと思うが、20kHzまでは充分なレベルで再生、ドームトゥイーターの中では特に高能率といえる。クロスオーバーは8kHz以上となっているが、f_0が6kHzなので、8kHzはぎりぎりだろう。トゥイーターの上に、8〜10kHzクロスで使うといった文字通りのスーパートゥイーター的な使い方がベスト。ややキャラクターのある音。

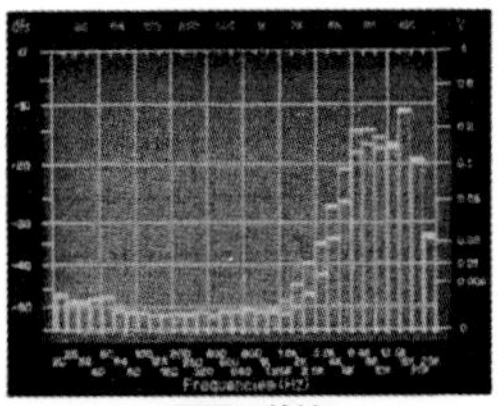

正面 f 特性

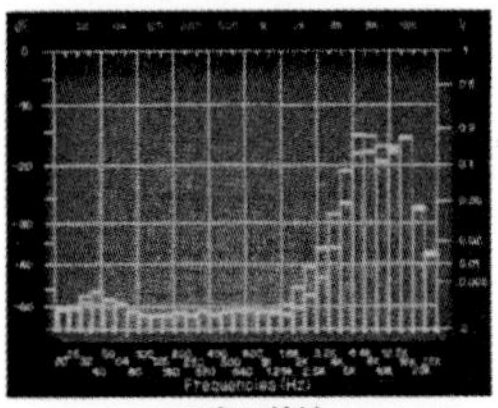

30度 f 特性

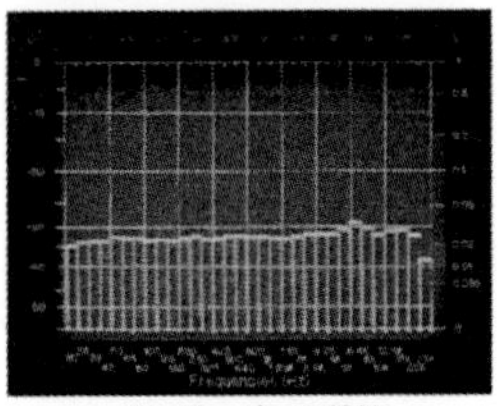

インピーダンス特性

ET-703

●エクスクルーシヴ

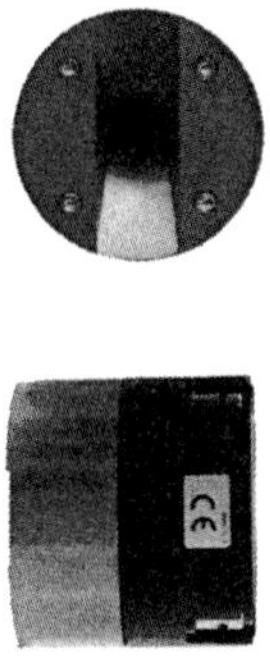

形式……T HN
外形寸法……φ80×75mm
インピーダンス……8Ω
f_0……——
Q_0……——
M_0……——
a……——
許容入力……15W
出力音圧レベル……107dB
再生帯域……5〜45kHz
クロスオーバー……5kHz以上
マグネット重量……——
マグネットサイズ……——
総重量……1060g
バッフル開口……φ81mm

業務用のスーパートゥイーターなので質実剛健、真正面にナットが4個ならんでいる。約20年前の製品、φ35ベリリウム・ダイヤフラム削り出しのホーン、アルニコの磁気回路、ホーンは縦長で、水平方向の指向性を拡げている。さすがに20kHz、25kHzとなると、0°と30°で差が出ているが、20kHz以下では最も差の少ないホーントゥイーターといってよく、指向性は抜群。f_0が2kHzなので、倍以上、4kHz以上で実用になる。芯のある音だ。

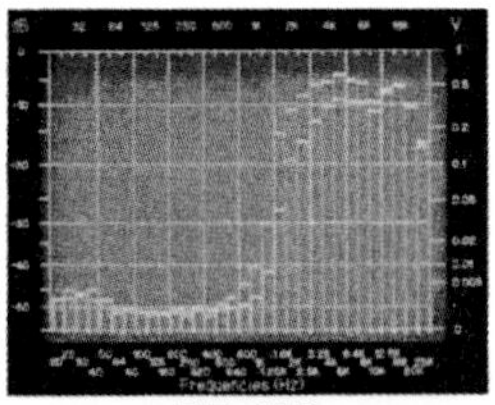

正面 f 特性

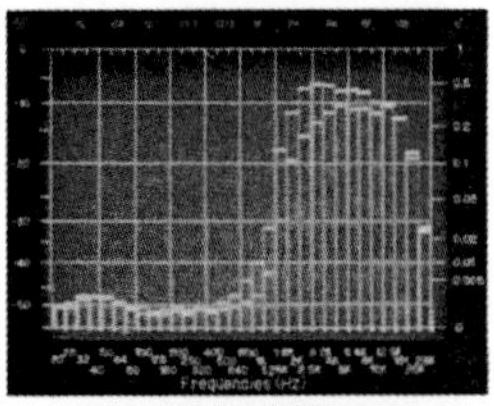

30度 f 特性

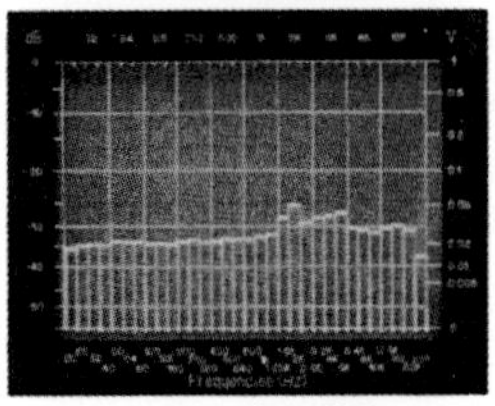

インピーダンス特性

T-9950-20

●UsherAudio

形式(メーカー呼称)……ソフトドーム・トゥイーター
外径寸法……φ10.5×4.5cm
インピーダンス……8Ω
fo……560Hz
Qo……———
Mo……———
a……———
許容入力……15W
出力音圧レベル……88dB/W(m)
再生周波数帯域……fo〜20000Hz
メーカー推奨クロスオーバー周波数……2600Hz以上
マグネットサイズ……φ72×T20mm(註：解説)
バッフル開口……φ72mm/最小寸法(註：解説)
総重量……700g

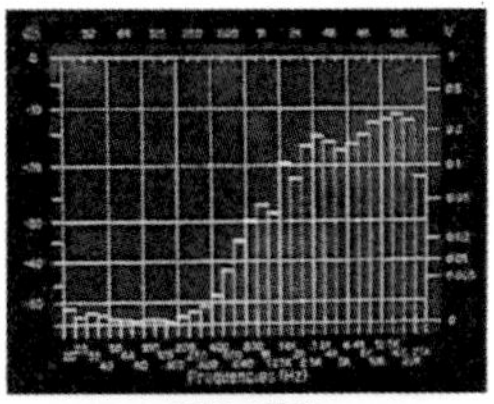

正面 f 特性

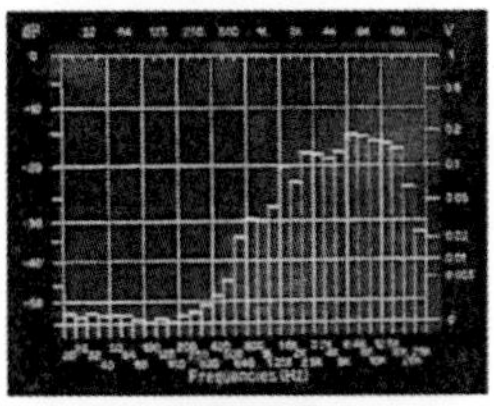

30度 f 特性

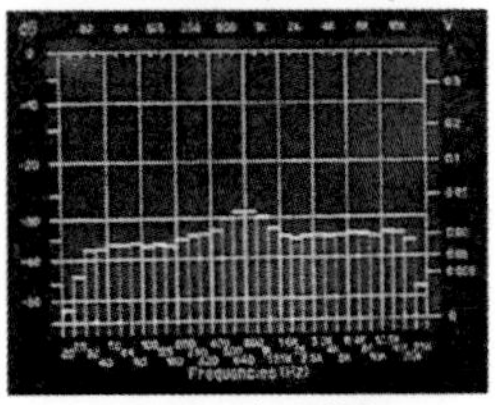

インピーダンス特性

C2-22

●Thiel & Partner

形式……2.5cmT(DM)
外形寸法……□104×54mm
インピーダンス……8Ω
f_0……——
Q_0……——
M_0……——
a……——
許容入力……——
出力音圧レベル……89.5dB／W(m)
再生帯域……1.8〜20kHz
クロスオーバー……1.8kHz以上
マグネット重量……——
マグネットサイズ……——
総重量……860g
バッフル開口……□89mm

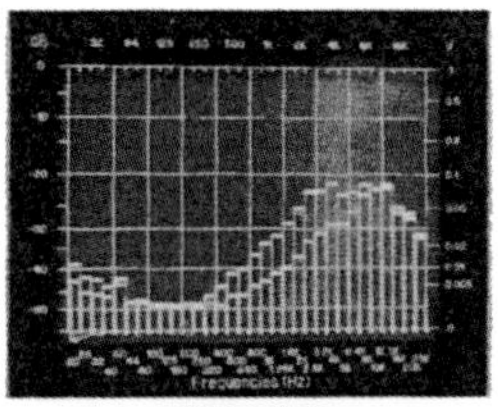

正面 f 特性

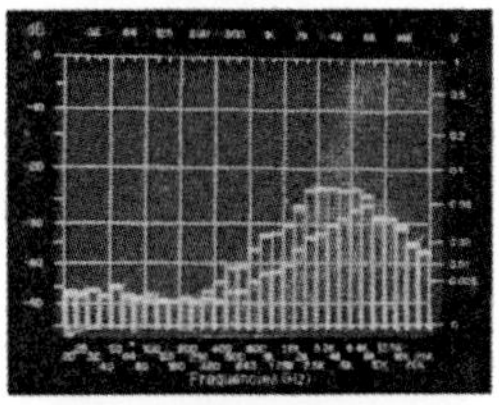

30度 f 特性

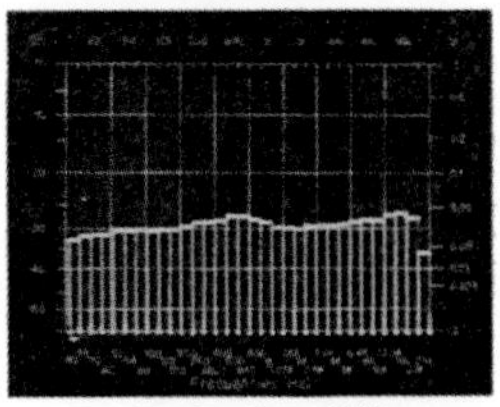

インピーダンス特性

H-105

●コーラル

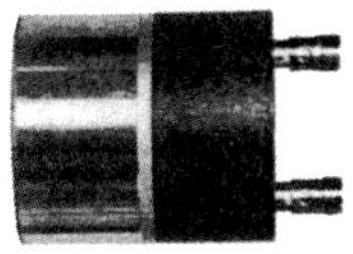

形式	5.3cmT(HN)
外形寸法	φ70×102mm
インピーダンス	8Ω
f_0	
Q_0	
M_0	
a	
許容入力	50W
出力音圧レベル	108dB
再生帯域	4k～30kHz
クロスオーバー	5kHz以上
マグネット重量	(アルニコ)
マグネットサイズ	
総重量	1,100g
バッフル開口	

10年ぐらい前の製品だが、コーラル最後のホーントゥイーターだったと思う。シンプルだが、重量感のある、アルミくり抜きホーンはフォステクスのT90Aより大きく、T925Aより小さいが、両機の先輩格である。実用的で使いやすく、価格も安かった。このくらいのトゥイーターは今フォステクスにあってもいい。さらりとした切れのよい、ややメタリックな音で、JA—0506の代用品という感じで使われることもあった。

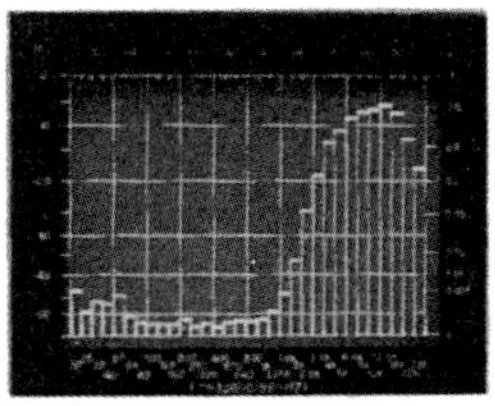

正面 f 特性

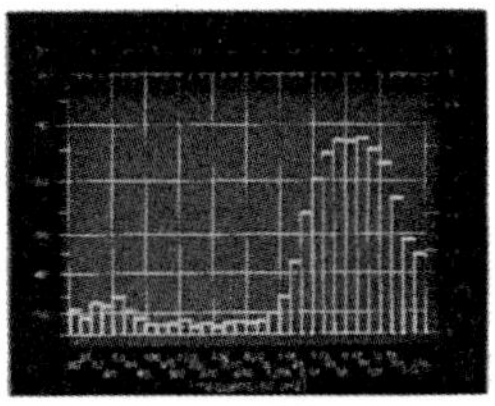

30度 f 特性

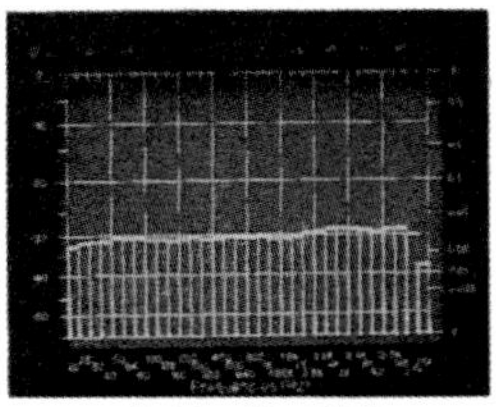

インピーダンス特性

H-104

●コーラル

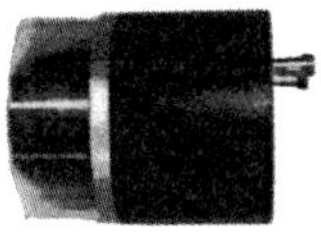

形式	3.7cmT(HN)
外形寸法	φ98×113mm
インピーダンス	8Ω
f_0	——
Q_0	——
M_0	——
a	——
許容入力	30W
出力音圧レベル	108dB
再生帯域	5～25kHz
クロスオーバー	5kHz以上
マグネット重量	——
マグネットサイズ	——
総重量	3,500g
バッフル開口	——
最小開口	——

外形は大型だがホーンは小口径でスーパートゥイーター的な設計。肉厚を十分にとったアルミ削り出しホーンはフォステクスT925Aよりひと回り大型、T500に迫る。当時2万6千円はハイCP機だった。能率はT925Aと同等、正面ではf特にうねりがあるが、30度方向ではむしろフラット。ハイエンドは16kHzどまりで、20kHzはH—70の方がレベルが高い。音はFT60Hとは対照的で、明るく切れが鋭く、高分解能。

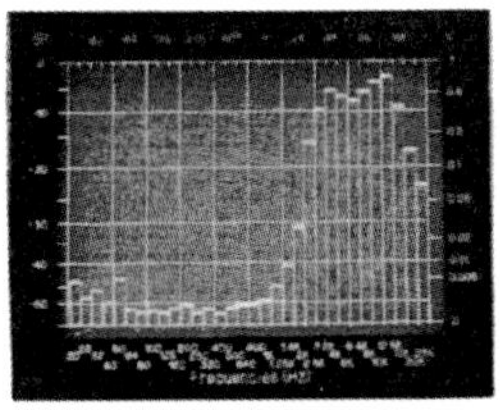

正面 f 特性

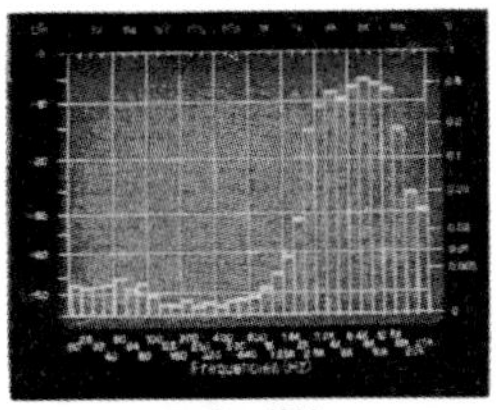

30度 f 特性

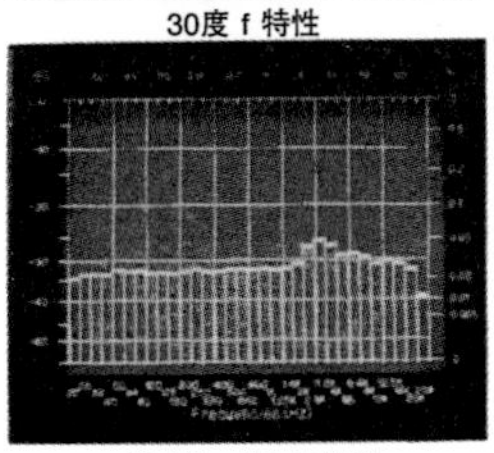

インピーダンス特性

H-100

●コーラル

形式	3.7cmT HN
外形寸法	φ98×115mm
インピーダンス	8Ω
f_0	——
Q_0	——
M_0	——
a	——
許容入力	30W
出力音圧レベル	110dB
再生帯域	7～30kHz
クロスオーバー	7kHz以上
マグネット重量	AL
マグネットサイズ	——
総重量	3500g
バッフル開口	——

大型重量級のスーパートゥイーター。高級感のある美しい仕上げだが、入力端子は小型ワンタッチ。φ18のアルミダイヤフラム、開口径φ37のホーン。インピーダンスは変った形をしている。f特はスーパートゥイーターにしてはハイエンドが早めに落ちているが、サインウェーブ、スイープでとればもっとのびるのだろう。7kHzクロスでスーパートゥイーターとして使うより、5kHzクロスのトゥイーターとして使う方がよさそうだ。

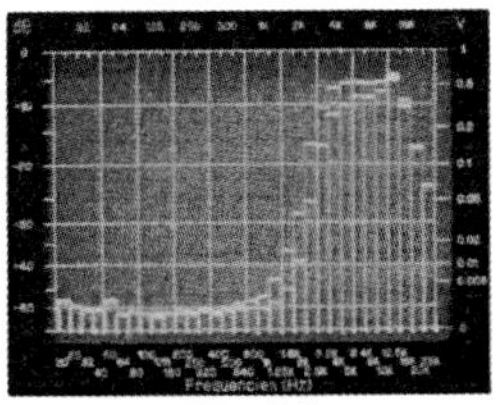

正面 f 特性

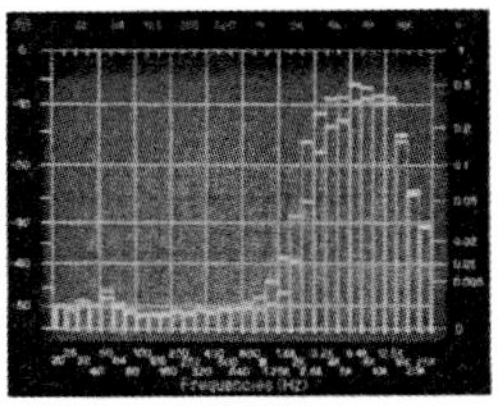

30度 f 特性

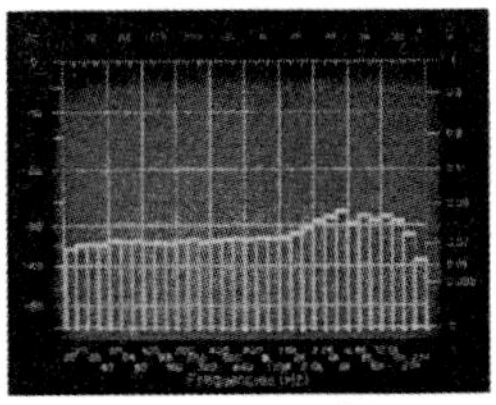

インピーダンス特性

H-70

●コーラル

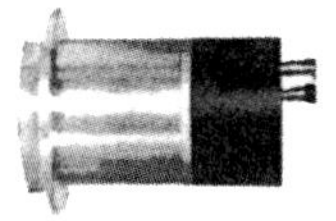

形式	7cmT
外形寸法	□99×137mm
インピーダンス	8Ω
f_0	——
Q_0	——
M_0	——
a	——
許容入力	30W
出力音圧レベル	107dB
再生帯域	2.5～25kHz
クロスオーバー	3kHz以上
マグネット重量	——
マグネットサイズ	——
総重量	1500g
バッフル開口	φ72mm

コーラル華やかなりし頃のハイCP大型ホーントゥイーターである。奥行の深いホーンで開口も大きい。ホーンはアルミブロック削り出しの重量級で、マグネットはアルニコ。出力音圧レベルは正面ではT90Aより高いが、30度ではT90Aより低い。しかし30度方向でのf特はフラットである。音はホーン臭があるというか、多少のキャラクターは感じるし、キラキラするところがあるが、エネルギーと浸透力があっていい。

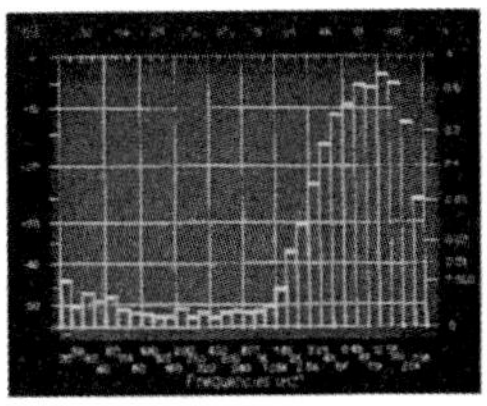

正面 f 特性

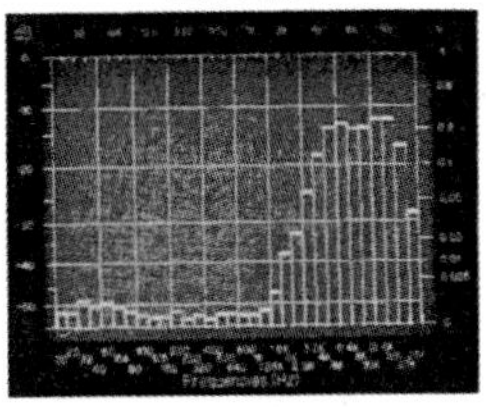

30度 f 特性

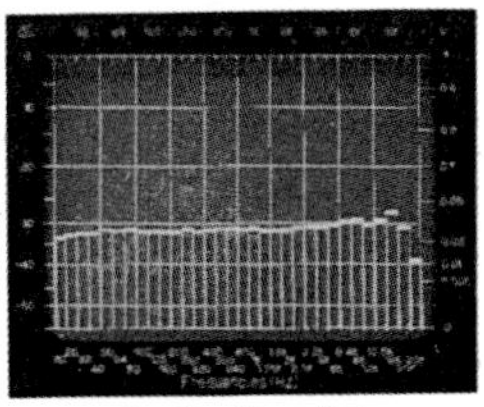

インピーダンス特性

5HH17

●テクニクス

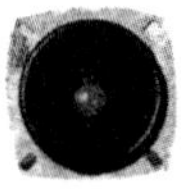

形式……4.6cmT（HN）
外形寸法……□59×48mm
インピーダンス……8Ω
f_0……——
Q_0……——
M_0……——
a……——
許容入力……20W
出力音圧レベル……101dB
再生帯域……3k～20kHz
クロスオーバー……5kHz以上
マグネット重量……——
マグネットサイズ……——
総重量……235g
バッフル開口……φ52mm

かつて一世を風靡した小型ローコスト・トゥイーター。自社はもちろん他社のスピーカーシステムにも多数組み込まれて、トータルの生産量は記録的なものになった。単品市販としてはデザイン、仕上げに気をつかった5HH17Gが中心になる。ホーン型に分類されるが、スロートもイコライザーもなく、小型ホーンバッフル付きのドーム型と見ることもでき、音もホーン臭さのない聴きやすいもので使いやすい。

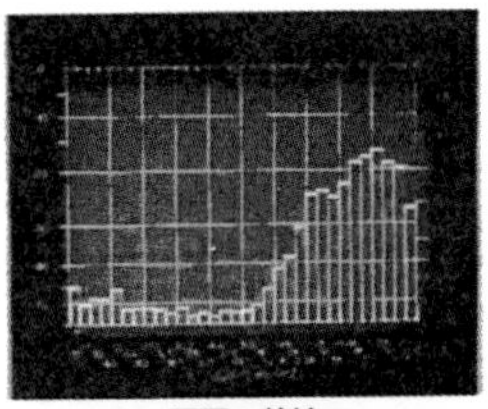
正面 f 特性

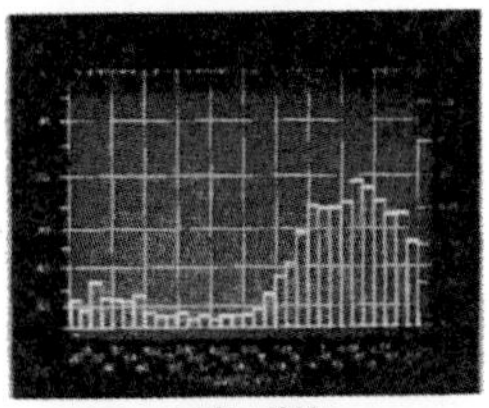
30度 f 特性

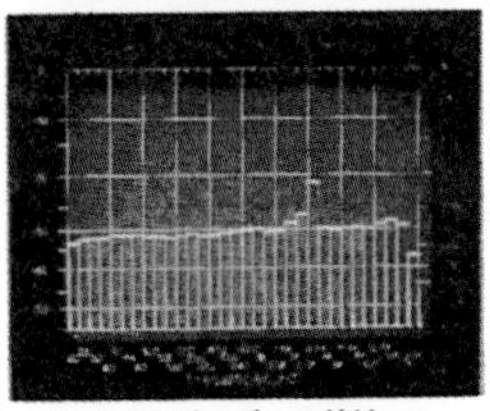
インピーダンス特性

5HH10

●テクニクス

形式……44mmT
外形寸法……□72×54mm
インピーダンス……8Ω
許容入力……50W
出力音圧レベル……100dB
再生帯域……3～25kHz
クロスオーバー……5kHz以上
マグネット重量……100g
マグネットサイズφ55×11mmヨーク
総重量……370g
バッフル開口……φ60mm
最小開口……φ55＋αmm

チタンダイヤフラム、アルミダイカストホーン、アクリルイコライザーという高級仕様で¥3500と非常に安いホーントゥイーターだ。能率は高い方で高域にくせがあり、ややメタリックだが、これは抑えこむことができる。ホーン、フレームが鳴きやすいのでダンプすること。またホーンは開口部で肉厚が薄くなり、フレームから突出した形になっているので、この辺も粘土で整形したりするとよくなる。

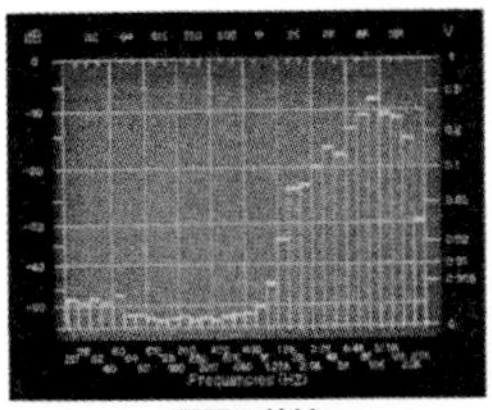
正面 f 特性

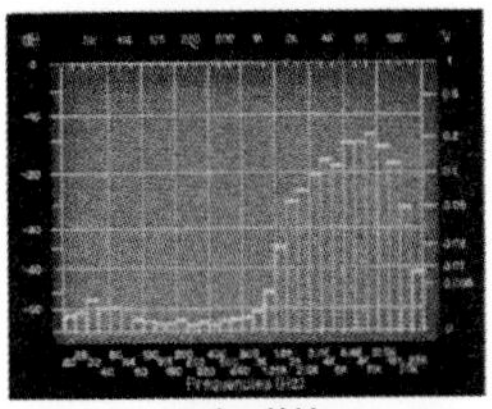
30度 f 特性

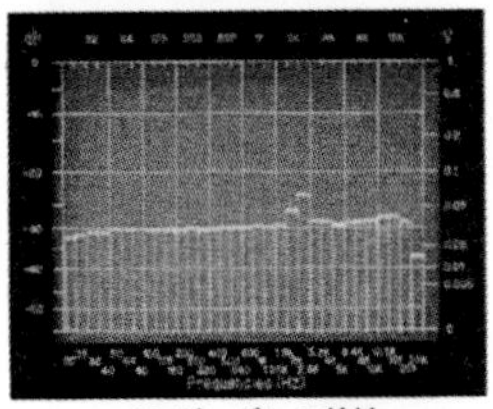
インピーダンス特性

TW-503

●ダイヤトーン

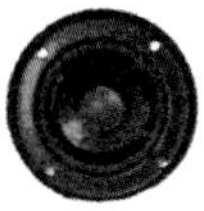

形式……5cmT
外形寸法……φ80×40.4mm
インピーダンス……8Ω
f_0……——
Q_0……——
M_0……——
a……2cm
許容入力……10W
出力音圧レベル……92dB
再生帯域……2.5k～20kHz
クロスオーバー……——
マグネット重量……——（アルニコ）
マグネットサイズ……φ20×15mm
総重量……175g
バッフル開口……φ57mm

ダイヤトーンのお家芸である5cmコーントゥイーターのローエンド機種で、古い製品だが現在も入手可能。モニター用のTW―25、その弟分のTW―501、そのまた1ランク下ということで、マグネットサイズは501の½、振動系もシンプルなものになっている。能率は3dBぐらい低い。スペックではハイエンドは501より伸びている。大型システム、高級機には向かないが、小型ローコスト2ウェイ向きとしては非常に使いやすいもの。

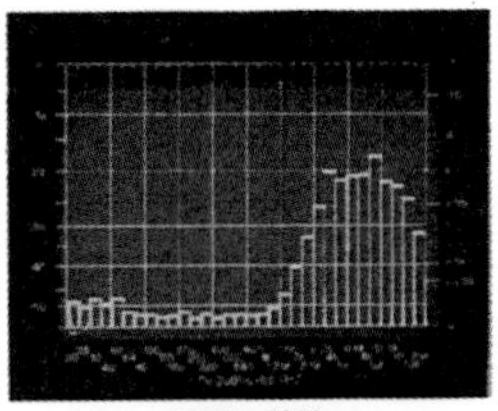
正面 f 特性

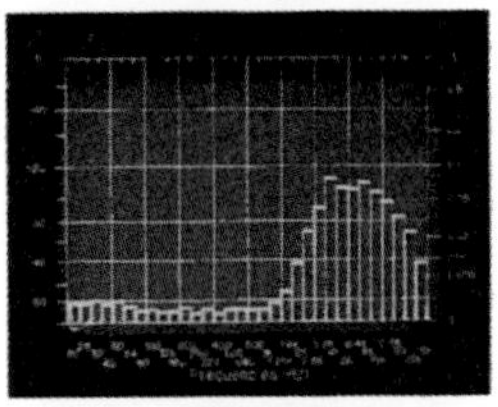
30度 f 特性

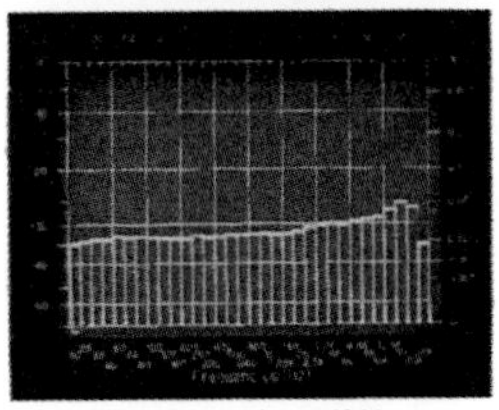
インピーダンス特性

TW-501

●ダイヤトーン

形式……50mmT
外形寸法……80×60×48mm
インピーダンス……16Ω
f_0……——
Q_0……——
M_0……——
a……2cm
許容入力……10W
出力音圧レベル……94dB
再生帯域……2k～16kHz
クロスオーバー……——
マグネット重量……——
マグネットサイズ……φ25×15mm
総重量……235g
バッフル開口……——

局用20cm2ウェイ・モニター、2S―208用のトゥイーターで、超古典的設計。管球アンプが前提なので16Ωになっている。プレスフレームのローコスト・モデルに、プラスチックカバーをかぶせた形で、カバーはネジ1本でコの字ヨークに取付けられている単なる飾り。フレームにゆとりが全くないのでバッフルマウントはアマチュアには不可能。軸上では20kHzまでフラットだが、指向性は強い。昔、こういうものがあったという参考例。

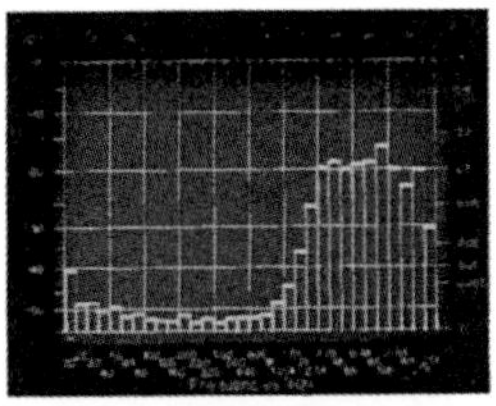
正面 f 特性

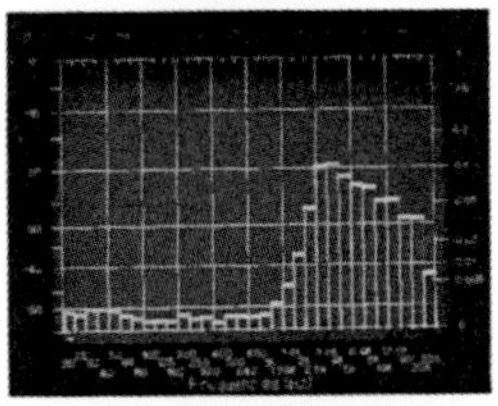
30度 f 特性

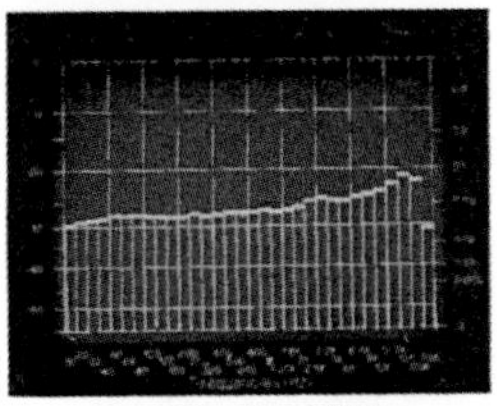
インピーダンス特性

PT-R7Ⅲ

●パイオニア

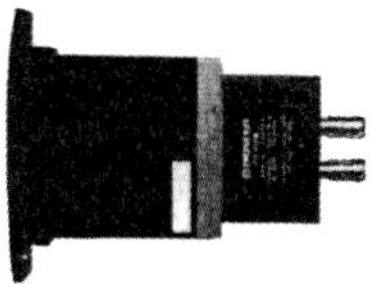

形式	リボンT
外形寸法	134×89×179mm
インピーダンス	8Ω
f_0	――
Q_0	――
M_0	――
a	――
許容入力	50W
出力音圧レベル	97.5dB
再生帯域	5k～120kHz
クロスオーバー	5kHz以上
マグネット重量	――
マグネットサイズ	――
総重量	2,700g
バッフル開口	――

プリントコイルの準リボンは他にもあるが、純リボンはパイオニアだけ。強力な磁界の中でアルミリボン線を全面駆動。軽く、トランジエントがよく、ハイエンドが伸び切っていて、繊細極まりない独得のサウンドが魅力。ジャズ、ポップス、現代曲向きではなく、バロック向きである。スペアナで25kHzが落ちているのはマイクのせい。ただ120kHzまで一直線に97・5dBというのではなく、50kHzで90dB、100kHzで87dBぐらいになっている。

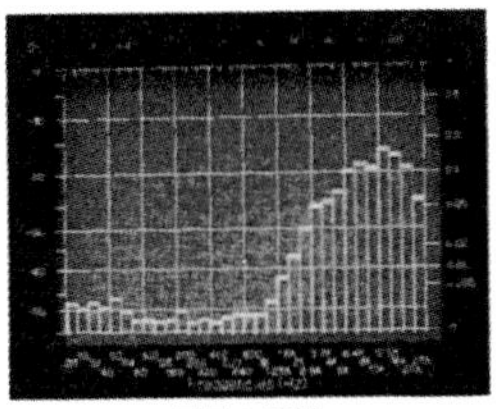

正面 f 特性

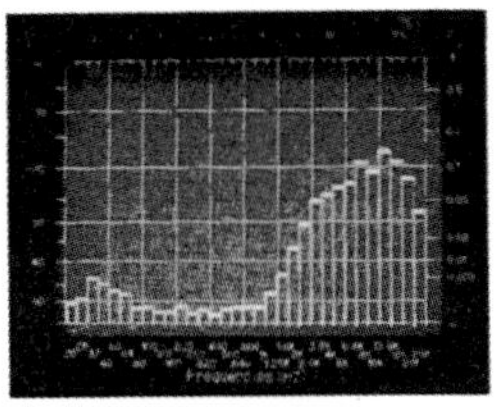

30度 f 特性

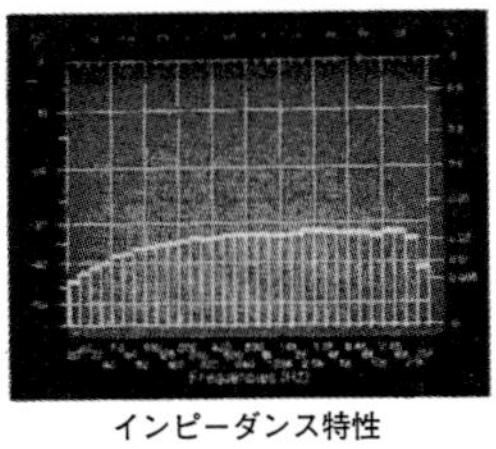

インピーダンス特性

PT-R5

●パイオニア

形式	□T(リボン)
外形寸法	87×635×144mm
インピーダンス	8Ω
f_0	――
Q_0	――
M_0	――
a	――
許容入力	60W
出力音圧レベル	94dB
再生帯域	10k～120kHz
クロスオーバー	10kHz以上
マグネット重量	――
マグネットサイズ	――
総重量	1210g
バッフル開口	――

名器R7の弟分になるリボン型スーパートウイーター。全体に小型化されている。リボンはマグネットの間にアルミ薄板を置いて信号を加える。ダイナミック型の原点であり、½ターンのボイスコイルと考えることもできる。リボンのインピーダンスは著しく低いので、昇圧トランスを内蔵させて高域は8Ωに上げている。ネットワークも内蔵しているが、バイパスして外付けネットワークで使うこともできる。ソフトで繊細で指向性もよい。

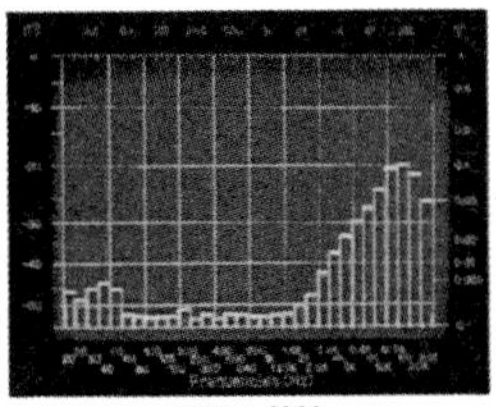

正面 f 特性

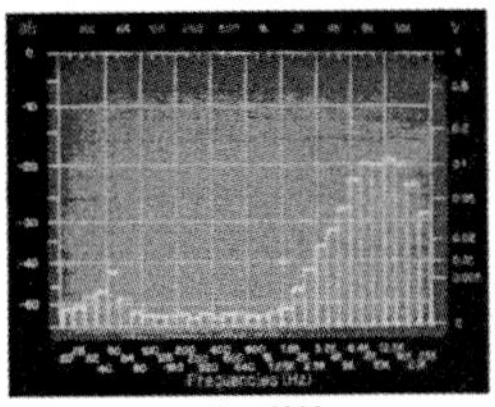

30度 f 特性

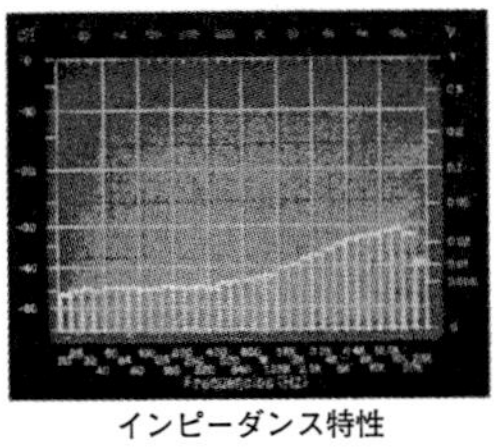

インピーダンス特性

45D200＋50H100

●テクニクス

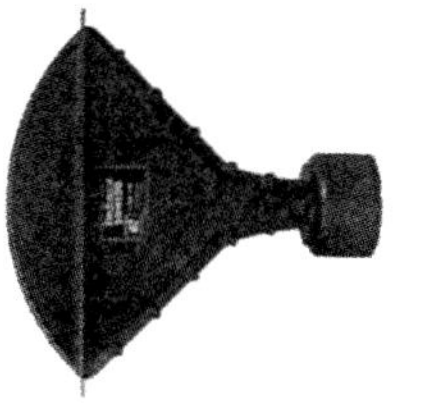

形式	□T(HN)
外形寸法	440×130×432mm
インピーダンス	8Ω
f_0	――
Q_0	――
M_0	――
a	――
許容入力	150W
出力音圧レベル	104dB
再生帯域	500～20kHz
クロスオーバー	700Hz以上
マグネット重量	――
マグネットサイズ	――
総重量	4500g
バッフル開口	417×91mm

ドライバーとホーンの単品商品で、専用機ではないが、取説には両者ドッキングの特性が示されているので、ドッキングしてのテスト。レンジが広いので、コンデンサーを入れず、アンプの500Hzローカット・フィルターを利用しての測定。500Hz以下急降下だが、20kHzまで極めてフラットで特性は優秀。30度方向でもなだらかに落ちている。大口径ウーファーとの2ウェイが可能だが、プラスチックホーンのキャラクターは多少ある。

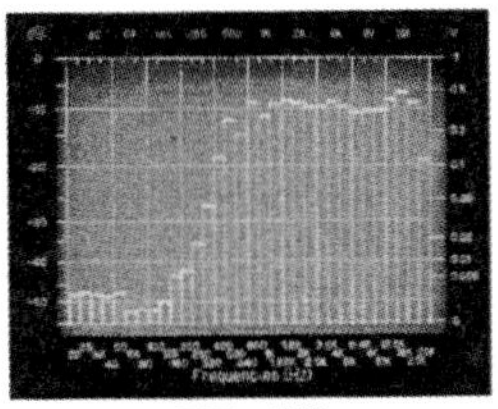

正面 f 特性

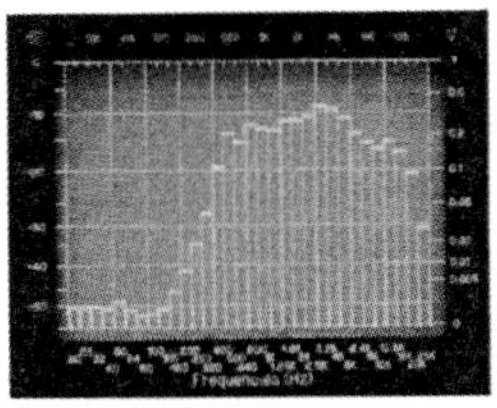

30度 f 特性

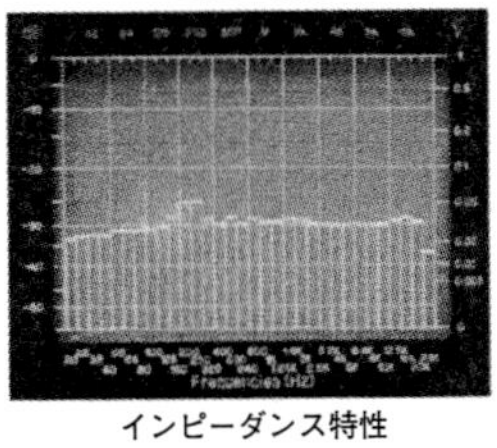

インピーダンス特性

8HH17G

●テクニクス

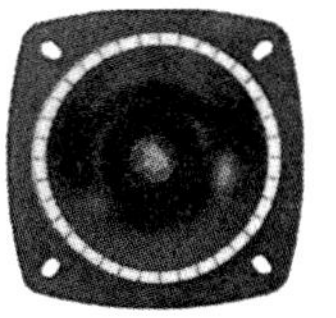

形式	7.5T(HN)
外形寸法	□100×84.5mm
インピーダンス	8Ω
f_0	――
Q_0	――
M_0	――
a	――
許容入力	45W
出力音圧レベル	99dB
再生帯域	2k～20kHz
クロスオーバー	5kHz以上
マグネット重量	――
マグネットサイズ	――
総重量	680g
バッフル開口	φ80mm

往年の名器5HH17Gの兄貴分。5HH10とはコンセプトが違い、音も違う。ホーン経が大きく、ローエンドも1.6kHzまで伸びているのだが、f_0は3.2kHzと5HH10より高いので、クロスオーバーはあまり低くとれない。出力音圧レベルも5HH10より低い。メリットは音色だろう。5HH10のダイヤフラムはチタン、8HH17Gはポリエステル・フィルムという差が効いて、ソフトタッチのサウンドで聴きやすい。指向性は鋭い。

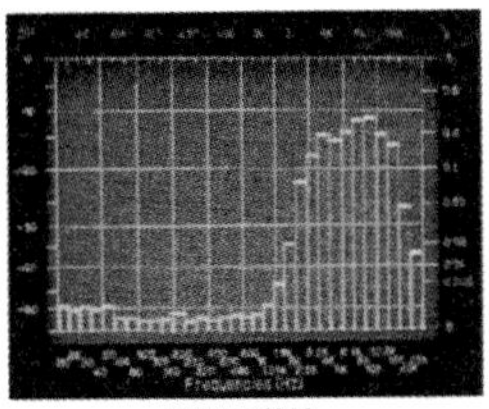

正面 f 特性

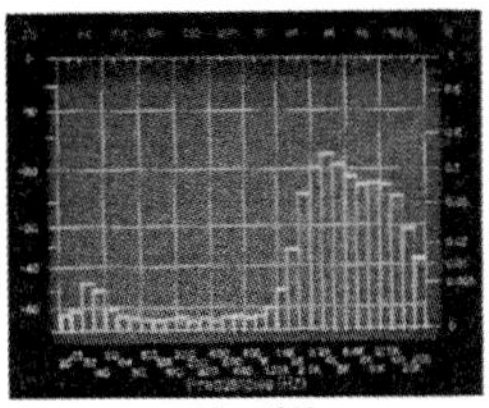

30度 f 特性

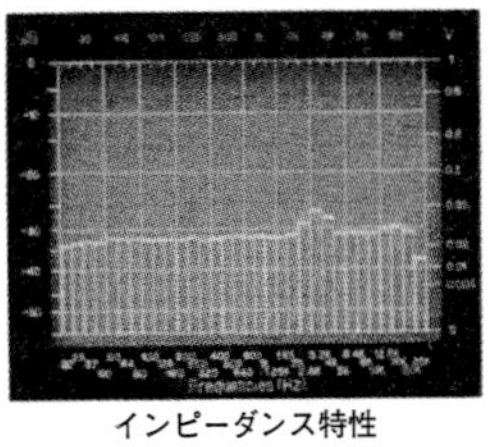

インピーダンス特性

FT7RP

●フォステクス

形式	□T(RP)
外形寸法	88×76×42.5mm
インピーダンス	8Ω
f_0	—
Q_0	—
M_0	—
a	—
許容入力	80W
出力音圧レベル	93dB
再生帯域	3k〜45kHz
クロスオーバー	3.5kHz以上
マグネット重量	27g(アルニコ)
マグネットサイズ	—
総重量	185g
バッフル開口	51×79mm

RP方式（プリントコイル・リボン）のトゥイーターで、超軽量フラット振動板から再生される高音はホーンやドームとは一味違ったものがある。縦長なので、垂直方向の指向性は狭いが水平方向の指向性は広い。インピーダンス特性は見事にフラット。高域はよく伸びており、指向性もよい。能率は、ドーム型なみ。音は独特、さらりとしてくせがなく、サテンのようにきめが細かく、そよ風のように吹き抜けるが、力はない。

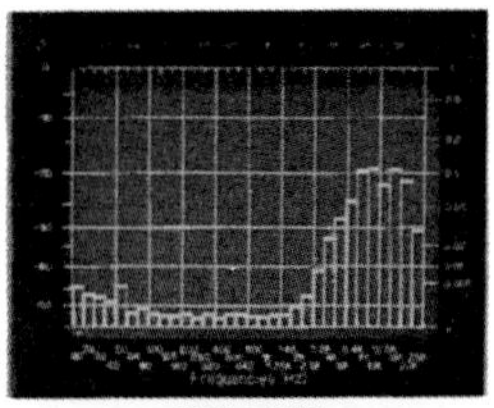

正面 f 特性

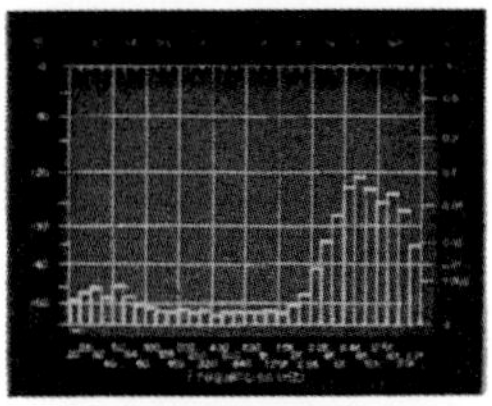

30度 f 特性

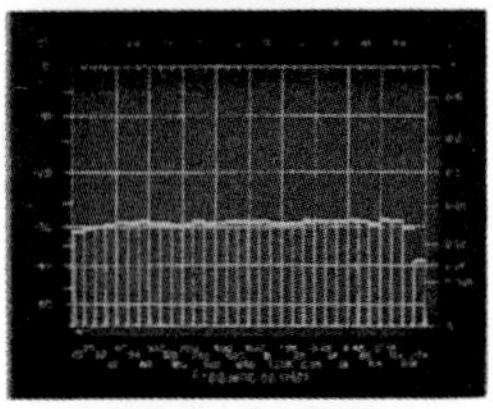

インピーダンス特性

SX-500DⅡ(T)

●ビクター

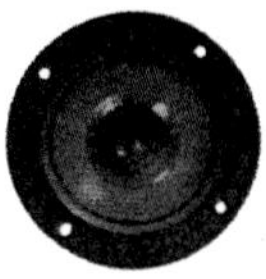

形式	3.5cmT DM
外形寸法	φ120×60mm
インピーダンス	6Ω
f_0	—
Q_0	—
M_0	—
a	—
許容入力	—
出力音圧レベル	—
再生帯域	—
クロスオーバー	—
マグネット重量	AL
マグネットサイズ	φ80×45mmヨーク
総重量	1550g
バッフル開口	φ90mm

SX−500DOLCEⅡのトゥイーターで、5mm厚アルミフランジ、最高級のアルニコ磁気回路。シルク・ソフトドーム。f_0は570kHz、2倍の1140Hzから使うというのは無理、2.5kHzと16kHzにピークがあり、20kHzまでのびているが、2.5kHzをさけて3kHz以上でクロスさせたい。500DⅡではウーファー、トゥイーターともぎりぎりの3kHzクロスに成功している。繊細でシャープな明るい音だ。

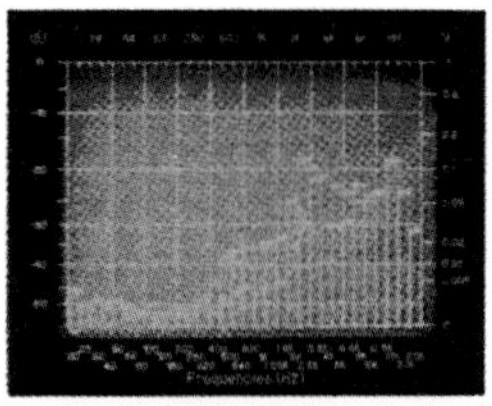

正面 f 特性

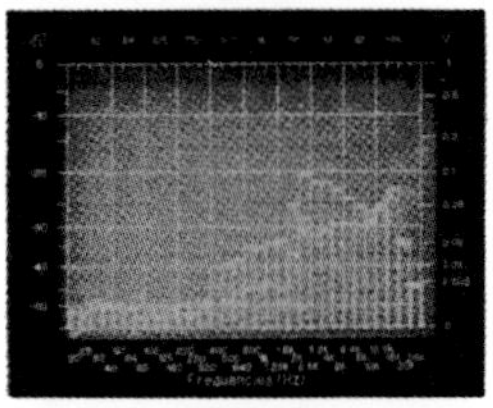

30度 f 特性

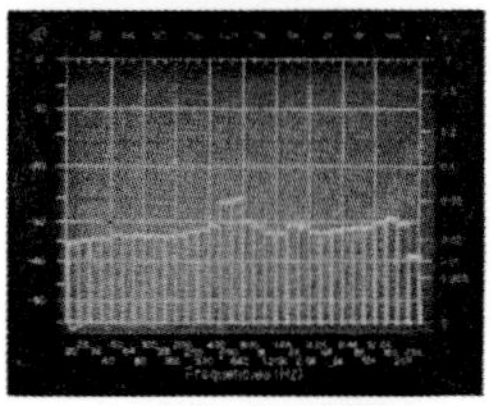

インピーダンス特性

PT-150

●パイオニア

形式	2.5cmT(DM)
外形寸法	φ110×105mm
インピーダンス	8Ω
f_0	—
Q_0	—
M_0	—
a	—
許容入力	40W
出力音圧レベル	92dB
再生帯域	2.5k〜55kHz
クロスオーバー	2.5kHz以上
マグネット重量	—
マグネットサイズ	—
総重量	1020g
バッフル開口	φ76mm

ベリリウム・ドームを採用したワイドレンジ・トゥイーターで、下はスコーカー領域から、上はスーパートゥイーター領域までカバーする。ベリリウムは軽くて丈夫だがハイエンドに鋭いピークも出る。本機ではピークは50kHzに追いやられているので問題がない。クロス4kHz以上ならコンデンサー1個(6dB／oct)でも使えるし、アッテネーターも不要だが、能率はかなり低い方なので、ウーファーあるいはフルレンジは選ぶ必要がある。

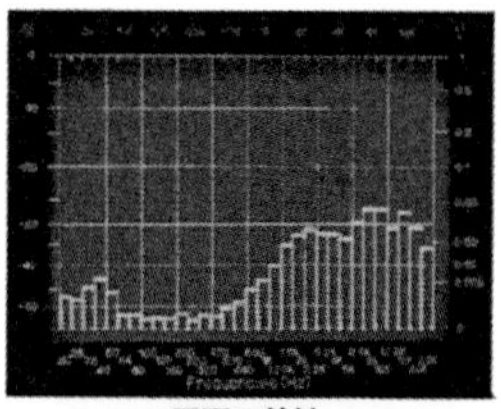

正面 f 特性

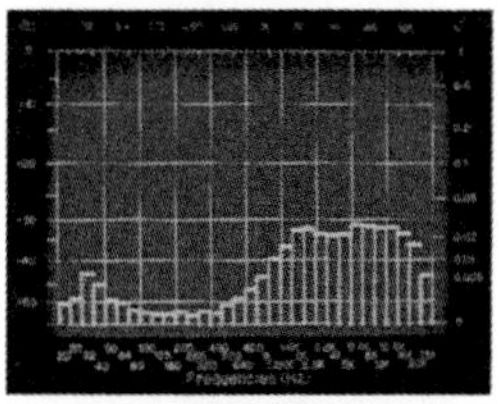

30度 f 特性

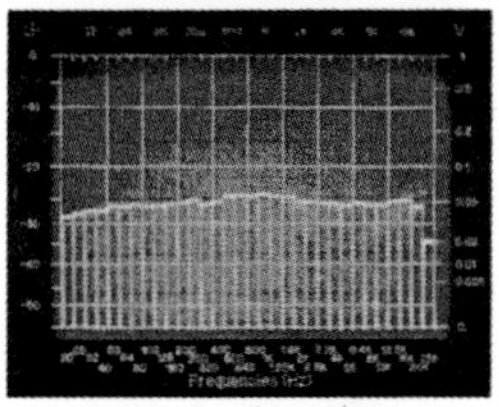

インピーダンス特性

PT-R9

●パイオニア

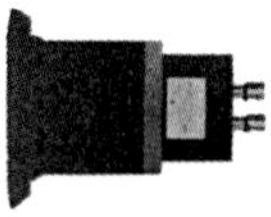

形式	リボンT
外形寸法	134×89×179mm
インピーダンス	8Ω
f_0	—
Q_0	—
M_0	—
a	—
許容入力	100W
出力音圧レベル	97.5dB
再生帯域	5〜120kHz
クロスオーバー	5kHz以上(12dB)
マグネット重量	—
マグネットサイズ	—
総重量	2700g
バッフル開口	81×100mm

R7Ⅲの上級機、寸法、重量はR7Ⅲと同じ、同じくベリリウム・リボン線採用、スペックも同じだが特性は少し違う。インピーダンス特性は変らないが、f特はハイエンドののびでやや上回り、能率も高い。水平方向の指向性がいいのはパイオニアのリボンの特徴だが、本機も極めて優秀で、0度と30度の区別がつかない。ホーン型のような切れ込みと浸透力はないが、繊細で歪み感のないシルキータッチの高音は他のトゥイーターでは得られない。

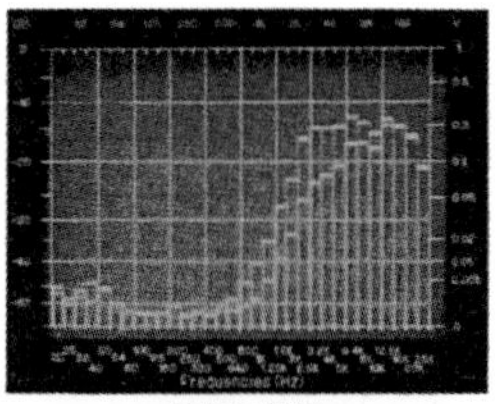

正面 f 特性

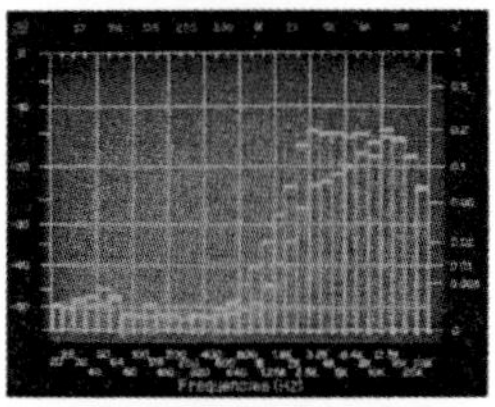

30度 f 特性

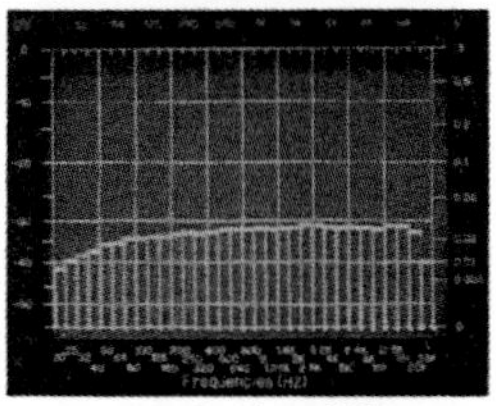

インピーダンス特性

FT28D

●フォステクス

形式	2.0cm(DM)
外形寸法	□90×78mm
インピーダンス	8Ω
f_0	――
Q_0	――
M_0	――
a	――
許容入力	50W
出力音圧レベル	90dB/W(m)
再生帯域	1k～50kHz
クロスオーバー	2kHz以上
マグネット重量	228.3kg
マグネットサイズ	φ70×15mmヨーク
総重量	528g
バッフル開口	φ72mm

φ20という小口径のドーム・トゥイーター。フレームが小さいので小型システム用に好適。小口径の割にはf_0は800Hzと低く、公称1k～50kHzと超ワイドレンジ。スーパートゥイーターとしても使えるが、2kHz12dB/oct位の2ウエイ用にもなる。50kHzはどうかと思うが、20kHzまではフラット、くせのないさわやかな高音だ。出力音圧レベルは公称90dBだが、決して低能率ではなく、ウーファーによってはアッテネーションが必要。

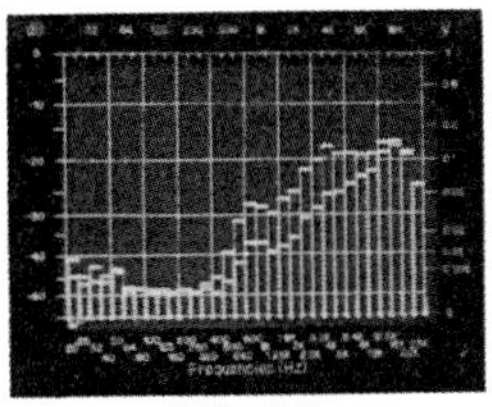

正面 f 特性

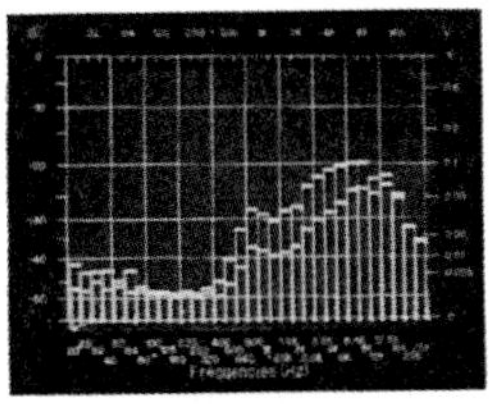

30度 f 特性

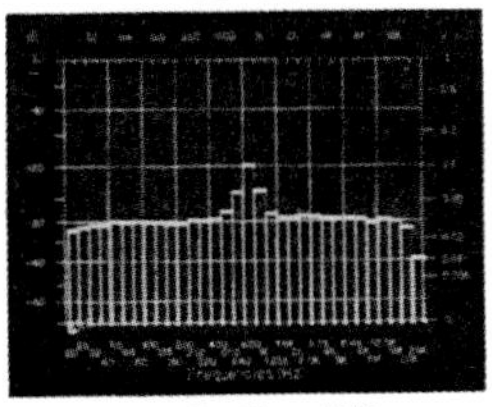

インピーダンス特性

FT27D

●フォステクス

形式	2cmDT
外形寸法	□102×40.8mm
インピーダンス	8Ω
f_0	――
Q_0	――
M_0	――
a	――
許容入力	40W
出力音圧レベル	90dB
再生帯域	2～30kHz
クロスオーバー	3kHz以上
マグネット重量	――
マグネットサイズ	φ73×27mmカバー
総重量	565g
バッフル開口	φ90mm

20mm径のソフトドーム・トゥイーター。ドームは合繊系。フレームはプラスチック。インピーダンス特性はf_0＝1250Hzを示しているが全体としてはフラットだ。2.2μFのせいでf特は左下がりだが、コンデンサーなしだったら1250Hzまでフラットになる。指向性もよい。能率が低いので使いやすいが、高能率型のウーファー、フルレンジにはイマイチ。音は意外と明るく切れがよい。

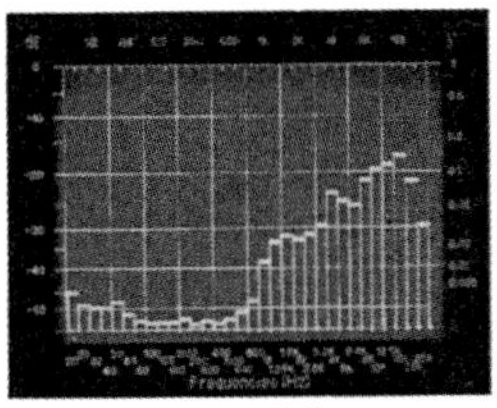

正面 f 特性

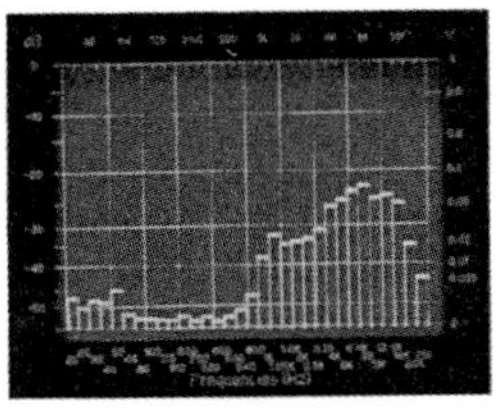

30度 f 特性

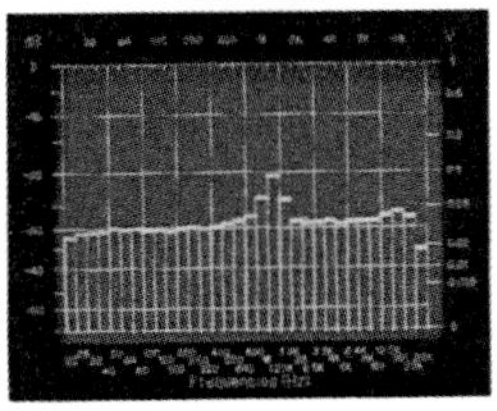

インピーダンス特性

FT17H

●フォステクス

形式	HT
外形寸法	φ87×49.5mm
インピーダンス	8Ω
f_0	――
Q_0	――
M_0	――
a	――
許容入力	30W
出力音圧レベル	98.5dB
再生帯域	5k～30kHz
クロスオーバー	5kHz以上
マグネット重量	113.5g
マグネットサイズ	φ60×18mmカバー
総重量	394g
バッフル開口	φ63mm

アルミダイヤフラムにプラスチックホーンのローコスト・ホーントゥイーター。磁気回路はそれ程強力ではないので、ホーンとしては能率は低めだ。ホーンはf_0を抑えこんでしまうのでインピーダンスはみごとにフラットになる。f特はきれいだし、ハイエンドものびている。音はホーンにありがちな硬さ、鋭さがなく、シルキータッチで聴きやすいが、切れこみ、浸透力はもうひとつ。使いやすいホーントゥイーターだ。防磁タイプ。

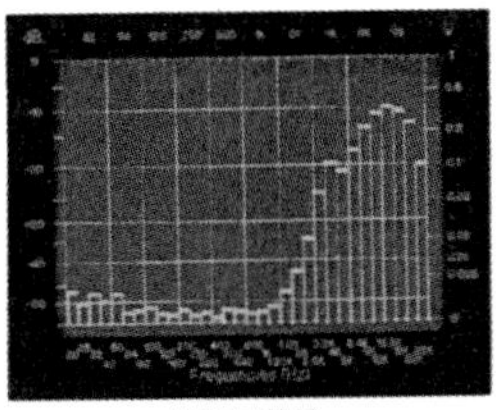

正面 f 特性

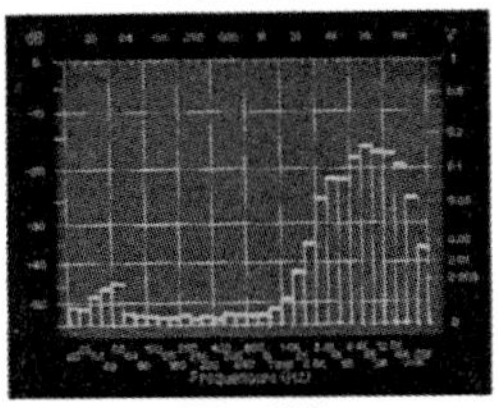

30度 f 特性

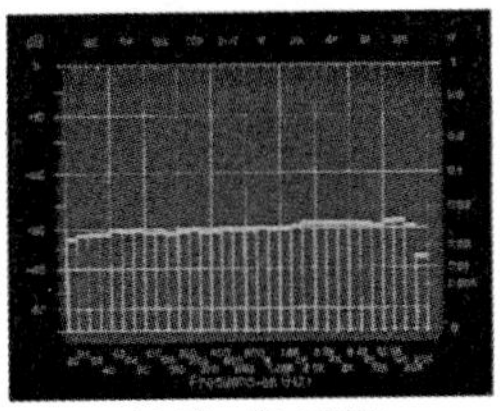

インピーダンス特性

FT11RP

●フォステクス

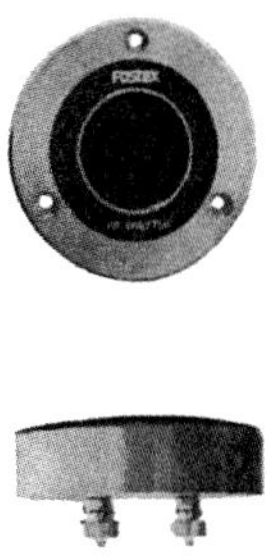

形式	TRP
外形寸法	φ73×18mm
インピーダンス	7Ω
f_0	――
Q_0	――
M_0	――
a	――
許容入力	50W
出力音圧レベル	91dB
再生帯域	5～30kHz
クロスオーバー	7kHz以上
マグネット重量	ND 15g
マグネットサイズ	――
総重量	163g
バッフル開口	φ50mm

フォステクス独自のRP方式のトゥイーター。超薄型プリントコイルの平面振動板を前後からネオジミウム・マグネットでサンドイッチする構造。18mm厚アルミブロックのフレームは高級感がある。インピーダンス特性はみごとにフラットで、f_0らしいものは見当らない。f特は6～20kHzで、指向性はいい。クロスオーバーは7kHzが無難、スーパートゥイーターとしてはハイエンドののびが不足、ソフトタッチの優しい音である。

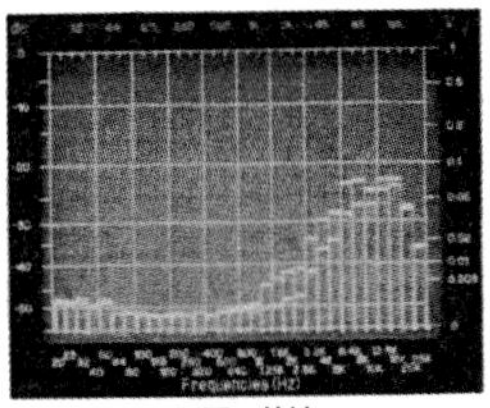

正面 f 特性

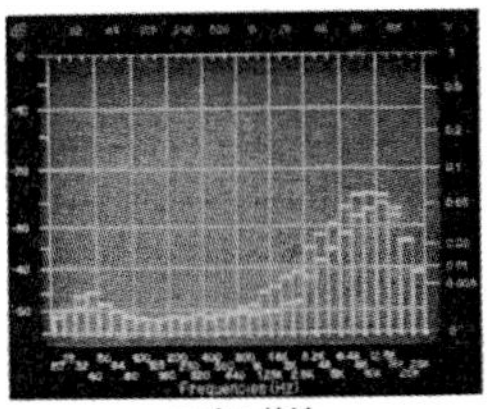

30度 f 特性

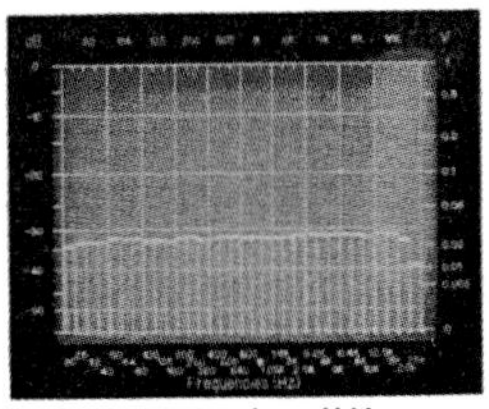

インピーダンス特性

FT48D

●フォステクス

形式	3.0cmT(DM)
外形寸法	φ128mm
インピーダンス	8Ω
f_0	—
Q_0	—
M_0	—
a	—
許容入力	50W
出力音圧レベル	93dB／W(m)
再生帯域	800Hz～30kHz
クロスオーバー	900Hz以上
マグネット重量	330g
マグネットサイズ	φ90mmヨーク
総重量	978g
バッフル開口	φ94mm

フレームは５７Ｄ、磁気回路は３８Ｄゆずり、新開発のＵＦＬＣ振動板採用、ネットなしの音質本位の設計。f_0は640Hzと低く、800Hz～30kHzを保証しているが、実用的には1.5k～20kHzだ。高能率型で公称93dBだが、実質96dBぐらいあると思う。ＦＷ２０８Ｎとの２ウェイ・ブックシェルフではアッテネーターは10dBも絞った。３８Ｄや５７Ｄとは違って切れがよく、くせが少なく、繊細で力もあり、質のよい。使いやすいトゥイーターだ。

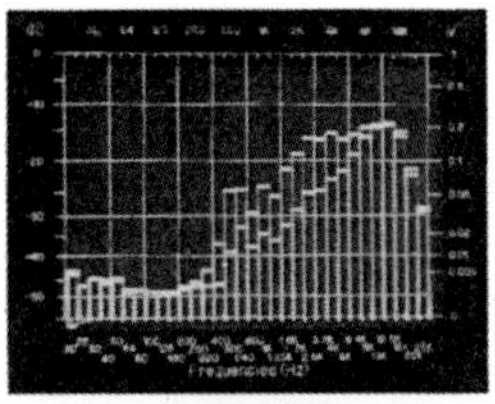

正面 f 特性

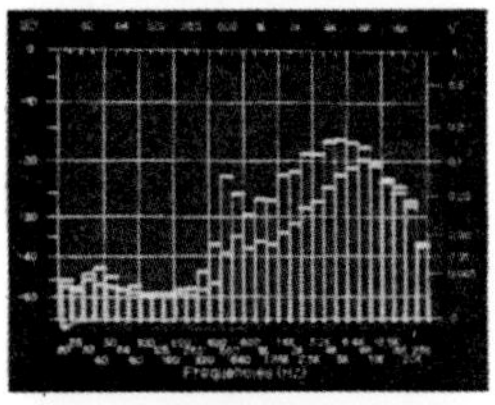

30度 f 特性

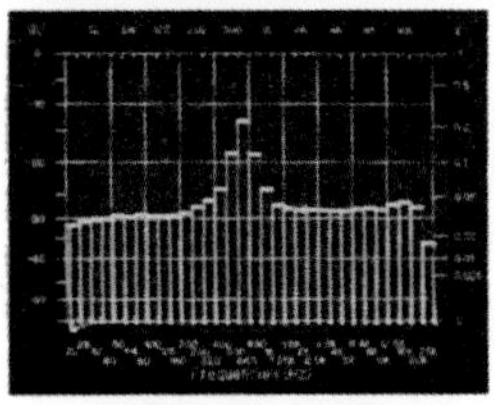

インピーダンス特性

FT38D

●フォステクス

形式	3cmT
外形寸法	□117×35mm
インピーダンス	8Ω
f_0	—
Q_0	—
M_0	—
a	—
許容入力	70W
出力音圧レベル	92dB
再生帯域	600～25kHz
クロスオーバー	1kHz以上
マグネット重量	330g
マグネットサイズ	φ90×15mm
総重量	910g
バッフル開口	φ103mm

30mmドームのトゥイーターの１号は角型フレームのＦＴ５５Ｄ、２号がＦＴ３８Ｄ、３号がＦＴ５５の改良型で防磁タイプ丸型フレームのＦＴ５７Ｄである。ソフトドームだが音はハードなＦＴ５７Ｄに対し、ハードドームだが音はソフトなＦＴ３８Ｄと対照的。アルミドームに多孔質ファインセラミックをプレーティングしてあるため素材の鳴きが出ないのが特徴。クラシック向きとして好適。１kHzを20dB上げてみるとワイドでフラット。

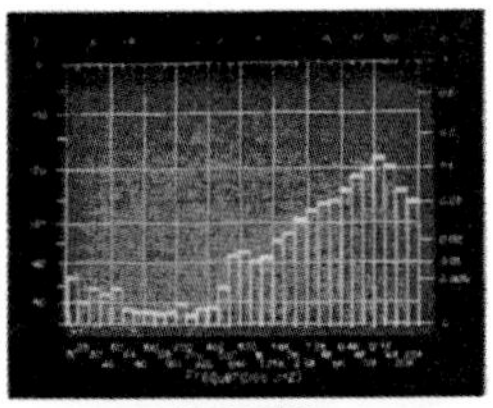

正面 f 特性

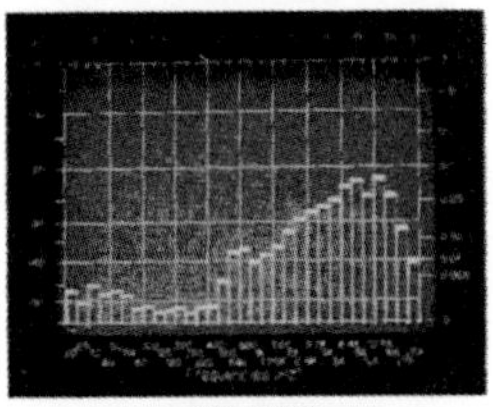

30度 f 特性

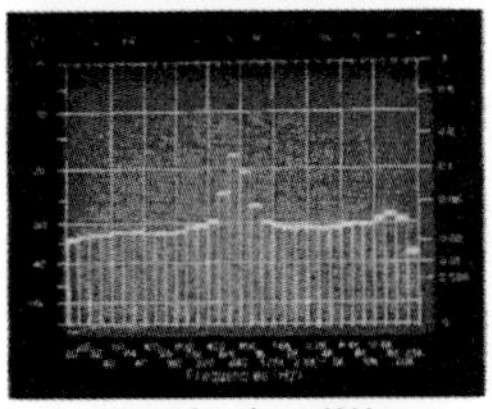

インピーダンス特性

FT33RP

●フォステクス

形式	TRP
外形寸法	φ108×18mm
インピーダンス	8Ω
f_0	—
Q_0	—
M_0	—
a	—
許容入力	60W
出力音圧レベル	91dB
再生帯域	2～45kHz
クロスオーバー	3.5kHz以上
マグネット重量	ND 29g
マグネットサイズ	—
総重量	387g
バッフル開口	φ70mm

１１ＲＰの上級機、というより大型モデル。写真で見るとそっくりだがひと回り大きくなっている。18mm厚の円盤なので天板の上にのせるわけにはいかないが、バッフルへの取付けは容易だ。インピーダンス特性はやはりフラットで、f_0は見当らない。f特はやや凹凸はあるが、2～20kHzをカバー、ハイエンドののびはもうひとつ。音は繊細で優しくしなやか、Ｔ９０Ａ、Ｔ７２５Ａなどのホーントウイーターとは対照的な音だ。

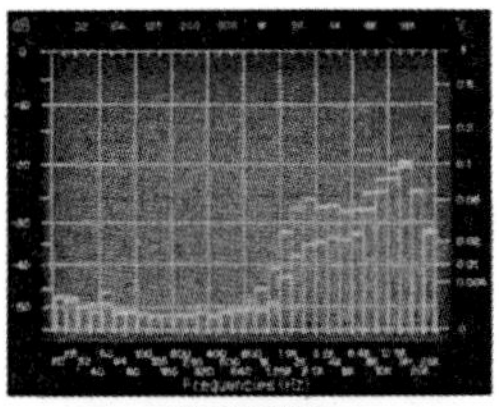

正面 f 特性

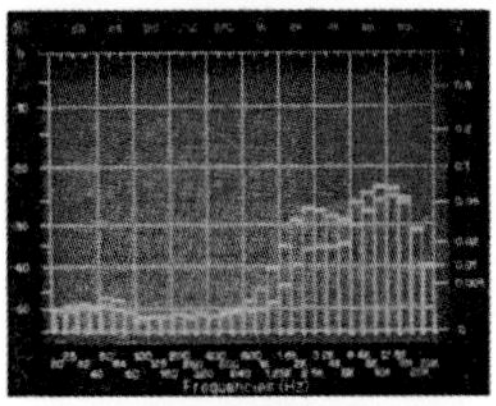

30度 f 特性

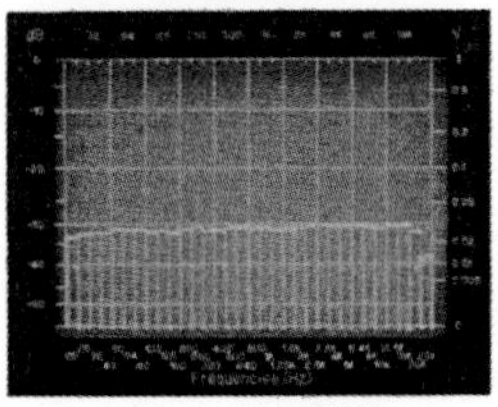

インピーダンス特性

FT30D

●フォステクス

形式	2.5cmT
外形寸法	□95×38mm
インピーダンス	8Ω
f_0	—
Q_0	—
M_0	—
a	—
許容入力	40W
出力音圧レベル	90dB
再生帯域	2.5k～22kHz
クロスオーバー	3kHz以上
マグネット重量	230g
マグネットサイズ	φ72×10mm
総重量	575g
バッフル開口	φ74mm

ＦＴ２７Ｄの前身２５Ｄのそのまた前身のソフトドーム・トゥイーターで、ロングセラーだった。プラスチックフレームで、全体にソフトタッチの作り。マグネットはＦＴ２５Ｄより大きいが、ドームがソフトに徹しているので、音は２５Ｄ、２７Ｄとはかなり違う。厚みがあり、豊かな感じだが、切れ込み、透明感はもうひとつで、いかにもソフトドームといった感じの鳴り方。30度方向のf特がフラットでソフトドームのよさを見せている。

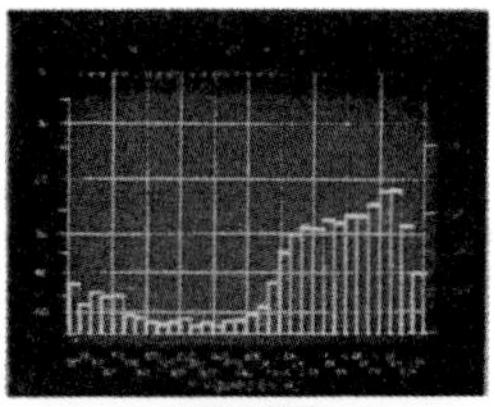

正面 f 特性

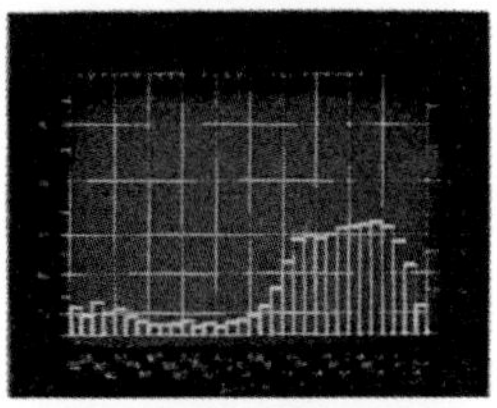

30度 f 特性

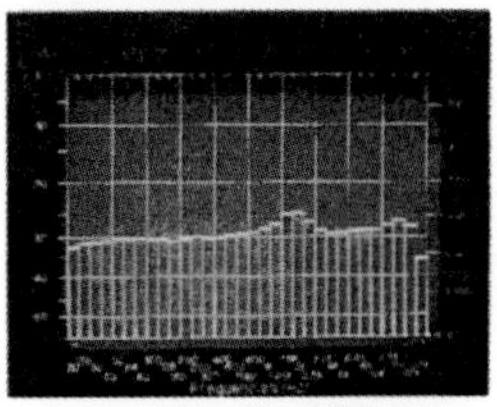

インピーダンス特性

FT90H

●フォステクス

形式	3cmT
外形寸法	φ58×72mm
インピーダンス	—
f_0	—
Q_0	—
M_0	—
a	—
許容入力	—
出力音圧レベル	106dB
再生帯域	5k〜35kHz以上
クロスオーバー	7kHz
マグネット重量	(アルニコ)
マグネットサイズ	—
総重量	700g
バッフル開口	—

T90Aの前身であり、ロングセラー&ベストセラーだった。ホーンの肉厚が違うだけで基本設計に変わりはないのだが、測定データは少し違う。90Hの方が少し能率が高いように見えるが、インピーダンスの違いもある。f特は90Aの方が凹凸が少なくフラット。90Hは10kHzにピークがあるが、90Aにはない。これが聴感上のハイエンドのキャラクターにも影響しているかもしれない。ホーンを粘土などでデッドニングすれば変わるかも。

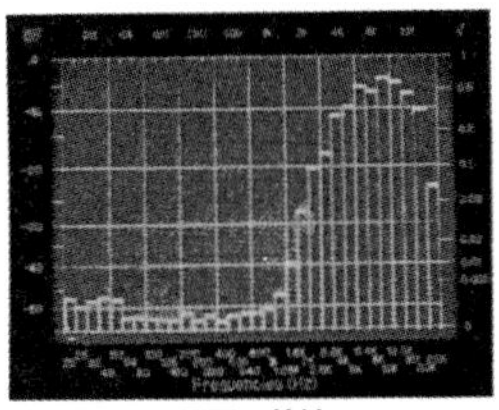

正面 f 特性

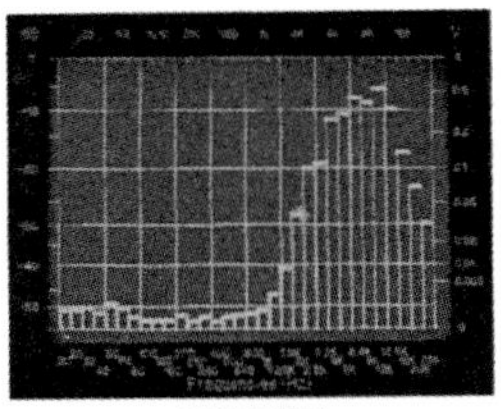

30度 f 特性

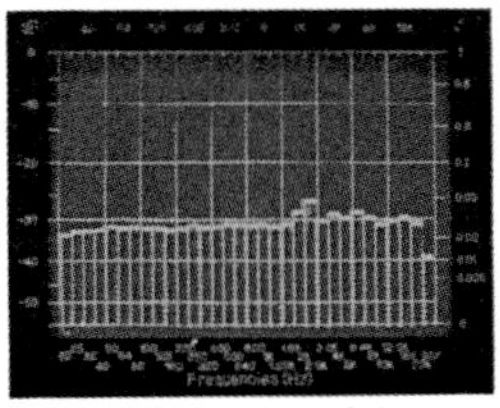

インピーダンス特性

FT66H

●フォステクス

形式	4.6cmT(ホーン)
外形寸法	□83×88mm
インピーダンス	8Ω
f_0	—
Q_0	—
M_0	—
a	—
許容入力	70W
出力音圧レベル	105dB
再生帯域	2.5k〜22kHz
クロスオーバー	3.5kHz以上
マグネット重量	100g(アルニコ)
マグネットサイズ	—
総重量	1,140g
バッフル開口	φ76mm

リング・ダイアフラムのホーントゥイーター。サイズ、帯域、能率ともFT65HとFT96Hの中間にくる存在で、角型フランジ付きなのでバッフルマウントが可能である。ホーンロードがよくかかっているのでインピーダンスはフラットでf_0の山が出ない。f特に2.2μFのコンデンサーを通しての測定なので、4kHzで7dB、2kHzで13dB落ちになるから補整して見てほしい。ホーンとしてはややソフトタッチの耳当りのよい音だ。

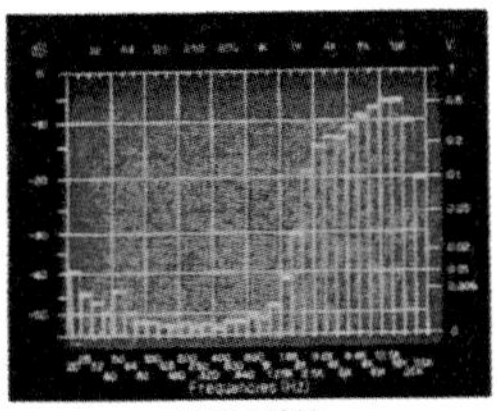

正面 f 特性

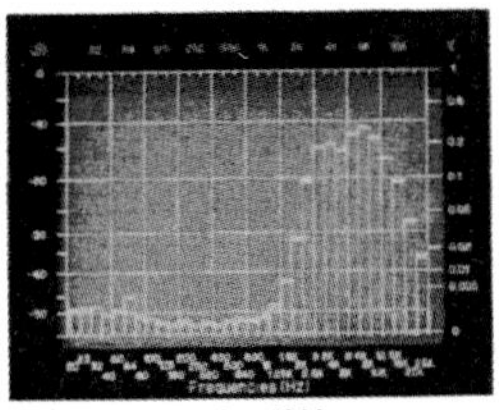

30度 f 特性

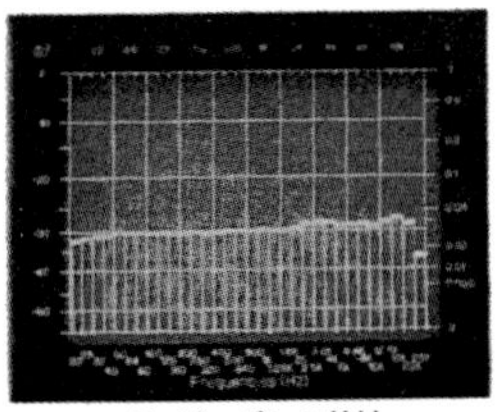

インピーダンス特性

FT60H

●フォステクス

形式	7.1cmT(HN)
外形寸法	φ87×125mm
インピーダンス	8Ω
f_0	—
Q_0	—
M_0	—
a	—
許容入力	50W
出力音圧レベル	100dB
再生帯域	2.5〜25kHz
クロスオーバー	3.5kHz以上
マグネット重量	135g(アルニコ)
マグネットサイズ	—
総重量	1,500g
バッフル開口	—

コーラルH−70のライバル機で外観はよく似ている。アルミブロック削り出しの大型ホーン、グラスファイバーを樹脂でサンドイッチし、更に表面金属蒸着、裏面樹脂膜でカバーした5層構造ダイヤフラムが特徴。能率はやや低下するが、ハイエンドにピークがなくスムーズに伸びる。正面ではわずかにハイ上がりだが30度ではハイ落ち、16kHzどまり。音はコーラル系とは対照的で、しっとりと落ち着いているが、切れ込みはもうひとつ。

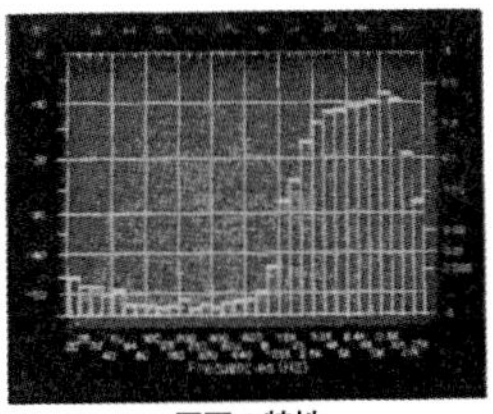

正面 f 特性

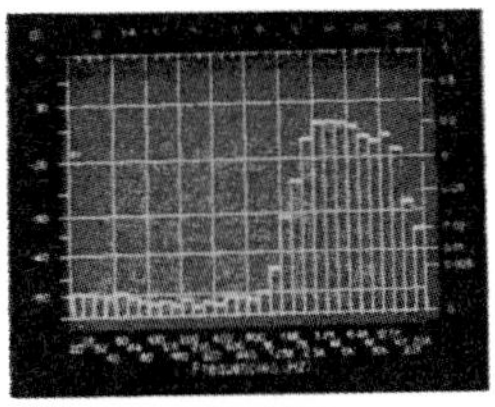

30度 f 特性

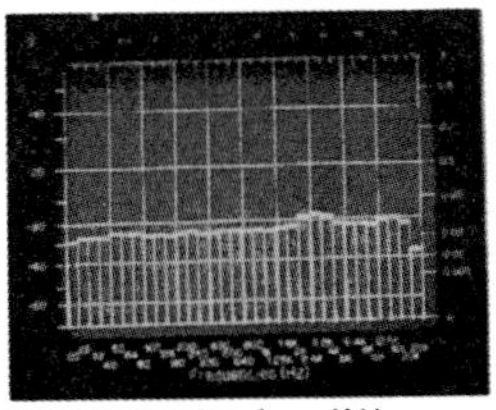

インピーダンス特性

FT57D

●フォステクス

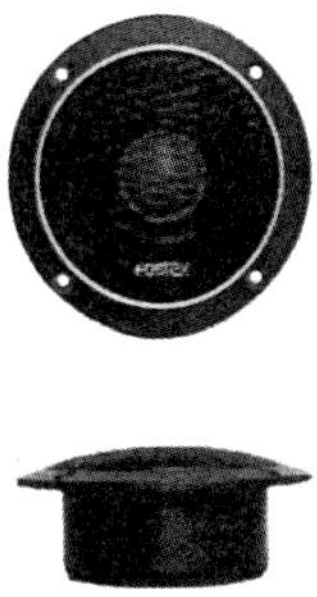

形式	3cmT
外形寸法	φ128×54mm
インピーダンス	8Ω
f_0	—
Q_0	—
M_0	—
a	—
許容入力	50W
出力音圧レベル	91dB
再生帯域	1k〜20kHz
クロスオーバー	2kHz以上
マグネット重量	429g
マグネットサイズ	φ90×38mm
総重量	1,220g
バッフル開口	φ94mm

FT55DのAV用バージョンだが、総重量、マグネット重量とも増加しており、音質も向上していると見てよい。レンジが広いし、能率も適当なので万能型のトゥイーターとして使いやすい。ソフトドームだが、ハードドームのFT38Dよりむしろハードでシャープなサウンド。f特は2.2μFのコンデンサーを通しているので4kHzで7dB、2kHzで13dB、1kHzで20dB落ちぐらいになっているとして、補整しながら見てほしい。

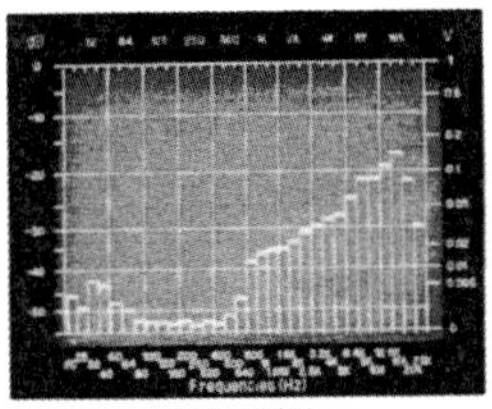

正面 f 特性

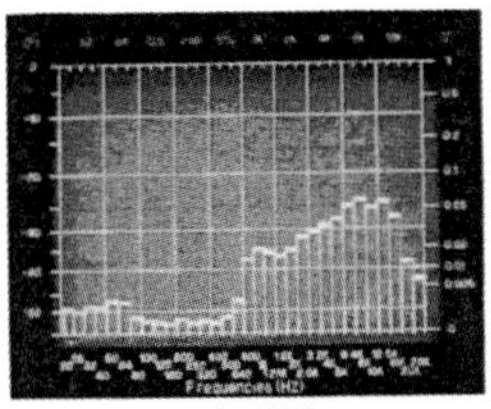

30度 f 特性

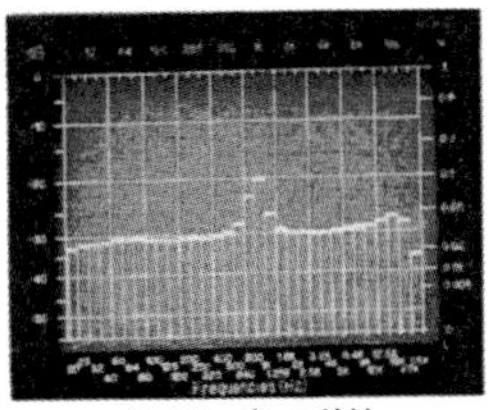

インピーダンス特性

FD30＋H530

●フォステクス

形式……………………………□T(HN)
外形寸法…………260×110×280㎜
インピーダンス…………………8Ω
f_0……………………………………——
Q_0……………………………………——
M_0……………………………………——
a……………………………………——
許容入力……………………………80W
出力音圧レベル……………103dB
再生帯域………………1.2k〜16kHz
クロスオーバー…………1.5kHz以上
マグネット重量……………………568g
マグネットサイズ…………φ110×15㎜
総重量……………………………2,950g
バッフル開口……………………——

300本の限定販売。ドライバーとホーンをビスで組み立てる形になっているが別売はしない。φ40のダイヤフラム採用。マグネットも大型で、大口径ウーファーと組み合わせての2ウェイ構成を狙う。ホーンはパーチクルボードでブラック塗装。同じ用途のFT600のアルミホーンに比べると鳴きは極めて少ない。インピーダンス特性、f特とも凹凸が激しいが、メーカー発表のf特もフラットではないので、これでいいのだろう。

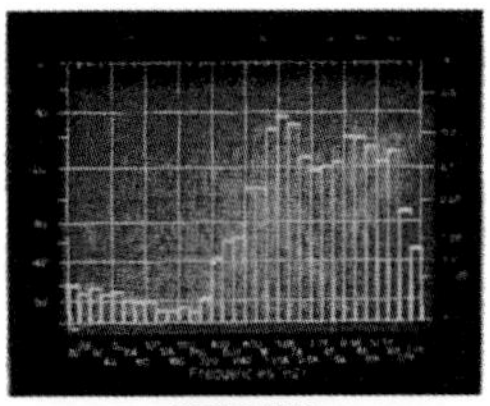

正面 f 特性

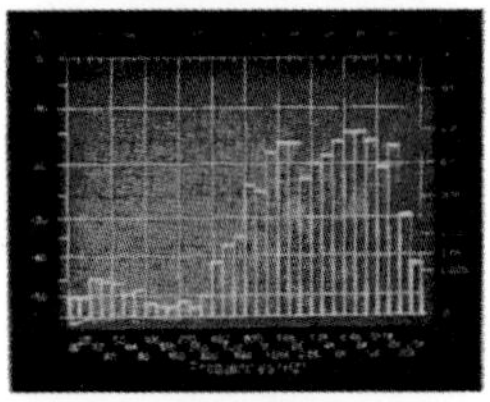

30度 f 特性

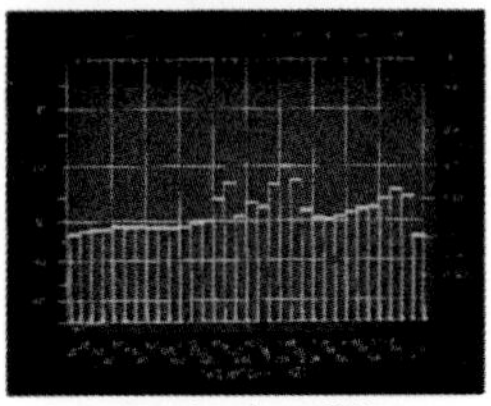

インピーダンス特性

FT600

●フォステクス

形式……………………30×11㎝T
外形寸法…………330×120×263㎜
インピーダンス…………………8Ω
f_0……………………………………——
Q_0……………………………………——
M_0……………………………………——
a……………………………………——
許容入力……………………………80W
出力音圧レベル……………104dB
再生帯域………………500〜15kHz
クロスオーバー…………1.2kHz以上
マグネット重量……………………386g
マグネットサイズ…………φ80×20㎜
総重量……………………………2,550g
バッフル開口……………96×300㎜

大型ホーントゥイーター、あるいはスコーカーというと、ドライバーとホーンが単売で10万、20万と高価につくが、本機は超ローコスト大型ホーントゥイーター。ダイキャストのホーンで低域方向にレンジが広い。f_0は700Hzぐらいで、2.2㎌のコンデンサーを介してのf特なので2kHz13dB、1kHz20dB落ちぐらいにはなるはずだが、f_0の影響で700Hz付近が上昇している。くせはあるが、ハデで、豪快なサウンドだ。

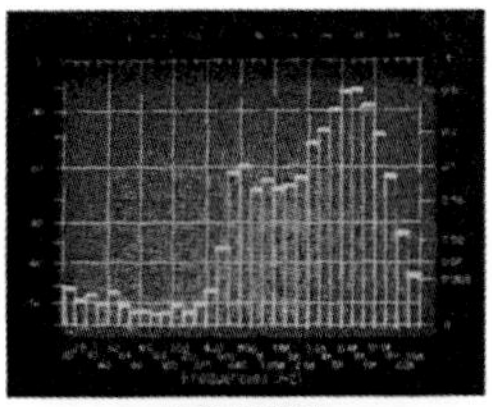

正面 f 特性

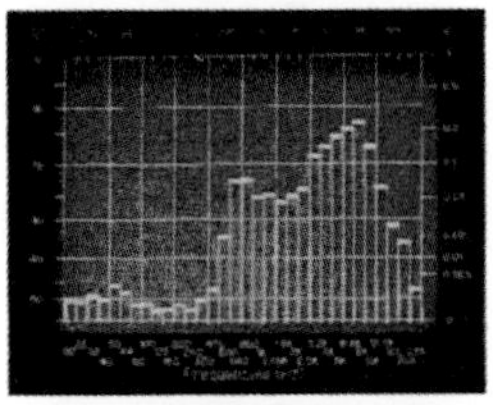

30度 f 特性

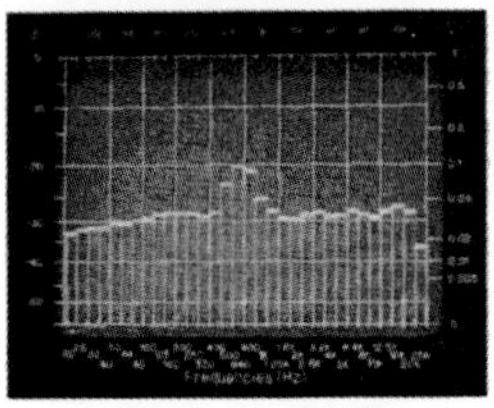

インピーダンス特性

FT207D

●フォステクス

形式(メーカー呼称)………ドームトゥイーター
外径寸法…………△H8.4×3.44㎝
インピーダンス…………………8Ω
fo……………………………………———
Qo……………………………………———
Mo……………………………………———
a……………………………………———
許容入力……………………………20W
出力音圧レベル…………90dB/W(m)
再生周波数帯域……2000〜40000Hz
メーカー推奨クロスオーバー周波数……3500Hz以上
マグネットサイズ………φ69.5×T30㎜(註：解説)
バッフル開口………φ70□㎜/最小寸法(註：解説)
総重量……………………………390g

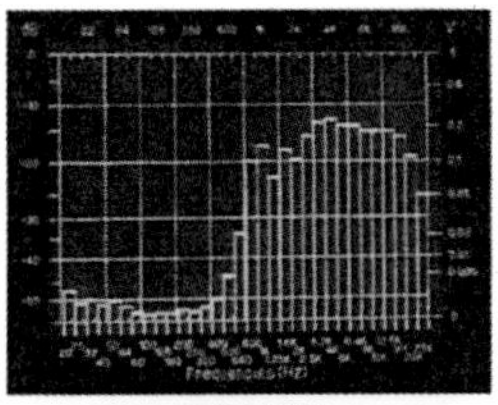

正面 f 特性

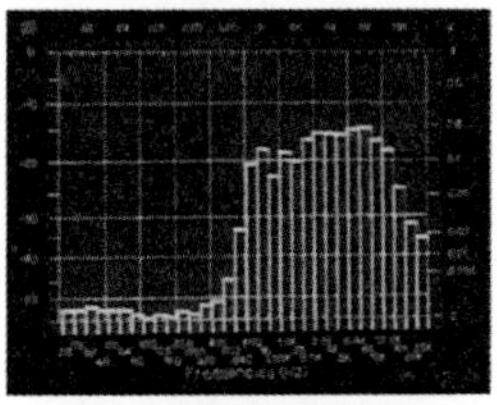

30度 f 特性

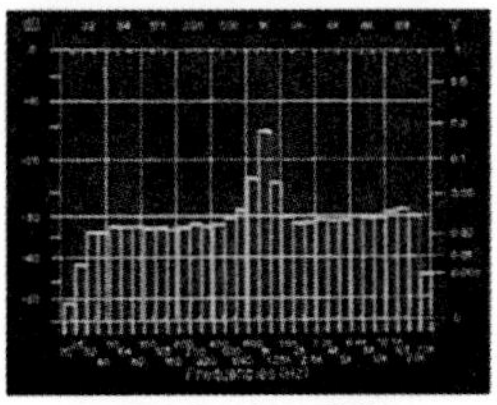

インピーダンス特性

FT96H

●フォステクス

形式……………2.8㎝T(ホーン)
外形寸法…………………□68×65㎜
インピーダンス…………………8Ω
f_0……………………………………——
Q_0……………………………………——
M_0……………………………………——
a……………………………………——
許容入力……………………………50W
出力音圧レベル……………100dB
再生帯域………………4k〜33kHz
クロスオーバー……………8kHz以上
マグネット重量……34g(アルニコ)
マグネットサイズ…………………——
総重量……………………………590g
バッフル開口……………………φ61㎜

ホーン・トゥイーターとしては能率が低いが、アッテネーターなしで使えるというメリットがあり、T90Aとは別の使い方がある。角型フランジ付きなので、キャビネットへの組込みも可能。キャビネットの上に置くには適当なキャビネット(ブロック)がほしい。マグネットはT90Aの100gに対しては34gと小さく、ホーン型としてはソフトタッチで繊細、小容量コンデンサー一発で、普通のフルレンジの高域強化に好適。

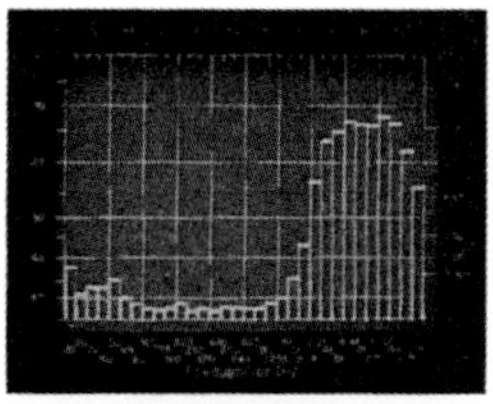

正面 f 特性

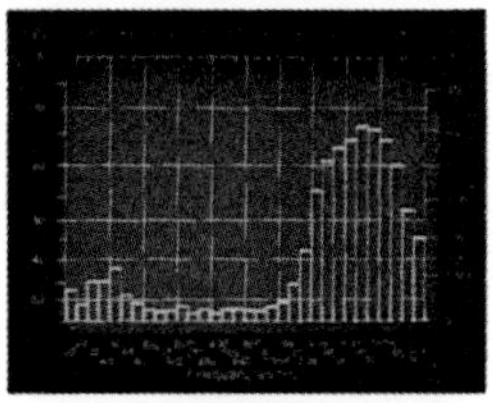

30度 f 特性

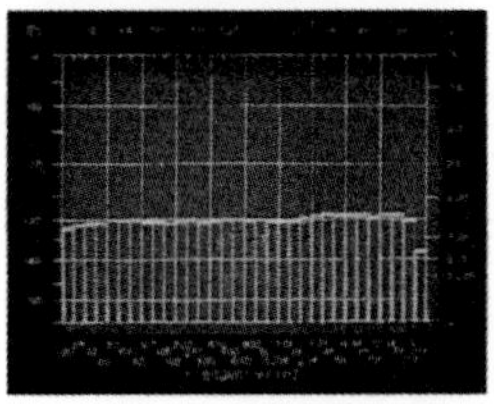

インピーダンス特性

T500A

●フォステクス

形式……4cmT(HN)
外形寸法……ϕ99×110mm
インピーダンス……8Ω
f_0……——
Q_0……——
M_0……——
a……——
許容入力……50W
出力音圧レベル……102dB
再生帯域……2k～25KHz
クロスオーバー……5kHz以上
マグネット重量…340g(アルニコ)
マグネットサイズ……——
総重量……4.500g
バッフル開口……——

ニューラボラトリー・シリーズのスーパートゥイーター。ダイヤフラムはϕ20、FT38Dにも使われているPCPD。アルミ合金に多孔質のセラミックスプレーティングの、やや重いが鳴きのないものである。黄銅削り出しのホーン、T90Aより二回り、T925Aより一回り大型のマグネットを使っていながら出力音圧レベルは低い。特性がよく、音もさわやかで、繊細で美しい。FE208スーパーとはアッテネーターなしでつながる。

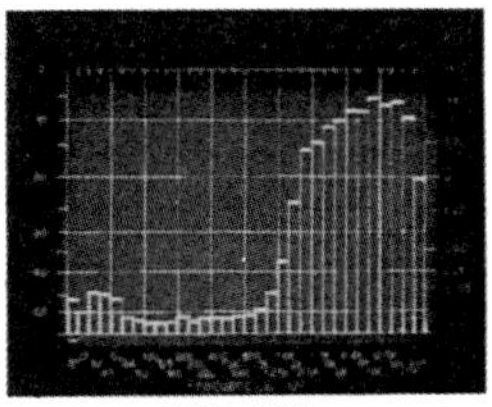

正面 f 特性

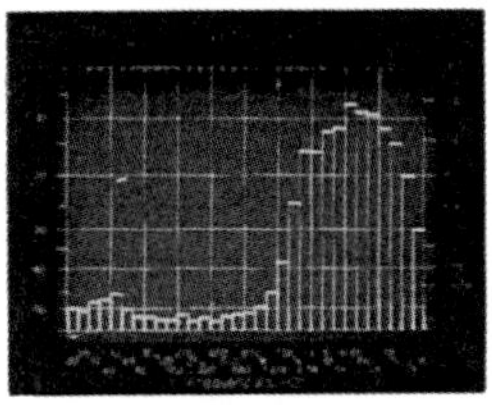

30度 f 特性

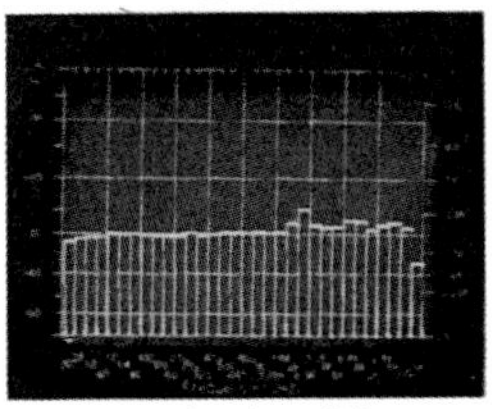

インピーダンス特性

T300A

●フォステクス

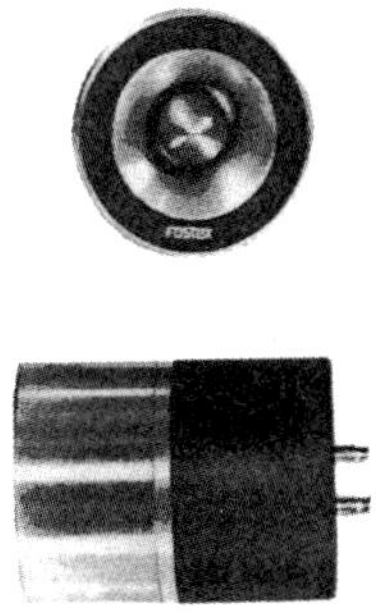

形式……7.8cmT(HN)
外形寸法……ϕ120×151mm
インピーダンス……8Ω
f_0……——
Q_0……——
M_0……——
a……——
許容入力……50W
出力音圧レベル……110dB
再生帯域……1.5k～16KHz
クロスオーバー……3KHz以上
マグネット重量…650g(アルニコ)
マグネットサイズ……——
総重量……9.000g
バッフル開口……——

T500Aと同時発売されたトゥイーター。やはりPCPD採用、ϕ40のダイヤフラムで、黄銅ホーン、超強力マグネットで高能率。クロスオーバーは低めにとれるが、アッテネーターは必要。あるいはマルチアンプで使うか。ハンエンドは伸び切っていないのでスーパートゥイーターがほしくなるが、仮にT500Aと並べて置いたとしても音源中心の間隔は109mmと開く。あまりにも大型重量級というのが難点。

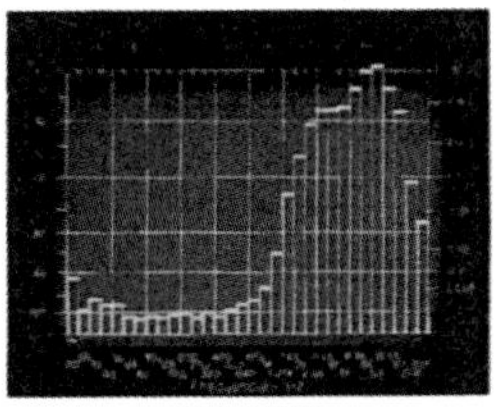

正面 f 特性

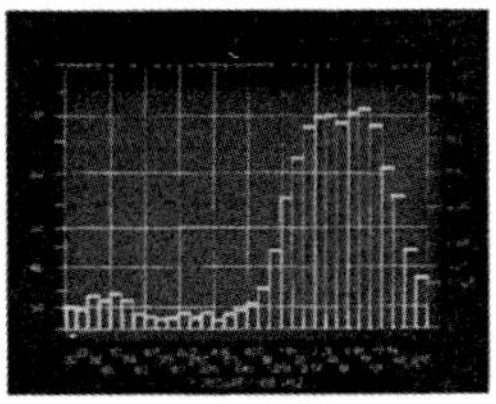

30度 f 特性

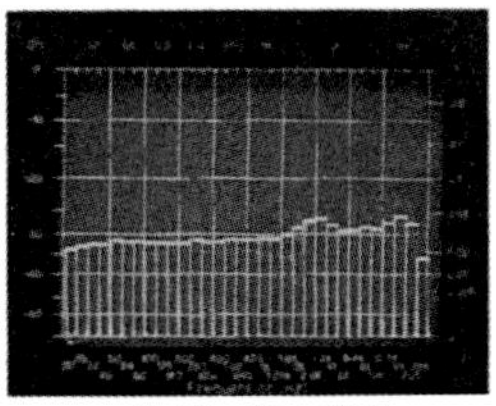

インピーダンス特性

T96A-EX

●フォステクス

形式(メーカー呼称)…ホーン・スーパートゥイーター
外径寸法……□6.8×6.8×T8.7cm
インピーダンス……8Ω
fo……———
Qo……———
Mo……———
a……———
許容入力……50W
出力音圧レベル……103dB/W(m)
再生周波数帯域……4000～40000Hz
メーカー推奨クロスオーバー周波数……8000Hz以上(−12dB)
マグネットサイズ……ϕ60×T64mm(註：解説)
バッフル開口……ϕ60mm/最小寸法(註：解説)
総重量……750g

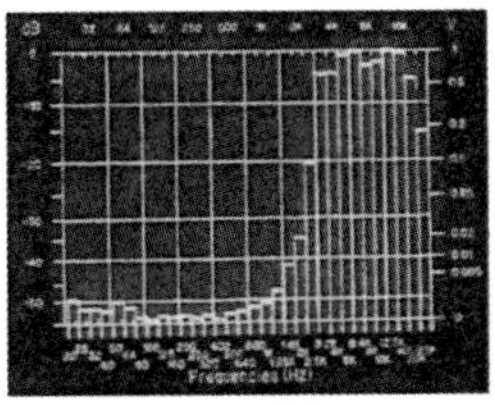

正面 f 特性

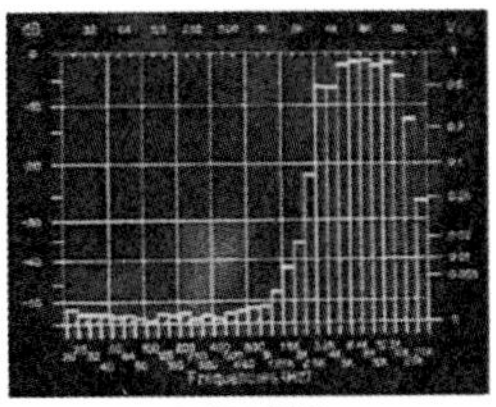

30度 f 特性

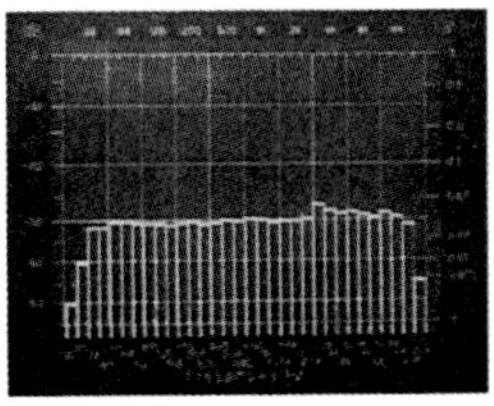

インピーダンス特性

T90A

●フォステクス

形式……30mmT
外形寸法……ϕ60×89mm
インピーダンス……8Ω
許容入力……50W
出力音圧レベル……106dB
再生帯域……5～35kHz
クロスオーバー……7kHz以上
マグネット重量……100g(AL)
総重量……795g

FT90Hの改良モデルである。基本的な設計はほとんど変わっていないが、ルックスは一変した。90Hはドライバーに対してかなり細いホーンが組み合わされていたが、ホーンの肉厚を増してドライバーと同径にしたことでルックスだけでなく、設置の安定も音質も向上した。シャープで繊細、90Hにあったハイエンドのキャラクターがなく、さらりとのびた高音は実にさわやか。FEのようなハイスピード・フルレンジとの相性がよい。

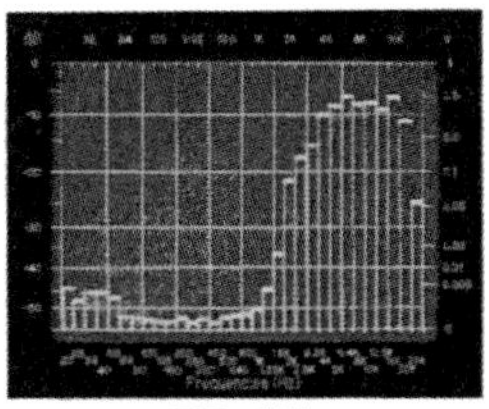

正面 f 特性

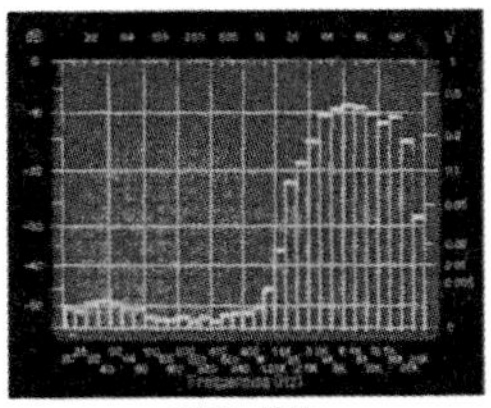

30度 f 特性

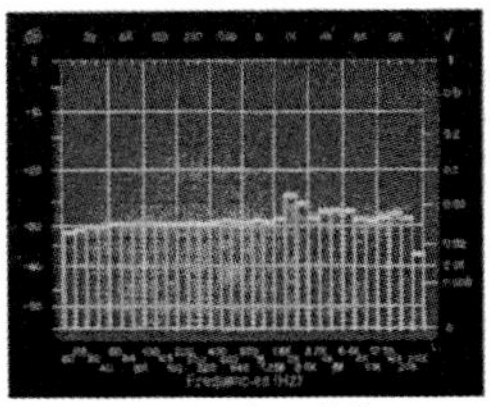

インピーダンス特性

T900A
●フォステクス

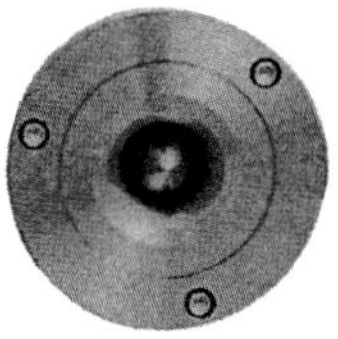
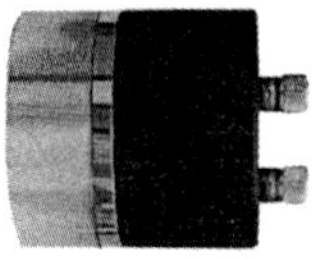

形式	3cmT(HN)
インピーダンス	8Ω
f_0	
Q_0	
m_0	
a	
許容入力	60W
出力音圧レベル	106dB/W(m)
再生帯域	5k〜38kHz
クロスオーバー	7kHz以上
マグネット重量	240g(アルニコ)
総重量	2.75g

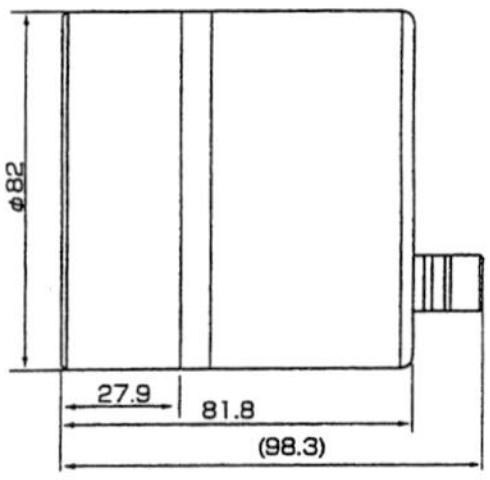

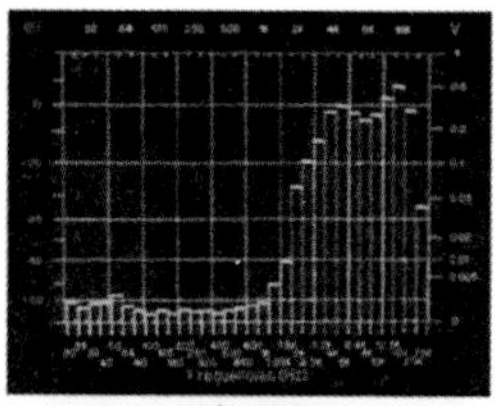
正面 f 特性

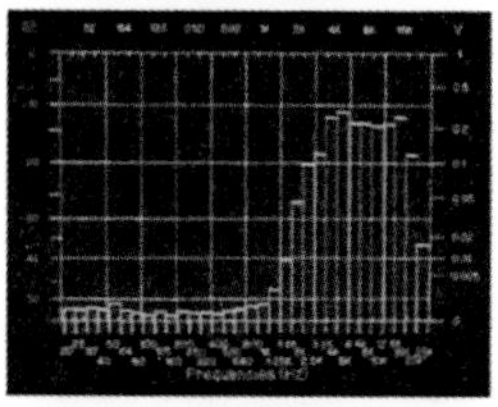
30度 f 特性

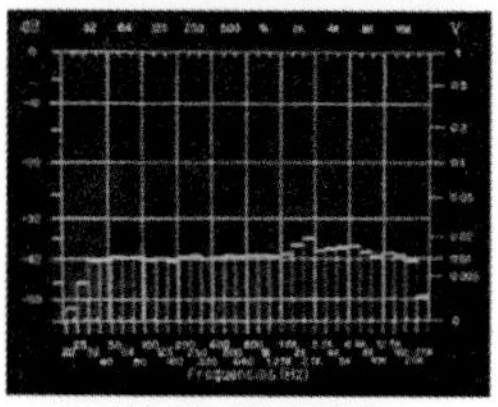
インピーダンス特性

T825
●フォステクス

形式	ホーンT
外形寸法	□90×122mm
インピーダンス	8Ω
f_0	——
Q_0	——
M_0	——
a	——
許容入力	50W
出力音圧レベル	102dB
再生帯域	2k〜20kHz
クロスオーバー	4kHz以上
マグネット重量	240g
マグネットサイズ	——
総重量	2,050g
バッフル開口	——

プロ用トゥイーターで、実にユニークなスタイルをしている。フランジつきで、キャビネット組込み可。ショートホーンの先にラジアルタイプのホーンをつけてエッジを球面状に成型したもので、指向性の拡大を狙う。FT600Hのようにエッジの鋭いホーンは回折や反射による歪が出やすいが、それを抑える狙いもある。磁気回路はT925Aと同等だが、能率が低いのは指向性を拡げるためである。力はあるが多少くせもあるプロサウンドだ。

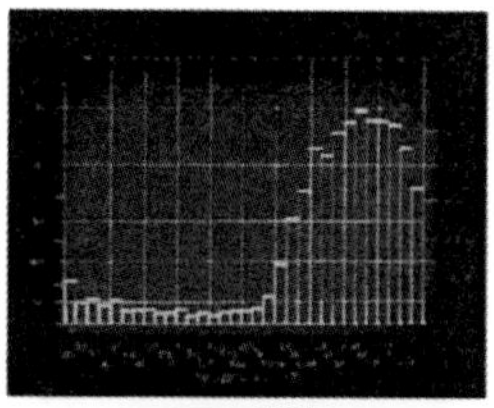
正面 f 特性

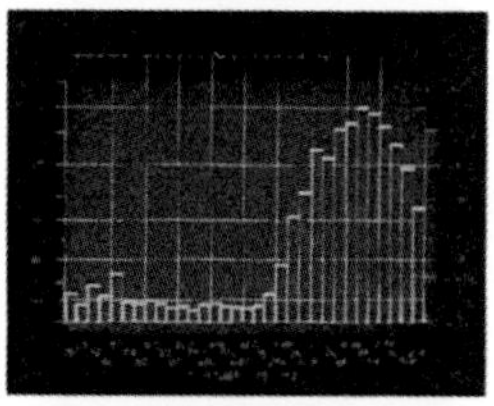
30度 f 特性

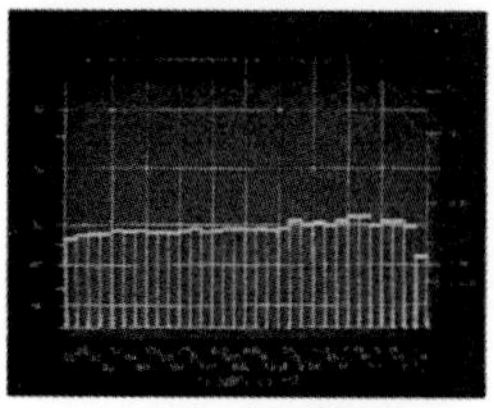
インピーダンス特性

T725
●フォステクス

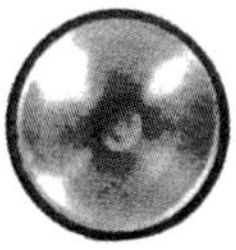

形式	6.5cmT(HN)
外形寸法	φ82×135mm
インピーダンス	8Ω
f_0	——
Q_0	——
M_0	——
a	——
許容入力	50W
出力音圧レベル	102dB
再生帯域	2k〜40kHz
クロスオーバー	2.5kHz以上
マグネット重量	320g(アルニコ)
マグネットサイズ	——
総重量	2,300g
バッフル開口	——

T705の上級機で、振動系とホーンはT705と同じだが、磁気回路は大きな違いがある。T705はフェライト250gだが、T725はアルニコ320gとT500Aに迫る強力なもの。音もT705とは全然違う。スペックでは出力音圧レベルは1dBの差だが、スペアナで見ると6dBぐらいの差がある。パワフルで切れのよいサウンド。荒さはなく、30度方向の特性がよく、能率もほどほどなので使いやすい。

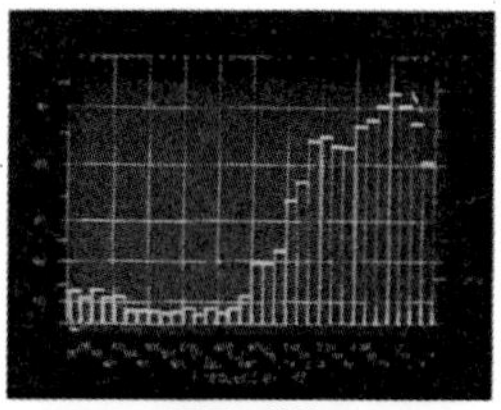
正面 f 特性

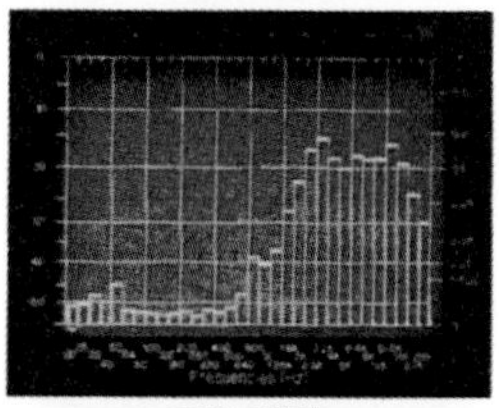
30度 f 特性

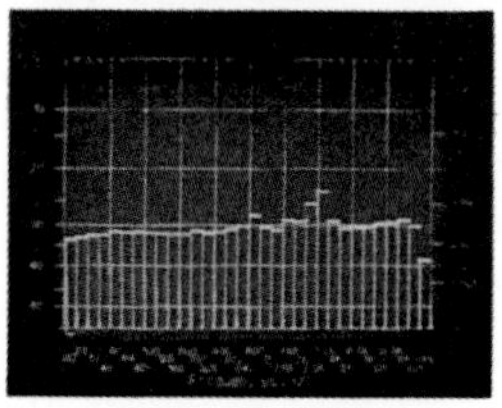
インピーダンス特性

T705
●フォステクス

形式	6.5cmT(HN)
外形寸法	φ82×133mm
インピーダンス	8Ω
f_0	——
Q_0	——
M_0	——
a	——
許容入力	50W
出力音圧レベル	101dB
再生帯域	2k〜40kHz
クロスオーバー	2.5kHz以上
マグネット重量	250g
マグネットサイズ	——
総重量	1,485g
バッフル開口	——

スーパートゥイーターT925より大型のトゥイーターT725、そのローコスト版T705という位置付けになる。725はアルニコ、705はフェライトという違いを除くとスペックはほとんど変わらず、705の出力音圧レベルが1dB低いだけだが、音は明らかに違う。ホーン型というよりは高能率ドーム型という感じで、ウォームでマイルド、切れ込みやスピード感はあまりないが、ゆったりとした鳴り方は独特の味があった。

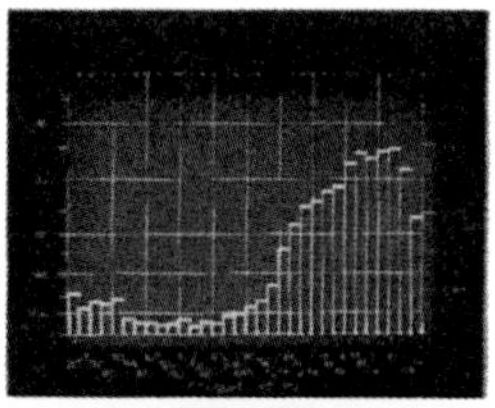
正面 f 特性

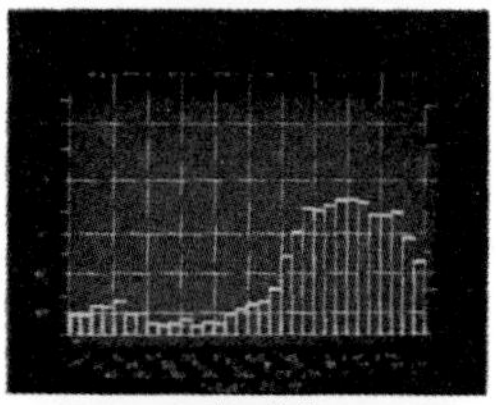
30度 f 特性

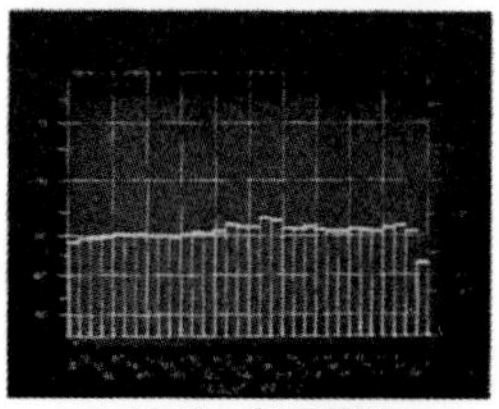
インピーダンス特性

300HT

●フォステクス

形式	T（HN）
外形寸法	169W×156H×154Dmm
インピーダンス	8Ω
f_0	——
Q_0	——
M_0	——
a	——
許容入力	120W
出力音圧レベル	106dB
再生帯域	1.2k〜16kHz
クロスオーバー	3kHz以上
マグネット重量	226g
マグネットサイズ	φ80×12mm
総重量	990g
バッフル開口	157×120mm

PA用、楽器用の10W、12W、15Wシリーズと組み合わせて2ウェイを構成するためのトゥイーター。コニカルのカスケードホーンは大型プラスチックホーンで、肉厚不足で鳴きやすい。f_0は1.4kHzぐらい。レスポンスは1kHzぐらいまであるがf_0の2倍、2.8kHz辺りから上で使うのが無難。測定用のコンデンサーは2.2μFに統一しているが、4.7μFとすれば5kHz以下はもっと上がってくる。能率は高い方だが、切れ込みはほどほど。

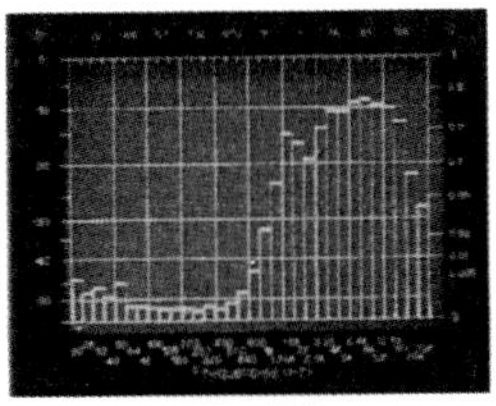

正面f特性

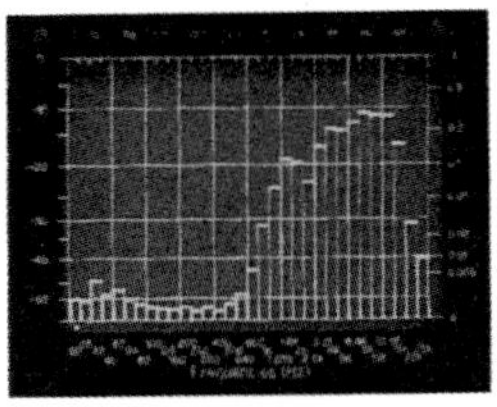

30度f特性

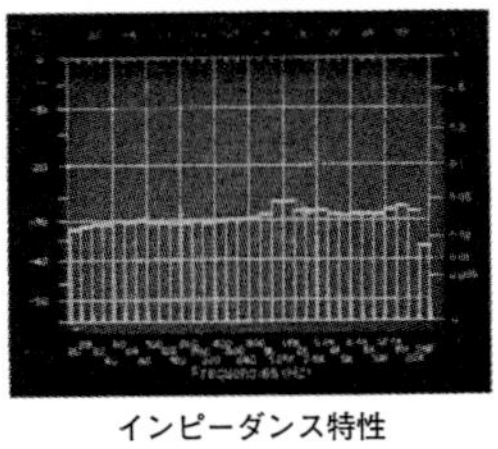

インピーダンス特性

100HT

●フォステクス

形式	9cm×7cmT HN
外形寸法	112×90×89mm
インピーダンス	8Ω
f_0	——
Q_0	——
M_0	——
a	——
許容入力	100W
出力音圧レベル	102dB
再生帯域	2〜20kHz
クロスオーバー	5kHz以上
マグネット重量	100g
マグネットサイズ	——
総重量	440g
バッフル開口	——

ローコスト高能率のPA用ホーントゥイーター。10W150との2ウェイを想定しての設計で、ハイファイ・オーディオ用ではない。プラスチックモールドのホーンで、曲面構成ではなく、コニカルホーンのカスケードの形。f_0は1.3kHzぐらい。f特は1.5kHz以上はフラット、20kHzまでのびているが、指向性はわりと鋭い。クロスオーバーは5kHz以上が推奨されているが、大音量再生でなければ3.5kHzでも使えるがカンカンした音だ。

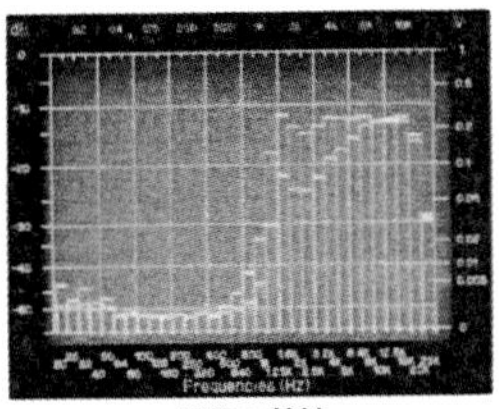

正面f特性

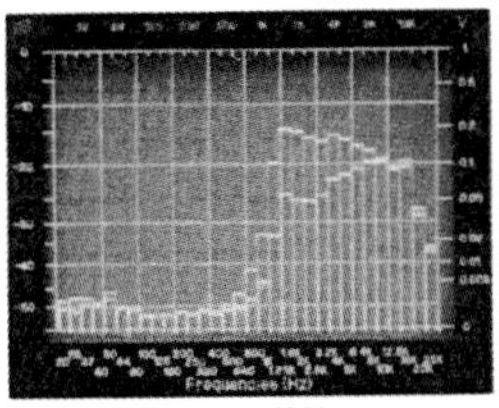

30度f特性

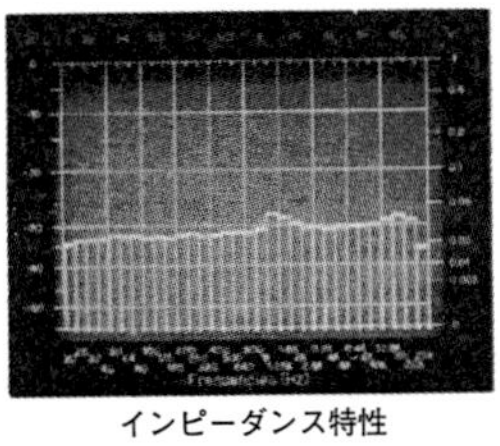

インピーダンス特性

T945N

●フォステクス

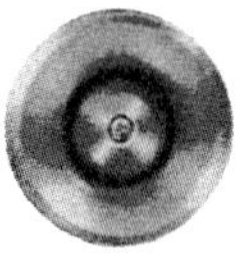

形式	7cmT（HN）
外形寸法	φ82×102mm
インピーダンス	8Ω
f_0	——
Q_0	——
M_0	——
a	——
許容入力	40W
出力音圧レベル	110dB
再生帯域	2k〜18kHz
クロスオーバー	3kHz以上
マグネット重量	240g（アルニコ）
マグネットサイズ	——
総重量	1,960g
バッフル開口	——

φ40のダイヤフラムに開口φ70というわりと大型のホーントゥイーター。イコライザーの先端に大型のプラスネジがねじこまれているという無神経さに驚くが、プロ用のユニットならではである。帯域の違いはT725と比べるとよくわかる。4kHz以下は945Nが10dB以上高いが、20kHzは10dB以上低い。30度ではエイエンドは更に低下する。音はパワフルでエネルギッシュだが、繊細感はもうひとつ。能率が高すぎて使いにくい面もある。

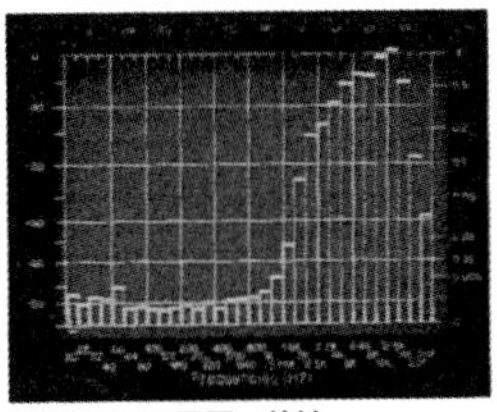

正面f特性

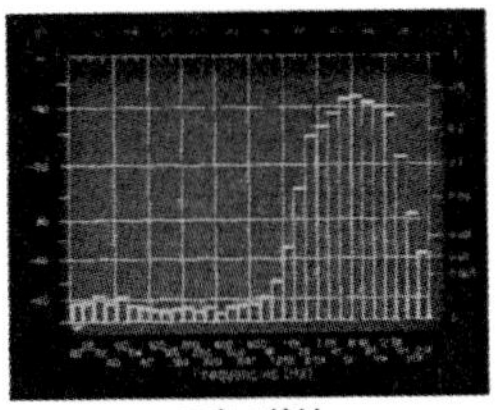

30度f特性

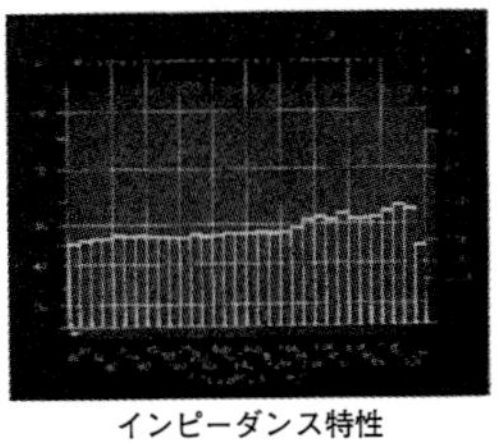

インピーダンス特性

T925A

●フォステクス

形式	39mmT
外形寸法	φ82×108mm
インピーダンス	8Ω
f_0	——
Q_0	——
M_0	——
a	——
許容入力	50W
出力音圧レベル	108dB
再生帯域	5k〜40kHz
クロスオーバー	6kHz以上
マグネット重量	240g（AL）
マグネットサイズ	——
総重量	2000g
バッフル開口	——

T925の改良モデルである。T925もドライバーとホーンの外径が違っていたが、それを同径としたことでルックス、音質とも明かに向上した。T925が¥27000だったことを考えるとT925Aの¥28000は格安といえる。基本設計はT90Aと似ているが、磁気回路は強力ホーンも大きめなので力があり、能率も高く、レンジは低い方にのびている。T925にあった冷たさがなくなったのもいい。

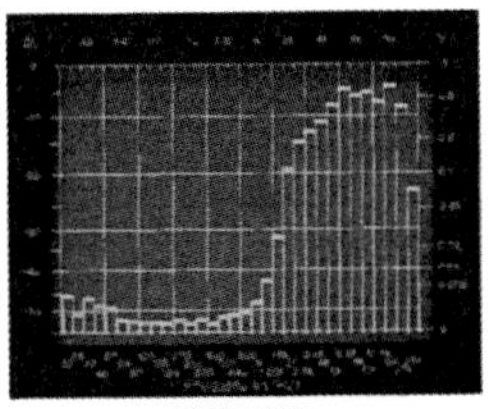

正面f特性

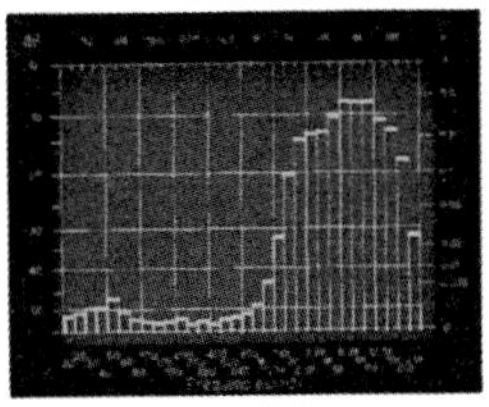

30度f特性

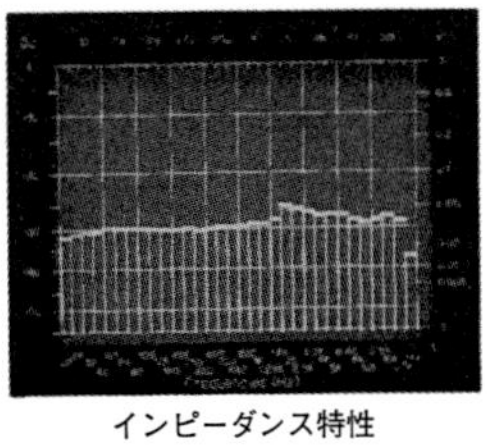

インピーダンス特性

SQUAWKER
スコーカー

註：ブランド名順に記載

DT30

●リチャード・アレン

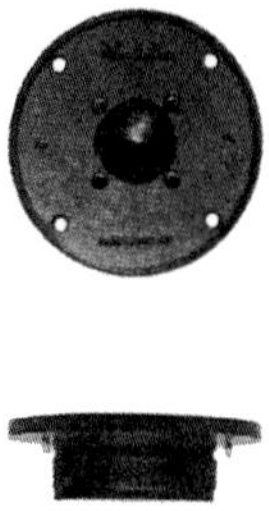

形式	2.5cmT DM
外形寸法	φ110×31mm
インピーダンス	8Ω
f_0	—
Q_0	—
M_0	—
a	—
許容入力	100W
出力音圧レベル	91dB
再生帯域	2〜20kHz
クロスオーバー	3.5kHz
マグネット重量	—
マグネットサイズ	φ70×12mm
総重量	520g
バッフル開口	φ72mm

25mmのソフトドーム・トゥイーター。浅皿型のモールドのフレームで、ドームはリンネル製だが磁気回路、振動系とも標準的なもの。組み合わせるのはリチャードアレンの古典的なウーファーで、能率も合わせてある。f_0は1kHz、f特は1.6〜16kHz、指向性は悪くないが能率は低めで88dBぐらいではないか。クロスオーバーは3kHzが推奨されているが無難な線だ。ソフトタッチのマイルドサウンド。低能率ウーファー向き。

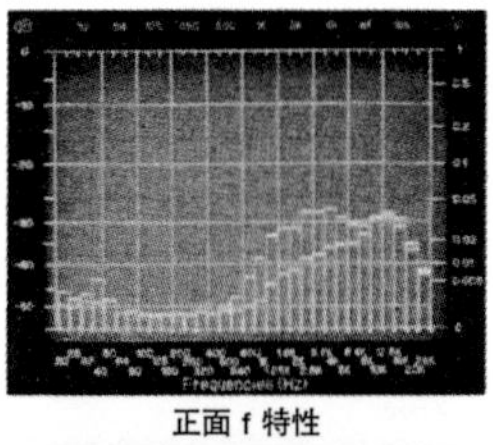

正面 f 特性

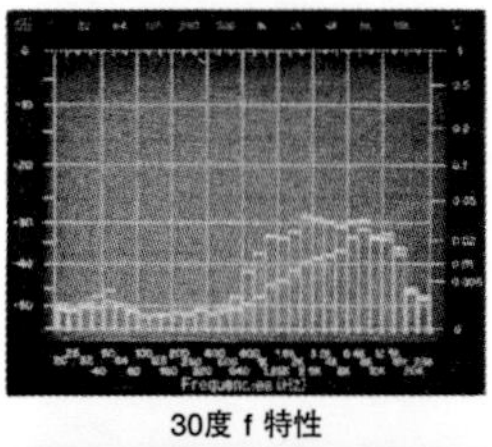

30度 f 特性

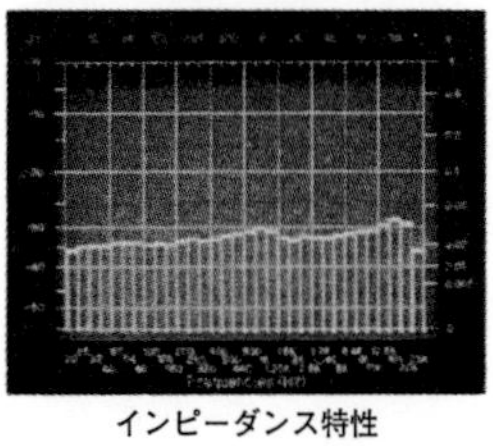

インピーダンス特性

JA-0506 II

●ヤマハ

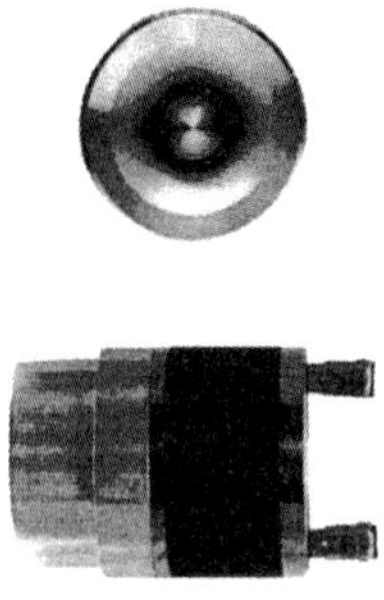

形式	5cmT（HN）
外形寸法	φ68×85mm
インピーダンス	8Ω
f_0	—
Q_0	—
M_0	—
a	—
許容入力	1W
出力音圧レベル	109dB
再生帯域	3k〜20kHz
クロスオーバー	5kHz以上
マグネット重量	—
マグネットサイズ	—
総重量	1,300g
バッフル開口	—

オリジナルのJA—0506もMKIIも名器としてロングセラーを続けた。オリジナルの1万5千円は激安だった。JBLの057ゆずりのリング・ラジエーターは国産では1号機。ジュラルミンだが、音に硬さはなく、ハイスピードでありながら艶と色気がある。f特は軸上で20kHzどまり、30度で12kHzどまりだが、出力音圧レベルは恐ろしく高い。軸上では10kHzが3dBスケールアウトしている。110dB以上あるのではないか。

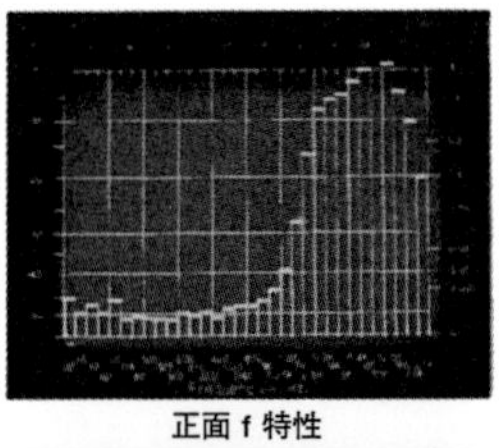

正面 f 特性

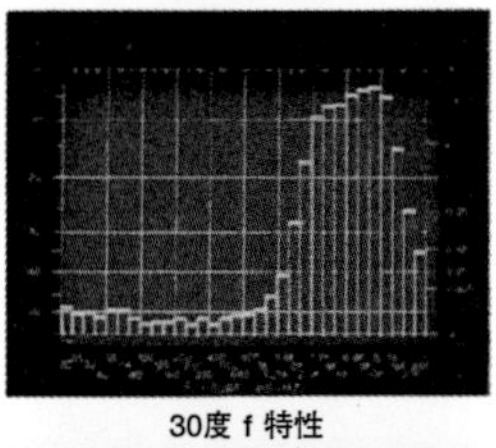

30度 f 特性

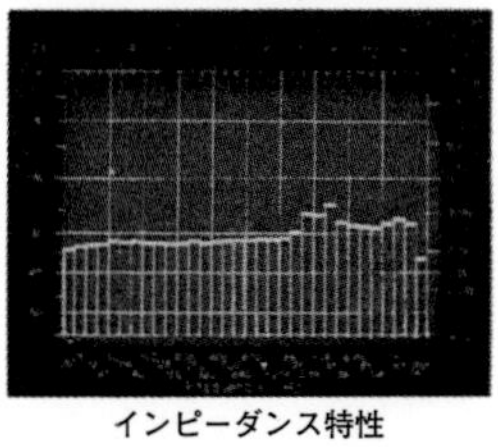

インピーダンス特性

400HT

●フォステクス

形式	□T（HN）
外形寸法	269×110×204mm
インピーダンス	8Ω
f_0	—
Q_0	—
M_0	—
a	—
許容入力	120W
出力音圧レベル	108dB
再生帯域	3k〜14kHz
クロスオーバー	3kHz
マグネット重量	226g
マグネットサイズ	φ80×12mm
総重量	1,600g
バッフル開口	81×235mm

15W200、12W150といったPA用ウーファーと組み合わせるPA用トゥイーター。大型のアルミホーン付きで、叩けばよく鳴るが、それも音のうち。FD30やFT600に比べるとマグネットは軽いが能率は高く、鳴りっぷりはよい。ややメタリックだが、さらりとした音できめは細かく指向性もよく、ホーンをダンプすればオーディオ用にも使えるがアッテネーターは必要。スーパートゥイーターを付ける程のものではない。

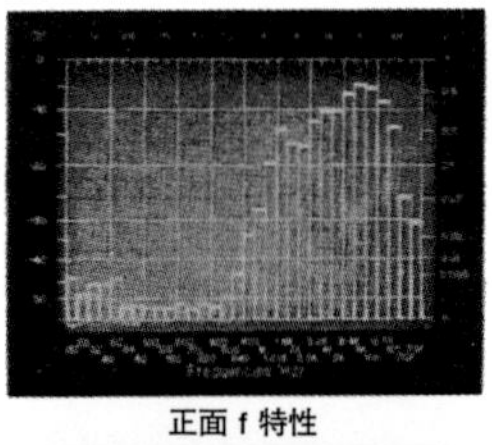

正面 f 特性

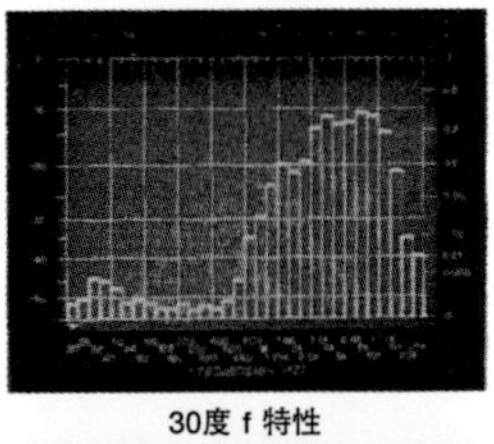

30度 f 特性

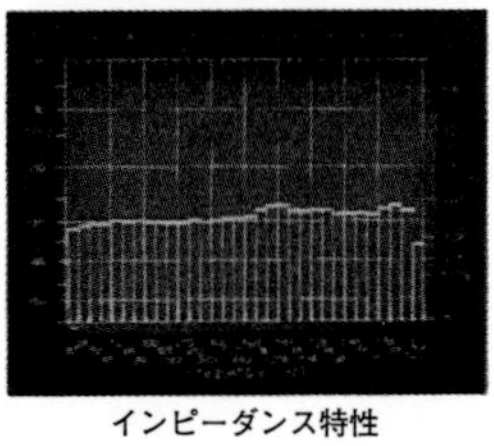

インピーダンス特性

B110

●KEF

形式	11cmS
外形寸法	□130×75mm
インピーダンス	8Ω
f_0	35Hz
Q_0	——
M_0	——
a	5.1cm
許容入力	50W
出力音圧レベル	——
再生帯域	55～3.5kHz
クロスオーバー	3.5kHz
マグネット重量	——
マグネットサイズ	φ92×18mm
総重量	1170g
バッフル開口	φ114mm

30年ぐらい前からのロングセラー。本来はスコーカーだが、f_0が低いのでウーファーとしても使える。7.3ℓの密閉型が推奨されているが、コーンが樹脂系で重く、能率が低いのでバスレフ向きではない。2ウェイのウーファーとしてのクロスは3.5kHz、3ウェイのスコーカーとしてのクロスは400Hz、3.5kHz。スピード感、切れこみ、情報量といったものはそれほどではないが、しっとり、ゆったりとしたクラシック向きの鳴りっぷりが特徴。

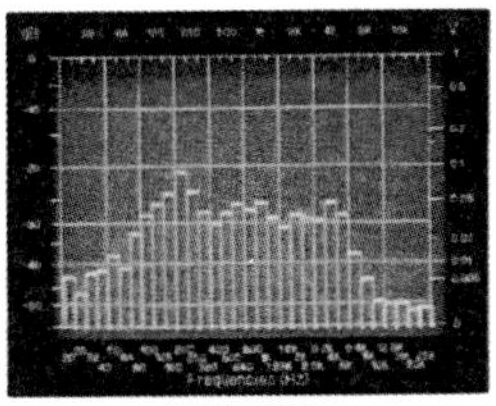

正面 f 特性

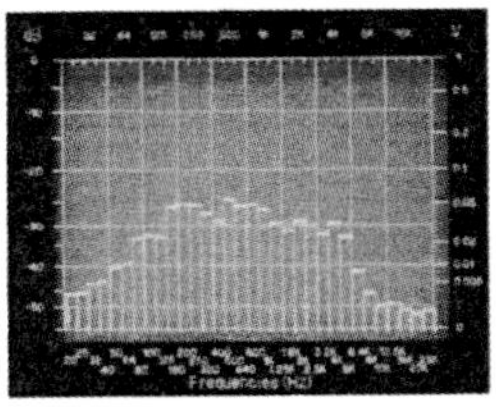

30度 f 特性

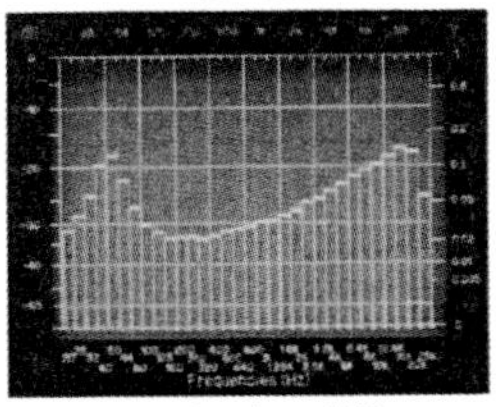

インピーダンス特性

13M8640

●Scan-Speak

形式(メーカー呼称)	10cm/MID
外径寸法	φ13.0×5.15cm
インピーダンス	6Ω
fo	64Hz
Qo	―――
Mo	―――
a	―――
許容入力	100W
出力音圧レベル	87.5dB/W(m)
再生周波数帯域	300～8000Hz
メーカー推奨クロスオーバー周波数	300Hz以上
マグネットサイズ	φ90mm(註：解説)
バッフル開口	φ103mm/最小寸法(註：解説)
総重量	1200g

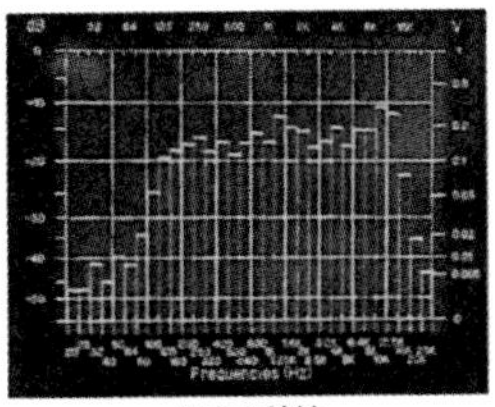

正面 f 特性

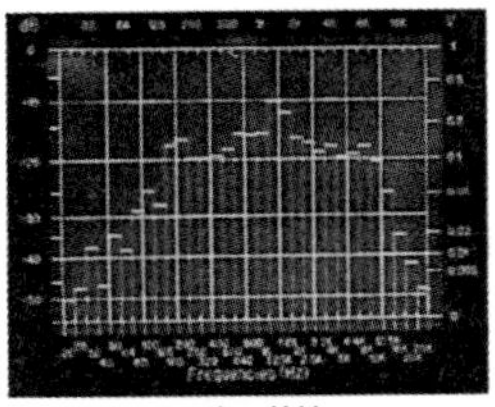

30度 f 特性

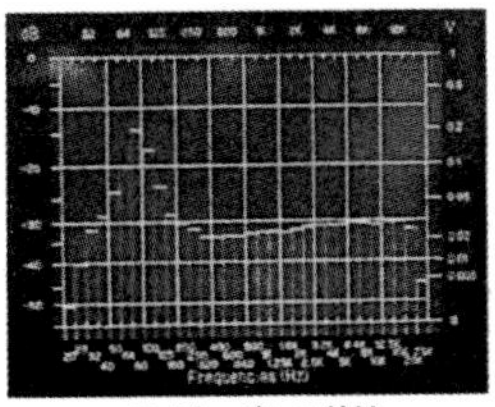

インピーダンス特性

13M/4535

●Scan-Speak

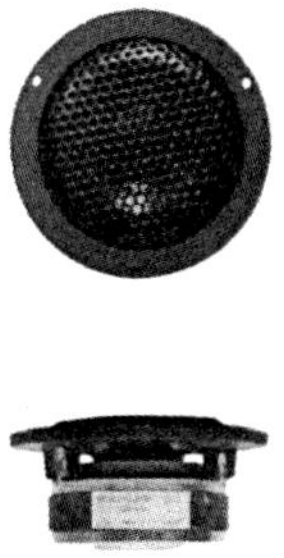

形式	13cmS
外形寸法	φ130×60mm
インピーダンス	4Ω
f_0	56Hz
Q_0	——
M_0	——
a	4cm
許容入力	35W
出力音圧レベル	90dB
再生帯域	56～14kHz
クロスオーバー	——
マグネット重量	——
マグネットサイズ	φ90×17mm
総重量	1260g
バッフル開口	φ102mm

13Mシリーズのスコーカーは多数のバージョンがあるが、その中のひとつで、メタルメッシュのガードつきというのが特徴。インピーダンスは4Ωと低く、f_0は75Hzぐらいなので、かなり低いクロスでも使えるし、2ウェイのウーファーとして使えないこともない。f特は指向性がかなり効いているが、軸上正面で5kHzにディップがあり、30度では4kHz以上急降下。4kHzクロスが無難。下は500Hzでも300Hzでも100Hzでも使える。

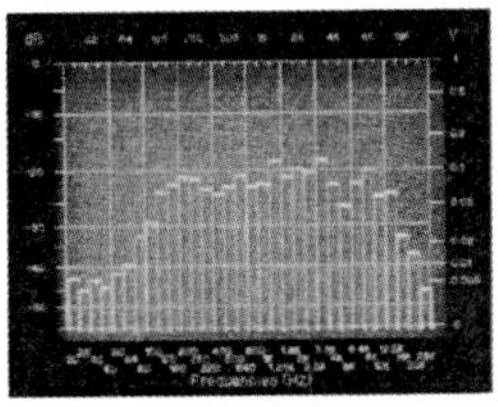

正面 f 特性

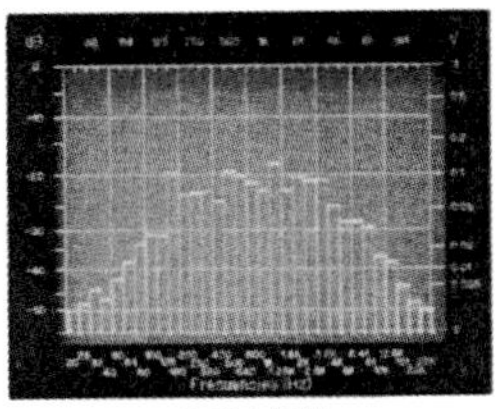

30度 f 特性

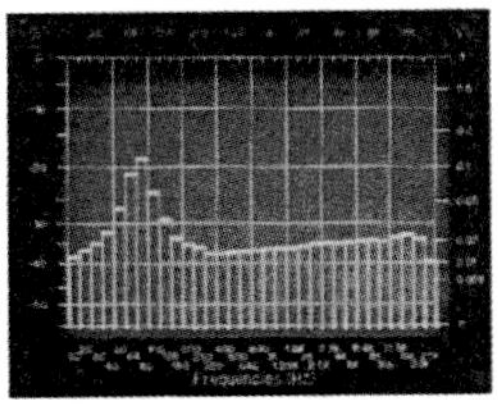

インピーダンス特性

12M/4631G00

●Scan-Speak

形式(メーカー呼称)	10cm/MID
外径寸法	11.5×5.1cm
インピーダンス	4Ω
fo	75Hz
Qo	―――
Mo	―――
a	―――
許容入力	40W
出力音圧レベル	89dB/2.83V(m)
再生周波数帯域	75～8000Hz
メーカー推奨クロスオーバー周波数	―――
マグネットサイズ	φ61×T27mm(註：解説)
バッフル開口	φ92mm/最小寸法(註：解説)
総重量	510g

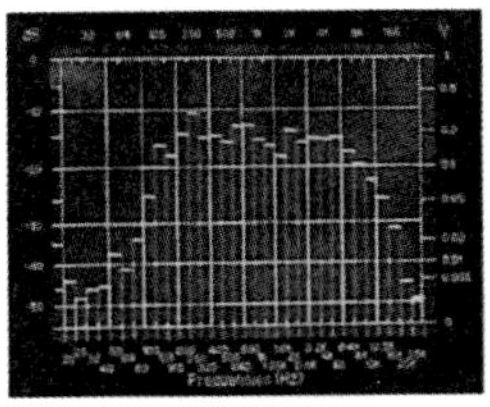

正面 f 特性

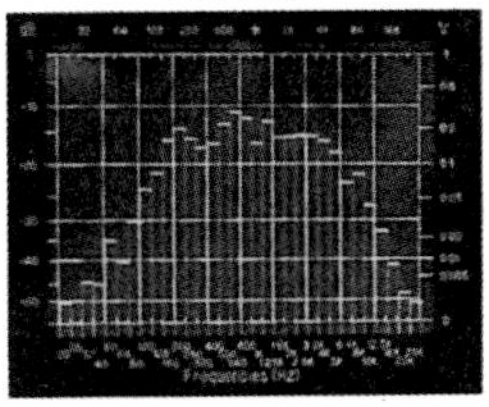

30度 f 特性

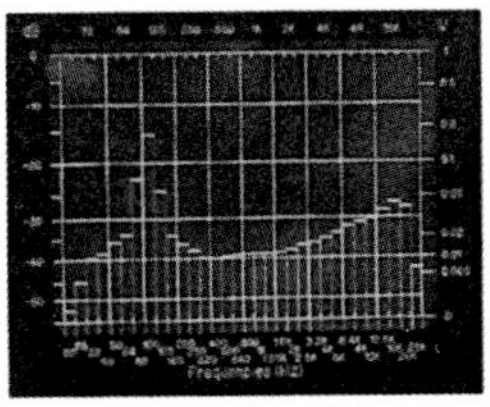

インピーダンス特性

MD-30D

●コーラル

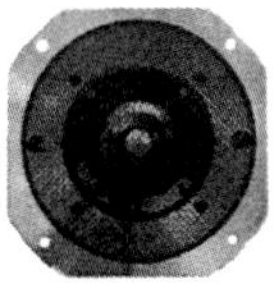

形式	6cmS DM
外形寸法	□134×135.3mm
インピーダンス	8Ω
f_0	—
Q_0	—
M_0	—
a	—
許容入力	60W
出力音圧レベル	92dB
再生帯域	800～10kHz
クロスオーバー	800kHz以上
マグネット重量	—
マグネットサイズ	φ110×17mm
総重量	1520g
バッフル開口	φ120mm

30、50、70のMDシリーズのスコーカーの中では使用帯域が最も広く、使いやすいスコーカーだ。φ60のアルミ合金ドーム、巨大なマグネット、大型バックキャビティとデラックスな仕様は最近のスコーカーには見られないもの。f_0は500Hzぐらいなので1kHzから使うのが無難。f特で見ても1.0～1.2kHzクロスがよさそうだ。指向性は鋭い方で、30度方向では6kHzから下降する。6kHzクロスが無難だが、10kHzクロスでも使える。

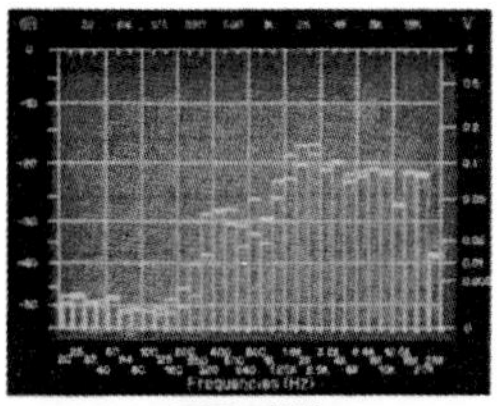

正面 f 特性

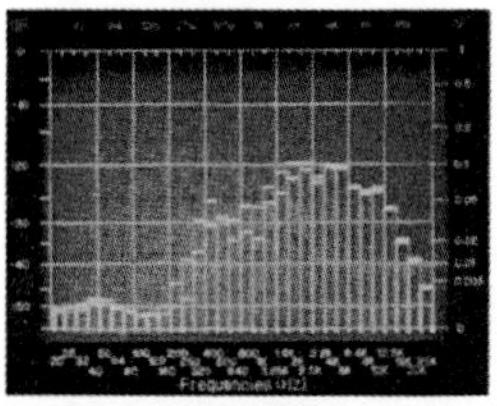

30度 f 特性

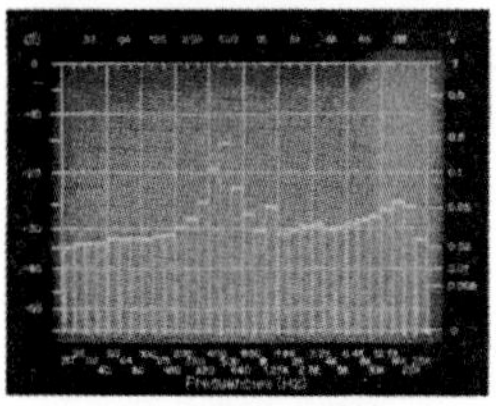

インピーダンス特性

MD-50

●コーラル

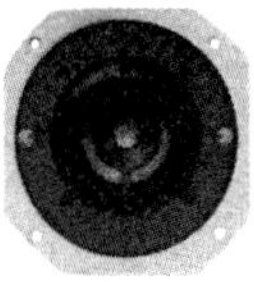

形式	7cmS DM
外形寸法	□144×143.7mm
インピーダンス	8Ω
f_0	—
Q_0	—
M_0	—
a	—
許容入力	80W
出力音圧レベル	96dB
再生帯域	800～8kHz
クロスオーバー	800kHz以上
マグネット重量	—
マグネットサイズ	φ120×17mm
総重量	1960g
バッフル開口	φ130mm

MDシリーズの標準機。外見はMD—30とそっくりだが、ひと回り大きくなっている。MD—30の拡大コピーといってもよい。φ70のアルミ合金ドーム、巨大なマグネットに大型バックキャビティ、f_0は400Hzに下がり、800Hzクロスで使えるはずだがf特で見ると1.2kHzクロスが無難の感じだ。ハイエンドは8kHzまで使える。能率が高いので、一般のウーファーとの3ウェイではアッテネーターが必要になる。

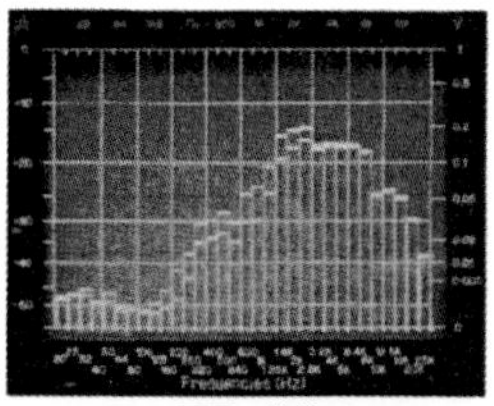

正面 f 特性

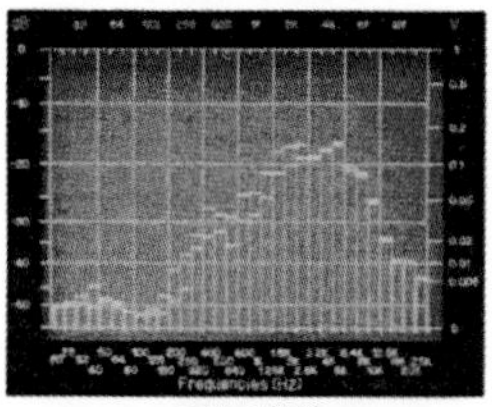

30度 f 特性

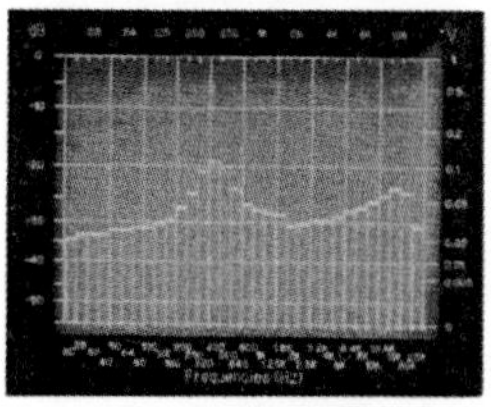

インピーダンス特性

MDM55

●Morel

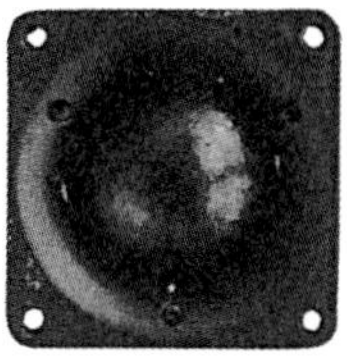

形式(メーカー呼称)	ソフトドームMID
外径寸法	□8.7×8.6cm
インピーダンス	8Ω
fo	380Hz
Qo	———
Mo	———
a	———
許容入力	200W
出力音圧レベル	90.5dB/W(m)
再生周波数帯域	500～6500Hz
メーカー推奨クロスオーバー周波数	———
マグネットサイズ	φ75×T82mm(註：解説)
バッフル開口	φ75mm/最小寸法(註：解説)
総重量	300g

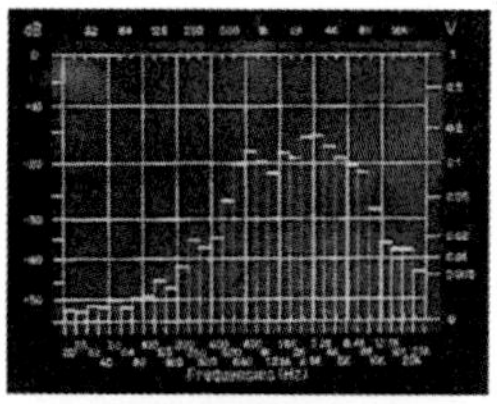

正面 f 特性

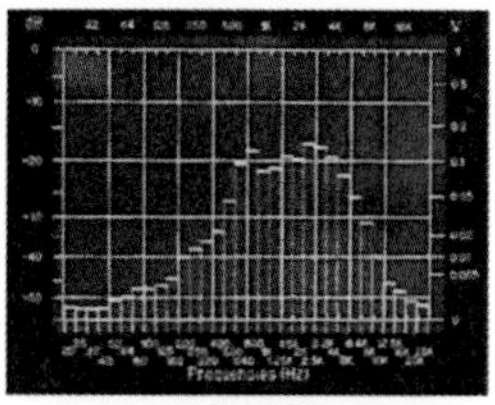

30度 f 特性

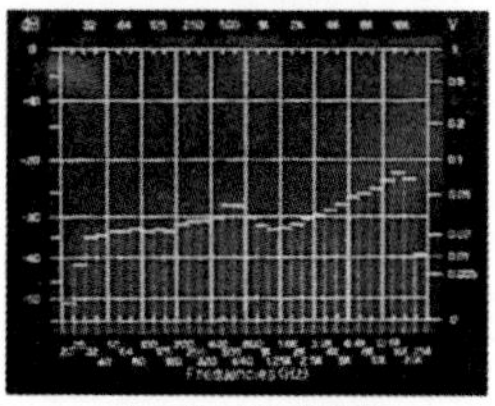

インピーダンス特性

PR-6530M8

●MAX

形式(メーカー呼称)	16cm
外径寸法	φ17.5×8.8cm
インピーダンス	———
fo	———
Qo	———
Mo	———
a	———
許容入力	50W
出力音圧レベル	———
再生周波数帯域	———
メーカー推奨クロスオーバー周波数	———
マグネットサイズ	φ108×T27mm(註：解説)
バッフル開口	φ145mm/最小寸法(註：解説)
総重量	2100g

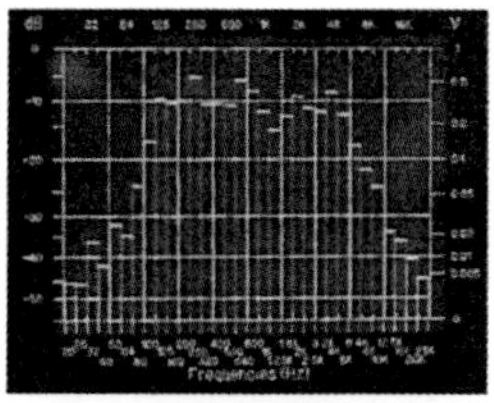

正面 f 特性

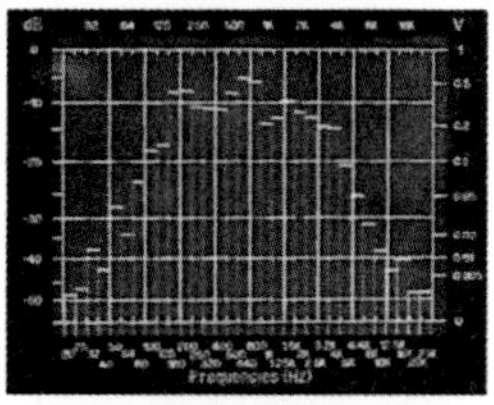

30度 f 特性

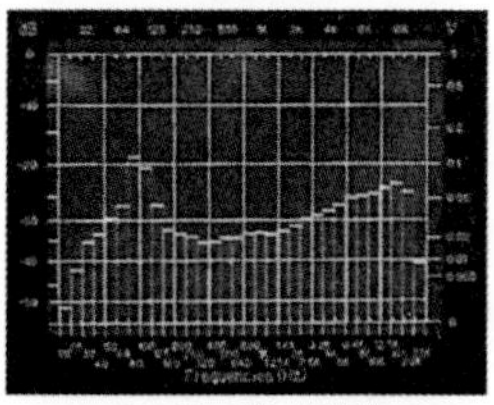

インピーダンス特性

H5.1/4

●Morel

形式(メーカー呼称)……10cm/BASS･MID
外径寸法……φ14.5×6.5cm
インピーダンス……4(8)Ω
fo……43Hz
Qo……———
Mo……———
a……———
許容入力……150W
出力音圧レベル……90dB/W(m)
再生周波数帯域……40〜4000Hz
メーカー推奨クロスオーバー周波数……———
マグネットサイズ……φ60×T24mm(註：解説)
バッフル開口……φ136mm/最小寸法(註：解説)
総重量……520g

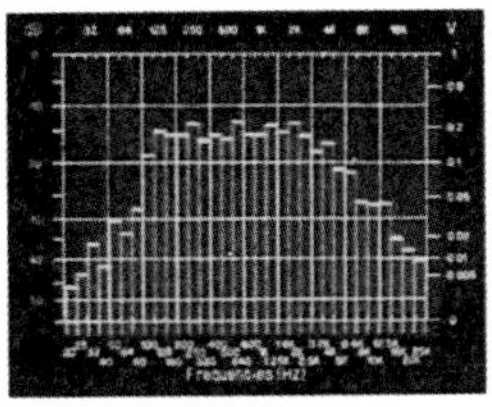

正面 f 特性

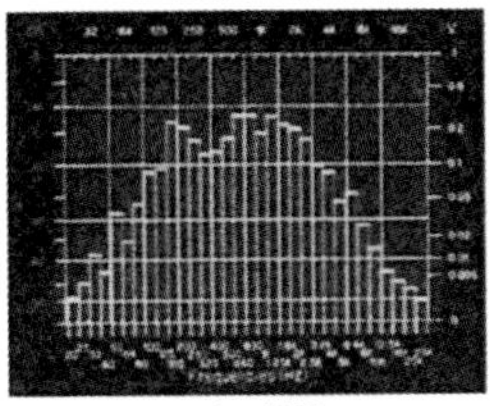

30度 f 特性

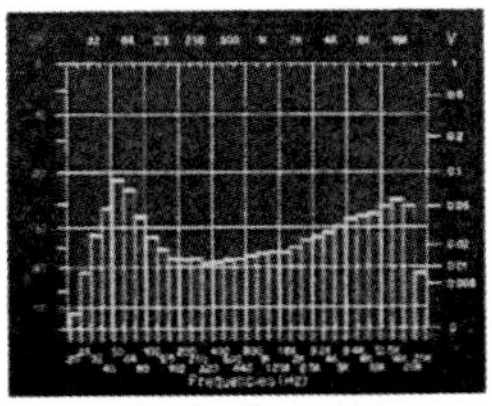

インピーダンス特性

PV-0411/8

●MAX

形式(メーカー呼称)……10cm
外径寸法……φ10.5×6.5cm
インピーダンス……8Ω
fo……———
Qo……———
Mo……———
a……———
許容入力……55W
出力音圧レベル……———
再生周波数帯域……———
メーカー推奨クロスオーバー周波数……———
マグネットサイズ……———
バッフル開口……φ9.5mm
総重量……700g

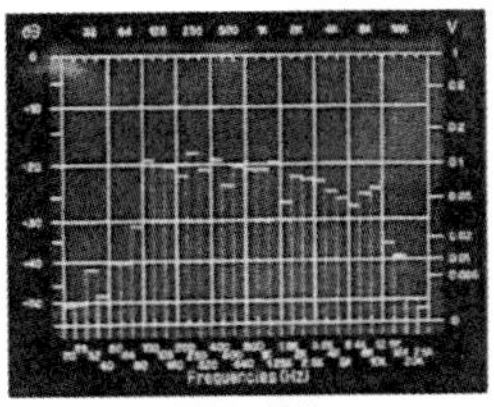

正面 f 特性

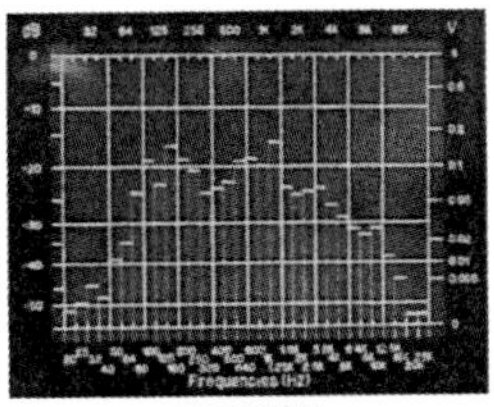

30度 f 特性

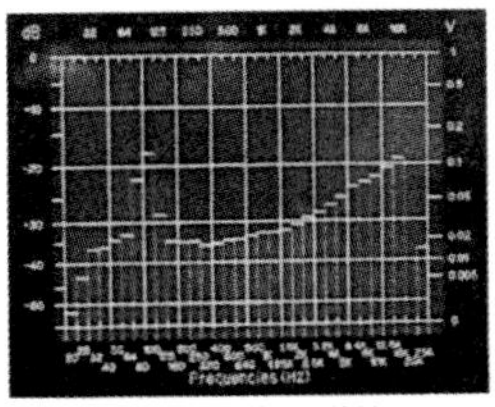

インピーダンス特性

HP100G0

●Audax

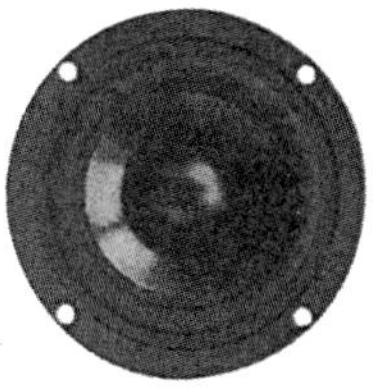

形式(メーカー呼称)……10cm/BASS･MID
外径寸法……φ11.6×5.2cm
インピーダンス……6Ω
fo……68Hz
Qo……
Mo……4.48
a……———
許容入力……30W
出力音圧レベル……87.0dB/W(m)
再生周波数帯域……———
メーカー推奨クロスオーバー周波数……———
マグネットサイズ……φ70×T14mm(註：解説)
バッフル開口……φ92mm/最小寸法(註：解説)
総重量……620g

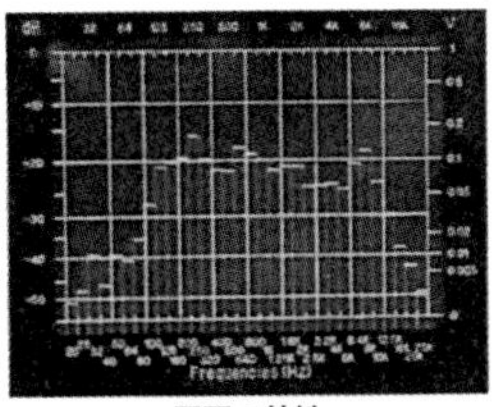

正面 f 特性

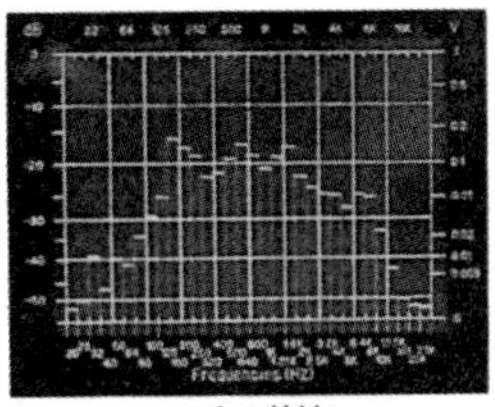

30度 f 特性

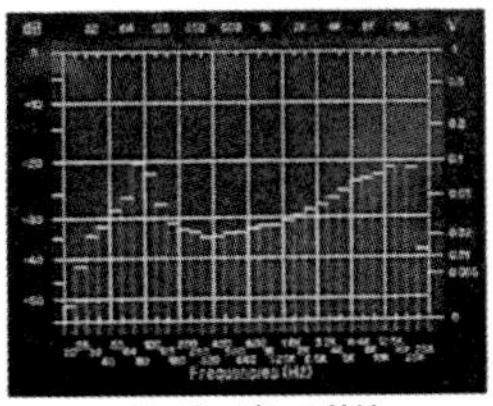

インピーダンス特性

WOOFER

ウーファー

註：口径順に記載

15W/8530K-00

●Scan-Speak

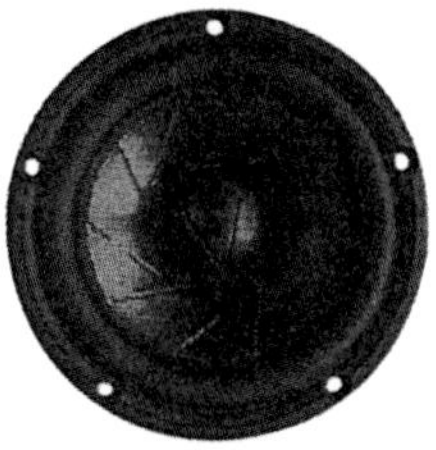

形式(メーカー呼称)………10cm/BASS・MID
外径寸法……………φ14.8×7.7cm
インピーダンス…………………8Ω
fo……………………………30Hz
Qo………………………………———
Mo………………………………———
a…………………………………———
許容入力…………………………60W
出力音圧レベル………85.5dB/2.83V(m)
再生周波数帯域…………30〜6000Hz
メーカー推奨クロスオーバー周波数…———
マグネットサイズ……φ110×T15mm(註:解説)
バッフル開口……φ125mm/最小寸法(註:解説)
総重量…………………………1600g

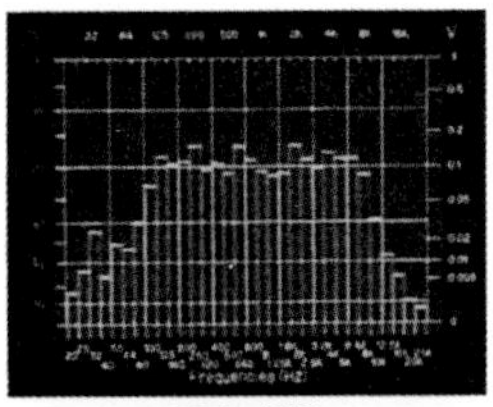

正面 f 特性

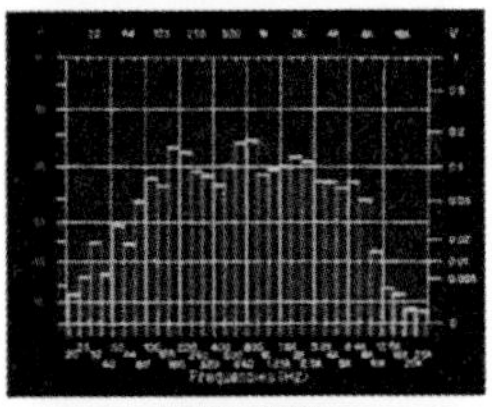

30度 f 特性

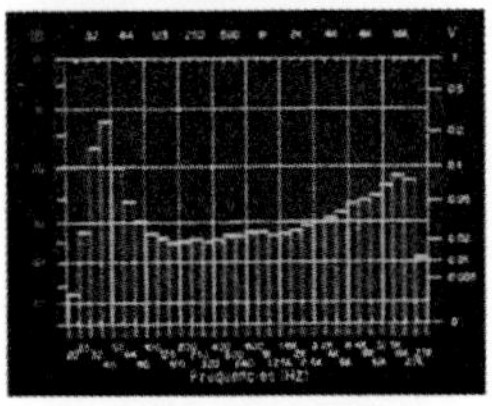

インピーダンス特性

MW144/4

●Morel

形式(メーカー呼称)………10cm/BASS・MID
外径寸法……………φ142×5.2cm
インピーダンス…………………4(8)Ω
fo……………………………45Hz
Qo………………………………———
Mo………………………………———
a…………………………………———
許容入力…………………………150W
出力音圧レベル………88dB/W(m)
再生周波数帯域…………75〜5000Hz
メーカー推奨クロスオーバー周波数…———
マグネットサイズ……………φ85.0mm(註:解説)
バッフル開口………φ120mm/最小寸法(註:解説)
総重量…………………………1000g

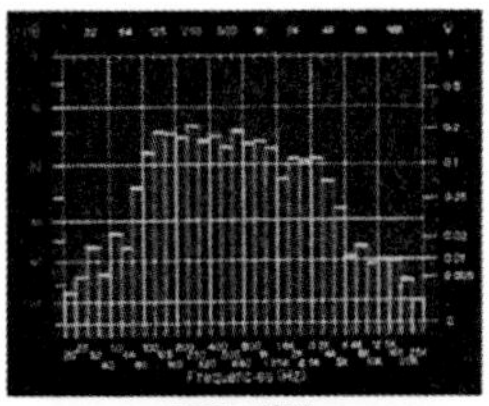

正面 f 特性

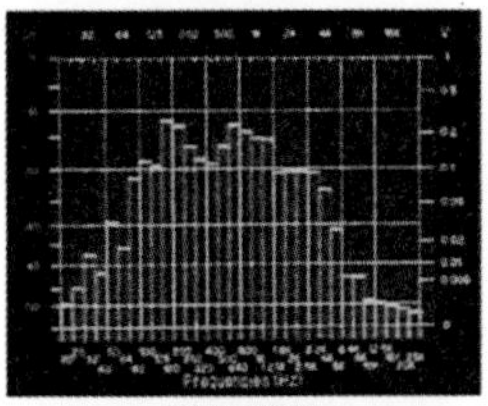

30度 f 特性

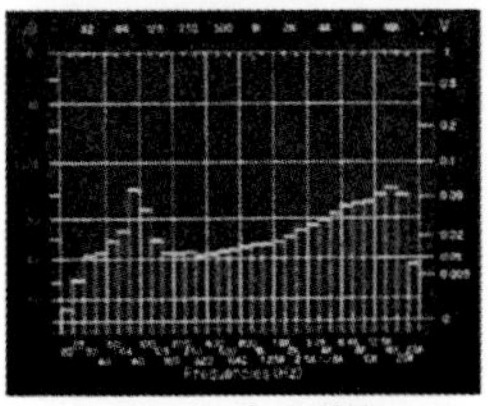

インピーダンス特性

MW114-s

●Morel

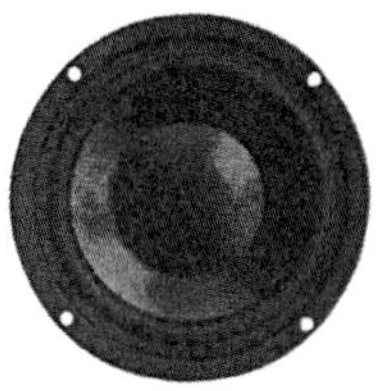

形式(メーカー呼称)………10cm/BASS・MID
外径寸法……………φ11.8×5.8cm
インピーダンス…………………4(8)Ω
fo……………………………150Hz
Qo………………………………———
Mo………………………………———
a…………………………………———
許容入力…………………………150W
出力音圧レベル………87dB/W(m)
再生周波数帯域…………55〜5500Hz
メーカー推奨クロスオーバー周波数…———
マグネットサイズ……………φ65mm(註:解説)
バッフル開口…………φ95mm/最小寸法(註:解説)
総重量…………………………500g

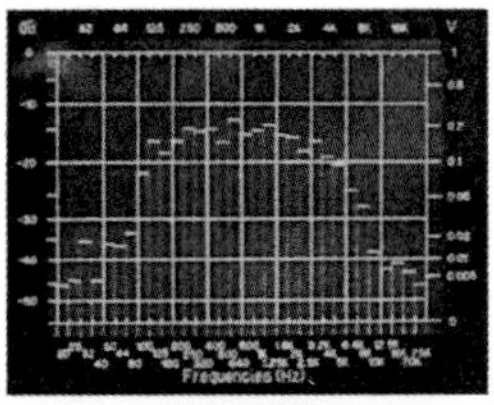

正面 f 特性

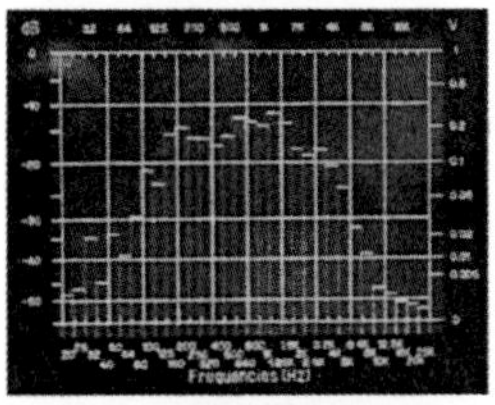

30度 f 特性

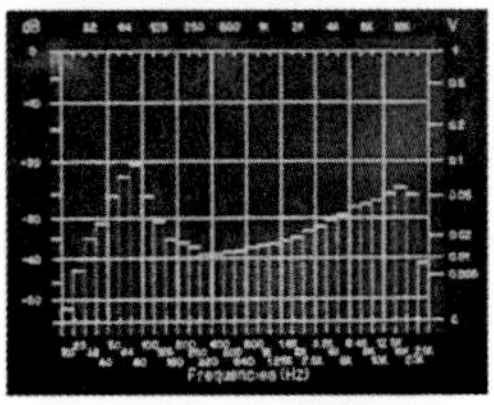

インピーダンス特性

H5.2/8

●Morel

形式(メーカー呼称)………10cm/BASS・MID
外径寸法……………φ14.5×6.5cm
インピーダンス…………………4(8)Ω
fo……………………………43Hz
Qo………………………………———
Mo………………………………———
a…………………………………———
許容入力…………………………150W
出力音圧レベル………89dB/W(m)
再生周波数帯域…………40〜3200Hz
メーカー推奨クロスオーバー周波数…———
マグネットサイズ…………φ60×T24mm(註:解説)
バッフル開口………φ136mm/最小寸法(註:解説)
総重量…………………………950g

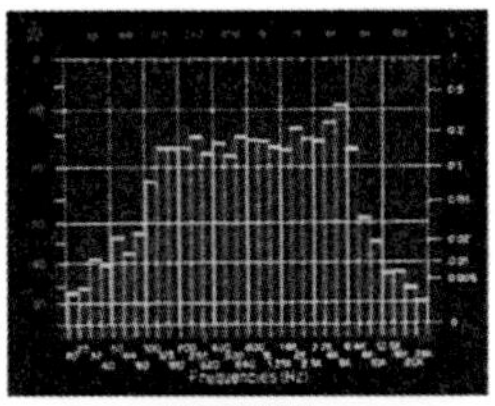

正面 f 特性

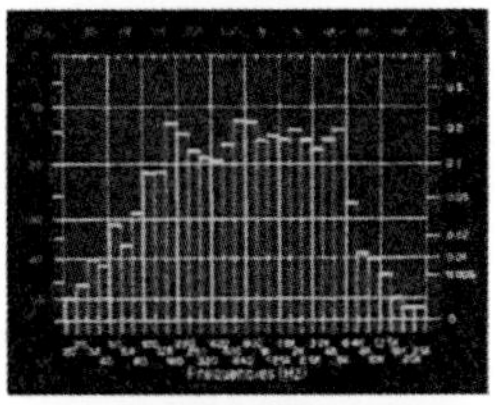

30度 f 特性

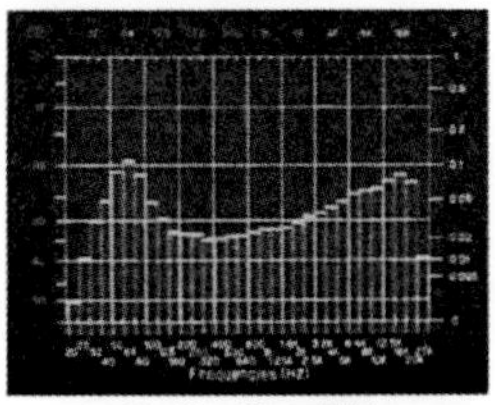

インピーダンス特性

DX400（13X2）

●RIT select

形式(メーカー呼称)	11cm/ウーファー
外径寸法	φ11.7×7.5cm
インピーダンス	8Ω
fo	66.355Hz
Qo	———
Mo	———
a	———
許容入力	60W
出力音圧レベル	84.6dB/W(m)
再生周波数帯域	45～8000Hz
メーカー推奨クロスオーバー周波数	———
マグネットサイズ	φ90×T43mm(註：解説)
バッフル開口	φ93mm/最小寸法(註：解説)
総重量	1640g

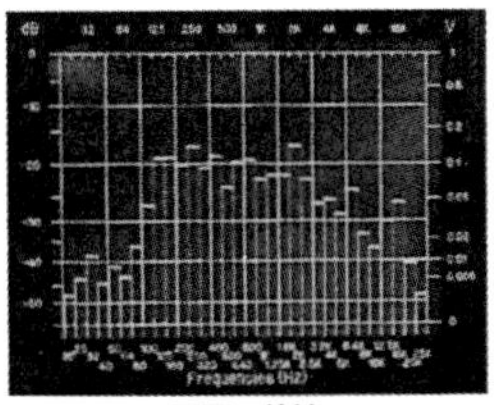

正面 f 特性

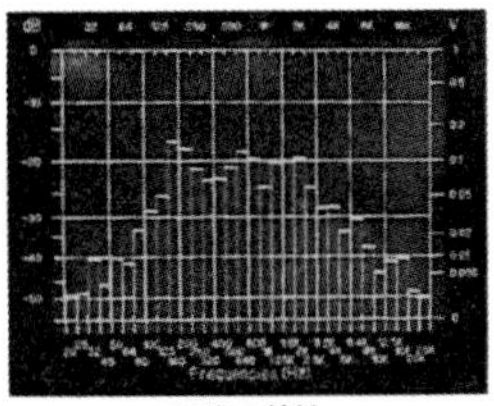

30度 f 特性

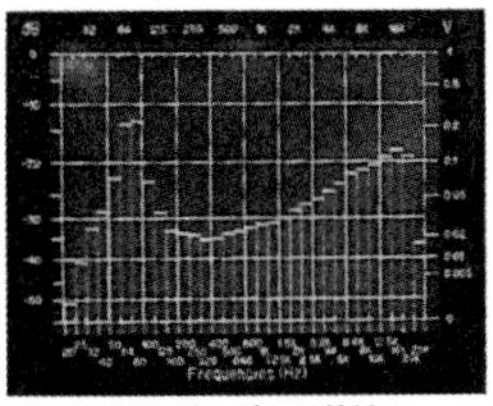

インピーダンス特性

FW108N

●フォステクス

形式	10cmW
外径寸法	φ128×72mm
インピーダンス	8Ω
f_0	55Hz
Q_0	0.26
m_0	6.9g
a	4.0cm
許容入力	50W
出力音圧レベル	86dB/W(m)
再生帯域	f_0～10kHz
クロスオーバー	8kHz以下
マグネット重量	500g
マグネットサイズ	φ100mm
総重量	1,695g
バッフル開口	φ105mm

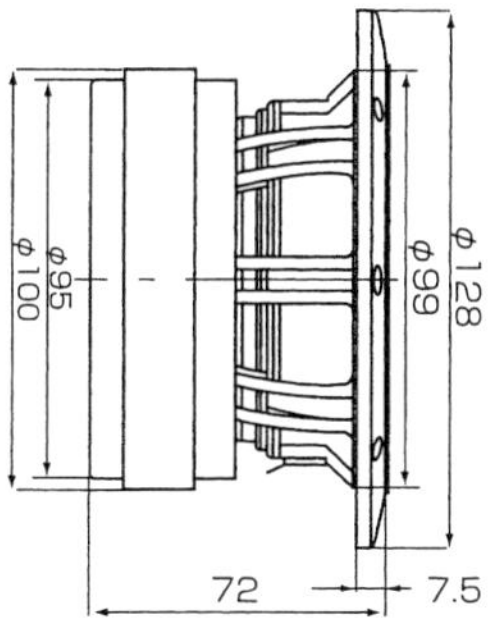

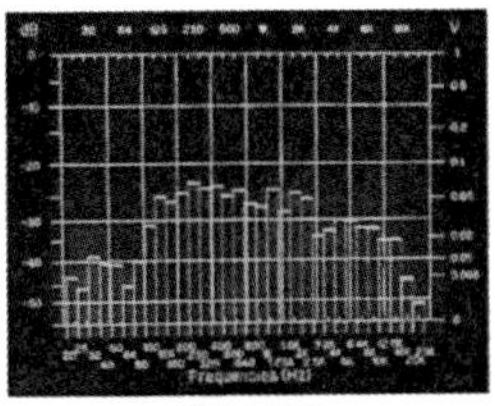

正面 f 特性

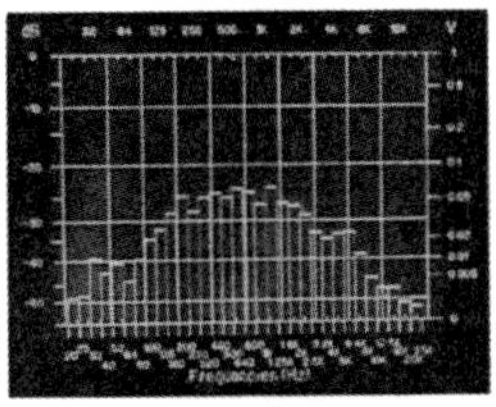

30度 f 特性

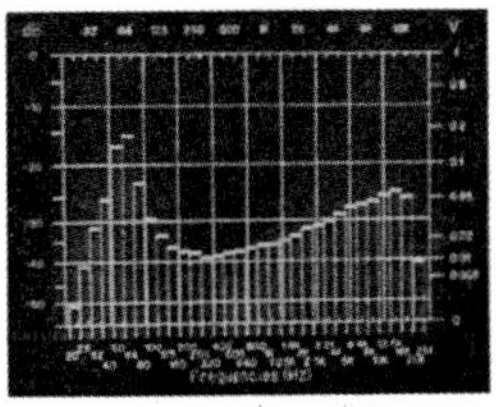

インピーダンス特性

FW108

●フォステクス

形式	10cmW
外形寸法	φ128×54mm
インピーダンス	8Ω
f_0	45Hz
Q_0	0.26
M_0	7.5
a	4cm
許容入力	50W
出力音圧レベル	84dB
再生帯域	f_0～10kHz
クロスオーバー	10kHz以下
マグネット重量	330g
マグネットサイズ	φ90×15mm
総重量	995g
バッフル開口	φ100mm

密閉なら1.5ℓで使えるミニスピーカー用のウーファー。インピーダンスが4Ωなので、倍の入力(W)になるからf特を比較する時は3dB落ちで見る。クロスオーバーは10kHz以下となっているが、3kHz以上がはっきり落ちこんでいるので、3kHzクロスが適当であろう。スーパートゥイーターではなく、ローエンドが伸びているトゥイーターとの組合せがよい。FT57DかFT27Dだろう。見かけ以上に力があり、パワーも入る。

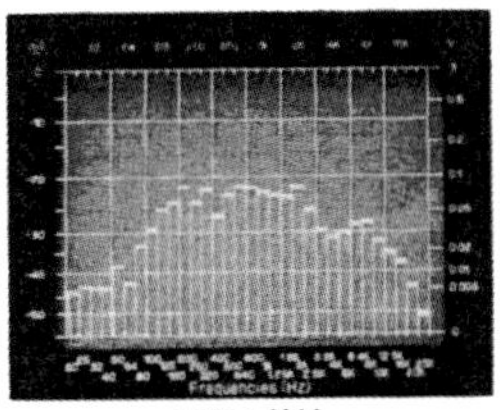

正面 f 特性

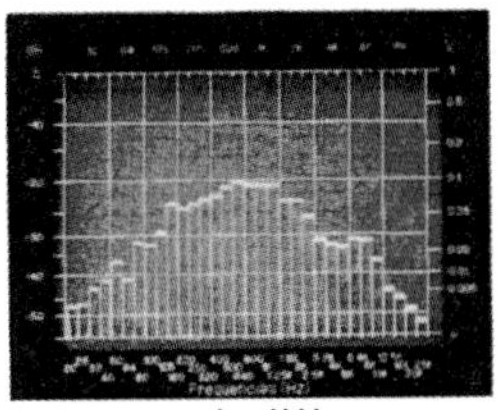

30度 f 特性

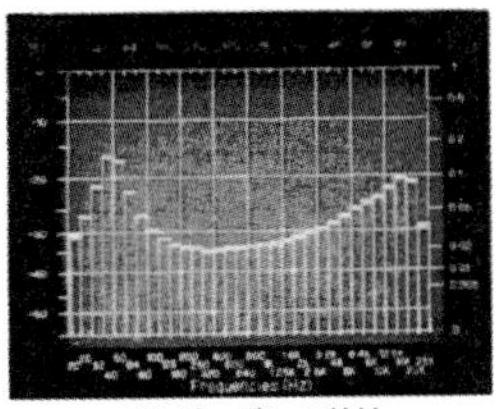

インピーダンス特性

15W/8530K-01

●Scan-Speak

形式(メーカー呼称)	10cm/BASS・MID
外径寸法	φ14.8×7.6cm
インピーダンス	8Ω
fo	30Hz
Qo	———
Mo	———
a	———
許容入力	60W
出力音圧レベル	84.5dB/2.83V(m)
再生周波数帯域	30～6000Hz
メーカー推奨クロスオーバー周波数	———
マグネットサイズ	φ90×T15mm(註：解説)
バッフル開口	φ125mm/最小寸法(註：解説)
総重量	1300g

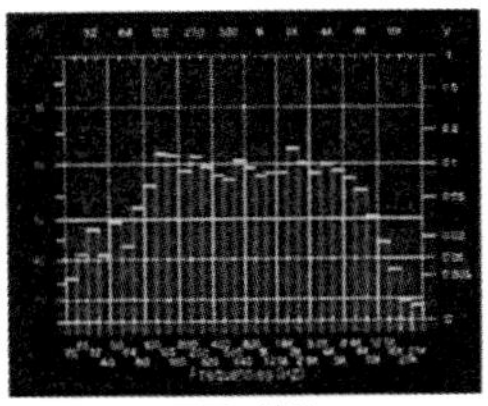

正面 f 特性

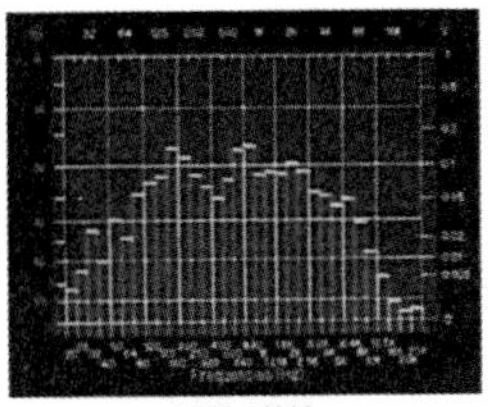

30度 f 特性

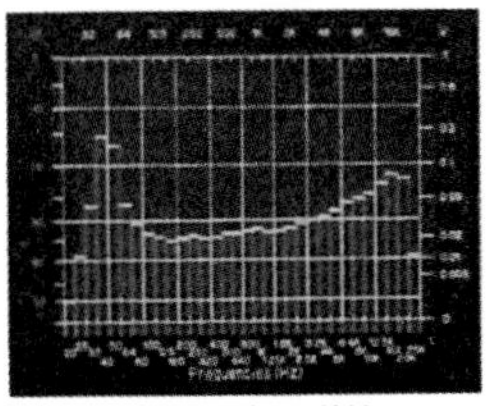

インピーダンス特性

W11CY001

●SEAS

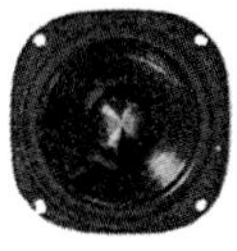

形式……11cmW
外形寸法……□107×54mm
インピーダンス……8Ω
f_0……65Hz
Q_0……0.34
M_0……5.5
a……——
許容入力……——
出力音圧レベル……86dB／W(m)
再生帯域……45Hz～4kHz
クロスオーバー……4kHz以下
マグネット重量……——
マグネットサイズ……φ88×27mm
総重量……1250g
バッフル開口……φ96mm

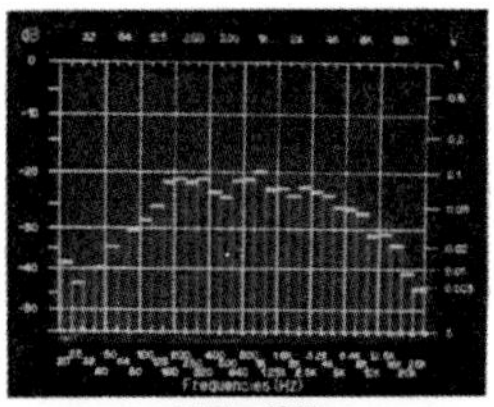

正面f特性

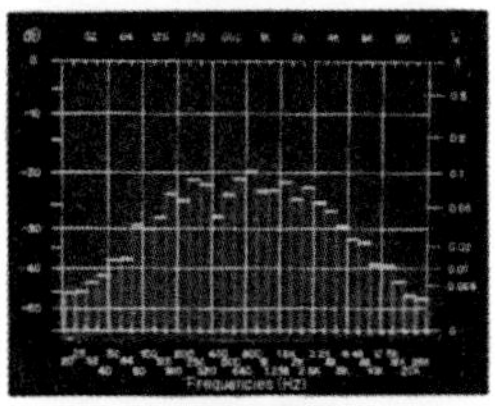

30度f特性

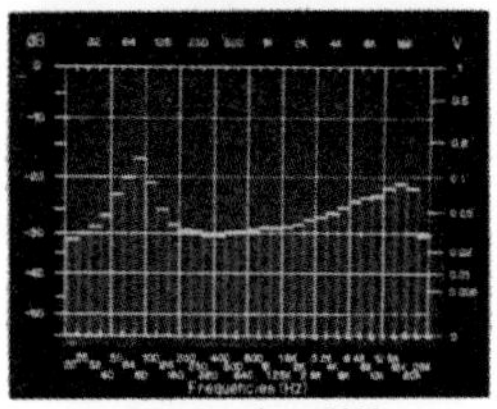

インピーダンス特性

P11RCY/P

●SEAS

形式……11cmW
外形寸法……□110×60mm
インピーダンス……6Ω
f_0……55Hz
Q_0……0.28
M_0……6.5
a……4.4cm
許容入力……50W
出力音圧レベル……86dB
再生帯域……45～4kHz
クロスオーバー……——
マグネット重量……420g
マグネットサイズ……φ93×17mm
総重量……1185g
バッフル開口……φ95mm

マグネシウム・ダイキャストフレームに、大型マグネットの強力型ウーファー、コーンはポリプロピレン系。フェーズプラグつき。センターポール直結の、コーンとは非接触の砲弾型のモールドで、位相補整とボイスコイルの放熱に一役買っている。f_0は64Hz、Q_0は低そうだ。f特は1kHzに谷があるが、4kHz以上なだらかに落ちており使いやすい。クロスオーバーは1～5kHz。ソフトドーム・トゥイーターとの2ウェイが適当、しなやかな音である。

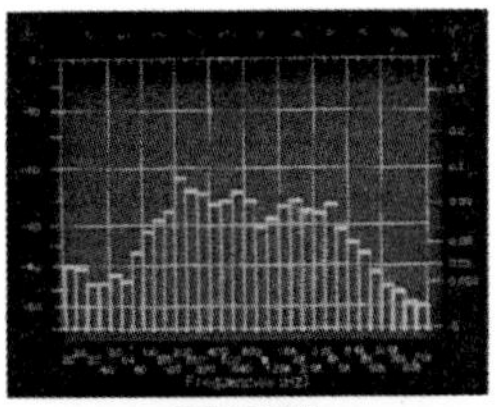

正面f特性

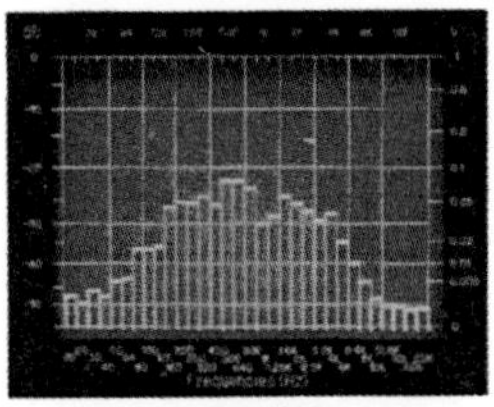

30度f特性

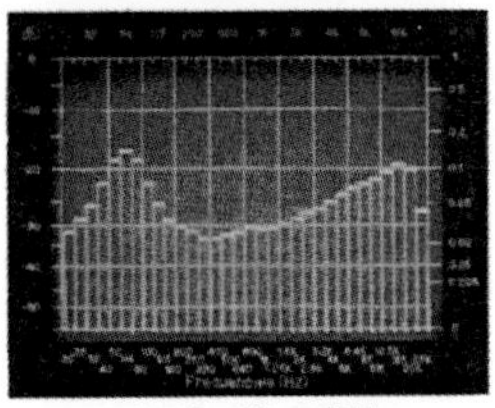

インピーダンス特性

CA11RCY

●SEAS

形式……11cmW
外形寸法……□110×60mm
インピーダンス……7Ω
f_0……——
Q_0……——
M_0……——
a……4.4cm
許容入力……60W
出力音圧レベル……86dB
再生帯域……45～5kHz
クロスオーバー……——
マグネット重量……420g
マグネットサイズ……φ93×17mm
総重量……1180g
バッフル開口……φ99mm

マグネシウム・ダイキャストフレーム、大型マグネットの強力型ウーファー。センターキャップつきのパルプコーンとオーソドックス。f_0は64Hz、Q_0は低そうだ。高域はなだらかに落ちており、30度方向の特性もいい。クロスオーバー周波数は5kHz以下で選べる。5kHzクロスならスルーでも使える。P11RCY／Pに比べると1kHzのディップがないので使いやすい。わりとハードな感じの音である。

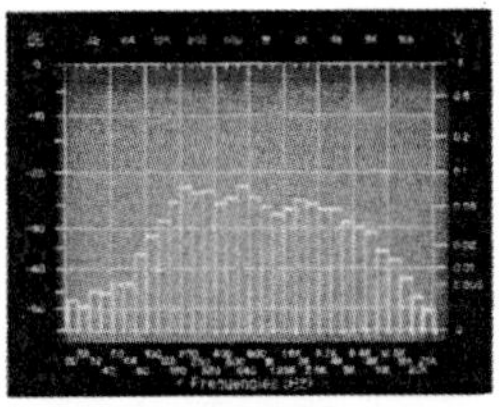

正面f特性

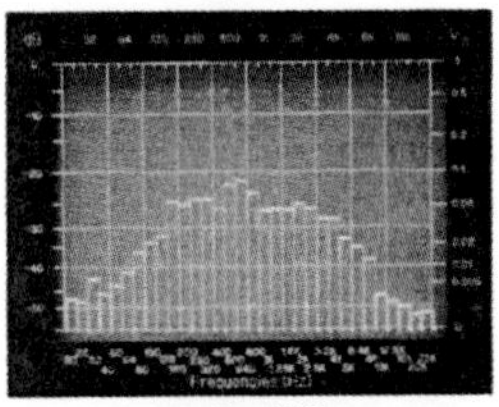

30度f特性

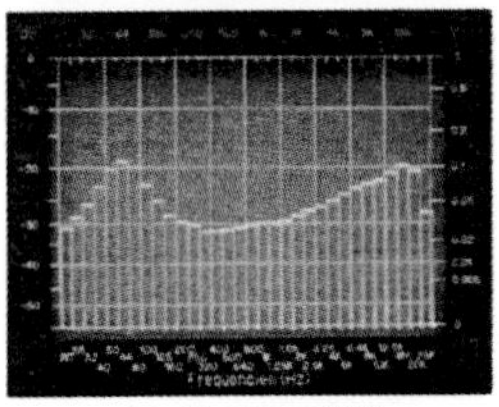

インピーダンス特性

DX40010R-2C25

●RIT select

形式(メーカー呼称)……11cm/ウーファー
外径寸法……φ10.5×6.0cm
インピーダンス……8Ω
fo……65.96Hz
Qo……———
Mo……———
a……———
許容入力……40W
出力音圧レベル……85.5dB/W(m)
再生周波数帯域……45～14000Hz
メーカー推奨クロスオーバー周波数……———
マグネットサイズ……φ80×T27mm(註：解説)
バッフル開口……φ81mm/最小寸法(註：解説)
総重量……790g

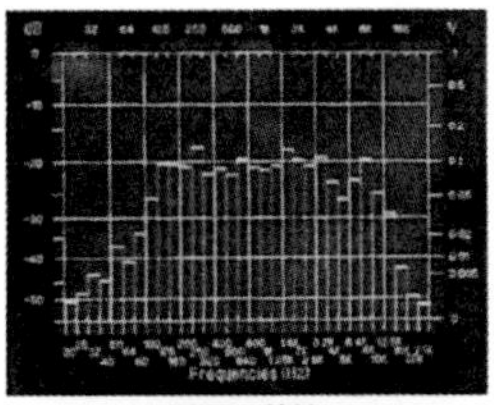

正面f特性

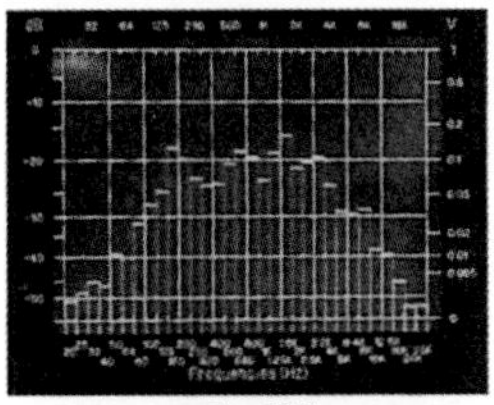

30度f特性

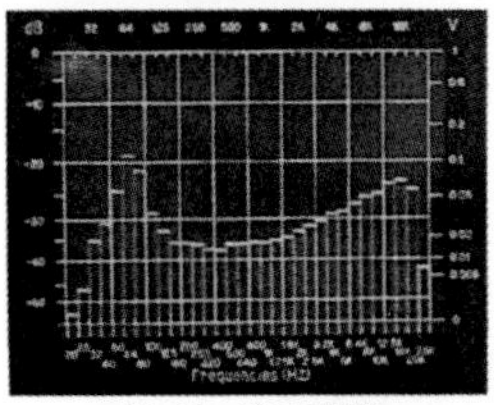

インピーダンス特性

AC-130F1

●AurumCantus

形式(メーカー呼称)	13cm/ウーファー
外径寸法	□14.0×7.2cm
インピーダンス	8Ω
fo	―――
Qo	―――
Mo	―――
a	―――
許容入力	60W
出力音圧レベル	89dB/W(m)
再生周波数帯域	38～7000Hz
メーカー推奨クロスオーバー周波数	―――
マグネットサイズ	φ102×T20mm(註：解説)
バッフル開口	φ124mm/最小寸法(註：解説)
総重量	1400g

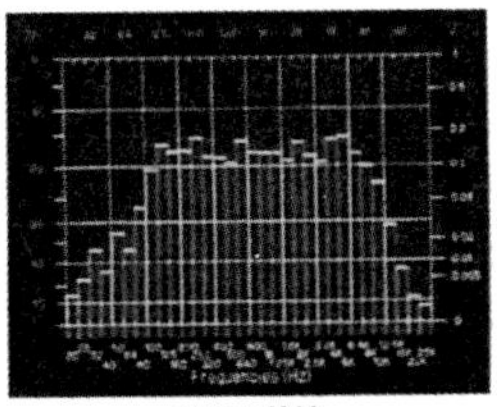

正面 f 特性

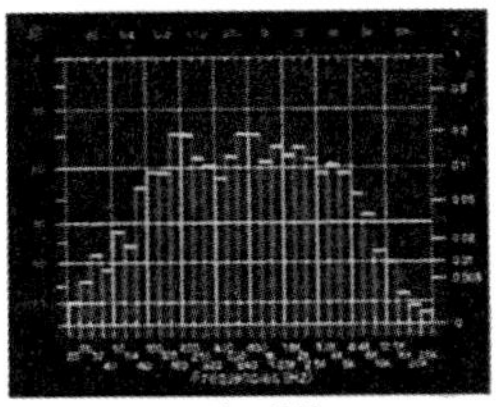

30度 f 特性

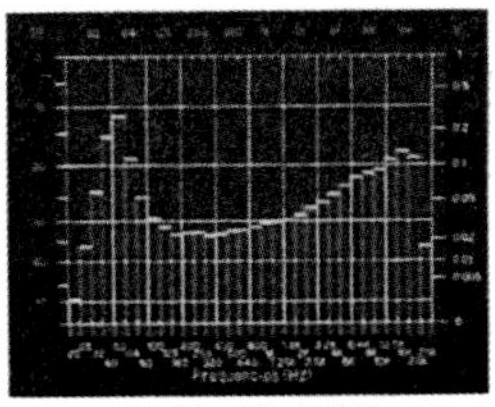

インピーダンス特性

AC-130Mk2

●AurumCantus

形式(メーカー呼称)	13cm/ウーファー
外径寸法	□14.0×7.2cm
インピーダンス	8Ω
fo	―――
Qo	―――
Mo	―――
a	―――
許容入力	60W
出力音圧レベル	90dB/W(m)
再生周波数帯域	38～7000Hz
メーカー推奨クロスオーバー周波数	―――
マグネットサイズ	φ102×T20mm(註：解説)
バッフル開口	φ□124mm/最小寸法(註：解説)
総重量	1400g

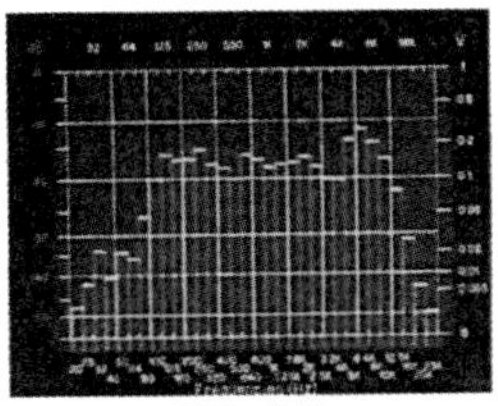

正面 f 特性

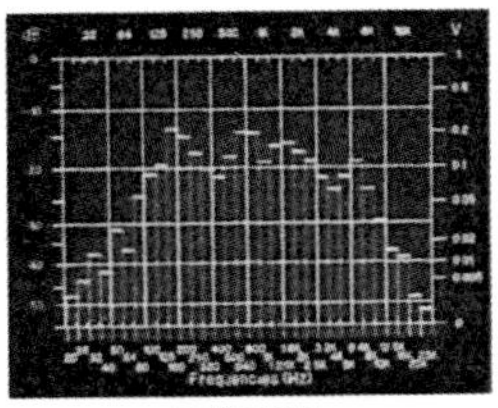

30度 f 特性

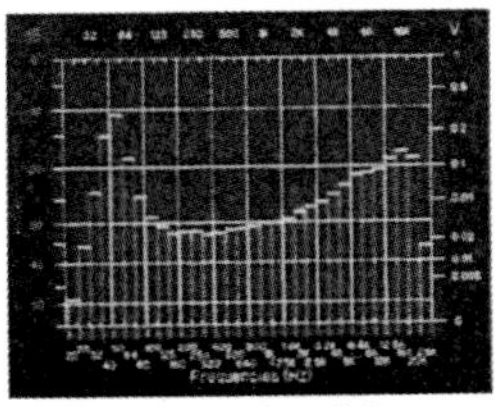

インピーダンス特性

JX125

●ジョーダン

形式	12.5cmW
外形寸法	φ170×106mm
インピーダンス	6Ω
f_0	30Hz
Q_0	0.45
M_0	12.94
a	――
許容入力	100W
出力音圧レベル	87.8dB／W(m)
再生帯域	――
クロスオーバー	――
マグネット重量	――
マグネットサイズ	――
総重量	1200g
バッフル開口	――

アルミコーンの16cmウーファー。m_0が小さくフルレンジに近いウーファーで、軸上では10kHzまでのびている。インピーダンス特性オーソドックスな形で、f_0は55Hzぐらいになっている。$m_0$13gで30Hzは無理だろう。軸上では3kHzを中心にした谷があるが、30度では1.6kHz以上だら下がりのf特になる。クロスオーバー周波数は1.2kHz以下。推奨エンクロージュアは18～54ℓと大きめだがフルレンジ的な特性を生かすためだろう。

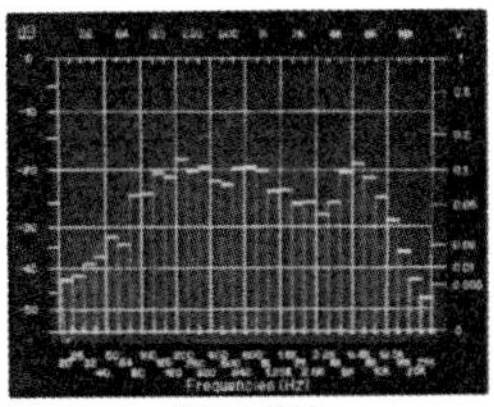

正面 f 特性

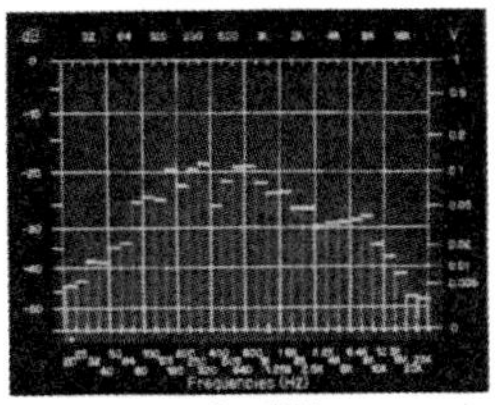

30度 f 特性

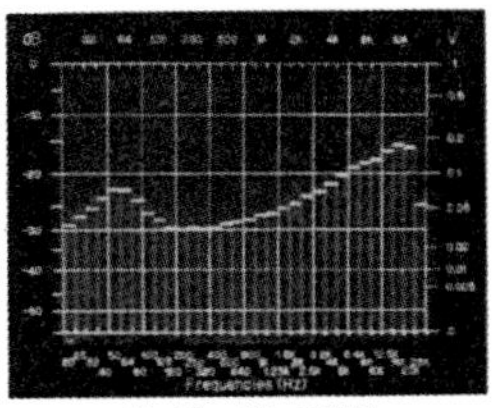

インピーダンス特性

FW127

●フォステクス

形式	12cmW
外形寸法	□123×68.5mm
インピーダンス	8Ω
f_0	45Hz
Q_0	0.35
M_0	7
a	4.6cm
許容入力	50W
出力音圧レベル	87dB
再生帯域	f_0～10kHz
クロスオーバー	――
マグネット重量	384g
マグネットサイズ	φ90×37mm
総重量	1,120g
バッフル開口	φ104mm

7シリーズは防磁タイプで、コーンはポリプロピレン系、8シリーズとは対照的な設計である。角型フレームはバッフルの小型化に有効だが、バッフルとの接触は8シリーズの方が確かだ。しなやかさのあるPPコーンがトーンキャラクターを支配、8シリーズに比べるとマイルドで、低域はソフトタッチ、中高域はしなやかで艶がある。ローパスフィルターなしで、フルレンジ＋トゥイーターという形でも使える。f_0は規格より高め。

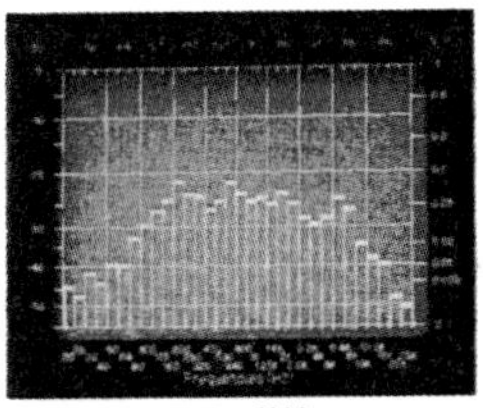

正面 f 特性

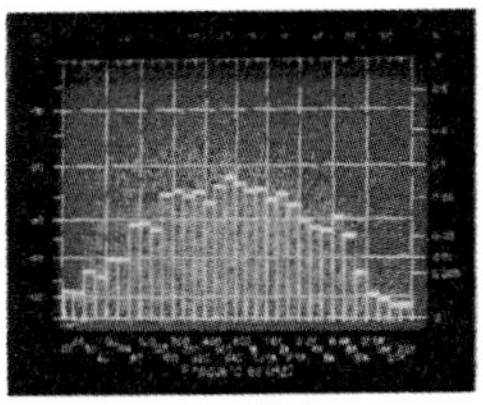

30度 f 特性

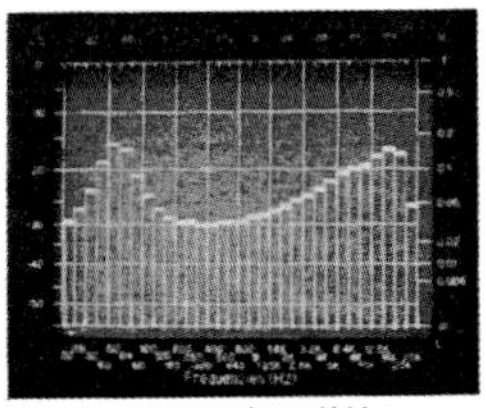

インピーダンス特性

PV-0511/4

●MAX

形式(メーカー呼称)	13cm
外径寸法	φ13.5×7.5cm
インピーダンス	4Ω
fo	———
Qo	———
Mo	———
a	———
許容入力	55W
出力音圧レベル	———
再生周波数帯域	———
メーカー推奨クロスオーバー周波数	———
マグネットサイズ	φ80×T15mm(註：解説)
バッフル開口	φ123mm/最小寸法(註：解説)
総重量	720g

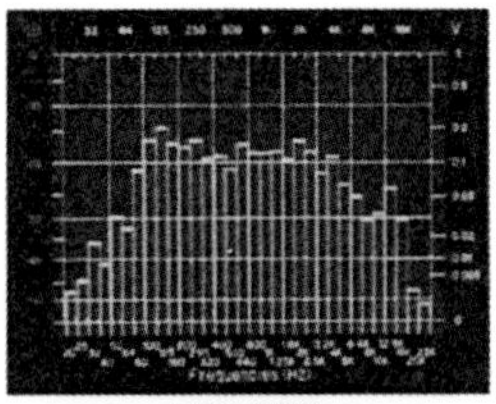

正面 f 特性

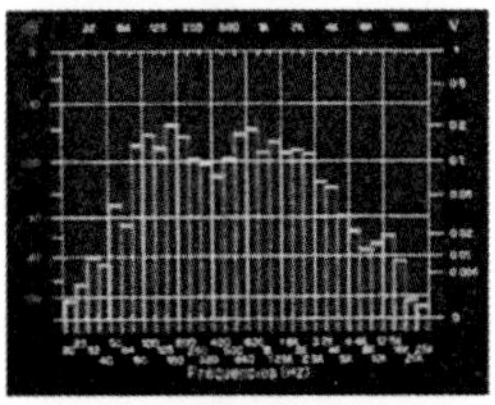

30度 f 特性

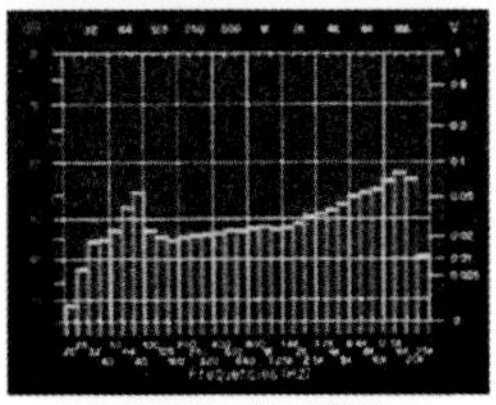

インピーダンス特性

MF130-75H/4

●MAX

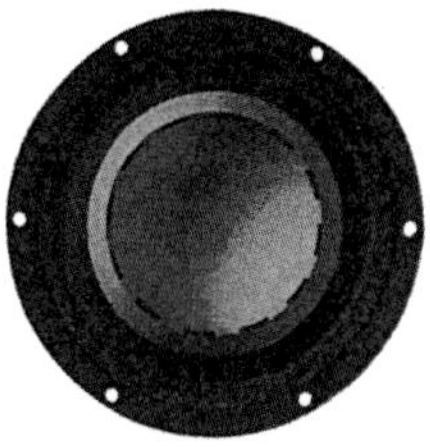

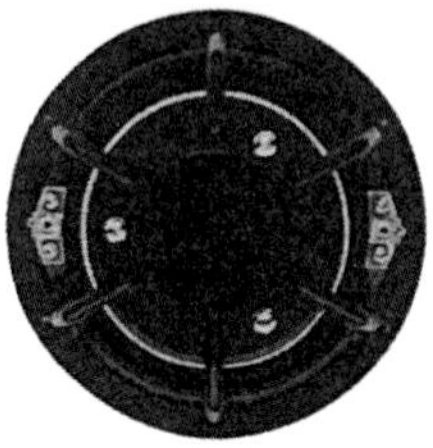

形式(メーカー呼称)	13cm
外径寸法	φ14.4×6.7cm
インピーダンス	4Ω
fo	———
Qo	———
Mo	———
a	———
許容入力	130W
出力音圧レベル	———
再生周波数帯域	———
メーカー推奨クロスオーバー周波数	———
マグネットサイズ	φ84×T25mm(註：解説)
バッフル開口	φ124mm/最小寸法(註：解説)
総重量	1100g

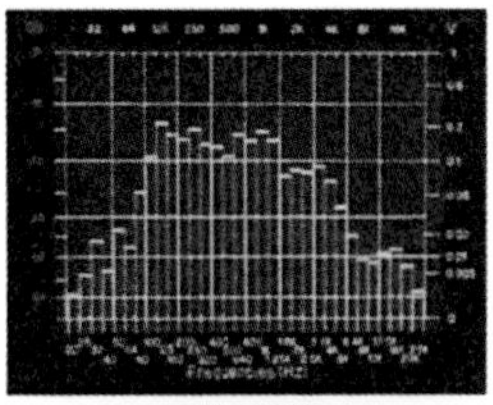

正面 f 特性

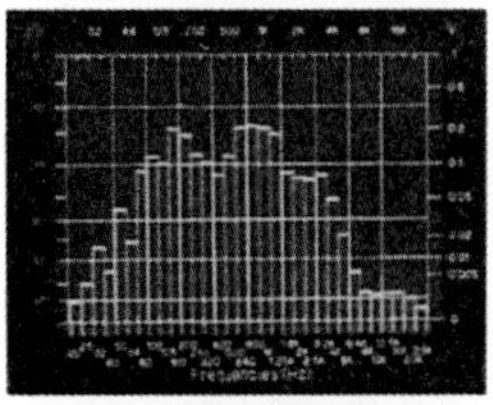

30度 f 特性

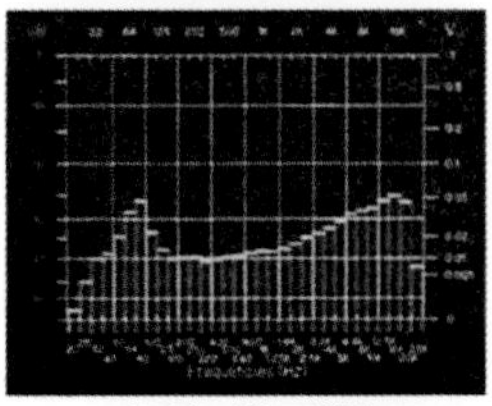

インピーダンス特性

MF130-75L/8

●MAX

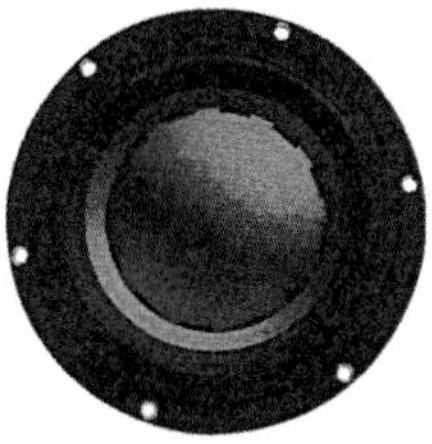

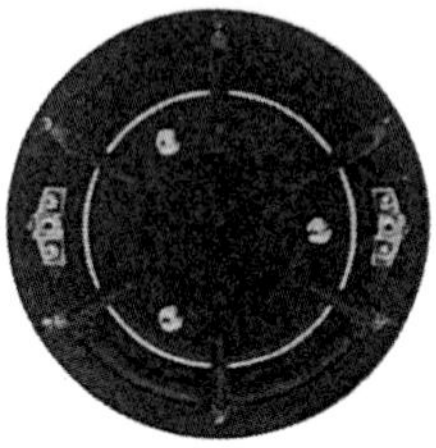

形式(メーカー呼称)	13cm
外径寸法	φ14.4×6.7cm
インピーダンス	8Ω
fo	———
Qo	———
Mo	———
a	———
許容入力	130W
出力音圧レベル	———
再生周波数帯域	———
メーカー推奨クロスオーバー周波数	———
マグネットサイズ	φ84×T25mm(註：解説)
バッフル開口	φ124mm/最小寸法(註：解説)
総重量	1100g

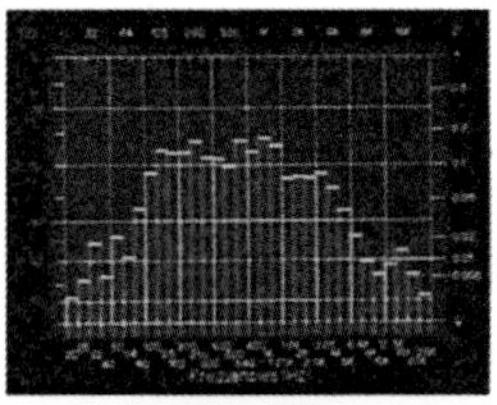

正面 f 特性

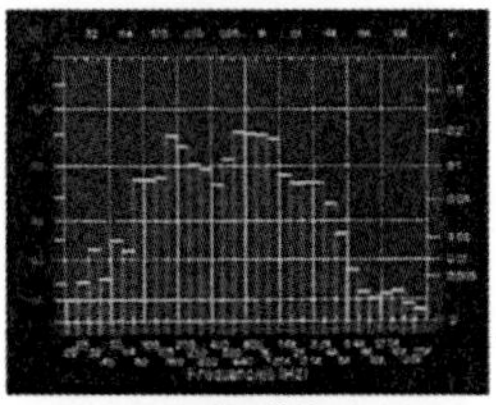

30度 f 特性

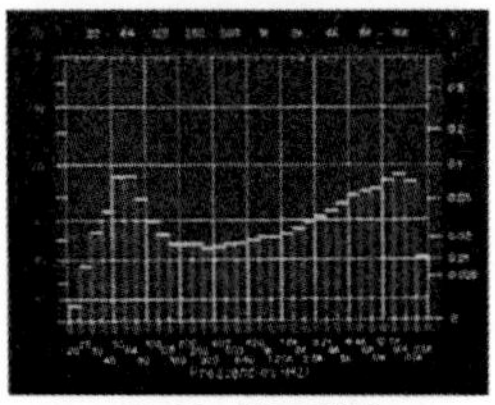

インピーダンス特性

LW5004KGR

●DYNAVOX

形式	13cmW
外形寸法	φ145×67mm
インピーダンス	6Ω
f_0	45Hz
Q_0	0.6
M_0	15
a	5.25cm
許容入力	150W
出力音圧レベル	84dB
再生帯域	45～8kHz
クロスオーバー	——
マグネット重量	304g
マグネットサイズ	φ83×27mm(カバー)
総重量	1680g
バッフル開口	φ127mm

台湾製のウーファーで、どう見ても高級品である。ダイキャストフレームは複雑な構造で磁気回路をフランジに引付ける方式。コーンはケブラーとグラスファイバーの混紡で、セミドーム型、φ75という巨大なボイスコイルで駆動するので、分割振動しにくく、f特はスムーズである。f_0は50Hzと低いが、Q_0は0.6、能率も低く、トゥイーターはアッテネーターが必要。スルーで使っても2kHzクロスが可能だが、トゥイーターはレンジの広いものが必要、密閉向き。

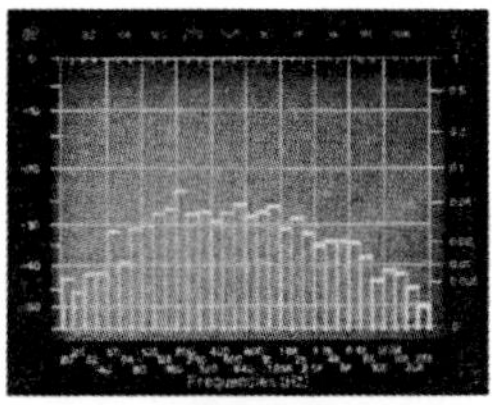

正面 f 特性

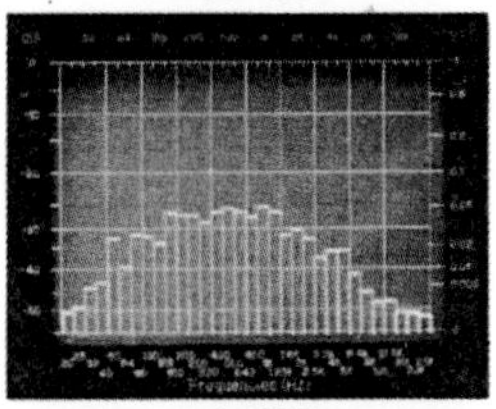

30度 f 特性

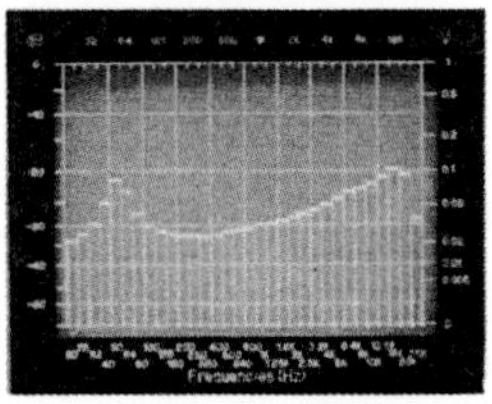

インピーダンス特性

KSW5029

●UsherAudio

形式(メーカー呼称)………14cm/防磁型ウーファー
外径寸法……………□13.2×8.0cm
インピーダンス……………………8Ω
fo……………………………………———
Qo…………………………………———
Mo…………………………………———
a……………………………………———
許容入力……………………………50W
出力音圧レベル………86dB/W(m)
再生周波数帯域…………50〜3000Hz
メーカー推奨クロスオーバー周波数…———
マグネットサイズ……φ97×T40mm(註:解説)
バッフル開口……φ110mm/最小寸法(註:解説)
総重量……………………………1700g

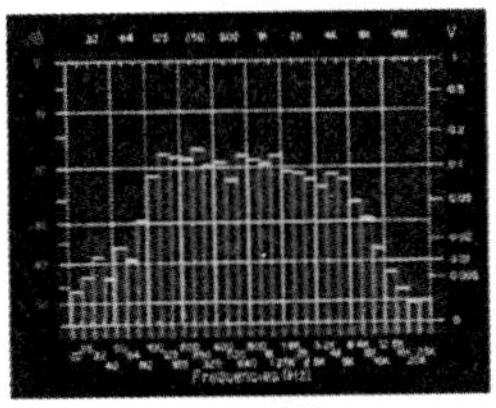

正面 f 特性

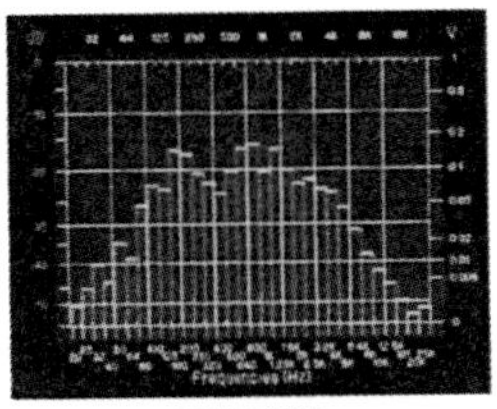

30度 f 特性

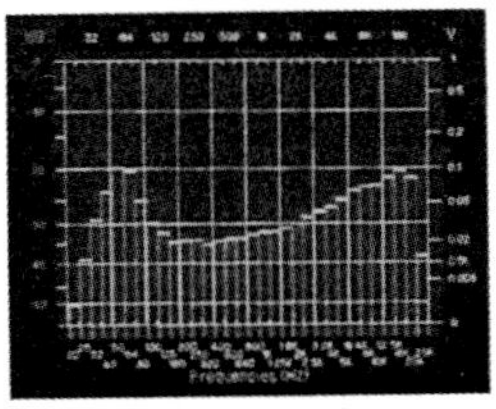

インピーダンス特性

RE-HEX05DC

●RIT select

形式(メーカー呼称)………14cm/ウーファー
外径寸法……………□13.5×7.5cm
インピーダンス……………………8Ω
fo……………………………………———
Qo…………………………………———
Mo…………………………………———
a……………………………………———
許容入力……………………………100W
出力音圧レベル………91dB/W(m)
再生周波数帯域…………fo〜5000Hz
メーカー推奨クロスオーバー周波数…———
マグネットサイズ………φ100×T20mm(註:解説)
バッフル開口………φ120mm/最小寸法(註:解説)
総重量……………………………1430g

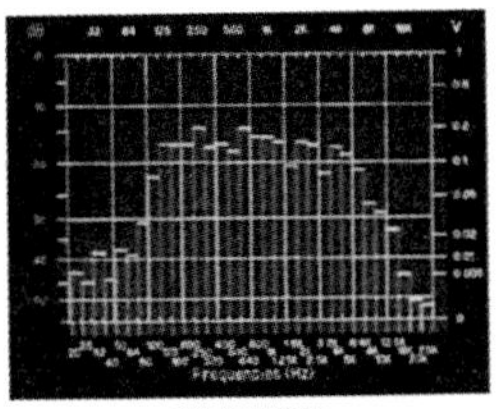

正面 f 特性

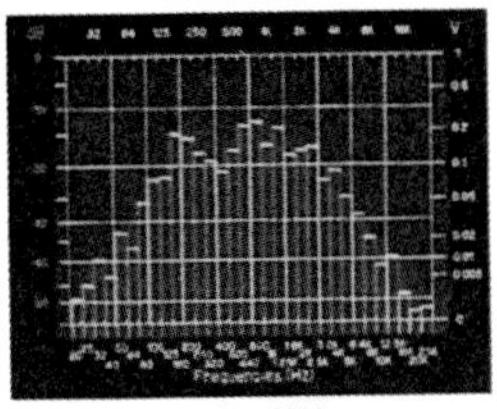

30度 f 特性

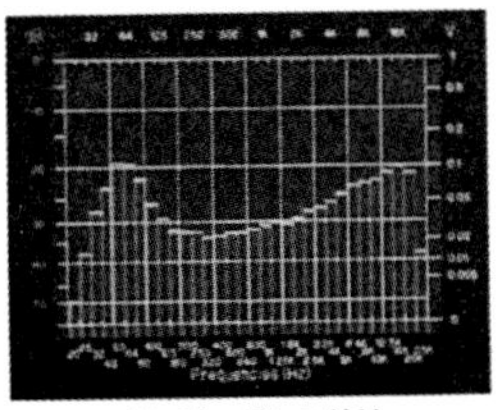

インピーダンス特性

RE-AL05DC-02

●RIT select

形式(メーカー呼称)………14cmウーファー
外径寸法……………□13.5×7.5cm
インピーダンス……………………8Ω
fo……………………………………———
Qo…………………………………———
Mo…………………………………———
a……………………………………———
許容入力……………………………85W
出力音圧レベル……87.8dB/W(m)
再生周波数帯域…………fo〜5000Hz
メーカー推奨クロスオーバー周波数…———
マグネットサイズ………φ100×T20mm(註:解説)
バッフル開口………φ120mm/最小寸法(註:解説)
総重量……………………………1390g

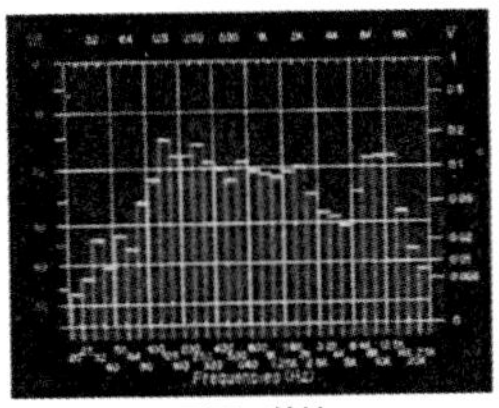

正面 f 特性

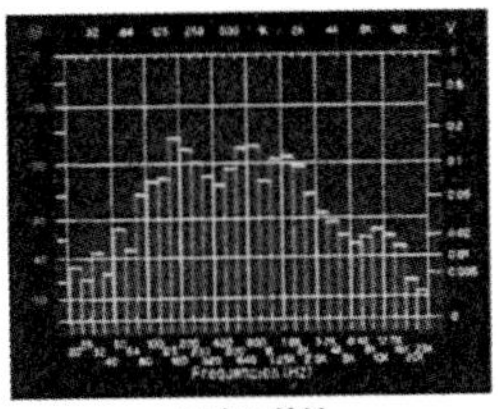

30度 f 特性

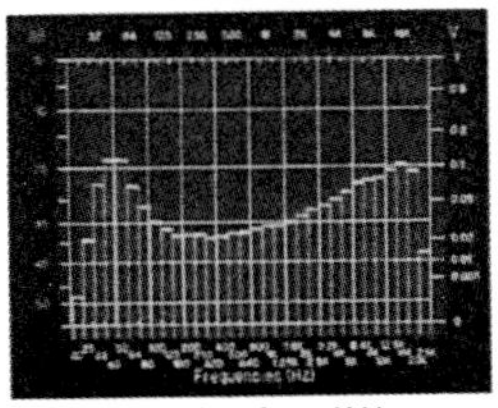

インピーダンス特性

P14RCY

●SEAS

形式……………………………13cmW
外形寸法……………□133×73mm
インピーダンス……………………6Ω
f_0……………………………………40Hz
Q_0……………………………………0.24
M_0……………………………………7
a……………………………………5cm
許容入力……………………………50W
出力音圧レベル……………………90dB
再生帯域……………………45〜4kHz
クロスオーバー…………………——
マグネット重量……………………420g
マグネットサイズ………φ93×17mm
総重量……………………………1280g
バッフル開口…………………φ116mm

ダイキャストフレームの13cmウーファー。コーンはポリプロピレン系、センターキャップは塩ビである。マグネットは11シリーズと共通。f_0は55Hzぐらい。400Hzと、1.3kHzにディップがあるが、2kHz以上はなだらかに下降、3kHzクロスまで使える。11シリーズの兄貴分なのに¥5500と割安、また、このウーファーはソナス・ファベール/コンチェルティーノにも使われているが、クロスは2.6kHzになっている。

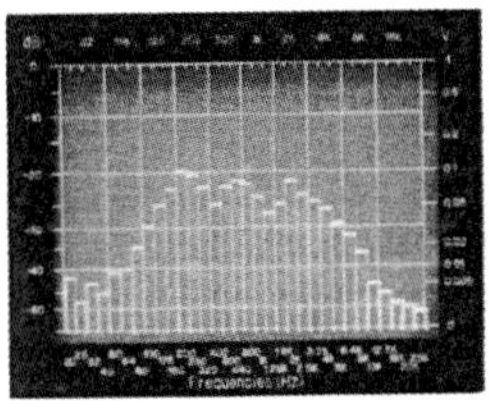

正面 f 特性

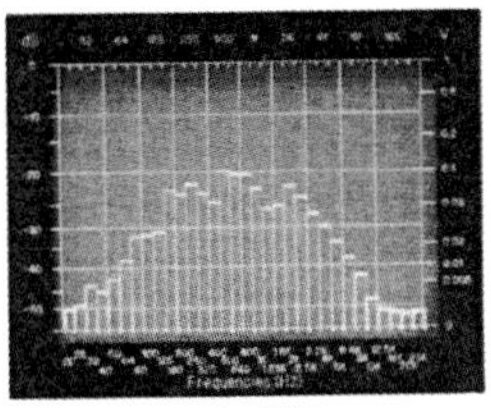

30度 f 特性

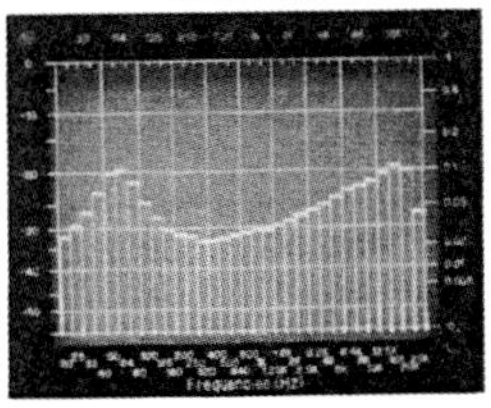

インピーダンス特性

15W8530K

●Scan-Speak

形式	15cmW
外形寸法	φ148mm
インピーダンス	8Ω
f_0	30Hz
Q_0	0.27
M_0	13
a	——
許容入力	——
出力音圧レベル	85dB／W(m)
再生帯域	40Hz〜3.5kHz
クロスオーバー	3.5kHz以下
マグネット重量	——
マグネットサイズ	——
総重量	——
バッフル開口	φ128mm

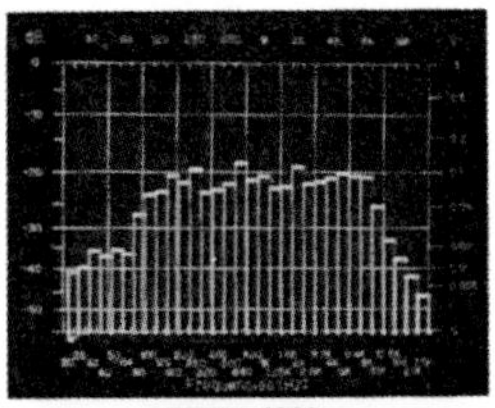

正面 f 特性

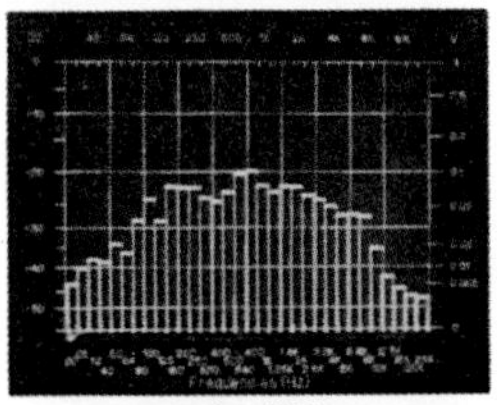

30度 f 特性

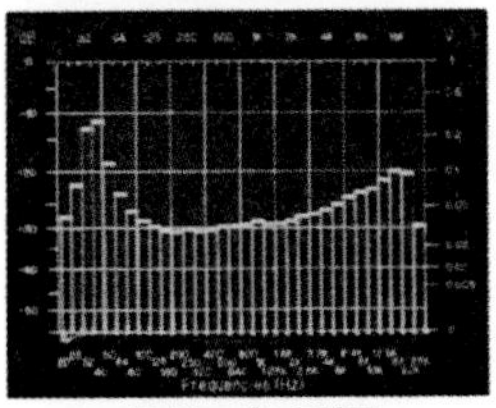

インピーダンス特性

H6.1/4

●Morel

形式(メーカー呼称)	15cm/BASS・MID
外径寸法	φ16.0×6.5cm
インピーダンス	4(8)Ω
fo	40Hz
Qo	———
Mo	———
a	———
許容入力	150W
出力音圧レベル	91dB/W(m)
再生周波数帯域	35〜3000Hz
メーカー推奨クロスオーバー周波数	———
マグネットサイズ	φ60×T24mm(註：解説)
バッフル開口	φ136mm/最小寸法(註：解説)
総重量	550g

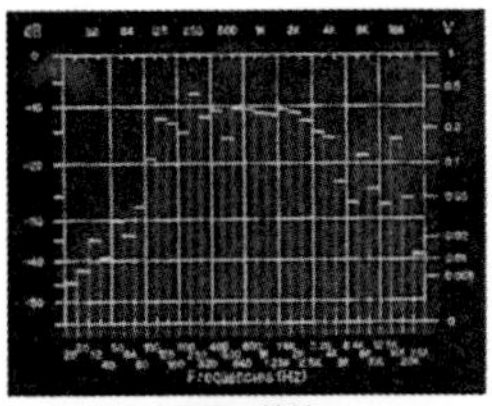

正面 f 特性

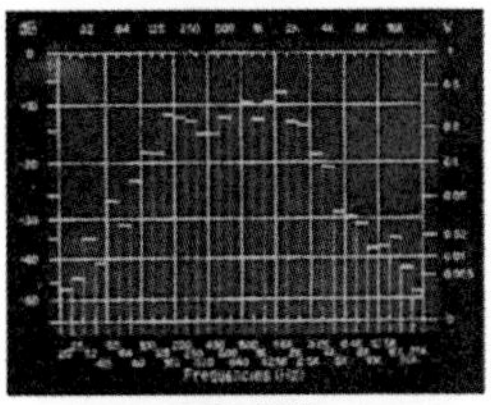

30度 f 特性

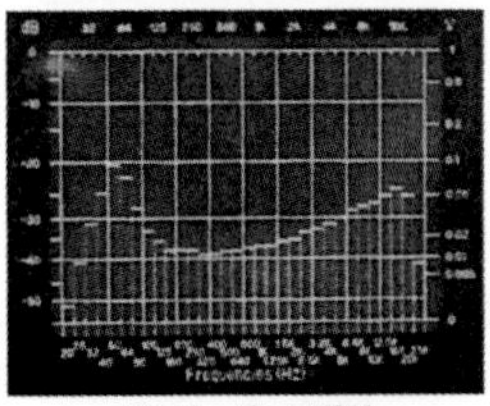

インピーダンス特性

15W-75

●ディナウディオ

形式	15cmW
外形寸法	φ145×67mm
インピーダンス	8Ω
f_0	55Hz
Q_0	0.4
M_0	12g
a	5.3cm
許容入力	130W
出力音圧レベル	——
再生帯域	——
クロスオーバー	——
マグネット重量	——
マグネットサイズ	φ85×25mm(カバー)
総重量	1,100g
バッフル開口	——

17W、15W、20Wと同じ磁気回路とボイスコイルを持つウーファーだが、17Wはローエンド・モデルでデザインも異なる。15Wはダイキャストフレーム。フレームの支柱部分が篭のように磁気回路を包み込んで固定する方式。振動板はポリプロ系の逆ドーム(パラボラ)型で、φ72のスリットのようなものが見えるがこれはボイスコイルとの接点。分割振動を拒否した振動板の低音はソフトタッチで芯がある。フィルターなしでも3kHzで使える。

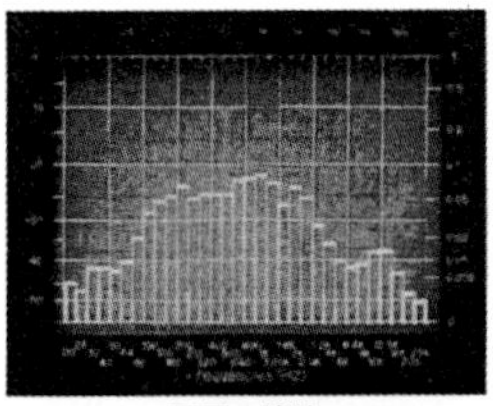

正面 f 特性

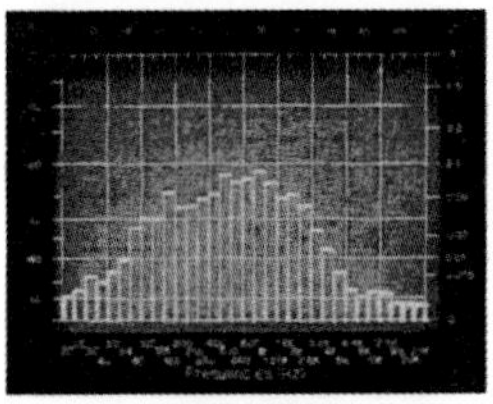

30度 f 特性

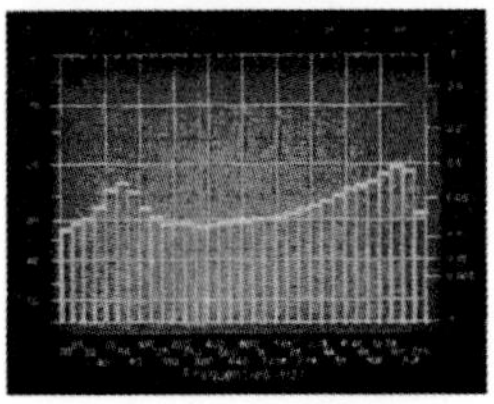

インピーダンス特性

TC14SG49

●Vifa

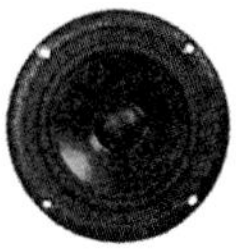

形式	14cmW
外形寸法	φ148×77mm
インピーダンス	8Ω
f_0	——
Q_0	——
M_0	——
a	——
許容入力	——
出力音圧レベル	——
再生帯域	——
クロスオーバー	——
マグネット重量	——
マグネットサイズ	——
総重量	990g
バッフル開口	φ114mm

14cmウーファー。AVサラウンドのL、C、R用を目的に設計されたもので、防磁カバーつきダブルマグネット。f_0はスペックでは52Hz、スペアナ写真でもその通りになっている。公称インピーダンスは8Ωだが、6Ωぐらいではないか。f特は6kHzぐらいまでのびており、指向性もよい。推奨エンクロージュアは5〜15ℓバスレフ。クロスオーバー5kHzでも使えるが、4kHz以下が無難。ミッドバスとしても使える。

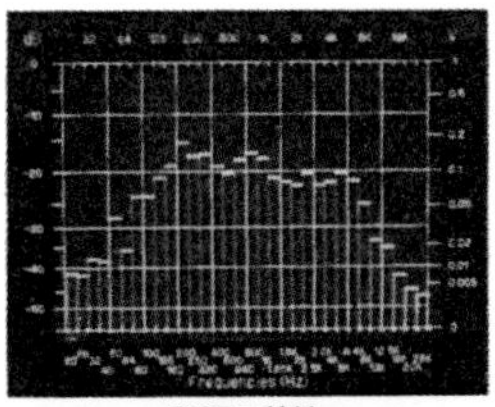

正面 f 特性

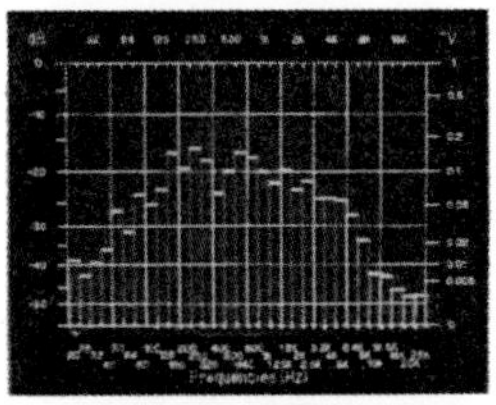

30度 f 特性

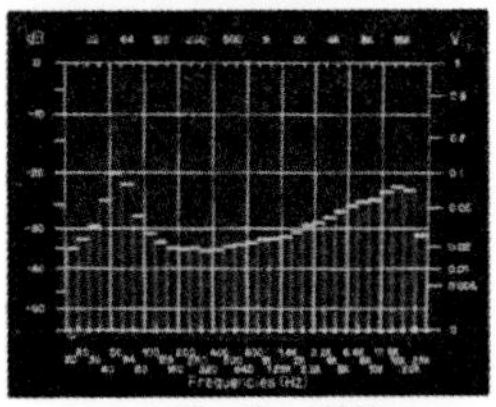

インピーダンス特性

6V4211

●Focal

形式(メーカー呼称)……16cm/BASS･MID
外径寸法……………φ16.5×7.5cm
インピーダンス…………………6Ω
fo……………………………60.9Hz
Qo……………………………———
Mo……………………………———
a………………………………———
許容入力………………………80W
出力音圧レベル … 88.75dB/W(m)
再生周波数帯域………………———
メーカー推奨クロスオーバー周波数 … ———
マグネットサイズ……… φ100×T18mm(註：解説)
バッフル開口……… φ141mm/最小寸法(註：解説)
総重量…………………………1800g

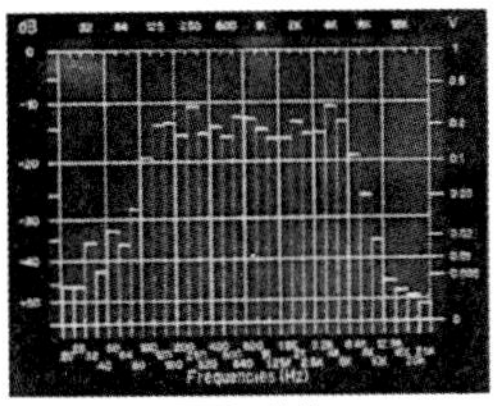

正面 f 特性

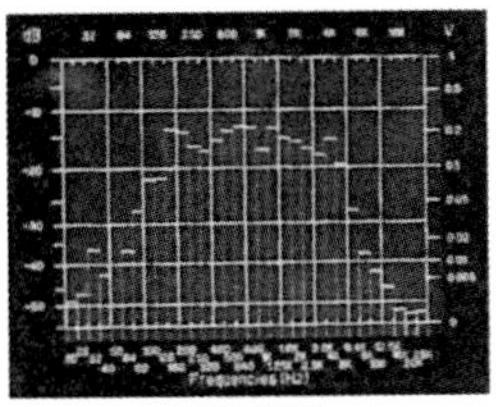

30度 f 特性

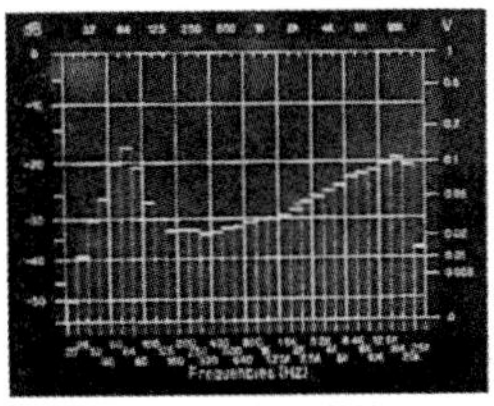

インピーダンス特性

6K4311B

●Focal

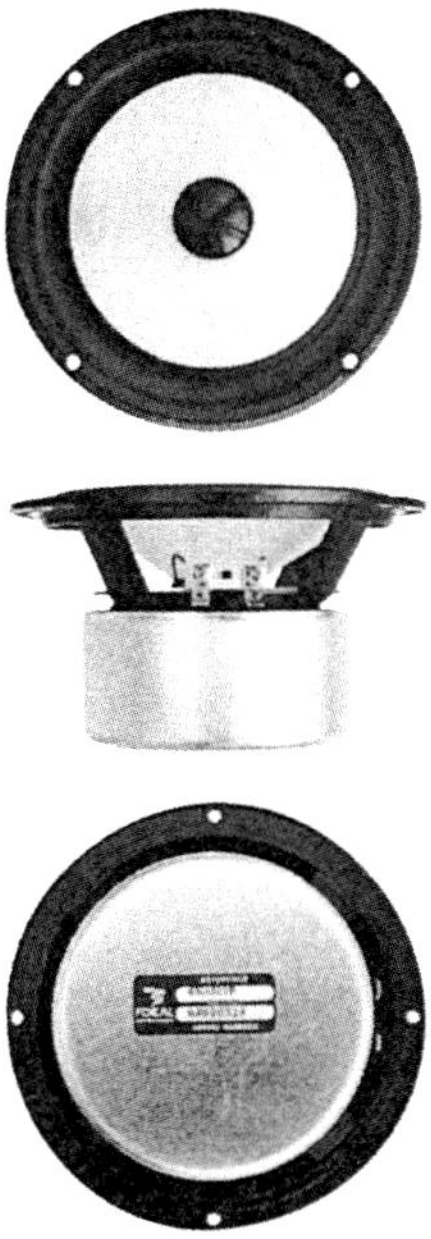

形式(メーカー呼称)………16cm/防磁型BASS･MID
外径寸法……………φ16.5×9.0cm
インピーダンス…………………8Ω
fo……………………………57.6Hz
Qo……………………………———
Mo……………………………———
a………………………………———
許容入力……………………125W
出力音圧レベル … 89.27dB/W(m)
再生周波数帯域………………———
メーカー推奨クロスオーバー周波数 … ———
マグネットサイズ……… φ108×T43mm(註：解説)
バッフル開口……… φ141mm/最小寸法(註：解説)
総重量…………………………2200g

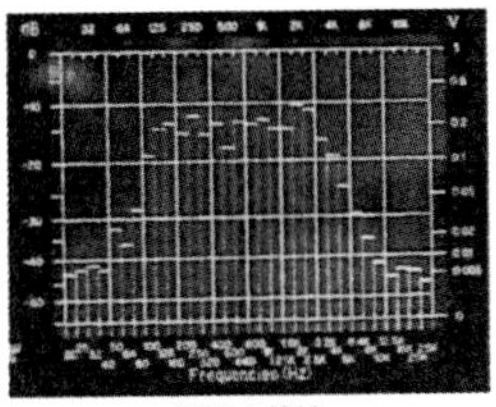

正面 f 特性

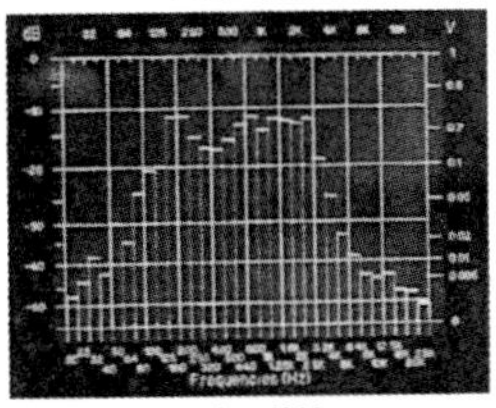

30度 f 特性

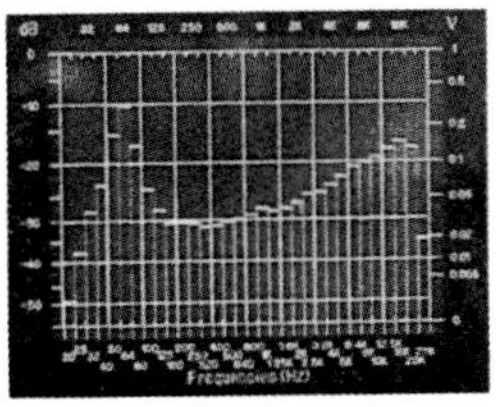

インピーダンス特性

FW137

●フォステクス

形式(メーカー呼称)……… 15m/ウーファー
外径寸法……………φ15.5×86.8cm
インピーダンス…………………8Ω
fo……………………………55Hz
Qo……………………………0.5
Mo……………………………11.7g
a………………………………5.5cm
許容入力………………………75W
出力音圧レベル………87dB/W(m)
再生周波数帯域…………fo〜8000Hz
メーカー推奨クロスオーバー周波数 … 4500Hz以下
マグネットサイズ……………φ91.5mm(註：解説)
バッフル開口……… φ121mm/最小寸法(註：解説)
総重量…………………………1500g

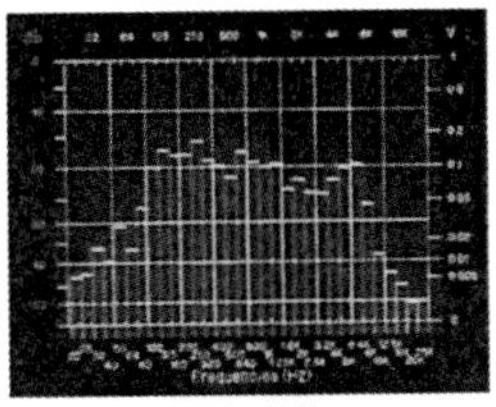

正面 f 特性

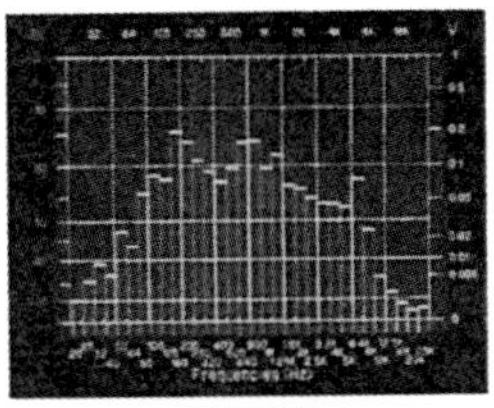

30度 f 特性

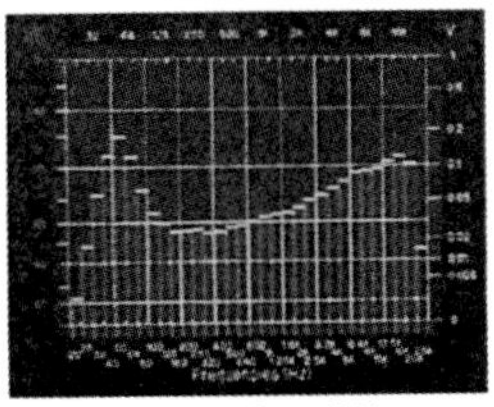

インピーダンス特性

JX150

●ジョーダン

形式……………………………15cmW
外形寸法…………………φ216×153mm
インピーダンス…………………8Ω
f_0……………………………28Hz
Q_0……………………………0.45
M_0……………………………23.96
a………………………………——
許容入力………………………100W
出力音圧レベル……88.8dB／W(m)
再生帯域………………………——
クロスオーバー…………………——
マグネット重量…………………——
マグネットサイズ………………——
総重量…………………………1940g
バッフル開口……………………——

アルミコーンの18cmウーファー。奥行が153mmあるからエンクロージュアの設計には注意が必要。インピーダンス特性は125とよく似ており、f_0も同じ55Hzと読める。f特は軸上では2.5kHz中心。30度では3.5kHz中心の谷がある。クロスオーバーは2kHz以下だろう。推奨エンクロージュアは27〜80ℓとなっているが、実用性を考えれば30〜35ℓだろう。腰のある低音が特徴。意外と落ち着いた音である。

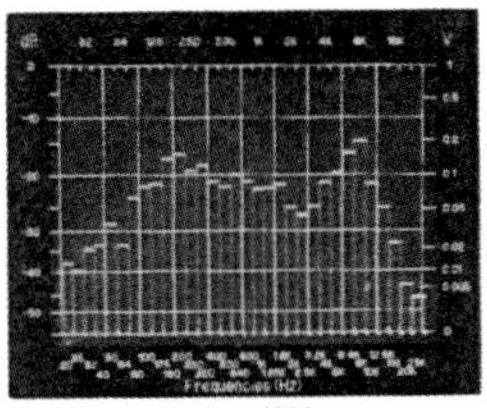

正面 f 特性

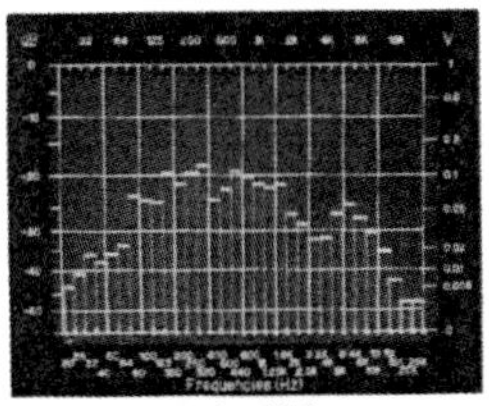

30度 f 特性

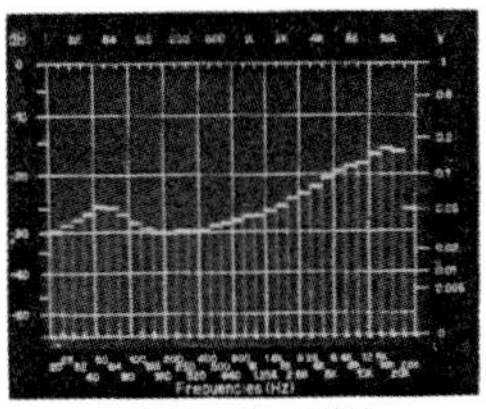

インピーダンス特性

18W/4531G-00

●Scan-Speak

形式(メーカー呼称)………16cm/BASS･MID
外径寸法…………………φ177×8.5cm
インピーダンス……………………4Ω
fo…………………………………———
Qo ………………………………———
Mo ………………………………———
a …………………………………———
許容入力…………………………———
出力音圧レベル…………………———
再生周波数帯域…………………———
メーカー推奨クロスオーバー周波数 … ———
マグネットサイズ……φ120×T40mm(註：解説)
バッフル開口……φ159mm/最小寸法(註：解説)
総重量 ……………………………2600g

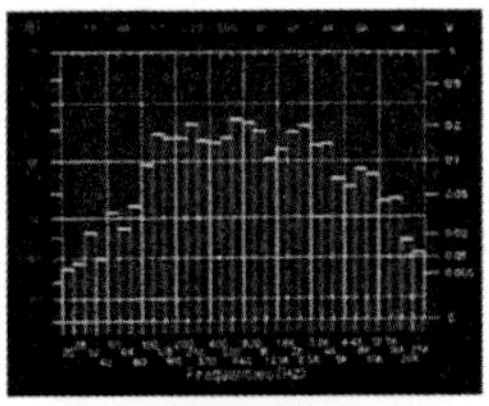

正面 f 特性

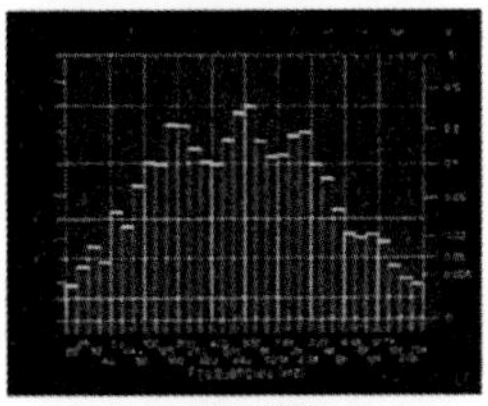

30度 f 特性

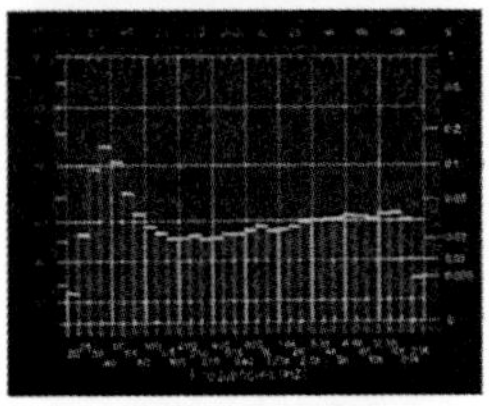

インピーダンス特性

MW168/8

●Morel

形式(メーカー呼称)………16cm/BASS･MID
外径寸法 ……………… φ16.0×5.8cm
インピーダンス…………………8(4)Ω
fo……………………………………44Hz
Qo ………………………………———
Mo ………………………………———
a …………………………………———
許容入力 ……………………… 150W
出力音圧レベル ………88dB/W(m)
再生周波数帯域…………40～5000Hz
メーカー推奨クロスオーバー周波数 … ———
マグネットサイズ ……………… φ85mm(註：解説)
バッフル開口 ……… φ136mm/最小寸法(註：解説)
総重量 ……………………………1100g

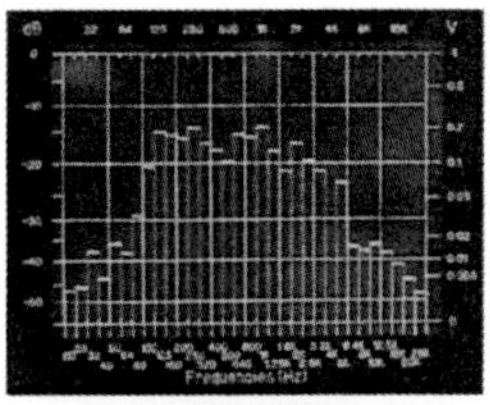

正面 f 特性

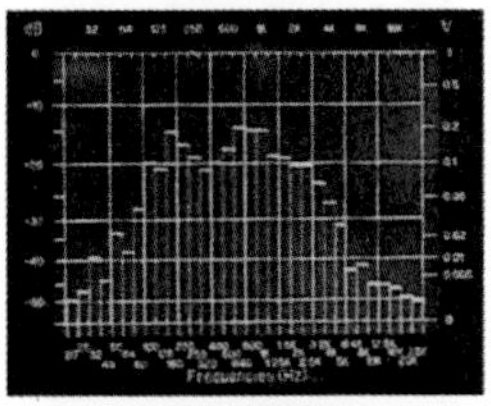

30度 f 特性

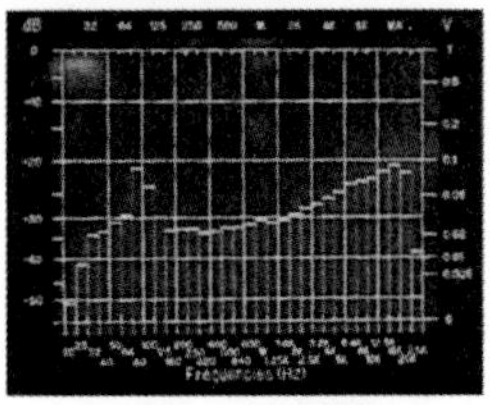

インピーダンス特性

MW166

●Morel

形式……………………………………16cmW
外形寸法 ……………… φ160×61mm
インピーダンス ……………………8Ω
f_0…………………………………………44Hz
Q_0 ………………………………………0.41
M_0 …………………………………………14
a……………………………………………——
許容入力………………………………——
出力音圧レベル………88dB／W(m)
再生帯域 ………………… 40Hz～5kHz
クロスオーバー ………… 5kHz以下
マグネット重量…………………………——
マグネットサイズ………φ82×26mm
総重量 ……………………………900g
バッフル開口 ……………… φ138mm

16cmウーファー。ダブルマグネット防磁カバーつき。φ75mmという大口径のアルミボイスコイルを持つ。Q_0からするとバスレフ向きだ。大口径ボイスコイルは低音に強く、高音に弱い。インピーダンス特性からするとf_0は60Hzぐらい。低能率タイプで、45Hz～5kHzとなっているが、測定データからするとクロスオーバーは1.6kHz以下、3ウェイか、ワイドレンジ・トゥイーターとの2ウェイ向き。フレームは鉄板プレスだが丈夫である。

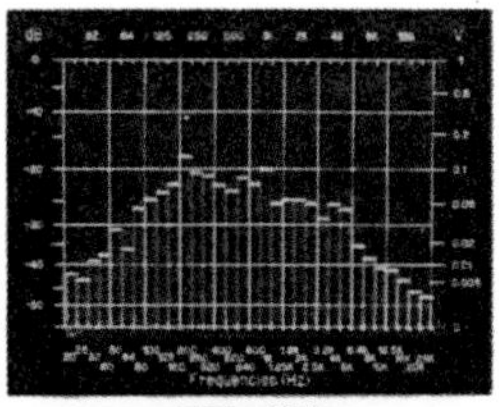

正面 f 特性

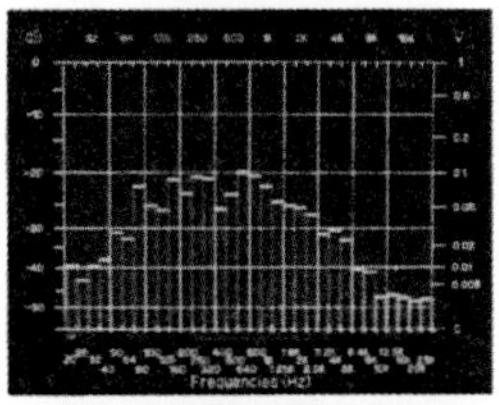

30度 f 特性

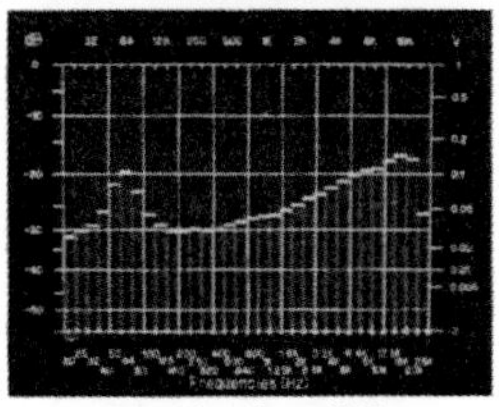

インピーダンス特性

MW164/8

●Morel

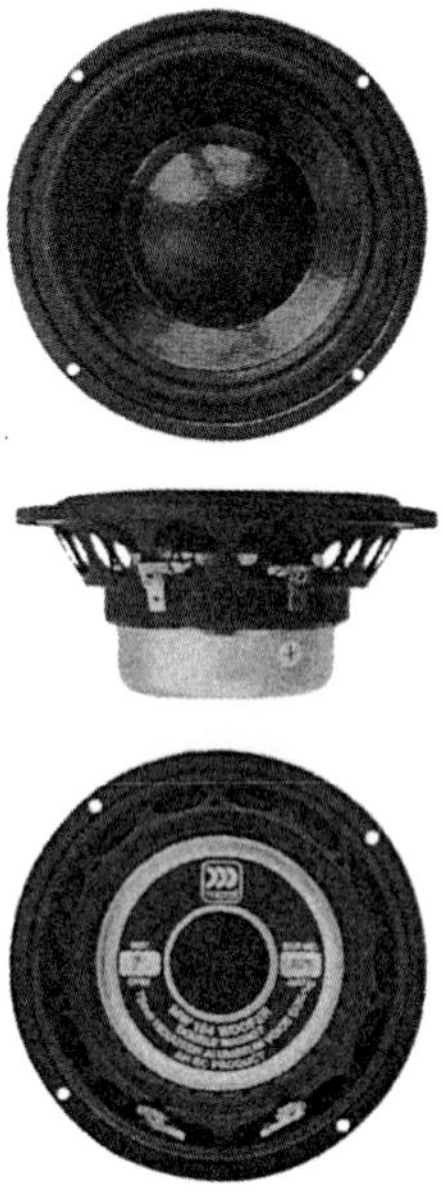

形式(メーカー呼称)………16cm/BASS･MID
外径寸法 ……………… φ16.0×6.7cm
インピーダンス…………………8(4)Ω
fo……………………………………48Hz
Qo ………………………………———
Mo ………………………………———
a …………………………………———
許容入力 ……………………… 150W
出力音圧レベル ………86dB/W(m)
再生周波数帯域…………45～2800Hz
メーカー推奨クロスオーバー周波数 … ———
マグネットサイズ ……………… φ85mm(註：解説)
バッフル開口 ……… φ136mm/最小寸法(註：解説)
総重量 ……………………………1100g

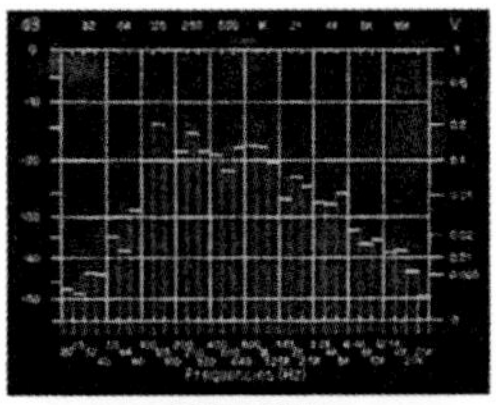

正面 f 特性

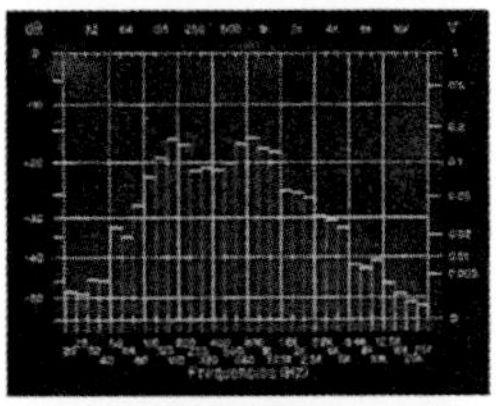

30度 f 特性

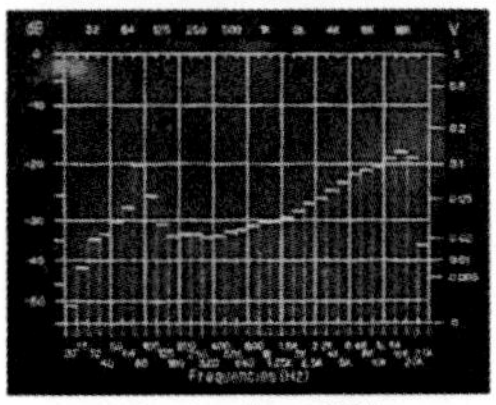

インピーダンス特性

18W/8546-00

●Scan-Speak

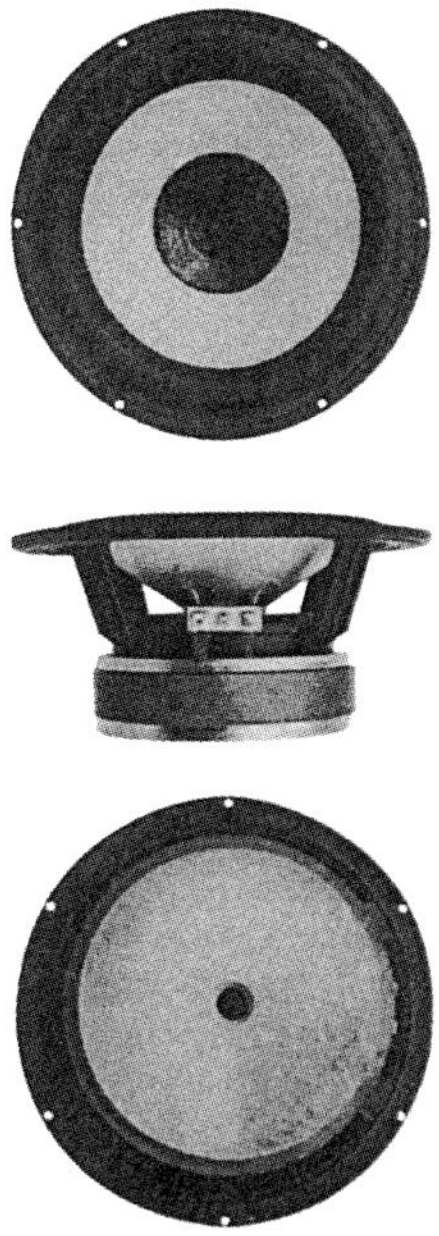

形式(メーカー呼称)………16cm/BASS·MID
外径寸法……………φ17.7×8.0cm
インピーダンス…………………8Ω
fo……………………………22Hz
Qo……………………………———
Mo……………………………———
a……………………………———
許容入力………………………100W
出力音圧レベル… 88dB/2.83V(m)
再生周波数帯域…………22〜4000Hz
メーカー推奨クロスオーバー周波数 … ———
マグネットサイズ…… φ121×T15mm(註：解説)
バッフル開口…… φ158mm/最小寸法(註：解説)
総重量…………………………2400g

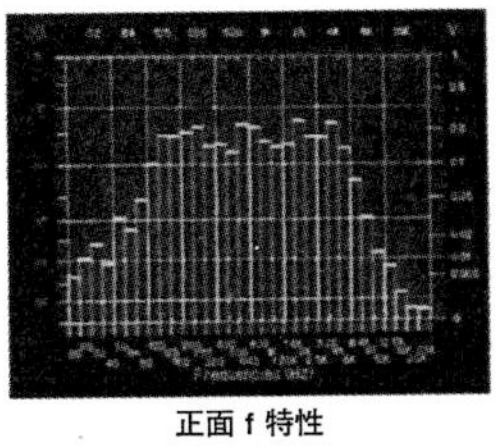

正面 f 特性

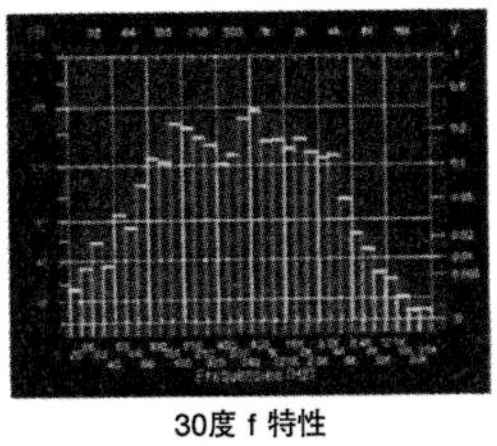

30度 f 特性

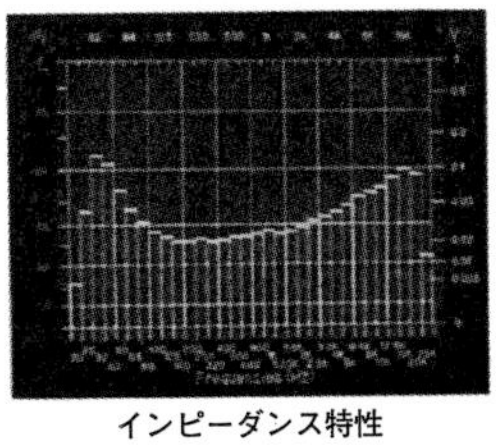

インピーダンス特性

18W8545K-00

●Scan-Speak

形式(メーカー呼称)………16cm/BASS·MID
外径寸法……………φ17.7×7.9cm
インピーダンス…………………———
fo……………………………28Hz
Qo……………………………———
Mo……………………………———
a……………………………———
許容入力………………………100W
出力音圧レベル 87.5dB/2.85V(m)
再生周波数帯域…………28〜3000Hz
メーカー推奨クロスオーバー周波数 … ———
マグネットサイズ………… φ121mm(註：解説)
バッフル開口…… φ158mm/最小寸法(註：解説)
総重量…………………………2400g

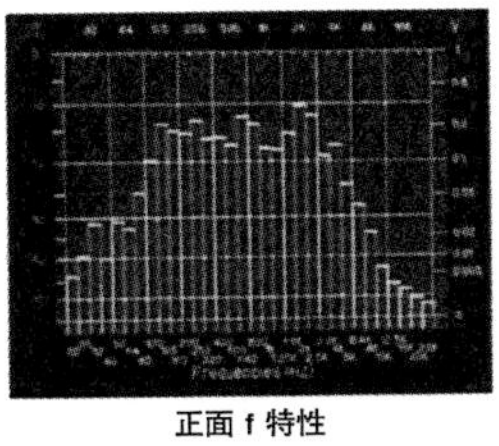

正面 f 特性

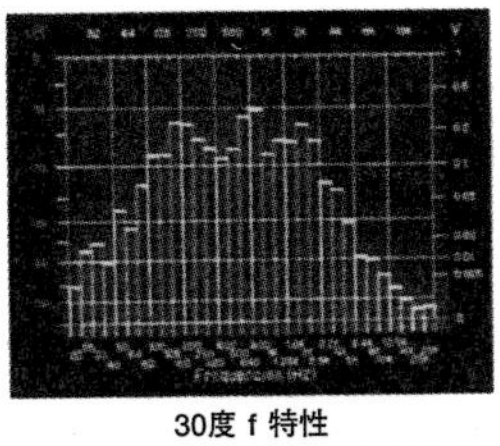

30度 f 特性

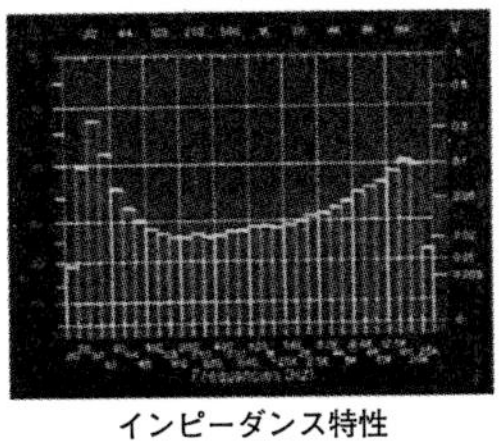

インピーダンス特性

18W/8535-00

●Scan-Speak

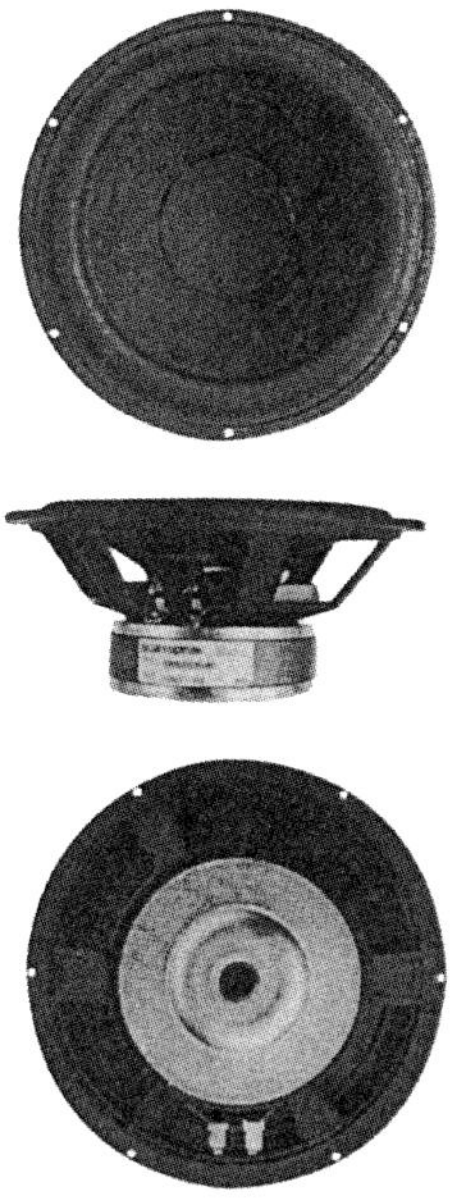

形式(メーカー呼称)………16cm/BASS·MID
外径寸法……………φ17.7×7.5cm
インピーダンス…………………8Ω
fo……………………………26Hz
Qo……………………………———
Mo……………………………———
a……………………………———
許容入力………………………70W
出力音圧レベル 86.5dB/2.83V(m)
再生周波数帯域…………26〜3500Hz
メーカー推奨クロスオーバー周波数 … ———
マグネットサイズ…… φ90×T18mm(註：解説)
バッフル開口…… φ158mm/最小寸法(註：解説)
総重量…………………………1800g

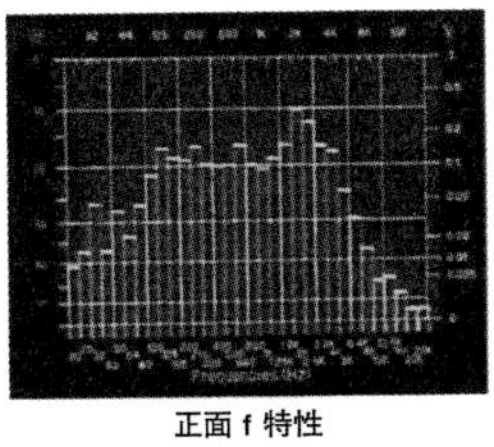

正面 f 特性

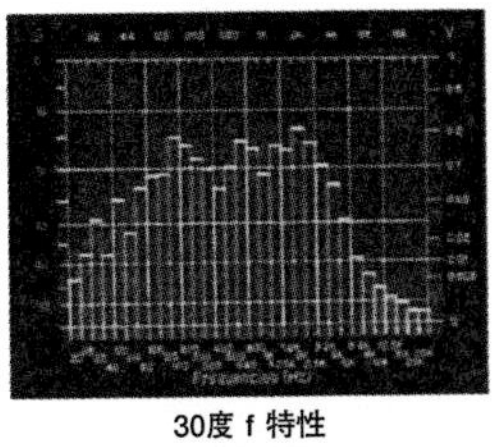

30度 f 特性

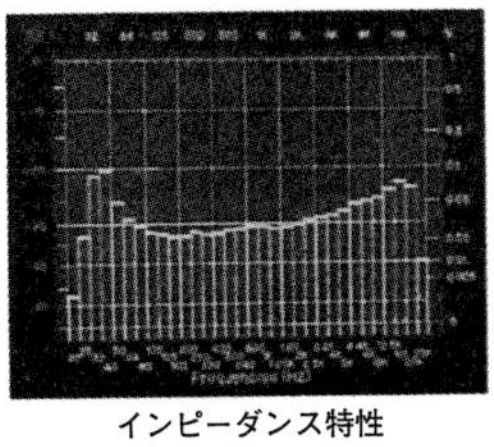

インピーダンス特性

18W8531G00

●Scan-Speak

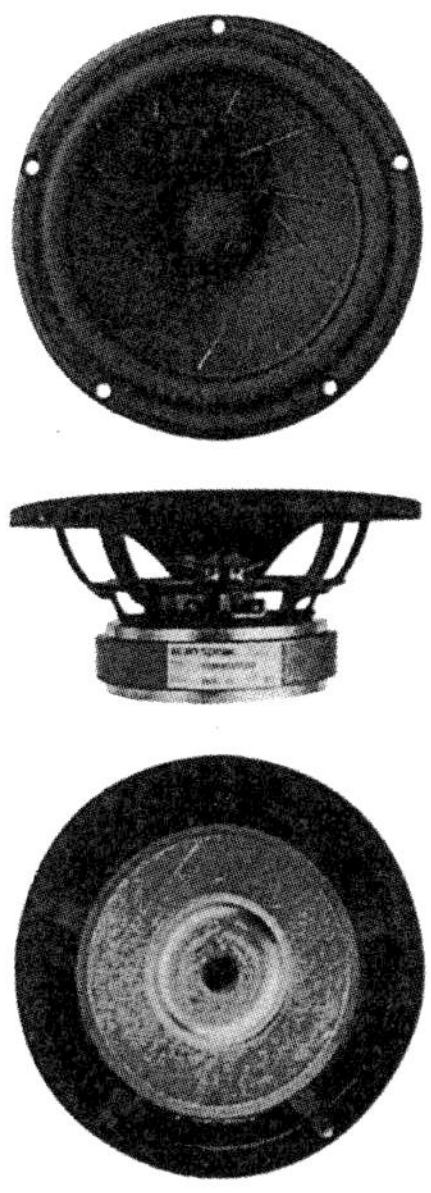

形式(メーカー呼称)………16cm/BASS·MID
外径寸法……………φ18.2×6.3cm
インピーダンス…………………8Ω
fo……………………………28Hz
Qo……………………………———
Mo……………………………———
a……………………………———
許容入力………………………60W
出力音圧レベル……86.5dB/2.83V(m)
再生周波数帯域…………28〜5000Hz
メーカー推奨クロスオーバー周波数 … ———
マグネットサイズ…… φ119×T25mm(註：解説)
バッフル開口…… φ160mm/最小寸法(註：解説)
総重量…………………………2550g

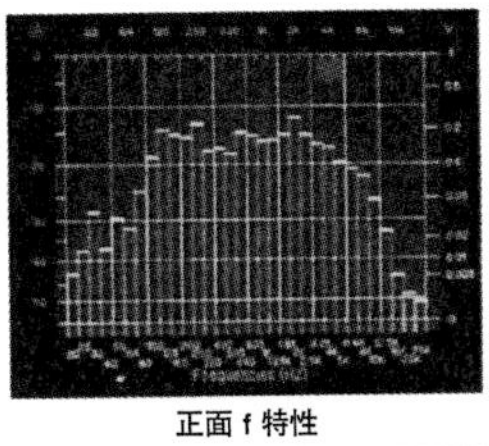

正面 f 特性

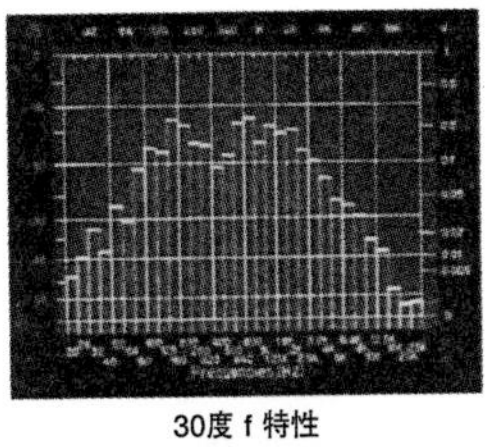

30度 f 特性

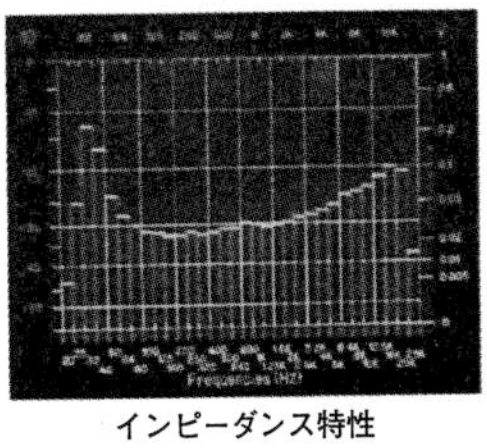

インピーダンス特性

FW168

●フォステクス

形式	16cmW
外形寸法	φ190×85mm
インピーダンス	4Ω
f_0	30Hz
Q_0	0.23
M_0	22g
a	6.5cm
許容入力	100W
出力音圧レベル	87dB
再生帯域	f_0～10kHz
クロスオーバー	5kHz以下
マグネット重量	850g
マグネットサイズ	φ120×20mm
総重量	2,680g
バッフル開口	φ151mm

丈夫なパルプコーンのウーファーで特徴が多い。まず唯一の16cmウーファーである。インピーダンスが4Ωと低い。能率が低い。質の良い低音が得られるが高域に強烈なピークがある。このピークの処理にはBS—82でも苦労した。結局処理し切れなかった。f_0は37Hzぐらい。f特は3.7kHz付近のピークが目立つ。これさえなければいいf特である。4Ωなので8Ωのウーファーの2倍のパワーが入っているのだが、それにしては低能率だ。

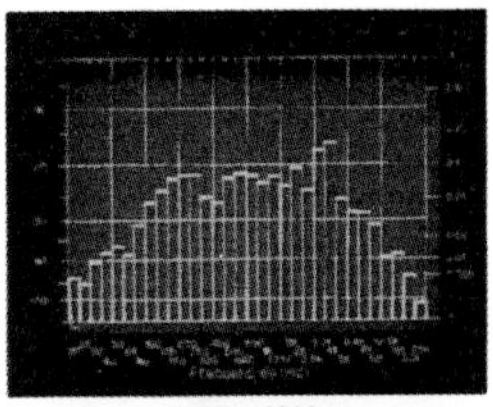

正面 f 特性

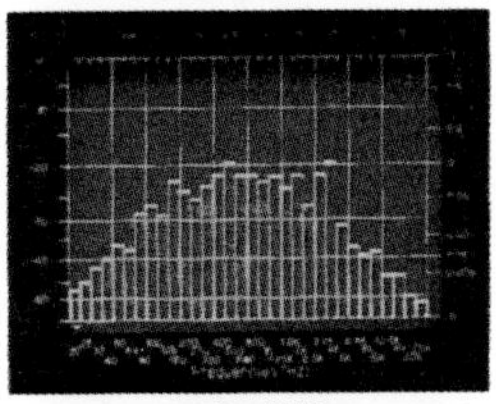

30度 f 特性

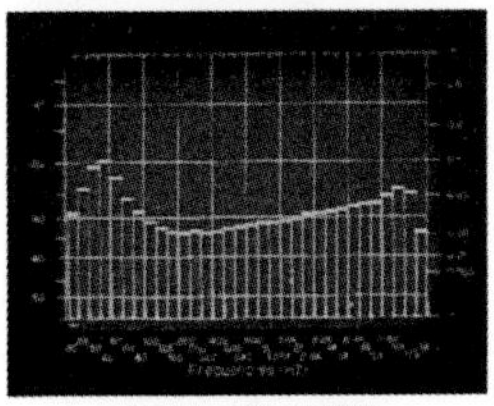

インピーダンス特性

FW167

●フォステクス

形式(メーカー呼称)	16cm/ウーファー
外径寸法	φ18.6×10.8cm
インピーダンス	8Ω
fo	40Hz
Qo	0.36
Mo	14.9g
a	6.4cm
許容入力	100W
出力音圧レベル	89dB/W(m)
再生周波数帯域	fo～8000Hz
メーカー推奨クロスオーバー周波数	3500Hz以下
マグネットサイズ	φ118.5mm(註：解説)
バッフル開口	φ145mm
総重量	2700g

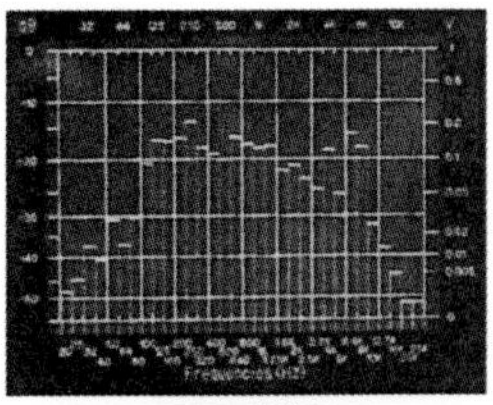

正面 f 特性

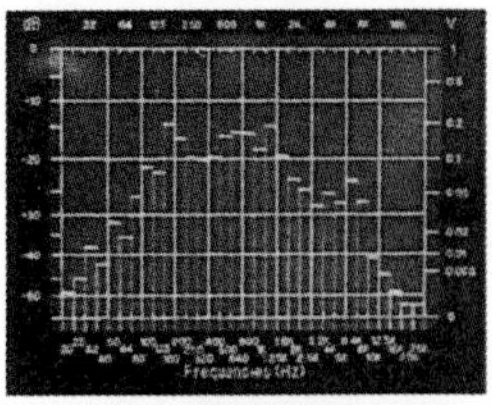

30度 f 特性

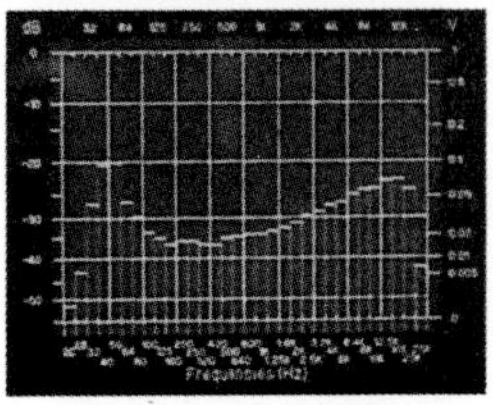

インピーダンス特性

T17RCY/P

●SEAS

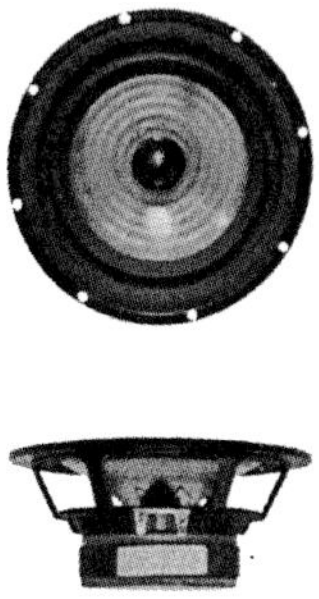

形式	16cmW
外形寸法	φ170×71.5mm
インピーダンス	6Ω
f_0	37Hz
Q_0	0.32
M_0	11
a	6.4cm
許容入力	40W
出力音圧レベル	91dB
再生帯域	40～4kHz
クロスオーバー	——
マグネット重量	420g
マグネットサイズ	φ90×17mm
総重量	1360g
バッフル開口	φ148mm

16cmウーファーだが、11、14に比べると、ワンランクではなく、半ランク上の感じ。ダイキャストフレームで、取付ネジは8本に強化、マグネットは11、14と同じ。コーンは半透明のポリプロピレン。砲弾型のイコライザー、フェーズプラグ採用。f_0はスペック通り37Hzと低いが、能率も低い。f特からすると4kHzまでは使えるし、4kHzクロスならスルーでも使える。明るくしなやかな音だ。

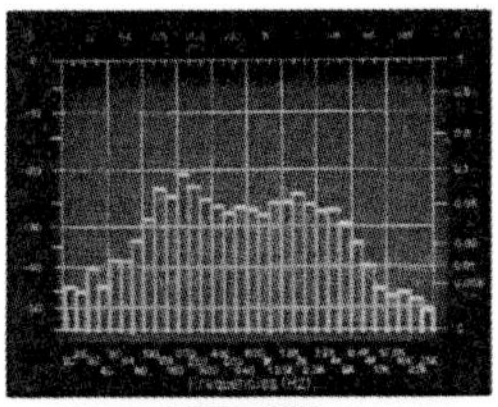

正面 f 特性

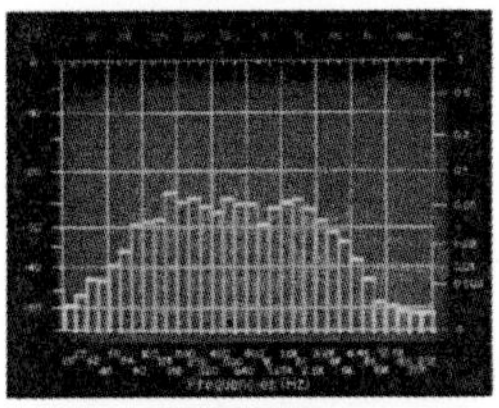

30度 f 特性

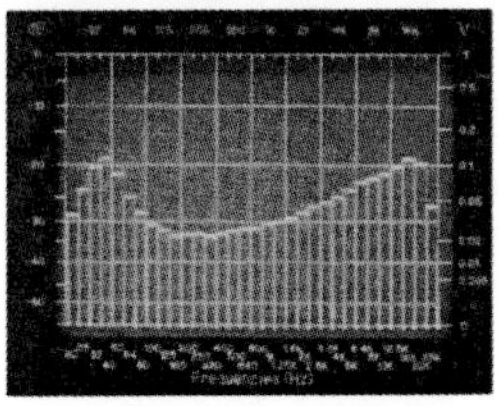

インピーダンス特性

P17REX/P

●SEAS

形式	16cmW
外形寸法	φ170×71mm
インピーダンス	7Ω
f_0	39Hz
Q_0	0.35
M_0	16
a	6.3cm
許容入力	60W
出力音圧レベル	89dB
再生帯域	40～3kHz
クロスオーバー	——
マグネット重量	640g
マグネットサイズ	φ110×17mm
総重量	1610g
バッフル開口	φ148mm

16cmウーファーの強力型。ダイキャストフレームは同じだが、取付ネジは4本になっている。マグネットは50%アップの大型のものを採用。それにしては17RCY／Pより安いというのはお買徳品か。砲弾型のイコライザー、フェーズプラグ採用。ポリプロピレンコーンでf_0は45Hz、f特は4kHz以上なだらかに落ちており、スルーで使えば5kHzクロスぐらいになるが、ネットワークを使って3kHzクロスぐらいにした方がきれいな音になる。

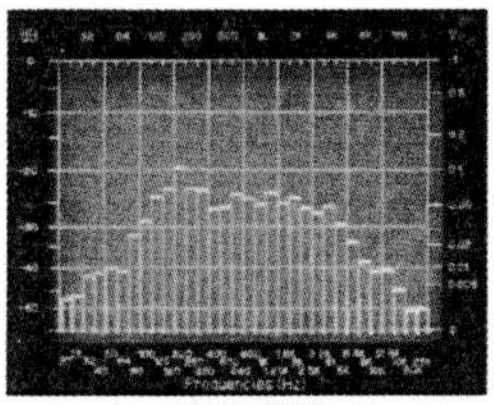

正面 f 特性

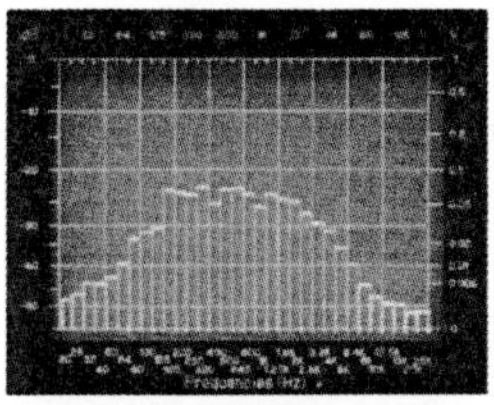

30度 f 特性

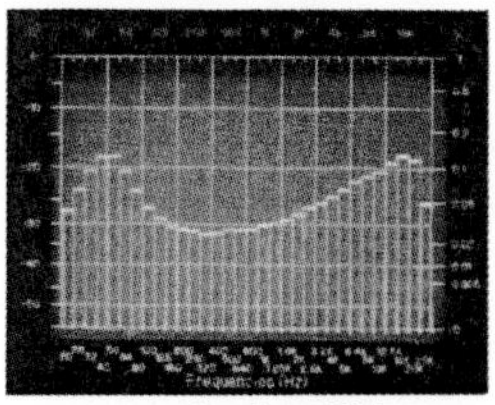

インピーダンス特性

18W/8543

●Scan-Speak

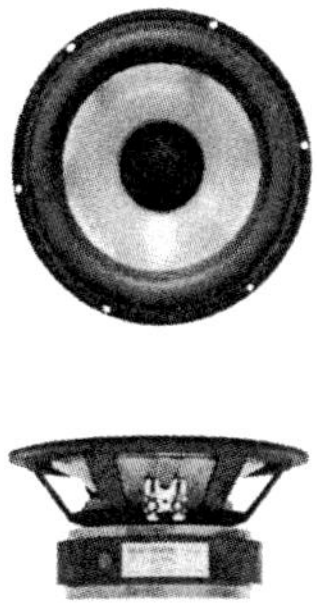

形式	17cmW
外形寸法	φ178×84mm
インピーダンス	6Ω
f_0	29Hz
Q_0	0.27
M_0	17
a	7cm
許容入力	80W
出力音圧レベル	89dB
再生帯域	29〜4kHz
クロスオーバー	——
マグネット重量	——
マグネットサイズ	φ122×23mm
総重量	2450g
バッフル開口	φ160mm

17cmウーファー。ダイキャストフレーム、半透明のポリプロピレンコーン、マグネットはFW168を上回る大きさ、強力なウーファーである。ポールピースに銅キャップをかぶせて高域インピーダンスの上昇を抑えている。f_0は38Hzぐらい。f特は軸上正面では5kHz以上急降下だが、30度では2.5Hz以上だら下がりとなり、3kHzクロスが無難だが、4kHzクロスでも使える。18Wシリーズの中ではなぜか本機が安い。

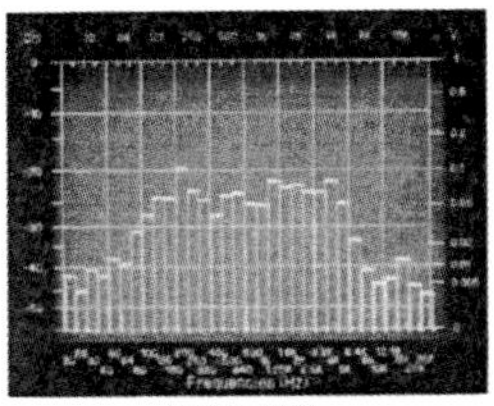

正面 f 特性

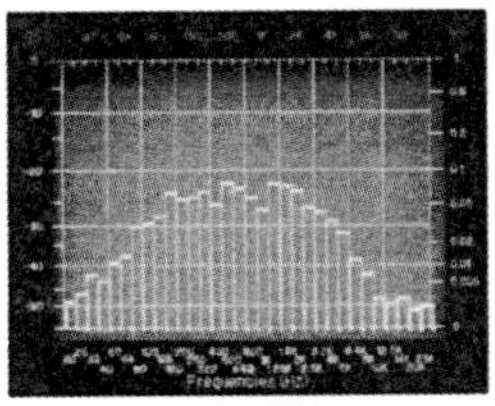

30度 f 特性

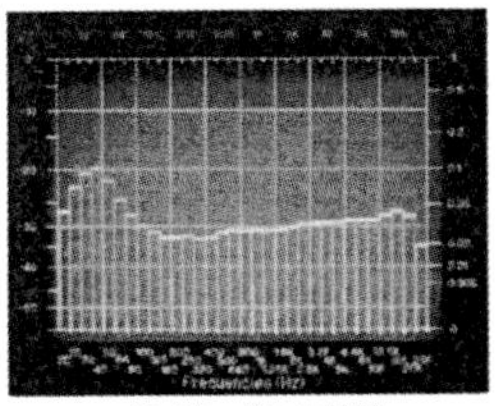

インピーダンス特性

17W-75

●Dynaudio

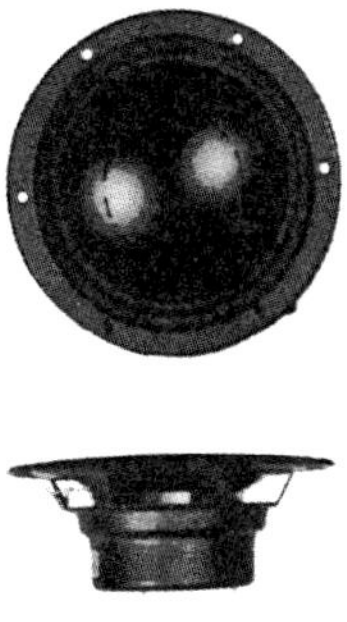

形式	17cmW
外形寸法	φ176×67mm
インピーダンス	4Ω
f_0	40Hz
Q_0	0.7
M_0	——
a	6.2cm
許容入力	130dB
出力音圧レベル	85dB
再生帯域	——
クロスオーバー	2.5kHz以下
マグネット重量	——
マグネットサイズ	φ87×27mm(カバー)
総重量	940g
バッフル開口	φ134mm

デンマーク製のユニット。公称17cmだが、実質的には15cmに近い。プレスフレームで、逆ドーム型のポリプロピレン振動板にφ75の大口径ボイスコイルとユニークな設計で、コイルもボビンもアルミである。f_0は52Hzぐらい。ウーファーの高域を急峻にカットするのは難しいのだが、本機はそれに成功、2.5kHz以上を驚く程シャープにカットしている。目立ったピークもなく使いやすいウーファーだ。メーカーは22ℓ密閉を推奨している。

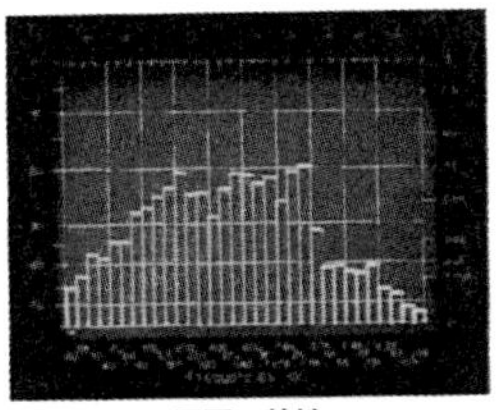

正面 f 特性

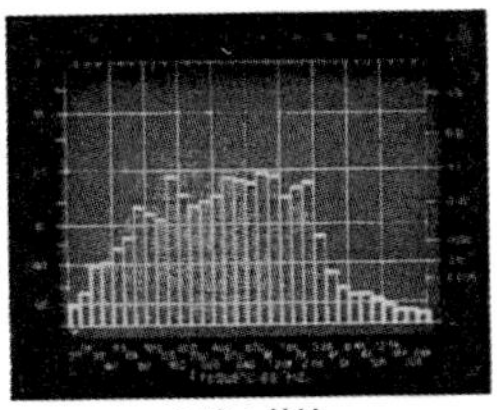

30度 f 特性

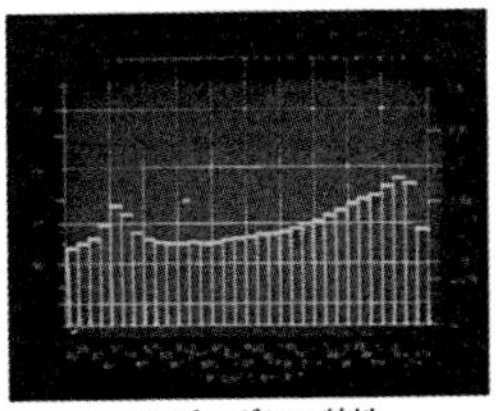

インピーダンス特性

FW168N

●フォステクス

形式	16cmW
外径寸法	φ190×98mm
インピーダンス	8Ω
f_0	40Hz
Q_0	0.17
m_0	28g
a	100cm
許容入力	100W(MAX)
再生帯域	f_0〜9kHz
クロスオーバー	3kHz以下
マグネット重量	1,090g
マグネットサイズ	φ145mm
総重量	3875g
バッフル開口	φ151mm
大きさ	190φ×98mm
重さ	3.875kg

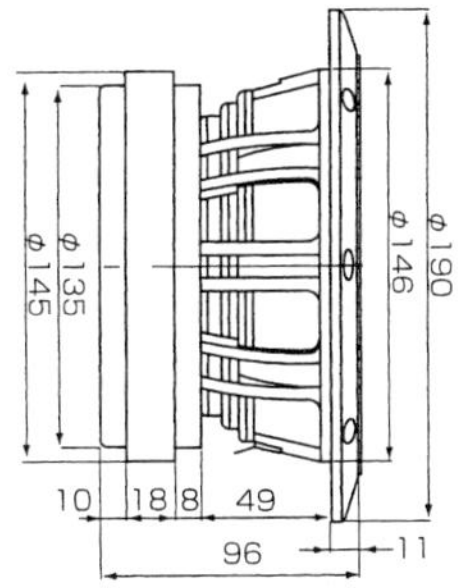

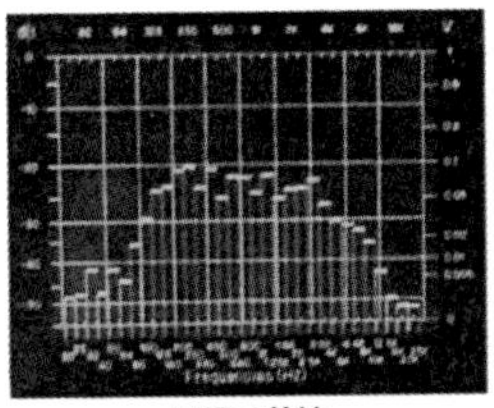

正面 f 特性

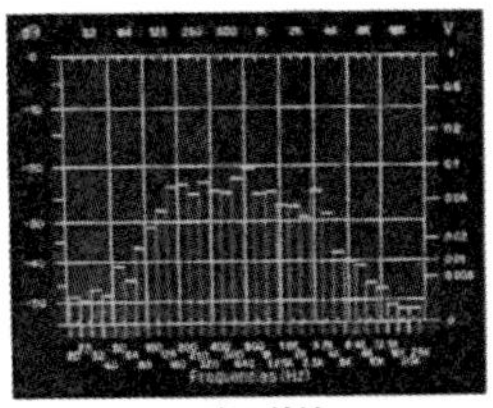

30度 f 特性

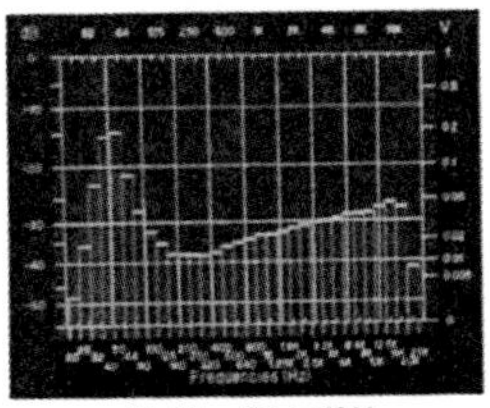

インピーダンス特性

FW168HP

●フォステクス

形式	16cmW
外径寸法	φ190×96mm
インピーダンス	8Ω
f_0	55Hz
Q_0	0.22
m_0	19.5g
a	6.1cm
許容入力	100W
出力音圧レベル	90dB/W(m)
再生帯域	f_0〜10kHz
クロスオーバー	5kHz以下
マグネット重量	1,090g
マグネットサイズ	φ145mm
総重量	3.55g
バッフル開口	φ151mm

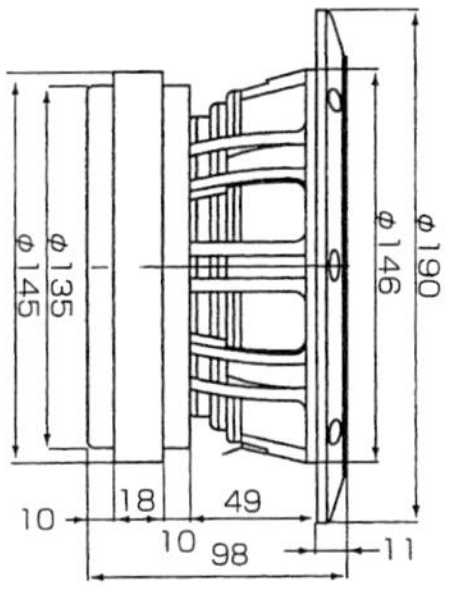

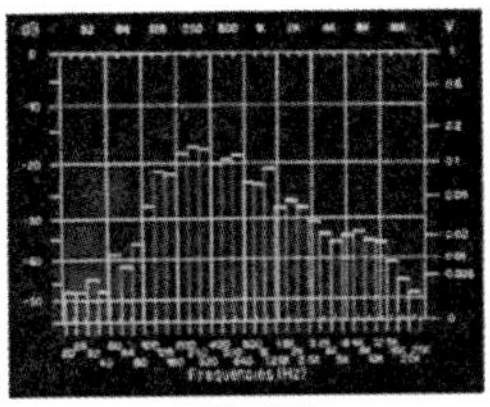

正面 f 特性

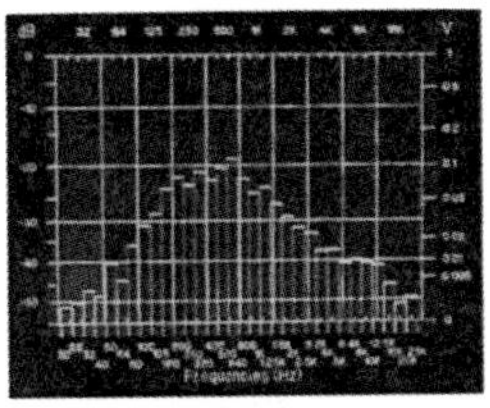

30度 f 特性

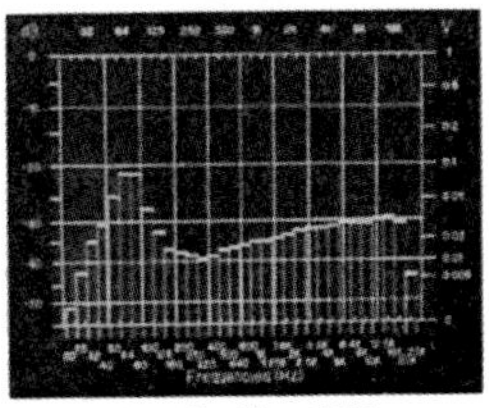

インピーダンス特性

FM170-75L/4

●MAX

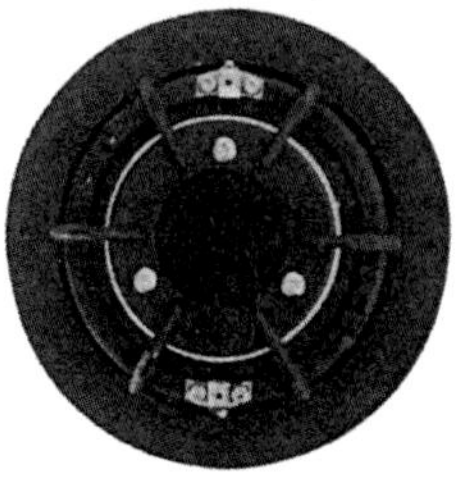

形式(メーカー呼称)	17cm
外径寸法	φ17.4×7.0cm
インピーダンス	4Ω
fo	———
Qo	———
Mo	———
a	———
許容入力	130W
出力音圧レベル	———
再生周波数帯域	———
メーカー推奨クロスオーバー周波数	———
マグネットサイズ	φ84×T25mm(註：解説)
バッフル開口	φ135mm/最小寸法(註：解説)
総重量	1100g

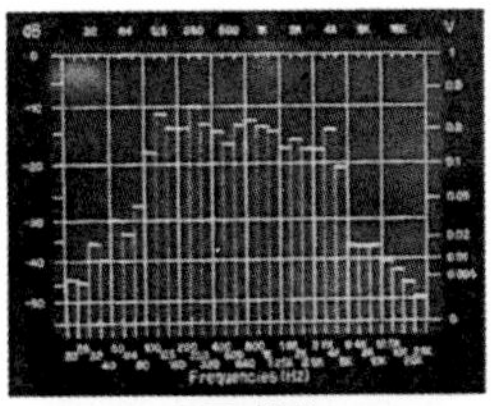

正面 f 特性

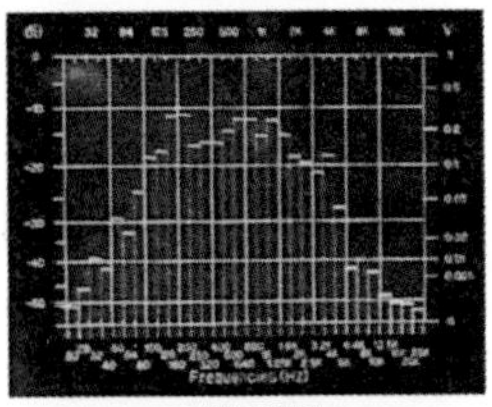

30度 f 特性

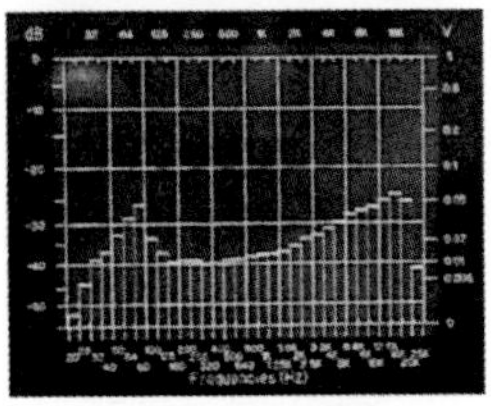

インピーダンス特性

MF170-75H/4

●MAX

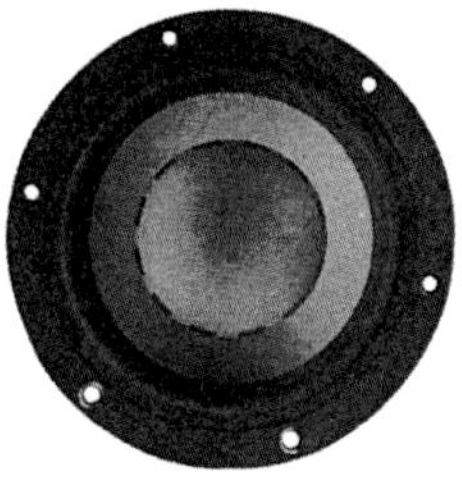

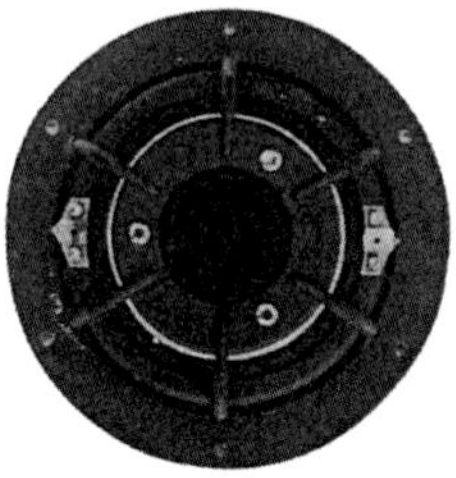

形式(メーカー呼称)	17cm
外径寸法	□17.4×7.0cm
インピーダンス	4Ω
fo	———
Qo	———
Mo	———
a	———
許容入力	130W
出力音圧レベル	———
再生周波数帯域	———
メーカー推奨クロスオーバー周波数	———
マグネットサイズ	φ84×T25mm(註：解説)
バッフル開口	φ134mm/最小寸法(註：解説)
総重量	1100g

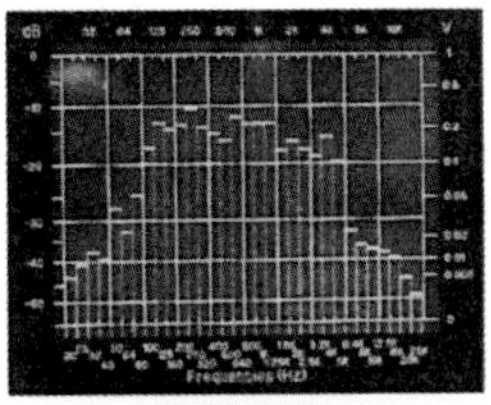

正面 f 特性

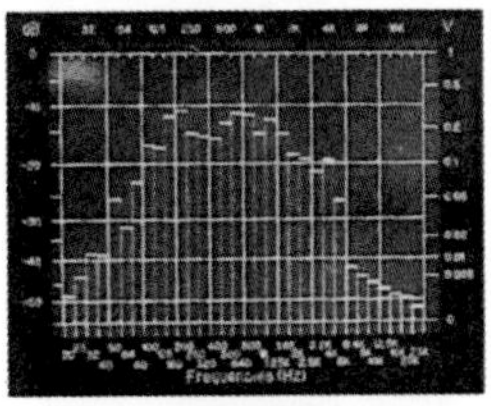

30度 f 特性

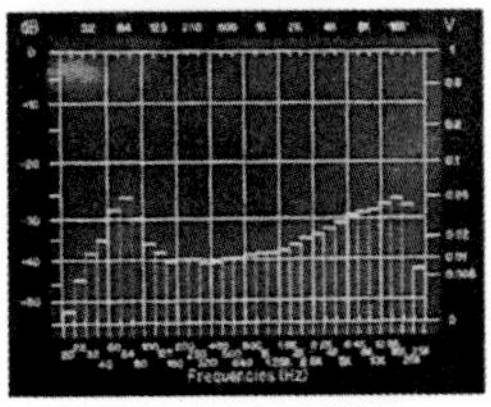

インピーダンス特性

18W/8546

●Scan-Speak

形式	17cmW
外形寸法	φ178×85mm
インピーダンス	6Ω
f_0	25Hz
Q_0	0.34
M_0	17
a	7cm
許容入力	100W
出力音圧レベル	90dB
再生帯域	30〜3kHz
クロスオーバー	——
マグネット重量	——
マグネットサイズ	φ122×23mm
総重量	2300g
バッフル開口	φ160mm

ダイキャストフレーム。大型マグネットの18Wシリーズはそれぞれ振動板に異なる素材を採用しているが、本機はケブラー（アラミド繊維）を採用している。センターキャップは逆ドームで粘弾性材コーティング。f_0は32Hzと低い。f特はディップはあるがなだらかで、5kHz以上急降下、指向性を考えると3kHzクロスが無難。強度の大きいコーンだが、内部損失が大きいので、音はわりとマイルドで聴きやすい。

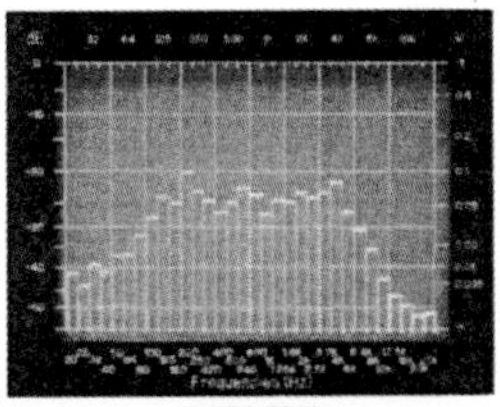

正面 f 特性

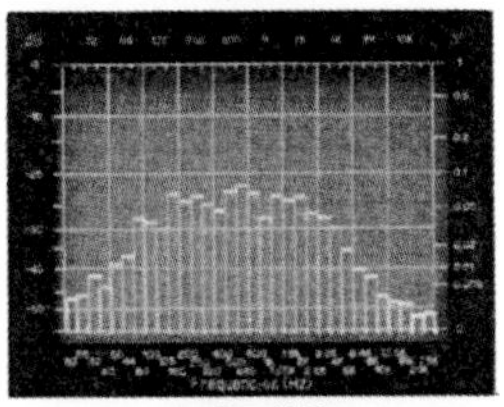

30度 f 特性

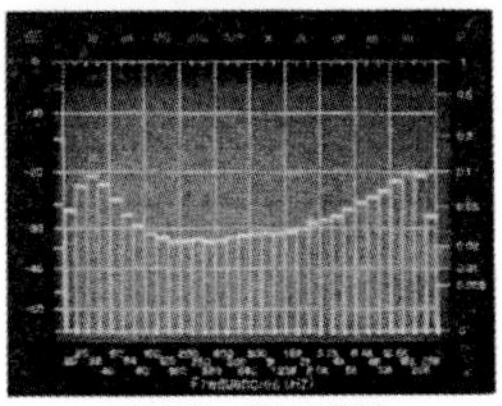

インピーダンス特性

18W/8545

●Scan-Speak

形式	17cmW
外形寸法	φ178×86mm
インピーダンス	6Ω
f_0	28Hz
Q_0	0.35
M_0	19
a	7cm
許容入力	100W
出力音圧レベル	88dB
再生帯域	28〜5kHz
クロスオーバー	——
マグネット重量	——
マグネットサイズ	φ122×23mm
総重量	2450g
バッフル開口	φ160mm

ダイキャストフレームに大型マグネットは18Wシリーズ共通。カーボンファイバー混抄パルプコーン、センターキャップは逆ドーム型。8543とは全く異質の振動板である。m_0は2gふえて出力音圧レベルは少し下がった。磁気回路、サスペンションは精度を高めたニュータイプ。f_0は38Hzぐらい。f特は軸上正面では5kHz以上急降下、30度では3kHz以上急降下、3kHzクロスが無難だが、4kHzクロスまでは使える。

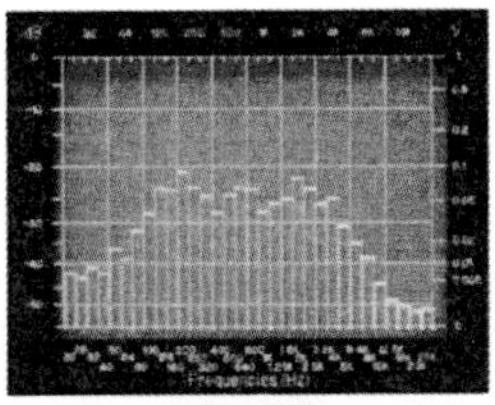

正面 f 特性

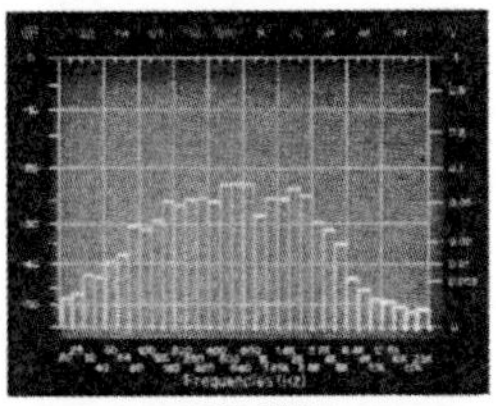

30度 f 特性

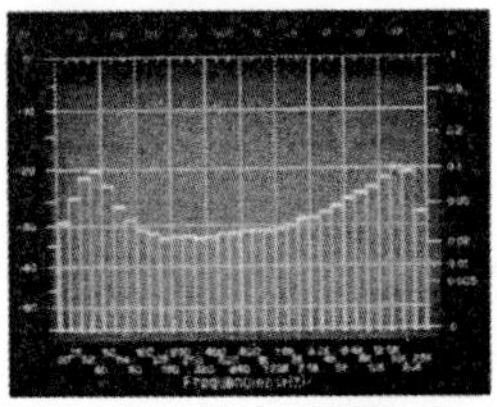

インピーダンス特性

FW187

●フォステクス

形式……………………………………18cmW
外形寸法 ………………… □194×93mm
インピーダンス …………………… 8Ω
f_0……………………………………30Hz
Q_0 ………………………………… 0.33
M_0 ………………………………… 25g
a ………………………………………8cm
許容入力 …………………………… 100W
出力音圧レベル………………………90dB
再生帯域 ………………… f_0～5kHz
クロスオーバー ………… 5kHz以下
マグネット重量 ………………… 831g
マグネットサイズ … φ125×44mm(カバー)
総重量 ………………………… 2,800g
バッフル開口 ………………… φ183mm

ポリプロピレンコーンの防磁型ウーファー。このシリーズはコーンがしなやかで、高域はあばれが少なく、トゥイーターとのつながりがスムーズである。公称18cmだがaは8cmあり、FW208の8.1cmと大差ないので20cm級と見てよい。f_0は35Hzぐらい。軸上正面では5kHzまで伸びているが、指向性も考えると1.6kHzクロスがベターになる。あばれが少ないので、スルーで使ってトゥイーターを追加するという使い方もできる。

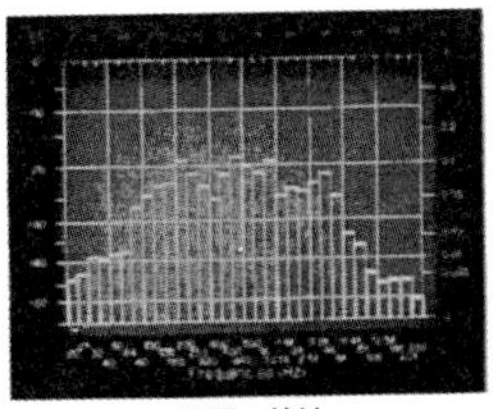

正面 f 特性

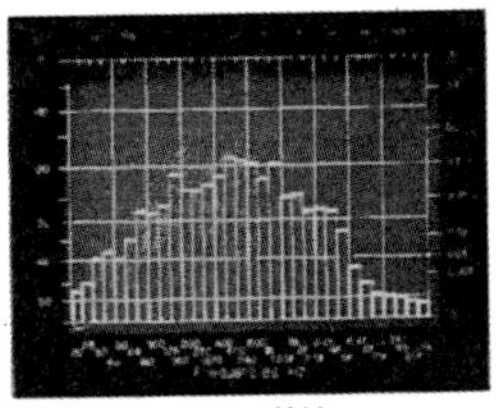

30度 f 特性

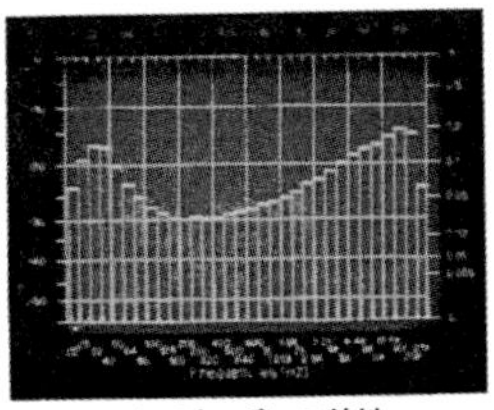

インピーダンス特性

M13SG09

●Vifa

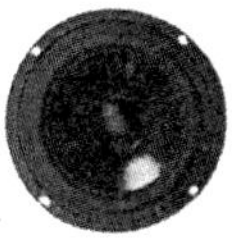

形式……………………………………18cmW
外形寸法 ………………… φ138×65mm
インピーダンス …………………… 8Ω
f_0……………………………………54Hz
Q_0 ………………………………… 0.35
M_0 ………………………………… 6.5g
a ……………………………………——
許容入力……………………………——
出力音圧レベル………88dB／W(m)
再生帯域 ………………… f_0～5kHz
クロスオーバー ………… 5kHz以下
マグネット重量……………………——
マグネットサイズ ………… φ87×36mm
総重量……………………………1110g
バッフル開口 ………………… φ112mm

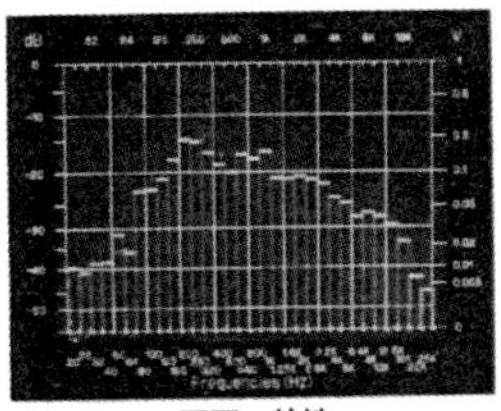

正面 f 特性

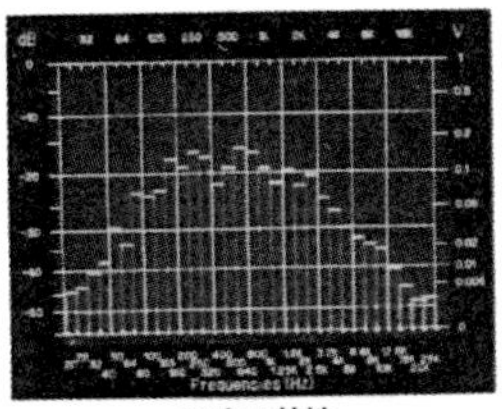

30度 f 特性

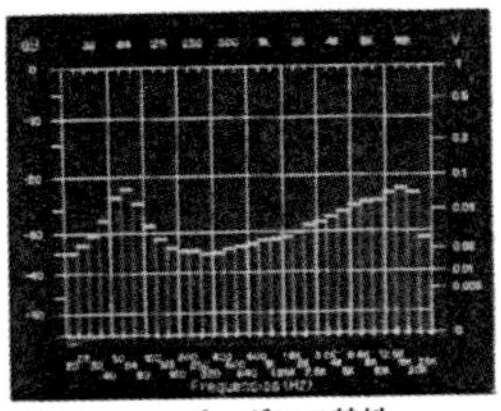

インピーダンス特性

8836AC

●UsherAudio

形式(メーカー呼称)………18cm/防磁型ウーファー
外径寸法……………… φ18.5×10.0cm
インピーダンス …………………… 8Ω
fo……………………………………31Hz
Qo ……………………………… ———
Mo ……………………………… ———
a ………………………………… ———
許容入力 …………………………… 100W
出力音圧レベル ……… 87dB/W(m)
再生周波数帯域…………fo～5000Hz
メーカー推奨クロスオーバー周波数 … ———
マグネットサイズ…… φ135×T50mm(註：解説)
バッフル開口…… φ155mm/最小寸法(註：解説)
総重量 ………………………… 3340g

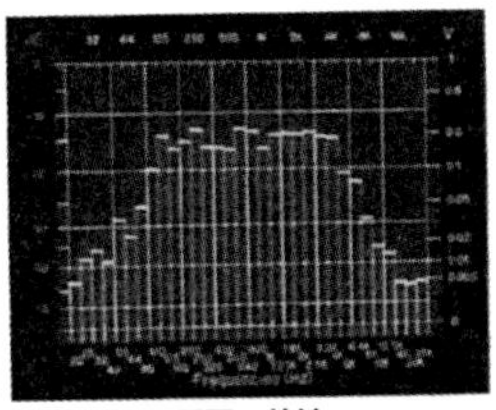

正面 f 特性

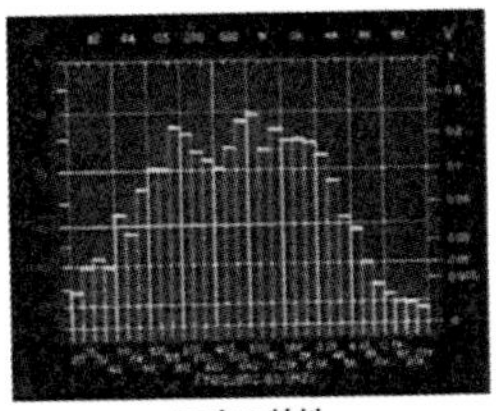

30度 f 特性

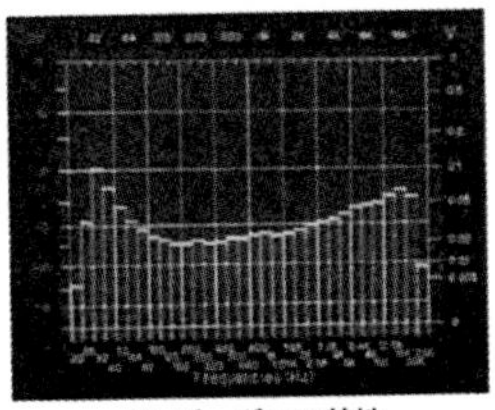

インピーダンス特性

8836A

●UsherAudio

形式(メーカー呼称) ……… 18cm/ウーファー
外径寸法 ……………… φ18.5×8.5cm
インピーダンス …………………… 8Ω
fo……………………………………28Hz
Qo ……………………………… ———
Mo ……………………………… ———
a ………………………………… ———
許容入力 …………………………… 100W
出力音圧レベル ……… 88dB/W(m)
再生周波数帯域…………fo～5000Hz
メーカー推奨クロスオーバー周波数 … ———
マグネットサイズ…… φ118×T32mm(註：解説)
バッフル開口…… φ155mm/最小寸法(註：解説)
総重量 ………………………… 2340g

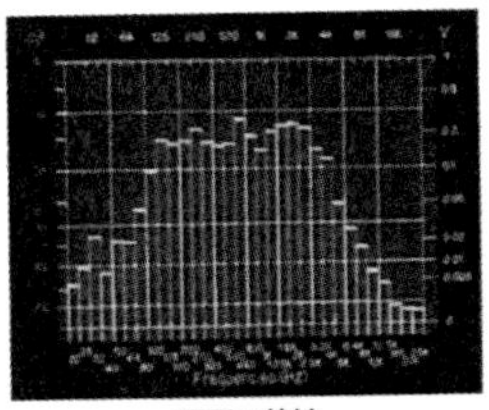

正面 f 特性

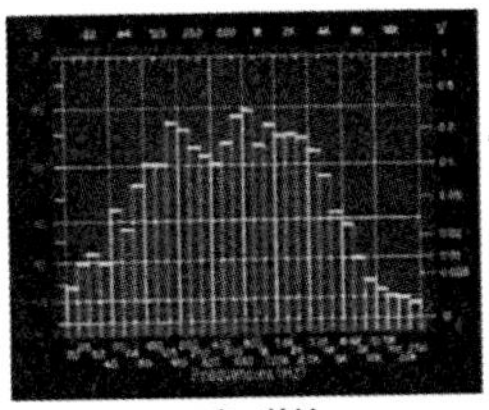

30度 f 特性

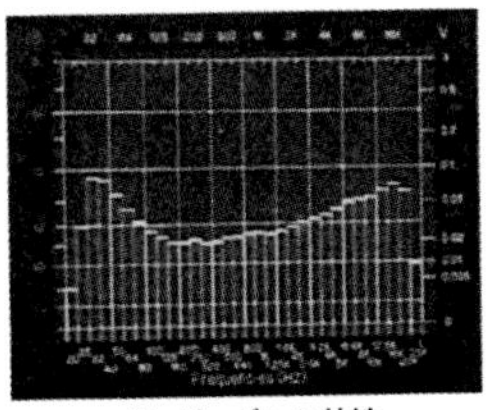

インピーダンス特性

FW21DV

●フォステクス

形式	20cmW
外形寸法	φ215×119mm
インピーダンス	8Ω
f_0	33Hz
Q_0	0.6
M_0	21
a	8.2cm
許容入力	100W
出力音圧レベル	92dB
再生帯域	f_0〜8kHz
クロスオーバー	3.5kHz以下
マグネット重量	831g
マグネットサイズ	φ139×53mm(カバー)
総重量	2,650g
バッフル開口	φ138mm

8Ωのボイスコイルを2個重ねて巻いたダブルボイスコイル・ウーファー。入力端子も2組付いているが、①1組だけ使う。②2組並列で使う。③2組直列で使う。④Lch、Rch独立で使う。④アンプとの接続は1組だけとし、もう1組はショートするか、20〜50Ωの可変抵抗器を入れる。⑤2組並列だが、ネットワークは独立させ、スタガーで使う。と、いろいろな使い方がある。①はただの8Ωウーファーになるので DVの意味がない。②は4Ωになり、見かけ上の能率が3dB上がるので実用性が高い。③は16Ωとなり、ウーファーの能率を下げたい時に有効だが実用性はほとんどない。④はいわゆる3Dウーファーで、専用アンプなしで簡単に3Dが実現するのはDVならではの効用である。

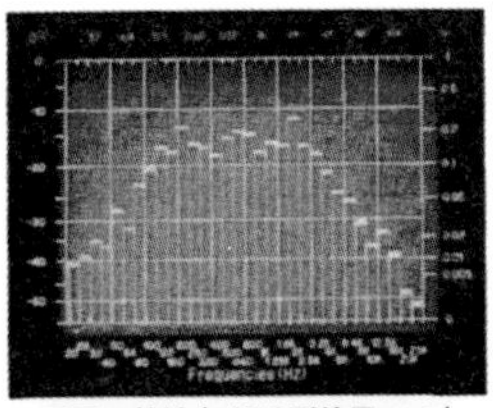

正面 f 特性（2組並列使用，4Ω）

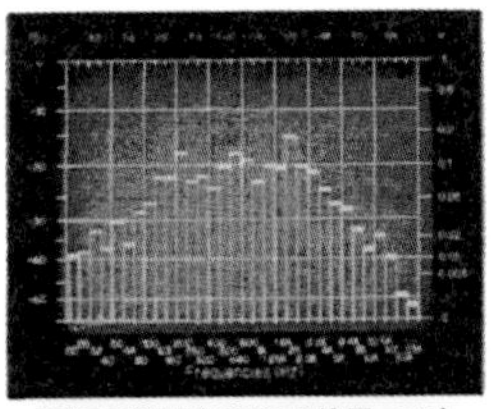

正面 f 特性（1組のみ使用，8Ω）

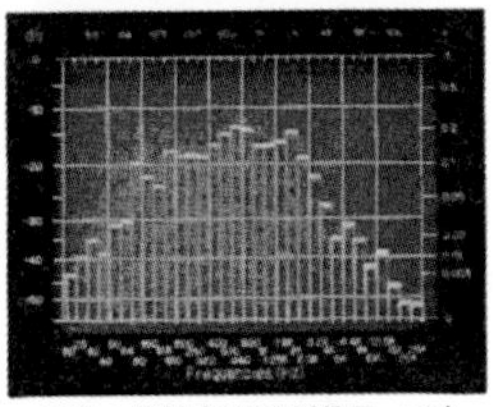

30度 f 特性（2組並列使用，4Ω）

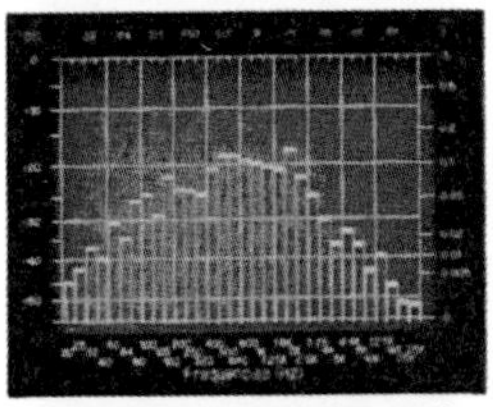

30度 f 特性（1組のみ使用，8Ω）

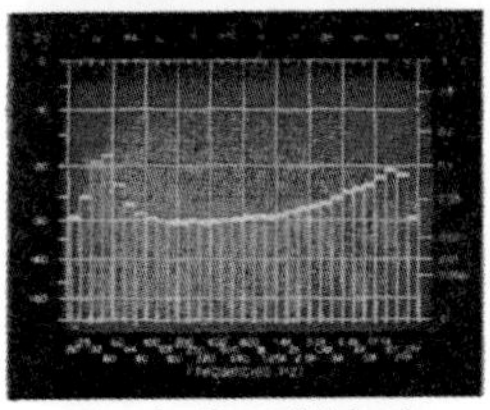

インピーダンス特性（8Ω）

H8.1/4

●Morel

形式(メーカー呼称)	20cm/ウーファー
外径寸法	φ22.2×6.9cm
インピーダンス	4(8)Ω
fo	32Hz
Qo	―――
Mo	―――
a	―――
許容入力	180W
出力音圧レベル	90dB/W(m)
再生周波数帯域	35〜3500Hz
メーカー推奨クロスオーバー周波数	―――
マグネットサイズ	φ85mm(註：解説)
バッフル開口	φ194mm/最小寸法(註：解説)
総重量	1200g

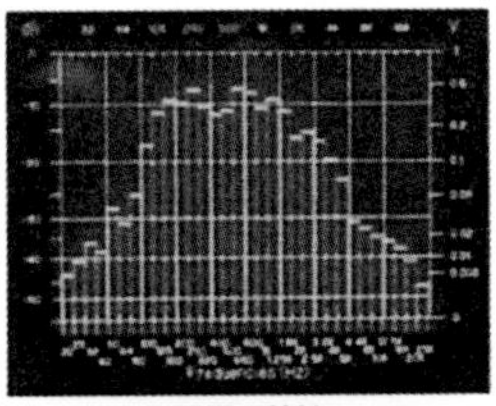

正面 f 特性

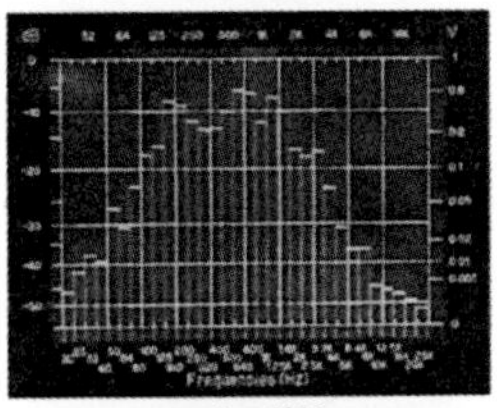

30度 f 特性

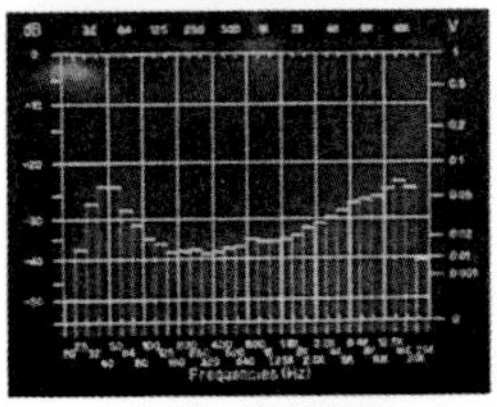

インピーダンス特性

20W-75

●Dynaudio

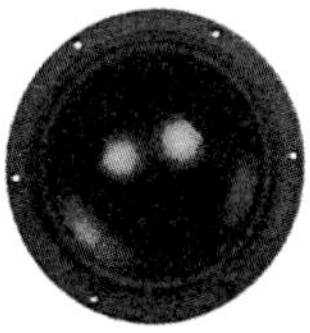

形式	20cmW
外形寸法	φ200×85mm
インピーダンス	4Ω
f_0	――
Q_0	――
M_0	――
a	――
許容入力	――
出力音圧レベル	――
再生帯域	――
クロスオーバー	――
マグネット重量	――
マグネットサイズ	φ85×25mm(カバー)
総重量	1,200g
バッフル開口	――

15W－75の兄貴分で、構造は同じ。フレームはひと回り大型だが、ダイキャストの支柱がうしろに伸びて磁気回路を包みこむ構造はそっくり。磁気回路は15Wと同じ、外観はちょっと違うが17Wとも同じはず。ボイスコイルはアルミボビンでφ72と巨大。これを逆ドーム振動板と直結させるユニークな構造は3機種共通。f特は15W、17Wとは違い。高域はダラ下がりなのでローパス・フィルターは必要。ソフトタッチの低音だ。

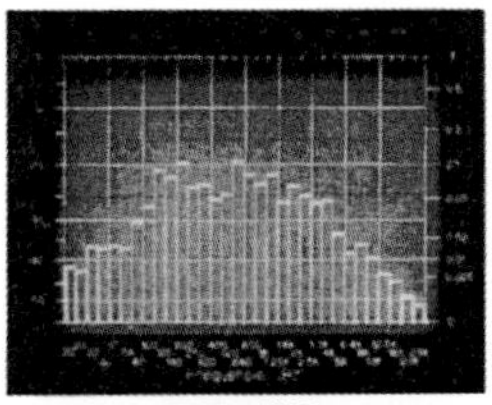

正面 f 特性

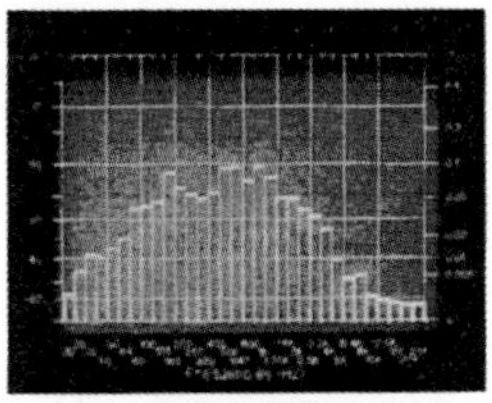

30度 f 特性

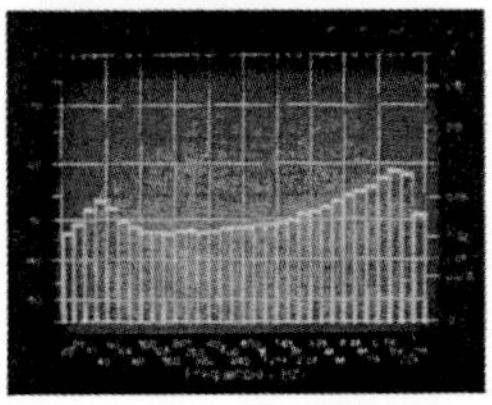

インピーダンス特性

SX-500DⅡ(W)

●ビクター

形式	20cmW
外形寸法	φ235×140mm
インピーダンス	4Ω
f_0	64Hz
Q_0	――
M_0	――
a	16cm
許容入力	――
出力音圧レベル	――
再生帯域	――
クロスオーバー	――
マグネット重量	AL
マグネットサイズ	φ95×65mmヨーク
総重量	2700g
バッフル開口	φ182mm

SX−500DOLCEⅡのウーファー。密閉用に設計されているがバスレフでも使える。プレスフレームにゴムカバーつき。バッフルに合わせてゴムが曲面カットされているので、フラットな面に取付けるにはゴムを削る必要がある。最高級のアルニコ磁気回路。クルトミューラーのパルプコーンで、高感度のスパイターサスペンション採用。f_0は64Hzだが、使いこむと40Hz代まで下がる。1.6kHzクロスが無難だが、無理をしても3kHzどまり。

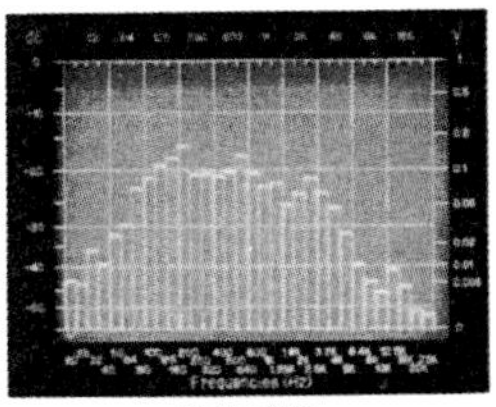

正面f特性

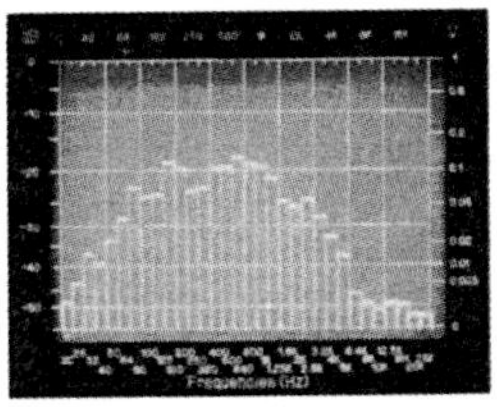

30度f特性

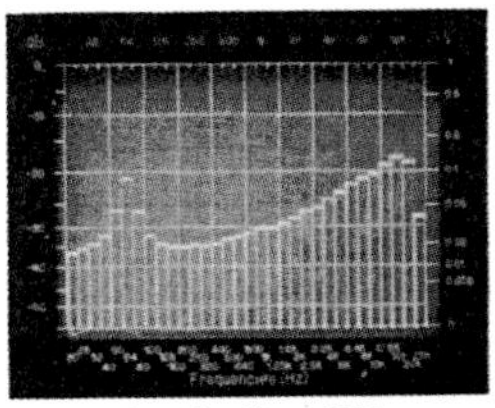

インピーダンス特性

PV-0820/4

●MAX

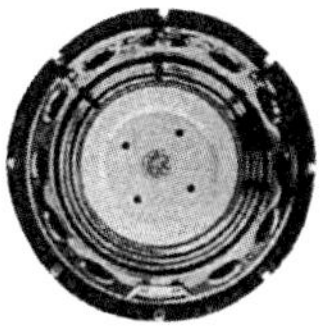

形式(メーカー呼称)	20cm
外径寸法	φ21.0×10.0m
インピーダンス	4Ω
fo	―――
Qo	―――
Mo	―――
a	―――
許容入力	100W
出力音圧レベル	―――
再生周波数帯域	―――
メーカー推奨クロスオーバー周波数	―――
マグネットサイズ	φ98×T17mm(註:解説)
バッフル開口	φ182mm/最小寸法(註:解説)
総重量	1600g

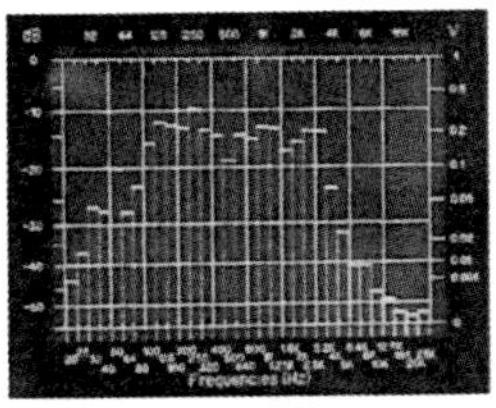

正面f特性

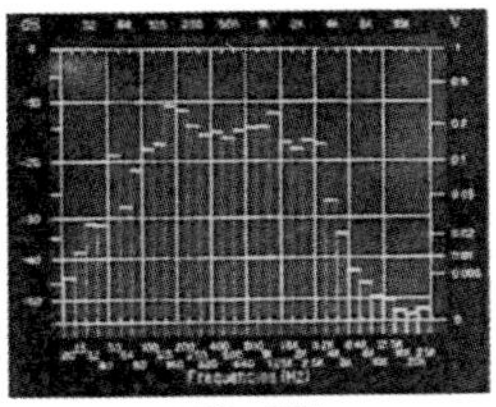

30度f特性

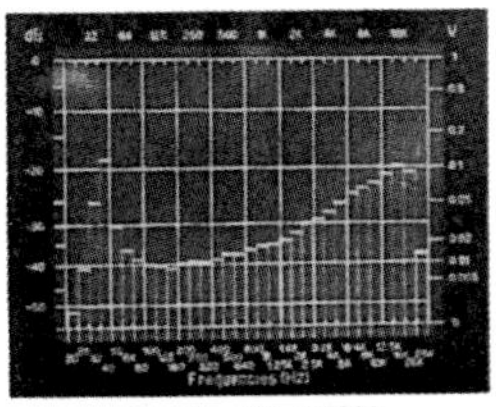

インピーダンス特性

FW208N

●フォステクス

形式	20cmW
外形寸法	φ230×108mm
インピーダンス	8Ω
f_0	29Hz
Q_0	0.2
M_0	40
a	8.1cm
許容入力	100W
出力音圧レベル	90dB/W(m)
再生帯域	f_0〜5kHz
クロスオーバー	5kHz以下
マグネット重量	1.41kg
マグネットサイズ	φ156mm
総重量	4620g
バッフル開口	φ185mm

FW208の後継機だが、全面的変更で別物のウーファーとなっている。m_0が40gと異常に高く、サスペンションが硬めでf_0が高いので、ハードでパワフルな低音を再生する。Q_0が0.2と低いので低音再生は困難なはずだが実際には低音は厚く豊かで、Q_0はもっと高いのではないか。バスレフ、密閉、DBでは使える。2ウエイのクロスは1〜2kHz、4kHzに高いピークがあるので3kHzクロスは難しい。トゥイーターはFT480が相性がよい。

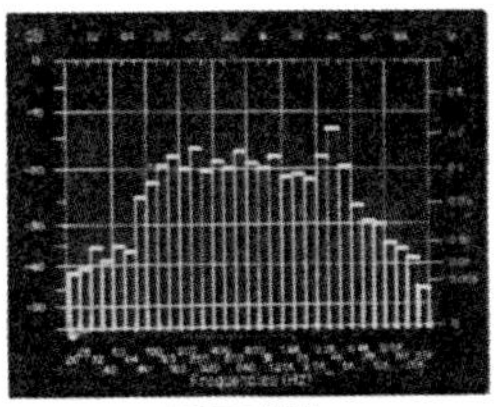

正面f特性

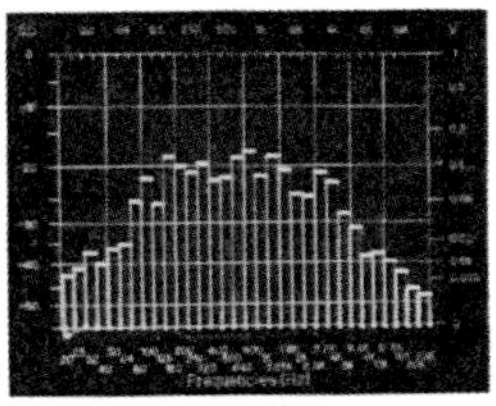

30度f特性

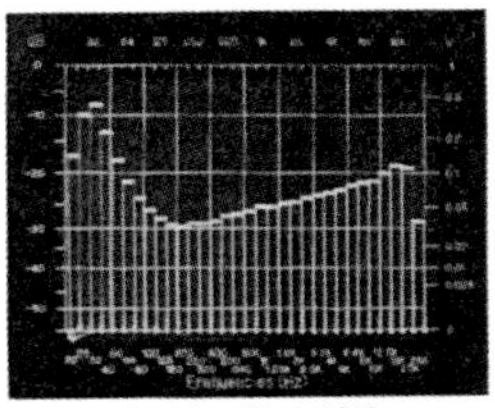

インピーダンス特性

FW208

●フォステクス

形式	20cmW
外形寸法	□230×100mm
インピーダンス	8Ω
f_0	25Hz
Q_0	0.23
M_0	28
a	8.1cm
許容入力	100W
出力音圧レベル	91dB
再生帯域	25〜6kHz
クロスオーバー	3kHz以下
マグネット重量	1090g
マグネットサイズ	φ146×18mm
総重量	3450g
バッフル開口	φ185mm

角型フレームのFW200から丸型フレームの208への前進。バッフルとの接触面積は倍増、ネジも8本にふえ、音は変わった。オーソドックスなパルプコーンのウーファー。インピーダンス特性で見るとf_0は30Hzになっている。暴れの少ないきれいなf特で使いやすいが、出力音圧レベルの調整には要注意。僕自身S100をスコーカーに使ったBS−30で失敗している。S100(89dB)の方がずっと高能率である。88dBと見て設計した方がよい。

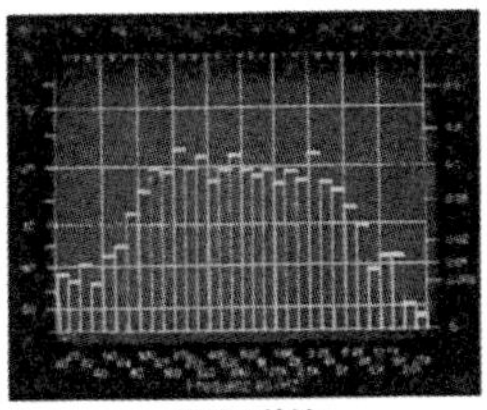

正面f特性

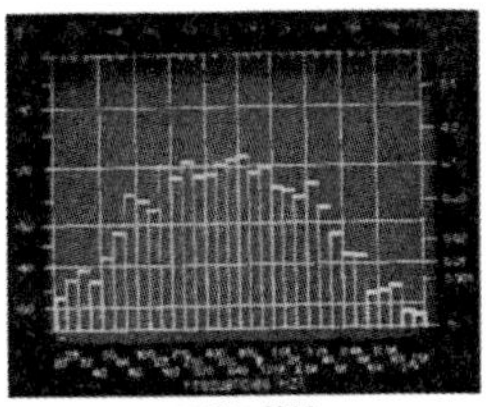

30度f特性

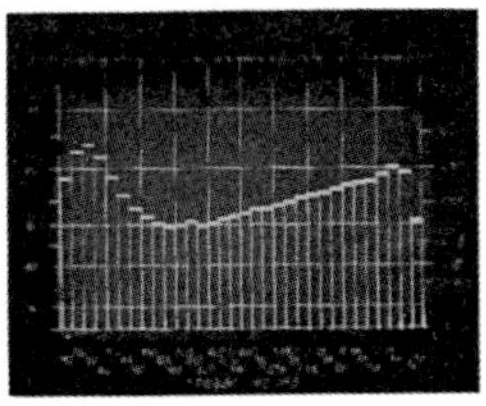

インピーダンス特性

CA10900/2/2

●MAX

形式(メーカー呼称)	25cm/ダブルボイスコイル・ウーファー
外径寸法	φ27.0×20.5cm
インピーダンス	2Ω×2
fo	25Hz
Qo	―――
Mo	―――
a	―――
許容入力	450W
出力音圧レベル	―――
再生周波数帯域	―――
メーカー推奨クロスオーバー周波数	―――
マグネットサイズ	φ174×T60mm(註:解説)
バッフル開口	φ235mm/最小寸法(註:解説)
総重量	9000g

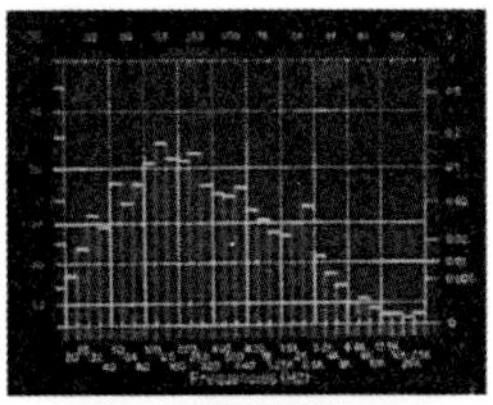

正面 f 特性

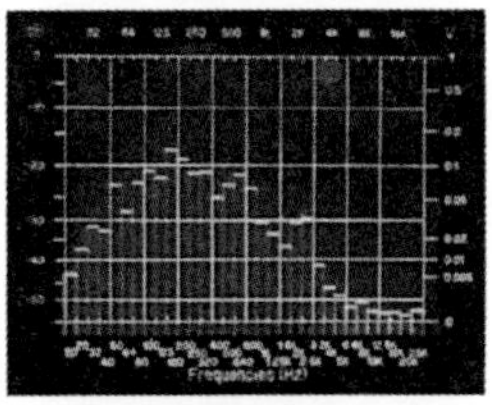

30度 f 特性

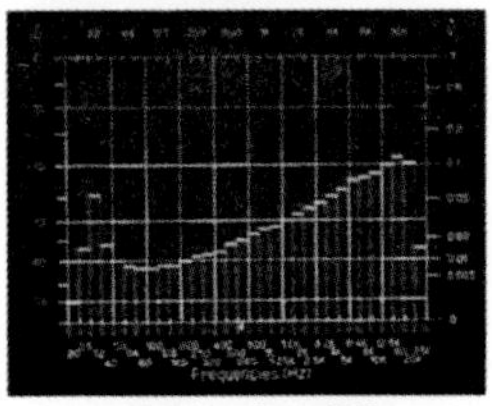

インピーダンス特性

SWR269

●Peerless

形式(メーカー呼称)	25cmウーファー
外径寸法	φ27.0×14.5cm
インピーダンス	4Ω
fo	39.4Hz
Qo	―――
Mo	117g
a	cm
許容入力	W
出力音圧レベル	92.2dB/2.83V(m)
再生周波数帯域	―――
メーカー推奨クロスオーバー周波数	―――
マグネットサイズ	φ155×T50mm(註:解説)
バッフル開口	φ240mm/最小寸法(註:解説)
総重量	6000g

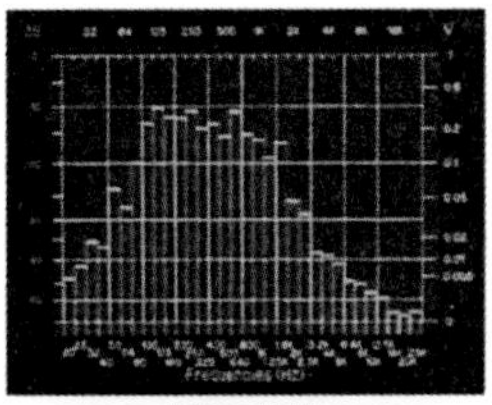

正面 f 特性

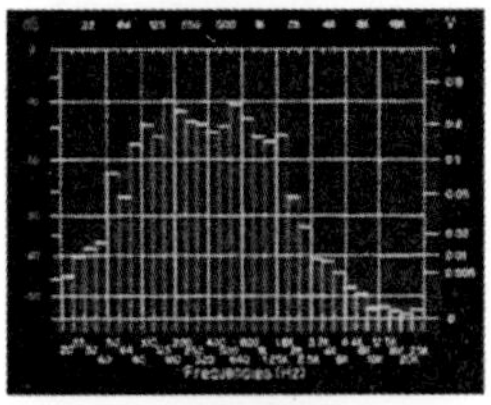

30度 f 特性

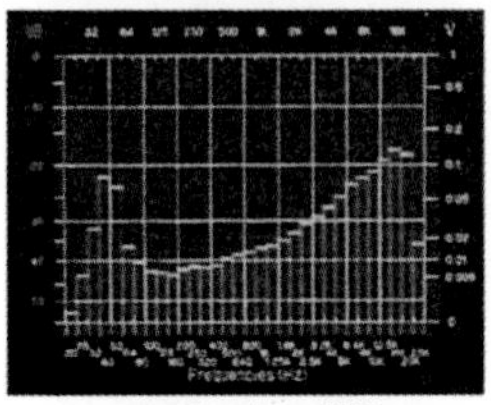

インピーダンス特性

FW227

●フォステクス

形式	22cmW
外形寸法	□224×108mm
インピーダンス	8Ω
f_0	30Hz
Q_0	0.25
M_0	30g
a	9.5cm
許容入力	100W
出力音圧レベル	92dB
再生帯域	f_0〜5kHz
クロスオーバー	3kHz以下
マグネット重量	1,058g
マグネットサイズ	φ145×51mm(カバー)
総重量	4,250g
バッフル開口	φ213mm

FW220の後継機種で、防磁カバー付きダブルマグネットの磁気回路を持つ。コーンはポリプロピレンだが、コルゲーション入りで強度は意外とある。220に比べるとm_0が小さく、f_0が高く、FW208に比べてもf_0は高い。音は2.5kHz以上が急降下しており、FW208とは大きな違いを見せる。ローパスフィルターなしでも3kHzクロスで使えるが、できれば1.6kHzクロスぐらいで使いたい。ソフトドームとよく合う、しなやかな音だ。

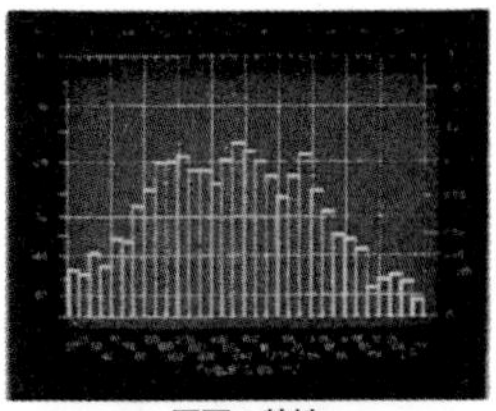

正面 f 特性

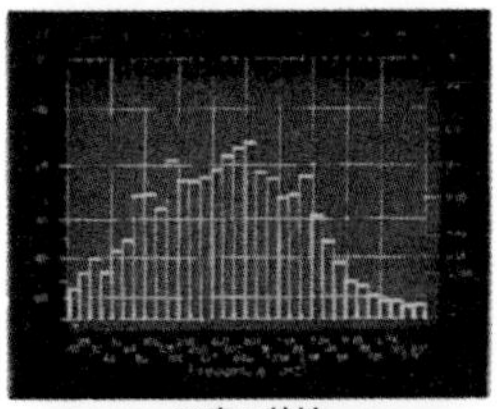

30度 f 特性

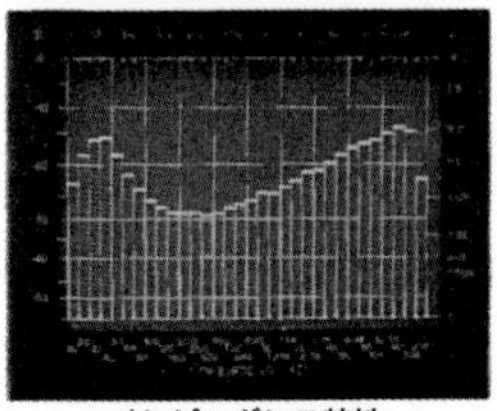

インピーダンス特性

FW220

●フォステクス

形式	22cmW
外形寸法	□224×94mm
インピーダンス	8Ω
f_0	25Hz
Q_0	0.3
M_0	39.5g
a	9.5cm
許容入力	100W
出力音圧レベル	91dB
再生帯域	f_0〜5kHz
クロスオーバー	――
マグネット重量	1,410g
マグネットサイズ	φ156×20mm
総重量	4,300g
バッフル開口	φ213mm

短命に終わったウーファーだが、原因は接着部分での破損によるクレームが相次いだからである。CAMコーンと呼んでいるが、カーボン繊維とアラミド繊維を混織、樹脂系のバインダーで成形したコーンがポイント。ウーファー、特にスーパーウーファーとして非常に優秀なのだが、接着剤の効きが悪く、ボイスコイル、ダンパー、エッジなどに問題が出やすい。特性ではFW227に負けるが、ハードでソリッドな低音は絶品。

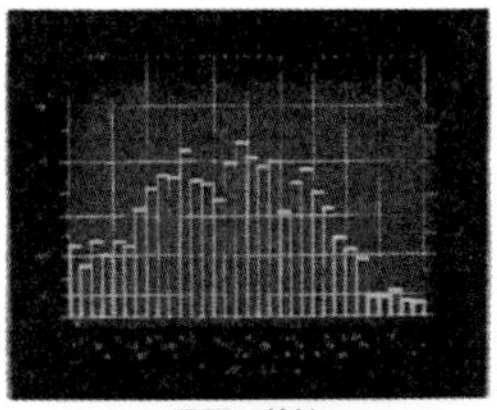

正面 f 特性

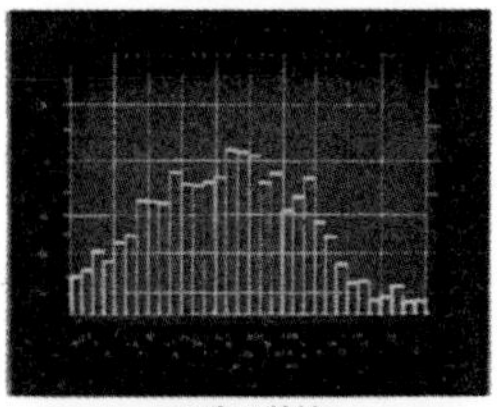

30度 f 特性

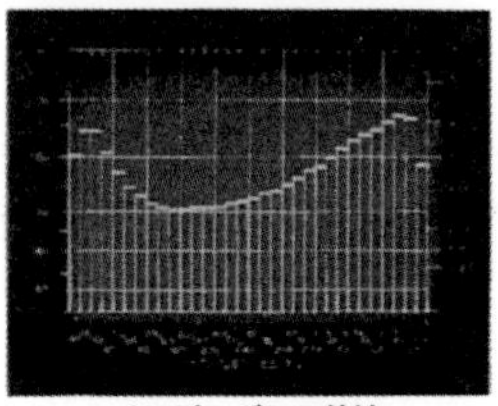

インピーダンス特性

W300A

●フォステクス

形式	30cmW
外形寸法	φ313×152mm
インピーダンス	8Ω
f_0	25Hz
Q_0	0.28
M_0	92.7
a	13.1cm
許容入力	150W
出力音圧レベル	93dB
再生帯域	f_0〜3kHz
クロスオーバー	2kHz以下
マグネット重量	AL 1100g
マグネットサイズ	φ142×60mm(ヨーク)
総重量	6200g
バッフル開口	φ279mm

アルニコシリーズの30cmウーファー。D100A+H300、T500Aといった高級3ウェイ用のウーファーで、100ℓぐらいのバスレフで使う。f_0は28Hzぐらい。3kHzまで使えることになっているが、2kHzにピークがあるので1kHz以下でのクロスが無難。多層コーンにファインセラミックス・コーティングで、余分な音の発生を抑えた振動板。力強いが、やかましい感じのない質のよい低音だ。取付けネジ4本は淋しい。

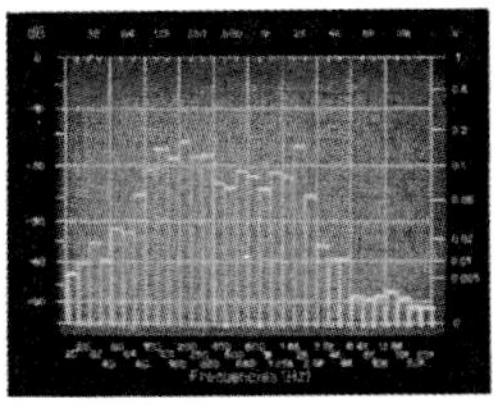

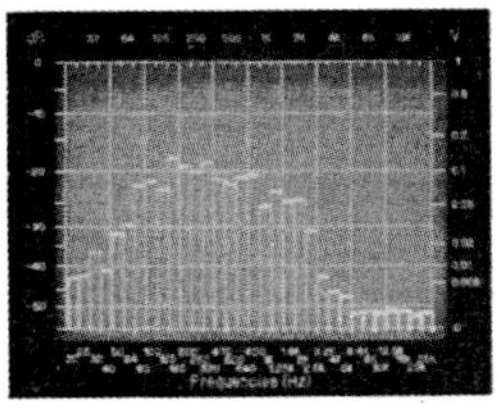

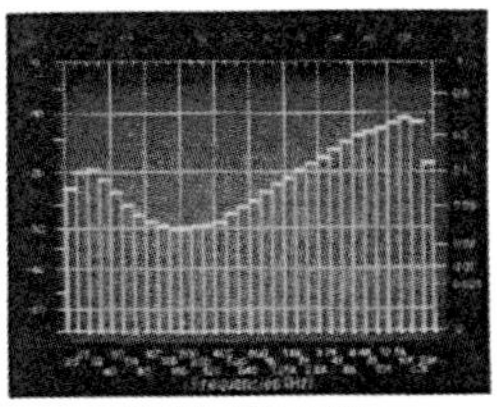

インピーダンス特性

30L100

●テクニクス

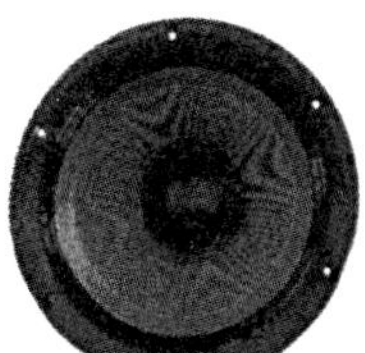

形式	30cmW
外形寸法	φ333×146mm
インピーダンス	8Ω
f_0	30Hz
Q_0	0.44
M_0	53g
a	13cm
許容入力	120W
出力音圧レベル	95dB
再生帯域	30〜5kHz
クロスオーバー	1.5kHz以下
マグネット重量	——
マグネットサイズ	φ160×20mm
総重量	5,200g
バッフル開口	φ283mm

ごくオーソドックスな30cmウーファーである。ダイキャストフレーム、パルプコーンで、m_0、出力音圧レベル、磁気回路、重量等はフォステクスFW305と同等。マグネットにゴムカバーが付く。正面では5kHz、30度では3kHzまで伸びているが、メーカー推奨のクロスオーバーは700Hz〜1500Hz。3ウェイか、大型トゥイーターとの2ウェイ向き。高能率なので中高域はホーン型が必要になるが、FE168Σならスコーカーに使える。

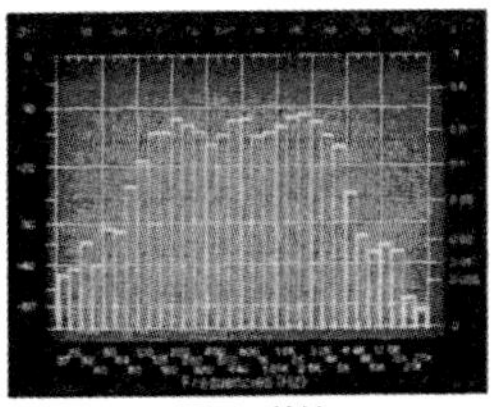

正面 f 特性

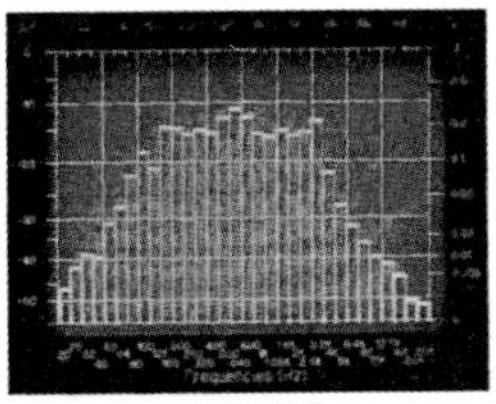

30度 f 特性

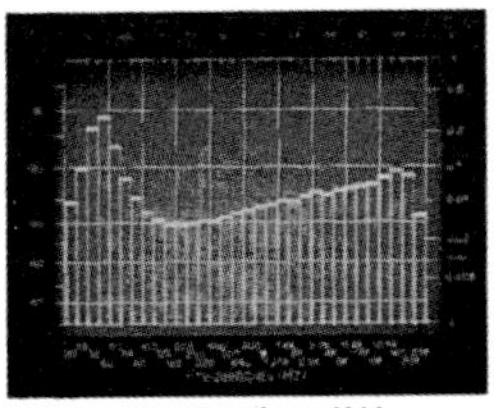

インピーダンス特性

DDW-F30A

●アルパイン

形式	30cmW
外形寸法	φ315×180mm
インピーダンス	4Ω
f_0	20Hz
Q_0	——
M_0	——
a	12.5cm
許容入力	200W
出力音圧レベル	90dB
再生帯域	20〜2.5kHz
クロスオーバー	——
マグネット重量	——
マグネットサイズ	——
総重量	6000g
バッフル開口	φ280mm

カーオーディオ用のウーファーだが、本格オーディオ用にも使える高級ユニット。フルレンジではDDDS5というローコスト・モデルがあったが、原理は同じで、磁気回路の前後（上下）に逆向きに巻かれたボイスコイルと対称配置のダンパーを持ち、プッシュプル動作をする方式で、歪みが特に少ない。フレームも仕上げが美しく、振動板もユニークな色調の成形品で、コーンではなく、つぎ目なしのパラボラ（逆ドーム）というのも珍しい。

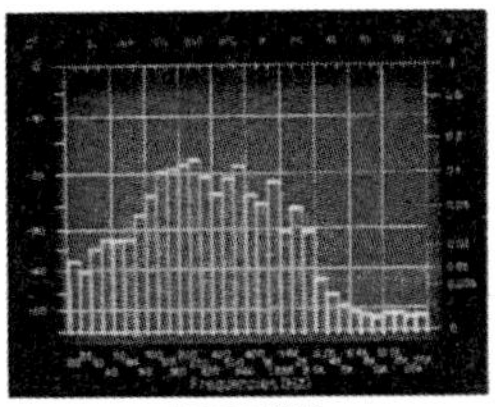

正面 f 特性

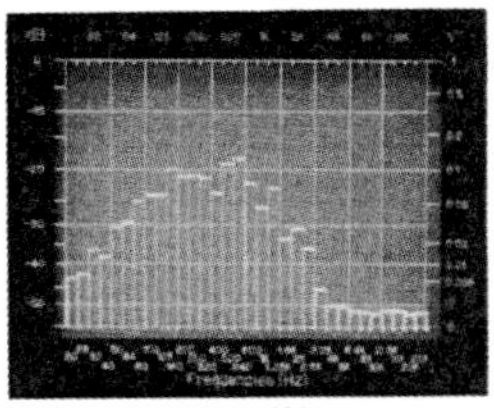

30度 f 特性

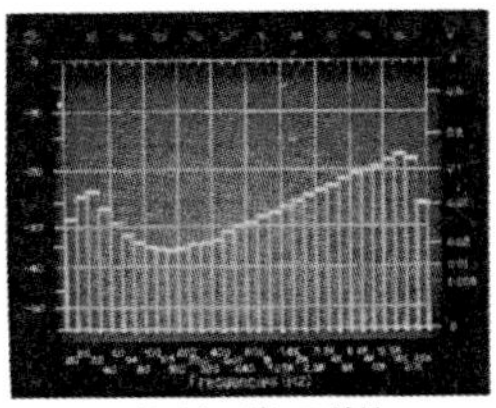

インピーダンス特性

10W150

●フォステクス

形式	25cmW
外形寸法	φ264×120mm
インピーダンス	8Ω
f_0	40Hz
Q_0	0.27
M_0	23
a	10.9cm
許容入力	100W
出力音圧レベル	97dB
再生帯域	f_0〜7kHz
クロスオーバー	——
マグネット重量	1067g
マグネットサイズ	φ140×18mm
総重量	3400g
バッフル開口	φ232mm

PA用ウーファーの小口径モデル。プレスフレーム、古典的なパルプコーンだが、マグネットは大型、f_0は70Hzぐらい。f特は軸上では3kHzまでフラット、30度では2kHz以上だら下がり、ローコスト・ホーントゥイーターとの2ウェイが基本だが、PA用フルレンジ、テクニクスのF100シリーズをスコーカーに使う3ウェイも可能。キャビネットは45ℓバスレフぐらいが適当。オーディオ用にはちょっと粗さが残る。

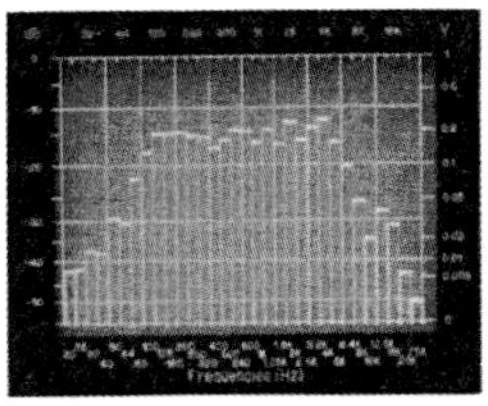

正面 f 特性

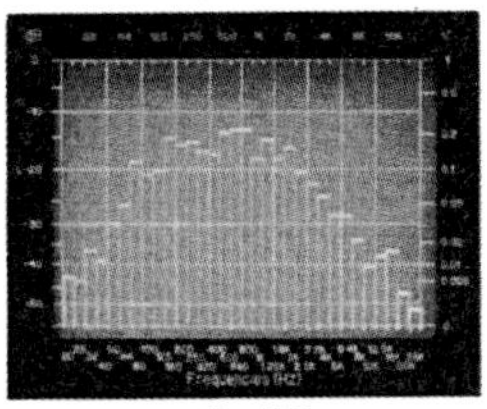

30度 f 特性

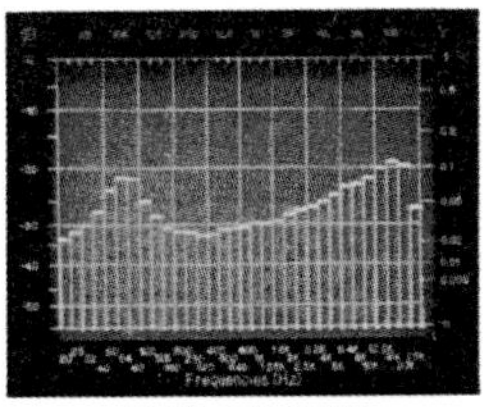

インピーダンス特性

12W150

●フォステクス

形式	30cmW
外形寸法	φ307×132mm
インピーダンス	8Ω
f_0	60Hz
Q_0	0.4
M_0	33g
a	12.7cm
許容入力	150W
出力音圧レベル	98dB
再生帯域	f_0〜5kHz
クロスオーバー	――
マグネット重量	1,409g
マグネットサイズ	φ156×20mm
総重量	4,850g
バッフル開口	φ270mm

PA用のローコストウーファーだが、f_0が高く、m_0が小さく、いわゆるウーファーの概念からは外れたもの。高域を抑えたフルレンジといった設計である。マグネットはFW305と同じで、FW31DVよりは一回り大きい。CPは高いが、300HT、400HTといったローコスト・ホーントゥイーターとの2ウエイでPAとして使うのがベスト。オーディオ用としてはめり張り中心のローコスト3ウエイがいけそうだ。

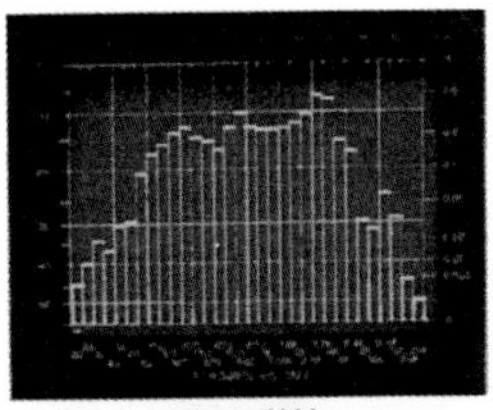

正面 f 特性

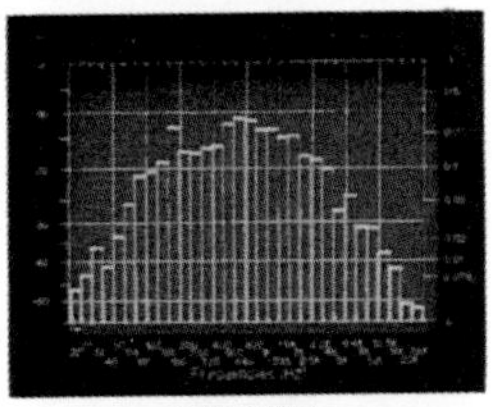

30度 f 特性

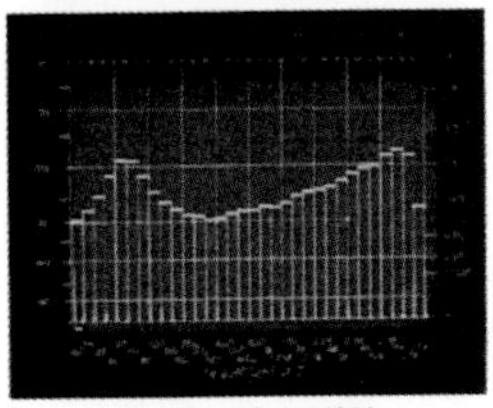

インピーダンス特性

FW305

●フォステクス

形式	30cmW
外形寸法	φ312×120.5mm
インピーダンス	8Ω
f_0	25Hz
Q_0	0.31
M_0	55g
a	12.95cm
許容入力	125W
出力音圧レベル	95dB
再生帯域	f_0〜3.5kHz
クロスオーバー	2kHz以下
マグネット重量	1,410g
マグネットサイズ	φ156×20mm
総重量	5,000g
バッフル開口	φ280mm

ロングセラーの30cmウーファー。コルゲーション入りのパルプコーンは強度が大きい。クロスは2kHz以下が推奨されており、3ウエイが基本。f_0は24Hzぐらい。高域に向かってのインピーダンス上昇が大きく、6dB/octでは高域が十分に切れない。f特では2kHzにピークがあるが、これはどんなウーファーにもあるfh(高域共振)である。能率は高い方で、指向特性もよい。フォステクスにはスコーカーがないので3ウエイ構成には苦労する。

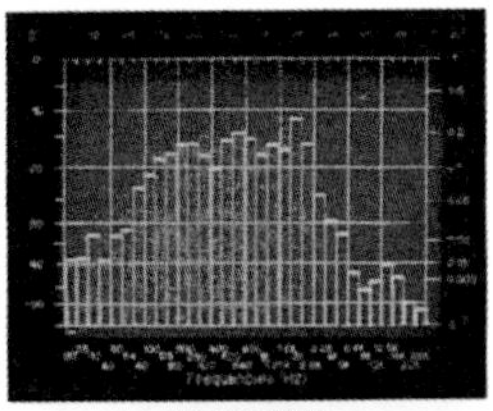

正面 f 特性

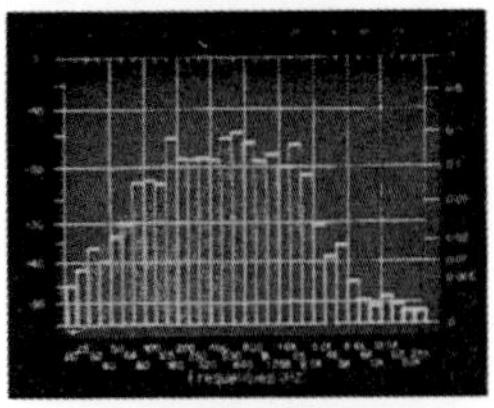

30度 f 特性

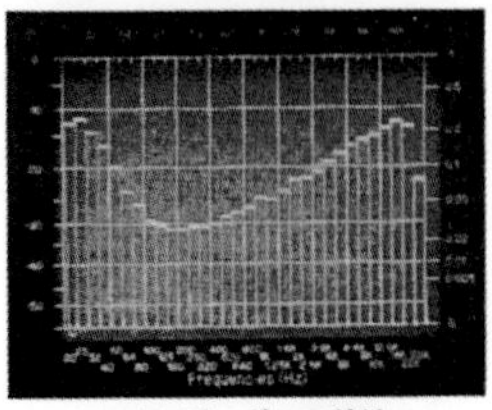

インピーダンス特性

FW31DV

●フォステクス

形式	30cmW
外形寸法	φ307×130mmmm
インピーダンス	8Ω
f_0	20Hz
Q_0	0.38
M_0	66.3
a	12.95cm
許容入力	120W
出力音圧レベル	92dB
再生帯域	f_0〜3.5kHz
クロスオーバー	――
マグネット重量	1,090g
マグネットサイズ	φ145×18mm
総重量	4,400g
バッフル開口	φ278mm

FW21DVと同じダブルボイスコイル・ウーファーで、使い方も同じ。一方をショートした場合、超オーバーダンピングとなり、インピーダンス特性ではf_0の山がほとんど消えてしまう。f特も300〜500Hzあたりからダラ下がりになる。アンプでブーストするという手もあるが、概して立ち上がりの鈍い詰まった音になりがちだ。抵抗値を増やすとダンプ量は減り、50Ωではオープンと大差なくなる。⑥は、1個は普通のローパス、もう1個はLC共振による重低音増強に使うもので、インフィニティ、JBL(S9500)に実例が見られる。測定は実用性のあるものだけに限った。なおFW21DVはAV対応、マグネット重量はFW187と同等。FW31DVは防磁ではなく、マグネットはFW208と同等である。

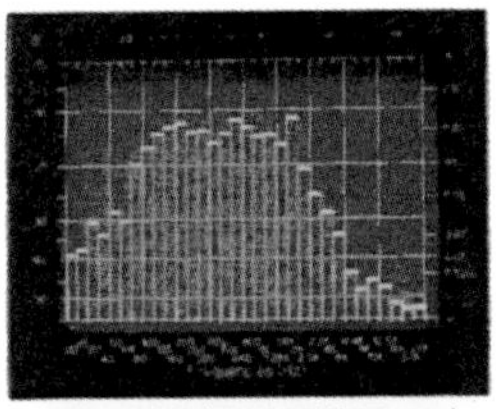

30度 f 特性(2組並列使用, 4Ω)

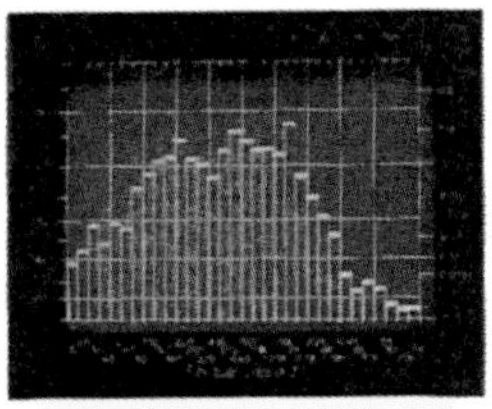

30度 f 特性(1組のみ使用, 8Ω)

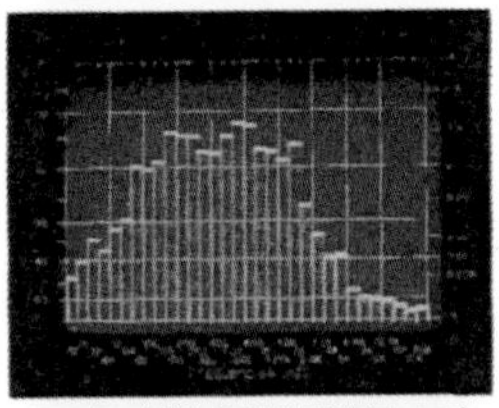

330度 f 特性(2組並列使用, 4Ω)

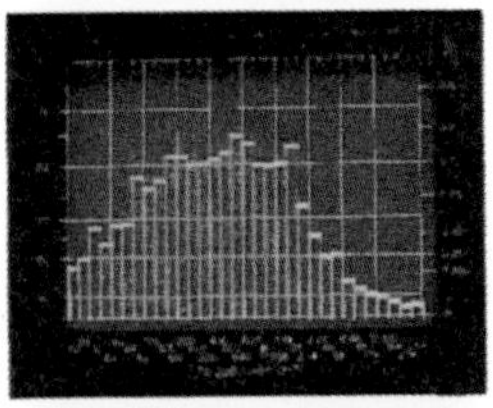

30度 f 特性(1組のみ使用, 8Ω)

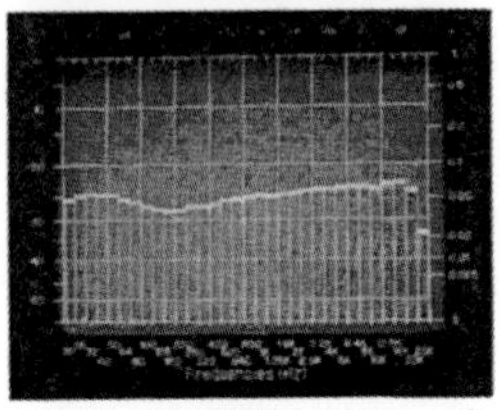

インピーダンス特性(一方ショート)

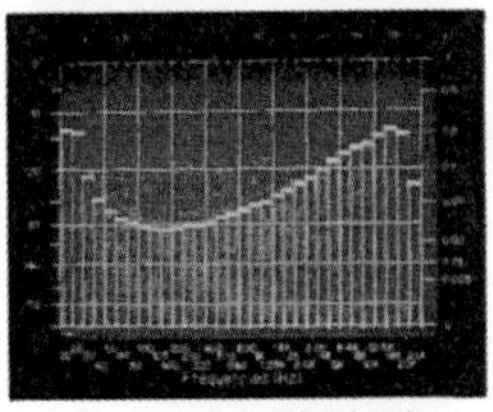

インピーダンス特性(8Ω)

FW405

●フォステクス

形式	38cmW
外形寸法	φ395×140.5mm
インピーダンス	8Ω
f_0	20Hz
Q_0	0.38
M_0	125
a	16.8cm
許容入力	100W
出力音圧レベル	96dB
再生帯域	f_0〜2.5kHz
クロスオーバー	1.5kHz以下
マグネット重量	1821g
マグネットサイズ	φ180×20mm
総重量	7100g
バッフル開口	φ357mm

標準タイプの40cmウーファー、オーソドックスなパルプコーンにフェライトマグネット、W400Aの4分の1の価格で使いやすい。f_0は24Hzと低く、f特は軸上でも30度方向でも2kHzまでフラット、2kHz以上は驚くほどシャープに急降下しているので、スルーでも使えるが、40cmウーファーの2kHzはきれいとはいえないのでメーカー推奨の1.5kHz以下が無難、とはいっても手頃な価格のスコーカーがないのが難点。

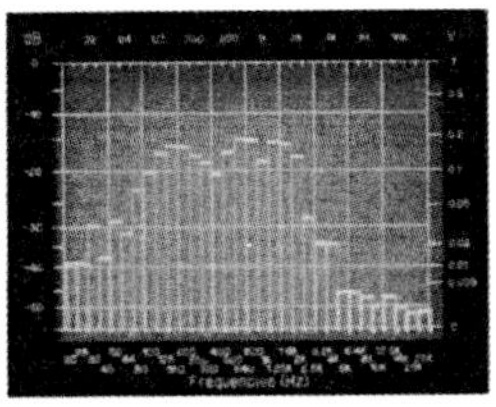

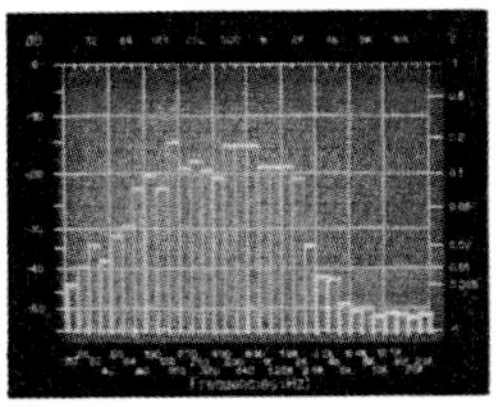

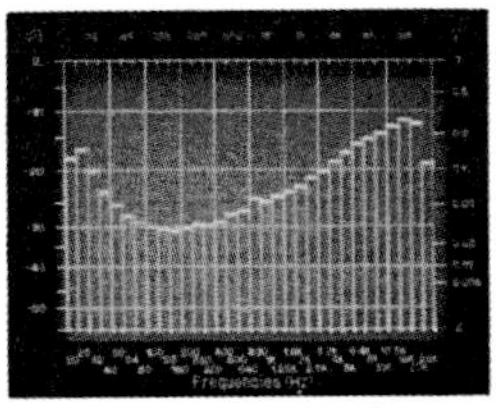

インピーダンス特性

38L100

●テクニクス

形式	38cmW
外形寸法	φ402×160mm
インピーダンス	8Ω
f_0	23Hz
Q_0	0.22
M_0	114
a	16.6cm
許容入力	200W
出力音圧レベル	98dB
再生帯域	23〜4kHz
クロスオーバー	1.2kHz以下
マグネット重量	—
マグネットサイズ	φ180×20mmヨーク
総重量	7600g
バッフル開口	φ360mm

30L100の上級機。しなやかな低音ではなく、ハードでダイナミックな再生向き。クロスオーバーが低く、能率が高いことから3ウエイ、4ウエイ、あるいは大型トゥイーターとの2ウエイ用だが、ホーン型でないと能率が合わない。FE208Σならスコーカーとして使える。30L100と似ているが、f_0は23Hzと低く、f特は30L100より凹凸があり、2kHzのピークが目立つのでネットワークは1kHz 12dB/octぐらいが無難。

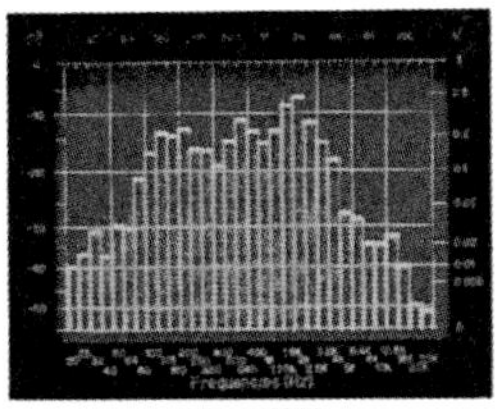

正面 f 特性

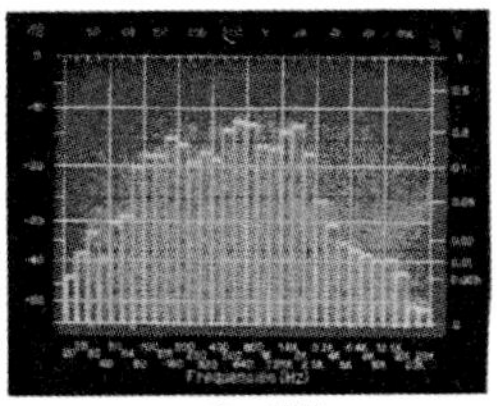

30度 f 特性

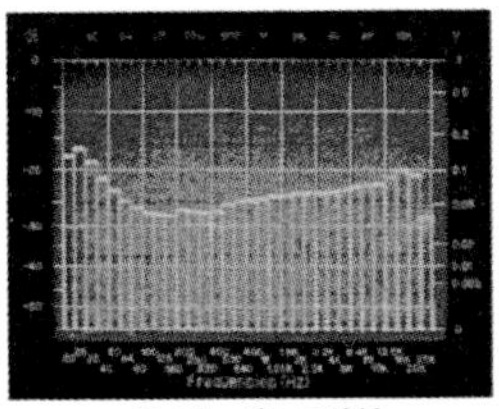

インピーダンス特性

TL-1601C

●TAD

形式	38cmW
外形寸法	φ400×165mm
インピーダンス	8Ω
f_0	28Hz
Q_0	0.31
M_0	117
a	16.5cm
許容入力	200W
出力音圧レベル	97.5dB
再生帯域	28〜20kHz
クロスオーバー	1kHz以下
マグネット重量	AL×9g
マグネットサイズ	φ166×70mm(ヨーク)
総重量	13000g
バッフル開口	φ352mm

1601a、1601bからの発展で、ヨーク、プレート、フレームを一体成形し、センターポールをヨークにネジどめするという方式で剛性を上げている。アルニコマグネットを9個並べた強力な磁気回路、ストロークは±8mmとれており、瞬間500Wの大入力に耐える。1kHz以上急降下、3kHzに小さなピークがあるだけなので使いやすい。スタジオモニター2404（2ウエイ、¥100000）に使われている超高級機である。

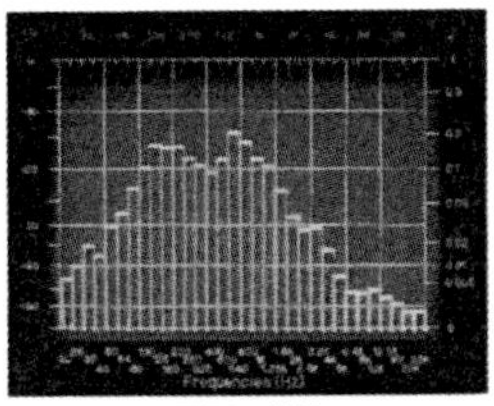

正面 f 特性

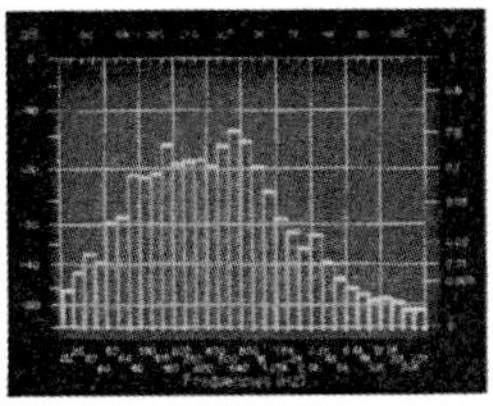

30度 f 特性

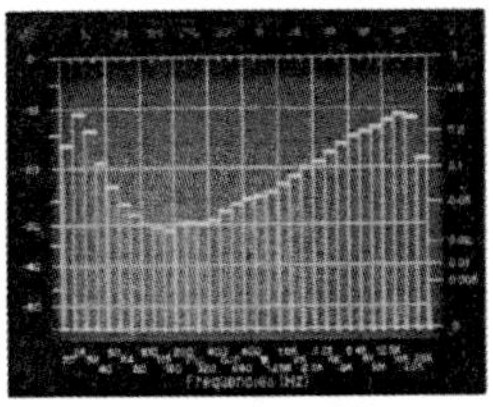

インピーダンス特性

12W360

●フォステクス

形式	30cmW
外形寸法	φ314×130mm
インピーダンス	8Ω
f_0	55Hz
Q_0	0.23
M_0	39g
a	12.3cm
許容入力	180W
出力音圧レベル	99dB
再生帯域	f_0〜6kHz
クロスオーバー	—
マグネット重量	1,836g
マグネットサイズ	φ180×20mm
総重量	6,400g
バッフル開口	φ272mm

PA用、楽器用のウーファーだが超強力型で、がっちりしたダイキャストフレーム、巨大なマグネット、軽くて丈夫なコーンがポイント。f_0は57Hzと30cmにしては高め。f特は3kHzにピークがあるが、30度方向では目立たない。PA用としては5kHzクロスで使えるが、ハイファイ用としては1kHzクロスだろう。能率は特に高い方で、音は勢いよく張り出してくる。小口径のトゥイーターではつながらない。FT600辺りが手頃か。

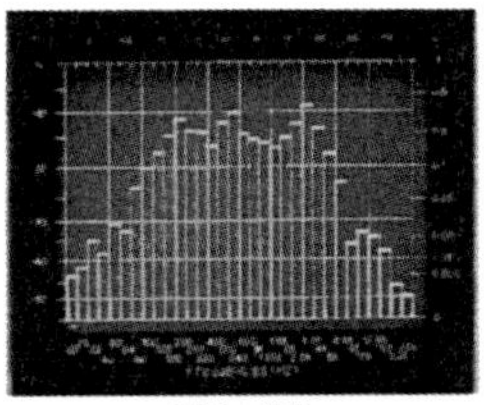

正面 f 特性

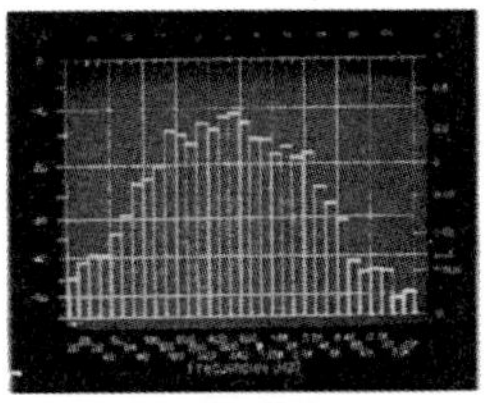

30度 f 特性

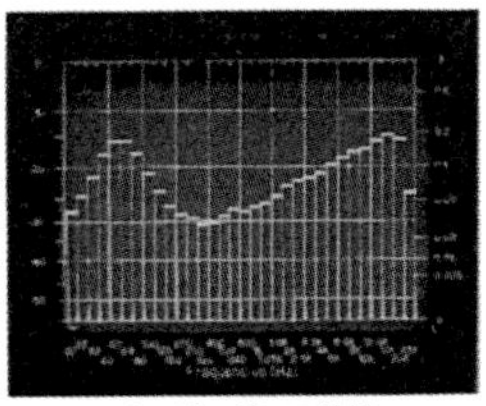

インピーダンス特性

TL-1601a

●TAD

形式	40cmW
外形寸法	φ400×169mm
インピーダンス	8Ω
f_0	28Hz
Q_0	0.31
M_0	117
a	16.8cm
許容入力	150W
出力音圧レベル	97dB
再生帯域	f_0～1kHz
クロスオーバー	――
マグネット重量	――
マグネットサイズ	φ200×65mm(ヨーク)
総重量	11kg
バッフル開口	φ352mm

TADはテクニカル・オーディオ・ディヴァイスの略で、パイオニアのプロ用ユニットのブランドである。コルゲーション入りのパルプコーンにコルゲーション・エッジ。ハイコンプライアンスのふらふら型ではないので、タフで、許容入力も抜群に大きい。1kHz以上急降下の特性なので、PA用だったらスルーで中高域ユニットにつなぐこともできる。磁気回路はアルニコ円柱を9個リング配置したゴージャスなものである。

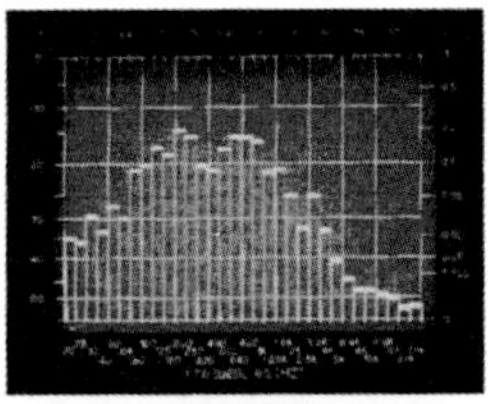

正面 f 特性

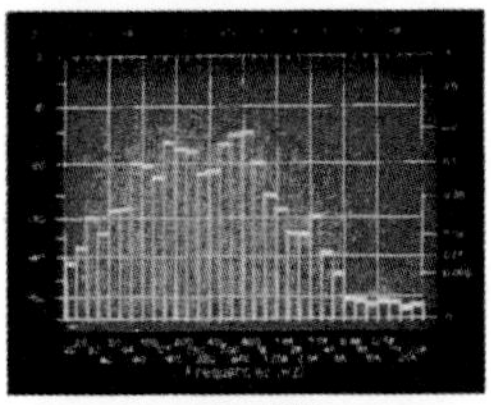

30度 f 特性

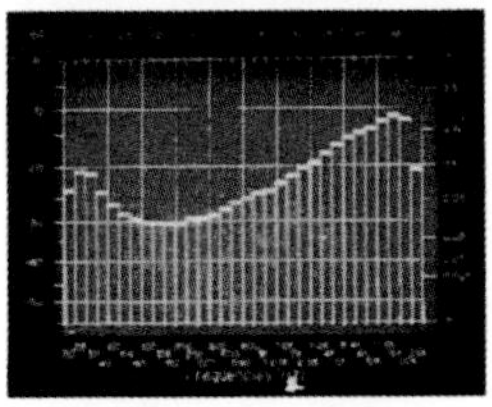

インピーダンス特性

15W400

●フォステクス

形式	38cmW
外形寸法	φ392×157.3mm
インピーダンス	8Ω
f_0	38Hz
Q_0	0.27
M_0	67.8
a	16.2cm
許容入力	200W
出力音圧レベル	100.5dB
再生帯域	f_0～5kHz
クロスオーバー	――
マグネット重量	1836g
マグネットサイズ	φ180×20mm
総重量	6700g
バッフル開口	347φmm

PA用40cmウーファーの高級機、といっても¥22000とローコストである。マグネットは15W200と同じだが、フレームはダイキャストになり、ルックスもよい。f_0は45Hzと高めだが、高能率ワイドレンジで、f特は軸上では4kHzまでフラット、30度方向では1kHz以上だら下がりで指向性は鋭い。ローコスト・ホーントゥイーターとの2ウェイPAが基本だが、手頃なスコーカーさえあればオーディオ用にも使える。

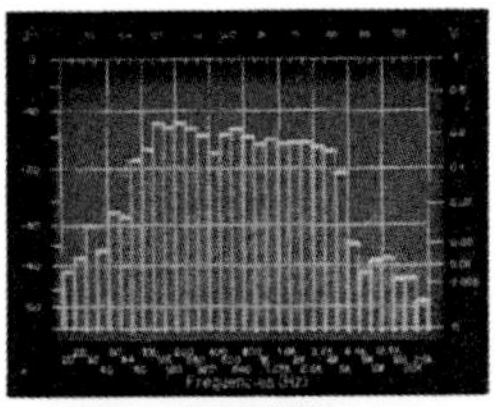

正面 f 特性

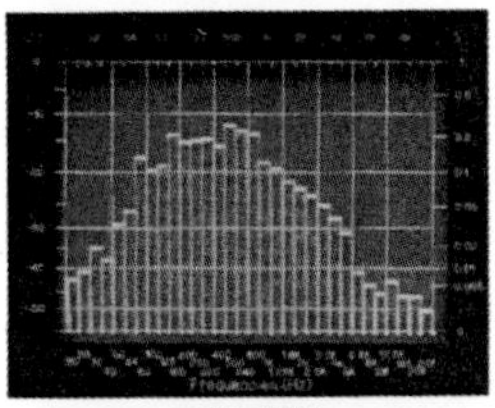

30度 f 特性

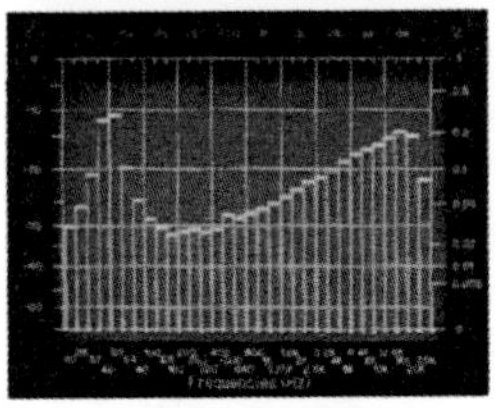

インピーダンス特性

15W200

●フォステクス

形式	38cmW
外形寸法	φ382×157mm
インピーダンス	8Ω
f_0	31Hz
Q_0	0.29
M_0	96
a	16.4cm
許容入力	150W
出力音圧レベル	97dB
再生帯域	f_0～4kHz
クロスオーバー	――
マグネット重量	1.836g
マグネットサイズ	φ180×20mm
総重量	7.150g
バッフル開口	φ347mm

業務用の38cmウーファーだが非常に安い。安くても手抜きはなく強力である。5000円のホーントゥイーター300HTと組み合わせれば2万円で2ウェイが実現する。しかし、オーディオ用としてはクロス1kHz以下の3ウェイだろう。f_0は35Hzくらい。高域に向けてのインピーダンス上昇が著しいので要注意。f特はfh(高域共振)でのピーク(1.8kHz)がそれほど大きくないので使いやすい。指向性もよく、1kHz以下は優秀。

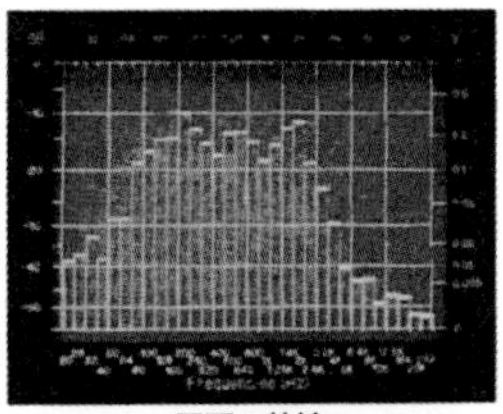

正面 f 特性

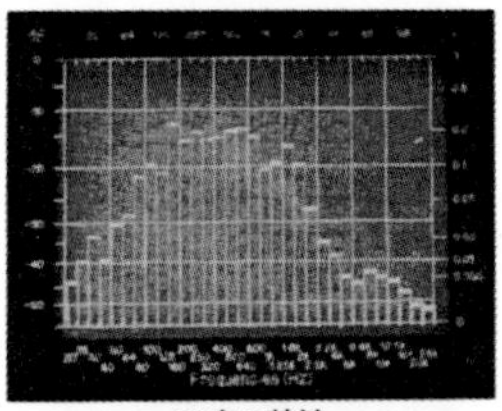

30度 f 特性

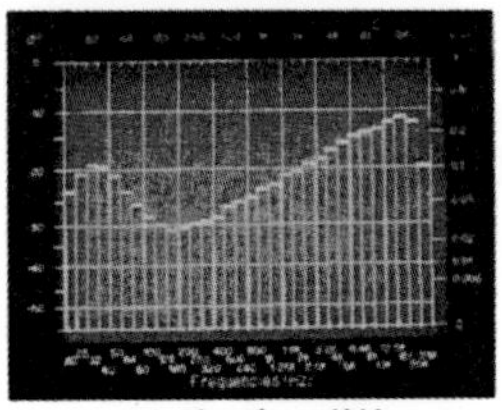

インピーダンス特性

W400A

●フォステクス

形式	38cmW
外形寸法	φ395×170mm
インピーダンス	8Ω
f_0	25Hz
Q_0	0.24
M_0	134
a	16.85cm
許容入力	200W
出力音圧レベル	97dB
再生帯域	f_0～2.5kHz
クロスオーバー	1.5kHz以下
マグネット重量	AL 3100g
マグネットサイズ	φ183×90mm(ヨーク)
総重量	14500g
バッフル開口	φ357mm

アルニコシリーズの40cmウーファー。ウルトラヘビー級で、マグネットも特大。アルニコシリーズで3ウェイを組むと、ユニットだけで1本分42万円に達する。W300Aと同様のコーンにダブルダンパーを採用、大入力に耐え、リニアリティもよい。150ℓぐらいのバスレフで使う。f_0は29Hzぐらい。f特はピークがなく、軸上で2kHz以上急降下、2kHzクロスから使える。大口径だが、むしろW300Aより使いやすいともいえる。

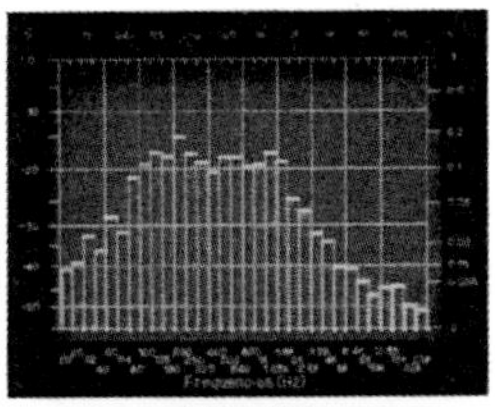

正面 f 特性

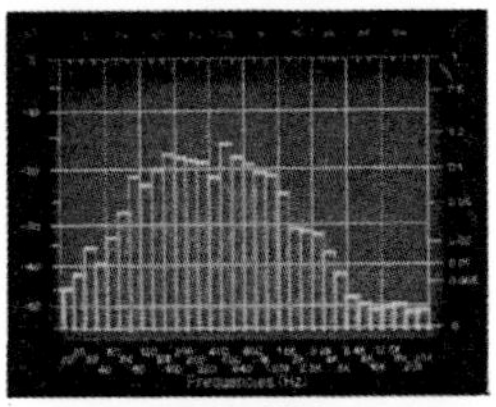

30度 f 特性

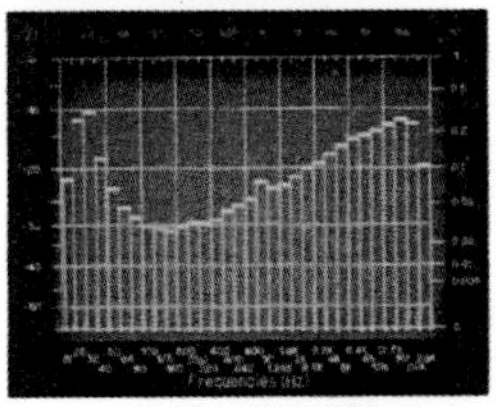

インピーダンス特性

型　番	名　称	使用ユニット	備　　考	掲　載　誌
R-50	灯台	FE204×2，FT27D×8	全指向性／フロア	ST96／7
R-84		FE83E×8またはFE87E×8		手作り　ST07／7
R-88	ツイスト	6N-FE103×16	2段重ね45度ひねり	
R-96		10F10×8		ST05／7
R-101	ヒドラ	FF125N×8	空間音源	図面集1　クラフト2　ST87／10
R-102	ヒドラJr	FE164×2，7F10×8	空間音源	図面集2　ST89／6
R-103	樹	FE103×8	空間膏源	図面集2／ST91／7
R-104AV		FE107×8	前後マウント／チムニーダクト	図面集2　別FM57
R-105		10F12×8	前後マウント／チムニーダクト	図面集2

バックロード

型　番	名　称	使用ユニット	備　　考	掲　載　誌
RD-1	タワーリング・インフェルノ	FP163×8	ボトム開口／無指向性	図面集1　傑作10　ST84／2
RD-2		FF165N×2，FT55D×2	トップマウント／R開口	図面集1　傑作9　別FM82／36
RD-10		FE168ES×8		ST01／10

セパレート

型　番	名　称	使用ユニット	備　　考	掲　載　誌
SS-2		FW100×2，FE103×2，FT1RP×2	ASW＋BS	週F
SS-2Ⅱ		FW100×2，FE83×4	ASW＋サテライト	図面集1　傑作7　週F82／4
SS-3		FE87E×2，FW108N×2		ST06／8
SS-5	ハンマー・セット	FW160×4，FE83×4	3Dウーファー＋サテライト／ENS	図面集1　別FM55
SS-21		FW21DV×2，7F10×8	3Dウーファー＋サテライト／ENS	ST94／7
SS-33D		FW168×2，FE108×4，FT57D×2	3Dウーファー＋VT	
SS-33D.1		FE108EΣ×4，FT48D×2，FW168N×2		ST04／7
SS-33		FW21DV，6N-FE103×4，FT27D×2	3Dウーファー＋サテライト／ENS	
SS-55		FW208×2，FE108×4，FT57D×2		図面集1
SS-66	モアイ	FW168×4，FE168×2，FT96H×22WAY+W／2	2WAY＋W／2Ω	ST96／4

スーパーウーファー

型　番	名　称	使用ユニット	備　　考	掲　載　誌
SW-1		10F10×2	旧ASW-1	図面集1　週F75／1
SW-3		FW200×2	旧ASW-3	図面集1
SW-5		FW227×4		図面集2
SW-5Ⅱ		FW227×4		図面集2
SW-6E	サイドボード	FW227×4	ENS	図面集2　クラフト2　ST88／6
SW-7		FW208N×6		ST00／9
SW-11		FW160×4	旧DRW-1	図面集1　ST86／9
SW-11Ⅱ		FW160×4	旧DRW-1Ⅱ	図面集1　ST86／9
SW-13		FW200×2	旧DRW-3	図面集1　週F80／12
SW-14		FF225N×2	旧DRW-4	AA-72
SW-15		FF165K×2	旧DRW-5	
SW-16		FW160×2	ENS／ASW／	図面集2　ST89／10
SW-25		10W150×2		ST05／11
SW-40		15W200		ST05／7
SW-50	シネウーファー	FW168	前後ダクト／スツール型	S93／3
SW-66		FW168×2	Fダクト／ローボーイ3Ｄ	AA-71
SW-88		FW160	7本セットMXのSW	図面集2　AV34
SW-125		FF125N×2	ASW	図面集2　AV27
SW-164		FE164×4	車載用	アスキー
SW-168		FW168	前後ダクト	ST92／11
SW-207		FE207×2	TV置台	図面集2　AV27
SW-208		FW208×2	前後ダクト	
SW-208.1		FW208N×2		ST05／5
SW-222		FW208×2	58lローボーイ	ST92／7
SW-2082		FW208×2	前後ダクト／トールボーイ	

壁掛け

型　番	名　称	使用ユニット	備　　考	掲　載　誌
W-11		FF125N×2	Rホーンダクト	図面集1　傑作4　ST82／6
W-12Ⅱ		FW100×2，FT25D×2	密閉／コーナー壁掛兼用	図面集1　傑作8　クラフト1　ST86／6
W-13Ⅱ		FW100×2，FT25D×2	奥行50mm	図面集1　傑作5　クラフト1　ST86／6
W-14		10F20×2	4方向ダクト	図面集1　ORG20　週F85／16
W-15	プラカード	FE83×2	懸垂ダクト	図面集2　ST91／7
W-16		FE-103×2		図面集2
W-83	カンバス	FE83×2	奥行43mm	ST93／4

型　番	名　称	使用ユニット	備　　考	掲　載　誌
MX-10		FE103×4	DB／2段式回転キャビ	図面集1　傑作3　FM83／15
MX-11	太郎	FF125N×4	ロボット型ENS／セミMX	図面集1　クラフト2　ST87／6
MX-12AV		FE127×2	L.R独立	図面集2
MX-13		FW160, FE106	センターウーファー／3点セット	図面集2
MX-13.1		FE108EΣ×2, FW208N		ST07／8
MX-14		FE103×3	5角ワンボックス	図面集2　ST91／7
MX-15		FE87×3	5角ワンボックス	S91／9
MX-16AV		FE87×3	6角ワンボックス	VI91／10
MX-17AV		FW127×2, FE87×3	6角ワンボックス	クラフト3　VI91／10
MX-18		FE164×3	FL／音源集中型	ST92／7
MX-20AV		FE87×3	6角ワンボックス／置台型	クラフト3　VI91／11
MX-28	ガオー	FW208, FE106×2, FT500	一体型ロボット／電球付	図面集2　ST91／7
MX-30	MXデスクマン	FE83×3	卓上型	S93／4
MX-88		6N-FE88ES×3またはFE83×3		ST00／7
MX-101	三つ眼スワン	FE103×3	BH	S92／7
MX-127AV	凱旋門	FE127×3		クラフト3　AVF92／3
MX-200AV	王座A	FE87×3	DB／TVラック	クラフト3　VI92／1
MX-201AV	王座F	FFE87×3	DB／TVラック／平面配置	クラフト3　VI92／6
MX-2000		FE103×4		ST01／2

PA

型　番	名　称	使用ユニット	備　　考	掲　載　誌
PA-1	ザルドス	FP203×2	ローボーイFL／電球付	図面集1　傑作8　週F84／2
PA-2		PS300×4, FT600×2	Rダクト／VT	図面集1　ORG20　ST85／6
PA-3		16F20×2	BH／積重ね可	図面集1
PA-4		10F100×2	密閉／電球付	図面集1　ST87／6
PA-6	エレキング	10W150×12	後面開放ウーファー	設計術

サラウンド

型　番	名　称	使用ユニット	備　　考	掲　載　誌
QS-1		FF166N×2, FT500×2	ボトムダクトDB／回転式音場型	図面集1　ORG20　AA84／34
QS-4R		10F100×2	密閉／傾斜バッフル	図面集1　ORG20　週F85／16
QS-5R		10F100×4	密閉／3角キャビ	図面集2
QS-10R		FE103×2	1370mm高共鳴管	図面集2
QS-22F		10F10×2	DBフロント用	図面集1
QS-22R		10F12×2	密閉リア用	図面集1
QS-99		FE106×2	1230mm高共鳴管	図面集2
QS-101	リアカノン	FF125N×2	共鳴管	図面集2　AA48
QS-106	リアカノンII	FE106×2	共鳴管	図面集2

音場

型　番	名　称	使用ユニット	備　　考	掲　載　誌
R-1		FE103×8	チムニーダクト／6角形	図面集1
R-2		10F11×4	Fダクト／90度マウント	図面集1
R-3	UFO	FE83×8	全指向性／4次元SP	図面集2　クラフト2　ST88／6
R-4		10F12×8	全指向性	図面集1
R-5		FW202×4, 10F10×3	全指向性　TB	ST80／6
R-6		MW201, 42, 10F10×8	全指向性	図面集1
R-6.1		FE107E×8, FW167×4		ST05／1
R-7		4L60×8, FT1RP×2		ST80／6
R-7a		4L-60×8, FT25D×2	側面ダクト／5角形	図面集1
R-8J		10F11×8, FE103×2, FT30D×2	5角形　密閉	週F
R-8II		FW100×8, FE106×2, FT7RP×2	5角形	図面集1　傑作6　ST81／6
R-9		FE103×8		ST01／7
R-10		FF165N×8, FF125N×4, FT25D×2	5角形フロアタイプ	図面集1　別FM81／32
R-11		FW160×8, FE83×12	5角形フロアタイプ	図面集1
R-12II	コンサート	FW250×2, 10F12×8, FT25D×8	全指向性LP	図面集1　傑作8　ST82／6
R-12III		FW305×2, 10F11×8, FT25D×8	全指向性LP	図面集1　ST90／8
R-13		FF-165×4(16), FE83×4, FT15×2, ST82／6		
R-14		FW202×2, FE103×2, FT10D×2	全指向性LP	週F
R-14II		MW201×2, FE103×8, FT500×8	全指同性LP	図面集1　傑作3　週F82／13
R-15		FW200×2, FE83×4	301MMタイプ	図面集1　傑作7　週F82／24
R-16		FW200×2, 6A70×2	1800mmトールボーイ／トップマウント	図面集1
R-17		10F10×2, 4F-1B×2	2段式回転キャビ／前後マウント	図面集1　傑作2　ST83／6
R-18		FF125(16Ω)×4, FT10D×2	2段回転式前後マウント	週F
R-19	ドースベーダー	10F20×8	ディフューザー付無指向性	別FM52
R-22		FW200×2, FF125N×4, FT25D×4	広指向性LP／BS	図面集1　図面集2　ST90／7
R-30		FW127×8, FT27D×2	チムニーダクト／広指向性／BS	図面集2
R-30.1		FW137×6, FT207×2		ST04／6
R-36		10F10×8	チムニーダクト／全指同性	図面集2
R-36.1		FE107E×8		ST05／10
R-40		FW200, FT17H, FT25D, FT500, 5HH10(各)×2	広指向性／2段式回転キャビ	図面集1　傑作9　ST84／6
R-43		FE83×8	全指向性／DB	ST96／5
R-48		FE83×8	全指向性／バスレフ	図面集2
R-48.1		FE87E×8		ST01／10

型　番	名　称	使用ユニット	備　　考	掲 載 誌
F-86		FW208×E, FE106×2, FT27D×2	Rダクト／特殊LP	図面集2
F-86.1		FW208N×2, FE108EΣ×2, FT28D×2		ST05／7
F-87	スタンド4	FW168×2, FT57D×2	スタンド一体／バスレフ	
F-88		FE83×2	Fダクト／DB	図面集2　AV34
F-90	河童	FE107×2	人体型／DB	図面集2　ST90／7
F-91	トーテム	FW208×2, FE83×18	バッフル型トーンゾイレ	AA78
F-92		FW208×2, FT55D×2	DB-10バージョン	ST92／7
F-93.1		16F20×6		ST03／9
F-95	ガウディ	FW208×2, FE83×16, FT27D×2	トーンゾイレ	ST96／7
F-96	マドラー	FW108×2, FE83×2	45度取付コーナー型	ST93／4
F-97.1		FW167×4, FT48D×2		ST04／5
F-99	エイリアン	FE127×4, FT500×2	人体型／DB／電球付	図面集2　ST90／7
F-100	アリアン	FW100×12, FT25D×6	Rダクト／ロケット型トールーイ	図面集1　クラフト2　ST86／6
F-101	サザンクロス	FW160×8, FT55D×2	チムニーダクト／十字架型	図面葉1
F-102	カノン	FF125N×4	共鳴管	図面集1／クラフト2／AA43
F-103	ファーネス	FW200×2, FT25D×6	チムニーダクト	図面集1／クラフト2／別FM54
F-104	カテドラル	10F12×8	4連共鳴管	図面集1　クラフト2　別FM51
F-105	スレンダーカノン	FF125N×4	共鳴管	図面集1
F-106	キリン	10F11×12, 5HH10×2	チムニーダクト／トーンゾイレ	図面葉1　クラフト2　別FM53
F-107R		FF125N×8	無指向性共鳴管	図面葉1
F-108	ビッグカノン	FF125N×4	共鳴管	図面集1
F-109	ステップ	10F11×12	Rダクト／階段状	図面集2　クラフト2　ST88／6
F-110	スタンダード	FW187×2, FT38D×2	ボトムダクト／スタンド一体型	図面集2　クラフト2　ST88／6
F-111	クレーン	FE106×2	ボトムダクト	図面集2／クラフト1／88／12
F-112		FE103×8, FT27D×2	トーンゾイレ	手作り
F-112.1		FE107E×8, FT207D×2		ST07／9
F-113		P14RCY×2, 25TFFC×2		ST01／7
F-114		FE164×4	トールボーイ	手作り
F-114.1		FE167E×4		ST07／5
F-115	ペントハウス	FW168×2, FT57D×2	リニアフェーズ／DB	
F-115.1	ペントハウス	FW168N×2, FT48D×2		ST02／7
F-117		FW208N3×2, FT48D×2		ST01／3
F-120.1		FE83E×4, FW168N×2		ST04／7
F-121		FW168N×2, FE103E×4, FT27D×2		ST02／7
F-122	ファミリー	FE83×2, FE103×4, FE204×4	3ウェイ／バスレフ	設計術
F-122.1		FE204×4, FE103×4, FE83×2		ST02／10
F-124.1		FE83E×2, FE103E×8		ST06／7
F-127	ピラー	FW127×2, FT28D×2		ST02／7
F-150	オベリスク	FW127×4, FT27D×2	チムニー／VT／超トールボーイ	ST92／9
F-160		12W150×2, FT48D×2		手作り　ST07／7
F-165		FF165×4, FT27D×8	左右ユニット／トーンゾイレTW	ST92／9
F-168		FW168N×2, FT48D×2	低高トールボーイ	手作り　ST07／1
F-170		15W200×2, 16F100×2, FT17H×2	大型バスレフ	手作り
F-183		10F10×2	共鳴管	手作り
F-183.1		FE103E×2		ST07／3
F-187.1		FW168N×2, FT48D×2		ST04／11
F-188		FE103×2, FW187×2	リアダクト	手作り
F-190	アンティーク	12W150×2, 10F100×2, FT27D×2	大型バスレフ	ST96／7
F-200	ダイハード	15W200×2, 14F10×2, FT17H×2	大型バスレフ	ST95／7
F-201	ハイカノン	20F20×2, 5HH10×2	共鳴管	図面集2　クラフト2　別FM56
F-202	こけし	FX202×2	Fダクト／DB／旧DB-202	図面集2　AV30
F-205	UNI	16F20×2	5面チムニーダクト	
F-205.1	UNI	FE167E×2		ST06／1
F-220	コラム	FF125K×8	共鳴管	設計術　ST03／7
F-234		FE204×4, FE83×4	Fダクト／2段重ね	ST94／1
F-261		FE204×4, 10F100×12, FT27D×2	Rダクト／トーンゾイレ	図面集2　クラフト2　別FM59
F-300		15W400×2, PS200×2, FT48D×2, FT28D×2		ST00／7
F-333	ピラミッド	15W200×2, 14F10×2, FT27D×2	3段重ね	
F-400	ランチャー	16W200×8, FW168×2	Fダクト	ST95／10
F-402	ビッグバン	MS400×2, FT600×2	後面開放	図面集2
F-403	ギガ	MS400×2, FT600×2, 5HH10×4	Fダクト	図面集2
F-404		MS400×4, 5HH10×8	Rダクト／左右ウーファー	図面集2
F-405	ツインタワー	MS400×4, FT600×2, FT96H×2	Rダクト／上下2段	FM92／21
F-511	ビクトリア	SX-511ユニット	Fダクト／DB	図面集2
F-610		P-610DA×4, TW-503×2	Rダクト／VT／LP	図面集2
F-2000	ネッシーJr	FE166×2, 5HH10×2	共鳴管	図面集2　AV24
F-3000	ネッシー	FE206×2, FT38D×2	共鳴管	図面集2
F-3000Ⅱ	ネッシーⅡ	FE208S×2, T500×2	共鳴管	図面集2

マトリックス

型　番	名　称	使用ユニット	備　　考	掲 載 誌
MX-1		FE103×4	6角ワンボックス	図面集1
MX-2		FE103×2		手作り
MX-4		FE103E×3または FE107E×3	スタンド一体	手作り ST07／2
MX-5.1		FW108×2, FE83×5	サブ・ウーファー＋サテライト	ST96／3

型番	名称	使用ユニット	備考	掲載誌
F-3.1		P-610DB×2		ST02／7
F-4		8F-60×2	バスレフ／レコードラック兼用	図面集1　週F76／11
F-04	鬼太郎	FF125N×8	ボトムダクト／仮想点音源	図面集1
F-5		FP253N×2	Fダクト／傾斜バッフル	図面集1
F-6		6A-70×2, FT500×2	Fダクト／奥行150mm	図面集1　傑作1　別FM80／28
F-7		FP253N×2	Fダクト／傾斜バッフル	図面集1
F-8		FW200×2, 20F12×2, FT50H×2	Rダクト／プラスウーファー方式	図面集1　傑作2　AA80／17
F-9		P-610×2	屏風型バッフル	設計術
F-10		FW160×8, FT55D×4	Rダクト／前後ユニット	図面集2
F-11Ⅱ		MW401×2, FT55D×4, FT7RP×2	Fダクト	図面集1
F-11T		MW401×2, FT55D×4, HD-60×2	Fダクト	図面集1　傑作1　ST83／7
F-11W		MW401×2, MD-30×2, H-33D×2	Fダクト	図面集1　ORG20　ST85／10
F-12		MW401×2, FT600×2, 5HH10×2	Fダクト	図面集1
F-13		MW401×2, 20F12×2, 5HH10×2	ボトムダクト／3段重ね	図面集1
F-14		MW201×2, FE103×2, FT500×2	Fダクト／傾斜バッフル	図面集1
F-14.1		FW167×2, FE107E×2, FT207D×2		ST05／6
F-15AV		P-610×2	Fダクト／トールーイ	図面集1　ORG20　週F85／16
F-16C		FW200×4, FT25D×12	Rダクト／屏風型	図面集1　クラフト2　AA40
F-17		MW201×2, 20F12×2, FT25D×2	Rダクト／スタガードバスレフ	図面集1　クラフト2
F-18		FE203×2	大面積Fダクト	SG
F-19		FRX-20×2, FT50D×2	Fダクト　トールボーイ	別FM20
F-20	光琳	FE103×2	53mm厚屏風型	図面集1　別FM50
F-21		20F20×2	Fダクト／DB／PST	図面集2　ST90／7
F-22		FW187×2, FT27D×2	書棚	図面集2
F-23		FE83×2	セットフリー傾斜バッフル	別FM10
F-24		FE203×2	巨大面積Fダクト	別FM10
F-25		FF125N×4, 5HH10×2	共鳴管／VT	図面集2
F-25.1		FF125K×4, 5HH10×2		ST05／9
F-26		10L60×2, 10F60×2, 10KH50×2	スタガードダブルウーファー	別FM14
F-27		FW127×4, FT27D×2	チムニーダクト／前後ユニット	図面集2　ST03／7
F-28	ガンダム	MW401×4, FT600×2, 5HH10×2	Fダクト	図面集1
F-29		PW-A31×2, FE103Σ(16Ω)×2, FT20H×2		別FM12
F-30V		SX-100×2	Fダクト／DB／ビクター・ユニット	図面集2　ST90／7
F-31	ジャンボA	FE203 (16Ω)×16, FT60H×4	Fダクト　2段重ね	別FM11
F-32		12L-1, HM-450A×2, TW-1500A×2	Fダクト	別FM4
F-33		L-3003×2, 15KM10×2, 10KH20×2	Fダクト	ST80／6
F-34		P-610MBまたはDDDS5Ⅱ×2		
F-35	ポインター	S100×2	点音源／DB	ST94／7
F-36	ダック	FW108×2, FT27D×2	点音源／DB／旧DB-101	図面集2　FM86／14
F-37		FW187×2, FW127×2, FT27D×2	トップマウント／DB	図面集2
F-37.1		FW167×2, FW137×2, FT207D×2		ST05／12
F-38		FE103×8, FE83×2	DB／VT	
F-38.1		FE103E×8, FE83E×2		ST04／12
F-39		P-610MB×2	屏風型	手作り
F-40		MS400×2, FT600×2	Fダクト	図面集2　ST90／7
F-41	ポスト	FW208×2, FT57D×2	スタンド一体型バスレフ	ST94／5
F-42		P-610MB×2	大型バスレフ	手作り
F-43	トレビーノ	FE204×2, FE103×4, FE83×2	迷路式バスレフ／3WAY	ST96／5
F-44	ジャンボ	20F12×16, 5HH10×4	Fダクト／2段重ね	図面集1
F-45	ビッグマドラー	FW168×2, FE108×2	45度取付コーナー型	ST93／7
F-46		FE103×8	奥行90mm／前後ユニット	図面集2
F-46.1		FE103E×8		ST07／7
F-47		FE127E×2	AV対応共鳴管	手作り　ST06／5
F-51		MS400×2, FT55D×2	平面バッフル	ST92／9
F-53	ダブルツイン	FE204×4, FE103×4, FE83×2	仮想Tri Axial	
F-55		FF225N×4, FT33D×2	Rダクト／VT	図面集2　ST89／6
F-57	ベリスコープ	FW108×2, FT57D×2	スタンド一体型	ST95／7
F-58	カネボウ	DDDS5×2	DB	設計術
F-61	U2	S100×2	共鳴管	ST92／7
F-62	ブルースカイ	16F20×2	迷路	ST94／7
F-63	つくし	6N-FE103×4	スタンド一体型	
F-65	Uターン	FF165K×4, FT17H×2	迷路バスレフ	FM94／7
F-70	カプセル	6N-FE103×2	DB／上下ドッキング方式	FM96
F-71	スリムセン	7F10×2	90mm幅迷路	図面集1　クラフト2　AA44
F-72	ニアピン	FE83×2	近接用	ST95／7
F-74		FE204×6, FT27D×2	大型バスレフ	
F-74.1		FE206E×6, FT28D×2		ST05／2
F-75	シャトル	FW168×2, FE83×4	バスレフ	設計術
F-77TC	コントロール10	FE207×2, FT17H×2	スタンド一体ボトムダクト／TC使用	ST92／10
F-78		10F20×2	スタンド一体	手作り
F-78.1		FF125K×2		ST06／6
F-80	サ・ウォール	FE204×16, 5HH10×8	Fダクト	図面集2
F-81	スリムエイト	FE83×2	96mm幅迷路	図面集1 ST01／5
F-83	マンダラ	FE103×16, FT27D×2	面音源	設計術
F-85		FE204×2, FE103×4, FT27D×2		ST01／7

型番	名称	使用ユニット	備考	掲載誌
D-101R	スワンR	7F10×8	点音源BH／無指向性	図面集1
D-101S	スーパースワン	FE108S×2	点音源BH	クラフト3　FM92／12
D-101T	スワンT	FE106×2, FT25D×2	点音源BH	図面集1
D-101Ⅱ	スワンⅡ	FE106×2	点音源BH	図面集2　別FM58
D-101a	スワンa	FE106×2	点音源BH	図面集2　クラフト1
D-101AV	AVスワン	FE107×2	点音源BH	AV用　クラフト3
D-102		FE106×2	BSタイプBH	図面集1　クラフト1　ST86／6
D-102Ⅱ		FE108ESⅡ×2		ST01／7
D-103	エスカルゴ	FE103×2	スパイラルホーン	図面集1
D-104		FE106×2	スパイラルホーン／フロアタイプ	図面集1
D-104.1		FE108EΣ×2		ST02／9
D-106		FF125N×4	側面開口／音場型	図面集1　傑作7　別FM75／7
D-108	コブラ	FE83×4	ロングネック・スパイラル	図面集2　クラフト1　ST88／6
D-108S	サイドワインダー	FE103×2	ロングネック・スパイラル	図面集2　ST88／6
D-108S.1	サイドワインダー	FE103E×2		ST02／7
D-110		FE103×2	ミニ・スパイラル／下に同じ	
D-111		FF125N×2	小型スパイラル	図面集2
D-112		FF125N×2	中型スパイラル	図面集2
D-113		FE108×2	大型スパイラル	図面集2
D-115	アナコンダ	FE108×2	ロングネック・スパイラル	図面集2
D-116.1		FE166ES-R×2, FT17H×2		ST04／10
D-118		FE108ESⅡ×2		ST01／4
D-120	ファンファーレ	FE103×2	上面開口	FM93／7
D-121		FF125N×4	コーナー型ミニBH	図面集1　傑作3　別FM83／39
D-125		FF125N×2	傾斜バッフル	図面集1
D-125.1		FF125K×2		ST05／7
D-126		FF125N×2	スパイラルホーン／フロアタイプ	図面集1
D-126.1		FE125K×2		ST01／10
D-127AV		FW127×2, FT27D×2		図面集2／ST91／7
D-130	テンナンショウ	FE168×2, FT96H×2	前上開口	ST93／7
D-150	モア	FE208SS×2	点音源BH	
D-161	レア	16F20×2	16cm用スワン	図面集1　クラフト1　AA47
D-162		FF165N×2	傾斜バッフル	図面集1　傑作1　別FM82／10
D-164		FP163×2	大型スパイラル	図面集1　ORG20　別FM84／41
D-201		FE204×2, FT17H×2	2段重ね／R開口	図面集1　傑作7　ST83／6

タブルバスレフ

型番	名称	使用ユニット	備考	掲載誌
DB-1		16F10×2		ST80／6
DB-2		FE103×2	BS	図面集1　傑作6　週F80／14
DB-3		FE103×2	FL	図面集1　ORG20　AA80／18
DB-4		6A70×2, FT7RP×2	FL	図面集1　傑作5　AA80／18
DB-5		UP203×2, FT15H×2	1100mm高	週F
DB-7		14F10×2	トールボーイ	別FM27
DB-8		FF165N×2, FT17H×2	FL	図面集1　傑作4　週F82／8
DB-9		10F10×2	薄型ENS	図面集1　傑作4　ST82／6
DB-10		FW200×2, FT55D×2	FL	図面集1　傑作3　ST82／6
DB-11		FW160×2, FT25D×2	ボトムダクト／FL	図面集1　傑作1　ST82／8
DB-12		FW160×2, FT25D×2	レコードラック	図面集1　傑作5　週F82／20
DB-16Ⅱ		4A-71×2, FT500×2	コーナー型	図面集1　傑作9　AA84／33
DB-16Ⅱ.1		FX120×2		ST06／4
DB-18	ロビー	FW160×2, FT25D×2	音場型	図面集1　クラフト1　ST86／6

アンサンブル

型番	名称	使用ユニット	備考	掲載誌
E-1		10F10×2	岡持型	図面集1　傑作7　別FM81／29
E-2		6NFE88ES×2	デスクトップ	手作り
E-5		MW401×2, TW-40A×2	置台兼用ジャンボ	別FM35
E-6		6A-70×2	DB／レコードラック	図面集1　傑作7　週F83／19
E-7Ⅱ		FF225N×2, FT17H×2	DB／2段重ねラック	図面集1
E-8		FF165N×4, 5HH10×2	スタガード／6段本棚	図面集1　ORG20　85／6
E-9a	ケムンパス	FW100×2, FT25D×2	DB	図面集1　ST86／6
E-10	ゴルゴダ	16F20×2	DB／音場型／十字架	図面集1
E-11	クリスマスツリー	20F12×6, FT25D	L字型3段重ね	図面集1
E-13	ケムンパスD	FF125N×2, FT500×2	BH／センターTW	図面集1　クラフト1　ST87／6
E-15	デスクマン	FE83×2	卓上型	図面集2　ST89／6
E-21	壇	FE83×2	BH／バイノーラルSP	ST94／7
E-83	こだま	FE83×2	1200mm幅対面ユニット	ST93／4

フロア

型番	名称	使用ユニット	備考	掲載誌
F-1		FE83×2	Rダクト／ミニ	図面集1　別FM76／10
F-2		P-610×2	平面バッフル	設計術
F-02	ウインドウ	FE168×2, FT57D×2	共鳴管	
F-3		P-610×2	90lマルチポート／コーナー型	図面集1

型番	名称	使用ユニット	備考	掲載誌
BS-93	トライスター	FF125K×6	スタガードバスレフ／ウァーチカルツイン	設計術
BS-93.1	トライスター	FE126E×6		ST04／3
BS-94		PE-16M×2		ST01／7
BS-95		FW108×2，FT27D×2	超ミニ	手作り
BS-95.1		FW108N×2，FT28D×2		ST06／11
BS-96		FW168N×2，FT48D×2		ST01／7
BS-97.1		FE166E×4		ST04／7
BS-98		FE107E×2		ST01／10
BS-99	球	FE107E×2		ST01／10
BS-101	ダブルベース·ミニ	FW100×4	密閉／前後ユニット	図面集1　クラフト1　ST87／6
BS-102	ダブルベース·ミディ	FW160×4，FT55D×2	Rダクト／前後ユニット	図面集1　クラフト1　FM87／14
BS-102Ⅱ	ダブルベース·ミディⅡ	FW168×2，FT57D×2	Fダクト／前後ユニット	ST93／7
BS-103	ダブルベース	FW200×4，FT55D×2	Rダクト／前後ユニット	図面集1　クラフト1　ST87／6
BS-104		FW200×4，FT55D×2	Rダクト／左右ユニット	図面集1　クラフト1　ST88／1
BS-105		20F20×4，5HH10×2		ST00／10
BS-106		FW168×2，FT28D×2		ST00／7
BS-107	サウンドクーラー	BC10×2	2重箱	ST93／7
BS-108	ラウドネス	FW108×4，FT38D×2	左右ユニット／2	ST96／7
BS-112		FW208N×2，FT48D×4		ST00／7
BS-113		6N-FE88ES×2		ST00／7
BS-118		FW187×4，FT38D×2	バーチカルツイン	手作り
BS-118.1		FW167×4，FT28D×2		ST06／7
BS-120		F120A×2，FT96H×2	30mm厚キャビ	図面集2 ST04／7
BS-150.1		FW168N×2，FT48D×2		ST03／2
BS-167	ツインズ	FE167×4	PST　バスレフ	
BS-168	ノヴァ	FE168Σ×2	30mm厚バスレフ	AA-76
BS-180		FW187×2，FT27D×2	36mm厚バッフル	ST92／7
BS-220		F220A×2	Fスリットダクト	図面集2
BS-220.1		FF225K×2		ST06／7

コアキシアル

型番	名称	使用ユニット	備考	掲載誌
CX-1	八甲田山	FE203×12，10TH1000×24	巨大COAX	週F
CX-2		FE103×12，H-40×2	COAX	週F
CX-3		10L-60B×2，5HH10×8	DB／逆COAX／回転式	図面集1　ORG20　別FM84／43
CX-4		30L100×2，5HH10×12	DB／回転式	図面集1　ST85／6

バックロード

型番	名称	使用ユニット	備考	掲載誌
D-1		FF165N×2		図面集1　傑作1　ST81／6
D-2		16F20×2	側面開口	図面集1
D-2.1		EAS-16F20×2		ST04／7
D-3Ⅱ		FE206×2		図面集1　傑作2　週F81／8
D-3Ⅱ.1		FE208EΣ×2		ST03／7
D-4		8A-70×2		図面集1　傑作5　週F79／22
D-5		JA-3，053×2，FE103×2		SG
D-6		8A-70×2		図面集1　傑作4　ST79／6
D-7Ⅱ		FE206×4		図面集1　傑作10　ST84／6
D-7Ⅱa		FE206×4		図面集1　週F81／1
D-7Ⅲ		FE206Σ×4		図面集1
D-9		FE203Σ×4		週F
D-9a		FE206×4		図面集1　傑作6　週F80／5
D-10.1	バッキー	FE88ES-R×2		ST04／4
D-11		FE108EΣ×2		手作り　ST06／7
D-12		FF125N×2	前後ユニット／側面開口	図面集2　週F81／22
D-13	デスク	FE103×2	デスク型　アンサンブル　BH	週F
D-16		16F20×2	BSタイプBH	手作り
D-16.1		FE168EΣ×2またはFE166E×2		ST06／12
D-20		FE103Σ×4	トップ・サイド・ユニット　薄型	別FM7
D-33		FE168S×2		図面集2　ST90／7
D-37		FE168S×2（FE168Σ×2）		設計術
D-38		38cm×2		図面集1
D-40		FE203×8	2段重ね　トーンゾイレ	別FM4
D-45		FE208×2，FT48D×2	変形6面体	手作り
D-50		FE206×2		図面集1　傑作8　週F84／5
D-55		FE208S×2		図面集2　ST89／6
D-57		FE208Sor FE208		8T95／7
D-58		FE208SS×2		設計術
D-58ES		FE208ES×2		ST00／5
D-70		FE206×4		図面集1　傑作9　ST84／3
D-77		FE208S×4		図面集2　ST91／7
D-80	時計台	6N-FE103×2	点音源BH	ST95／7
D-90	フラット	FE108Σ×2		ST00／7
D-100		FF125K×2		FM95／7
D-101	スワン	FE106×2	点音源BH	図面集1　別FM49

型 番	名 称	使用ユニット	備 考	掲 載 誌
BS-18		MW201×2, 10F100×2, FT25D×2	スリット・チムニーダクト	図面集1
BS-19		FW160×2, FT55D×2, FT1RP×2	ダンプドバスレフ	別FM25
BS-20	ハイキー	6N-FE204×2, FT17H×2	Fダクト	ST96／7
BS-21Ⅱ		FW200×2, FT25D×4	チムニーダクト	図面集1 ORG20 ST86／1
BS-22TC		FW200×2, FT55D×2	気流抵抗付密閉	図面集1 傑作6 ST80／6
BS-23		8A-70×2, FT25D×2	チムニーダクト	図面集1 傑作2 別FM78／17
BS-24		FW200×2, PT-20×2, T-27×2	チムニーダクト	別FM21
BS-25		FF225N×2	Rダクト	図面集1
BS-26		FW160×4, FT55D×2	チムニーダクト	図面集1 傑作2 AA80／17
BS-27		FW300×2, TW-40A×2	チムニーダクト 大音量用	別FM19
BS-28		FW127×4, FT27D×4	Rダクト／正方形バッフル	図面集2 ST03／1
BS-29		FW202×2, PE-101×2, FT10D×2	上面スリットダクト LP	別FM18
BS-30	ボックス	FW208×2, S100×2, FT57D×2	6面30mm厚	ST94／8
BS-31		FW202×2, FT30D×2	チムニーダクト LP	別FM17
BS-32		FW160×2, FT55D×2, HD-60×2	ブックシェルフ	図面集1 傑作1 ST82／6
BS-33		FW200×2, FT55D×2	Fダクト	図面集1 傑作4 別FM82／34
BS-34		FF125N×4	スリットダクト／HIコントロール	図面集1 傑作5
BS-35		MW201×2, FE103×2, FT500×2	Rダクト	図面集1 傑作10 ST84／4
BS-36		10F20×4	45mm厚バッフル	ST94／7
BS-37		FF125N×2	LOWカットNW付	図面集1 傑作6 ST83／6
BS-38		6A-70×2, 5HH10×2	DB	図面集1 傑作8 ST83／6
BS-39		FW202×2, UP103×2, PT-20×2	密閉	別FM10
BS-40	パラボラ	FW160×4, FT500×4	Rダクト／傾斜バッフル	図面集1 傑作3 別FM83／38
BS-41		FW160×2, FT30D×2	チムニーダクト	別FM15
BS41Ⅱ.1		FW168N×2, FT28D×2		ST07／7
BS-42		4A-71×2, FT7RP×2	スリットダクト	図面集1 傑作10 ST84／6
BS-43		PS300×2, 5HH10×4	Fダクト／高能率	図面集1 ORG20 ST84／7
BS-44	ダイス5	FE103×3, FT500×2	正6面体	図面集2 ST86／5
BS-45		FW250×2, FE106×2, H-33D×2	ブックシェルフ	図面集1 ORG20 別FM85／46
BS-46		FW160×2, H-33D×2	ブックシェルフ	図面集1 ORG20
BS-46Ⅱ		FW168N×2, FT48D×2		ST06／7
BS-47		FW100×2	ブックシェルフ	図面集1 ORG20 週F85／16
BS-48		MW251×2, FT25D×2	Fダクト	図面集1 ORG20 別FM85／47
BS-50TC	コントロール20	FE206S×2	密閉／TC利用	クラフト1 ST88／6
BS-51		MS400×2, FT55D×2	後面開放	ST92／9
BS-52		FW160×4, FT55D×2	RダクトVT／ウレタン・ディマー	図面集2
BS-54		FW100×2, FHT6×2	密閉 傾斜リアバッフル	別FM12
BS-55		FE164×4, FE83×2	密閉／VT	図面集2 FM88／16
BS-55AV		FE167×4, FE87×E	密閉／VT	図面集2 FM88／16
BS-56	チビクロ	6F-60×2, FT30D×2	Fスリットダクト	別FM11
BS-57	スリムツイン	FE103×4, FE83×2	VT	AA-72
BS-57AV	スリムツインAV	FE107×4, FE87×2	VT	AA-72
BS-58	ツインピークス	FW187×4, FT27D×2	DB／VT	ST94／7
BS-60	スーパーターボ	FE204×6, FT27D×2	タンデム／VT	95／10
BS-62	デュエット	6N-FE103×4	前後スタガード・バスレフ	設計術
BS-62.1	デュエット	FE103E×4		ST03／4
BS-63	ローキー	FW227×2, FW127×2, FT27D×2	Rダクト	図面集2 ST96／7
BS-64.1		FW187×2, FT28D×2		ST03／7
BS-65.1	バックアップ	FF225K×2, FW168N×2, FT17H×2		ST06／2
BS-66	ミニドーザー	FE204×4, FW160×2	タンデム	図面集2 AA51
BS-67.1		FE168EΣ×2		ST02／11
BS-68	エトナ	FW168×2, FT57D×2	チムニーダクト	ST96／7
BS-69	ボトル	FF125N×2	チムニーダクト	図面集1 クラフト1 ST88／10
BS-72		FW127×4, FT27D×2	密閉／前後ユニット／PST	図面集2
BS-73		FW127×4, FT27D×2	チムニーダクト／前後ユニット／PST	図面集2
BS-74		FW127×4, FT270×2	Rダクト／VT／PST	図面集2
BS-75		FW127×8, FT27D×2	密閉／前後ユニット／VT	図面集2
BS-75.1		FW137×8, FT207D×2		ST04／7
BS-76		DDDS5×2	大型	手作り
BS-77	ポラリス	FE204×4, 5HH10×2	Fダクト／傾斜バッフル	図面集2 ST89／6
BS-80		FW187×4, FT66H×2	Rダクト／VT／ウレタン・ディマー	図面集2
BS-82	バーモント	FW168×2, FT57D×2	PST／低能率	ST95／7
BS-84		FE103×2または10F10×2		手作り
BS-84.1		FE107E×2またはFE103E×2		ST07／4
BS-85	ミッキー	6N-FE103×2	DB	ST95／7
BS-86		FW208×E, FE106×2, FT27D×2	Rダクト／特殊LP	図面集2
BS-87.1	ベープ	FW108N×2, FT87E×2		ST04／9
BS-88		FE83×2またはFE87×2	超ミニ	手作り
BS-89		FE103×2または10F10×2		手作り
BS-89.1		FE107E×2またはFE103E×2		ST07／4
BS-90	ダブルドーザー	MS400×2, FW200×2, FT27D×2	バイアンプ・タンデム	図面集2 AA56
BS-91		FW187×2, FT27D×2	簡易2ウェイ	手作り
BS-91.1		FW208N×2, FT28D×2		ST06／10
BS-92		FE164×2	スリム	手作り
BS-92.1		FE167E×2		ST06／9

長岡鉄男オリジナルスピーカー全リスト

表組み中，STは「stereo」，図面集1は「長岡鉄男のスピーカー工作全図面集」，図面集2は「長岡鉄男のスピーカー工作全図面集2」，ORG20は「長男鉄男のオリジナルスピーカー工作20」，傑作は「長岡鉄男の傑作スピーカー工作」，クラフトは「長岡鉄男の最新スピーカークラフト」，週FMは「週刊FM」，VIは「VISIC」，AAは「オーディオアクセサリー」，AVは「AV REVIEW」，AVFは「AVフロント」，別FMは「別冊FMファン」，FMは「FMファン」，手作りは「世界でただひとつ自分だけの手作りスピーカーをつくる」を省略して記載したものです。掲載誌は，休刊または廃刊も含まれ，使用ユニットについても製造・販売完了品が含まれています。

AV

型　番	名　称	使用ユニット	備　考	掲　載　誌
AV-1		FE83×2		ORG20　ST80／6
AV-1 II	パラゴンII	FE83×2	BH／TVラック／コーナー型	図面集2
AV-2		FE127×6	MX／TV置台	図面集1　ORG20　AA86／39
AV-3		FE87×6	MX／TVラック	図面集1　クラフト1　ST86／6
AV-4		P-610A×2, TW-503×2	L.R独立／TW-MX／旧MX-22	図面集1　ORG20
AV-5		FE127×2, TW-503×4	L.R独立／TW-MX／旧MX-23	図面集1　ORG20　ST85／6
AV-6		P-610×4, TW-503×2	MX／TV置台／コーナー型	図面集2　クラフト1　ST87／6
AV-7		FE107E×5		手作り　ST07／6
AV-8		FF125N×4	PST／キャンセルMGBS	図面集2　ST90／7
AV-10		S100×3	3本セット／Fダクト／傾斜バッフル	
AV-18		FW187×2, FT27D×2	TVラック	図面集2　ST91／7
AV-27		FW187×2, FT27D×4	Rダクト／側面ウーファー	図面集2 ST03／5
AV-29C		FE87×2	DB／センターSP	図面集2
AV-30		FE83E×6, 10W150		ST05／7
AV-32		FE167×5, 10W150	AC-3用6点セット	AV66
AV-50	シネサテライト	S100×3	3本セットMX／SW-50とコンビ	ST93／7
AV-67		FE167×3	AVアンプ用スリーインワン	設計術
AV-67.1		FE167E×6		ST03／7
AV-87		FE87×8	Rダクト／TVラック	図面集2　VI91／8
AV-88		FE87×2	迷路／QS-88と4本セット	図面集2
AV-89		FE87×2	DB／QS-89と4本セット	図面集2　AV33
AV-90		FE127×2	930mm高DB	クラフト3　AVF92／4
AV-100		S100×3	3本セット／Fダクト	AV47
AV-100T		S100×3	3本セット／Fダクト	
AV-150R		FE127×2	1530mm高密閉リア用	クラフト3　AVF92／4
AV-180		FW187×2, FE107×6	1830mm, AC-3用4in1	AV69

ブックシェル

型　番	名　称	使用ユニット	備　考	掲　載　誌
BS-1		FF225N×2, 5HH10×2	Fダクト／PST	図面集2　ST89／5
BS-2		FF125N×2	L字ホーンダクト／PST	図面集2　ST89／6
BS-3	別冊	6N-FE103×2	上面スリットダクト	ST96／19
BS-4		UP203S×2	Fダクト	SG
BS-5		FE83×2	2重箱　セパレートバッフル	週F
BS-6		6F-1B×2	スリットダクト	図面集1
BS-6.1		FF165K×2		ST05／8
BS-7		8A70×2	トンネルダクト	週F
BS-8		FE83×2	スリットダクト	図面集1
BS-9		6A70×2, FT15H×2	奥行150mm	別FM28
BS-10		FE103×2	L字スリットダクト	図面集1
BS-10.1		FE103E×2		ST06／3
BS-11		F225N×2, FT27D×2	Rタクト／混変調対策	図面集2
BS-11.1		FF225K×2, FT27D×2		ST03／10
BS-12T		New G.12T×2, DT20×2	Fダクト／リチャードアレン	図面集2　設計術
BS-13		F225N×2, 5HH10×2	チムニーダクト	図面集1
BS-13.1		FF225K×2, 5HH10×2		ST05／7
BS-14	ヤブニラミ	6A-70×2, FT25D×2	スリットダクト	図面集1
BS-14.1	ヤブニラミ	FE167E×2, FT207D×2		ST05／4
BS-15		FLAT-611×2	チムニーダクト	図面集1
BS-15.1		FF165K×2		ST05／3
BS-16	ダイス	6F-1B×2	マルチポート	図面集1　傑作10　ST84／6
BS-17		FE103×4, FT500×2	スタガードバスレフ	図面集1
BS-17.1		FE103E×4, FT28D×2		ST02／7